디스플레이 공학개론

Introduction to Display Engineering

이준신 · 김도영 · 모연곤 · 배병성
송장근 · 이성은 · 최병덕 · 홍성제 지음

홍릉과학출판사

대학교 학부학생을 위한
디스플레이 공학 입문서를 내면서

기존에 브라운관 한가지로 대표되던 디스플레이 제품에 크기, 무게, 두께, 화면의 선명성, 저소비 전력 등의 다양한 요구는 기술개발과 디스플레이 시스템 발달의 원천이었다. 현대인들은 더욱 간편하고 기능이 다양하고 값이 싸고, 질이 좋은 전자 제품을 원하게 되었으며 때로는 고도의 휴대성을 요구하게 되었다. 디스플레이 소자 산업은 이제 100년이 넘는 긴 역사동안 기반산업으로 자리를 지키던 CRT 산업도 1990년 이래 심각한 도전을 받고 있다. 수년 내에 디스플레이 생산량의 반을 평판 디스플레이(Flat panel display, FPD)가 차지하게 될 것이라는 예측이 설득력을 보이고 있다.

평판 디스플레이 기술은 최첨단 반도체 기술을 바탕으로 물리, 전기, 전자, 기계, 재료, 화학 등의 다양한 학문의 응용과 기술개발에 근거를 둔다. 평판 디스플레이 산업은 학교의 연구개발보다는 산업체가 먼저 활성화 되면서 관련분야 기술 인력이 급속하게 요구되고 있는 상황이다. 이러한 산업체의 수요 요구에 맞추어 학부생을 위한 디스플레이 공학 입문서를 성균관대학교 공과대학교 3,4학년 학생을 대상으로 하여 교제를 작업하였다. 기존에 다른 분야에 종사하던 현장 기술 인력도 빠른 기술 발전에 적응할 수 있도록 본 교제가 이용될 수 있을 것으로 생각한다.

이 책의 내용은 총 13장으로 TFT-LCD, OLED, Flexiable Display, PDP, FED, CRT, 3차원 디스플레이 등의 다양한 디스플레이 전반에 걸친 기술을 장별로 정리하여 학부수준에서 디스플레이 공학을 이해하고 산업체 어떤 디스플레이 분야에서도 적응을 할 수 있도록 작성하였다. 또한 향후 개발방향과 평판 디스플레이 분야 미래전망을 수록하여 향후 추가적으로 습득하여 현재의 문제점의 해결을 위한 접근방법이나 생각을 가지도록 하였다. 디스플레이 분야의 과학자 여러분들이 차후에 보다 개선된 교제개발에 기여하기를 기대합니다.

끝으로 이러한 작업에 노력과 시간을 하려해 준 성균관대학교 학부생, 정보통신소자 연구실 대학원생, 삼성 SDC 삼성디스플레이연구소 김장겸 박사님께도 감사드립니다. 본 교제를 작업할 수 있도록 격려해 주신 디스플레이산업 협의회 측과 출판 작업을 해주신 홍릉과학출판사에 진심으로 감사를 드립니다. 독자 여러분께 감사드리며 향후 보다 우수한 교재를 완성하기 위해서 더욱 노력 할 것임을 약속드립니다.

2015년

저자 일동

차 례

Chapter 01 | 평판 디스플레이

Chapter 02 | 전계 효과 트랜지스터

Chapter 03 | 액정 디스플레이

Chapter 04 | 액정

Chapter 05 | 디스플레이 시스템 구동

Chapter 06 | 유기 발광 디스플레이

Chapter 11 | 전자선 활용 디스플레이

Chapter 12 | 3차원 디스플레이

Chapter 13 | 디스플레이 응용 시스템

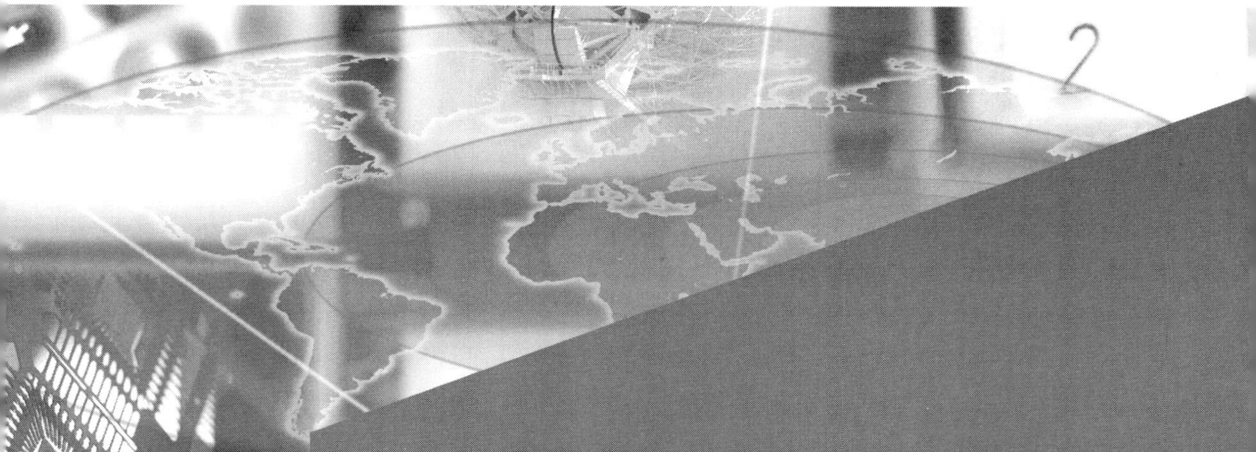

평판 디스플레이 (Flat Panel Display)

Chapter 00→01

* 1 디스플레이란 무엇인가?

디스플레이 장치(display device)는 사전적인 의미로 브라운관 면에 문자나 도형의 형식으로 데이터를 시각적으로 표시하는 것으로 다른 의미로 표시 장치라고도 한다. 디스플레이 장치는 표시 내용에서 ① 숫자나 영어, 한글과 같은 문자를 표시할 수 있는 문자 표시, ② 한자(漢字)를 표시할 수 있는 한자 표시, ③ 컴퓨터의 처리 결과를 도형으로 표시할 수 있는 도형 표시의 세 가지로 크게 나눌 수 있으며, 화상이나 패턴으로 표시할 수도 있다. 또한 기능적인 측면으로부터 정의하면, 그림 1.1과 같이 사람-기계-연결매체(human-machine-interface)로 TV, 컴퓨터, 통신기기, 산업용기기(machine)로부터 발생하는 전기적인 정보 신호를 빛 정보 신호로 변환하여 사람의 시각이 인지할 수 있는 패턴화 정보를 통해 사람에게 전달하는 일련의 변환 장치를 말한다. 즉, 전자기기와 시각을 통해서 사람과의 정보교환을 위한 전자적 기계라고 말할 수 있다. 다른 의미로 사람과 전자기기를 연결하는 가교적인 역할을 담당하는 요소 장치로 정의될 수 있다. 따라서 정보화 사회에 있어서 전자 디스플레이 장치의 역할은 매우 중요하며, 최근 이러한 디스플레이 장치가 산업, 문화, 엔터테인먼트, 의료 분야를 불문하고 다양한 응용 분야에 광범위하게 사용되고 있다. 또한 디스플레이 산업은 국내에서 반도체 다음으로 선도적인 분야로 매년 매출이 상승하고 있는 산업 중 하나이다. 다양화되는 정보화 사회의 요구에 발맞추어 새로운 고기능의 전자 디스플레이 장치가 계속 개발되고 있는 추세이다.

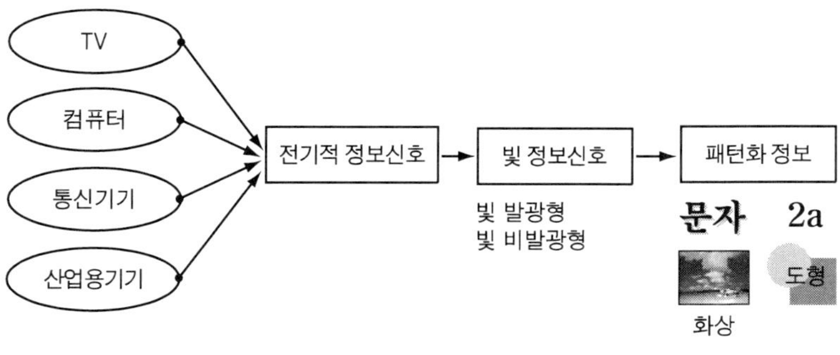

그림 1.1
디스플레이 장치의 정보 전달 방법

디스플레이의 빛 정보 신호가 자체의 발광에 의해 표시되는 경우가 빛 발광형 표시(emissive display)로 구분하고 있으며 반사, 산란, 간섭 현상 등에 의한 주변광의 제어 즉, 광변조로 표시되는 경우가 비발광형 표시(non-emissive display)로 구분하고 있다. 그림 1.2는 대표적인 디스플레이 장치를 발광형과 비발광형 디스플레이 장치에 대한 분류를 나타내었다. 이들 중 가장 오랜 역사를 가진 디스플레이는 CRT로 현재에도 표시

품질 경제성, 시장성, 점유율 등에서 1위를 차지하고 있으며 특히 시장 점유에 있어서도 다른 디스플레이보다 독보적인 위치를 차지하고 있다. 1973년 전자계산기의 표시 장치로 상품화된 LCD는 최근 CRT의 시장 점유율을 점진적으로 잠식하여 모니터 시장 측면에서 2001년 9.4%의 시장 점유율에서 2007년에는 38.8%로 평균 40% 이상 증가하고 있다. 이러한 LCD의 비약적인 발전은 저소비 전력, 고화질, 평판, 경량 등의 특징을 살려 지금까지의 CRT로는 만들 수 없었던 전자수첩, 펜입력 컴퓨터, PDA 등의 휴대형 정보 단말기에 적용이 가능하고 평판형 장점으로 벽걸이 TV, 대형 HDTV 응용이 이루어질 수 있다.

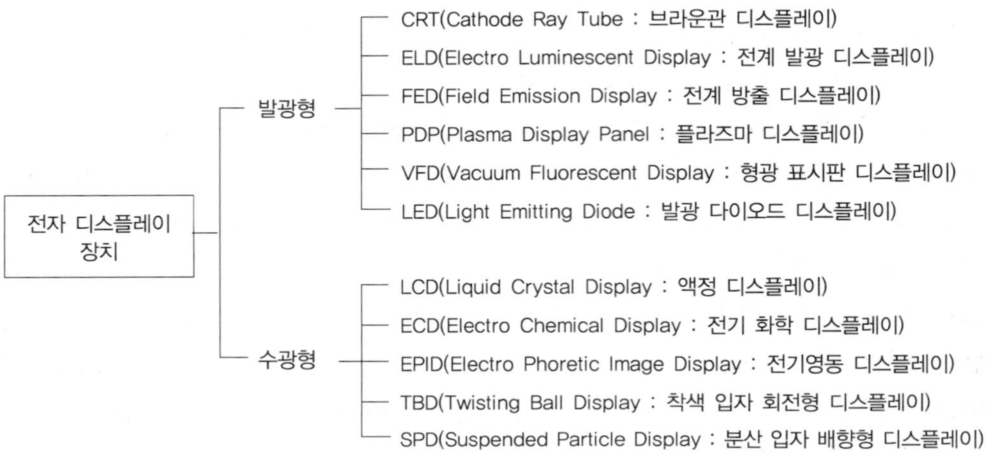

그림 1.2
빛의 발광 여부에 따라 분리된 대표적인 디스플레이 장치

이러한 추세에 맞추어 본 교재에서는 LCD 분야에 3개의 장을 별도로 할애하였다. 제2장에서는 LCD의 기초적인 아이디어인 FET와 반도체에 대한 내용을 통하여 제3장에서 다룰 박막 트랜지스터(TFT)의 이해를 용이하게 하였다. 제4장에서는 가장 많이 사용되는 LCD의 모드인 AM-LCD를 중점으로 액정 디스플레이(LCD)를 상세하게 다루었다. 제5장과 제6장에서는 유기 발광 디스플레이(OLED)의 전반적인 내용과 플렉시블 디스플레이를 다루었다. 제7장과 제8장에서는 마이크로디스플레이, 플라즈마 디스플레이의 원리와 실제 응용을 중심으로 다루었다. 제9장에서는 전계와 자계하에서 전자의 거동 원리에 착안한 전계 방출 디스플레이에 대하여 이론과 실무적인 측면에서 접근하였다. 또한 제10장에서는 아직도 시장 점유에서 1위를 달리는 CRT와 개발 과제에 대하여 알아보고 제11장에서 최근 개발된 3차원 디스플레이에 대하여 다루어질 것이다. 마지막 제12장에서는 전체 디스플레이 시장의 산업 현황과 미래 전망에 대하여 논의하게 될 것이다. 본 교재는 디스플레이를 학습하거나 관심을 가지고 있는 학생, 일반인을 대상으로 작성되었으며 디스플레이 관련 업계 종사자의 디스플레이 전반적인 분야의 기초적인 이해에도 도움을 줄 것이다.

* 2 D i s p l a y E n g i n e e r i n g

평판 디스플레이의 변천사

주요 평판 디스플레이의 역사를 표 1.1에 나타내었다. 1888년 Reinitzer에 의한 액정 발견이 선두였음에도 불구하고 1897년 Braun에 의한 브라운관(CRT)이 최초의 디스플레이로 개발되었다. 이로부터 1971년 Brody에 의해 최초의 AM-LCD(Active Matrix Liquid Crystal Display)가 나오기까지 74년의 시간이 필요로 하였다. 본 장에서는 개요적인 평판 디스플레이 기술 연혁만을 요약하고 상세한 내용은 별도의 장에서 다루기로 한다.

표 1.1 평판 디스플레이의 주요 기술 연혁

액정 디스플레이(LCD)	전자 발광 디스플레이(ELD)
• 1888 Reinitzer(오스트리아), 액정 발견 • 1968 Heilmeier et al.(미국), DS와 GH형의 LCD 기술 논문 발표 • 1971 Schadt et al.(스위스), TN형 LCD • 1972 Microma, Rockwell사(미국), 액정을 통하여 시계와 전자계산기에 적용 • 1980 Dundee 그룹(영국), a-Si TFT 구동 LCD • 1982 Seiko와 Casio(일본), 흑백 액정 TV를 개발 • 1984 Seiko(일본), STN(SBE)형 LCD 기술을 개발 • 1991 Sharp(일본), 액정 프로젝터 개발	• 1936 Destiau(프랑스), ZnS:Cu 형광 기판 상에서 전자 방출(electro luminescent) 이론 개발 • 1950 Sylvania(미국) 분산형 AC 구동형 EL 방출 • 1968 Bell Lab(미국) 기상 증착 박막 AC 구동 ELD • 1978 Sharp(일본) 이중 절연 박막형 AC 구동 ELD • 1980 Lohja(핀란드) 원자층 에피탁시(atomic layer epitaxy, ALE) 박막형 AC 구동 ELD 개발 • 1987 Tang et al(미국) 유기 박막 디스플레이 발표 • 1988 브레나시스템(미국) 완전 칼라 ELD 개발
플라즈마 디스플레이(PDP)	**전계 방출 디스플레이(FED)**
• 1954 Skellet(미국), DC 구동 PDP 발표 • 1956 Burroughs(미국), NIXIE 방전 표시 시제품 • 1966 Illinois Univ(미국), 기억형 AC 구동 PDP • 1968 Philips(네덜란드), DC 구동 PDP를 이용 TV 이미지 표시 실험 • 1969 Burroughs(미국), 자기 주사형 DC 구동 PDP • 1978 NHK(일본), 16" DC 구동 칼라 PDP TV • 1985 NHK(일본), 펄스 기억형 DC 구동 칼라 PDP TV 개발 • 1993 Fujitsu(일본), 21" 완전 칼라 AC 구동 PDP	• 1897 고진공상 고전계(109V/cm)에서 금속이나 반도체로부터 전자 방출 현상을 발견 • 1926 양자역학적 터널링으로 전계 방출을 설명 • 1928 기초 Fowler-Nordheim 식이 정립, J(E,) • 1968 SRI, Spindt 음극 배열이 개발 • 1989 최초의 monochrome FED 개발 • 1993 LETI, 6" 완전 칼라 FED 개발 • 1997 Motorola, 5.6" 고전압 완전 칼라 FED 개발 • 1999 Candescent-Sony, 13.2" 완전 칼라 FED 개발 • 2001 Samsung, 7" CNT-FED 개발

◎ **표 1.1** 평판 디스플레이의 주요 기술 연혁 (계속)

음극선관 디스플레이(CRT)	3차원 디스플레이(3D)
• 1897 Braun(독일), Braun관의 개발 • 1926 독일, 일본, CRT를 이용한 송수신 실험 공개, 문자 표시 실험 • 1935 독일, 세계 최초 TV 방송 개시 • 1950 미국, 칼라 표시 환형 CRT의 개발 • 1961 우리나라 흑백 TV 방송 개시 • 1970 칼라 단말 디스플레이용 CRT의 실용화 • 1972 미국, 투사형 대화면 CRT의 상품화 • 1980 우리나라 칼라 TV 방송 개시 • 1982 RCA(미국), Siemens(독일), beamguide 형, plasma 여기형 평판 CRT의 개발 • 1991 일본, High vision[1] TV의 상품화 • 1994 High vision 실용화 시험 방송 개시	• 1800 중엽 입체 사진을 비롯한 여러 연구 • 1839 Daguerre, 은염 사진 발명 • 1947 Dennis Gabor(영국) 광홀로그램의 발견 • 1990 NHK, Sanyo(일본) 렌티큘러 및 빔스플리터 방식의 3D 디스플레이 발표 • 1994 3안식의 1회용 입체 카메라 시판 • 1995 Sanyo(일본) 셔터안경 방식의 2차원 영상을 3차원으로 변화하여 볼 수 있는 2D/3D 컨버터 기술 개발 • 2000 Sanyo(일본), DTI(미국), Dresden(독일), LCD 및 입체영상 광학 기술을 결합한 15", 18"급 3D 디스플레이

※ 용어 정리[2]

- LCD(Liquid Crystal Display) : 전계, 자계열 등 외부장에 의하여 액정의 초기 분자 배열이 바뀌어 액정 분자 구조의 광학적 성질을 변화시켜줌으로써 나타내는 명암 효과를 이용한 표시 소자
- TN LCD(Twisted Nematic LCD) : 액정 분자의 장축을 상하 기판 사이에서 90도 연속으로 Twist 배열시켜서 전기장을 인가하였을 경우 빛의 편광 상태에 따라 투과도가 다름을 이용한 LCD
- STN(Super Twisted Nematic) : 초비틀린 네마틱이라 하고, TN과 같은 구조를 가지고 있으며 비틀림 각이 TN보다 큰 액정 모드이다.

* 3 평판 디스플레이의 종류

D i s p l a y E n g i n e e r i n g

본 장에서는 개발된 많은 종류의 평판 디스플레이가 있으나 최근 산업화되거나 미래에 유망한 디스플레이를 중심으로 다루게 될 것이다. 평판 디스플레이는 그림 1.2와 같이 빛의 정보 신호에 따라 빛 발광형 표시와 빛 비발광형 표시로 나누어지며 그 기본 구조는 고체상, 액체상 또는 기체상의 표시 재료층과 기판 상에 형성된 전극층이 적층화되어

1) 일본에서 공식적으로 사용하는 고선명 텔레비전(HDTV)의 명칭. 뉴 미디어의 제1단계로 착수한 것이 하이비전을 위성채널로 방송하는 뮤즈(MUSE) 방식의 실험 방송이다. 하이비전 TV의 특징은 주사선 수 1,125개, 화면의 가로 세로비가 16:9로 넓은 것이 특징이다. 또한 하이비전의 기술은 35mm 영화 필름 정도의 고해상도의 특성을 가지므로 방송용뿐만 아니라 영화, 인쇄물, 비디오패키지 등에도 응용할 수 있을 것으로 기대된다.

2) 일본에서 공식적으로 사용하는 고선명 텔레비전(HDTV)의 명칭. 뉴 미디어의 제1단계로 착수한 것이 하이비전을 위성 채널로 방송하는 뮤즈(MUSE) 방식의 실험 방송이다. 하이비전 TV의 특징은 주사선 수 1,125개, 화면의 가로와 세로의 비가 16 : 9로 넓은 것이 특징이다. 또한 하이비전의 기술은 35mm 영화 필름 정도의 고해상도의 특성을 가지므로 방송용뿐만 아니라 영화, 인쇄물, 비디오패키지 등에도 응용할 수 있을 것으로 기대된다.

있는 구조라는 공통점을 가지고 있다. 이러한 측면에서 각각의 디스플레이를 설명하면 다음과 같다.

(1) 액정 디스플레이(LCD)

액정 디스플레이는 크게 형태와 구동 방식에 따라 분류될 수 있다. 디스플레이 형태에 따라서 투사형 LCD와 직시형 LCD로 나눌 수 있다. 투사형은 주로 대면적의 화상 디스플레이를 구현하기 위해 사용되며, 광원을 2차원의 화상 정보를 이용하여 제어하여 공간상에 배치된 스크린에 투사하거나, 고휘도의 영상이나 데이터 화면을 광학 장치를 이용하여 스크린에 확대 투사함으로써 대화면의 화상을 얻는 디스플레이 장치로서 주로 40인치 이상 수백 인치의 화상을 얻을 수 있다. 이러한 투사형 LCD는 스크린(screen)과 투사 광원의 위치에 따라 배면 투사형(rear projection)과 전면 투사형(front projection)으로 구분된다. 투사형 LCD는 라이트 밸브, 광학계, 회로계 및 기구계로 구성되어 있다. LCD에서 나오는 빛을 직접 보는 직시형 LCD는 투과형(transmissive)과 반사형(reflective)으로 나눈다. 투과형은 백라이트를 이용하여 나온 빛의 세기를 LCD 패널에서 조절하고 반사형은 주로 자연광 및 주변의 빛이 LCD 패널에서 반사되어 화상이 형성된다.

LCD는 구동 방식에 따라 전기적 구동(electrically addressed) LCD와 광학적 구동(optically addressed) LCD로 나눌 수 있다. 광학적 구동 LCD는 공간적 광 조절기(spatial light modulator)가 한 가지 예이며 광 신호에 의해 LCD를 제어하는 것이다. 전기적 구동 방식은 화소 전극의 구동시 능동 소자의 유무에 따라 수동 행렬(passive matrix) LCD와 능동 행렬(active matrix) LCD로 구분될 수 있다. 그림 1.3은 직시형 TFT-LCD의 구조이다.

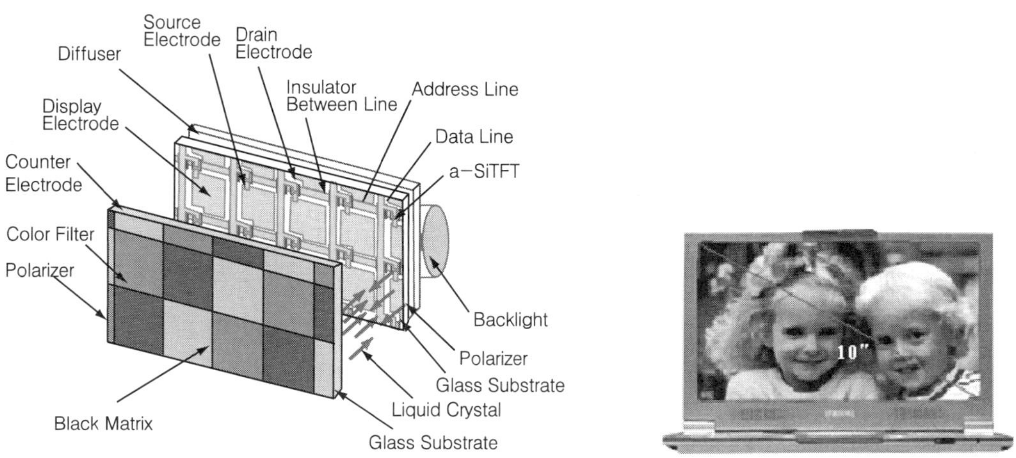

(a) (b)

그림 1.3

Active Matrix LCD(AM-LCD) 패널의 구조(a)와 10" wide형 LCD TV(b)의 응용 예

직시형 TFT-LCD는 투명 전극선이 형성된 두 장의 유리 기판 사이에 액정을 상하가 서로 90°나 270° 비틀리도록 배향시킨다. 여기에 두 장의 편광판을 상하 기판에 액정의 배향 방향과 일치하게 서로 수직이 되도록 부착을 시키고 난 뒤, 한쪽 면에 광원을 부착하고, 빛이 방출되는 면에 칼라 필터를 배치하여 완성한다. LCD의 구동은 액정의 유전 이방성과 복굴절을 이용하여 광을 제어한다.

즉 광원에서 출발한 광은 후면 편광판에 의하여 선 편광된 뒤, 액정의 비틀린 방향을 따라서 진행한다. 액정을 통과한 광은 다시 전면 편광판을 통과하게 된다. 그러나 상하판의 두 전극에 전압을 인가하면 액정은 유전성 이방성에 의하여 액정 분자가 기판에 대하여 수직으로 일어서게 되는데 이때 빛은 액정 분자를 따라서 비틀리지 않고 직진하게 된다. 이러한 경우 액정을 통과한 광이 전면 편광판에 의하여 완전히 차단된다. 그림 1.4에 액정에 전압 인가, 비인가에 따른 빛을 스위칭하는 방법을 도시하였다.

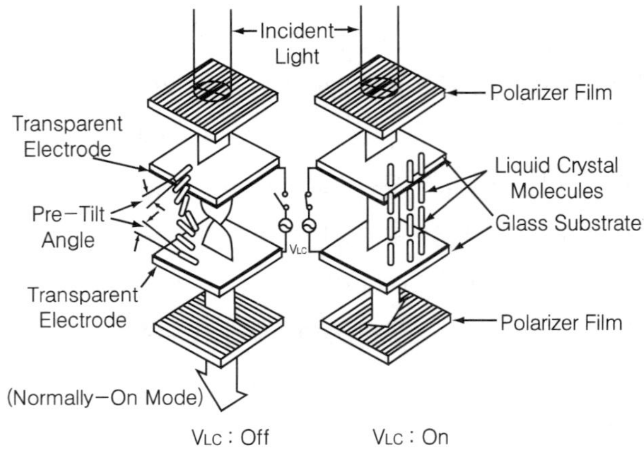

그림 1.4
LCD의 구조와 동작 원리

LCD는 이러한 방법으로 광을 제어하여 영상을 구현한다. LCD는 구동 방식에 따라서 단순 행렬 방식(Simple Matrix type)과 능동 행렬 방식(Active Matrix type)이 있다. 단순 행렬 방식은 위에서 설명한 것과 같이 전극을 상하 기판이 서로 수직으로 배열하여 LCD를 구동시킨다. 단순 행렬 방식의 LCD는 신호 전압이 이웃 화소에도 영향을 주게 되어 전극선 수가 증가할수록 명암 대비를 나타내는 Contrast가 급격히 낮아져서 화질이 떨어진다. 능동 행렬 방식의 LCD는 한쪽 기판에 수직으로 전극선이 배치되도록 하고 전극이 교차하는 곳(화소)에 TFT와 같은 능동 소자를 배치시킨다. 이 능동 소자를 통하여 화소를 Control 함으로써 화소간의 간섭을 제거할 수 있어 화질이 우수하다. 이러한 능동 소자의 재료로서는 수소화된 비정질 실리콘(Hydrogenated amorphous silicon)을 이용한 TFT가 활용되고 있다.

수동 행렬 방식은 주로 초기의 LCD 제품(시계, 계산기 등)에 많이 이용되었고 LCD에 쓰이는 액정의 종류에 따라 Twisted Nematic(TN)-LCD, Super Twisted Nematic

(STN)-LCD, Ferroelectric (F)-LCD와 Polymer Dispersed (PD)-LCD 등으로 분류된다. TN-LCD는 현재 LCD 제품에서 가장 많이 쓰이고 있으나 응답 속도, 시야각, 사용 온도 범위 등의 문제점을 안고 있다. STN-LCD는 비틀림(twist) 각이 240°, 270°로 인가 전압에 따른 투과도가 매우 급격히 변화되는 점을 이용하여 초기 LCD-TV 및 노트북에 많이 사용되었다. F-LCD는 강유전성 액정을 사용한 디스플레이로서 현재 사용되는 LCD 중 가장 빠른 응답 속도를 나타낸다. PD-LCD는, 현재 주로 사용되고 있는 TN 모드 방식의 경우 편광판을 필요로 하며 이 편광판에 의해 입사광의 1/2정도가 흡수되어 열로 바뀌기 때문에 광 이용 효율이 낮아지는 문제점을 개선하기 위하여 제안된 방식이다. PD-LC는 액정의 유동성과 고분자 물질의 구조 및 복굴절성 등을 활용하는 것으로 고분자 재료와 액정을 혼합하는 경우, 액정의 유동성으로 액정 방울들이 polymer와의 경계에서 분자력 및 경계 조건 등에 의하여 분자 배열을 하게 되는데, 거시적으로는 각 방울들은 임의의 분자 배열을 하게 된다. 이 상태에서 평행한 빛이 입사되면 액정의 복굴절성에 의하여 액정 방울을 지나가면서 전계 인가에 따라 굴절 방향이 바뀌게 된다.

각 화소를 능동 소자에 의해 제어하는 능동 행렬 LCD는 단자의 수에 따라 2단자(two terminal) 소자 LCD와 3단자(three terminal) 소자 LCD로 구분된다. 2단자 소자는 주로 metal-insulator-metal(MIM) 방식과 다이오드 방식이 사용되고 있다. 현재 LCD 제품의 대부분을 차지하는 방식인 3단자 소자는 주로 박막 트랜지스터를 이용한다. 또한 박막 트랜지스터의 활성층(active layer)의 종류에 따라 비정질 실리콘(a-Si:H) TFT-LCD, 다결정질 실리콘(poly-Si) TFT-LCD, CdSe TFT-LCD 등으로 구분된다.

(2) 유기 발광 디스플레이(OLED)

유기 LED는 10"급 이하의 중·소형 디스플레이로서 시작한 경쟁 디스플레이, 특히 FED 등에 비하여 더욱 신속히 발전하고 있으며, 즉, LCD가 액체, PDP가 기체, FED가 진공 매개체를 사용하는 반면에, 유기 LED는 완전한 고체 상태의 소자이다. 동작 특성 면에서 볼 때, 자체 빛 방출형 소자로서 휘도와 효율이 높고, 대조비가 우수하고, 시야각이 넓으며, 후면 빛이 불필요하다. 또한, 동작 속도가 빠르고 동작 전압을 낮게 구동하여 저소비 전력화가 가능하다. 제조 공정 면에서 볼 때, 공정 온도가 낮아 플라스틱 등과 같은 유연성 있는 기판을 사용할 수 있으며 대면적 공정이 가능하다. 유연성이 있고 형태를 변화시킬 수 있으므로 디스플레이 제품의 형상을 매우 다양하게 설계할 수 있으며 주변의 관련 제품들과도 제조 및 응용 면에서 충분히 연계시킬 수 있다. 아울러, 다른 디스플레이들에 비하여 상대적으로 얇고 가볍게 만들 수 있어 휴대용기기에 더욱 적합하다. 유기 LED는 기본적으로 그림 1.5 (a)와 같이 유리나 플라스틱 기판과 상부 및 하부 전극(양극 및 음극), 그리고 두 전극 내에 유기 발광층이 삽입되어 있는 구조로 되어 있다. 동작 조건이 되면, 음극과 양극에서 각각 전자와 정공이 유기층 내로 주입되고 유기층 내에서 전자-정공의 재결합 과정을 거쳐 빛이 생성되게 된다.

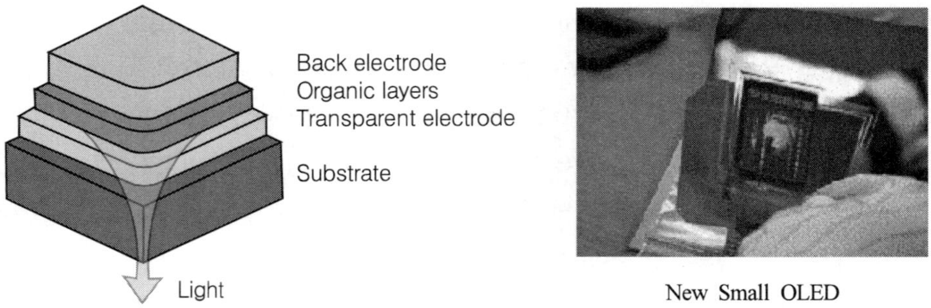

(a) (b)

그림 1.5
유기 발광 디스플레이의 구조(a)와 실제 응용 제품(b), ELiA Tech.(한국)

(3) 플라즈마 디스플레이(PDP)

플라즈마 디스플레이(PDP)는 형광등의 원리를 이용한 디스플레이로서 2장의 유리 기판 내면에 형성한 전극과 대기압의 1/2 정도의 혼합가스로 채워져 있다. 유리 기판의 두께는 3mm 이하로 Panel의 두께는 6mm 이하이다. 2~10%인 Xe가스가 자외선을 만들고 He, Ne 등이 혼합된다. 고해상도의 칼라 PDP에는 각 화소를 구분하는 격벽이 있고 자외선이 각 격벽 사이에 형성된 형광체에 부딪혀서 가시광선을 방사하게 된다. PDP의 가장 큰 특징은 CRT와 동일하게 자체적으로 빛을 방출하는 디스플레이로 시야각이 160° 이상이고 대형화가 용이하고 얇고 가볍다는 장점이 있다. PDP는 이런 장점으로 대형 디스플레이 시장을 주도하는 품목으로 성장하고 향후 기술 개발 진척이 있을 것을 기대하며 향후, 보다 개선이 필요한 부분은 PDP 디스플레이 소비 전력, 밝기, 수명, 저가격화 등이 있다.

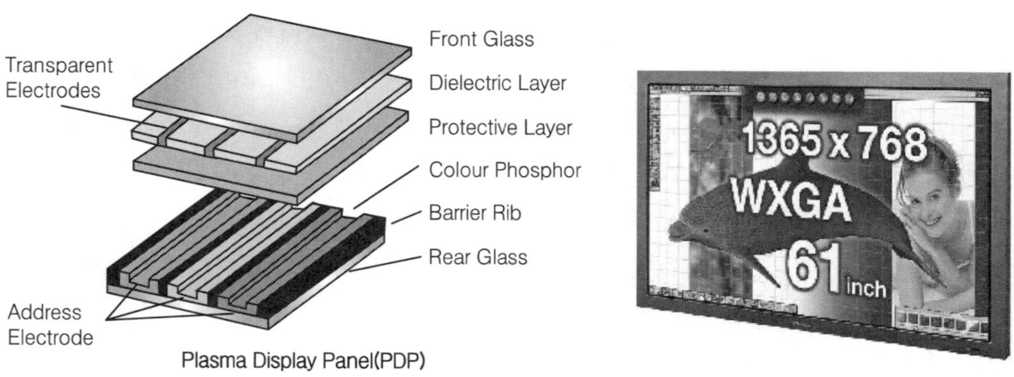

(a) (b)

그림 1.6
플라즈마 디스플레이 패널의 구조(a)와 61"급 PDP 응용 제품, (b) pioneer사(일본)

(4) 전계 방출 디스플레이(FED)

전계 방출 디스플레이(Field Emission Display, FED)는 금속 또는 반도체로 만들어진 극미세 구조의 전계 에미터에 전기장을 인가하여 진공 속으로 방출되는 전자를 RGB의 형광체에 충돌시켜 화상을 표시하는 디스플레이로서, 이론적으로는 CRT의 우수한 표시 특성을 가지면서 경량, 박막화가 가능하므로 "Thin CRT"라고 불리우기도 한다. FED는 원리적으로 고휘도, 저소비 전력, 빠른 응답 속도, 광시야각, 고해상도, 우수한 칼라 구현, 넓은 사용 온도 등 기존 CRT 및 평판 디스플레이의 장점을 모두 갖추고 있는 이상적인 디스플레이 소자로 평가되어 1990년대 초반부터 세계 유수의 연구 기관들의 본격적인 연구, 개발이 진행되었으나 현재까지 시장에 진입하지 못하고 있다. 저전압, 장수명, 대면적 균일도, 재현성을 확보하는 전자 방출 팁 형성에 산업화가 용이한 방법이 개발되면 향후 상당한 디스플레이 시장을 점유할 수 있을 것이다.

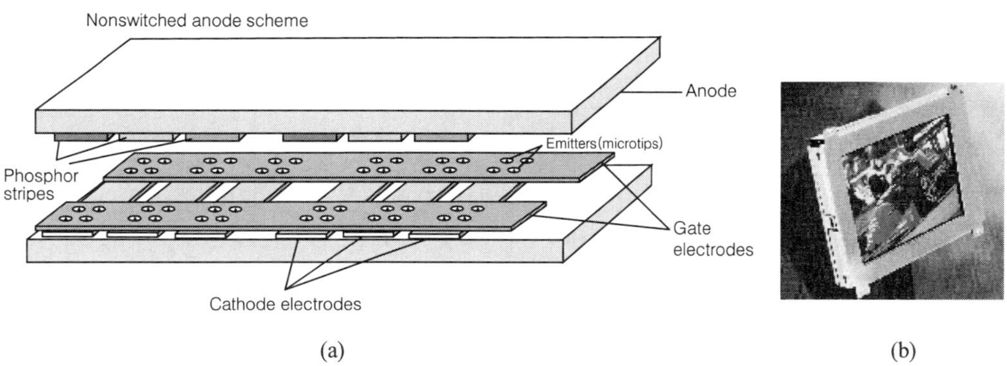

그림 1.7
전계 효과 디스플레이의 화소 구조(a)와 1/4-VGA 모드 실제 응용 제품(b)

(5) 음극선관 디스플레이(CRT)

일명 Braun관(CRT, Cathode Ray Tube)은 전기 신호를 빛 신호 형태로 바꾸는 디스플레이 부품의 일종이다. 브라운관[3])의 음극에 설치된 전자총의 역할 및 동작(열전자 발생 장치)에서 음극전자(열전자)가 방출되면 이 전자는 강한 플러스 전기에 이끌려서 튜브를 따라 주사되는데, 이때 Deflection York는 전자를 상하좌우로 편향시켜 2차원 Display를 가능하게 한다. 전자는 형광체(Phosphor)가 코팅되어 있는 스크린의 뒷면 즉 형광면에 부딪혀 형광체를 발광시키고 글자나 도형 등의 영상을 화면상에 디스플레이하게 된다.

3) 브라운(Braun, Karl Ferdinand, 1850~1918); 독일출생, 물리학자, 초기에는 기초 물리 현상을 연구하다가, 전자기학을 연구하던 도중, 실험상의 필요에서 브라운의 전기계와 음극선 오실로그래프(브라운관, 1897)를 제작하였다.

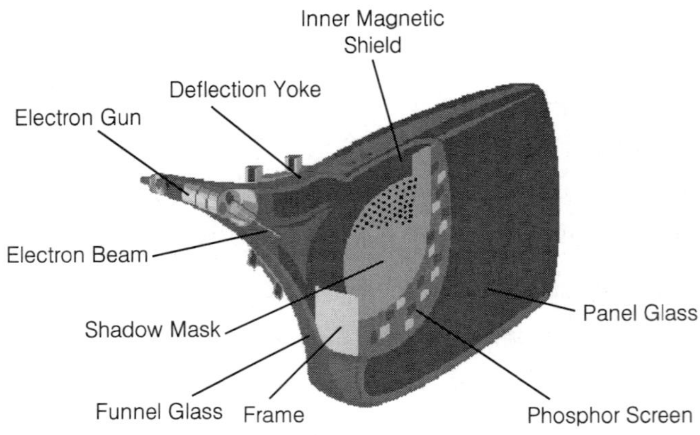

(a)

(b)

그림 1.8

음극선관(CRT)의 내부 구조(a)와 실제 CRT 생산품 이미지(b)

(6) 3차원 디스플레이

"3D 입체영상"이란 2차원 평면 정보와 달리 깊이 및 공간형상 정보를 동시에 제공한 보다 사실적인 영상을 말한다. 즉, 이미 학습한 경험이 있는 볼륨(volume)을 갖는 환경을 인간의 양안(좌, 우측 눈)이 인식하여 뇌에서 정리하는 과정에서 종합되는 공간인식 개념의 영상이다. 이러한 3D 입체영상은 현장에서 실물을 보는 듯한 임장감, 사실감 및 가상현실감 등을 제공하게 된다. 3D 디스플레이는 기존의 2차원 평면 디스플레이에서는 불가능했던 깊이감이 있는 3D 입체 영상을 표시함으로써 실물을 보는 것과 같은 입체감을 표현할 수 있는 입체 디스플레이 기술이다. 인간이 인지하는 입체감은 두 눈에 투영되는 물체의 좌, 우측 영상의 차이로 인해 나타나며, 두뇌의 합성과정을 통해 3차원 영상으로 인식하게 된다. 이는 두 눈이 약 65mm 간격으로 떨어져 위치하고 있어서 서로 약간 다른 두 방향의 영상을 보게 되고, 여기서 양안 시차가 발생하기 때문이다. 기존의 CRT나 평판 디스플레이는 화면에 2차원 영상만 표시하기 때문에 물체의 전후 또는 측

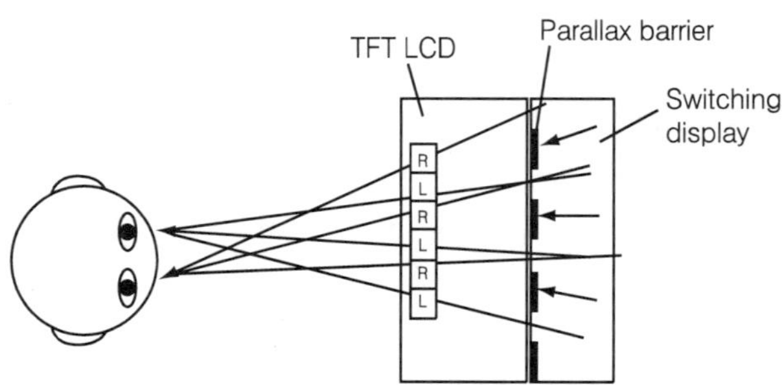

(a)

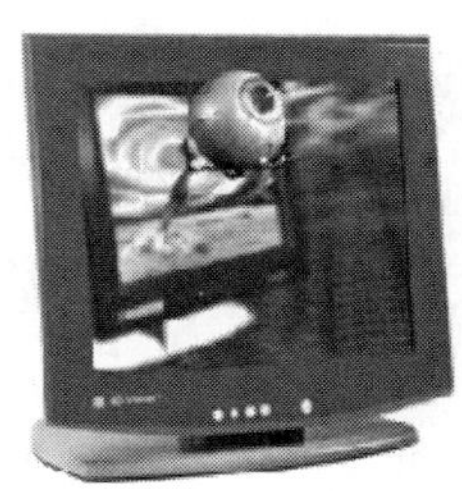

(b)

그림 1.9

3차원 디스플레이의 양안 시차 발생 원리(a)와 15.1" 응용 제품(b), Duenrkohp & Radicke(독일)

면의 영상정보를 보는 데 어려움이 있는 반면에 3D 디스플레이 기술은 여러 방향의 영상정보를 동시에 표시함으로써 물체의 깊이 정보뿐만 아니라, 실제 현장에 있는 것과 같은 현실감을 표현하는 특징이 있다.

(7) 기타 디스플레이

1) 전기 화학 디스플레이(Electro Chemical Display, ECD)

ECD는 고체 혹은 액체 물질의 전기 화학적 산화, 환원 반응에 의해 나타나는 가역적인 색변화를 이용한 빛 비발광형 표시 장치이다. ECD용 재료로서 비정질 산화텅스텐(a-WO_3), 산화몰리브덴(MoO_3), 산화이리듐(IrO_2)으로 대표되는 천이금속 산화물, viologen 유도체, 코발트 bipyridine 등의 유기 복합체, 희토류 금속인 diphtahalocyanins, 요오드화은(AgI), 각종 레독스화합물 등이 주요 재료로 알려져 있다.

2) 전기영동 디스플레이(Electro Phoresis Display, EPD)

액체에 미립자가 분산된 콜로이드 용액 중에는 전기적 2중 층이 형성되어 분산 입자는 + 혹은 -로 대전하게 된다. 이러한 콜로이드 용액에 직류 전압을 가하면 분산 입자는 쿨롬(coulomb)력에 의해 용액 속에서 대전하게 된다. EPD는 이와 같은 전기영동 현상[4]을 이용하고 있다.

3) 형광 표시관 디스플레이(VFD)

VFD는 저속 전자선에 의해 형광체의 여기 발광 현상을 이용하는 표시 장치이다. 음극선 형광(luminescent) 현상을 이용하는 점에서는 CRT와 같으나, CRT는 전자빔 주사로서 표시되는 것에 비해 VFD는 그리드(grid)부와 양극(anode)부에 선택적으로 전압 인가를 조작한다.

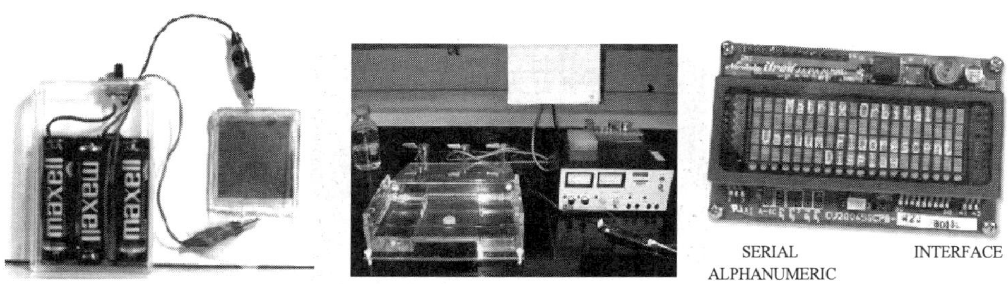

(a) (b) (c)

그림 1.10

(a) Blue ECD, (b) EPD의 실험 장치, (c) embedded EMJ system(미국)의 VFD의 상용 제품

---

4) 전기영동(電氣泳動)이란 문자 그대로 전기를 주어서 이동시키는 것으로 콜로이드 입자가 전기를 띠고 있기 때문에 생기는 현상, 주로 유전공학에서 생체 추출물들의 정제 및 분석에 응용되어 왔다.

* 4 디스플레이 화질

디스플레이 장치로 OLED, LCD, PDP, CRT 등 여러 가지 표시 장치가 있으나 각각 디스플레이 장치마다 색 재현 범위나 재현색에 차이를 나타낸다. 전시된 디스플레이 마다 같은 화상이라도 색깔이 다르다는 것을 알 수 있다. 각각의 다른 디스플레이가 개발되는 시점까지 새로운 목적과 응용 분야에 따라 많은 문제점을 갖고 있기 때문에 색깔이 다른 것은 당연하다. 기기별 색 재현성의 특징과 색관리, 색조정을 이해하고 최적의 색깔을 표시하기 위한 연구가 진행되어야한다. 색에는 센서로 측정 가능한 물리량(그림 1.11)과 심리적으로 느끼는 양으로 생각할 수 있다. 즉, 색을 가시 영역(파장 380nm~780nm)의 빛에너지 분포로 파악 하는 것과 심리양으로서의 색은 사람의 감정이나, 경험, 문화 등에 의해서 다르게 결정된다. 물리량이 같더라도 사람의 심리 상태에 따라 다른 색으로 보이는 경우도 있다. 색을 다루는 기술자는 미묘한 색감차이도 구별할 수 있다. 인쇄업이나 염료 기술자는 색에 관해 민감하므로 색관리의 품질은 일반적인 것 보다 훨씬 높다. 대부분의 디스플레이는 우수한 색 재현 범위를 가지고 있다. 빛을 발광함으로써 화상을 표시하는 디스플레이는 밝은 색을 미세하게 표시하는데 뛰어난 반면에 어두운 색은 깨지는 경우가 있다. 인쇄는 반대의 특성을 갖는다. 빛을 반사함으로써 화상을 표시하기 때문에 어두운 색의 재현성이 뛰어나다. LCD는 푸른 빛을 띠고, CRT는 붉은 빛을 띠기 때문에 피부색을 중시하는 화장품회사는 CRT 모니터를 사용하기도 한다. 최근의 디스플레이 장치는 색 재현성이 많이 향상되었으나 사람의 피부색을 어떻게 유지할 것 인지는 아직도 큰 과제이다. 또한 색표시기기는 열과 온도, 습도에 영향을 받는다. 모니터 전원을 켜고 나서 색이 안정되기까지는 수십 분이 걸리는 것으로 알려져 있다. 모든 디스플레이회사는 여러 가지 방법을 통해 색관리를 하고 있다.

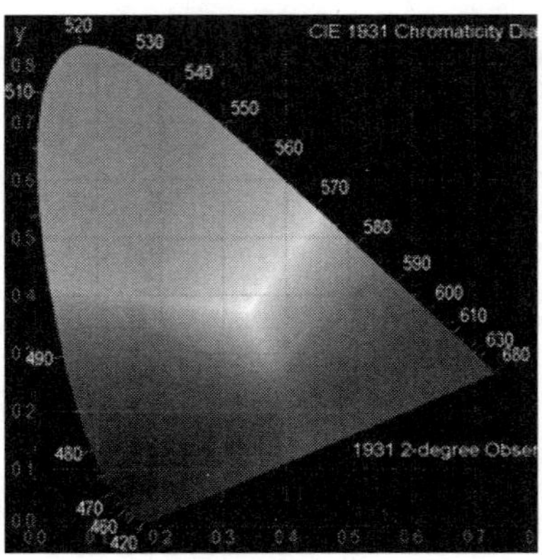

그림 1.11
CIE 색좌표계

5 차세대 디스플레이 전망

유연한 기판에 관한 개발은 주로 일본 및 미국 업체에 의해 주도되고 있으며, 스미토모화학, Teijin, Dupon-Teijin, Dupon, GE 등이 플라스틱 기판과 barrier 박막코팅된 플라스틱 기판을 개발 판매하고 있다. 플렉시블 디스플레이용 표시 소자는 액정, electro-phoretic, electrochromic, 유기 EL 등이 채택되고 있으며 유기 EL이 유력한 후보가 될 것으로 생각된다. 구동 소자는 비결정 실리콘, 저온 다결정 실리콘 트랜지스터와 유기 반도체 물질을 사용하는 유기 TFT, 나노와이어를 적용하는 나노 TFT, 투명한 무기 반도체를 사용하는 투명 TFT 등이 있다. 유기 TFT는 1980년대 이후 연구되었으며 제조공정이 간단하고 비용이 저렴하며 구부리거나 접을 수 있는 전자 회로 기판에 필수적인 요소이다. 최근 유럽의 필립스가 Rollable Display를 개발하고 있다. 저분자 유기 TFT와 E-ink사의 electrophoretic 표시 소자를 결합한 저가격의 Rollable Display 개발을 서두르고 있다. Plastic Logic사도 프린팅 유기 TFT와 E-ink 기술을 결합한 저가의 electronic paper 시장을 겨냥하고 있다. 일본의 Pioneer, Hitach, Sony사 등도 유기 TFT와 유기 EL, 액정 등이 결합된 플렉시블 디스플레이를 개발하고 있다. 동경대, Pioneer, 그리고 Rohm사는 자체 유기 발광 트랜지스터와 바이오 나노섬유를 융합할 수 있는 저열팽창 투명 기판 개발을 진행하고 있다. 동경공대는 In-Ga-Zn-O계 비정질 산화물 반도체를 개발하여 플라스틱 기반상에 TFT를 제작하였다. 다른 한편으로는, 방송, 통신 컴퓨터 등의 미디어 기술 분야의 고화질 영상 서비스를 위한 인프라 구축을 서두르고 있으며 인간 친화적인 디스플레이 즉 e-paper, flexible 디스플레이, 투명 디스플레이, 스트레처블 디스플레이 등의 개발과 상용화에 노력하고 있다. 저소비 전력과 고정세 평판 디스플레이의 응용 영역은 휴대용 및 모니터 용도에서 박진감 넘치는 대형화면 TV 디스플레이로 확대되고 있다. TFT-LCD, PDP와 AMOLED 패널의 대형화가 진행되어 가는데 미래의 초박형 평판 디스플레이 발전성은 무한하다. flexible 디스플레이와 투명 디스플레이는 각각 구부릴 수 있으며 기존 유리창을 디스플레이로 대체할 수 있는 차세대 기술이다. 이러한 디스플레이 구현을 위해서는 자유롭게 구부릴 수 있는 플라스틱 필

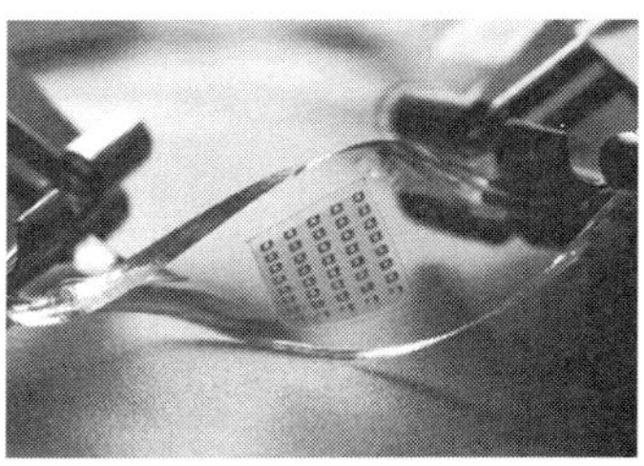

(a)

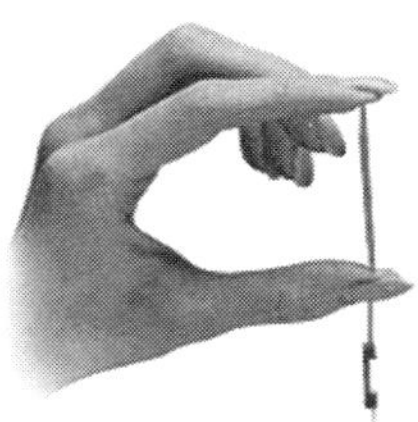

(b)

그림 1.12

자유자재로 휘고 늘일 수 있는 전자 회로(a), 얇고 가벼운 디스플레이(b)

름 기술(그림 1.12), 프린팅 공정 기술, 투명 재료 등이 개발되어야 한다. 이러한 디스플레이의 하드웨어의 발전과 함께 디스플레이 컨텐츠 발전은 새로운 정보 서비스를 가져올 것이다. 미래 디스플레이의 응용은 옷에 입는 디스플레이, 두루마리 디스플레이, 패션 디스플레이, 카드 디스플레이, 오목·볼록 형태의 디스플레이 등 무궁무진하다.

연습문제

1. 디스플레이 장치를 발광형과 수광형으로 구분하고 종류별 특징에 대하여 논하시오.

2. 평판 디스플레이의 대표적인 종류를 열거하고, 각 종류별 특징을 논하시오.

3. 가격, 밝기, 수명 등에서 우수한 특성을 보이는 기존의 CRT 디스플레이에서 왜 평판형 디스플레이 기술이 요구되는지 조사하시오.

4. 디스플레이 종류별 발전사에 대하여 연도별로 조사하고 도표로 정리하시오.

5. 본 교재에서 언급하지 않은 새로운 개념의 디스플레이 방법에 대하여 조사하시오.

참고문헌

[1] Shouichi Matsumoto, Isao Oota, Hisashi Okada, Yoshimasa One, Takao Kishino, Tatsuhiko Niina, Hidel Mori and Satoshi Watanabe, 전자디스플레이, Ohmsha, 1995,

[2] 주병권, 김재경, 이윤희, "무한한 응용 가능성을 꿈꾸는 차세대 디스플레이, 유기EL",

[3] 정의선, "점등시간 및 점등주파수에 따른 PDP 수명특성 연구", 박사학위청구논문, 2001

[4] 송윤호, 이진호, 권상직, "Field Emission Display 개발동향 및 전망", 전기전자재료학회지, 제15권, 제12호, 2002.

[5] 김은수, "3D 입체 디스플레이 시스템의 국내외 기술개발 동향 및 시장전망", 한국정보디스플레이학회지, 제3권, 제2호, 2002.

[6] 김철주, "비정질 반도체", 아카데미리서치, 1998

[7] T. Tsukada, "TFT and LCD", 북스힐, 2000

[8] 노봉규 외, "LCD Enhineering", 성안당, 2000

[9] Pierret, "Semiconductor Device Fundamentals", Addison Welsley, 1997

[10] 김상우, "디스플레이 공학", 청범출판사, 2001

[11] 이충훈, 김철하, "Hydrogenated Amorphous Si의 응용", 전기전자재료학회지, 제12권 제2호, 1999

[12] 장진, "저온 다결정 실리콘 박막 트랜지스터 개발 동향", 전기전자재료학회지, 제12권 제2호, 1999

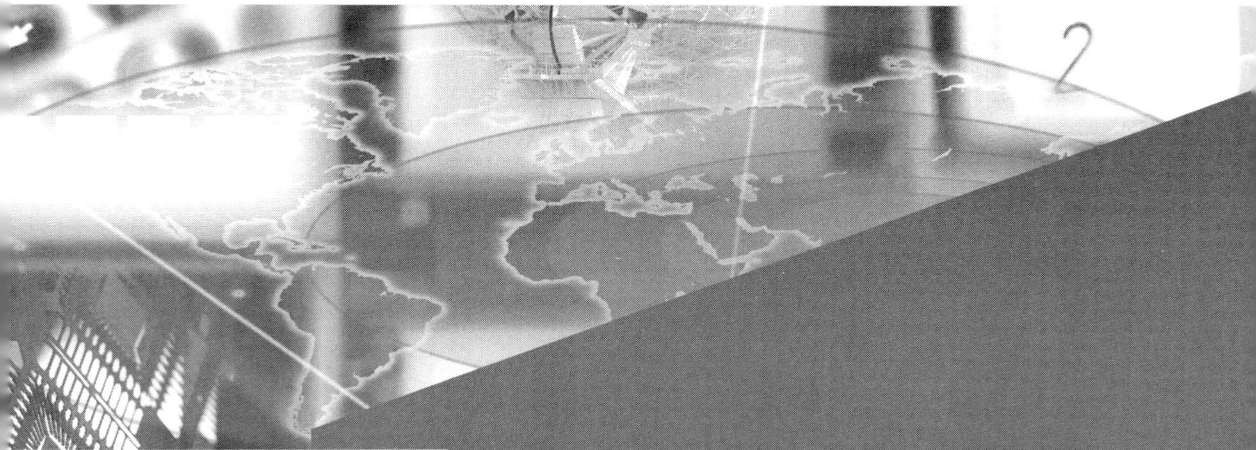

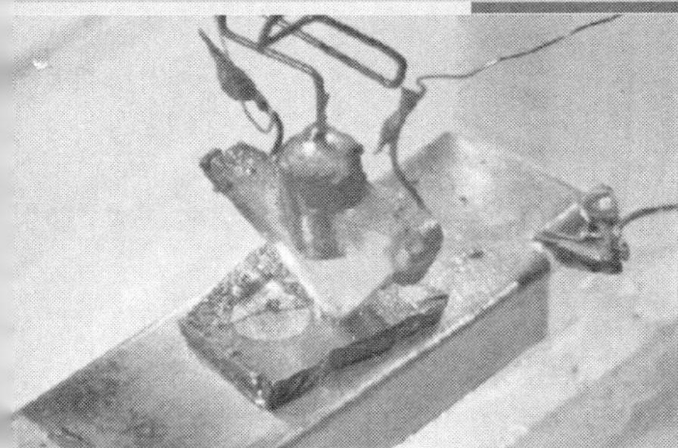

전계 효과 트랜지스터 (FET)

Chapter 01 → 02

MOSFET 특성 개괄

1.1 MOSFET 학습 필요성

디스플레이에서 한 점을 표시하는 방안으로는 X축과 Y축을 직교로 교차하는 점을 화소로 표시 가능하다. 이렇게 교차한 무수한 점(화소)을 매트릭스로 구성하고 화소 각각 한 개씩을 제어하는 방안으로는 3-단자 스위칭 소자가 필요하다. 즉, X축과 번지(예 : 1-760번)와 Y축 번지(예 : 1-1024번)를 지정하고 교차하는 지점의 ON/OFF 상태를 표시하기 위해서 3-단자 소자인 트랜지스터를 사용한다. MOSFET(Metal Oxide Semiconductor Field Effect Transistor)와 유사한 형태의 박막 트랜지스터가 스위칭 소자로 사용되므로 본장에서는 MOSFET 관련한 기초를 학습한다. MOSFET(Metal Oxide Semiconductor Field Effect Transistor)는 두 가지 사항을 이해해야 한다. 금속(metal)-산화막(SiO_2)-반도체(Semiconductor) 또는 MOS 구조와 동작 특성을 학습한다. MOSFET은 게이트 전극에 인가하는 전압에 따라서 트랜지스터 ON/OFF를 제어한다. 디스플레이 할 번지 지정을 위해서 외부로 연결되는 드레인과 화소 표시부와 연결되는 소오스에는 항상 pn 접합이 이루어진다. 그림 2.1에 트랜지스터 구조와 디스플레이 매트릭스 구성 개념도를 도시하였다.

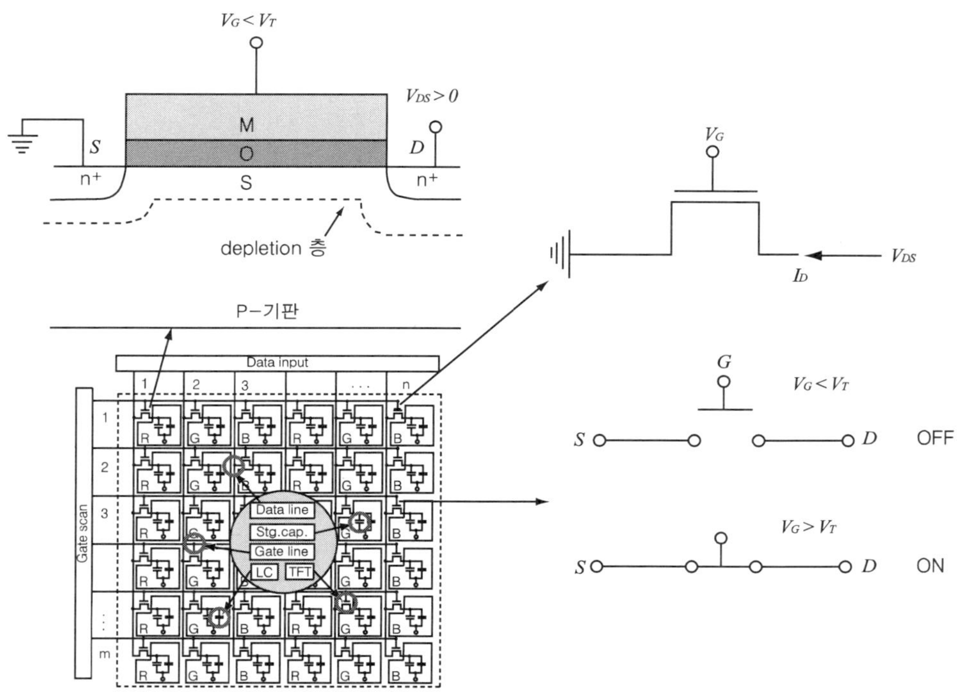

그림 2.1
트랜지스터 구조와 디스플레이 매트릭스 구성 개념도

먼저 MOSFET을 간략히 소개하고 실제 디스플레이에 사용되는 박막 트랜지스터(Thin Film Transistor, TFT)를 학습한다. 그 뒤 장들에서는 이러한 트랜지스터로 구동되는 액정 디스플레이(liquid crystal display)를 학습한다.

1.2 MOS 커패시터의 구조와 동작

MOSFET의 핵심은 게이트에 수직으로 배치된 금속 – 산화막 – 반도체 구조로 알려진 MOS(Metal-Oxide-Semiconductor ; MOS) 커패시터이다. MOS 구조는 게이트에 전압 인가 형태와 크기에 따라서 실리콘 반도체 표면층에 전자수를 증가시키거나 감소함으로써 소오스에서 드레인으로 전류가 흐를 수 있게 하거나 전류 흐름을 방지할 수 있다. 그림 2.2는 금속 – 산화막 – 반도체 구조와 이상적인 경우의 에너지대를 나타낸 것이다. 여기서 C_{OX}는 산화막의 등가 커패시턴스이고, C_S는 게이트 전압에 의해 가변되는 실리콘 영역의 커패시턴스이다. 그리고 E_{fm}, E_f는 각각 금속과 실리콘의 페르미준위이며 E_c, E_i, E_v는 전도대, 진성 페르미 준위 및 가전자대를 표시한다. 또한 $q\phi_M$, $q\phi_{si}$는 금속과 실리콘의 일함수이며, ϕ_F는 페르미 전위이다. 이상적인 MOS 커패시터는 (1) 실리콘과 금속전극의 일함수 차가 없고, (2) 금속 전극과 실리콘에서만 전하가 존재하며, (3) 산화막은 완전한 절연체로서 외부 전압에 대해 전하가 산화막을 통과하지 못하는 경우를 말한다. 그러나 실제로는 금속과 실리콘 사이에는 일함수 차가 있으며 산화막 내에는 여러 가지 전하가 존재할 수 있다.

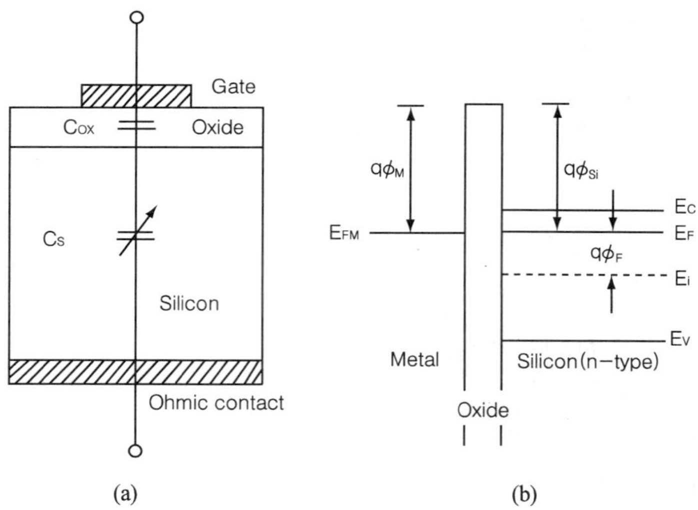

그림 2.2
MOS 커패시터의 구조와 실리콘의 에너지대

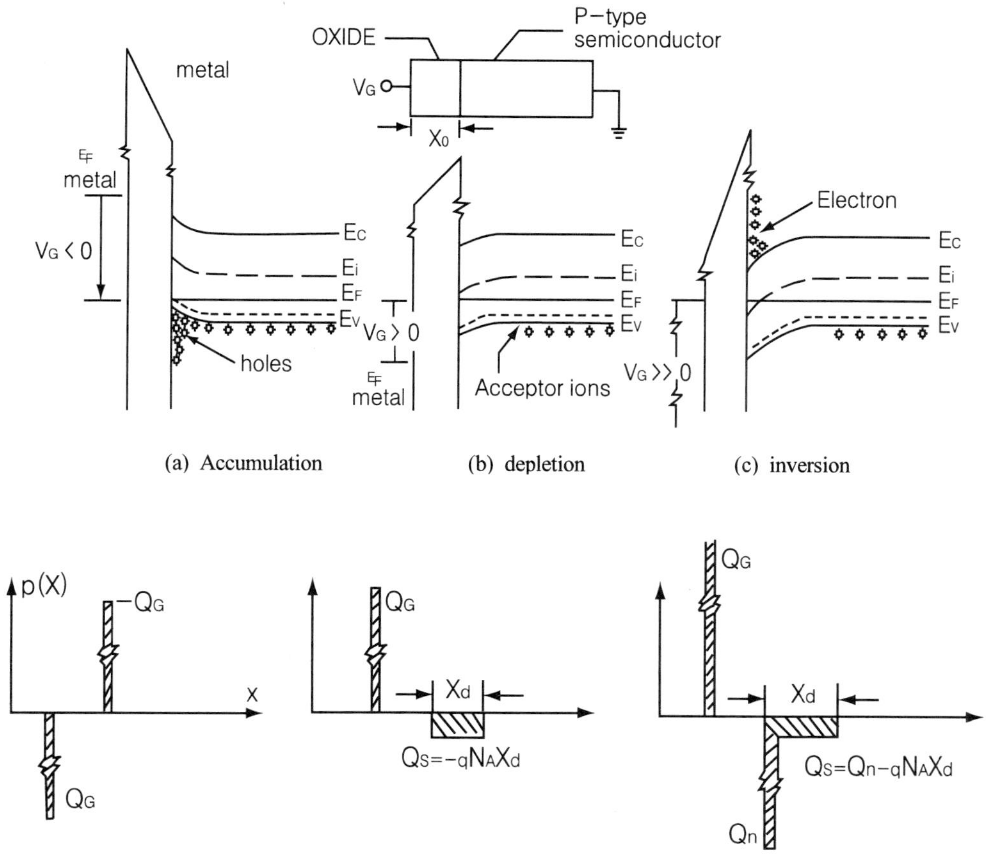

그림 2.3
p형 실리콘 MOS 커패시터에 외부 인가 전압 가변에 따른 에너지 밴드 변화도

그림 2.3은 p형 실리콘 MOS 커패시터에 외부 인가 전압 가변에 따른 에너지 밴드 그림을 나타낸 것이다. 전도대와 가전자대의 가장자리들이 그림에 나타낸 것처럼 영역별 전위차 때문에 에너지 밴드가 휘어지고, 외부 전압 가변에 따라서 에너지 밴드도 가변된다. 유도된 공간 전하 폭은 X_d다. 게이트에 음(− −)의 전압을 인가하면 절연막인 산화막에서 전압이 강하되고, 반도체 표면에는 양성인 홀이 모여 축적된다(축적모드). 게이트에 양(+)의 전압을 가하면, 반도체 표면에 홀이 밀려나가 홀이 공핍화된다(공핍모드). 보다 더 큰 양(++)의 전압이 MOS 커패시터의 상단금속 게이트에 가해지고 있는 경우를 살펴보자. 유도된 전계의 크기가 증가하고 MOS 커패시터상의 대응하는 음의 전하(전자)들이 증가할 것으로 예상할 수 있다. 충분히 큰 양의 게이트 전압을 가함으로써 반도체의 표면은 홀 주도이던 p형에서 전자가 다수인 n형 반도체로 반전(inversion)되고, 산화막-반도체 계면에는 전자의 반전층이(반전모드) 유도된다.

문턱 전압(V_T)은 반전점에 이르는 데 필요한 최소의 게이트 전압으로서 정의하며, 문턱 반전점은 표면 전위가 p형 반도체에 대해 $\phi_s = 2\phi_F$일 때의 상태로서 정의한다. 게이트에 인가하는 전압이 반전층을 형성하는 시점부터 소오스에서 드레인으로 전류를 흘려

줄 수 있는 채널이 형성된다. 즉, MOSFET는 게이트에 인가하는 전압을 가변하여 소오스와 드레인간의 전류 흐름을 스위칭 한다.

1.3 MOSFET의 종류

지금까지는, p형 기판(벌크)과 n^+형 소오스와 드레인 층을 사용한 MOSFET를 설명하였으며 이는 소오스와 게이트 사이의 전자들의 채널을 형성하여 MOSFET를 동작시키기 위하여 게이트에 양 전압이 필요하다. 이 MOSFET의 종류가 n형 채널(전자)에 의해 동작하기 때문에 n 채널 MOSFET라고 한다. n형 기판(벌크)에 p^+형 소오스와 드레인 층을 사용하는 MOSFET에서 ON 상태에서 소오스와 드레인을 연결하는 채널은 정공들(p형 캐리어)로 만들어지기 때문에 p 채널 MOSFET라고 부른다. n 채널과 p 채널 MOSFET는 자주 NMOS와 PMOS로 간단히 사용하고 있다.

전에 설명한 n 채널과 p 채널 MOSFET의 공통적 특성은 게이트 바이어스가 인가되지 않으면 OFF 형태로 된다는 것이다. 이때 소오스와 드레인 사이에 채널이 없기 때문에 드레인 전류는 0이다. 그러므로 이와 같은 MOSFET는 일반적으로 차단 상태(normally off) MOSFET로 분류된다. 전달 특성은 드레인 전류가 n 채널 MOSFET의 경우 충분히 큰 양의 게이트 전압에서, p 채널 MOSFET의 경우 음의 게이트 전압에서 트랜지스터를 ON 동작하게 된다. 이것으로부터 n 채널과 p 채널에서 전자들과 정공들의 채널을 만들기 위해 적당한 크기의 게이트 전압이 필요하다는 것을 알 수 있다. 그 결과로서, 이러한 MOSFET의 형태를 증가형(enhancement) MOSFET라고 한다.

MOSFET는 Si 층의 두께, 도핑 농도, 산화막 두께, 금속 재료 등을 조절하여 채널이 게이트에 외부 인가 전압 없이도 채널이 형성된 상태로 만들 수가 있다. 이때 MOSFET가 ON 상태로 동작하기 위해 어떠한 게이트 전압도 필요하지 않기 때문에, 일반적으로 도통 상태(normally on) MOSFET라고 한다. 이러한 MOSFET가 차단 영역에서 동작하기 위해서는, 채널에 전자 또는 정공들이 제거되어야 하므로 공핍형(depletion type) MOSFET라고도 한다. 공핍형 n 채널 MOSFET의 경우 음의 전압이 드레인 전류를 멈추기 위해서 필요하며, 양의 전압은 공핍형 p 채널 MOSFET를 OFF 상태로 놓기 위해 요구된다.

1.4 TFT와 MOSFET의 비교

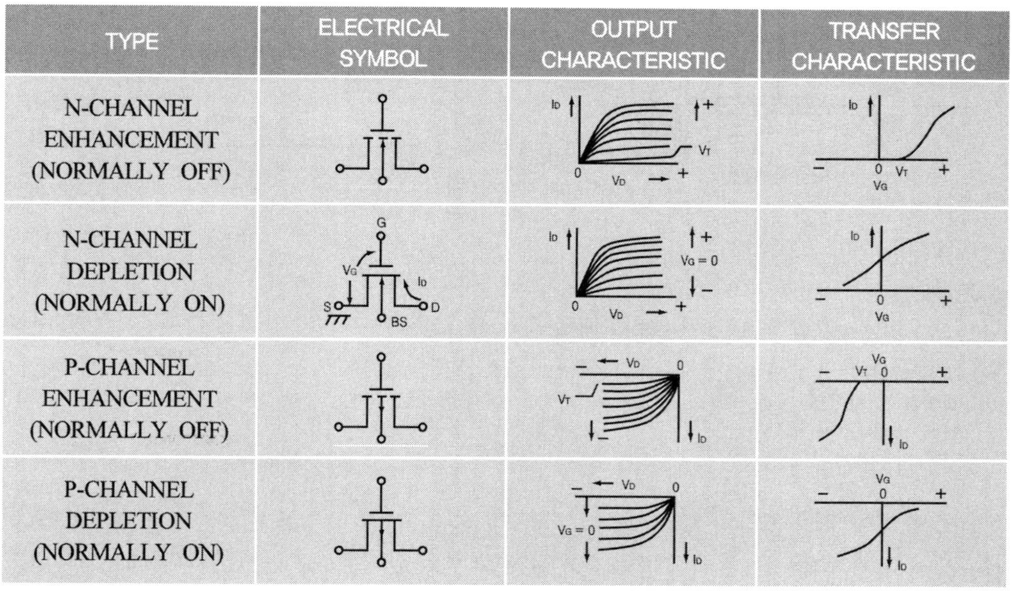

그림 2.4
MOSFET의 종류별 전류-전압 특성

MOSFET와 디스플레이에 사용되는 박막 트랜지스터(Thin Film Transistor, TFT)는 공통적으로 모두 MOS 게이트 구조의 소자이다. 그러나 두 개의 소자의 중요한 차이점은 동작 모드의 차이에 있다. 박막 트랜지스터(TFT)는 축적 모드(accumulation mode)에서 동작하게 된다. 다시 말해서 게이트 전압이 인가되면 특정한 캐리어의 밀도가 증가한다. 이러한 박막 트랜지스터의 동작은 핵심적으로 전도도의 조절이 가능한 박막을 사용해야 된다. 본 장에서 학습한 MOSFET 제조에 사용되는 Si **단결정 기판위에서** 축적 mode(게이트에 인가하는 전압의 반대 극성인 전자나 홀을 모아 절연막과 실리콘 표면 사이에 축적)로 제작된 소자(p^+pp^+ 접합)는 동작하지 않는다. 그림 2.5 (a)는 이러한 이유를 보여주고 있다. (−)의 게이트 전극이 인가되면 p형 기판의 표면에는 정공이 축적되게 된다. 그러나 p형 기판(수십 옴)에서 정공은 이미 큰 전류를 가지고 있기 때문에 전류를 조절하기 어렵다. 메모리 소자에 사용되는 절연된 게이트 전계 효과 트랜지스터의 동작은 표면에 반전(inversion)을 야기할 수 있는 반대의 게이트 전압(즉 (+) 전압)이 요구된다. 즉 그림 2.5 (b)와 같이 (+)의 게이트 전압은 표면에 전자의 채널을 형성하여 드레인에서 소오스 사이 n^+pn^+ 접합에 흐르는 전류을 ON/OFF 하는 스위치 역할이 가능하다.

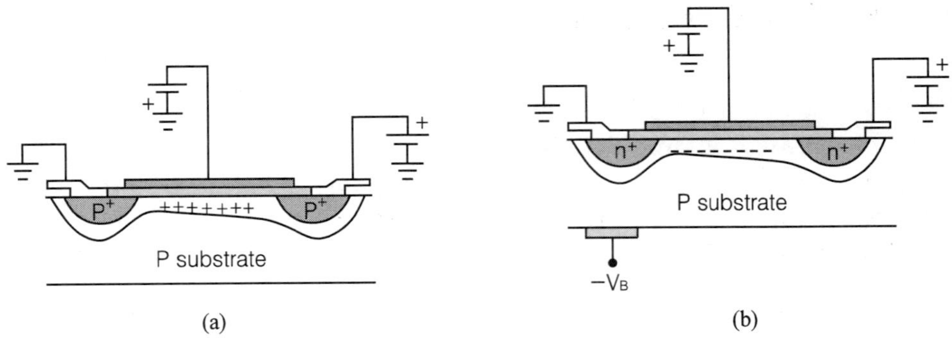

그림 2.5

p형 기판 위에 제작된 게이트가 절연된 전계 효과 트랜지스터

(a) 축적 mode를 만들기 위한 구조
(b) 역방향의 게이트 전계 인가와 n^+ 접촉을 가지는 실제적인 MOSFET 구조, 즉 역전층이 (+) 게이트 전압에 의해서 만들어진다.

디스플레이에 응용되는 트랜지스터 구조와 전류–전압 특성을 그림 2.6에 도시하였다. 절연성이 높은 유리 기판 위에 트랜지스터가 제조된다. 기존에 다루던 상부 게이트 구조와 다르게 하부에 게이트를 가지고 저온에서 실리콘 질화 절연 박막을 성장하고, 연속적으로 저항성이 높은 진성 실리콘 박막 (대부분 비정질로 불순물을 주입하지 않으면 매우 높은 비저항 10^8 ohm–cm 이상을 가짐)을 성장하고, 소오스와 드레인부에 n^+나 p^+를 불순물 포함한 실리콘 박막을 형성하여 TFT 구조를 완성한다. 이러한 구조에서 전류는 소오스를 출발한 전자가 게이트 하부에 생성되는 실리콘 채널층으로 이동하여 다시 드레인쪽으로 ON 전류가 흐른다.

그림 2.6과 같이 게이트에 양의 전압이 인가되면 실리콘 표면에 전자를 축적하여 채널을 형성함으로 게이트 전압으로 트랜지스터 스위칭이 가능하다.

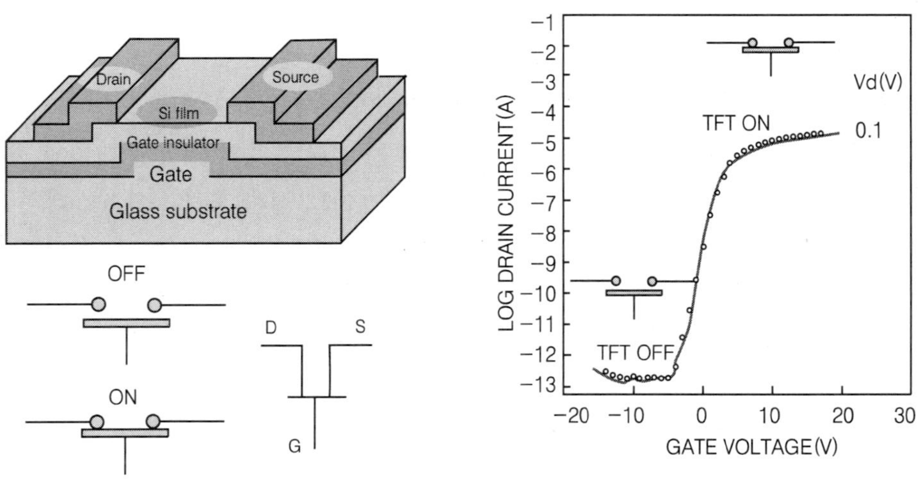

그림 2.6

유리 기판에 형성된 TFT 구조와 전류–전압 특성 곡선

2.1 박막 트랜지스터(TFT)의 배경

박막 트랜지스터(Thin Film Transistor, 이하 TFT)는 간단하게 "절연성 기판 위에 반도체 박막을 이용하여 만든 전계 효과 트랜지스터(Field Effect Transistor : FET)"로 정의할 수 있다. FET와 마찬가지로 TFT도 게이트(Gate), 드레인(Drain) 및 소스(Source)의 세 단자를 가진 소자이며, 가장 주된 기능은 스위칭 동작이다. TFT의 동작원리는 FET와 매우 유사하다. 소스와 드레인 사이에 흐르는 전류를 제3의 전극인 게이트에 인가하는 전압을 조절하여 도통(ON) 또는 불통(OFF) 상태로 스위칭 동작을 한다. TFT는 센서, 기억소자, 광소자 등에도 응용되지만, 주된 사용 분야는 능동 행렬형(Active Matrix : AM) 평판 디스플레이의 화소 스위칭 소자이다.

액정을 이용한 평판 디스플레이는 상부와 하부의 직선형 전극 띠를 교차하여 화소를 구성하거나 미리 정해진 전극 모양에 따라서 표시하는 형태가 주류를 이루었지만 최근 능동 행렬 액정 표시 장치(AM-LCD : Active Matrix Liquid Crystal Display)를 이용한 정보 디스플레이가 발전하고 있는 추세이다. AM-LCD에서는 화소 내의 각각의 박막 트랜지스터(TFT : Thin Film Transistor)에 의해 구동 전압이 조절되어 화소의 켜짐과 꺼짐 그리고 투과도를 변화시킨다.

특히 산업계에서는 비정질 실리콘을 능동층(active layer)으로 이용한 TFT가 대면적 AM-LCD의 스위칭 소자로 사용되며, 이러한 비정질 실리콘 박막은 기판 온도 350℃ 이하에서 성장이 가능하기 때문에 저가의 대면적 유리 기판을 사용할 수 있는 이점이 있다. 또한 비정질 실리콘 TFT는 scan line의 수가 1,000 이상인 디스플레이에서도 전하를 공급할 수 있을 정도로 드레인 전류가 크고, 한 프레임(frame) 동안에 전하의 방전이 거의 없을 정도로 off 전류가 낮다. 따라서 대비비가 1,000:1 이상의 디스플레이를 가질 수 있는 장점이 있다.

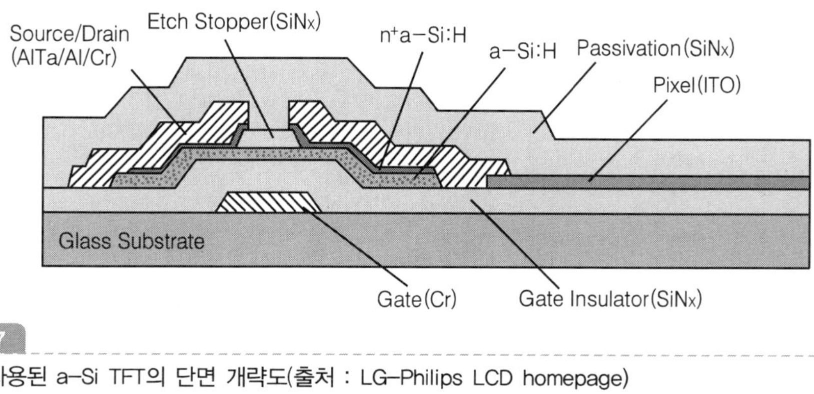

그림 2.7
LCD에 사용된 a-Si TFT의 단면 개략도(출처 : LG-Philips LCD homepage)

디스플레이 산업은 점차 고정밀 미세 화소를 제어하는 방향으로 발전하였다. 그래서 각 화소에 스위칭 소자(TFT)를 연결하여 전체 화면을 형성하는 AM-LCD처럼 정밀제어를 위한 스위칭은 비선형 소자인 다이오드 구동, 근래에는 트랜지스터를 이용한 화소 표시로 발전하였다. AM-LCD에는 디스플레이 기술, 반도체 기술 및 액정 기술이 종합적으로 이용되고 대면적 유리 기판을 사용한다는 특징을 갖는다.

2.2 박막 트랜지스터(TFT)의 동작원리

박막 트랜지스터의 동작 영역은 MOSFET(Metal Oxide Semiconductor Field Effect Transistor)에서와 마찬가지로 크게 선형 영역(linear region)과 포화 영역(saturation region)의 두 가지로 구분된다. 드레인 전압이 작을 때는 드레인과 소오스 사이의 특성이 기본적으로 ohmic 특성을 나타내며, 결과적으로 드레인 전류는 드레인 전압에 비례하게 된다. 한편 높은 드레인 전압에서는 드레인 전류가 드레인 전압의 증가에 관계없이 일정한 값을 가지는 특성을 나타낸다.

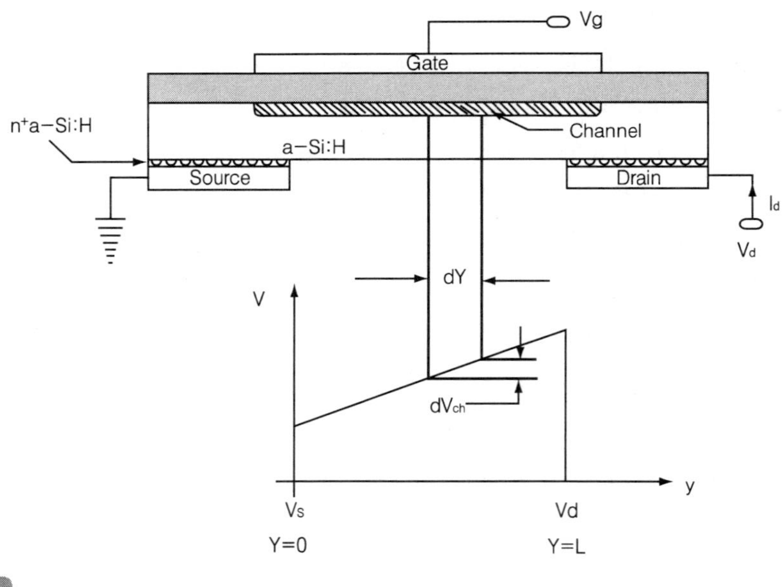

그림 2.8
비정질 실리콘 박막 트랜지스터의 단면도

2.3 선형영역(linear region)

그림 2.8의 박막 트랜지스터의 전기적 특성 분석은 선형 채널 근사화 기법(gradual-channel approximation)을 사용하게 되는데, 이는 그림 2.8에서와 같이 x방향(수직축)의 전기장은 채널(channel)을 형성시키고, y방향(수평축)의 전기장은 비정질 실리콘을

통한 드레인 전류를 흐르게 하는 역할을 하며 채널의 폭이 소오스에서 드레인 쪽으로 천천히 변화한다. 즉 채널의 폭은 x축에 있는 게이트 전압에만 영향을 받고 y축에는 무관하다는 가정이다.

이제 게이트 전압이 문턱 전압(threshold voltage, V_T)보다 클 경우, 즉 채널 내에 전하가 유도되었을 경우 유도 전하, Q_I와 게이트 전압 V_G 사이의 관계는 다음과 같이 나타낼 수 있다.

$$Q_I = -C_{SiN_x}(V_G - V_{TH}) \quad \text{(식 2-1)}$$

여기서 C_{SiNx}는 채널에서의 게이트 절연막 정전 용량이다. (식 2-1)은 채널 전압이 0 V인 경우인데, 실제로는 y에 드레인 소스 사이의 바이어스(bias)에 의해서 전압 V가 형성되어 있으므로 채널에 유도된 전하는 다음과 같이 수정된다.

$$Q_I = -C_{SiN_x}(V_G - V_T - V) \quad \text{(식 2-2)}$$

한편 채널 전류는 다음과 같이 쓰일 수 있다.

$$I_D = W\mu_n Q_I E_y \quad \text{(식 2-3)}$$

여기서 W는 채널의 폭이며, μ_n은 전자 이동도, Q_I는 유도 전하량, E_y는 y방향 전계이다.

이제 $E_y = -dV/dy$와 (식 2-2)를 (식 2-3)에 대입하면

$$I_D dy = W\mu_n C_{SiN_x}(V_G - V_T - V)dV \quad \text{(식 2-4)}$$

이고, 이를 y=0에서 L까지, V=0에서 V_D(드레인 전압)까지 적분하면

$$I_D = C_{SiNx}\mu_n \frac{W}{L}[(V_G - V_{TH})V_D - \frac{1}{2}V_D^2] \quad \text{(식 2-5)}$$

을 얻을 수 있다.

(식 2-5)에서 V_D가 매우 작은 선형 영역(V_D 〈 1V)에서는

$$I_D = C_{SiN_x}\mu_n \frac{W}{L}(V_G - V_T)V_D \quad \text{(식 2-6)}$$

로 표시된다. 따라서 (식 2-6)으로부터 박막 트랜지스터 전류 전압 특성에 영향을 주는 요소는 절연 박막을 용량, 전자 이동도, 트랜지스터 채널 길이와 혹, 게이트 전압, 트랜지스터 문턱 전압 등이 있을 수 있다. 아래 표 2.1에 트랜지스터 특성에 영향을 주는 요소를 요약 정리 하였다.

◎ **표 2.1** 박막 트랜지스터의 특성과 그에 영향을 주는 요소

특 성	Factor
On current	• W/L • Mobility • Interface • Ohmic contact • Gap states • Back surface(or interface)
Off current	• W/L • Fermi level(a-Si:H) • Interface • Back surface(or interface) • Ohmic contact • Band gap
Mobility	• Width of band tails • Interface states
Gate voltage swing	• Gap states(defect states) • Interface states

2.4 포화 영역(saturation region)

만약 드레인 전압이 커져서 게이트 전압이 중성화되면 채널이 드레인쪽으로부터 사라지게 되고(pinch off), 드레인 전류가 더 이상 증가하지 않는 결과가 나타나게 된다. 그러므로 앞에서 구한 선형 영역에서의 드레인 전류가 더 이상 맞지 않게 된다. 이러한 상황은 Q_I를 0으로 놓음으로써 다시 만족되어질 수 있고 결국 $V=V_G-V_T=V_D$을 (식 2-5)에 대입하면

$$I_D = \frac{C_{SiN_x}\mu_n W}{2L}(V_G - V_T)^2 \qquad \text{(식 2-7)}$$

이 된다. (식 2-7)을 이용하여 포화 영역에서의 전계 효과 이동도를 구할 수 있다. 비정질 실리콘 박막 트랜지스터의 특성은 비정질 실리콘의 특성(Density of states, band mobility 등), 비정질 실리콘과 절연막 사이의 계면 특성, 비정질 실리콘과 금속과의 접촉, 소자의 geometry 등에 의해 영향을 받는다. 박막 트랜지스터의 각 특성에 영향을 주는 요소를 정리하면 표 2.1과 같다.

그림 2.9와 그림 2.10은 각각 비정질 실리콘 TFT의 전이(transfer) 특성, 출력(output) 특성을 나타낸다. 게이트 전압 스윙(swing) S는 드레인 전류 I_D를 10배 증가시키는 데 필요한 게이트 전압 V_g로써 (식 2-8)로 정의된다.

$$S = \frac{dV_g}{d(\log I_d)} \qquad \text{(식 2-8)}$$

그림 2.9의 전이 특성에서 구한 게이트 전압 스윙은 0.27 V/decade 이다.

상호전달컨덕턴스(Transconductance, g_m)를 이용하여 전계 효과 이동도를 구하는 방법은 MOSFET나 다결정실리콘 TFT에서 주로 사용하며, 정의는 (식 2-9)와 같다.

$$g_m \equiv \frac{\partial I_d}{\partial V_g} \mid V_{d=const.} = \frac{W}{L} C_i \mu_n V_d \quad (V_d < V_{dsat}) \qquad \text{(식 2-9)}$$

이때의 I_d는 드레인 전류, V_g는 게이트 전압 그리고 V_d는 드레인 전압이다. W와 L은 TFT 채널의 폭과 길이이고, C_i는 게이트 절연막의 단위 면적당 커패시턴스이고 μ_n는 전계 효과 이동도이다. V_{Dsat}는 드레인 전류가 포화될 때의 드레인 전압이다.

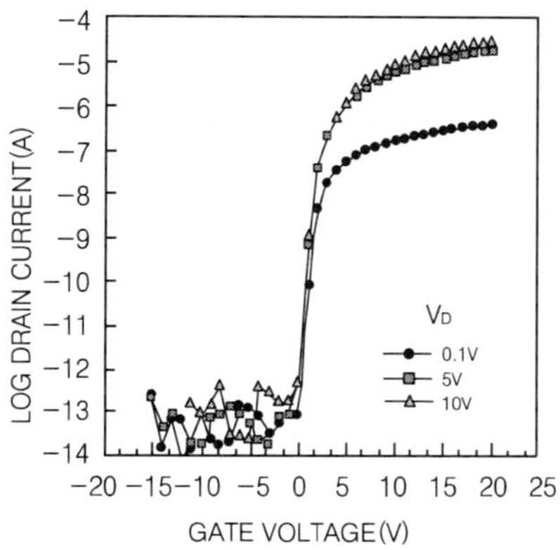

그림 2.9

비정질 실리콘 박막 트랜지스터의 전이(transfer)특성 (W/L= 96μm/10μm)

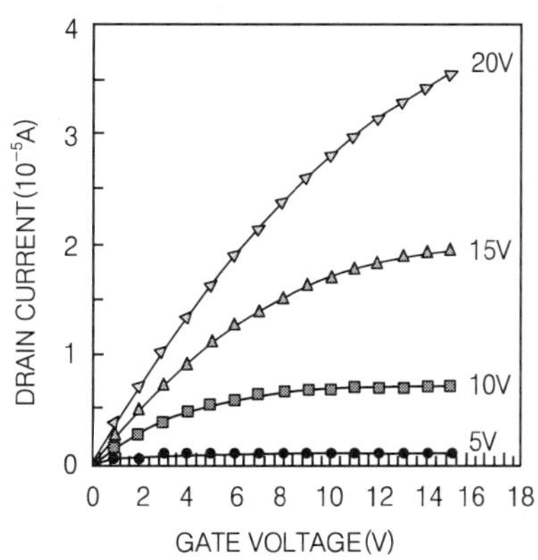

그림 2.10

비정질 실리콘 박막 트랜지스터의 출력(output)특성 (W/L= 96μm/10μm)

2.5 이득률

이득률 K는 $K=(C_{SiN_x}\mu_n/2)(W/L)$로써 공정 변수인 이동도($\mu_n$)와 산화막 두께 ($T_{OX}=\epsilon_r\epsilon_0/C_{SiN_x}$), 설계 변수인 게이트의 폭(W)과 길이 (L)에 의하여 결정된다. 원하지 않은 측면 확산(lateral diffusion) 때문에 유효 채널 길이 L_{eff}는 마스크 길이 L보다 $2X_j$ 만큼 감소한다. 채널 길이의 이러한 변화를 그림 2.11 (a)에 나타내었다. 또한 산화 잠식(oxide encroachment)에 의한 비슷한 결과로서 유효 너비 W_{eff}는 마스크 너비 W보다 감소하게 된다. 또한 포화 상태에서 그림 2.11 (b)에서 보는 바와 같이 채널 핀치-오프의 결과로서 유효 길이가 더욱 줄어드는 것을 고려해야 한다. 포화 상태에서 이득률 K와 진성전달컨덕턴스 K'을 계산하는 데는 (식 2-7)을 이용한다. V_T의 영향 없이 I_D와 V_G의 함수인 K를 얻기 위해서는 다른 두 I_D값에서 소자를 측정해야 한다.

(1) 포화 영역에서의 이득률의 측정

그림 2.12에서 I_{D1}과 I_{D2}는 각각

$$I_{D1}=K(V_{G1}-V_T)^2 \tag{식 2-10}$$

$$I_{D2}=K(V_{G2}-V_T)^2 \tag{식 2-11}$$

로 표시되고, (식 2-10), (식 2-11)을 K에 대해 풀면 다음과 같다.

$$K=\left(\frac{\sqrt{I_{D2}}-\sqrt{I_{D1}}}{V_{G2}-V_{G1}}\right)^2 \tag{식 2-12}$$

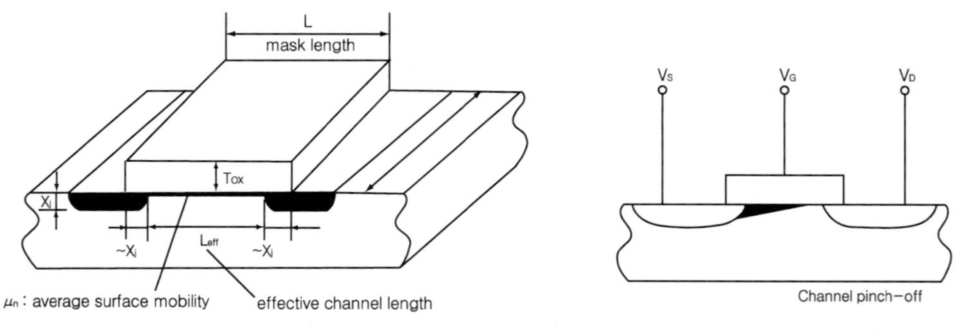

(a) (b)

그림 2.11
(a) 트랜지스터의 채널 형성 구조도 (b) 채널 핀치 오프(pinch off)

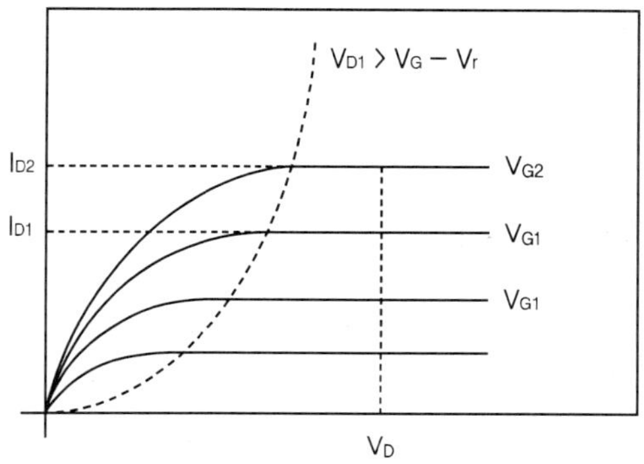

그림 2.12
포화 영역에서의 K의 측정

K=K'W/L이므로 K는 소자의 기하학적 형태 W/L의 함수가 된다. 채널의 폭(W)과 길이(L)을 알게 되면 K'를 K로부터 얻을 수 있다.

즉, K'=K(L/W)= $(\mu_n/2)(\epsilon_{OX}/T_{OX})$로 주어지며, 여기서 K'은 공정 변수(process parameter)임을 알 수 있다. 그런데, 우리는 포화 상태에서 유효 채널 길이 L_{eff}가 V_D에 의해 영향을 받는다는 것을 고려해야 한다. 측면 확산은 유효 채널 길이를 더욱 감소하게 한다. 이러한 효과 때문에 K' 계산을 위한 유효한 데이터들은 이런 영향이 무시될 수 있는 비교적 긴 게이트를 가진 소자(> 25μm)에서만 얻어질 수 있다. 또한 L에서 측면 확산에 의한 효과인 $2X_j$를 빼주면 L_{eff}를 계산 시 더욱 정확을 기할 수 있다. $L_{eff}=L-2X_j$이며 측면 접합 깊이 X_j는 공정 변수이다.

측면 소자를 포화 영역 안에 있게 하려면 그림 2.13과 같이 드레인과 게이트를 함께 묶어 $V_G=V_D$가 되게 하면 된다. 이러한 경우의 전압·전류 관계를 그림 2.14에 보였다. 이 경우에 모든 $V_D>0$에 대해서 소자는 포화 영역에서 동작하게 된다.

K를 측정할 때 두 측정 점에서 I_D값을 어떤 수의 제곱이 되도록 정해주면 계산이 훨씬 편하다. 예를 들어 9μA와 4μA인 I_D에서 측정하였다면 이때 V_G를 측정한 후 다음과 같이 간단히 K를 계산할 수 있다.

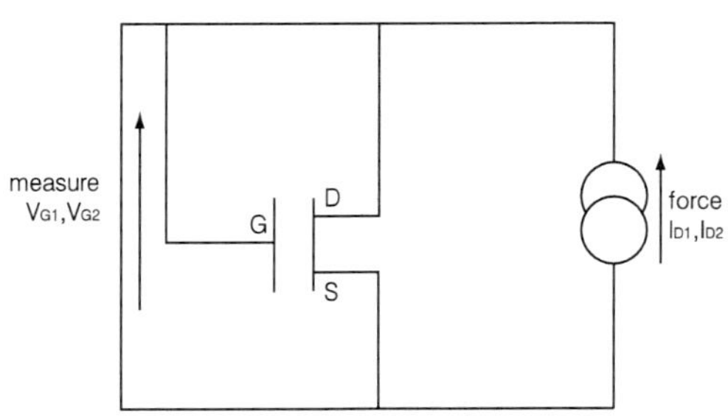

그림 2.13
포화 영역에서의 특성

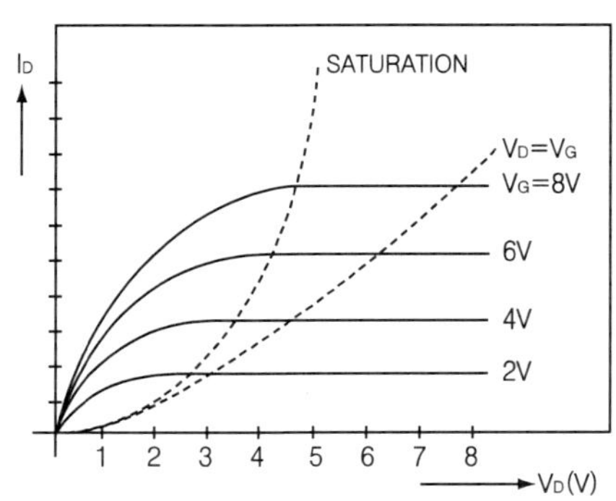

그림 2.14
$V_D=V_G$에서의 전류 곡선

$$K=\left(\frac{\triangle\sqrt{I_D}}{\triangle V_D}\right)^2=\left(\frac{\sqrt{9}-\sqrt{4}}{\triangle V_D}\right)^2=\frac{10^{-6}}{(V_D)^2}\Bigg|_{4,9\mu A} \quad \text{(식 2-13)}$$

(2) 불포화 영역에서의 이득률의 측정

포화 영역에서의 채널 길이 변조(channel length modulation) 효과를 없애기 위하여 소스와 드레인 사이에 연속적인 채널이 형성되어 있는 불포화 영역에서 K를 측정하는 것이 더욱 정확하다. 이를 위해서는 $V_D < V_G - V_T$의 조건을 만족하면서 측정해야 한다.

(식 2-5)에서 I_D, V_D와 V_G의 함수인 K를 찾기 위해서, 하나의 고정된 V_D 상태에서 V_G를 두 가지 상태로 바꾸며 측정한다.

그림 2.15에서 I_{D1}과 I_{D2}는 각각

$$I_{D1}=K'\frac{W}{L}\left(2(V_{G1}-V_T)V_D-V_D^2\right) \quad \text{(식 2-14)}$$

$$I_{D2}=K'\frac{W}{L}\left(2(V_{G2}-V_T)V_D-V_D^2\right) \quad \text{(식 2-15)}$$

로 표시되며 (식 2-15)에서 (식 2-14)를 빼면, $I_{D2}-I_{D1}=K'(W/L)[2(V_{G2}-V_{G1})V_D]$이 된다. 이것을 K'에 대해 정리하면 다음과 같다.

$$K'\frac{W}{L}=\frac{I_{D2}-I_{D1}}{2V_D(V_{G2}-V_{G1})} \quad \text{(식 2-16)}$$

그림 2-16의 조건에서 측정하였다면 K는

$$K=K'\frac{W}{L}=\frac{I_{D2}-I_{D1}}{2\times0.2\times(6-4)}=\frac{I_{D2}-I_{D1}}{0.8} \quad \text{(식 2-17)}$$

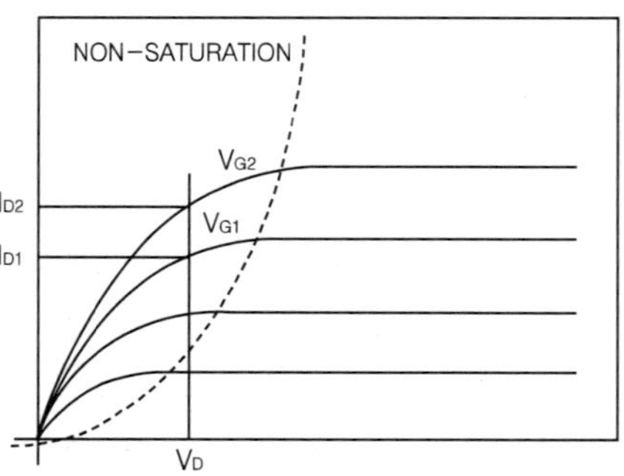

그림 2.15
불포화 영역에서 K 측정

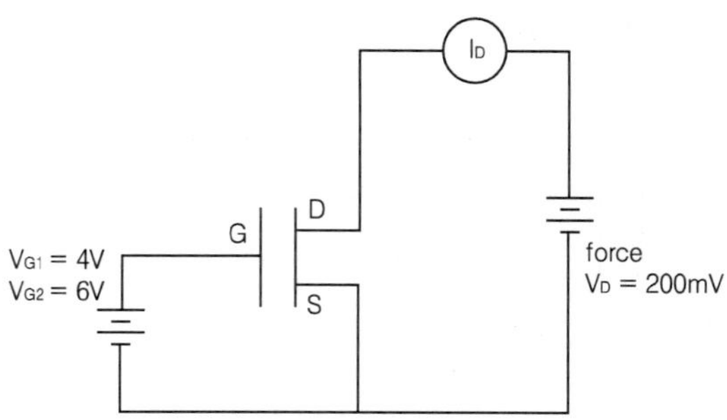

그림 2.16
불포화 영역에서의 K측정회로

이 되며 결국 진성 전달 컨덕턴스 K'은

$$K' = \frac{\triangle I_D}{0.8} \cdot \frac{L}{W} \qquad \text{(식 2-18)}$$

으로 측정된다.

2.6 문턱 전압(threshold voltage)

정의에 의하면 문턱 전압은 강한 반전(inversion)이 게이트 밑에서 일어나서 연속적인 반전층 채널이 형성되게 하는 게이트 전압이다. 포화 영역에서는 (식 2-7)과 같이 쓸 수 있다. 설계 변수 K를 소거하기 위해, 두 개의 I_D 값에 대해 실험을 하고 다음과 같은 식을 세운다.

$$I_{D1} = K(V_{G1} - V_T)^2 \qquad \text{(식 2-19)}$$

$$I_{D2} = K(V_{G2} - V_T)^2 \qquad \text{(식 2-20)}$$

(식 2-20)을 (식 2-19)로 나누고 V_T에 관하여 풀면

$$V_T = \frac{(\sqrt{I_{D2}}/\sqrt{I_{D1}})V_{G1} - V_{G2}}{(\sqrt{I_{D2}}/\sqrt{I_{D1}}) - 1} \qquad \text{(식 2-21)}$$

이 된다. 간단한 테스트의 방법으로서 그림 2.16에서와 같이 $I_{D2}=4I_{D1}$이 되도록 한다. 그러면,

$$V_T = 2V_{G1} - V_{G2} \qquad \text{(식 2-22)}$$

이 된다. 여기서 I_{D2}값이 포화 영역으로 들어가도록 바이아스를 조절한다. 이때 I_{D1}은 자동적으로 포화 영역에 들어가게 된다. 그림 2.17은 이러한 시험을 위한 회로이다.

좀 더 정확한 문턱 전압의 측정 방법은, 그림 2.18에 표시한 것과 같이 I_D−V_D 관계에서 직선 부분을 연장하여 V_D축과 만나는 점으로부터 V_T를 구하는 것이다.

직선 기울기는

$$\left.\frac{\partial I_D}{\partial V_D}\right|_{V_D \to 0} = \frac{\partial}{\partial V_D}\left[\mu \frac{W}{L} C_{\mathrm{SiN_x}} \left(V_G - V_T - \frac{V_D}{2}\right) V_D\right] = \mu_n C_{\mathrm{SiN_x}} \frac{W}{L}(V_G - V_T) \qquad \text{(식 2-23)}$$

가 되며 $K=\mu_n C_{SiNx} W/L$는 불포화 영역에서 구하여야 한다. 같은 방법으로 역 바이아스 V_B가 걸려 있을 때의 V_T도 구할 수 있다.

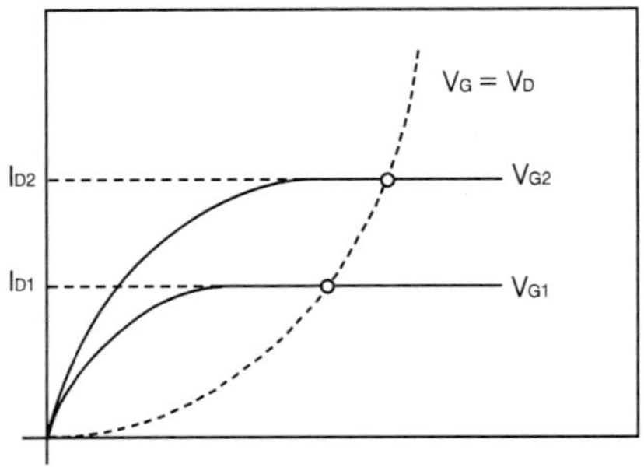

그림 2.17
포화 영역에서 V_D에 대한 I_D

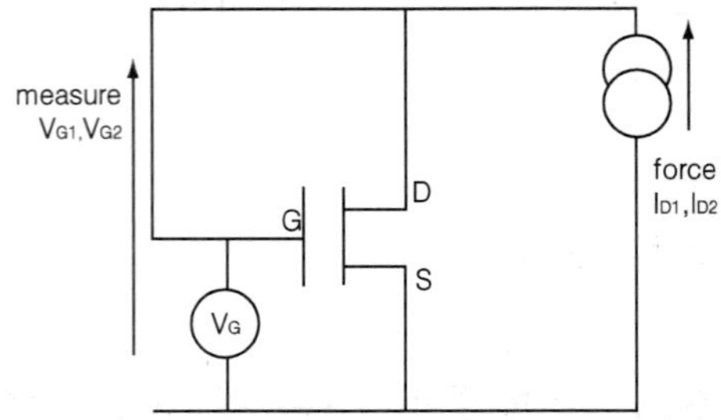

그림 2.18
채널 증가형 트랜지스터 시험회로

2.7 상호전달 컨덕턴스 g_m

소 신호 변수(Small signal parameter) g_m은 일정한 V_D에서 V_G의 변화에 대한 I_D의 변화량을 나타낸다. 게이트 전압 단계의 간격이 같지 않고 차이가 있으므로 g_m값은 선택하는 동작점에 따라 변화한다. 게이트 전압에 따른 I-V 특성을 그림 2.19에 보였다. I_D에 대한 g_m의 의존도는 다음과 같은 수식으로 알 수 있다.

$$g_m = \frac{\Delta I_D}{\Delta V_G}\bigg|_{V_D} = \mu_n C_{\mathrm{SiN_x}} \frac{W}{L} V_D \qquad (V_D < V_{sat}) \tag{식 2-24}$$

$$g_m = 2K' \frac{W}{L}(V_G - V_T) \qquad (V_D > V_{sat}) \tag{식 2-25}$$

전형적인 측정 장치는 그림 2.20과 같다. 계산식은

$$g_m = \frac{I_{D2} - I_{D1}}{V_{G2} - V_{G1}} \tag{식 2-26}$$

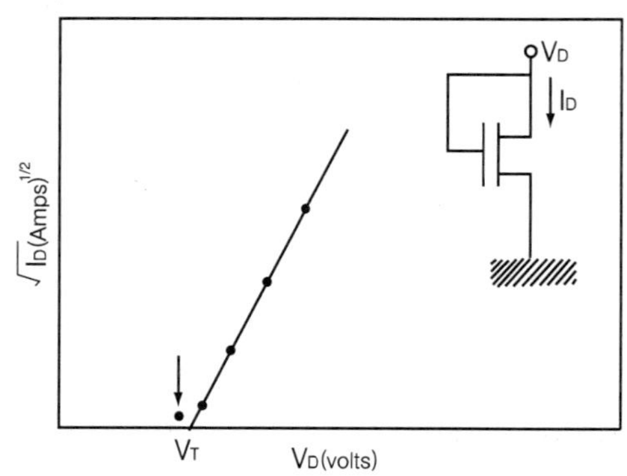

그림 2.19
문턱 전압의 측정

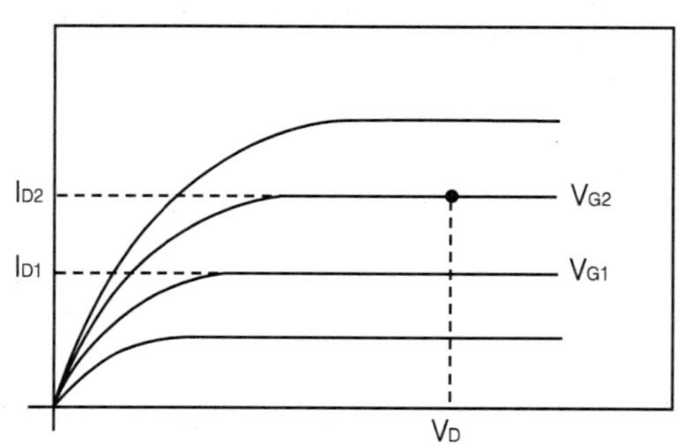

그림 2.20
게이트 전압에 따른 I-V 특성

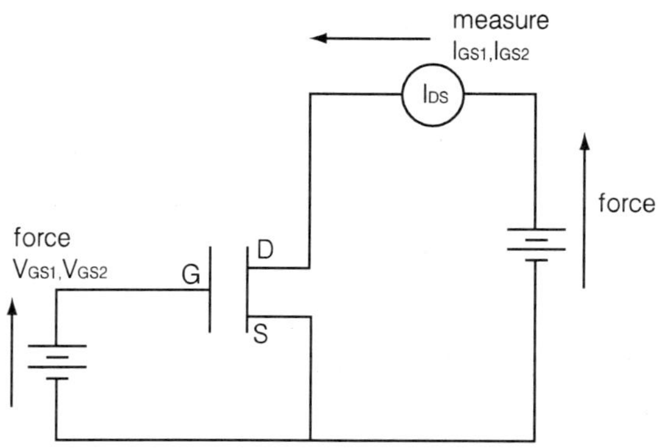

그림 2.21
g_m 측정을 위한 회로도

을 이용한다. 이 간단한 회로는 지정된 V_G, V_D에서 g_m을 측정할 수 있다. 때로는 g_m을 지정된 I_D, V_G에서 측정하는 것이 나은 경우도 있다. 수동 장치로 V_G가 이 조건에 맞도록 조절할 수 있다. 자동 시스템에서는, I_D가 조건에 맞을 때까지 프로그램에 의해 V_G를 조절해 줄 수 있다.

* 3 비정질 실리콘 박막 트랜지스터

D i s p l a y E n g i n e e r i n g

3.1 비정질 실리콘

비정질 반도체를 이용한 전자장치가 최근 여러 분야에 등장하였다. 여기서 비정질이라 하면 구조적으로는 결정처럼 원자 배열이 규칙적이지 않고 단거리 질서는 있지만 장거리 질서는 없는 고체이다. 단거리 질서란 최근접 원자의 수, 결합거리, 결합각이 대강 정해져 있는 것을 말한다.

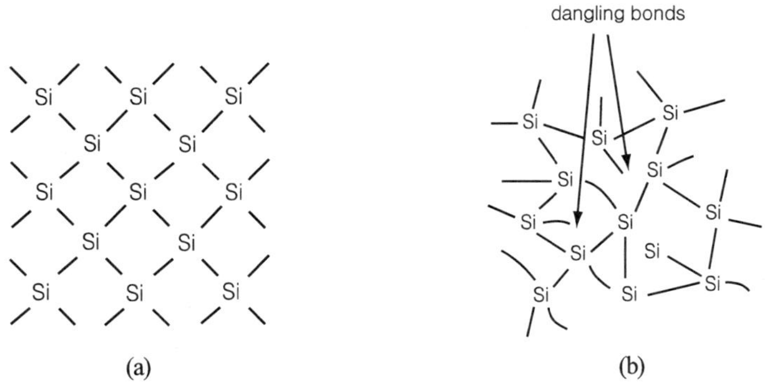

그림 2.22
결정질 실리콘의 결합 구조(a)와 비정질 실리콘의 결합 구조(b)

결정질 실리콘에서는 각각의 실리콘 원자는 4개의 실리콘 원자들과 공유 결합을 하고 있으며 3차원적인 규칙성을 가지고 있다. 이에 비해 비정질 실리콘에서는 배위수, 결합각, 결합 길이는 결정질 실리콘과 비슷하나 많은 원자들의 그룹에 있어서는 규칙성(주기성)이 존재하지 않는 것이다. 즉 좁은 국소 영역에서의 규칙성은 존재하나 넓은 광범위 영역에서의 규칙성은 존재하지 않는다.

그림 2.23은 수소가 함유되지 않은 비정질 실리콘의 원자 결합과 에너지 밴드를 나타낸다. 수소가 함유되지 않은 비정질 실리콘의 결합밀도는 $10^{20}cm^{-3}eV^{-1}$정도로 수소화된 비정질 실리콘보다 매우 크다. 즉 그림 2.23의 수소화된 비정질 실리콘은 수소화되지 않은 비정질 실리콘에 비해 많은 댕글링 본드(dangling bond)와 국재 상태(localized state)를 갖는다. 비정질 실리콘 내의 수소는 댕글링 본드를 없애고 국재 상태를 감소시키는 역할을 한다. 또한 결정질 실리콘에서는 long-range 규칙성이 존재하지 않으므로 결정질 실리콘의 금지대(forbidden gap)과 다르게 존재한다. 이러한 규칙성이 없는 무질서에 의해 밴드미부(tail) 상태가 존재한다.

비정질 실리콘에서는 국재 상태들을 통하여 hopping 전도가 일어날 수 있고 이때 전하 운반자의 이동도는 매우 작다. 또한 비정질 실리콘은 댕글링 본드에 의해 생성된 결함(defect) 상태가 금지대 내부에 존재한다. 따라서 비정질 반도체의 경우는 국재 상태와 band tail 때문에 단결정과 같이 정확한 band gap을 규정할 수 없다. 따라서 비정질에서는 에너지와 이동도와의 관계로부터 전자와 정공의 이동이 극단적으로 작아지는 준위를 결정하고, 이를 이동도 간격으로 정의하여 단결정의 band gap에 대응시킨다.

단결정 Si이 IC나 LSI용 재료로서 사용되는 가장 큰 이유는 Si에 P나 B와 같은 미량의 불순물을 첨가하여 p형 또는 n형으로 변화시킬 수 있기 때문이다. 이와 같은 가전자 제어를 통해 트랜지스터를 제조할 수 있다. 그 반면에 비정질 Si의 경우는 dangling bond나 band tail 때문에 불순물을 첨가하여도 p형, n형 등의 가전자 제어가 불가능하다. 그러나 실란(SiH_4) 가스를 분해하여 형성한 비정질 Si은 B나 P의 첨가에 의해 도전율이 크게 변한다. 실란의 분해에 의하여 제조된 Si에는 수소가 10% 정도 함유되어 수소화되어 있다. 수소의 격자 침입으로 격자의 변형이 완화되고 dangling bond와의 결합으로 인하여 결함 밀도를 감소시키게 된다.

스퍼터링에 의하여 제조된 수소를 함유하지 않은 비정질 Si은 band gap 내에 고밀도의 국재 상태를 만든다. 이 때문에 반도체의 페르미준위는 band gap의 중심에 고정된다. 이와 같이 많은 결함을 가진 반도체에는 $10^{20}cm^{-3}$ 정도의 국재 상태가 존재하기 때문에 10^{18}~$10^{19}cm^{-3}$의 불순물을 doping하여도 band gap 내에 donor level이나 acceptor level을 형성할 수 없다. 그 반면에 수소화된 비정질 Si은 국재 상태 밀도가 낮고 doping에 의하여 donor나 acceptor level을 형성할 수 있다. 수소화 비정질 Si의 결함 밀도는 10^{15}~$10^{17}cm^{-3}$정도이며, 10^{18}~$10^{19}cm^{-3}$의 불순물 첨가로 가전자 제어를 할 수 있다.

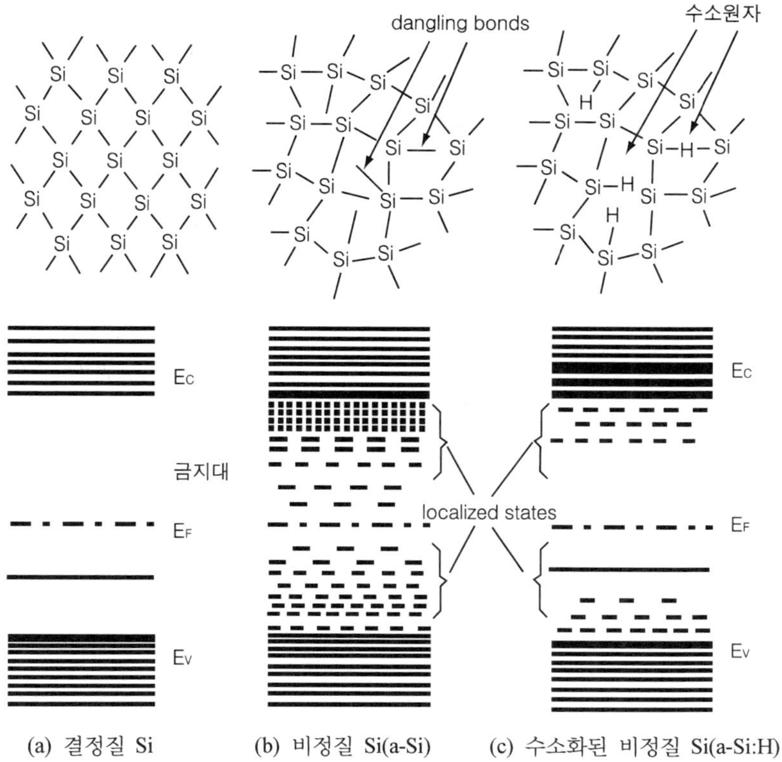

그림 2.23
결정질 실리콘과 비정질 실리콘의 원자 결합과 에너지 밴드

3.1.1 수소화된 비정질 실리콘

결정질 실리콘에서 각각의 실리콘 원자는 4개의 실리콘 원자들과 공유 결합을 하고 있다. 실리콘의 격자 상수는 5.431Å이고, 3차원적인 규칙성을 가지고 있다. 이에 비해 비정질 실리콘에서는 배위수, 결합각, 결합 길이는 결정질 실리콘과 비슷하나 규칙적인 주기성이 존재하지 않는다. 비정질 실리콘 내에서 대부분의 실리콘 원자들은 4개의 결합을 모두 채우지 못하고 끊어진 미만족 결합 상태(dangling bond)로 존재하게 된다. 수소화된 비정질 실리콘에서는 이러한 dangling bonds들에 수소 원자가 연결되어, 비정질 실리콘 내의 dangling bond를 없애므로써 에너지 대역(bandgap)에서의 density of localized states를 감소시켜 준다. 다음 그림은 수소화된 비정질 실리콘(a-Si:H)의 원자 결합이다.

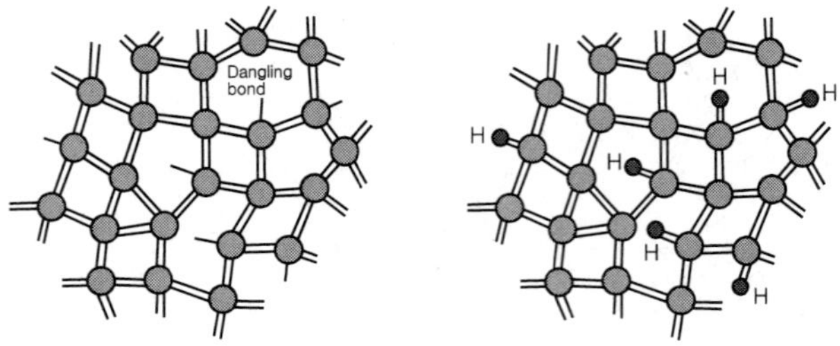

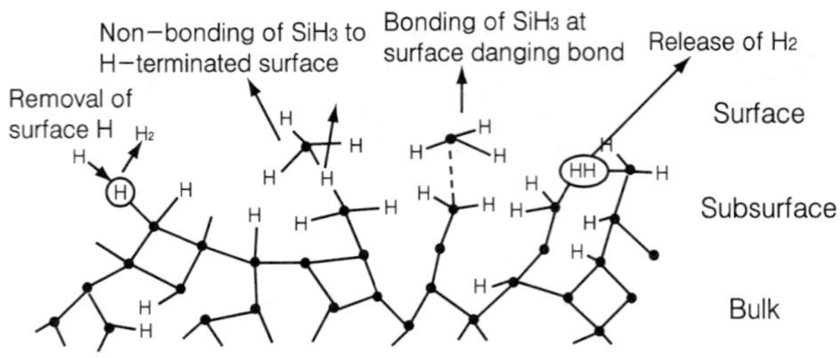

그림 2.24
수소화된 비정질 실리콘(a-Si:H) 박막의 성장 기구

그림 2.24에 나타낸 바와 같이, Si-H 결합의 형태가 a-Si:H 박막의 성장에 중요한 역할을 한다. 다양한 Si-H 결합 모드 중에서, Si-H 결합이 상대적으로 큰 결합 에너지(3.2 eV)를 가지기 때문에 Si-H_2 결합과 같은 다른 결합들보다 훨씬 안정적이다. 실리콘 박막 증착 온도 200~300℃ 정도에서는 열 에너지(thermal energy)에 의한 Si-H_2 분해(decomposition)의 감소로 비정질 실리콘 내에서 Si-H_2 결합의 양이 증가하게 된다. 300℃ 이상의 기판 온도에서, 화학적 결합의 형태는 온도보다는 증착 기법에 강하게 영향을 받는다. a-Si:H 박막 내에서 Si-H_2 결합은 일반적인 반도체 특성을 감소시킨다고 알려져 있다. 수소화를 행하지 않은 비정질 실리콘에서, 결함 밀도는 $10^{20}cm^{-3}eV^{-1}$ 정도로 매우 높다. RF sputtering이나 e-beam에 의해 성장한 비정질 실리콘 박막의 결함 밀도가 $10^{20}cm^{-3}eV^{-1}$ 이상으로 높아 doping 효과를 보기 어려워 실질적인 전기전자 소자에 응용되지 못하였다. 그러나, Dundee 대학교의 Spear와 LeComber 그리고 Ovshinsky가 글로우 방전을 통하여 미결합 상태에 수소나 불소를 결합시킨 비정질 실리콘을 형성시킴으로써 금지대 내부의 상태 밀도를 크게 줄일 수 있었으며, 이로 인하여 비정질 실리콘에 도핑이 가능하게 되었다. 수소화된 비정질 실리콘(a-Si:H) 박막에서는 결함 밀도가 $10^{15}cm^{-3}eV^{-1}$ 정도이다. 이는 수소가 실리콘의 끊어진 결합(dangling bond)들을 없애고, 국재 상태(localized states)를 감소시키는 역할을 하기 때문이다.

3.1.2 수소화된 비정질 실리콘의 박막 특성

표 2.2에 a-Si:H의 일반적인 특성을 보였다. a-Si:H는 1.72 eV의 에너지 대역을 가지는 direct-gap 반도체이며, 결정질 실리콘(c-Si)보다 큰 광 흡수 계수를 가진다. 그림 2.25에 실리콘 박막의 광 흡수도 변화를 도시하였다.

표 2.2 a-Si:H의 일반적인 특성

Deep Localized States Density at $E=EF_o$	10^{15}~10^{16} [cm^{-3}/eV]
Deep States Characteristics Energy	86 [meV]
Tail Localized States Density at $E=E_C$	~2×10^{21} [cm^{-3}/eV]
Tail States Characteristics Energy	23 [meV]
Width of Tail States Band	~150 [meV]
Dielectric Constant	~11
Diffusion Constant at 300 K	[cm^2/s]
- electrons in conduction band	0.26 ~ 0.52
- holes in valence band	0.13 ~ 0.26
Effective Density of States in Conduction Band at 300 K	~10^{19} [cm^{-3}]
Effective Density of States in Valence Band at 300 K	~10^{19} [cm^{-3}]
Energy Gap at 300 K	1.72 [eV]
Index of Refraction	3.32
Mobility at 300 K	[cm^2/Vs]
- electrons in conduction band	10~20
- holes in valence band	5~10

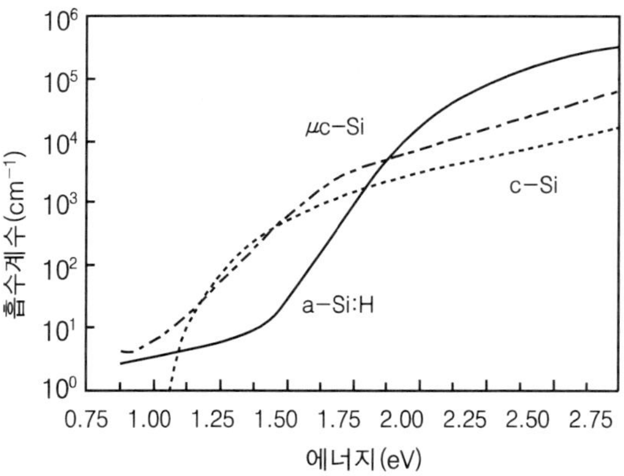

그림 2.25
Photon 에너지에 따른 광 흡수도

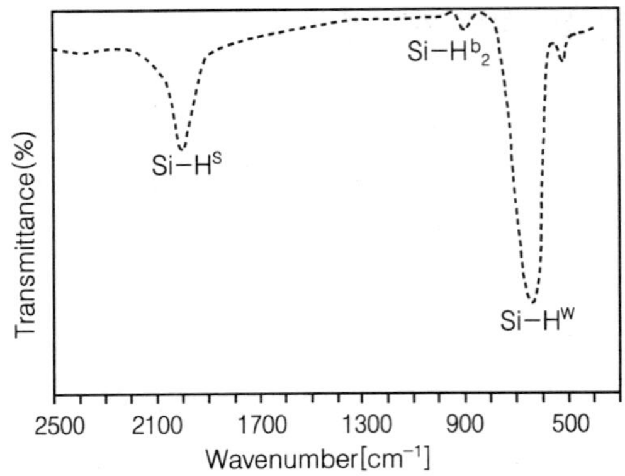

그림 2.26

a−Si:H 박막의 FTIR 분석 결과

그림 2.26은 Si−H 결합 사이에서의 수소의 운동을 나타내고 있다. 수소는 약한 결합에 의한 국재 상태에 trap 및 release를 반복하며 Si−Si 결합 사이로 움직이며 확산을 하게 된다. 안정된 구조에서 strained(weak) Si−Si 결합 바로 옆에 Si−H 결합이 있다면, 빛 조사시 nonradiative electron−hole 결합 에너지에 의하여 strained Si−Si 결합을 깰 수 있다. 깨어진 Si−Si 결합 중에 한 Si 원자는 수소화 결합하고 다른 Si 원자는 dangling bond로 남게 된다. 따라서 a−Si:H 박막은 빛에 민감하게 반응하며 물성 특성도 초기제작 후와 나중에 UV 광이 조사된 후에 특성이 변할 수 있다.

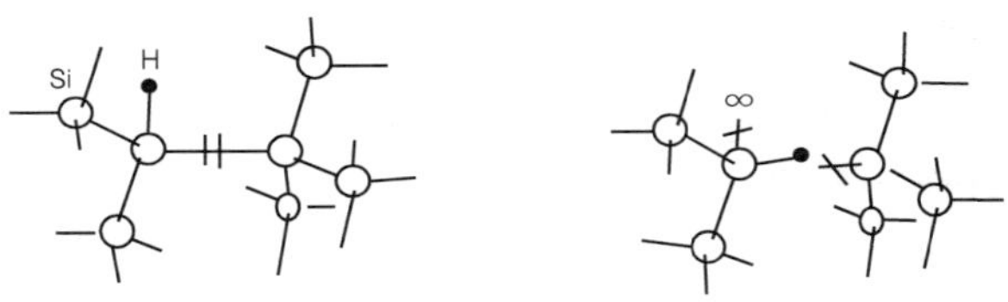

그림 2.27

빛조사에 의한 준안정 댕글링 본드 형성의 미세 모델

비정질 반도체에서 전자의 상태는 밴드 내에서는 퍼져 있고(extended), 에너지갭 내에서는 국재화되어 있다. 퍼져 있는 상태들과 국재화 상태를 구분하는 에너지 E_c와 E_v를 이동도 모서리(Mobility edge)라고 부른다. 전도대 및 가전도대에서 캐리어는 수십 cm^2/Vs 크기의 밴드 이동도를 갖는다. 비정질 실리콘에서 전자수송 특성은 전하 운반자와 국재 상태와의 상호작용에 의해 결정된다. 국재 상태에 포획된 전하가 전도대로 열적 여기에 의해 전도대에서 수송이 일어나면 trapping이라고 하고, 국재 상태 사이에서 직접 터널링에 의해 전하 운반자가 이동되면 hopping이라고 부른다.

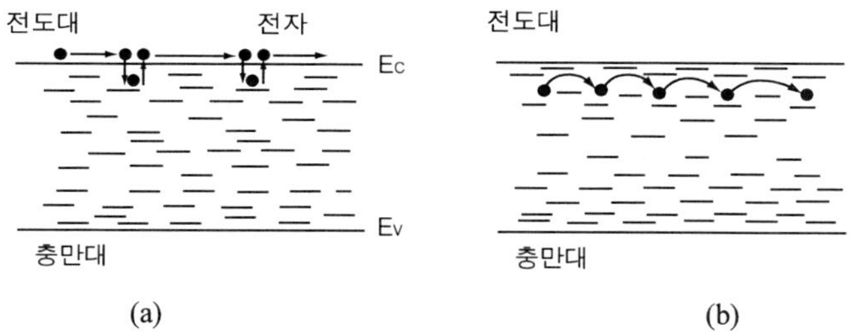

그림 2.28
수소화된 비정질 실리콘에서 trapping(a)과 hopping(b)에 의한 전자의 이동 모델

이처럼 수소화된 비정질 실리콘은 전기적 소자의 응용을 위해 잘 조화된 특성을 가지고 있는 물질로서 장점들은 다음과 같다.

① 대면적 증착이 잘 된다.

② 저온에서 증착이 가능하다.

③ a-Si:H은 비정질 물질이다. 그래서, 좋은 경계 성질을 유지하면서 다른 물질과의 이형 경계를 만들기 쉽다. 절연체, 금속, 반도체 같은 여러 가지 기판들 위에 비정질 실리콘을 증착하는 것이 가능하다. 이러한 모든 물질과의 좋은 경계 형성은 TFT 공정을 구상하는 데 매우 유연하게 공정 라인에서 여러 공정을 고안하고 사용할 수 있는 다양성을 준다.

④ 비정질 실리콘은 굵힘에 강한 물질(Vickers hardness HV=1,500~2,000 kg/mm^2)이며, 전사 사진(photo-lithography) 기술을 이용하여 미세한 패턴을 형성할 수 있다.

⑤ 수소화 비정질 실리콘은 도핑이 되지 않은 상태에서는 높은 전기적 저항을 가지고 있고, 도핑이 된 상태에서는 좋은 전도성을 가지고 있다.

⑥ 무독성이라는 점은 a-Si:H의 좋은 특징이다.

3.1.3 비정질 박막 트랜지스터(a-Si TFT)의 구조

게이트, 드레인 및 소오스 3개의 전극을 갖는 비정질 실리콘 TFT의 구조는 비정질 실리콘 층을 기준으로 해서 3개의 전극들이 위치하는 형태에 따라서 그림 2.29와 같이, 크게 스태거드(Staggered) 구조와 코플라나(Coplanar) 구조로 분류한다.

- Coplanar
- Staggered
  - Normal Staggered (top gate)
  - Inverted Staggered (bottom gate)
    - BCE(Back Channel Etched)
    - ES(Etch Stopper)
      - Semi-self aligned
      - Fully-self aligned

그림 2.29
구조에 따른 박막 트랜지스터 분류

3개의 전극이 비정질 실리콘 층을 기준으로 한 평면상에 존재하는 경우를 coplanar 구조라 하며, 비정질 실리콘 층을 기준으로 서로 분리되어 있는 경우를 staggered 구조라고 한다. 그리고 staggered 구조는 다시 게이트의 위치에 따라 게이트가 아래쪽에 위치한 경우를 역 staggered형으로 구분한다. 각 구조의 모식도는 그림 2.30에 나타나 있다.

a-Si TFT에서는 역 staggered형이 주로 사용된다. 이 구조의 경우, 동일 시스템에서 게이트 절연층, 비정질 실리콘 층, n^+ 비정질 실리콘 층의 순서로 증착되므로 불순물들과 공정 시간이 감소하고, 비정질 실리콘 층과 게이트 절연층과의 계면 특성이 우수한 장점을 갖는다.

역 Staggered형에는 BCE(Back Channel Etched) 구조와 ES(Etch Stopper) 구조가 있다. BCE(Back Channel Etched) 구조의 경우에는 비정질 실리콘 층의 위에 n^+ 비정질 실리콘 층을 연속적으로 증착하고, 소오스/드레인 전극을 형성한다. 소오스/드레인 전극을 형성한 후에 n^+ 비정질실리콘 층을 식각하는데, 이 과정에서 비정질 실리콘 층이 식각되므로 비정질 실리콘층이 두꺼워야 하는 단점이 있다. 이는 비정질 실리콘 층이 두꺼워질수록 빛에 대한 민감도가 증가하여 누설 전류가 커지기 때문이다.

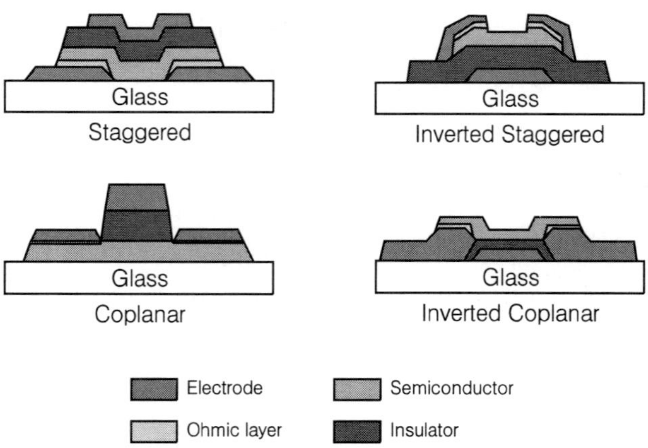

그림 2.30
박막 트랜지스터의 기본 구조 모식도

ES(Etch Stopper) 구조의 경우에는 패터닝(Patterning)된 Etch Stopper 층위에 n^+ 비정질 실리콘 층을 증착하고, 소오스/드레인 전극을 형성한다. 소오스/드레인 전극을 형성한 후에 n^+ 비정질 실리콘 층을 식각하는데, 이 과정에서 채널쪽의 Etch Stopper 층이 비정질 실리콘 층의 식각을 방지하는 역할을 한다. 그러나 Etch Stopper 층을 패터닝하기 위해서는 진공 상태 외부로 나와야 한다는 단점을 갖는다.

그림 2.31의 (a) 및 (b)는 각각 역 Staggered형 a-Si TFT의 BCE(Back Channel Etched) 구조와 ES(Etch Stopper) 구조의 단면도이다.

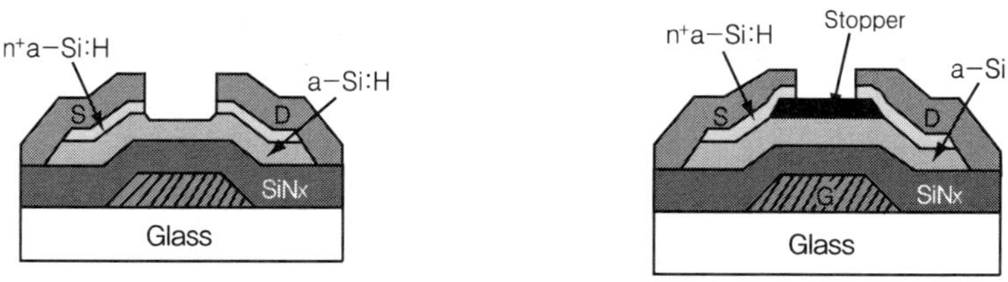

(a) BCE(Back Channel Etched) 구조

(b) ES(Etch Stopper) 구조

그림 2.31
역 staggered형 TFT의 두 가지 구조

역 staggered형 a-Si TFT에서 BCE(Back Channel Etched) 방식은 제작 공정이 간단하다는 장점 때문에 현재 가장 널리 사용되고 있다. 그러나 제작 공정에서 n^+ 비정질 실리콘 층을 식각할 때 비정질 실리콘 층을 Over-Etching 해야 하기 때문에 ES(Etch Stopper) 방식보다 비정질 실리콘의 두께가 상대적으로 두꺼워야 된다. 비정질 실리콘의 두께가 두꺼워지면 소자에 빛을 비췄을 때 광 누설 전류가 증가하게 된다. 누설 전류의 증가는 TFT-LCD의 화질을 저하시키기 때문에 누설 전류를 감소시키기 위한 연구가 많이 이루어졌다.

3.2 비정질 실리콘 박막 트랜지스터의 제조 공정

3.2.1 게이트 금속 형성 공정(gate step)

게이트 금속을 스퍼터링(sputteing)[1] 방법을 통하여 박막을 형성하는 공정이며 동시에 스토리지 전극을 형성시키는 공정이다. 주로 Al이나 Cr 전극을 이용하여 박막을 성장하고 1개의 게이트 마스크를 이용하고 사진 공정을 통하여 전극을 정의하게 된다. 이러한 일련의 단위 공정을 그림 2.32에 나타내었다. 기존 장비 외에 신규 장비 및 물질도 계속 개발중인데 예를 들어 Metal 증착을 위하여 전통적인 스퍼터링 방법 외에 Spin On Metal, Inkjet 방식에 의한 Metal Printing 방식이 있다.

1) Sputtering은 기체의 플라즈마에서 생성된 고에너지의 양이온이 전기적으로 음극인 타겟(target) 물질을 쳐내는 물리적인 현상이며 이에 의해 타겟 물질이 기판위에 증착된다.

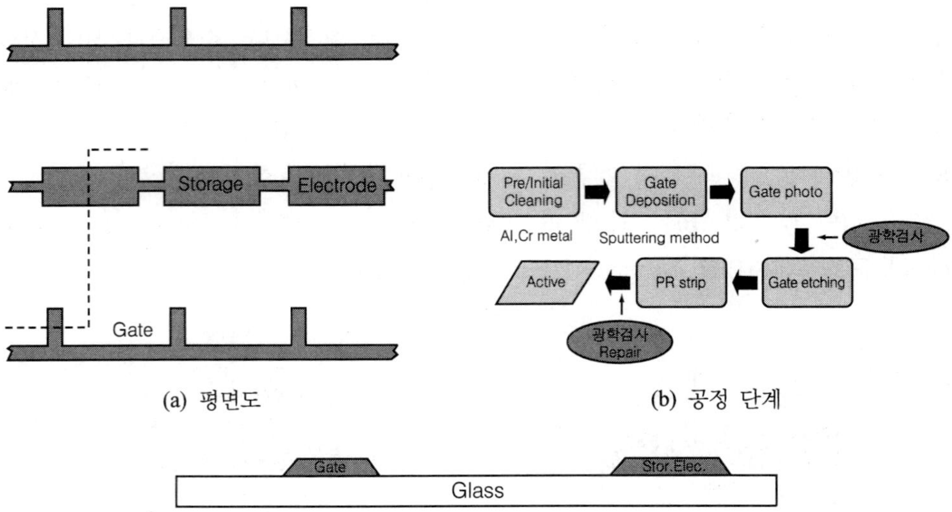

(a) 평면도 (b) 공정 단계

(c) 단면도

그림 2.32
박막 트랜지스터의 게이트 금속 형성 공정

최근에는 저저항이며 기계적인 강도가 우수한 Al 합금을 사용하고 있는 추세이다. 게이트 물질은 강조한 저저항성 외에 유리 기판에 제일 먼저 증착된다는 점에서 유리 기판과의 밀착성이 중요하고 게이트 위에 후속 공정의 각종 박막들이 올라가기 때문에 표면이 평탄하고 식각 및 부착(Taper) 가공이 쉬운 물질이어야 한다. 또, 후속 공정에서 사용하는 각종 화학용액에 대한 내성(耐性)이 강해야 한다. 이런 관점에서 90년대 초 일본에서 채택한 물질이 NEC의 Cr, Sharp의 Ta, Toshiba의 MoTa 합금이었다. 그러나 패널의 크기가 대형화됨에 따라 게이트 물질의 저항에 한계를 느끼게 되었고 새로운 금속 구조들이 계속 발표되어 오고 있다.

3.2.2 활성층(Active layer) 성장 단계(Active step)

게이트 금속 상부에 수소화된 비정질 규소 박막을 플라즈마 화학기상성장법(Plasma Enhanced Chemical Vapor Deposition ; PECVD)을 이용하여 성장시키고 n^+ a-Si, SiNx를 동시에 적층하여 성장시키게 된다. 성장 후 광 마스크를 이용하여 게이트 전극과 SiNx 절연층 부분을 제외한 나머지 부분은 모두 식각하여 그림 2.33 (a)와 같은 구조를 가지게 된다. 활성층의 형성 방식으로 PECVD 외에 Catalytic CVD(or Hot-wire CVD[2)]) 방법들이 소개되고 있다. 이는 마더 Glass 크기가 1,000mm× 1,000mm를 넘어가면서 플라즈마 방식에 의한 박막 성장 방식이 계속 가능할 수 있겠는가라는 의문, 그리고 장비의 고가화에 따른 저렴한 공정의 필요성 등에 의해 대두된 신기술 방법들이다.

---

2) Hot wire CVD는 catalytic thermal CVD 또는 evaporative surface decomposition으로 알려져 있다.

특히 PECVD에서 문제점이 나타나고 있는데, 대면적으로 증착하고자 하면 당연히 평행 평판 전극의 면적을 늘리고 플라즈마의 체적을 크게 해야 한다. 또, 성막 속도를 유지하고자 하면 투입하는 rf 전력도 플라즈마 체적에 비례하여 커지는데, 이에 따라 이상 방전의 가능성도 커지게 된다. 막의 균일성이나 이상 방전의 발생을 줄이기 위해서는 플라즈마의 밀도가 가능한 한 균일해야 하고, 장소에 따라 변화가 있어서는 안 된다. 즉 전극 표면은 변형이나 요철이 없고, 두 전극의 거리는 일정해야 한다. 그러나 요구되는 평탄도의 전극과 전극의 평행도를 1m 각급에서 실현하는 것은 기술적으로 상당히 어렵다.

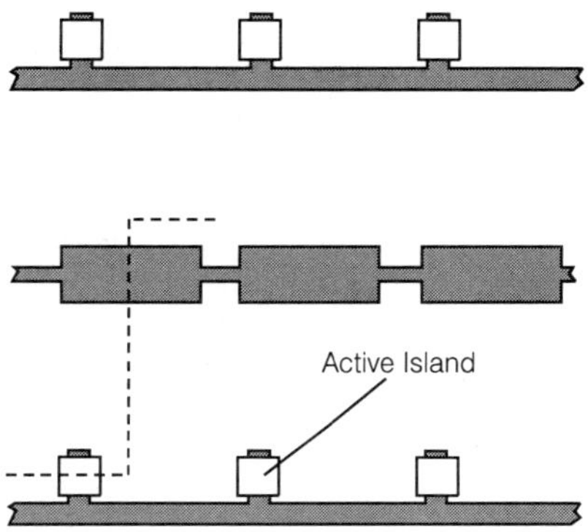

(a) 평면도

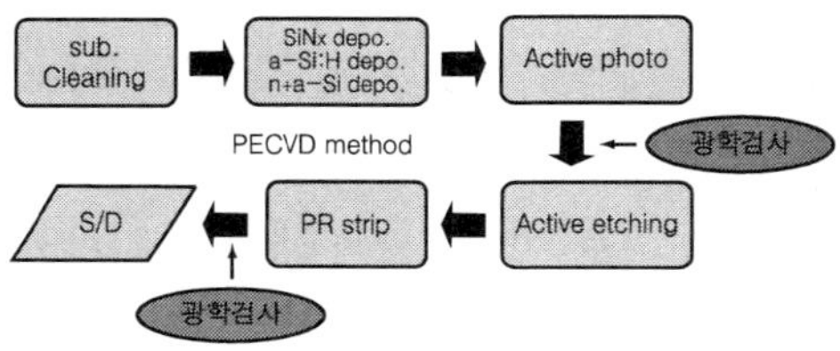

(b) 공정 단계

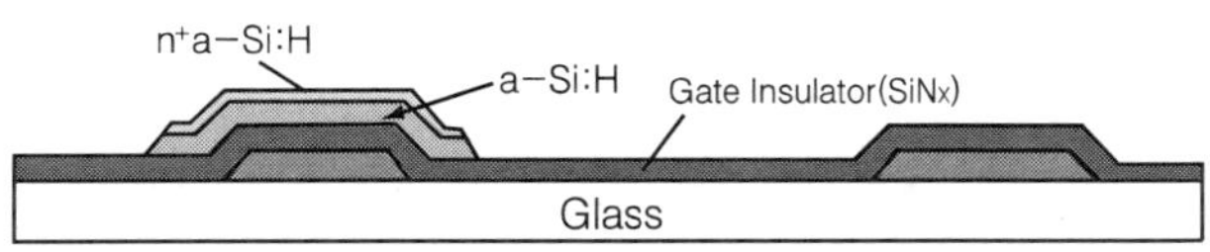

(c) 단면도

그림 2.33
박막 트랜지스터의 활성층 및 절연층 성장 공정

(1) 게이트 절연막 기술

반도체 소자의 동작에 중요한 역할을 하는 산화막은 field oxide, 보호막, 층간 절연막, 그리고 게이트 절연막 등으로 응용되고 있으며 이러한 광범위한 응용으로 인한 중요성 때문에 MOSFET이 발명된 후 지금까지 수십 년간 산화막의 제조와 평가에 대한 연구가 활발하게 진행되고 있다. 산화막의 형성은 여러 가지 방법으로 이루어지고 있으며, 그 중 열산화막(thermal oxidation)에 의하여 이루어지는 산화막이 계면 특성과 절연성이 우수하여 현재까지 반도체 소자에 중요하게 사용되고 있다. 그러나 열산화막은 실리콘 기판의 온도가 800℃ 이상의 고온 공정을 필요로 하며 저온 공정을 필요로 하는 경우에는 활용될 수 없으므로 a-Si:H TFT 제조에서 저온 공정의 게이트 산화막이 필수 불가결하다.

저온으로 절연막을 제작하는 방법에는 여러 가지가 있으나 그 중에서도 PECVD

(Plasma Enhanced CVD) 방법이 가장 많이 쓰이고 있다. 게이트 유전체로 사용되는 여러 가지 절연막 중에서 PECVD 방법으로 제작되어진 실리콘 산화막은 이차 보호층이나 층간 분리 물질 등으로 쓰였을 정도로 저조한 전기적 특성을 갖고 있었으나 근래 개선된 양질의 실리콘 산화막에 대한 연구가 이루어졌다. 현재 다결정 실리콘 TFT에 일반적으로 사용되는 게이트 절연막은 PECVD SiO_2이다. SiO_2를 증착하기 위한 원료 가스로는 SiH_4+N_2O+He, 또는 TEOS+O_2를 주로 이용한다. PECVD SiO_2는 증착 온도가 낮고 대면적화가 가능하다는 장점이 있지만 불순물 생성이 문제점으로 지적되고 있다. 최근 TEOS를 이용한 PECVD SiO_2는 균일도와 step coverage를 향상시킬 수 있다는 결과가 보고된바 있다. ECR-CVD를 이용한 SiO_2는 저온 공정이 가능하고, 높은 항복 전압, 낮은 계면 상태 밀도 등의 우수한 절연막 특성을 보이는 것으로 알려져 있지만 2차로 다른 절연막 증착이 요구되는 단점이 있어 대면적화에 적용하기는 어렵다.

TFT의 게이트 절연막으로써는 실리콘 질화막(SiN_x), 실리콘 산화막(SiO_2) 등을 사용할 수 있는데, 그 중에서 실리콘 질화막은 SiN_x/poly-Si 경계 특성이 좋으나 전기전도에 기여하는 정공과 전자들의 시료 벌크 내 포획이 크다는 점과 구동 전압의 불안전성 등의 나쁜 점도 있다. 이에 반하여 실리콘 산화막의 경우에는 SiO_2/poly-Si의 경계 특성은 SiN_x/poly-Si 경계 특성보다 좋지 않지만 시료 내 벌크 포획 밀도가 낮고 구동 전압이 안정되어 있다는 이점이 있다.

표 2.3 증착 방법에 따른 저온 SiO_2의 특성 비교

Method	T_s	Large area	Step coverage	Electrical characteristic
Sputtering	우수	우수	나쁨	좋음
LPCVD	나쁨	나쁨	좋음	나쁨
APCVD	나쁨	좋음	좋음	나쁨
ECR-CVD	우수	나쁨	나쁨	우수
PECVD(SiH_4, N_2O)	우수	우수	좋음	좋음
PECVD(TEOS, O_2)	우수	우수	우수	좋음

최근 PECVD 방법으로 양질의 실리콘 산화막이 제조되어 열산화법으로 제작된 실리콘 산화막과 유사한 전기적 특성과 낮은 벌크 포획 밀도를 가지게 되었다. 다결정 실리콘 TFT에서 게이트 절연막은 소자의 특성과 안정성에 많은 영향을 미친다. 표 2.3은 SiO_2의 증착 방법에 따른 다결정 실리콘 TFT의 전기적 특성이다.

(2) n^+ a-Si:H 성장을 위한 이온 도핑 기술

이온 도핑은 TFT의 소오스/드레인 영역의 오믹 접촉을 형성시킬 뿐만 아니라 TFT의 문턱 전압을 조정하기 위하여 사용된다. 이온 도핑을 위하여 사용되는 장치는 크게 ion implanter와 ion shower로 나눌 수 있다. 최근 장치의 구성 및 운전이 간단한 ion shower를 이용하여 제작된 소자가 많이 보고되고 있다. 대면적의 공정을 수행하기에 ion shower가 용이하므로 저온 다결정 실리콘 TFT제작에 경우에 있어서 도핑을 하기 위한 장치로는 대부분 ion shower를 사용한다[그림 2.34].

이온을 주입하는 단계에서 결정질 상태의 다결정 실리콘은 비정질화되므로 이온 도핑 공정 후 주입된 불순물의 활성화를 위하여 고온의 열처리 공정이 필요하다. 열처리 방법으로는 furnace법, RTA법, ELA법 등이 있으며 각각의 장·단점은 다음과 같다. 먼저 furnace를 이용한 활성화 방법은 대량 생산이 가능하다는 장점이 있는 반면 고온 공정이 요구되므로 저가의 유리 기판을 사용할 수 없다는 것과 활성화 효율이 떨어진다는 단점이 있다. RTA를 이용한 활성화 방법은 공정시간이 짧고 활성화 효율은 좋으나 furnace를 이용하는 경우와 마찬가지로 고온 공정이 요구되므로 유리 기판을 이용한 공정에 적용하기는 힘들다. ELA를 이용하는 경우는 저온 공정이 가능하고 활성화 효율이 우수하다는 장점이 있지만 공정 시간이 길고 고가의 레이저 장비를 이용해야 하는 단점이 있다.

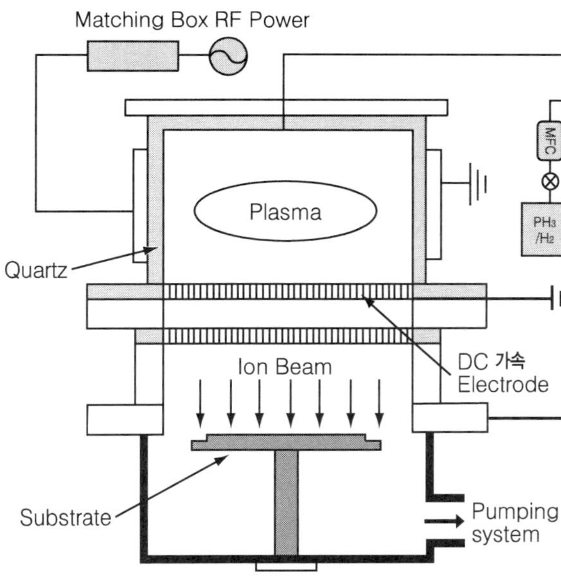

그림 2.34
Ion shower의 장치도 및 ion shower 후 다결정 실리콘 내 불순물 분포도

그림 2.35는 도핑 공정 후 열처리에 따른 다결정 실리콘의 판저항 값이다. 일반적으로 다결정 실리콘 TFT제작 공정에서 이온 도핑과 활성화 공정은 독립적으로 진행되는데 공정 시간과 효율면에서 한 번에 이루어지는 것이 좋다. GILD(Gas-Immersion Laser Doping)라는 방법은 불순물을 가스 상태로 흘려보내며 동시에 레이저를 이용하여 도핑하고자 하는 영역을 재결정화시키면서 도핑을 하는 방법이다. 이 방법은 별도의 활성화 공정 없이도 우수한 도핑 효과를 얻을 수 있다.

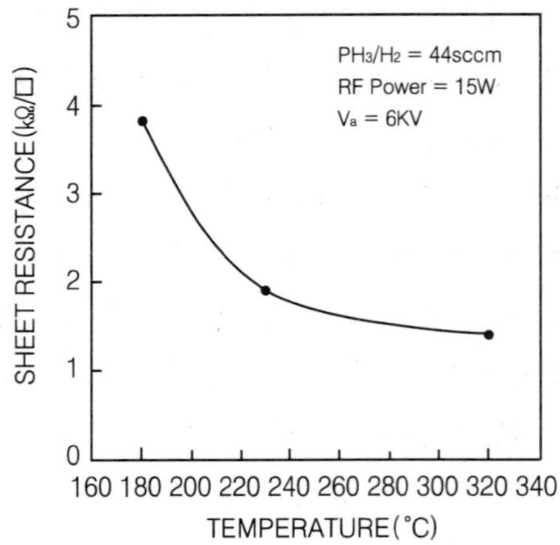

그림 2.35

열처리 온도에 따른 도핑된 다결정 실리콘의 판저항

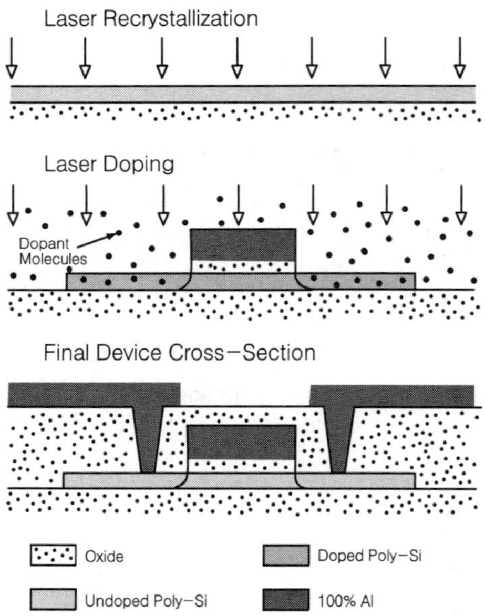

그림 2.36

GILD 공정 순서도

3.2.3 소오스/드레인 금속 형성 공정(Data step)

소오스와 드레인 전극을 형성하기 위하여 금속 박막을 일반적으로 sputtering법을 이용하여 증착한 후 사진 공정을 거쳐 소오스와 드레인을 동시에 정의한다. 이렇게 정의된 소오스와 드레인전극은 채널 영역을 정의하기 위한 건식식각 공정에서 자기정렬(self-aligned) 마스크로 이용된다.

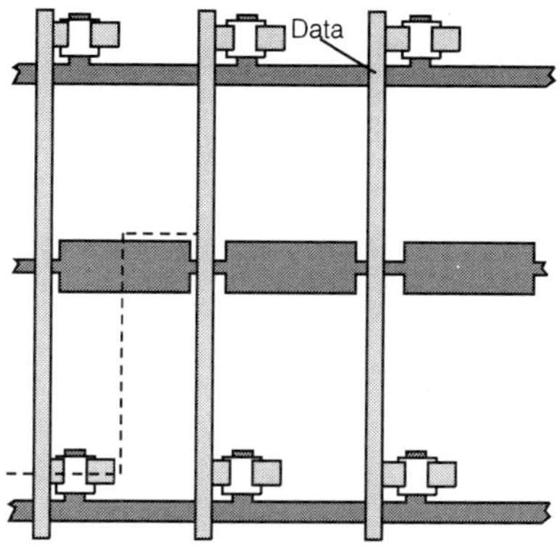

(a) 평면도

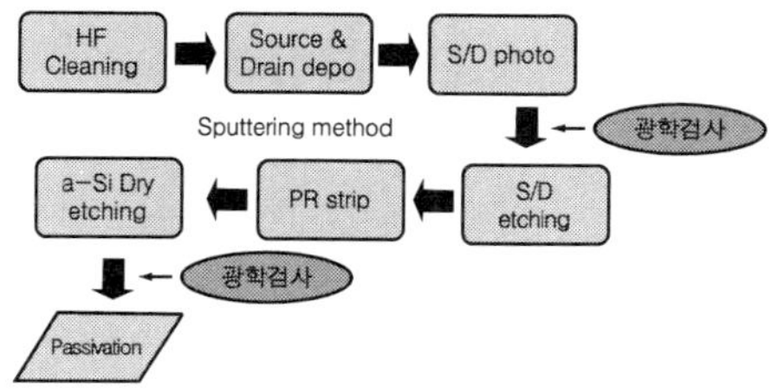

(b) 공정 단계

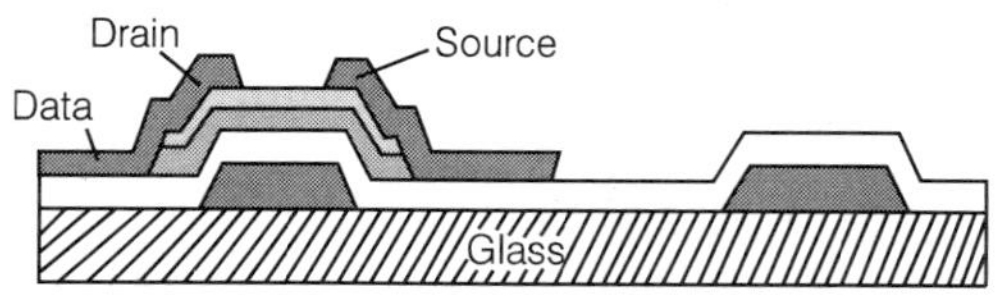

(c) 단면도

그림 2.37

박막 트랜지스터의 소스 및 드레인 전극 형성 공정

소오스/드레인(S/D) 물질로서 중요한 조건은 ① a-Si:H와의 저항성 접촉(Ohmic contact), ② Step 지역에 crack이 일어나지 않아야 하고, ③ Top ITO Transistor 구조에서는 ITO와 전지 반응이 없어야 하고, ④ S/D 이후 공정의 화학식각용액에 침식이 없어야 한다. ①의 조건은 TFT 특성과 관계되며 저저항 조건보다 중요하다. a-Si:H와의 저항성 접촉은 a-Si과 silicide를 이루는 물질이어야 가능한데 생산에서 안정적으로 사용되는 물질은 Cr, Mo, Ta 정도이다. 이중 Cr은 Hitachi, NEC에서 전통적으로 사용되어 왔고 Mo는 Toshiba에서, Ta은 Sharp에서 사용되고 있다. S/D 물질중 Cr은 많은 업체에서 사용되는 안정적인 S/D 물질이다. Cr은 위의 S/D 조건 중에서 ①, ③, ④를 만족시키며 안정한 트랜지스터 특성을 나타낸다. 또 기계적 강도도 우수하여 Gate Pad, Data Pad는 Cr/ITO의 구조를 TAB IC Bonding Pad로 사용하고 있다. C/F(Color Filter)의 Black Matrix도 Cr을 사용하기 때문에 S/D에 Cr을 사용할 경우 관리하는 sputtering 타겟의 종류도 그만큼 줄어든다.

그림 2.38은 박막 트랜지스터 액정 디스플레이의 크기 변화도이다. 크기가 점점 커짐에 따라 액정의 주입과 유지, 빠른 응답 속도가 필수이며, 박막 트랜지스터는 고이동도를 실현해야 한다. 이와 함께 대면적화되면서 부각되고 있는 RC 지연도 해결해야 하는 문제이다.

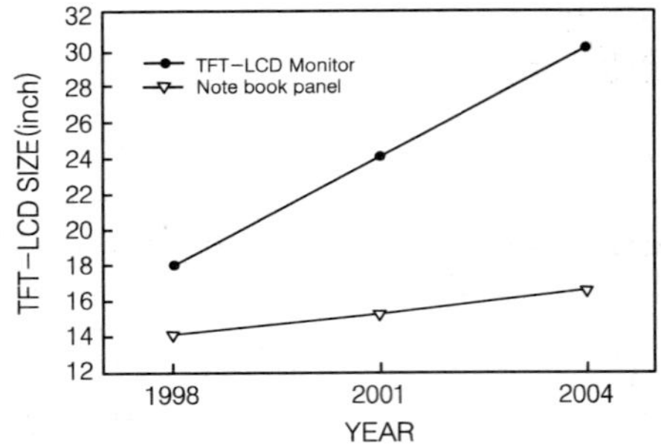

그림 2.38
단일 기판을 이용한 TFT-LCD 크기 변화

17인치 XGA 액정 디스플레이의 경우 gate line은 약 350m, data line은 약 1km 정도가 사용된다. 저항이 작은 물질을 사용하는 것이 얼마나 크게 작용을 하는가는 명확한 일이다. RC 지연을 해결하기 위해서는 현재 많이 사용하고 있는 Cr이나 Mo보다 낮은 저항을 가지고 있는 금속이 필요로 하게 되었다. 금속의 연구는 90년대에 들어와서 활발히 연구되고 있으며, 이미 저저항 금속인 Al, Cu, Al-alloy 등은 상당한 연구결과에 도달해 있다. 표 2.4는 각 금속에 대한 특성을 나타내고 있다. 순수한 Al으로 40인치 크기의 박막 트랜지스터 액정 디스플레이 제작이 가능하기 때문에 Al을 gate 및 data line으로 사용하기 위한 연구 개발이 진행되고 있다.

표 2.4 대화면 TFT-LCD용 저 저항 금속

금속	비저항(mWcm)	녹는점(° C)	CTE(ppm/° C)	공정 적용시 문제점
Cu	2.7	1083	16.5	밀착성, dry etch 불가, 내산성
Al	3.1	660	23.6	내산성, surface morphology
Mo	11.5	2610	4.9	내산성
Cr	21.0	1875	6.2	후막화시 박리, taper etch 곤란
aTa	25	2996	6.5	저저항을 위해 TaN/Ta 구조 필요
bTa	173.2	2996	8.4	고저항
Ti	86.5	1668	4.6	고저항
W	18.1	3410	13.3	막박리
Ni	50	1453	–	밀착성, DC sputter 불가
ITO	200	–	–	증착 조건 의존성

3.2.4 채널 형성 식각 공정(Channel step)

채널 형성 공정은 드레인/소오스 전극이 자체 마스크가 되어 반응성 이온 건식식각법으로 n^+ a-Si:H을 식각하고 동시에 a-Si:H 박막을 과도식각하게 된다. 이는 n^+ a-Si:H와 a-Si:H의 선택비가 없기 때문이다. 이러한 채널 형성 공정은 박막 트랜지스터의 특성을 결정짓는 중요한 공정이며 S/D으로써 어떤 금속을 사용하느냐에 따라 이후

공정이 많이 영향을 받는다.

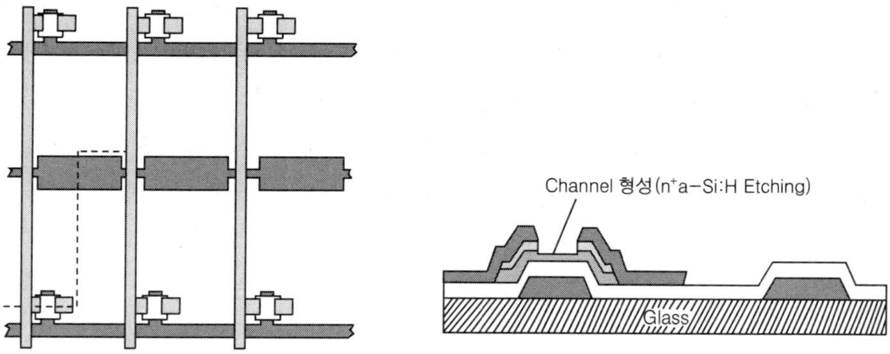

(a) 평면도 (b) 단면도

그림 2.39
박막 트랜지스터의 채널 형성 단계

3.2.5 보호막 형성 공정(Passivation step)

PECVD를 이용한 SiNx(질화실리콘) 보호막(passivation) 형성 공정은 박막 트랜지스터와 특히 게이트, 데이터 라인을 보호할 목적으로 진행되는 공정이다. 따라서 화소의 ITO 전극과 게이트라인의 pad부는 후 공정에 전극을 연결하여야 하므로 PR 공정을 통해서 open 된다.

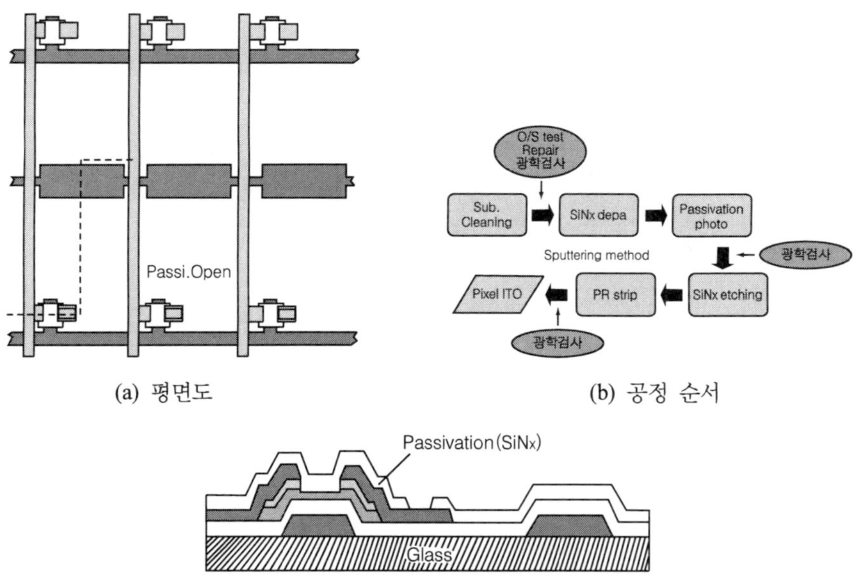

(a) 평면도 (b) 공정 순서

(c) 단면도

그림 2.40
박막 트랜지스터의 보호막 형성 단계

3.2.6 화소 전극 형성 공정(ITO step)

스퍼터링(sputtering) 방법으로 성장된 ITO 박막은 pixel Mask로 patterning 되고 컬러 필터 ITO의 상대 전극으로 형성된다. 이러한 ITO 전극은 step coverage가 확보되어야 하며 보호층 하단의 전극과의 접촉불량에 따른 단선되는 경우 화소결함이 발생하므로 유의해야 한다. 상용화된 ITO Target은 주로 In_2O_3:90wt.%와 SnO_2:10wt.%의 혼합 분말을 성형 후 소결시켜 만든다. ITO Target은 소결 밀도에 따라 등급과 가격이 정해진다. 저밀도일수록 Target 내부에 Vacancy(空孔)가 많고 Target의 사용에 따라 Vacancy가 드러나면서 Nodule이 많이 발생한다. Nodule은 분석 결과 절연성 물질이며 드러난 Vacancy에 Arc 방전이 발생하면서 Nodule의 핵이 생성되는 것으로 보고되고 있다. ITO는 공정 개발보다는 저저항 Film 증착, 투과율 향상 등의 공정 개선 측면이 더 중요시된다.

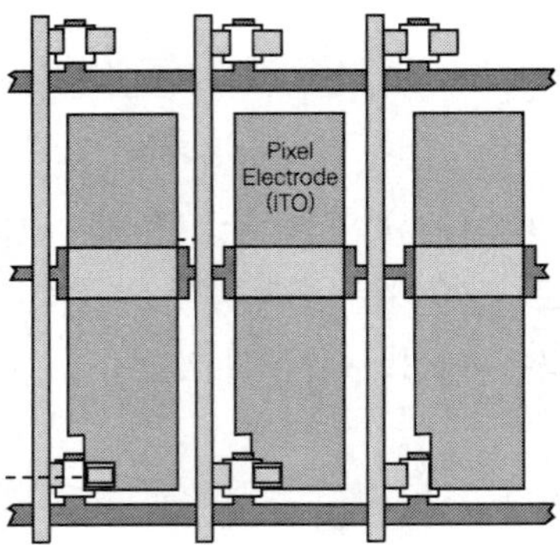

(a) 평면도

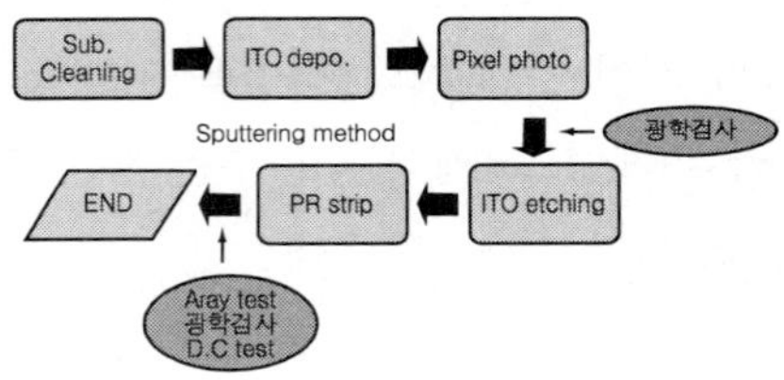

(b) 공정 순서

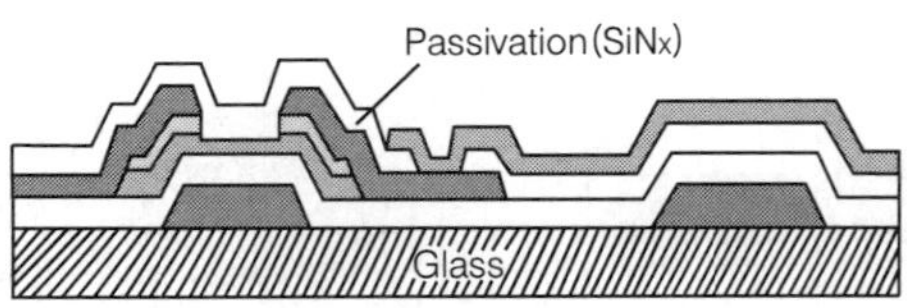

(c) 단면도

그림 2.41
박막 트랜지스터의 화소 ITO 전극 형성 단계

다결정 실리콘 박막 트랜지스터

4.1 고온 다결정 실리콘 박막 트랜지스터

4.1.1 고온 다결정 실리콘 박막 트랜지스터의 특징

고온 다결정 Si TFT의 특성을 보면, 기존의 반도체 웨이퍼 공정을 그대로 사용할 수 있으므로, TFT 소자의 특성을 안정되게 만들 수 있다는 점을 우선적으로 들 수 있다. 이는 주로 고온에서 열처리로(furnace)와 이온 주입 장치 등을 사용하여 결정성이 양호한 다결정 실리콘을 제작할 수 있는 데다 계면 특성이 좋으면서 절연 특성이 안정한 게이트 절연막을 제작할 수 있다는 점 때문이다. 그러나 성장 온도가 1000°C 부근의 높은 온도이기 때문에 값이 비싼 Quartz(석영) 기판을 사용해야 하는 단점이 있다. 따라서 상품화되고 있거나 신규 개발중인 제품은 모두 대각길이 2인치 이하의 고해상도 TFT-LCD에 응용된다. 표시 소자로서 이와 같이 작은 소자이어야 하는 것은, 기판 크기에 비하여 많은 수의 표시 화소를 만들어 디스플레이 Panel 자체의 재료비 비중을 낮춤과 동시에, 구동회로를 기판 위에 내장해야 외부 구동회로를 필요로 하는 a-Si TFT과 차별화된 시장 경쟁력을 확보할 수 있기 때문이다.

고온 다결정 Si TFT는 a-Si TFT에 비하여 트랜지스터의 전자 이동도가 월등히 높기 때문에 고온 다결정 TFT가 적층되는 기판 위에 TFT를 구동하기 위한 구동회로를 내장할 수 있다. 트랜지스터의 전자이동도가 높기 때문에 얻을 수 있는 장점은 트랜지스터의 채널을 a-Si TFT의 채널보다 작게 만들어도 되므로, 결과적으로 화면의 개구율을 크게 할 수 있는 장점이 있다. 이러한 고온/저온 다결정 Si TFT와 a-Si TFT의 특징을 표 2.5에 나타내었다.

표 2.5 a-Si과 poly-Si TFT의 특성에 따른 비교

항목		a-Si TFT	Poly-Si TFT(저온)	Poly-Si TFT(고온)
제조공정	온도	Max. 350°C	<450°C	1000°C 이상
	기판	Glass	Glass	Quartz
Device 구조		Bottom gate 구조 Key align	Top gate 구조 Self align	Top gate 구조 Self align
Transistor 특성	전자이동도	0.5~1 cm^2/Vs	10~500 cm^2/Vs	30~100 cm^2/Vs
	Driver 내장	×	○	○
TFT 특성 안정성/균질성		○	△	○
대형화		○ ≤50 inch	△ ≤15 inch	× ≤2 inch
개구율		small	large(small TFT)	large(small TFT)

4.2 저온 다결정 실리콘 박막 트랜지스터

4.2.1 비정질 Si, 저온 다결정 Si(LTPS), 고온 다결정 Si(HTPS) TFT-LCD 비교

아래 표 2.6은 a-Si, LTPS, HTPS에 의한 TFT-LCD를 비교하여 나타내고 있다.

표 2.6 a-Si, LTPS, HTPS에 의한 TFT 비교

	LTPS TFT는 장래, LSI와 같은 미세가공 기술과 CMOS 회로 기술을 액정표시 기술과 융합하여, 화상처리기능과 정보처리기능을 on glass에 집적한, 소위 [System Display]를 실현하는 것이 가능하다.		
	고온 다결정 Si TFT(HTPS)	저온 다결정 SiTFT(LTPS)	a-Si TFT
기판 온도	> 600°C	< 600°C	< 350°C
트랜지스터	CMOS (nMOS) (pMOS)	CMOS (nMOS) (pMOS)	nMOS
구동 회로	트랜지스터DAC 내장 화상메모리 화성처리회로	트랜지스터DAC 내장 화상메모리 화성처리회로 System Display의 1보	외부부착
정 밀 도	20μm pitch(400ppi)	40μm pitch(200ppi)	80μm pitch(100ppi)
기 판	석영 glass	무알칼리 glass	무알칼리 glass

* DAC : Digital Analog Converter

4.2.2 저온 Poly-Si TFT의 제조 공정

저온 Poly-Si TFT는 기본적으로 Top gate형과 Bottom gate형이 있다. 그림 2.42는 대표적인 구조를 보여 주고 있다.

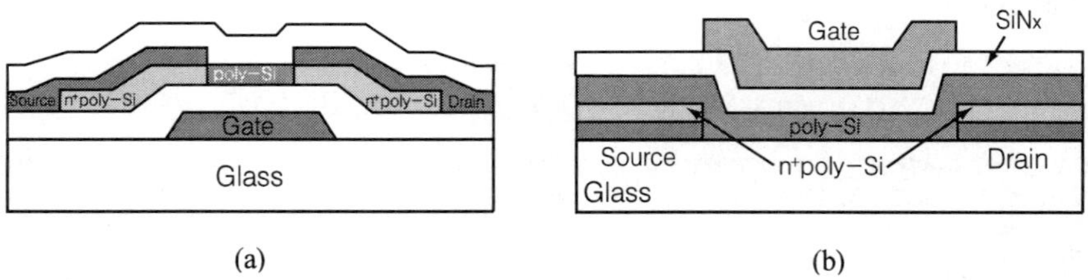

(a) (b)

그림 2.42
Bottom Gate(a)와 Top Gate TFT(b)의 구조와 명칭

(1) Top gate형 저온 Poly-Si TFT공정

그림 2.43은 Top gate를 이용하여 offset구조의 저온 poly-Si TFT 제조 공정 예를 보여준다

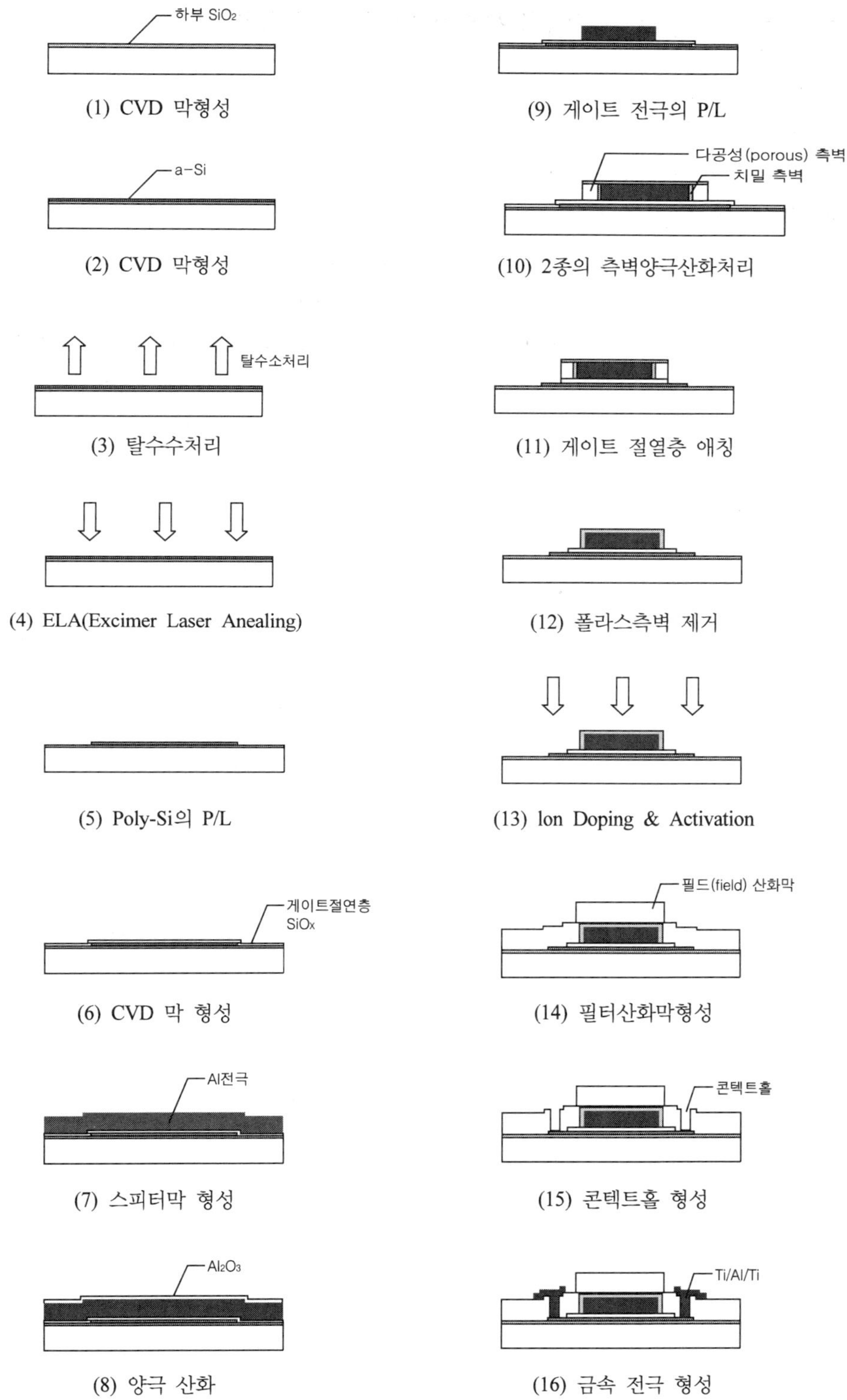

그림 2.43
Top 게이트형 저온 poly-Si TFT의 제조 공정 예

4.2.3 bottom gate를 이용한 저온 poly-Si TFT 공정

Bottom gate를 이용한 저온 poly-Si TFT 제조 공정 예를 그림 2.44에 표시한다. Bottom gate 저온 Poly-Si TFT 특징은 기본적으로 현재 양산되고 있는 a-Si TFT와 같은 구조이며, a-Si TFT 제조라인을 개조하여 라인을 만들 수 있는 것이다. 이외에도 Si층이 게이트 절연층 뒤에서 형성되므로, 유리 기판으로부터 기인되는 불순물의 혼입을 염려하지 않아도 되고, 외부 광을 게이트 전극으로 차광할 수 있으므로 차광층이 필요 없는 것 등이다. 그러나 최근은 bottom gate 발표 예는 적다. 본 예에서는 HITACHI에서 발표한 공정을 참고로 하고 있다. 현재로는 조금 낡은 것이지만, 이온 주입법을 사용하지 않는 점에서도 흥미롭기 때문에 소개한다. Top gate 때와 마찬가지로 전공정이 상세하게 발표되고 있는 것은 아니므로, 일부 조사에 근거한 것이다. 또 종래 a-Si TFT와 같은 공정은 설명을 생략하고 있는 부분도 있다.

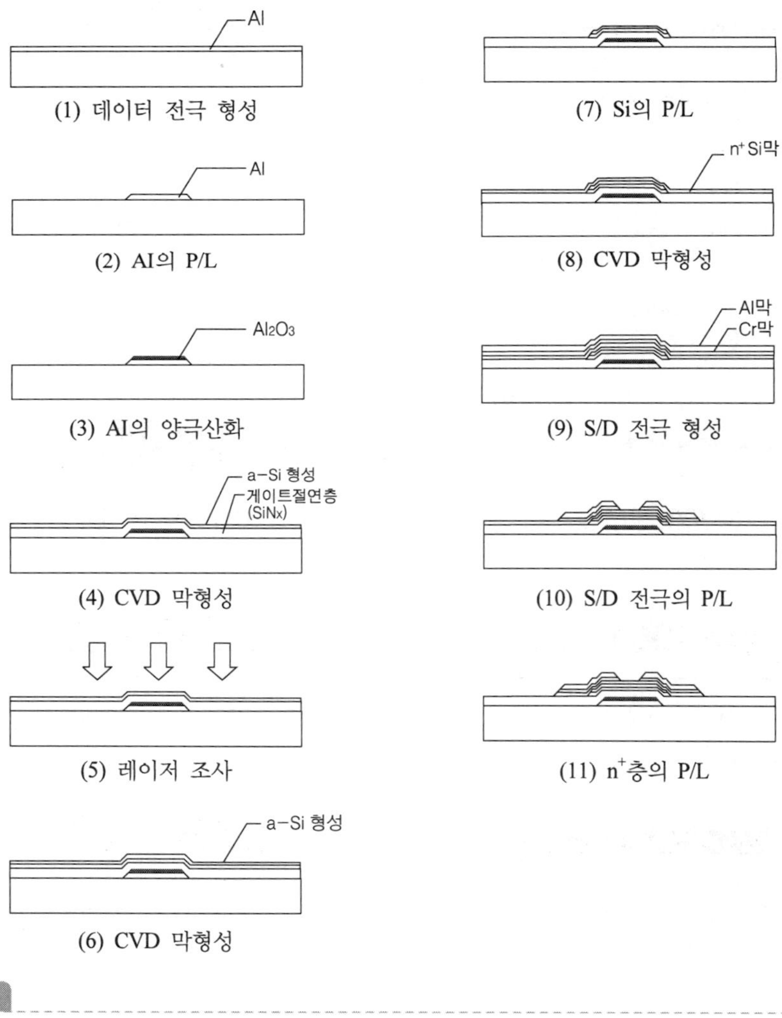

그림 2.44
Bottom 게이트 저온 다결정 실리콘 TFT의 제조 공정

4.2.4 저온 poly-Si TFT 소자 구조

저온 poly-Si TFT 소자 구조는 top gate나 bottom gate의 경우든 원리적으로 소자 구조는 확립되어 있고, 이후 큰 변화는 없는 것으로 생각해도 좋다. 현재는 bottom gate를 이용하고 있는 곳도 많지만, top gate형 특성은 안정되어 있고, 제조용이성(생산성)이라는 점에서 top gate가 우수한 것처럼 생각된다. 그러나 bottom gate는 외부광에 대한 걱정이 없고, 실적도 많고, 현시점에서 우열은 단정하기 어렵다. 예를 들면 bottom gate 구조는 a-Si TFT 라인의 전용을 생각하면, 도입하기 쉬운 구조이며, a-Si를 단순히 레이저 결정화하는 것만으로 poly-Si를 형성할 수 있다는 장점이 있다. 그러나 먼저 게이트 절연층을 형성하여 일단 a-Si와의 계면을 형성한 후에 poly-Si로 바꾸는 방법으로는 양호한 게이트 절연층과 poly-Si의 양호한 계면을 형성하는 것은 조건 설정이 어렵다고 생각된다. 또 하부에 게이트 전극과 게이트 절연층이 있는 상태에서의 레이저 결정화 재료와 두께로 레이저 조사 조건의 미조정이 필요해지는 곤란함도 있다.

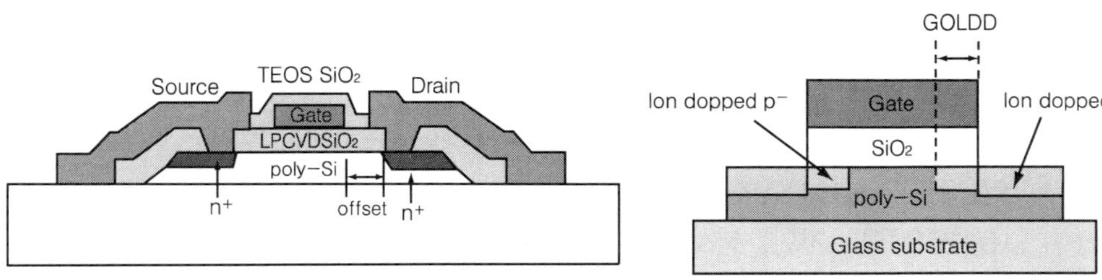

그림 2.45
Offset 구조와 GOLDD(gate overlapped lightly doped drain) 구조의 단면도

리크전류 대책으로서 offset 구조나, LDD 구조라는 점에 관해서는 LDD 구조가 유리하다고 생각한다. Offset 구조는 제법이 너무 복잡하고, drain 전류 저하는 피할 수 없는 것이 불안하다. Drain 전류 확보를 위해 offset 거리를 sub micron order (0.4 μm이하)로 하지 않으면 안 되는 것은 수율 향상 저해요인이 될 가능성이 있다고 예측된다.

4.2.5 저온 poly-Si TFT 재료

반도체 재료는 PECVD 장치를 이용하여 우선 a-Si를 만들고 기판 온도가 그 정도 상승하지 않는 레이저 결정화로 poly-Si화한다는 일련의 콤비네이션이 저온 poly-Si TFT를 제조하는 핵심 기술로 되어 있다. Si-Ge 등을 이용한 예도 발표되고 있지만, 그와 같은 복합 재료를 이용하는 필연성은 없으며, 본 방법이 이후 변경될 가능성은 적다.

n^+ Si, p^+ Si층은 top gate형에서는 poly-Si를 형성한 후에 각각 phosphorus와 boron을 이온 주입하여 만들어진다. 산요전기의 bottom gate형에서는 이온 주입한 후에 레이저 결정화한다. 이온 주입용 고가 장비가 필요하지만, a-Si 등에서 사용되는 것처럼 PECVD법으로 직접, 불순물을 혼입한 a-Si를 증착하는 방법은 최근 저온 poly-Si

TFT제법에서 사용되지 않는다. 이유는 저온 poly-Si TFT에서는 반도체층이 500nm 이하로 얇기 때문에 n^+ Si와 p^+ Si 층의 식각시에 선택비를 확보하는 것이 어렵기 때문이다.

따라서, 이 제법에 의한 재료도 변화 가능성도 적다. a-Si TFT에서는 SiNx가 많이 이용되지만, 저온 poly-Si TFT에서는 게이트 절연층은 SiO_2, 또는 SiNx와 SiO_2의 2중층이 많이 이용된다. SiNx도 SiO_2도 PECVD법으로 만드는 것이 일반적이다.

Source/drain 전극은 반도체층과의 접촉에는 실리사이드 구성 금속, 배선은 Al이라는 2층 배선이 이용되어 a-Si TFT와 같다.

4.2.6 저온 poly-Si TFT의 요소 기술

구동 회로 일체형 저온 poly-Si TFT LCD 가운데 제작되는 TFT는 특성적으로 2종류의 저온 poly-Si TFT가 있다. 하나는 액정 pixel 구동을 위한 저온 poly-Si TFT이며, 또 다른 하나는 구동회로용 저온 poly-Si TFT이다. 이 두 가지 TFT에 요구되는 특성이 다른 것이 저온 poly-Si TFT의 구조와 제조 공정이 복잡해지는 원인이 되고 있다. 한편, 액정 pixel 구동을 위한 저온 poly-Si TFT는 NMOS-TFT만으로 괜찮은(a-Si TFT는 모두 이 구조) 것에 비해, 구동회로용 저온 poly-Si TFT는 CMOS로 하기 위해 NMOS와 PMOS의 2종류 TFT를 만들지 않으면 안 된다. 구동회로 그것도 NMOS만으로 만들 수 없는 것은 아니지만, 신호 마진 크기와 소비전력 면에서 CMOS가 안정된다.

Poly-Si 형성 요소 기술은 저온 poly-Si TFT 특성 향상과 균일성 제어가 된다. 이에 관련하는 기술은 이하 5항목으로 집약할 수 있다. 1) a-Si 형성, 2) 탈수소 처리, 3) 다결정화, 4) I_{off} 전류 저감대책, 5) 임계 전압(V_{th}) 제어

(1) a-Si 형성

LPCVD(감압CVD법)에 의해, 직접 poly-Si막을 얻는 방법도 있지만, 900℃ 이상의 고온을 필요로 하기 때문에 고온 poly-Si 형성법으로 분류된다. 현재 저온 poly-Si 막의 형성의 주류는 우선 a-Si를 형성하여 그것을 결정한 것에 의해서 poly-Si막을 얻는 방법이다. 재료로는 silane(SiH_4)을 출발 재료로 하는 Si단일 재료가 주류이다. 일부 Ge-Si막을 이용하는 예도 발표되고 있지만, 그와 같은 복합재료를 이용할 필요는 없다.

또 유럽 등에서 Te가 용이하게 결정화할 수 있어서 Te계의 반도체가 일시 왕성하게 연구되었지만, PMOS를 만들 수 없고, 식각제어의 어려움 및 재료의 독성 등 문제로 일본에서는 거의 주목되지 않았다. a-Si막 형성에는 플라즈마 CVD 장치를 이용한다. 형성 온도는 250℃전후로, 박막두께는 40~50nm이다. Poly-Si 결정입경은 CVD 박막 두께에 강하게 의존한다. 산요전기는 poly-Si TFT 특성 균일성을 위해서는 박막 두께 균일성을 ±2% 이내로 하려고 발표하고 있지만, 현재 플라즈마 CVD 장치는 박막 두께 균일성이 5~10%이며, 장치 메이커의 개선노력이 요구되고 있다. 이와 같은 결정입경의

불균일의 크기는 전자 전계 이동도의 변화에 직결하여 회로 설계 마진에 큰 영향을 미친다. 구체적으로는 구동 안정을 위해 TFT 사이즈를 크게 하거나, 불균일 정도에 의해서는 TFT 특성 불량 때문에 수율이 떨어지거나 하는 것이다.

(2) 탈수소 처리

보통, a-Si TFT와 동등한 플라즈마 CVD조건으로 만들어진 a-Si는 약 10% 수소가 포함된다. 이 막을 전처리 없이 레이저 결정화하면 수소가 심하게 기화한다. 이때에 Si 막이 박리하여 비산하는 등의 치명적 손상을 받는다. 이를 피하기 위해서는 본 결정화전에 함유 수소 농도를 줄이는 것이다. 목표는 수소 함유율이 2% 이하이다. 이 때문에 현재, 탈수소법이 여러 가지로 제안되고 있지만 크게 분류하면 두 가지 방법으로 분류할 수 있다. 한 가지는 PECVD에 의해 혼입한 수소 가스를 결정화전에 탈수소하는 방법이고, 또 한 가지는 최초에서 수소함유량이 적은 a-Si 막을 형성하는 방법이다. 이하 네 가지의 방법에 관하여 소개한다.

1) 배치 방식에 의한 탈수소 처리

가장 일반적인 탈수소 처리는 430℃로, 2시간 열처리를 하는 방법으로 배치 처리이다. 이 처리에 의해서 수소 농도는 결정화시에 문제가 발생하지 않는 2%이하로 절감된다.

2) 엑시머 레이저에 의한 탈수소 처리

최초 엑시머 레이저로 100W 이하의 약한 출력으로 결정화하여 수소만을 박막 중에서 제거한 후, 출력을 올려 poly-Si화하는 방법이다. 장치 종류는 저감하지만, 그렇지 않아도 생산성이 낮은 엑시머 레이저를 2회 사용하는 것이 단점이다.

3) 최초에서 수소 농도 2% 이하의 a-Si막을 형성한다.

a-Si 제조 조건을 변경하여 수소 농도 2% 이하의 a-Si막을 형성한다. 일본 진공 기술 등이 적극적으로 추진하고 있고, 장래 유망한 방법이다. 구체적인 제법은 [SID 97] 등에서도 발표되고 있지만, RF Power를 떨어뜨리는 것에 의해 수소 농도를 내린다는 것이다.

4) a-Si 형성을 진공증착으로 행한다.

PECVD로 형성한 a-Si와 달리, 진공 증착으로 형성한 a-Si에는 수소는 포함되어 있지 않다. 그러나 dangling bond가 매우 많은 막으로, TFT를 작성하더라도 리크전류가 많은 게이트 전위로 drain 전류를 제어할 수 없다. 즉, a-Si TFT로서는 사용하는 것으로는 안 되지만, 엑시머 레이저로 다결정화하는 것에 의해 높은 이동도를 갖는 저온 poly-Si TFT가 얻어진다는 보고도 NTT 등에서 발표된 예도 있다. 단지 진공 증착에

10^{-7}torr 레벨의 초고진공이 필요하고 실용화 가능성은 불명확하다.

(3) 다결정화

다결정화에는 레이저 결정화와 램프 결정화가 있다. 고온 poly-Si에서는, SPG(Solid Phase Growth) 등의 방법도 있지만, 저온 poly-Si에서는 기판이 견딜 수 없고 단시간 처리가 주류이다. 가장 일반적인 방법으로는 200W 엑시머 레이저를 사용하여 다결정화하고 있다.

그러나 가동율이 나쁘고, 엑시머 레이저 출력 균일성이 ±2%의 요구에 대해 ±6%로 나쁘고, 또 결정화에는 장인솜씨(미묘한 조정이 요구되어 재현이 어렵다)가 요구되는 것 등 문제도 많다. 또 구동회로부만을 poly-Si화하는 방식에서는 엑시머 레이저가 아니라, 파워 YAG 레이저도 검토되고 있다. YAG 레이저의 특징은 연속발진이며 기판 스캔만으로 균일한 막을 만들기 쉽다고 한다.

다결정화 공정에서는 TFT LCD 메이커 측에도 아직 개선해야 할 점이 많다. 예를 들면 엑시머 레이저를 연속 spot조사할 때에, spot면을 중첩하면서 조사하고 있다. 하지만 이 중첩부에 당연 조사 면부와 단부를 할 수 있다. 이는 점점 밭과 같이 눈으로도 확실하게 알 수 있는 경계를 나타내고, TFT 불균일 원인이 되고 있다. 이것 등은 TFT이 배치를 최적화하여 중첩하는 등을 하지 않도록 할 필요가 있을 것이다. 한편, 산요전기 등에서 램프를 이용한 rapid thermal anneal(RTA)도 검토되고 있지만 a-Si 두께가 얇아지면, 에너지 면 분포가 불안정하는 등의 문제가 지적되고 있고, 따라서 엑시머 레이저의 우위성은 움직이지 않을 것이다. 레이저 어닐로 얻어지는 저온 poly-Si의 전자 정공의 전계 이동도는 각사에 따라 다르다. Data 불균일에서도 poly-Si 막의 전기 특성은 제조 조건에 크게 의존하는 것을 알 수 있다. 산요전기의 발표에서는 전자의 전계 이동도는 최고 $420cm^2/Vs$까지 달성할 수 있는 예도 있다고 한다. 참고로, 단결정 Si 전자의 전계 이동도는 약 $600cm^2/Vs$이다.

(4) I_{off} 전류의 저감 대책

TFT 중요한 특성은 I_{off} 전류이다. 액정 pixel 구동용 TFT에는 NMOS가 사용되지만, 리크 전류(I_{off} 전류)는 1pA 이하로 하지 않으면 안 된다. 그러나 poly-Si는 리크 전류가 크고, 이를 저감하는 것은 과제의 하나이다. 지금까지 발표된 다섯 가지 대표적 대책을 소개한다.

1) 구동회로부만 저온 poly-Si TFT화

현재 기술 레벨에서는 엑시머 레이저는 기본적으로 spot 조사이다. 따라서 대변적 a-Si를 poly-Si화하려면 레이저를 세심하게 몇 번 overlap 하면서 조사해 가는 방법을 이용하지 않으면 안 된다. 이 부분적 조사인 것을 반대로 이용하여 pixel부는 a-Si대로 하여, 회로 부분만을 poly-Si화하는 방법도 있다. a-Si는 리크 전류는 원래부터 적고 고속인 필요성도 없다. 본 방식에서는 저온 poly-Si TFT LCD 면적의 대부분을 점하는 표시부를 레이저 조사할 필요가 없으므로 수율이 대폭으로 개선된다는 장점도 있다.

2) Multi transistor 구조

NMOS를 두 개 이상 직렬로 배열하는 것에 의해, I_{off} 전류의 저감하는 방법이다. Pixel구동용 TFT에는 이 구조가 많이 이용되고 있다. 저온 poly-Si TFT에서는 모든 TFT 리크 전류가 큰 TFT가 되는 것이 아니라, 결정립계 형상 크기 등에 의존하여 일정 확률로 리크 전류가 큰 TFT가 되어버린다. 따라서 직렬로 배치하는 것에 의해, 확률적으로 리크 전류를 크게 저감할 수 있다. 2단계의 리크 전류 저가 효과가 있다고 발표도 있지만, 단순히 직렬 저항(리크 전류는 저항이라고 할 수 있다)을 2개 늘어선 배치한 것 만으로는 리크 전류는 절반밖에 되지 않을 것이므로, 2단계라는 큰 저감 효과는 나오지 않는 것은 자명하다.

리크 전류가 큰 TFT는 보통 TFT보다도 2단계나 리크 전류가 크고, 그것이 직렬로 TFT를 배치하는 것에 의해서 리크 전류가 억제되고 있는 것이다. 이 멀티 트랜지스터 구조는 이하 두 가지 방법과 병용되는 경우가 많다.

3) offset 구조

앞에 기술한 저온 poly-Si TFT 제조 공정에서 기술한 구조로, source/drain과 게이트 전극 직하의 채널부와의 사이에 고저항 영역을 설치하는 방법이다. 본 방법은 본질적으로 drain 전류가 저하한다는 결점이 있지만, 후지쯔 방법은 이 문제를 offset 영역폭을 sub micron 레벨에서 제어하는 것에 의해 해결하였다고 한다. 게이트 전극 외주에 실리콘 산화막을 남기고, 그 위에서 이온 주입하면 Si막 노출하고 있는 부문만에 이온이 주입된다는 것이다. 원리는 간단하다 해도, 앞에서 기술한 것처럼 제법은 상당히 복잡하다.

4) LDD 구조

마쯔시타 전기 산업에서는 NMOS에 LDD(Lightly Doped Drain) 구조를 이용하여 I_{off} 전류의 저감을 실현하고 있다. 동사의 발표는 phosphorous 이온이 60nm 이하의 두께의 TaOx를 빠져나가는 현상을 이용한 것으로 LDD 구조를 1회 도핑으로 얻어지는 점에서 우수하다. 단지 저온 poly-Si TFT는 전자 전계 이동도가 낮다. 아마도 poly-Si 형성 방법에 문제가 있는 것으로 생각된다. LDD 구조를 얻기 위해서는 게이트 전극의 외주에 얇은(이온이 있는 정도 주입된다) 산화 탄탈막을 설치한 후, 이온을 주입한다. 그렇게 하면 LDD 부분이 완성된다.

5) Wing 구조

Wing 구조라는 것은, 고온 poly-Si TFT에 적용된 것이지만, 저온 poly-Si TFT에도 충분히 적용할 수 있는 재미있는 방법이므로 소개한다. 이 구조는 앞에서 기술한 offset 구조와 LDD 구조의 모든 것이, 한 번 그 영역을 형성하면, 전기적으로 제어 불가능한 것을 전기적으로 제어하려고 하는 발상에서 생겨난 것이다. Wing 구조는 1990년에 NTT에서 제시되고 있다. NTT는 게이트 전극 상에 절연층을 사이로, 서브 게이트 전극을 이용하고 있다. 서브 게이트가 source/drain부까지 포함하고 있는 것에 의해 채널부와 source/drain부의 사이의 부분도 서브 게이트 전위로 제어한다. 이 때문에 게이트가 on시에는 큰 drain 전류가 off시에는 리크 전류를 낮게 억제할 수 있다.

또 다른 방법은 메인 게이트 전극을 마지막으로 2회 메탈 형성으로 만든다는 방법이다. NTT가 메탈 형성을 2회 필요한 것에 비해, 1회로 완료되는 것이 특징이다. 얇은 게이트 절연층(실리콘 산화막)의 위에 두꺼운 절연층을 적층하여, 두꺼운 절연층만을 일부 제거하지 않으면 안 되지만, 그것은 금속 산화막 등으로, 충분히 식각 선택비가 높은 절연층을 만들 수 있는 것으로 생각된다.

(5) 임계 전압(V_{th}) 제어

a-Si 형성시에 boron을 도핑시켜, V_{th}를 제어한다. 일반적으로, NMOS의 채널에 boron을 혼입하면 NMOS의 Vth는 높아지겠지만, 동시에 TFT에는 단결정 트랜지스터와 마찬가지로 source/drain부와 채널부의 사이에 pn 접합을 형성하여 I_{off} 전류의 저감을 확실한 것으로 하고 있다. V_{th}는 a-Si 형성시 silane 유량 등에도 영향을 주고, 미묘한 제어가 필요하다

5 박막 트랜지스터의 기술 동향 및 응용

Display Engineering

5.1 비정질 TFT 응용 분야

(1) 모니터용 a-Si:H TFT

최근의 TFT-LCD의 개발 동향은 크게 구분해서 대면적화, 고정세화, 광시야각 구현으로 요약할 수 있다. TFT-LCD가 대면적화로 가면서 발생하는 문제점 가운데 게이트 라인의 저항 때문에 발생하는 RC 지연이 있다. 이를 해결하는 방법으로 최근 삼성에서는 30"급 TFT-LCD에서 dual scan 분할 구동 방법을 사용하였다. 모니터용 LCD제품을 개발하기 위하여 시야각 개선 기술, 대화면 기술, ΔVp 감소 기술, flicker 감소기술, 저

가격화 기술 등이 요구되며 이들 각각에 대한 핵심 기술을 개발하기 위한 노력이 일본 업체를 중심으로 활발히 수행되고 있다.

(2) CNS(Car Navigation System)용 TFT

CNS에 사용되고 있는 LCD는 5~7인치가 주종을 이루고 있다. 보통 휴대용 TV와 겸용으로 사용되기도 하므로, NTSC급이 사용된다. CNS에 사용되는 LCD는 넓은 범위의 온도에서 작동해야 하며, 밝은 곳에서도 선명한 화질을 보장해야 하므로 낮은 반사율과 고휘도의 백라이트가 요구된다. 따라서 넓은 작동 온도와 고휘도의 장점을 가지고 있는 FED(Field Emission Display)의 잠재적 시장으로 볼 수도 있다. 특별히 대면적화 또는 고해상도가 요구되지 않으므로 히타치, NEC, 샤프를 비롯한 대부분의 TFT-LCD 제조업체들이 CNS에 장착할 수 있는 5~7인치 NTSC급 TV를 공급한다.

그림 2.46
SHARP사의 7인치 LCD TV

(3) Sensor 응용 분야

1) 이미지 센서

21세기의 새로운 센서의 개척 분야로 주목받고 있는 비정질 실리콘을 이용한 이미지 센서(혹은 광센서)의 원리와 응용으로 일반적인 광센서는 포토다이오드나 포토트랜지스터가 있다. 포토다이오드는 ① 입사 광량에 따른 출력 전류의 직선성이 좋으며, ② 온도 변화에 따른 변화가 적으며, ③ 응답 속도가 빠르고, ④ 측정 오차가 적은 특징을 가지고 있다. 이미지 센서는 이러한 광센서가 화소로 구성되는 어레이(array)를 구성한 센서로 생각할 수 있는데, CCD(Charge Coupled Device)와 CMOS(Complementary Metal Oxide Semiconductor) 이미지센서 그리고 비정질 실리콘을 이용한 이미지센서가 있다.

CCD는 1969년 Bell Lab의 Boyle, Smith에 의해 그 구조가 제안된 이래 영상 신호를 전기 신호로 바꿔 주는 "전자 눈"의 역할을 하는 반도체 소자이다. 반도체의 눈부신 발전에 힘입어 가정, 교육, 의학, 산업, 우주 산업 등에 이르는 넓은 응용 분야를 가진다. CCD는 영상 입력을 필요로 하는 분야에서는 중요한 역할을 하고 있으며 사람의 눈, 사진기의 필름과 같은 역할을 하는 반도체 소자이다.

CMOS 이미지센서(혹은 접촉 이미지센서)는 1967년 FairChild, RCA 등이 활발히 개발을 하기 시작한 이후, 1979년 일본의 Hitachi사가 개발에 주력을 하다가 Fixed Pattern Noise(FPN)를 비롯한 noise 문제로 인하여 화질이 CCD에 비해서 열등하고, CCD에 비하여 회로가 복잡하며, packing density가 낮고 가격 측면에서 CCD에 비해서 차이점이 없고, chip size가 큰 이유로 인하여 1989년에 MOS형 이미지 센서의 개발을 포기하고 CCD 개발로 전환을 하였다. 그 이후 1990년 NHK/Olympus에서 amplified MOS Imager(AMI)를 발표하였고, 1993년 Edinburgh 대학에서 최초의 CMOS형 camera chip을 발표한 이후로 같은 해 JPL에서 CMOS형 Active Pixel Sensor(APS)를 발표하여, 1995년 이후 미국 대학 및 연구기관에서 본격적인 CMOS 이미지 센서에 대한 개발이 시작되었다.

특징을 살펴보면 CCD 이미지센서의 경우 공정이 CMOS에 비해서 상대적으로 어렵고, CMOS의 경우 random access가 가능하나, CCD는 불가능한 점 등이 있다. 1990년대 후반 및 최근에는 CMOS 공정 기술의 발달 및 signal processing algorithm의 개선 등으로 인하여 기존의 CMOS 이미지센서가 가지고 있던 단점들이 극복되기 시작하였으며, 나아가서 선택적으로 CCD 공정을 CMOS에 적용하여, 제품의 질이 기존에 비해서 월등히 개선되었으며, 이미지센서의 시장을 CCD와 양분할 정도로 기술력이 급격히 상승하고 있다. 그러나 CCD나 CMOS 이미지센서의 경우에는, 이미지를 얻기위한 광학계를 필요로 하여 디바이스의 부피가 증가하고 추가의 광학 장치를 설치하여야 하는 단점이 있다.

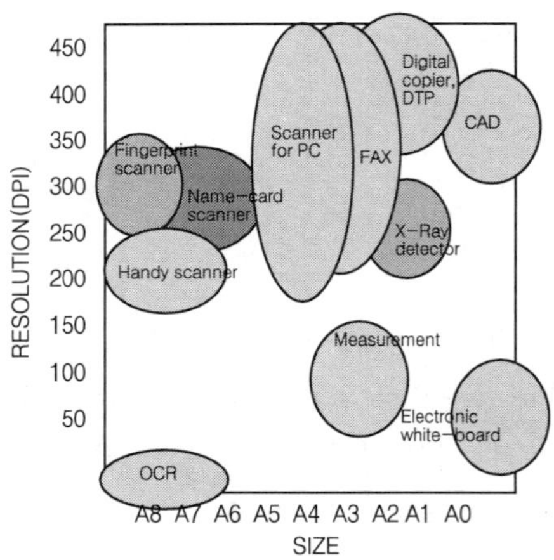

그림 2.47
해상도 및 검출 면적에 따른 이미지 센서 응용의 예

2) X-ray 감지 센서

의학용으로 널리 사용되고 있는 진단용 X-ray 검사 방법은 X-ray 감지 필름을 사용하여 촬영하고, 필름 현상과 인화 과정을 거치게 된다. 이러한 방법은 검사 결과를 얻기 위한 시간이 필요하고 필름 보관에 따른 공간 및 분실, 훼손의 문제를 가지고 있다. 근래에 들어서 이러한 단점을 극복할 수 있는 비정질 실리콘을 이용한 디지털 X-ray 이미지센서가 연구, 개발되었다. 디지털 X-ray 이미지센서는 비정질 실리콘 TFT를 스위칭 소자로 사용하며, 수광부를 비정질 실리콘 TFT나 PIN 다이오드로 구성한다. 자료의 디지털 데이터 베이스화가 가능하며, 원격지의 실시간 진료가 가능하고, 촬영에서 검사에 소요되는 시간을 획기적으로 줄일 수 있는 장점이 있다. 그림 2.48에는 디지털 X-ray 이미지센서의 구조에 대한 모식도가 나타나 있다. 외부에서 입사된 X-ray가 이미지센서 상부에 위치하는 형광체에 의하여 가시광으로 변환되며, 이미지센서의 수광부인 비정질 실리콘 PIN에서 이를 감지하여 이미지를 디지털화하게 된다. 그림 2.49는 디지털 X-ray 이미지센서에 의한 영상의 예를 보여주고 있다.

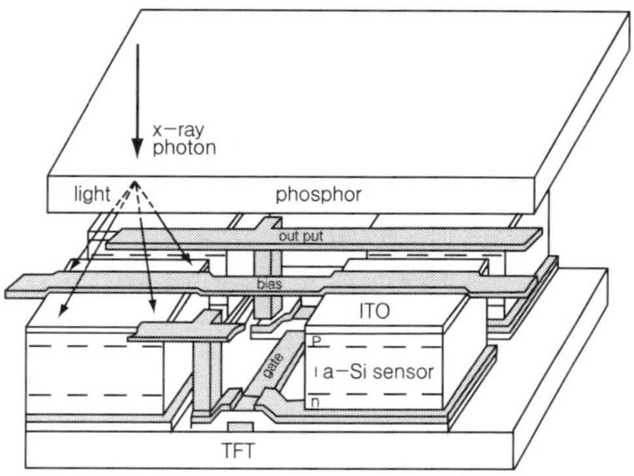

그림 2.48
디지털 X-ray 이미지센서의 구조에 대한 모식도

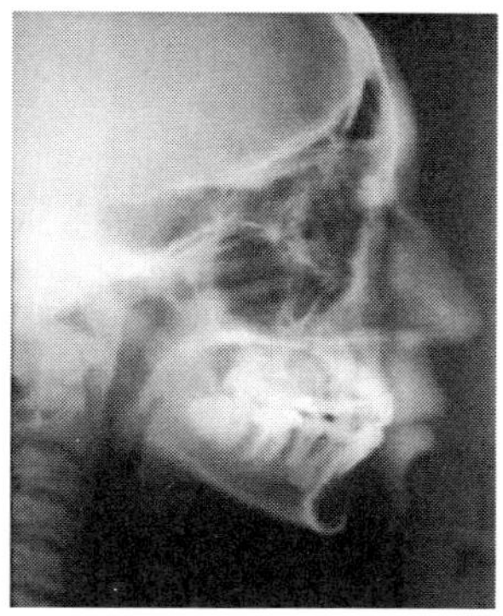

그림 2.49
디지털 X-ray 이미지센서에 의한 영상의 예

지문 감식기와 문서 입력 장치도 비정질 실리콘 이미지 센서의 중요한 적용예라고 할 수 있다. 인터넷을 통한 금융의 발달 및 개인 보안의 필요성 증대와 함께 지문을 이용한 개인 식별 장치의 중요성이 높아지고 있으며, 휴대가 가능한 소형 문서 입력 장치의 수요도 증가하고 있다. 이에 대한 적절한 해결 방안으로 비정질 실리콘을 이용한 이미지 센서에 대한 연구, 개발이 활발하게 진행되고 있다.

5.2 다결정 TFT 응용 분야

(1) TFT-LCD 개발

오랫동안 TFT-LCD 업계가 사용한 기술은 a-Si 기술로, 이미 대규모 양산에 투입되었으며, 현재까지 a-Si의 가장 중요한 응용은 과거와 마찬가지로 PC 모니터를 위주로 하는 대형 크기 디스플레이 장치에 머물러 있다. 비록 a-Si가 자동차 GPS 시스템, LCD TV, 디지털카메라와 같은 일부 중소형 크기 패널에 사용되고 있지만, 해상도가 높지 않고 반응 속도가 느린 물리적인 장애로 인해 단말 응용 시스템의 성능에 대한 요구를 완전히 만족시키지 못하였다. 예를 들면, 3G 이동전화 단말기는 저전력 소모의 컬러 동영상을 필요로 하지만, a-Si는 특성상 그 요구되는 표준에 부합할 수 없으며, DVD 플레이

어에 사용되는 디스플레이 패널은 고속의 반응 속도, 높은 컬러 포화도 및 절전의 특성을 두루 갖추어야 하지만 a-Si는 이러한 요구에 부합하지 못한다. LTPS(Low Temperature Poly-Si)는 일찍이 업계에서 차세대 LCD 기술로 인식되었지만, 중소형 크기 패널 시장의 성장이 둔화되고, 시장 규모가 작아, 초기에 개발에 진입한 업체의 추진력은 강하지 못하였지만 2000년 이후로 업계에서 적극적으로 진입하여 LTPS 양산에 더욱 많은 기회를 가져오게 되었다.

(2) LTPS의 연구 중점

저온 poly-Si TFT는 대체로 다음의 4가지 방향으로 진행되고 있다. ① 이동성 제고 및 원가 절감, ② 신뢰도 제고 및 양산 능력, ③ 미세화에 부응하기 위한 고해상도의 장치 개발, ④ 고성능 회로 설계, 상술한 중점 방향에 대해, 업계에서는 2000년 하반기부터 잇따라 가능한 솔루션을 제시하였는데, 예를 들면 금속촉매를 사용하여, 유리 기판 내에 결정의 성장을 촉진하여 대입자화하는 방법인데, 즉 MILC(Metal Induced Lateral Crystallization)라고 불리며 이동성을 제고하여 300cm^2/Vs에 달하게 하고, 원가를 절감시킬 수 있다. Sharp가 제시한 CG Silicon은 MILC의 일종이며, Philips는 MILC 결정 성장의 결함을 해결할 수 있는 방법을 개발하였다.

비록 LTPS가 향후 광범위한 응용 분야와 시장 잠재력이 있다 하더라도 기술 진척이 업계가 전망한 바처럼 이루어질 지는 예측하기 어렵다. LTPS로 만들어진 시스템 패널은 10여년 전에 반도체 기술 청사진과 유사한데, 즉 유리 기판으로 PCB를 대체하는 것이었으며, TFT에 집적하는 차이가 있을 뿐이다. 그러나 양자간의 가장 큰 차이점은 반도체는 Si웨이퍼의 형성에 있어 제조 공정의 온도가 섭씨 1000도 이상에 달하지만, 유리 기판은 400~500℃의 온도를 견디므로, 이동성의 제고 및 배선 간격의 미세화에 큰 장애가 발생하여 업계가 해결해야 할 문제가 여전히 많이 남아 있다. 시장 상황으로 보면, LTPS는 점차 시장에서 좋은 실적을 쌓기 시작하였으며, 대형 크기에 있어서 마쯔시타, 도시바, 소니와 JVC는 이미 6인치~10인치 사이의 LTPS 패널 미니 노트북PC를 출시하였으며, 올림푸스와 컴팩의 컬러 PDA에도 LTPS LCD 패널이 사용되고 있다.

참고문헌

[1] David W. Greve, "Field Effect Devices and Application : Devices for Portable, Low-Power, and Imaging Systems", New Jersey, Prentice Hall, 1998.

[2] Ben G. Streetman, Sanjay Banerjee, "Solid State Electronic Devices 5th ed.", New Jersey, Prentice Hall, 2000.

[3] 반도체 물성과 소자, 저자 : Neamen Donald A, 출판사 : 반도 출판사, 2001

[4] 전자회로의 입문, 저자 : 신윤기, 출판사 : 인터비젼, 1997

[5] 반도체 소자공학, 저자 : 박창엽 외 6명, 출판사 : 교보문고, 1998

[6] 전자회로, 저자 : 연규호, 출판사 : 우용출판사, 1999

[7] 실리콘 집적회로 공정기술, 저자 이종덕 출판사 대영사, 2000.

[8] CMOS 아날로그 집적회로 설계(상), 박홍준, 시그마 프레스, 1999.

[9] 집적회로 설계를 위한 반도체 소자 및 공정, 정항근 외, 홍릉과학출판사, 1997.

[10] HOT-Electron Effect in MOSFETs, P.P.Ko, PhD Thesis of U.C.Berkeley, 1983.

[11] Semiconductor Device Fundamentals, Pierret, Addison Wesley, 1997.

[12] 반도체 소자의 이해, 김원찬, 대영사, 1999.

액정 디스플레이 (Liquid Crystal Display, LCD)

Chapter 02 → 03

*1 액정 디스플레이의 개요

1854년 Virchow에 의한 농도 전이형(lyotropic) 액정(Liquid Crystal, LC)이 발견된 이후 150년이 지난 지금까지 많은 사람들의 노력에 힘입어 LCD 분야에 많은 발전이 이루어졌다. 이미 한국은 몇 년 전부터 세계 TFT-LCD 시장을 선도해 나가고 있다. LCD란 무엇인가에 대해 살펴보고 그 종류 및 특성 그리고 나아가 지금까지의 기술의 총체라고 볼 수 있는 Color TFT LCD에 대해서 살펴보기로 하겠다.

LCD에서 LC는 가늘고 긴 막대모양을 하고 있으며 외부 인가 전압에 따라서 배열이 입사하는 빛을 통과하거나 차단하는 역할을 수행한다. 일정 온도 범위에서 유동성을 지닌 액정 상태이며 동시에 광학적으로 복굴절성을 나타내는 결정이다. 보통 물질은 용융온도에서 고체로부터 투명한 액체로 변화하지만, 액정 물질은 용융 온도에서 우선 불투명하고 혼탁한 액체로 일단 변화하고 그 후 더욱 온도를 올리면 보통의 투명한 액체로 변화한다. 액정이란 명칭은 고체상과 액체상의 중간 상태인 액정상을 가리키는 경우와 이러한 액정상을 갖는 물질 그 자체를 가리키는 경우의 두 가지 의미로 사용되고 있다.

1.1 LC(Liquid Crystal)의 정의 및 일반적 특징

(1) LC(Liquid Crystal)의 정의

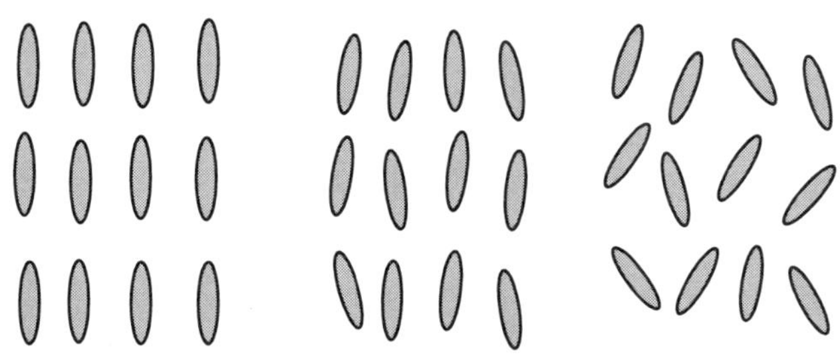

1) 액정(Liquid Crystal)이란?

액정이란 분자가 차지하는 위치와 분자축 방향이 고체 액정에서 볼 수 있는 것과 같은 3차원 공간에서 완전한 규칙성을 가지는 상태와 통상의 등방성 액체에서 볼 수 있는 것과 같은 불규칙한 상태와의 중간 상태를 가리키는 물질을 말한다. 물질의 이러한 상을 액정상 또는 중간상(mesonorphic phase 또는 mesophase)이라고 한다. 즉, 중간 상태의 물질은 외관적으로는 유동성 있는 끈적한 액체이면서 광학적으로는 이방성을 띤 결정을 보이고 있다.

액정의 성질을 가리키는 온도 범위는 그 물질이 고체인 온도와 액체인 온도의 사이이다. 액정 물질에 있어서 이와 같이 온도에 의한 상태(상)변화를 외관적으로 보면 그림 3.1과 같이 나타낼 수 있다. 액정의 성질을 가리키는 물질은 대부분이 유기 물질로 현존하는 유기 물질 중 약 1/200의 비율로 존재한다.

액정 물질의 분자 구조는 가늘고 긴 형상이다. 예를 들면 약 20℃에서 47℃의 사이에서 중간상을 나타내는 MBBA(N-(P-methoxybenzylidene) - p′butylaniline)의 분자는 그 길이 수 Å, 폭은 수 Å이다. 이러한 분자가 외부로부터의 전계, 자계, 열 등의 극히 약한 자극에 의해 그 배열 방향을 변하거나 분자의 움직임에 흐트러짐이 생긴다. 액정의 이러한 특성에 의해서 그 광학적 성질을 용이하게 변화시킬 수 있다. 이것이 액정이 표시 재료로서 사용되는 큰 이유이다.

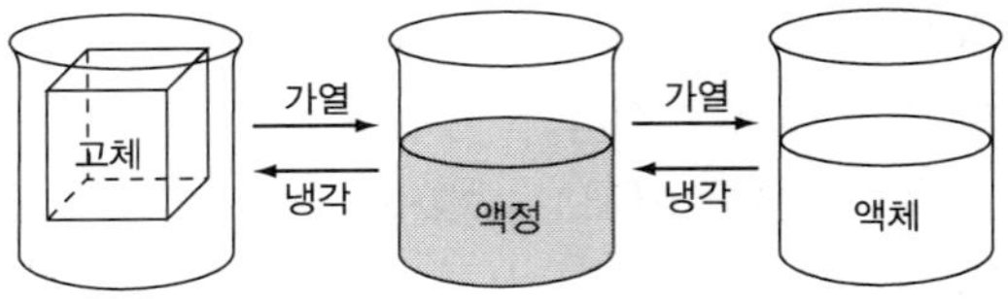

그림 3.1
액정 물질의 온도 변화에 의한 상태 변화

액정 상태의 가장 뚜렷한 특징은 긴 막대처럼 생긴 분자들이 director라고 불리는 공통된 축을 가리키려는 경향이다. 이것이 어떠한 특징적인 질서를 갖지 않는 액체 상태의 분자들과 다른 점이다. 고체 상태에서는 분자들이 질서정연하게 배치되어 있어 좌우로 움직일 수 없다. 따라서 액정 상태의 방향적인 질서는 고체와 액체 상태의 중간에 있다.

물질에서 질서의 정도를 나타내기 위해서, order parameter를 정의한다. 전통적으로 order parameter로 다음 식을 사용한다.

$$ds = \frac{1}{2} < 3\cos^2\theta - 1 >$$

여기서 θ는 director가 각 분자의 장축과 이루는 각이다. 등방성 액체에서 cosine 항의 평균값이 0이 되어 order parameter는 0이다. 완전한 crystal에서는 order parameter가 1이 된다. 액정의 경우 대개 0.3과 0.9 사이의 값을 갖는다. 그리고 그 값은 분자의 움직임 때문에 온도에 의존하게 된다.

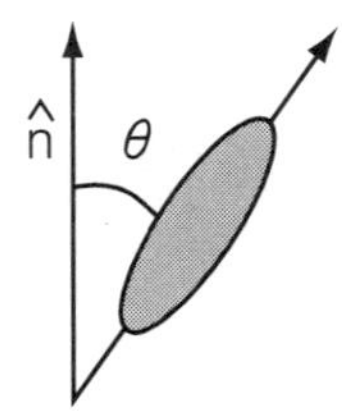

그림 3.2
director에 대한 분자의 장축 방향

(2) LC(Liquid Crystal)의 종류

액정은 선모양이나 널빤지 모양의 분자 구조를 가지는 물질에서 볼 수 있으며, 분자의 배열 방식에 따라 분류된다. 액정상에서 이들 배열 구조에 차이에 따라 스메틱(smetic), 네마틱(nematic), 콜레스테릭(Chollestic) 상태의 3종류로 크게 분류된다.

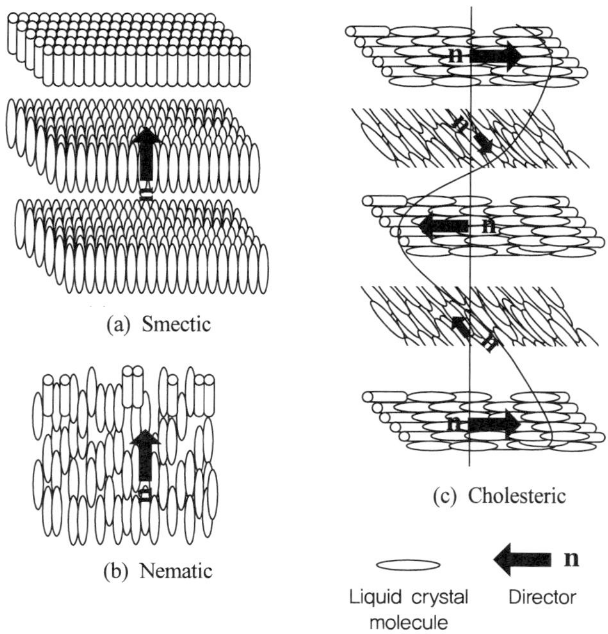

그림 3.3
액정상에서의 분자 배열 구조

1) 네마틱(nematic) 액정

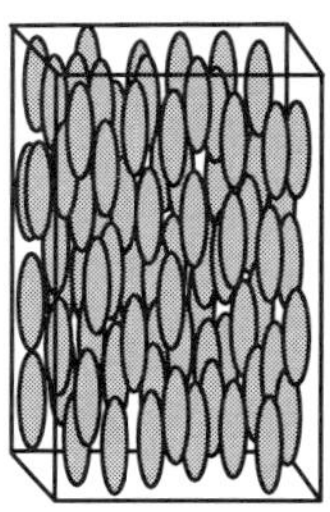

theoretical

A theoretical representation of the nematic phase (left) and a photo of

a nematic liquid crystal (above).

photo countesy Kent State University

네마틱(nematic) 액정은 분자 위치에 규칙성이 없지만 분자축을 전제로 한 방향으로 향한 질서(배향의 질서, orientation order)를 가지고 있다. 분자의 방향은 위, 아래가 거의 동등하기 때문에 분극이 상쇄되어 일반적으로 강유전성을 나타내지 않는다.

2) 콜레스테릭(cholesteric) 액정

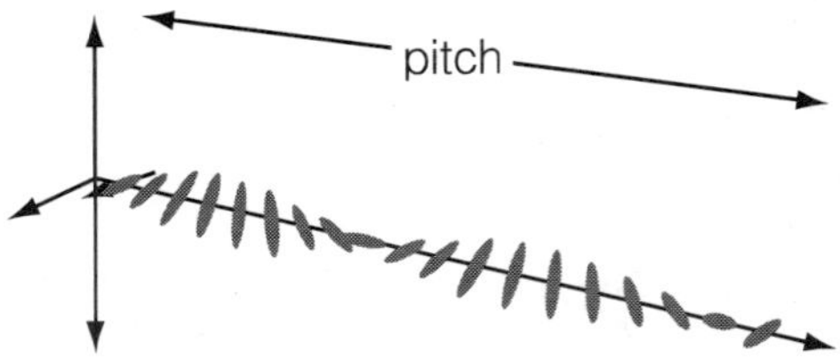

분자축이 비틀어진 경우 또는 네마틱 액정에 카이랄 한 분자를 혼합하면 네마틱 액정의 디렉터 n이 비틀어진 상태가 된다. 이러한 배열의 액정을 콜레스테릭(cholesteric) 액정이라 한다. 콜레스테릭(cholesteric) 액정의 분자 층은 매우 얇으며, 층 내에서의 분자 배열은 장축 방향이고 층의 면은 평행이다. 그림과 같이 각 층 내 분자의 장축 방향은 인접하는 층 분자의 장축 방향과 조금 어긋나 있으며 전체적으로는 나선 구조를 이루고 있다. 콜레스테릭 유도체에서 많이 볼 수 있으므로 이런 이름이 붙었지만, 콜레스테릭 자체에는 액정성이 없다.

3) 스메틱(smectic) 액정

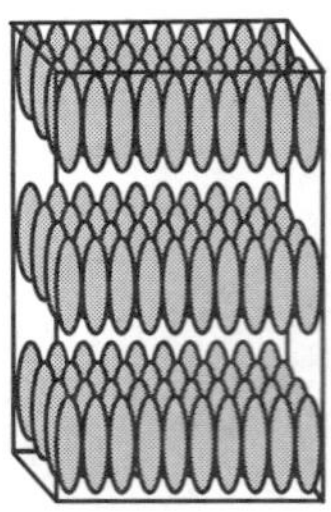

theoretical

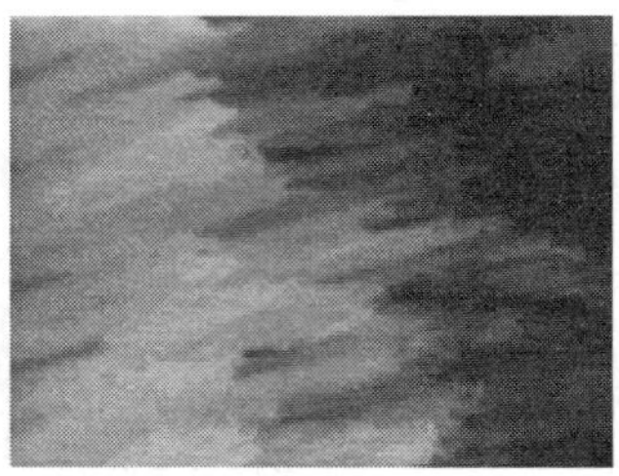

A theoretical picture of the smectic phase (left) and a photo of the

same phase (above).

photo countesy Kent State University

네마틱, 콜레스테릭 액정에 비해서 배열이 더 규칙적이고 층을 이루고 있다. 스메틱(smectic) 액정은 층의 방향(면 방향)으로는 분자의 위치에 규칙성이 없지만 직각인 방향에는 규칙성을 가진다. 그러므로 한 방향에 대해 분자 위치의 규칙성(positional order)을 유지하고 분자축은 전체로서 한 방향을 향한 질서가 있다.

(3) LC(liquid crystal)의 기초 성질

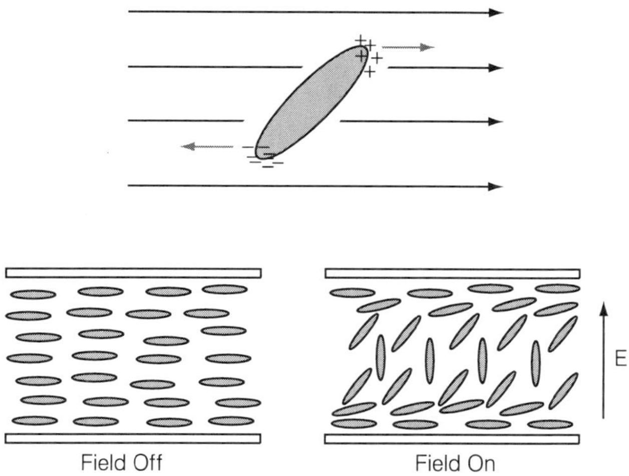

그림 3.4
전기장에 의한 정렬

외부 전기장에 대한 액정 분자의 반응은 분자의 전자기적 특성에 기인한다. 분자의 한 쪽 끝이 양의 전하를 갖고 다른 쪽 끝이 음의 전하를 가지면 영구 전기 쌍극자가 된다. 액정에 외부 전기장을 걸어주면 쌍극자(액정 분자)는 전기장의 방향으로 정렬한다. 설사 분자가 영구 쌍극자가 아니더라도, 외부 전기장의 영향을 받을 수 있다. 어떤 경우에는 전기장이 분자의 전하를 재배치하여 유도 전기 쌍극자를 생성할 수 있다. 영구 쌍극자만큼 강하지는 않지만 전기장에 정렬하려는 경향이 생긴다.

(4) LC(Liquid Crystal)의 분자 배열

Homogeneous 분자 배열	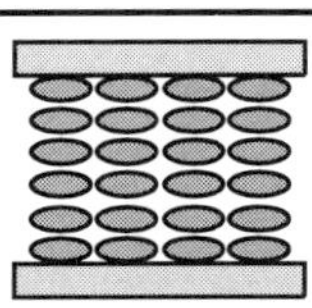	모든 액정 분자가 액정 Cell의 양쪽 기판면에 대하여 평행이며 또한 동일 방위에 배열되어 있다.
Homeotropic 분자 배열	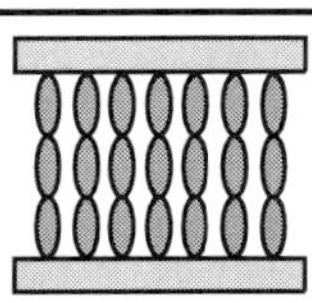	모든 액정 분자가 액정 Cell의 양쪽의 기판면에 대하여 수직으로 배열되어 있다.

Pretilted 분자 배열	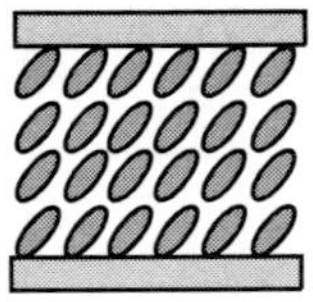	모든 액정 분자가 액정 Cell의 양쪽 기판에 대하여 일정한 각도로 기울어져 있고 또한 동일 방위로 배열되어 있다.
Hybrid 분자 배열		액정 분자가 한쪽 기판면에 대하여는 수직이고 다른 한쪽 기판면에 대하여는 동일 방위로 평행하게 배열하고 있다. 또한 액정 분자 배열은 양 기판간에 연속적으로 90도 돌아가면서 배열되어 있다.
Twisted 분자 배열	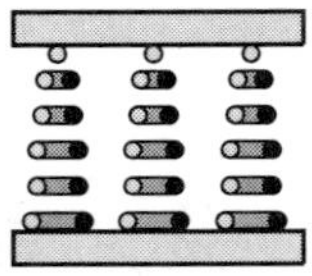	모든 액정 분자가 양쪽의 기판면에 대하여 평행으로 배열되어 있으나 그 배열 방위가 양쪽 기판면에 대해 90도 비틀어져 있다. 따라서 액정 분자의 배열 방위는 양 기판간에 연속적으로 90도 비틀어져 있다.
planar 분자 배열	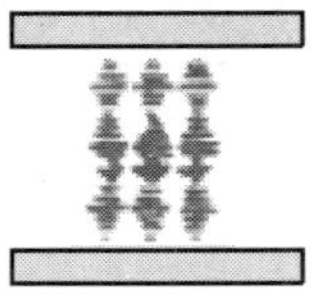	액정의 Herical축이 양쪽의 기판면에 대하여 수직이도록 액정 분자가 배열되어 있다. 이를 Grandijean 배열이라고도 부른다.
Focalconic 분자 배열	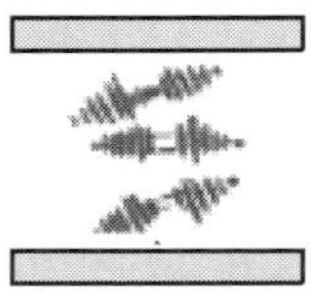	액정의 Herical축이 양쪽의 기판면에 대하여 평행이 되도록 액정분자가 배열되어 있다. 그러나 이경우의 Herical 축의 방위는 일정하지 않다. 투명 전극 표면에 여러 가지의 물리적 또는 화학적 처리를 행함으로써 전극면상에서 분자의 향함을 일정한 방향으로 구속할 수가 있다.

간단하게 LC의 특성에 대해 살펴보았는데 그렇다면 이러한 LC의 특징을 이용하여 디스플레이 장치를 만들었을 때의 장단점을 표 3.1에 나타내었다.

표 3.1 액정 디스플레이의 장점과 단점

LCD의 장점	1. 저소비 전력(~수십μW/cm^2)으로 장시간의 전지구동이 가능한 에너지 절약형이다. 2. 저전압에서 동작(수~10V)하므로 직접 IC 구동이 가능하고 구동 전자회로의 소형화, 간략화가 가능하다. 3. 소자가 얇고(수 mm)또한 대형 표시(수십 cm 대각)에서 부터 소형 표시(수 mm 대각)까지 가능하다. 특히 휴대형(portable)기기에 적합하다. 4. 수광형 표시이므로 밝은 장소에서도 표시가 선명하다. 5. 표시의 컬러화가 쉽기 때문에 표시 기능의 확대, 다양화가 이루어질 수 있다.

표 3.1 액정 디스플레이의 장점과 단점 (계속)

LCD의 단점	1. 비발광형이므로 반사형 표시인 경우 어두운 곳에서 표시의 선명함이 떨어진다. 2. 선명한 표시가 요구되는 경우 또는 컬러 표시의 경우 후광(back light)을 필요로 한다. 3. 표시 콘트라스트가 보는 방향에 의존하는 경우가 많아서 시각에 제약을 받는다. 4. 응답 시간이 주위 온도에 의존하기 때문에 저온 동작(-30～-40℃)에 어려움이 있다.

1.2 LCD의 역사

CRT는 1887년 브라운이 최초로 전자관(음극선관 또는 브라운관이라고도 한다)을 발명하면서부터, 액정 디스플레이는 이보다 1년 늦은 1888년 오스트리아의 F. Reinitzer에 의해 액정이 처음 발견되면서부터 시작되었다(온도 전이형 액정). 액정은 언뜻 보기에는 액체이지만 광학적으로는 결정체와 같은 이방성을 나타내는 특이 상태의 것으로 일정 온도 범위에서 액정이 되는 서모트로픽 액정(Thermotropic Liquid Crystal)이라 불리는 유기 화합물이다. 그러나 제품으로의 응용은 발명되고 얼마 지나지 않은 1934년 영국인 쉰베르크가 CRT(Cathode Ray Tube)를 이용하여 진공관 TV를 발명한 것과는 달리, LCD는 1968년 미국 RCA(Radio Company of America)사에 의해 디스플레이에 응용되기까지 오랜 시간이 걸렸다. 하지만 1973년부터 전자계산기와 시계에 많이 이용되기 시작한 액정은 이후부터 꾸준한 발전을 거듭해 1986년에는 STN LCD와 소형 TFT-LCD가 실용화되는 단계에 이른다. 1990년대에 들어와서는 10인치 TFT-LCD의 양산화가 실현되면서 노트북 PC의 대표적인 디스플레이로 자리잡았고, 이제는 CRT를 대체하는 디스플레이 중 하나로 각광받고 있다.

표 3.2 액정의 발전사

년도	연구개발	비고
1854	농도 전이형 액정 발견	R. C. Virchow(독일)
1888	온도 전이형 액정 발견	F. Reinitzer(오스트리아)
1930	Freedericksz 전이 발견	V. Freedericksz
1962	DSM-LCD 특허 출원	Wiliams(RCA, 미국)
1971	TN-LCD	Schadt, Helfrich(스위스)
1972	Active Matrix 제안	P.Brody
1980～1983	강유전성 액정 LCD	K. Yoshino
1984	STN-LCD	Scheffer, Nehring(스위스)

표 3.3 TFT-LCD 초기의 역사

년도	연구개발과 응용 상품	비고
1978	MOS-FET 1.75" 30625 화소 LCD/Cdse-TFT active matrix 화상 표시 LCD	Lipton et al. /Brody and Luo
1979	a-Si TFT의 LCD에 응용 제안	LeComber et al.
1982	a-Si TFT 3" (125 ×160) TV 개발 /a-Si TFT 4" (220 ×240) TV 개발	Sanyo
1983	poly-Si TFT 2. 14" (240×240) TN-LCD color TV 개발	Seiko-Epson
1984	oly-Si TFT 2" (240×220) LCD color TV 상품화 / CdSe-TFT (128 ×192) LCD 상품화	Seiko-Epson /Panelvision
1985	a-Si TFT 10" (640×480) Color LCD 개발	Toshiba
1987	a-Si TFT 6" LCD TV 상품화 / a-Si TFT 4" (640 ×480) LCD color TV 개발	Hitachi/Sharp
1988	a-Si TFT 4" LCD color TV 상품화	Sharp

1.3 LCD의 종류 및 특성

LCD는 크게 디스플레이 형태와 구동 방식에 따라 분류될 수 있다. 디스플레이 형태에 따라서 투사형 LCD와 직시형 LCD로 나눌 수 있다. 투사형 LCD는 주로 대면적의 화상 디스플레이를 구현하기 위해 사용되며, 광원을 2차원의 화상 정보를 이용하여 제어하여 공간상에 배치된 스크린에 투사하거나 고휘도의 영상이나 데이터 화면을 광학 장치를 이용하여 스크린에 확대 투사함으로써 대화면의 화상을 얻는 디스플레이 장치이다. 주로 40″(인치) 이상 수백 인치의 화상을 얻을 수 있다. 이러한 투사형 LCD는 스크린과 투사 광원의 위치에 따라 배면 투사형(rear projection)과 전면 투사형(front projection)으로 구분된다. 투사형 LCD는 라이트 밸브, 광학계, 회로계 및 기구계로 구성되어 있다. LCD에서 나오는 빛을 직접 보는 직시형 LCD는 투과형(transmissive)과 반사형(reflective)으로 나눈다. 투과형은 백라이트를 이용하여 나온 빛의 세기를 LCD 패널에서 조절하고 반사형은 주로 자연광 및 주변의 빛이 LCD 패널에서 반사되어 화상이 형성된다.

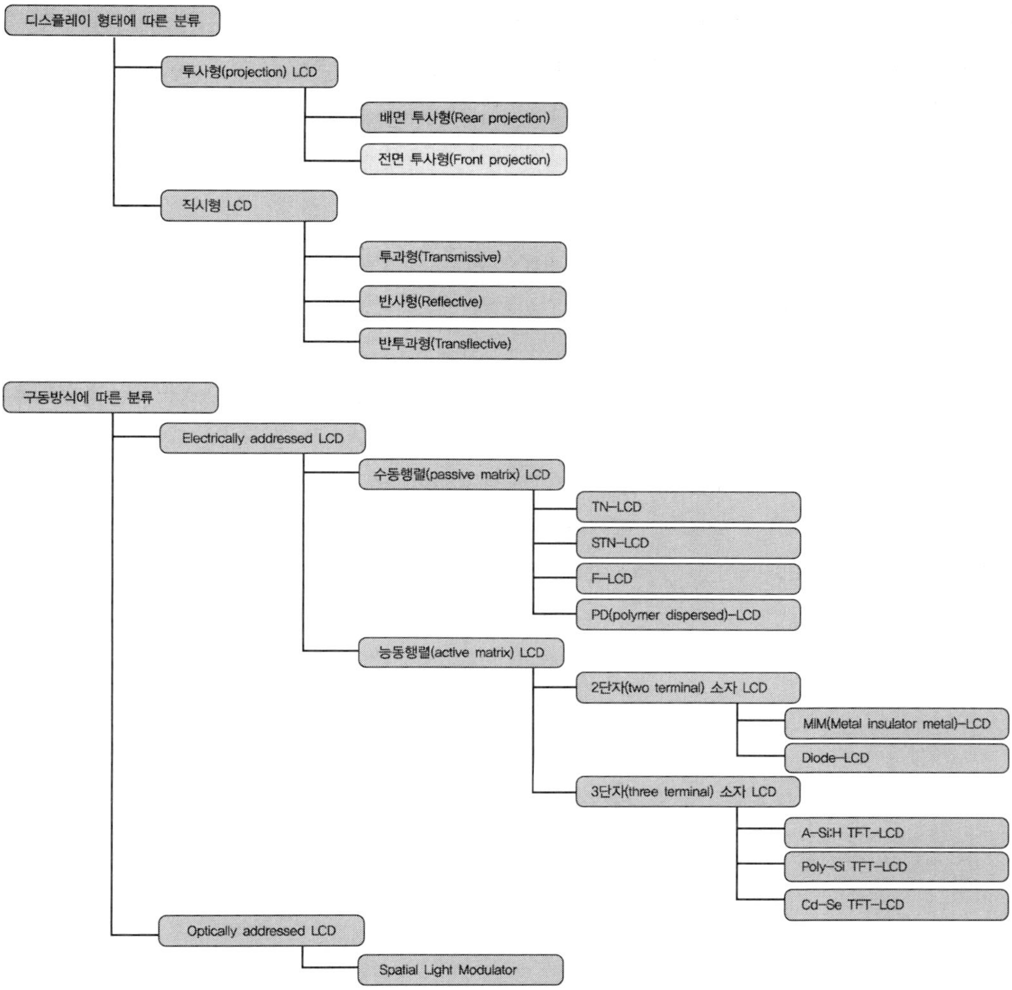

그림 3.5
액정 디스플레이의 분류 방법

다음으로 구동 방식에 따라서는 전기적 구동(electrically addressed) LCD와 광학적 구동(optically addressed) LCD로 나눌 수 있다. 광학적 구동 LCD는 spatial light modulator가 한 가지 예이며 광 신호에 의해 LCD를 제어하는 것이다. 전기적 구동 방식은 화소전극의 구동시 능동소자의 유무에 따라 수동 행렬(passive matrix) LCD와 능동 행렬(active matrix) LCD로 구분될 수 있다. 수동 행렬 방식은 주로 초기의 LCD 제품(시계, 계산기 등)에 많이 이용되었고 LCD에 쓰이는 액정의 종류에 따라 Twisted Nematic(TN)-LCD, Super Twisted Nematic(STN)-LCD, Ferroelectric(F)-LCD와 PolymeDispersed(PD)-LCD 등으로 분류된다. TN-LCD는 현재 LCD 제품에서 가장 많이 쓰이고 있으나 느린 응답 속도, 좁은 시야각과 사용 온도 범위 등의 문제점을 개선하였다. STN-LCD는 twist 각이 240°~270°로 인가 전압에 따른 투과도가 매우 급격히 변화되는 점을 이용하여 초기의 D-TV및 노트북에 사용되었다. F-LCD는 강유전성 액정을 사용한 디스플레이로서 현재 사용되는 LCD 중 가장 빠른 응답 속도를 나타낸다. PD-LCD는 현재 주로 사용되고 있는 TN 모드 방식의 경우 편광판을 필요로 하며 편광판에 의해 입사광의 1/2 정도가 흡수되어 열로 바뀌기 때문에 광이용 효율이 낮아지는 문제점을 개선하기 위하여 제안된 방식이다. PDLC는 액정의 유동성과 고분자 물질의 구조 및 복굴절성 등을 활용하는 것으로 고분자 재료와 액정을 혼합하는 경우 액정의 유동성으로 액정 방울들이 polymer와의 경계에서 분자력 및 경계 조건 등에 의하여 분자 배열을 하게 되는데 거시적으로는 각 방울들은 임의의 분자 배열을 하게 된다. 이 상태에서 평행한 빛이 입사되면 액정의 복굴절성에 의하여 액정 방울을 지나가면서 전계 인가에 따라 굴절 방향이 바뀌게 된다.

가장 많이 사용되고 있는 TN-LC를 사용한 예를 우리 주변에서 살펴보면 가전제품의 흑백 액정을 예로 들 수 있다. 이해를 돕기 위해 그것의 구동 원리를 살펴보면 다음과 같다.

우선 편광에 대해 알아보자. 편광판은 특정 방향으로 진동하는 빛만을 투과시키는 얇은 판을 말하는데 이 편광판을 통과한 빛을 편광된 빛, 짧게는 편광이라고 한다. 이때 빛이 편광판을 통과하는 축을 투과축이라 한다. 편광판에는 한 방향으로 좁은 틈(투과축)이 많이 있다. 다음 그림은 빛이 편광판을 통과함으로써 각각 수직파가 제거된 수평편광과 수평파가 제거된 수직 편광을 나타낸 것이다.

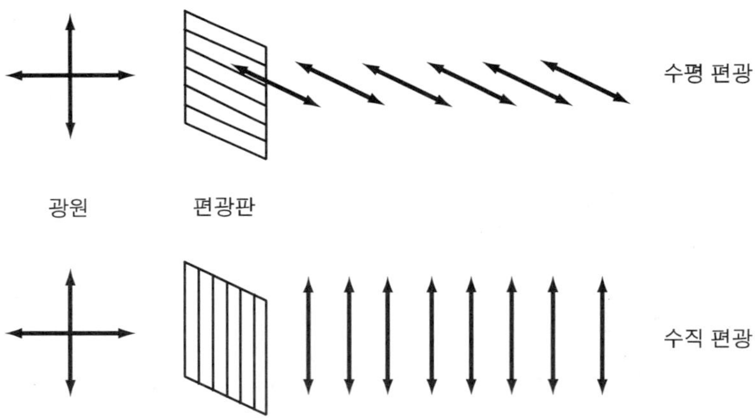

그림 3.6
편광판에 따른 빛의 편광

편광은 평행한 두 개의 편광판 사이에 삽입된 액정 층에서 액정의 전압 인가 여부에 따라 다음과 같이 통과 또는 차단된다.

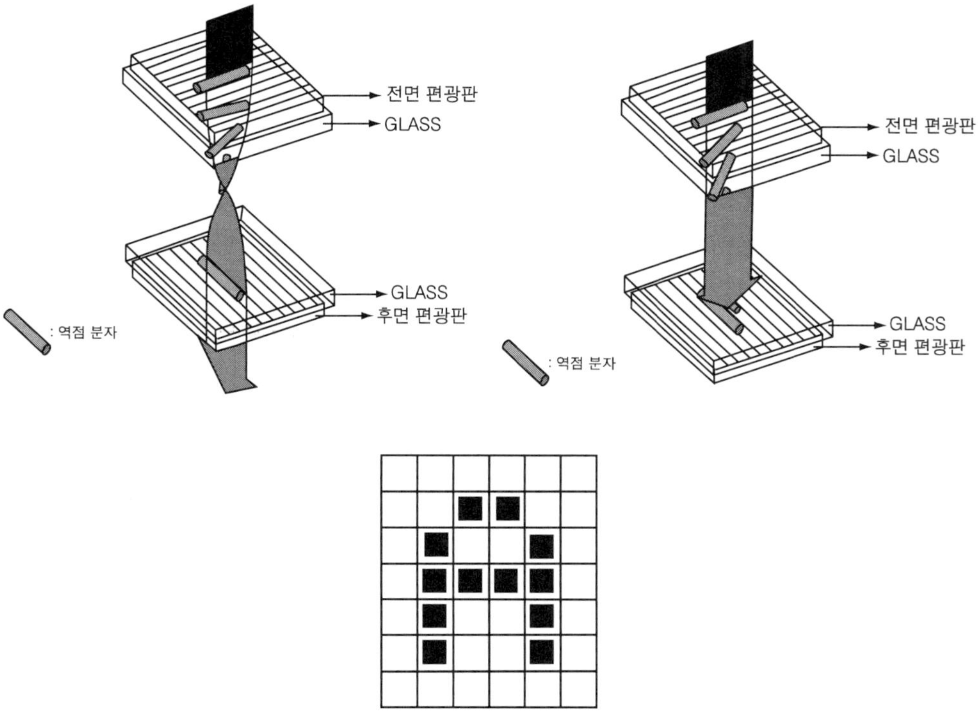

그림 3.7
Twisted Nematic LC의 동작 원리

여기서 'OFF' 상태는 전압을 가하지 않은 상태를 나타내며, 편광판을 통과한 빛이 액정의 분자 배열을 따라 꼬여지면서 교차된 다른 편광판을 통과하게 되고 이때가 white 상태이다. 즉 전압을 가하지 않은 상태에서는 빛이 통과한다. 'ON' 상태는 전압을 가한 상태를 나타내며, 이때에는 전계의 방향을 따라 액정 분자가 일어서면서 편광판을 통과한 빛을 그대로 교차된 편광판에 전달시킴으로써 빛은 편광판에 의해 차단된다. 즉 전압을 가하면 빛이 차단되어 글자를 나타나게 한다. 따라서 전압을 선택적으로 인가함으로써 상, 하판의 전극 모양에 따라 원하는 도형 또는 문자를 표시할 수 있는 것이다.

TFT-LCD는 그림 3.8 (a)에서처럼 수동 행렬(Passive Matrix, PM) LCD와 능동 행렬(Active Matrix, AM) LCD로 구분가능하다. AM-LCD는 PM-LCD와 달리 능동소자인 Transistor를 사용하여 그 성능을 향상시켰는데 TFT의 신호 입력에 따라서 원하는 색상 및 명암비를 만들어 낼 수 있게 되면서 AM-LCD 방법이 현재는 주류를 이루고 있다. AM-LCD는 그림 3.8 (b)에서처럼 투과형, 반투과형, 반사형으로 제조 가능하나 현재 투과형이 주류를 이루고 있다.

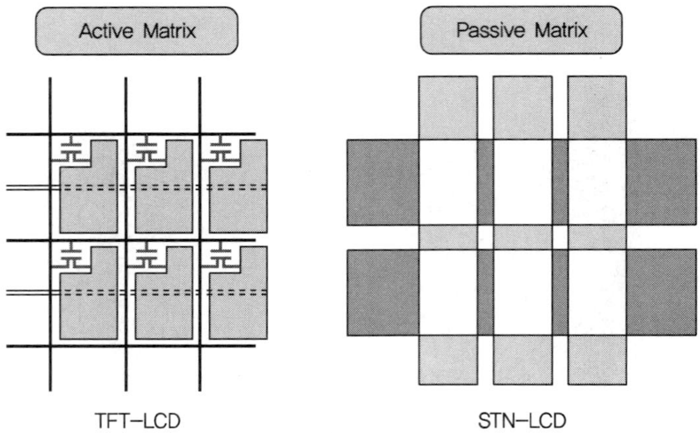

(a) AM-LCD와 PM-LCD의 비교

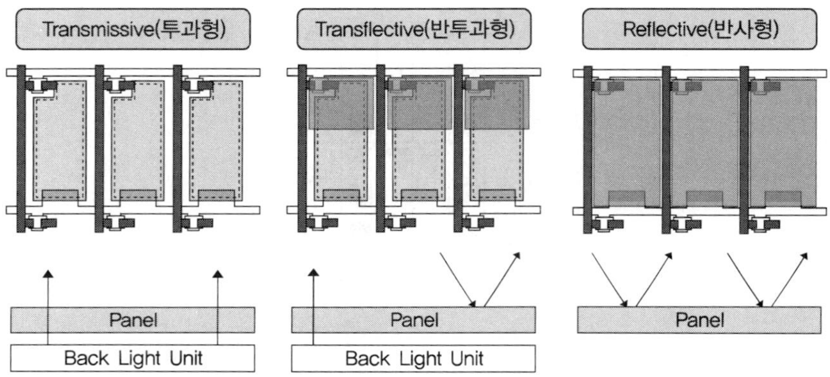

(b) AM-LCD의 구조(투과형, 반투과형, 반사형)

그림 3.8
AM–LCD의 구조와 PM–LCD 비교도

Display Engineering

* 2 AM–LCD의 구조 및 동작 원리

2.1 Color TFT–LCD의 구조

TFT–LCD는 display 방식에 따라 다음과 같이 나눌 수 있다.

표 3.4 구조에 따른 TFT–LCD 분류

Direct view type	Notebook PC, LCD monitor, 소형 TV
Projection type	LCD projector, OHP, projection TV
Reflective type	HHP, PDA
Trans-Reflective type	

이들 중 가장 보편적으로 쓰이는 것이 Direct view type과 Projection type인데 Direct view type은 다시 front projection과 rear projection으로 나눈다. Front projection은 일반적으로 presentation 혹은 'Home theater'를 구성할 때 사용하는 projector의 원리이고 Rear projection은 일반 가정에서 흔히 볼 수 있는 projection TV의 방식이다. 원리는 그림 3.9와 같다.

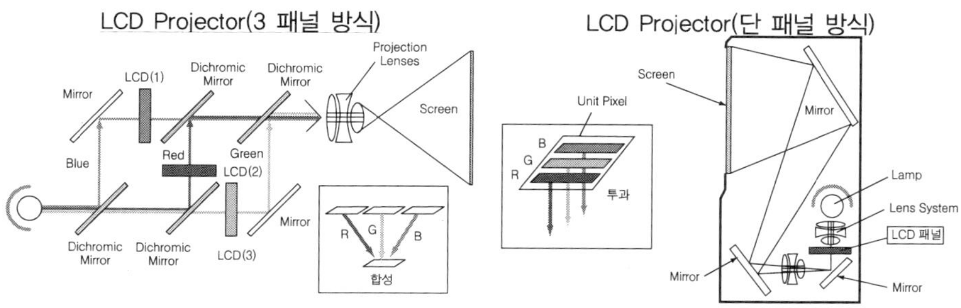

(a) Front projection

(b) Rear projection

그림 3.9
서로 다른 두 개의 Projection 형태의 LCD

그리고 일반적으로 LCD TV나 Laptop computer에 사용되는 display type은 직시형 LCD의 원리 및 구조는 그림 3.10과 같다.

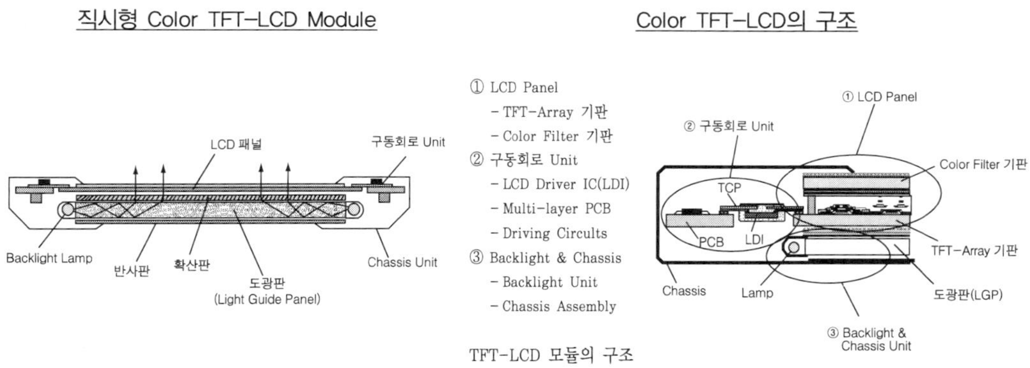

그림 3.10
직시형 TFT-LCD 모듈의 구조

(1) TFT 패널의 구조

Color TFT-LCD 패널의 구조를 먼저 살펴보면 다음과 같다.

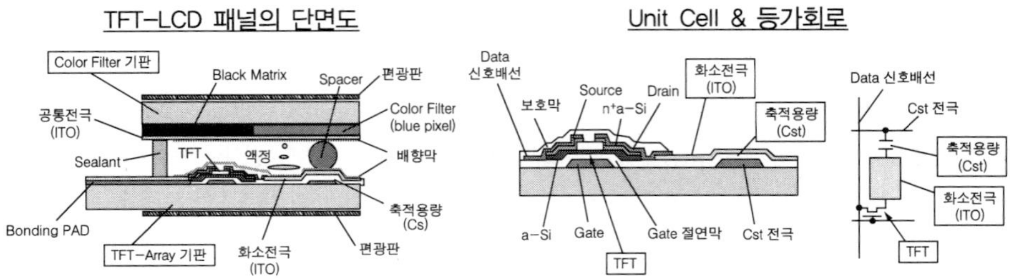

그림 3.11
TFT-LCD 패널의 구조

그림 3.11의 왼편의 단면도의 구성요소들은 다음과 같다. TFT-Array 기판은 두 종류 이상의 금속막, 절연막, 비정질 실리콘 층, ITO(induim tin oxide) 등이 유리 기판에 박막 형태로 증착되고 이를 가공하여 제작된 TFT, 축적 용량, 화소 전극 등이 단위 소자를 이루어 각각의 개별 화소를 형성하며 이들 화소는 matrix 형태로 금속 신호 배선으로 서로 연결되고 각 신호 배선 끝에는 LDI(LCD Driver IC)의 구동신호를 인가하는 bonding pad가 설치되어 있다. 그림 3.11의 오른쪽 그림은 단위 셀을 자세히 표시한 것이고 등가회로를 도안해 놓았다. ITO에서의 electric field로 인해 liquid crystal의 회전을 control하게 한다.

(2) Color 필터의 구조

그림 3.12 왼쪽의 panel의 구성도를 살펴보면, $m \times n$의 해상도를 가질 경우 column의 개수가 3배가 됨을 알 수 있는데 그 이유는 dot 한 개 당 RGB의 세 pixel이 사용되기 때문이다. CF 기판은 TFT-Array와 달리, 별도의 제조공정에서 만들어지며 TFT-Array에서 사용하는 재질과 동일한 유리 기판을 사용하여 화소와 화소 사이의 빛 투과를 차단하는 black matrix(BM)를 Cr 박막으로 형성하고 RGB color 필터가 각각의 화소 영역에 일치되도록 설치되며 공통 전극으로 사용되는 ITO 박막은 화소별 구분이 없이 CF 기판의 전면에 증착된다.

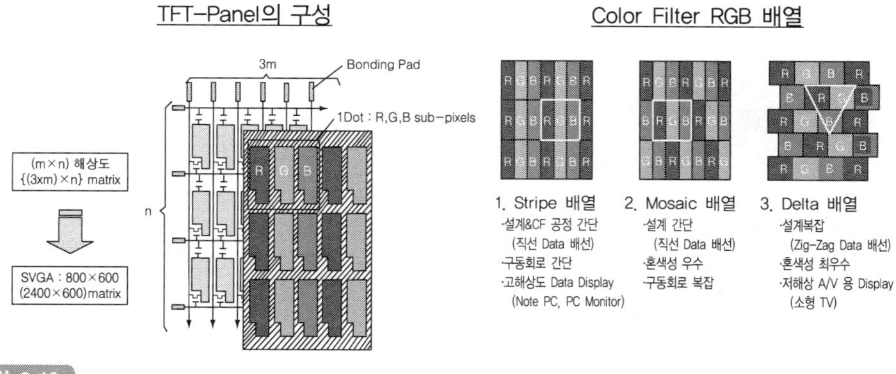

그림 3.12
Color 필터의 구조

(3) Backlight 및 실장 유닛

LCD 광원으로 사용되는 backlight는 형광램프를 이용하여 밝기가 균일한 면광원을 형성하는 구조로 되어 있다. 형광램프는 소형이지만 고휘도 발광이 가능한 냉음극관(CCFL)을 주로 사용하며 냉음극 형광램프의 설치 방법에 따라 그림 3.13과 같이 직하 방식과 측면 광원 방식으로 나눈다.

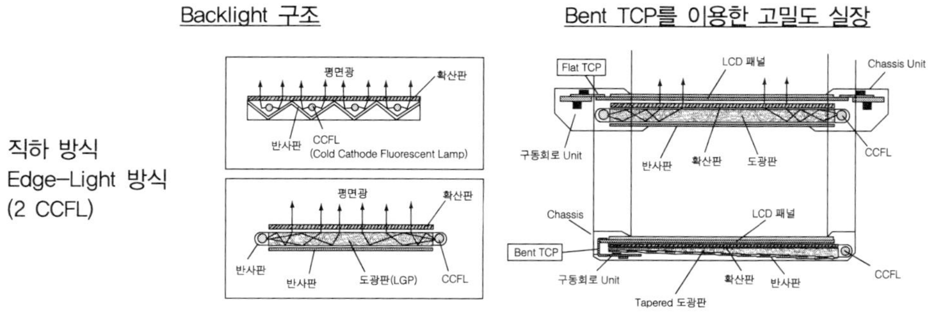

그림 3.13
Backlight(후면광) 어셈블리의 구조

그림 3.13의 왼편의 그림에서 볼 수 있듯이 램프가 LGP(Light guide panel)의 아래쪽에 위치하는 직하 방식과 측면에 위치하는 edge type이 있다. 소형 LCD 및 laptop PC용 LCD에서는 그림 3.13의 오른쪽 그림처럼 single edge light 방식이 사용된다. 그 이유는 직하 방식보다 광효율이 상대적으로 우수하고 구조상 LCD 제품의 경량화와 박형화가 가능하기 때문에 휴대성이 강조된 제품에 주로 쓰인다.

2.2 Color TFT-LCD의 동작 원리

LCD에 요구되는 액정 특성을 살펴보면 다음과 같다. 1) 넓은 동작 온도 범위, 2) 고속응답, 3) 고대비비, 4) 저 전압구동, 5) 고전압 최저 투과율, 6) 반응시간 감소, 7) 넓은 시야각 특성, 8) 신뢰성이다. 이와 같은 내용은 TFT LCD 제작에 계속 새로운 인식전환을 요구하게 된다. 따라서 동작하는 방법들도 초기의 TFT LCD 제작들과 다른 방법을 계속 시도하게 된다. 앞으로 소개될 동작 원리들은 현재 가장 상용화되어 있는 동작 원리들로 구성하였다.

(1) 중간계조 표현 방법

대부분의 TFT-LCD에서 사용하는 TN(Twisted Nematic) mode 액정 셀에 V_{th} 이하의 전압이 인가되면 그림 3.14의 왼편과 같이 액정 분자는 액정이 주입된 초기상태인 나선 형태로 90° 비틀려서 배열된다.

이러한 액정 셀의 상하에 polarizer를 배치하면 선형 편광된 입사광은 액정 분자의 나선상 배열을 따라서 진행하면서 편광축이 90°회전하여 반대측 polarizer을 빛이 투과된다. V_{th} 이상의 전압으로 인가 전압을 점점 증가시키면 액정 분자는 전계의 방향으로 재배열되기 시작하며 선편광된 입사관은 액정층을 통과하면서 90°보다 작게 회전하여 반대쪽 polarizer를 통하여 투과되어 나오는 빛의 양이 감소하기 시작한다. 충분한 전압이 인가되어 액정분자 배열이 전계 방향과 일치하면 선 편광된 빛은 편광축이 회전하지 않아 투과될 수 없다.

NW(normally white)mode TN 셀과 STN 셀에 인가된 전압과 광투과율과의 관계는 그림 3.14의 오른쪽 그림과 같은 V-T 특성을 갖는다. TN 셀의 V-T 곡선에서 알 수 있듯이 최대의 광투과율(white 상태)에서 점차 인가 전압을 증가시키면 투과율은 서서히 감소하며 중간 정도의 전압에서는 투과율은 비례적으로 다소 크게 변화하고 다시 높은 전압이 인가되어 최저의 투과율(black 상태) 부근에 도달하면 전압이 변화해도 투과율의 변화는 거의 없는 특징을 가진다. 따라서 white와 black시 뿐만 아니라 중간 밝기 표시도 인가해주는 전압의 크기로 표현이 가능하다. 그러나 STN mode에서는 V-T 특성이 급격히 변하므로 이와 같이 중간 밝기 표시를 액정 셀에 가해주는 전압 크기로 표현이 불가능하고 액정 전압을 일정시간 유지시켜주는 축적 용량이 없는 passive 구동 방식이기 때문에 multiplexing 또는 시분할 방식 등으로 중간계조를 표현한다. TN 셀에서 전압을 인가하여 완전한 black 표시가 되는 전압을 액정 셀의 구동을 dynamic voltage라 정의한다. 이 전압이 크면 결국 driver IC를 포함한 구동회로 부분의 소비전력이 증가하기 때문에 TFT-LCD의 저소비 전력을 위해서는 dynamic voltage가 낮은 액정이 요구된다.

그림 3.14의 오른쪽 그림을 보듯이 V-T 특성에는 비선형 구간이 있기 때문에 선형 특성의 gray sclae 표시를 위해서는 각 그레이 스케일 별 특성이 linearity를 가지도록 TN 액정 셀의 광투과율을 제어하기 위한 데이터 전압은 적절히 조정되어야 한다.

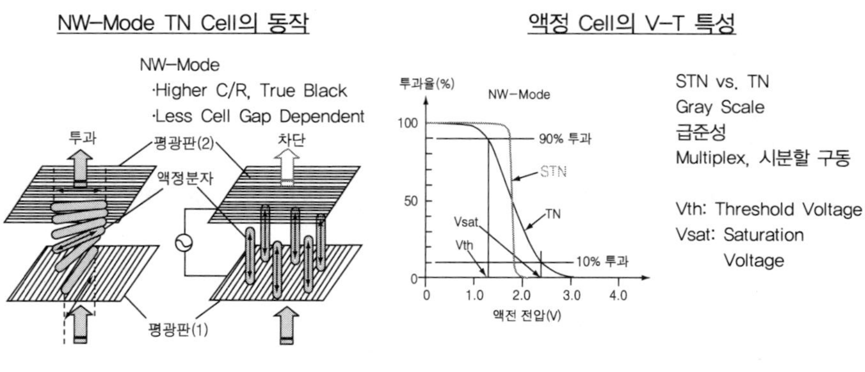

그림 3.14
NW mode TN 액정 셀의 동작과 액정 전압과 투과율의 특성 곡선

그림 3.15의 왼쪽 그림과 같이 계조 전압을 기준으로 전압을 일정한 간격을 두고 등급을 나눈다면 그레이 스케일 전압에 대한 투과율 특성은 non-linear하게 된다. 이와 반대로 그림 3.15의 오른쪽 그림처럼 투과율을 기준으로 등급을 나눈다면 그레이 스케일 전압에 대한 투과율 특성은 linear하게 된다.

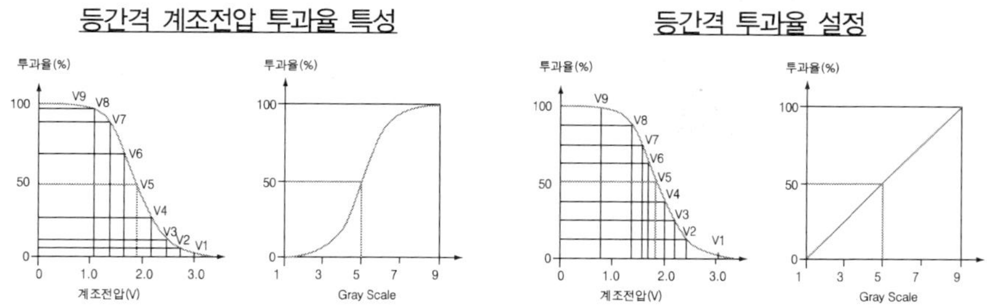

그림 3.15
등 간격 계조 전압과 등 간격 투과율로 각각 나눈 후 그레이 스케일 특성곡선

그러나 실제의 응용에서 인간의 시각 특성이 밝은 화면에서의 밝기 차이는 잘 구분하지 못하는 점을 고려해야 한다. 따라서 사람의 시각 특성을 고려한 그레이 스케일 별 투과율의 직선성 조정도 필요하다. 이러한 일련의 조정 과정을 γ-correction이라고 하며 아래의 그림 3.16은 γ-correction에서 그레이 스케일과 투과율의 관계를 나타낸다.

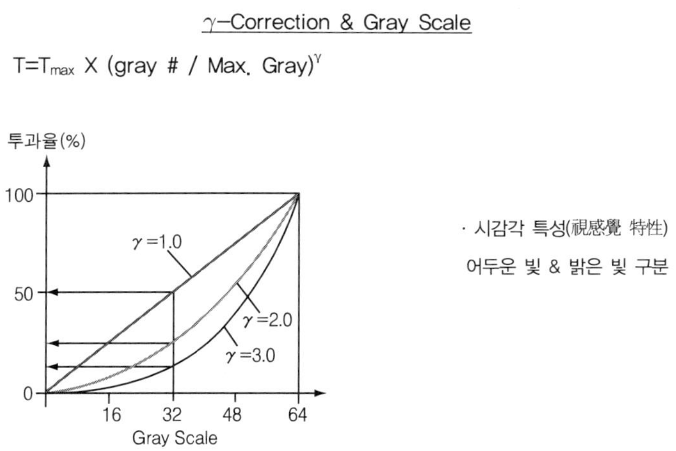

그림 3.16
γ-correction과 그레이 스케일과의 관계

이러한 γ-correction은 LCD 구동회로 unit에서 그레이 스케일 표준 전압을 조절하여 데이터 드라이버 IC를 조정하여 수행할 수도 있고 화상 데이터를 소프트웨어적으로 처리하여 수행할 수도 있다.

(2) Color 표현 방법

각 dot마다 RGB 세 개의 pixel로 이루어졌다는 사실은 위에서 이미 언급되었다. 그렇다면 그레이 스케일과 연관지어 과연 몇 개의 색을 구현해 낼 수 있을지 알아보자.

3-bit LDI를 이용한 8단계 Gray Scale 표현

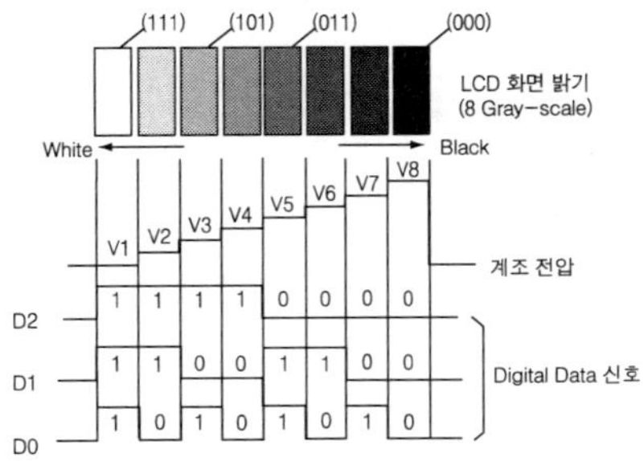

(a)

Gray Scale & Color 표현

\# of Color = $2^n(R) \times 2^n(G) \times 2^n(B) = 2^{3n}$

n=Source Driver IC의 bit 수

3 bit = 8-gray/RGB = 512 colors

4 bit = 16-gray/RGB = 4,096 colors

6 bit = 64-gray/RGB = 262,144 colors

8 bit = 256-gray/RGB = 16,777,216 colors

Analog IC = Continuous gray scale = full color

(b)

그림 3.17

8단계 그레이 스케일의 표현과 그와 관련된 color 표현 가지 수

만약 액정 셀에서 빛의 투과를 완전 차단하거나 완전 통과 시 Off/On만 할 수 있다고 가정하면 각각의 sub-pixel이 표현 가능한 색의 수는 RGB와 이들의 조합으로 $2 \times 2 \times 2 = 8$ 종류의 색상 표현이 가능하다. Sub-pixel을 On-Off 시키는 경우만 있다면 RGB는 각각 1-bit의 디지털 데이터 신호로 제어할 수 있다. 그림 3.17의 (b) 그림은 하나의 3-bit로 8단계(=2^3)의 그레이 스케일을 만들 수 있음을 보여주고 있다. 따라서 각각의 RGB를 3bit씩 표현한다면 $8 \times 8 \times 8 = 512$의 color 조합이 가능하다. 즉, 표현이 가능한 color의 수는 driver IC의 digital 동작의 bit 수에 따라 결정된다. 수식으로 표현하면 다음과 같다.

$$N = 2^n(R) \times 2^n(G) \times 2^n(B) = 2^{3n} \quad \text{(식 3-66)}$$

즉, 6bit 데이터 드라이버 IC를 사용하면 262,144 종류(2^{18})의 컬러 표현이 이론적으로 가능하다. 그러나 이와 같이 표현 가능한 컬러의 수가 되려면 앞에서 언급한 RGB 각각의 sub-pixel에서 그레이 스케일 구분이 명확해야 한다. 6bit IC를 사용하여 16.7M(2^{24}) 또는 full color를 표현하기 위해서는 256(2^8) 단계로 구분이 가능해야 한다.

LCD의 최대 밝기와 최소 밝기의 contrast ratio가 상대적으로 커야 다수의 그레이 스케일 구분이 가능하기 때문에 우수한 색 표현을 위해서는 contrast ratio가 최소한 100:1 이상이 되어야 한다. STN의 경우 최대 contrast는 약 50:1 수준이지만 TFT-LCD의 경우 300:1 이상의 contrast ratio도 가능하여 상대적으로 우수한 color 표시 능력을 가진다. TFT-LCD에서 NW mode를 사용하는 이유는 NB mode보다 contrast ratio가 우수하기 때문이며 TN 액정 셀을 사용하는 이유는 STN 액정 셀 보다 contrast ratio와

응답 속도가 월등히 우수하고 그림 3.14와 같이 TN 셀의 V-T characteristic이 완만한 기울기를 가지므로 액정 전압으로 그레이 스케일을 쉽게 구현할 수 있기 때문이다.

(3) LCD의 표시 성능

LCD 화면의 해상도는 소스 드라이버 IC의 bit 수에 의해 결정된다. 현재 대부분의 TFT-LCD는 6bit LDI를 사용하고 있으며 8bit LDI가 일부 적용되고 있다. AM-LCD의 화면 구성은 VGA, SVGA 등으로 일정하게 정해진 형식으로 표준화가 되어있으며 표 3.5에서 진하게 표시된 부분이 현재 상용화 되었거나 상용예정인 해상도를 나타내고 있다.

표 3.5 각종 TFT-LCD응용 제품의 디스플레이 해상도에 따른 화소와 대조비, 표준화 명칭

구분	Resolution	Dot #	pixel #	Display ratio	Standardize
1	320×240	76,800	230,400	4:3	Quarter VGA
2	640×400	256,000	768,000	16:10	EGA
3	640×480	307,200	921,600	4:3	VGA
4	800×480	384,000	1,152,000	15:9	Wide VGA
5	800×600	480,000	1,440,000	4:3	SVGA
6	1024×600	614,400	1,843,200	~17:10	Wide SVGA
7	1024×768	786,432	2,359,296	4:3	XGA
8	1280×1024	1,310,720	3,923,160	5:4	SXGA
9	1400×1050	1,470,000	4,410,000	4:3	SXGA+
10	1600×1200	1,920,000	5,760,000	4:3	UXGA
11	1920×1080	2,073,600	6,220,800	16:9	HDTV
12	1920×1200	2,304,000	6,912,000	16:10	Wide UXGA
13	2048×1536	3,145,728	9,427,184	4:3	QXGA
14	3200×2400	7,680,000	23,040,000	4:3	QUXGA

LCD가 대화면이 되면 게이트 배선의 길이가 증가하여 신호 배선의 시정수가 증가하여 신호 지연이 문제가 되며 해상도가 증가하여 게이트 배선수가 늘어나면 각 신호 배선의 선택주기가 짧아져 TFT를 통하여 액정 셀에 데이터 전압을 충분히 writing 할 수 없는 문제점이 생긴다. 이러한 문제점을 해결하기 위해 많은 연구가 진행되고 있으며 기술 개발도 많은 진보가 있어 근시일 내에 100인치 이상 TFT-LCD의 개발도 기대할 수 있게 되었다.

(4) Active Matrix의 동작 원리

앞서 1장에서 수동 행렬와 능동 행렬을 구분하였고 설명하였다. 이제는 TFT-LCD에

서 사용하는 능동 행렬의 구동법에 대해서 알아보도록 하겠다.

TFT-LCD를 구동하는 전체 시스템 구성도를 나타내면 그림 3.18의 (a) 그림과 같다. 컴퓨터의 그래픽 컨트롤러에서 출력되는 디지털 화상 데이터가 LCD 타이머 컨트롤 ASIC으로 입력된다. TFT-LCD는 디지털 방식으로 동작되기 때문에 입력되는 데이터가 아날로그인 경우는 아날로그 신호를 디지털 신호로 변환시켜주는 AD 컨버터를 LCD 타이머 컨트롤 ASIC과 같이 사용해야 한다. 타이머 컨트롤 ASIC에서는 입력된 디지털 데이터를 소스 구동 IC가 처리 가능한 형태의 디지털 신호로 제어 신호를 발생시킨다. 아날로그 회로에서는 다단계 그레이 스케일 표시에 필요한 표준 전압을 만들어 데이터 드라이버 IC에 공급한다. TFT를 On-Off 할 수 있는 전압도 아날로그 회로에서 만들어 게이트 드라이버 IC에 공급하여 게이트 신호 배선으로 순차적으로 출력되도록 한다. 인버터는 백라이트 램프로 사용되는 CCFL(Cold Cathod Florescent Lamp)에 전원을 공급하며 램프 전류를 조절하여 LCD 화면 밝기를 조절한다. 고해상도 LCD에서는 디지털 데이터 신호와 clock 신호의 주파수가 증가하여 컴퓨터 시스템과 LCD module 사이의 인터페이스에서 신호왜곡(distortion)과 EMI(Electro Magnetic Interference) 등의 문제가 발생하여 Low Voltage Differential Signaling(LVDS)과 같은 신호 형태로 변환하여 전송하는 신기술이 개발되어 사용되고 있다.

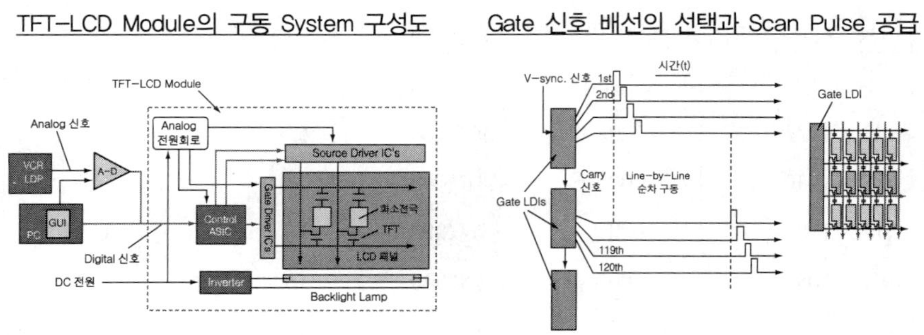

(a) (b)

그림 3.18

TFT-LCD Module의 구동 시스템과 게이트 신호 배선의 선택과 Scan Pulse의 공급

TFT-LCD에서는 두 종류의 드라이버 IC가 사용되며 행 드라이버 IC(게이트 드라이버 IC)는 TFT-Array의 게이트 신호 배선을 순차적으로 선택하여 scan 신호를 발생하는 역할을 하고 열 드라이버 IC(데이터 드라이버 IC or 소스 드라이버 IC)는 화상정보 디지털 데이터를 화소 전압으로 변경하여 데이터 신호 배선에 인가하는 역할을 한다. 게이트 드라이버 IC가 주사선을 선택하여 scan pulse를 인가하여 TFT를 On 상태로 해주면 소스 드라이버 IC는 데이터 각각의 신호 배선을 통하여 액정 셀에 신호 전압을 인가하는 역할을 한다. 그림 3.18은 다출력을 갖는 게이트 드라이버 IC의 동작 원리를 나타낸 것으로 게이트 드라이버 IC는 TFT의 On-Off 신호 전압을 순차적으로 발생시켜주는 일종의 쉬프트 레지스터이다. 일반적으로 고해상도 AM-LCD의 경우 다수의 게이트 드라이버 IC

가 사용되지만 한 프레임 동안 전체의 게이트선 중에 하나의 특정 선에서만 출력 신호가 나오도록 되어 있다.

고해상도 TFT-LCD에서 가장 많이 사용되는 6bit 디지털 방식의 소스 드라이버 IC의 동작 원리를 살펴보면 입력 신호로는 첫째 RGB 각각 6bit 씩 18bit의 디지털 화상정보 데이터, 둘째 그레이 스케일 표시용 V1~V9까지의 표준 전압, 마지막으로 드라이버 IC의 디지털 동작을 제어하는 각종 타이머 신호가 있다. 쉬프트 레지스터가 clock과 동작 시작을 알리는 carry 신호를 받아 동작을 시작하면 각 레지스터 단은 shift clock에 따라 pulse를 순차적으로 이동시키고 이러한 동작에 맞추어 데이터 레지스터에 입력 디지털 데이터를 하나씩 저장시킨다. 이런 과정을 반복하여 한 개의 수평선의 데이터 저장이 모두 끝나면 load pulse에 하여 latch로 한꺼번에 내려 보낸다. Latch에 입력된 화상 데이터 정보는 레벨 쉬프터와 DA 컨버터를 통해 외부에서 인가된 9개의 그레이 스케일 표준 전압을 기준으로 64개의 그레이 스케일 전압을 선택적으로 출력하고 voltage follower를 통해 전류 증폭이 된 다음 데이터 신호배선으로 모든 채널에서 동시에 출력된다. 따라서 하나의 게이트 신호배선에 연결된 화소에 동시에 데이터 전압이 인가되므로 line by line 순차구동으로 TFT-LCD는 구동된다.

(5) 시야각(Viewing angle)

시야각이란 디스플레이를 볼 수 있는 각도를 말한다. 더 정확히 정의하자면 그림 3.19와 같다. 일반적으로 LCD 화면을 볼 때 그림 3.19 (b) 그림에서 보듯이 Best viewing angle인 정면(6시 방향)에서는 선명한 화면을 볼 수 있으나 좌우로 벗어날수록 화면이 어두워지는 것을 볼 수 있다. CRT display에서는 발견되지 않았던 현상인데 LCD의 약점이 시야각을 줄일 수 있는 방법을 알아보도록 하자.

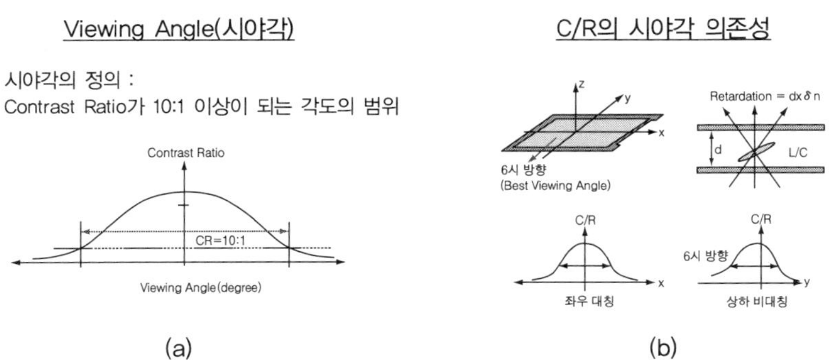

그림 3.19
시야각과 Contrast Ratio(C/R)의 시야각 의존성

먼저 TN mode의 배향 기술이 있다. TN mode는 LC의 rubbing 방향을 달리해줌으로써 시야각을 개선할 수 있는데 그림 3.20과 같다. 하지만 이와 같은 기술만으로는 좀 더

넓은 광시야각을 얻기 어렵기 때문에 LC의 rotating 하는 방향을 바꾸는 광시야각 기술이 소개되었다.

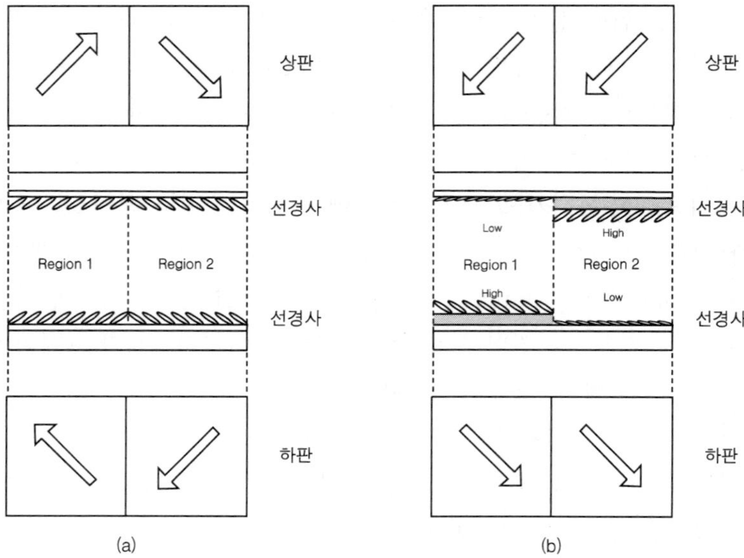

(a) (b)

그림 3.20
Two Domain TN 셀의 rubbing 방향과 pre-tilt각과 영역이 분할된 TN 셀

그림 3.20의 (a) 구조는 시야각 특성을 개선한다. 그림 3.20 (b) 구조는 높고 낮은 pre-tilt 각을 이용하여 광시야각 특성을 얻는다. 배향막은 유기물(사선부분)과 무기물이다. 광시야각 기술에는 그림 3.21에서 보는 바와 같이 IPS(In-Plane-Switch) 기술과 VA(Vertically Aligned mode)가 있다. 가장 기본이 되는 TN 모드와 비교해 놓았는데 TN 모드는 Off 일땐 수평으로 LC가 배열되어 있다가 위 아래로 걸린 전극에 의해 전압이 가해지면 수직으로 배열되면서 On 상태가 된다. 앞에서도 언급되었듯이 이것은 NW 모드이다.

IPS 모드를 살펴보면 TN 모드와는 달리 LC의 배열이 수평 방향으로 바뀐다. 전극 또한 위 아래로 걸려있는 것이 아니고 좌우로 걸려 있어서 전압이 가해지면 수평 방향으로 회전하게 된다. IPS 모드에서는 수직 정열을 위한 지연 의존성이 작아지는 장점을 얻을 수가 있다. 하지만 수평으로 변하고 전계 또한 좌우로 걸리기 때문에 응답 시간이 느리고 개구율이 감소하여 볼 수 있는 부분이 작아진다.

이와는 달리 VA 모드는 TN 모드와 마찬가지로 수직 방향으로의 변화를 주지만 TN 모드와는 반대로 Off 일 때 수직으로 배열되어 있다. 전극도 TN 모드와 마찬가지로 상하로 걸려 있고 전계 또한 아래에서 위로 향하게 된다. 하지만 On 상태가 되면 LC는 수평으로 배열하게 된다. VA 모드도 IPS와 같이 수직 정열을 위한 지연 의존성이 낮고, 또한 color shift도 적다. 따라서 현재는 VA 모드가 가장 많이 사용되고 있다.

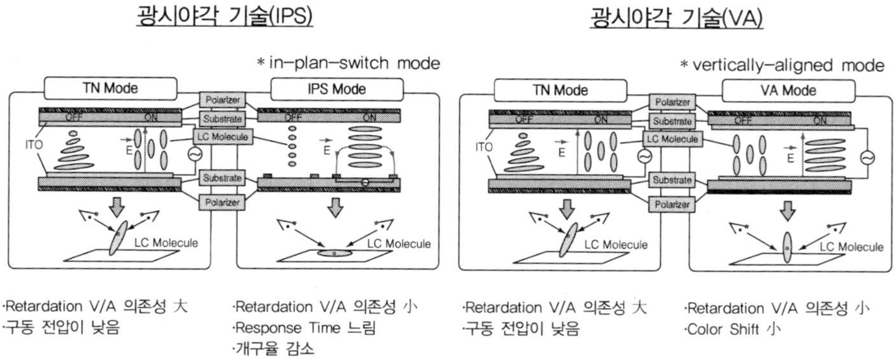

(a) (b)

그림 3.21
IPS와 VA의 광시야각 기술

(6) 반사형(Reflective type) TFT-LCD의 동작 원리

직시형(Direct view type) TFT-LCD 경우 백라이트 유니트(backlight unit)의 전력 소모가 전체 전력 소모의 70%~80%를 차지하기 때문에 이를 줄이기 위해서 반사형을 개발하고 있다. 하지만 이 반사형은 주위 환경에 너무 의존성이 강하기 때문에 보완해나가야 할 점이 아주 많다. 하지만 그 동작 원리를 알고 반사형의 장점을 이용할 수만 있다면 아주 획기적인 아이디어가 될 것이다. 동작 원리 및 구성은 다음 그림 3.22와 같다.

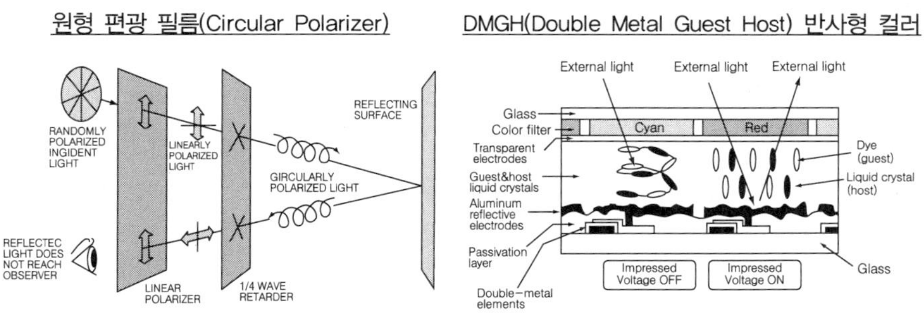

(a) 원형 편광 필름의 구조 및 투과 특성 (b) DMGH 반사형 컬러 LCD의 모식도

그림 3.22
반사형(Reflective type) TFT-LCD의 원리 및 구성

그림 3.22 (a) 그림은 반사형의 특징인 원형편광자의 역할을 보여주고 있다. 외부의 여러 방향으로 편광된 빛이 처음의 선형 편광자를 통한 후 다시 원형 편광자를 통해서 반사 표면으로 향한다. 반사자는 다시 입사자와는 반대로 원형 편광자, 선형 편광자 순으로 통과한 후 우리 눈으로 보이게 된다. 그림 3.22 (b) 그림은 반사형 LCD의 측면도로, LC의 배열에 따라 빛이 어떻게 통과하는지 보여주고 있다. 참고로 반사형 표시 유형에 따른 광학적 특성을 살펴보면 표 3.6과 같다.

◎ 표 3.6 반사형 표시 유형에 따른 광학적 특성

표시 유형	PCGH	PDLC	ECB	STN	TN
광학적 성질	흡수	흡수/분산 /간섭	복굴절	복굴절	회전
반사 - 휘도 (단색 표시)	Excellent	Fair-Good	Fair	Poor-Fair	Fair
대비비(단색 표시)	Fair-Good	Fair-Good	Fair-Good	Poor-Fair	Excellent
컬러 표시 능력 (with CF BL) (without CF BL)	 Good -	 Good Good	 Good -	 - Good	 - -
저전력 소비	Good	Good-Poor	Excellent	Excellent	Excellent
응답 속도	Fair-Good	Good	Good	Fair-Good	Good
구동 방법	Active-Matrix	Active-Matrix	Active-Matrix Passive-Matrix	Passive-Matrix	Active-Matrix

(PCGH : Phase Charge Guest Host, PDLC : Polymer Dispersed Liquid Crystal, ECB : Electrically Controlled Birefringence, STN : Super-Twisted Nematic, TN : Twisted Nematic)

2.3 TFT-LCD의 설계

LCD 제품의 화면 크기와 해상도가 결정되면 단위화소의 크기는 자동적으로 결정된다. 따라서 다음과 같은 여러 가지의 설계 변수를 고려하여 단위 화소의 구성요소인 TFT, 화소 전극, 축적 용량, 신호 배선의 크기와 배치를 결정하게 된다. TFT-Array의 설계 변수로는 아래의 그림 3.23과 같이 나눌 수가 있다.

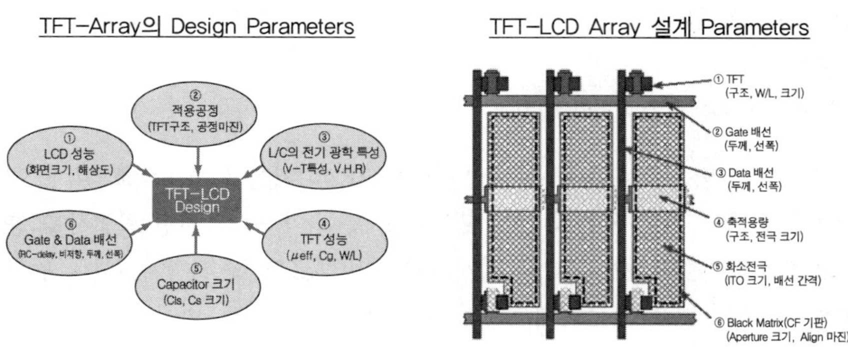

(a) (b)

그림 3.23
TFT-LCD Array 설계시 고려되는 변수

TFT-LCD는 60프레임/초(60Hz)의 속도로 화면을 다시 표시하므로 하나의 게이트 주사선에 할당되는 시간은 해상도가 증가하면 감소하게 된다. 그림 3.24 내의 표와 같이 TFT-LCD의 해상도가 증가되면 상대적으로 짧은 게이트 신호 배선 선택 시간 동안 TFT에서 On 전류가 충분히 흘러 TFT의 부하로 연결된 액정 셀 용량(C_{lc})과 축적 용량(C_s)을 소스 드라이버 IC에서 인가된 데이터 전압까지 충전하거나 방전시켜야 한다. 따라서 고해상도용 TFT는 상대적으로 짧은 TFT On 시간동안 부하 용량을 충전시켜야 하기 때문에 TFT의 성능을 향상시키거나 On 전류를 증가시키기 위하여 TFT의 채널의 W/L 비를 증가시켜야 한다. 그러나 TFT의 On 전류를 향상하기 위하여 L(채널길이)을 공정 능력으로 결정되는 최소 길이 이하로 줄이면 채널 단락 등의 불량이 증가한다. 이런 문제점에도 TFT On 시간은 대형 TFT-LCD가 되면서 줄어들기 때문에 충분한 On 전류가 흐르지 않는다면 액정 셀의 충전율이 떨어지는 스위칭 에러가 발생한다.

해상도별 Gate 신호 배 선수 & 선택 시간

해상도	화소 배열	Gate 신호 배선	선택 시간 (60frame/s)	화면 크기(예)
VGA	640×480	480개	34 μs 이하	9.4", 10.4"
SVGA	800×600	600개	27 μs 이하	10.4", 12.1"
XGA	1024×768	768개	21 μs 이하	14.1", 15.0"
SXGA	1270×1024	1,024개	16 μs 이하	17.0", 18.1"
UXGA	1600×1200	1,200개	13 μs 이하	21.3", 30.0"

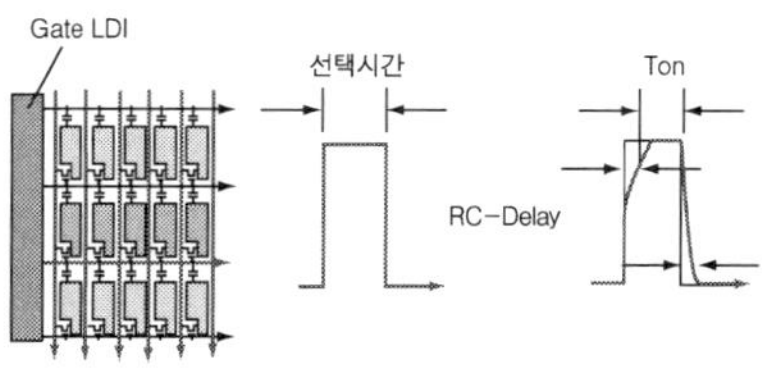

(a)

TFT-LCD의 화면 크기와 해상도의 한계

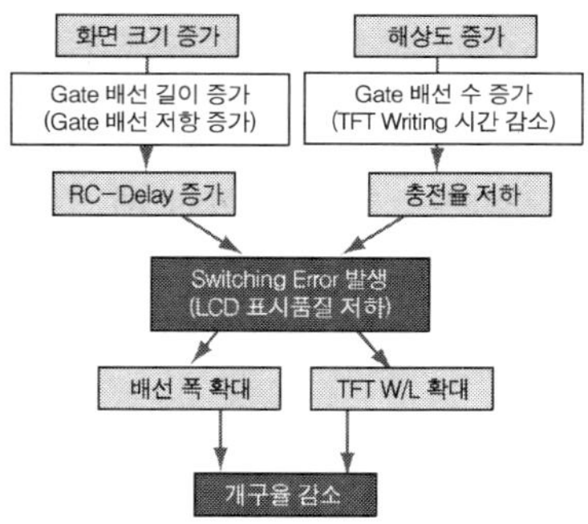

(b)

그림 3.24
해상도별 게이트 신호 배선 수 및 선택 시간과 TFT-LCD의 화면 크기와 해상도의 한계

따라서 W/L의 결정은 TFT의 제조 공정 능력과 최소 선폭 등을 고려하여 결정하여야 한다. W(채널폭)를 필요이상으로 크게 설계하면 TFT의 게이트 전극과 화소전극에 연결된 드레인 전극 사이의 기생 용량(parasitic capacitance)이 증가하는 문제점과 TFT크기가 커져 개구율이 감소되는 문제점이 있다. 따라서 TFT의 W/L비와 크기의 결정은 TFT의 게이트 절연막 및 a-Si 박막의 특성과 TFT의 구조적인 특성으로 결정되는 μ_{eff}(field-effect-electron mobility : 전계 효과 전자 이동도), K(전류 이득) 등 TFT의 성능뿐만 아니라 사용하게 될 TFT-Array 공정 능력과 TFT의 부하로 작용하는 셀 용량(C_{lc})과 축적 용량(C_s)의 크기도 고려해서 결정해야 한다.

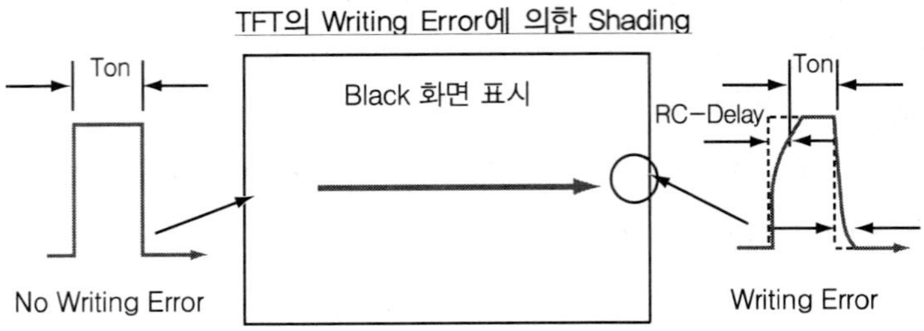

그림 3.25
TFT의 쓰기에러에 의한 Black 화면 표시의 Shading effect

LCD 화면 전체를 black으로 표시할 경우 그림 3.25와 같이 좌우 방향으로 액정에 가해지는 black 표시 액정 전압이 다르게 되어 shading 현상이 발생한다. 이러한 문제점을 방지하기 위해서는 게이트 신호 배선의 시정수(τ=R×C)가 최소가 되도록 해야 하고 TFT의 성능을 충분히 향상시켜 입력단에서 가장 먼 곳에 연결된 TFT에서도 충전이 충분하여 이와 같은 현상이 나오지 않도록 설계해야 한다.

게이트 신호 배선 저항을 감소하기 위해 배선 두께를 지나치게 크게 하면 게이트 신호배선 위에 적층될 박막과 데이터 배선의 step coverage가 떨어져 불량률이 증가할 수 있다. 또한 저항을 줄이기 위해 배선폭을 증가시키면 공통 전극과의 용량이 증가하여 시정수(τ)가 증가하고 개구율이 감소하기 때문에 배선의 두께와 선폭은 설계 최적화를 통하여 결정해야 한다.

단위 셀에서는 각 단위 공정의 공정 능력과 게이트 절연막 및 배선 재료의 특성을 고려한 공정 설계를 기초로 TFT의 W/L, 게이트와 데이터 신호배선 폭, 축적 용량의 크기를 결정하는 화소 전극 크기와 배치를 결정해야 한다. 이러한 설계치를 결정하기 위해 단위셀 동작 특성과 TFT의 동작 설계가 선행되어야 한다.

(1) 단위 화소(Unit Cell)의 동작 특성

TFT는 LC 셀에서 스위치 동작을 하며 그 동작 원리는 그림 3.26과 같다.

① 게이트 신호 배선이 선택되어 V_{on} 전압이 인가되는 동안은 스위치가 닫혀 TFT On 전류(I_{on})가 흘러 C_{lc}와 C_s를 V_d^+로 충전시킨다(write 동작).

② 선택주기가 지나면 TFT에 V_{off}전압이 지속적으로 인가되어 스위치가 열리고 충전된 V_d^+전압을 한 프레임(60 Hz=1/60 sec)동안 보존한다.

③ 두 번째 프레임에서 데이터 전압 극성이 V_d로 반전되고 다시 TFT 게이트에 V_{on} 전압이 가해지면 스위치가 닫혀 C_{lc}와 C_s의 V_d^+ 전압이 방전되고(refresh 동작), 새로운 데이터 전압인 V_d로 충전된다(write 동작).

④ 다시 선택주기가 지나 TFT 게이트에 V_{off} 전압이 인가되면 스위치가 열리고 새로운 refresh & write 동작이 될 때까지 LC 셀은 일정한 전압 V_d^-을 유지한다.

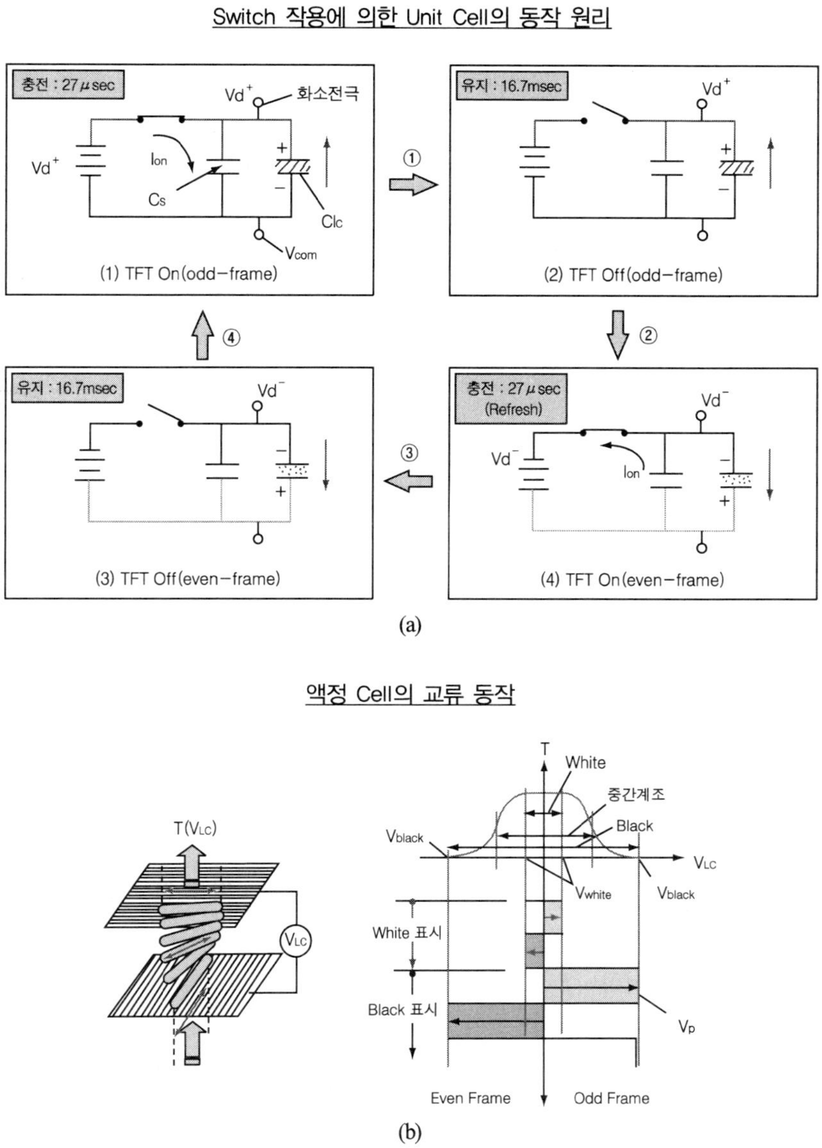

그림 3.26
스위치 작용에 의한 단위 셀의 동작 원리

LCD 화면의 표시 특성 향상을 위하여 각각의 LC 셀을 교류로 동작시키고 인접된 화소의 전계 방향이 서로 다르게 한 dot−inversion−driving 방법을 사용을 한다. 교류 동작은 그림 3.26 (b) 그림과 같고, 드라이빙 방법은 그림 3.27과 같다. 그림 3.27은 C_s−on−게이트 방식의 3×3 화소의 active addressing 동작 원리를 나타내는 것이다.

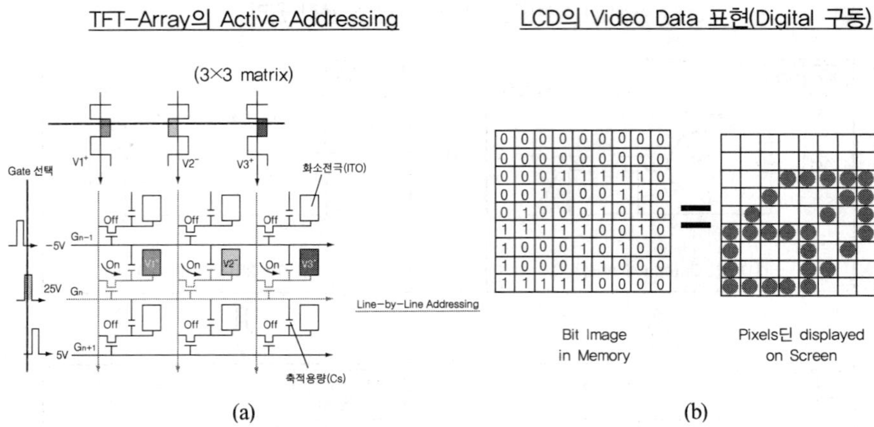

그림 3.27

TFT의 Active Addressing과 LCD의 비디오 데이터 표현

① G_n번째 게이트 신호 배선이 선택되어 TFT On pulse 전압(V_{on})이 인가되면 G_n번째 게이트 신호 배선에 연결된 TFT는 동시에 On 상태로 되어 전류가 흐르기 시작하고 각각의 C_{lc}와 C_s충전을 시작하여 화소 전극에 각각 데이터 신호 전압 V_1^+, V_2, V_3^+을 인가한다.

② 충전이 완료된 후 G_n번째 게이트 신호 배선에는 TFT Off 전압(V_{off})으로 돌아오고 G_{n+1}번째 line 게이트 신호 배선이 선택되어 G_{n+1}번째 line의 refresh & write 동작이 시작된다.

③ G_n번째 line의 화소 전극에 인가된 전압은 G_{n+1}번째 line의 write 동작을 위해 데이터 신호 배선의 전압이 변해도 TFT가 Off 상태이기 때문에 데이터 신호선으로부터 전기적으로 차단되어 일정한 값을 유지한다. 이 상태는 다음 프레임에서 G_n번째 line이 다시 선택될 때까지 한 프레임주기($T_f = 1/60\text{sec}$)동안 지속된다.

④ 다음 프레임에서 데이터 신호 전압의 극성이 V_{com}에 대하여 반전된 V_1^+, V_2^-, V_3^+로 바뀌고 G_n번째 line이 선택되면 화소 전압은 V_1^+, V_2^-, V_3^+로 refresh된다. 이와 같은 line-by-line writing 방법으로 전체 LCD 화면의 화소 구동이 가능하다.

(2) TFT의 I-V Characteristic과 동작 Simulation

TFT의 On 시간은 TFT-LCD의 해상도가 증가함에 따라 감소하기 때문에 상대적으로 짧은 시간에 부하 용량($C_t = C_{lc} + C_s$)을 충분히 충전시켜줄 수 있는 전류 구동 능력을 가지도록 설계해야 한다.

TFT의 I-V 특성 측정 방법은 통상적으로 TFT의 On 동작은 TFT의 게이트에 $20\,V$ 내외의 전압을 인가하여 TFT On 전류(I_{on})가 흐르도록 하고 TFT의 Off 동작은 −5V정도의 게이트 전압을 인가한다. TFT의 On 주기(충전 주기)는 통상 20~30μsec이지만 Off 주기(방전 주기)는 상대적으로 길어 16.7msec(1/60 sec)이기 때문에 TFT가 switch 동작을 하기 위해서는 On-Off 전류비(I_{on}/I_{off})는 10^6 이상이 되어야 한다. a-Si TFT는 I_{on}이 수 μA, I_{off}는 sub-pA 정도가 되므로 On-Off 특성이 우수한 switching 소자로 사용할 수 있어 AM-LCD에서 가장 많이 이용된다.

통상적인 TFT-LCD의 셀 구동에서는 TFT의 write 동작의 경우 V_g(게이트 voltage)는 20~25V, V_d(drain voltage)는 0~10V를 사용하고 V_{th}는 5V 이하이므로 항상 $V_g > V_d + V_{th}$ 조건을 만족하기 때문에 TFT는 non-saturation region에서 동작한다.

TFT의 전류 구동 능력(K)는 saturation region에서의 I-V 특성을 이용하여 쉽게 측정할 수 있다. TFT 구동 조건은 항상 $V_g < V_d + V_{th}$가 되므로 TFT는 saturation region 동작 상태를 유지할 수 있다.

TFT의 전류-전압(I-V)의 특성과 측정 방법

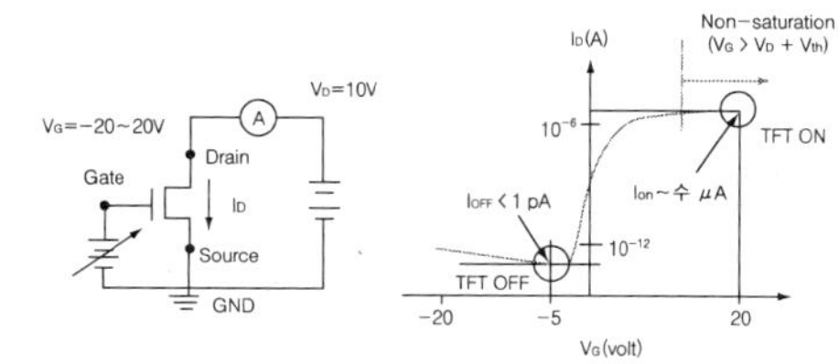

Non-saturation Condition

$$(V_G > V_D + V_{th})$$
$$I_d = K\{2(V_G - V_{th}) - V_D\}V_D$$

(a)

TFT의 전류 구동능력(K) 측정 방법

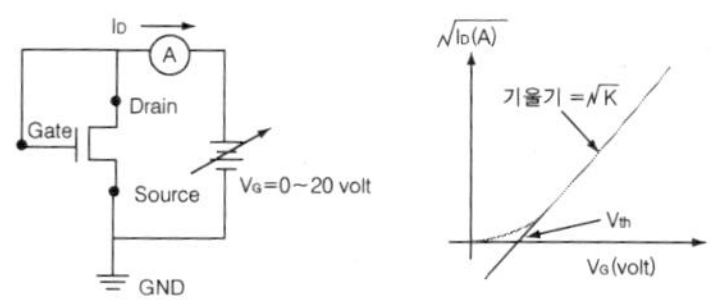

saturation Condition

$$(V_G < V_D + V_{th})$$
$$I_d = K(V_G - V_{th})^2$$
$$K = \frac{1}{2}\mu_{eff} C_g \frac{W}{L}$$
$$\sqrt{I_d} = \sqrt{K}(V_G - V_{th})$$

(b)

그림 3.28

TFT의 I-V 특성과 측정 방법과 전류 구동 능력(K) 측정 방법

그림 3.28과 같이 I_d의 제곱근의 V_g에 대하여 plot하면 linear region의 slope은 K의 제곱근을 나타내며 x-axis와의 교차점은 TFT의 V_{th}가 된다. TFT의 W/L은 K를 결정하므로 write 동작 mode를 simulation하여 결정한다. 위의 모든 것을 종합하여 K를 구해보면 다음과 같다.

$$K = \frac{C_t}{2(V_g - V_{th} - V_d)t} \times \ln \frac{[2\{V_g - V_{th} - V_d\} + \{V_d - V_p(t)\}] \times [V_d - V_p(0)]}{[2\{V_g - V_{th} - V_d\} + \{V_d - V_p(0)\}] \times [V_d - V_p(t)]} \qquad \text{(식 3-1)}$$

(V_g는 게이트 voltage, V_d는 drain voltage, V_p은 pixel voltage, V_{th}는 threshold voltage)

$V_p(0)$은 충전이 시작될 때 (t=0) 화소 전극 전압을 나타낸다. 충전 시작 후 T초 경과한 후 화소 전극의 충전 정도를 나타내는 충전율(R_{charge})은 다음과 같은 관계식으로 표현할 수 있다.

$$R_{charge} = \frac{V_p(T)}{V_d - V_p(0)} \times 100\% \qquad \text{(식 3-2)}$$

LC 셀의 write 동작에서 최대의 I_{on}이 필요한 경우는 LC 셀 최대의 전압을 인가해야 하는 black 화면 표시의 경우로서 이와 같은 상황을 기준으로 TFT를 설계해야 한다. TFT-LCD의 실제 응용에서는 black 표시 화면에서 TFT의 충전율이 충분히 높게 설계해야 한다.

(3) Leakage Current와 축적 용량(Storage capacitance C_s)의 최적화

LC 셀 용량 C_{lc}는 ITO로 만들어진 TFT-Array 기판의 화소 전극과 컬러 필터(CF) 기판의 공통 전극 사이에 유전 물질인 LC로 채워진 평판 전극 capacitor의 구조를 갖는다. LC는 비저항이 매우 높은 유전체로서 C_{lc}에 충전된 액정 전압 V_{lc}을 일정시간 동안 유지하기 위해서는 다음과 같은 특성에 만족해야만 한다.

$$R_{lc} \cdot C_{lc} = \frac{\rho_{lc} \cdot d_{lc}}{A} \times \frac{\epsilon_{lc} \cdot A}{d_{lc}} = \rho_{lc} \cdot \epsilon_{lc} \gg T_f \qquad \text{(식 3-3)}$$

액정의 유전율은 보통 5ε~10ε(ε=8.854×10^{-12}F/m)값을 가지므로 사용되는 액정의 비저항은 $10^{10}\Omega$-cm 이상이 되어야 (식 3-4)를 만족할 수 있다.

Writing 동작에서 인가된 LC 셀 전압 V_{lc}은 LC 셀 자체의 누설 전류 및 TFT의 I_{off}에 의해 방전되면서 감소한다. 이러한 특성을 보완하기 위해서 C_s를 C_{lc}에 병렬로 설치한다. 그림 3.29

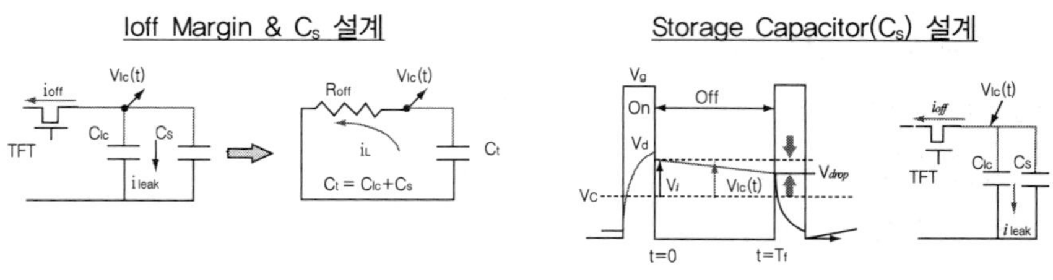

$V_{lc}(t) = V_{lc}(0)[\mathrm{Exp}(-t/R_{off}C_t)$
$V_{drop} = V_{lc}(0) - V_p(t)$
$V_{drop} = V_{lc}(0)[1 - \mathrm{Exp}(-T_f/R_{off}C_t)]$
$R_{off} > (T_f/C_t)/L_n\{V_{lc}(0)/(V_{lc}(0) - V_{drop})\}$
$V_{drop} \ll 1\,\text{gray level}(< 20\ \text{mV for } 64-gray$

(a)

V_i : 충전 종료시 액정 전압(Black 표시전압)
T_f : Frame 주기(TFT off 주기, 1/60sec)
V_{drop} : 누설전류에 의한 전압 강하

(b)

그림 3.29
I_{off} margin과 C_s 설계 방법과 storage capacitor 설계

TFT가 Off 상태인 경우 LC 셀의 등가회로는 TFT를 포함한 LC 셀 자체의 누설 전류를 I_{off}, leakage resistance를 R_{off}라 가정하면 [그림 3.29]와 같이 나타낼 수 있으며 시간 t초 경과 후 $V_{lc}(t)$와 전압 강하 V_{drop}을 이용해서 R_{off}가 만족해야 하는 식을 구해보면 (식 3-5)와 같다.

$$R_{off} > \frac{T_f}{C_t \times \ln\left[\frac{V_{lc}(0)}{\{V_{lc}(0) - V_{drop}\}}\right]} \qquad \text{(식 3-4)}$$

a-Si TFT의 경우 I_{off} 특성은 매우 우수하여 보통 sub-pA 수준의 특성을 가지기 때문에 TFT-LCD의 switch 소자로 사용하기에 충분하다. LC셀의 전압 유지율(Voltage Holding Ratio)는 다음과 같이 정의될 수 있다.

$$VHR = \frac{V_{lc}(T_f) - V_{com}}{V_{lc}(0) - V_{com}} \times 100\% \qquad \text{(식 3-5)}$$

$C_t(=C_{lc}+C_s)$를 증가시키면 VHR이 증가되지만 TFT의 부하 용량이 증가하기 때문에 전류 구동 능력(K)이 충분하도록 W/L이 증가되어야 한다. 그러나 이렇게 할 경우 TFT와 축적 용량($C_s=\varepsilon A_s/d_s$) 전극 크기가 커져 개구율이 감소한다(A_s : 전극의 넓이, d_s : 전극간 절연막 두께). 따라서 LC 셀 설계에서는 TFT의 W/L, C_s 크기 등은 공정변수를 고려하여 simulation을 통하여 적절히 결정되어야 한다. 단위 셀 설계에서 허용되는 V_{drop}이 설정되면 이를 유지하기 위한 C_s값이 결정된다.

(4) Signal Dealy와 신호 배선의 Optimization

게이트 신호 배선의 부하 용량은 그림 3.30 (a)와 같이 여섯 가지 요소로 구성된다. 따라서 게이트 신호 배선은 그림 3.30 (b)와 같이 수평 방향으로 화소 수만큼 capacitor와 저항으로 연결된 R-C 등가회로와 같고 이 경우 RC-Delay는 다음과 같이 구해진다.

$$\tau_{RC} = \sum_{i=1}^{3m} (R \cdot C)_i \qquad \text{(식 3-6)}$$

게이트 신호 전압은 신호 배선의 RC-Delay에 의해 distortion 되기 때문에 신호 배선의 설계는 게이트 신호 배선의 가장 먼 곳에 연결된 TFT의 충전율을 고려해야 한다. TFT-LCD 설계 parameter를 설정할 때 게이트 배선의 허용 RC-delay를 TFT On 전압 pulse 폭의 약 20%인 4 μsec 이하로 가정한다면 TFT의 전류 구동 능력(K)은 writing 시간이 17μsec인 경우에도 동작될 수 있도록 설계되어야 한다. 또한

Gate 신호 배선 부하 용량 / Gate 신호 배선 RC-Delay

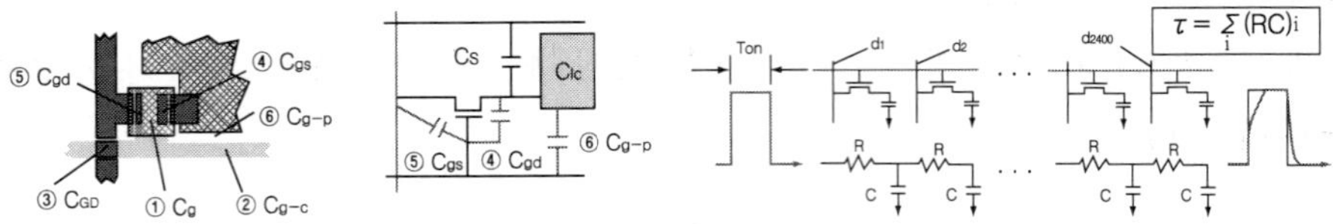

① C_g : TFT의 Gate 용량(SiNx)
② C_{g-c} : Gate 신호 배선 – 대향 전극간 용량(L/C)
③ C_{GD} : Gate 신호 배선 – Data 신호 배선간 용량(SiNx)
④ C_{gd} : TFT의 Gate – Drain 간 용량(SiNx)
⑤ C_{gs} : TFT의 Gate – Source 간 용량(SiNx)
⑥ C_{g-p} : Gate 신호 배선 – 화소 전극간 용량(L/C)

(a)

Effective TFT on time = Gate Pulse Width –RC Delay
Ex) SVGA(800×600)
Ton = 27 μsec
Design Rule : RC 〈 20% of Ton → RC–Delay 〈 5 μsec

(b)

그림 3.30
게이트 신호 배선 부하 용량 & 게이트 신호 배선 RC delay

RC–delay가 4 μsec 이하가 되기 위한 게이트 배선 설계는 게이트 배선재료를 우선 선정하고 (식 3–6)으로 주어지는 시정수(τ)를 만족하도록 게이트 신호 배선의 두께와 폭을 결정해야 한다.

데이터 신호 배선 부하 용량도 그림 3.31과 같이 4가지 요소로 구성되어 있다. TFT–LCD의 구조적 특성으로 데이터 신호 배선의 경우 게이트 신호 배선에 비하여 τ가 작기 때문에 저 저항 배선보다는 공정측면에서 볼 때 안정적인 재료인 Cr, Mo, Mo–W 등을 주로 사용한다. 따라서 배선의 선폭은 고개구율을 위하여 통상적으로 공정을 고려한 최소 선폭으로 설계한다. 그러나 대형 고해상도 제품에서는 RC–Delay 때문에 저저항 배선을 위하여 게이트 배선과 같이 Al 등의 배선 재료 사용을 고려해야 한다.

Data 신호 배선 부하 용량

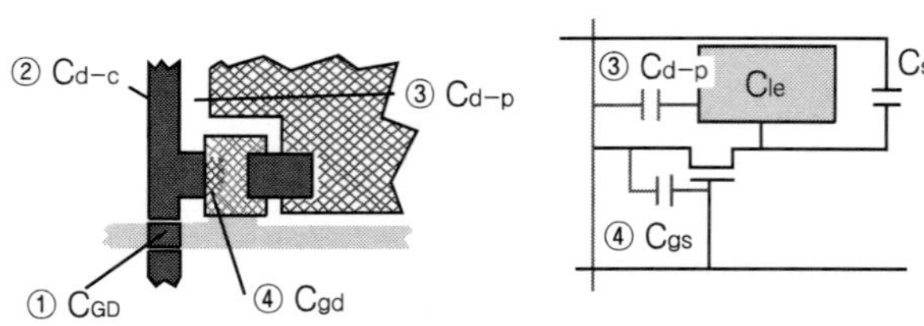

① C_{GD} : Data 신호배선 – Gate 신호배선간 용량(SiNx)
② C_{d-e} : Data 신호배선 – 공통전극간 용량(L/C)
③ C_{gs} : TFT의 Gate – Source 간 용량(SiNx)
④ C_{d-p} : Data 신호배선 – 화소전극간 용량(L/C)

그림 3.31
데이터 신호 배선 부하 용량

3 TFT-LCD 제조 방법

TFT-LCD 제조 공정은 크게 TFT 공정, 컬러 필터 공정, 셀(cell) 공정, 모듈 공정 네 부분으로 이루어진다. 각각의 공정들에 대해 살펴보기로 하자.

3.1 TFT 공정

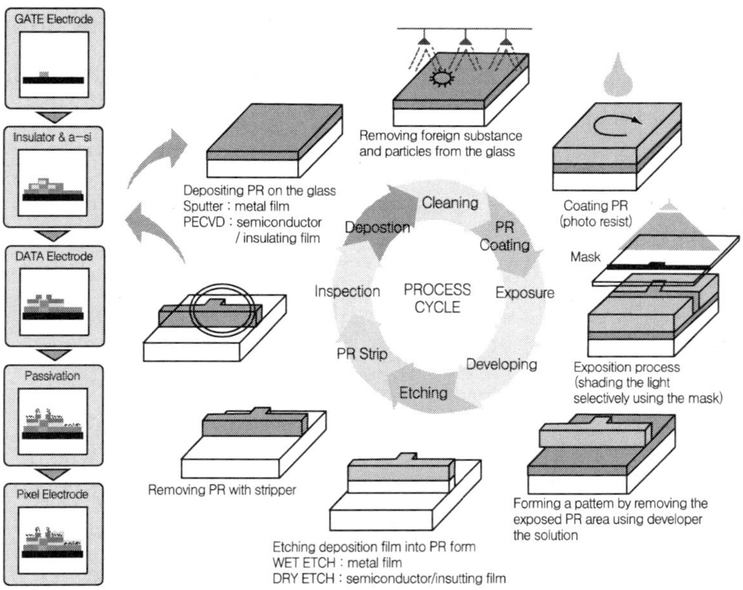

그림 3.32
TFT 공정

TFT 공정은 반도체 제작 공정과 매우 유사하며, 증착공정(deposition), 세정(clean-ing), 및 사진식각공정(Photolithography), 식각공정(Etching), 검사(inspection)를 반복하여 유리 기판 위에 박막 트랜지스터를 배열하여 제작하는 공정이다. Wafer 대신에 유리를 사용한다는 점에서 반도체와 다르며, 반도체 공정은 1,000℃ 정도의 공정온도를 갖는 반면 TFT 공정은 유리 기판을 사용하기 때문에 300 ~ 500℃의 공정 온도를 유지해야 하므로 오히려 반도체보다 까다로운 기술이다.

(1) 세정(Cleaning)

세정(Cleaning)은 초기 투입이나 공정 중에 기판이나 막 표면의 오염, Particle을 사전에 제거하여 불량이 발생하지 않도록 하는 기본 개념 이외에 증착될 박막의 접착력 강화와 TFT 특성 향상을 목적으로 하며, 넓은 의미에서는 Etching 공정 후의 감광막 제거 공정도 포함할 수 있다.

LCD 제조 공정 중의 가능한 오염의 형태는 Na^+ 같은 이온성 오염과 공정 중에 발생하는 금속이나 반도체 막의 잔류 및 취급시나 설비에 기인하는 입자성 오염 등이 있으며, 산화막이나 유기막처럼 기존의 막표면에 형성되는 막상오염이 있을 수 있다. LCD 제조 공정에 적용되는 세정 방법은 물리적 세정, 화학적 세정, 건식 세정으로 분류할 수 있다.

(2) 박막증착(deposition)

TFT-Array의 제조 공정에서 박막의 증착은 금속막 및 투명 전극의 경우 sputtering 방법을, Si 및 절연막은 PECVD(Plasma Enhanced Chemical Vapor Deposition) 방법을 주로 사용한다.

Sputtering의 원리는 고전압이 인가된 증착할 금속으로 만든 Target과 Anode 전극 사이에 Ar 가스를 주입하고, 플라즈마 방전을 이용하여 Ar^+을 여기시키면, 고전압에 의해 가속된 Ar^+은 높은 운동에너지가 금속 운자간의 결합에너지 보다 클 경우, 금속 표면에 있는 원자를 떼어낼 수 있게 된다. Sputtering된 원자들은 상호 충돌과 간섭을 통하여 가진 에너지를 소모하고 유리 기판 표면에서 상호 결합하여 박막 형태로 성장하게 된다.

일반적으로 금속막 증착시에 쓰이는 magnetron sputtering은 DC 플라즈마를 이용하며, 소스 타겟의 둘레와 뒤쪽에 자속을 설치한 다이오드 구조에서 발생하는 자계가 Ar을 여기 시키는 데 방해가 되는 이차 전자를 격리시키며, 플라즈마 조정을 용이하게 하여 증착 효율을 높일 수 있다. 반응성 sputtering은 증착 중에 반응기 내에 반응성 가스를 주입시켜 타겟으로부터 sputtering 되는 원자들과 주입된 가스들이 반응하여 층별로 화합물이나 산화막을 증착할 수 있다.

PECVD 증착 기구는 플라즈마에 의해서 여기된 전자가 중성 상태로 유입된 기체 화합물과 충돌하여 기체 화합물을 분해하고, 형성된 가스 이온 상호간의 반응 및 유리 기판에서 제공되는 열에너지의 도움으로 재결합하여 박막이 형성, 성장되는 원리이다. 실제 PECVD 반응기에서의 전극과 기판의 위치에 따라 단계별 반응을 나타낸 것으로 플라즈마가 전극에서 유입된 기체 화합물이 분해되는 1차 반응, 분해된 가스 이온들과 여기 이온들이 상호 반응하는 2차 반응, 유리기판 위에서 가스 이온과 여기 이온들이 재결합으로 생긴 원자들의 상호작용으로 핵생성 후에 박막이 형성되는 3차 반응으로 나눌 수 있다.

유입되는 기체 화합물은 형성하는 막의 종류에 따라 달라지며, 일반적으로 a-Si:H 막의 증착시키는 SiH_4, H_2가 쓰이며, 절연막인 실리콘 질화막(SiNx)의 경우는 SiH_4, H_2, NH_3, N_2의 혼합 가스가 이용된다. 인(P)를 도핑하는 n^+ a-Si:H막의 경우는 PH_3가 첨가되며, rf power, 증착 온도, 가스 유입량 및 전극과 기판 간의 거리가 형성되는 막의 성질을 좌우한다.

(3) 사진 기술

사진 기술(Photolithography)은 마스크에 그려진 패턴을 박막이 증착된 유리 위에 전사시켜 형성하는 일련의 공정으로 일반 사진 현상의 공정과 같다. 감광액 도포(Photo Resist : PR Coating), 정렬 및 노광(Align & Exposure), 현상(Develop)이 주요 공정이다. 생산성을 중요시하는 TFT-LCD 제조에서는 이와 같은 공정이 In-Line화된 자동화 설비에서 이루어진다.

(4) 식각 기술(etching)

물리적, 화학적인 반응을 이용하여 유리 기판상에 PR에 의하여 형성된 패턴대로 박막을 선택적 제거함으로써 실제의 박막 패턴을 구현하는 방법으로, 패턴이 형성된 부분의 박막은 남게 되고 PR이 없는 부분의 박막은 제거된다. 식각 공정에는 가스 플라즈마가 사용되는 건식 식각(dry etching)과 화학용액을 이용하는 습식 식각 방법(wet etching)이 있으며, 식각 후에는 유기용매 등에 의한 PR Strip 공정이 이루어진다.

(5) 검사 기술(inspection)

TFT-LCD의 제조 공정에서 단위 공정의 완성도를 확인하는 검사나, 제품의 전기적, 광학적 특성을 측정하는 작업은 불량 여부의 원인 규명과 제품 특성의 이해 및 개선에 기여함은 물론 생산비 절감과 품질 향상을 추구할 수 있는 기회를 제공하므로 각 단위 공정의 진행 후, 검사 및 테스트 기술은 매우 중요하다. 검사 공정은 크게 박막의 증착 두께 및 식각 두께의 평가, 패턴 형성 확인, 전기적 특성 평가 등이 있다.

(6) TFT 패널 제조 공정

현재 대부분의 LCD 제조업체에서는 제조 공정이 상대적으로 쉽고 별도의 TFT 광차단막 형성이 필요없는 bottom 게이트의 inverted staggered 구조의 TFT를 이용하고 있다. 이러한 inverted staggered 구조의 TFT는 채널 형성 공정에 따라 back channel etch 구조와 etch stopper 구조로 나눌 수 있다.

박막 트랜지스터의 활성화층 위에 n^+층을 연속적으로 증착한 후 소오스-드레인 전극을 형성한다. 소오스-드레인 전극을 형성한 후 n^+층을 식각한다. n^+층을 완전히 제거하기 위해 활성화층인 비정질 실리콘이 식각되기 때문에 비정질 실리콘의 두께가 두꺼워야한다는 단점이 있다. 두꺼워진 비정질 실리콘은 빛에 민감하여 빛에 의한 광 누설 전류가 발생한다.

1) Etch-Back(E/B) 형태

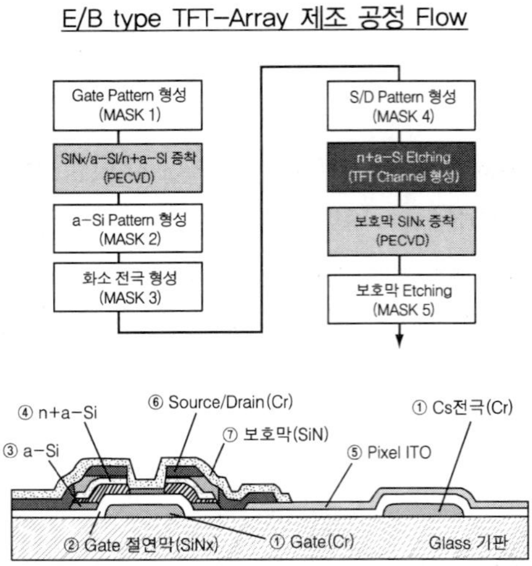

그림 3.33
E/B형 TFT-Array 제조 공정 중 etching

2) Etch-Stopper(E/S) 형태

비정질 실리콘 위에 질화막을 연속으로 증착한 후 질화막을 패터닝한다. 패터닝된 질화막의 위에 n^+층을 증착하고 그 위에 소오스-드레인 전극을 형성한다. 소오스-드레인 전극이 형성된 후 n^+층을 식각한다. 이때 채널 쪽에 있는 질화막이 n^+층 식각 공정 시 비정질 실리콘이 식각되는 것을 막는 역할을 한다. Back channel etched형과 달리 비정질 실리콘의 두께를 증착 중에 결정할 수 있다는 장점이 있다. 그러나 질화막을 패턴하기 위해 반응기 밖으로 나와야 하는 단점이 있다. 비록 비정질 실리콘의 산화 속도는 작지만, 얇게 생성된 산화막과 불순물에 의해 계면 특성에 영향을 주게 된다.

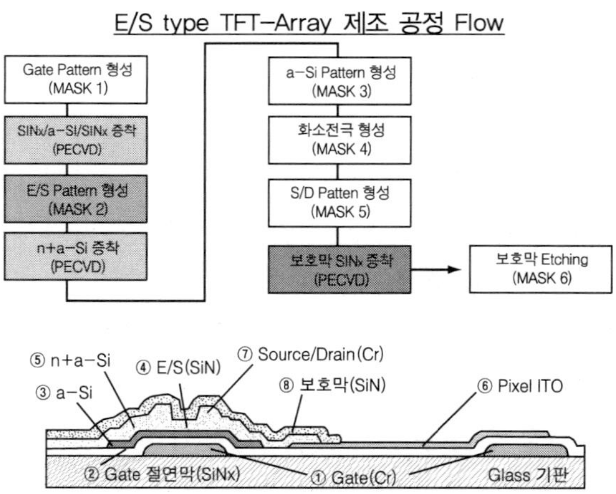

그림 3.34
E/S형 TFT-Array 제조 공정 중 보호막 SiN 증착

3.2 컬러 필터 제조 공정

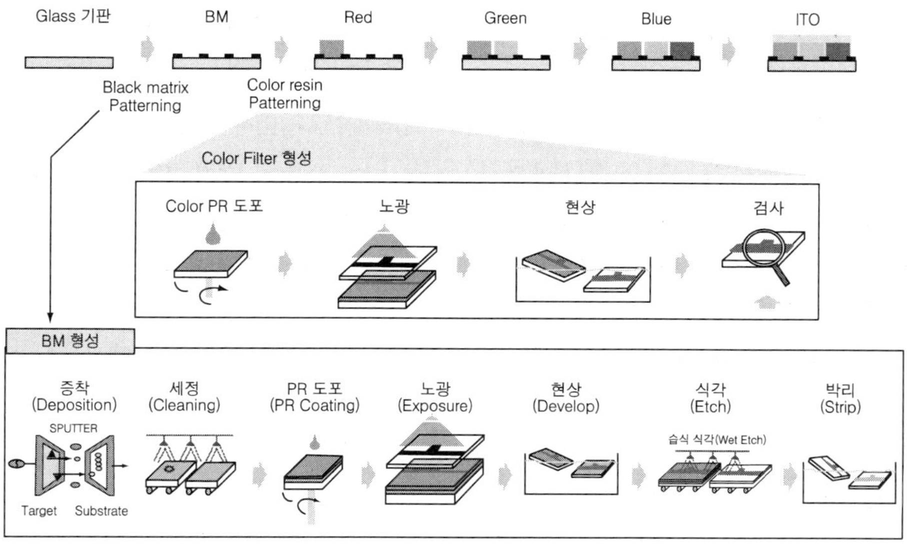

그림 3.35
컬러 필터의 공정 과정

TFT-LCD의 컬러 화면은 후면광(B/L)의 백색광의 투과율을 조절하는 TFT와 액정 셀의 동작과 Red, Green, Blue의 컬러 필터를 투과해 나오는 3원색의 가법 혼색을 통하여 이루어진다. 컬러 필터는 제조시 사용되는 유기 필터의 재료에 따라 염료 방식과 안료 방식이 있으며, 제작 방법에 따라 염색법, 분산법, 전착법, 인쇄법 등으로 분류할 수 있으나, 현재 TFT-LCD의 컬러 필터의 제조시 사용되는 가장 보편적인 방법은 안료 분산법이다.

C/F 기판은 색상을 구현하는 컬러 필터 패턴과 R.G.B 셀 사이의 구분과 광 차단 역할을 하는 Black Matrix, 그리고 액정 셀에 전압 인가를 위한 공통 전극(ITO)으로 구성되어 있다. Black Matrix는 일반적으로 컬러 필터의 RGB 패턴 사이에 위치하며 픽셀 전극이 형성되지 않은 부분과 픽셀 전극 주변부에 형성되는 Reverse Tilted Domain을 차폐시키는 목적으로 설치한다. 또한, Black Matrix는 TFT의 직접적인 광 조사를 차단하여 TFT의 누설 전류 증가를 방지하는 역할도 한다. 즉, Staggered 구조의 TFT일 경우 TFT 채널 부위는 Bottom 게이트 전극과 컬러 필터의 Black Matrix에 의해 광차차폐가 이루어지는 구조로 되어 있다.

Black Matrix의 재질로는 Optical Density 3.5 이상의 Cr 등의 금속 박막이나 탄소 계통의 유기 재료가 주로 쓰이며, Cr/CrO_x의 이층막 구조의 Black Matrix는 LCD Screen의 저 반사화를 목적으로 사용되기도 한다. 안료 입자는 일반적으로 빛을 산란시켜 불투명하지만 입자 크기가 빛의 파장보다 작으면 빛을 투과시켜 투명하게 되므로 입자 크기가 작을수록 투명도가 높고 우수한 분산 특성을 나타낸다.

저반사 특성을 가지는 컬러 필터 기판의 제조 공정은 일반적으로 Cr/CrO_x를 이용한

Black Matrix의 형성과 안료 분산법에 의한 컬러 필터 형성, 공통 전극의 형성으로 이루어진다.

TFT-Array 공정에서와 마찬가지로 유리 기판 세정을 실시한 후, Black Matrix(B/M) 재료로 사용되는 Cr/CrO_x를 반응성 sputtering에 의하여 증착한다. B/M 패턴의 형성은 개구율과 직접적인 관련이 있으므로 Reverse Tilted Domain에 의한 Disclination Line 차단을 위한 구조적 Margin과 반사광에 의한 광 누설 전류의 방지, 액정 공정에서의 조립 Margin을 고려하여 대응하는 TFT 기판에서의 TFT 형성부와 게이트, 데이터 배선부를 제외한 부위를 open 시킨다. CrO_x는 일반적인 Cr 식각에 의하여 식각되므로 Cr/CrO_x는 동시에 식각시킨다.

BM 패턴을 형성한 후 색상을 구현하기 위한 RGB 패턴은 앞서 기술한 사진 공정 기술을 이용하여 형성하며, 다른 점은 Photo resist로 컬러 resist를 사용하는 점이다. 통상적으로 RGB 패턴은 동일 마스크를 사용하여 Shift시켜 형성한다. 컬러 Resist의 도포는 인쇄법에 비하여 소모량은 많지만 두께 균일성이 우수한 스핀 코팅 방식을 사용하고 노광은 proximity 방법을 사용한다. 노광에 의한 광중합 반응은 일정 수준에 도달하면 정지하므로 열에 의한 중합 반응 지속을 위하여 Post Exposure Bake를 별도로 실시하며, 현상은 Dipping, Puddle, Shower, Spray법 등이 사용된다. 일반적으로 컬러 Resist는 negative PR의 성격을 가지므로 노광되지 않는 부분이 제거된다.

하부의 TFT 기판에 형성된 픽셀 전극과 함께 액정 셀을 동작시키기 위한 공통 전극의형성은 RGB 패턴 형성 후에 이루어진다. 투과성과 도전성이 좋으며 화학적, 열적 안정성이 우수한 투명 전극 재료인 ITO를 sputtering에 의하여 증착하며, 공통 전극으로서의 ITO는 별도의 패턴 형성을 하지 않는다. 공통 전극 형성 전에 RGB 패턴의 보호와 평탄화를 위하여 Acryl계나 Polyimide계 Resin을 사용하여 평탄화막(Over coat)을 형성하는 경우도 있다. 컬러 필터를 구성하고 있는 요소 중 Red와 Green, 그리고 Blue의 반사율은 각각 1.1%, 1.3%, 0.3%이다. 이 값은 Specular 반사도의 값을 측정한 것이며 광 소스의 직경과는 무관하게 일정한 값을 갖는다. 편광판 및 유리의 투과율은 39.2% 및 85.2%이다.

3.3 셀 공정

셀 공정 흐름도를 도식적으로 나타내면 그림 3.36과 같다. TFT 하판과 컬러 필터가 형성된 상판에 배향막을 형성하고, 배향막에 액정이 잘 정렬할 수 있도록 배향을 한 후, spacer를 산포하고 Seal 인쇄를 하여 합착한다. 합착 후에 모세관 현상을 이용하여 액정을 내부에 주입한 후, 주입구를 봉지함으로써 LCD 공정은 마무리가 된다.

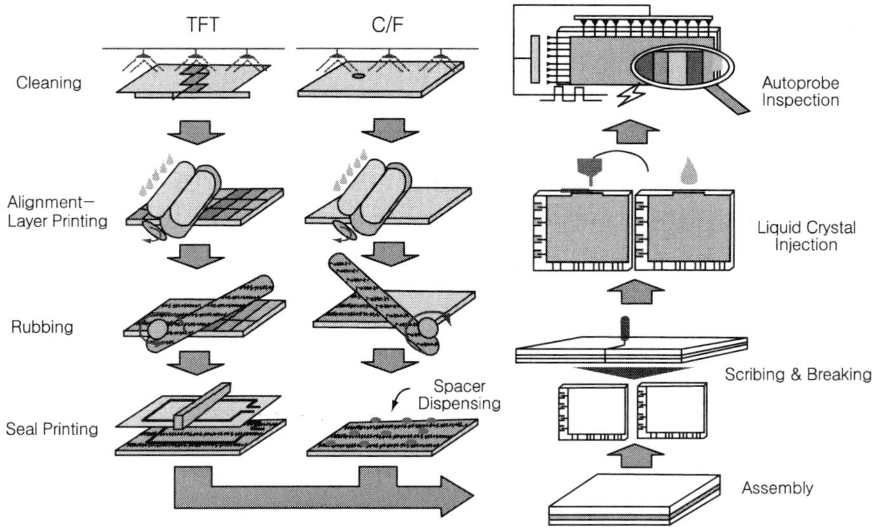

그림 3.36
셀 공정 과정

(1) 배향막 도포

상·하판의 픽셀부에 배향막을 얇고 균일하게 도포하는 공정으로, 드럼 위에 polyimide를 얇고 균일하게 도포하고, 도포된 polyimide가 미리 패턴된 고무판에 인쇄되어 이것이 상판 C/F 또는 하판 TFT array에 도포된다. 도포된 이후 경화로에서 polyimide를 경화시킨다.

(2) Rubbing

액정이 일정한 방향으로 배향되도록 하기 위하여 경화된 polyimide에 일정한 방향으로 직홈을 만드는 공정으로, 회전하는 드럼에 부착된 rubbing포로 패턴을 일정한 방향으로 문질러서 일정한 방향의 홈이 만들어지도록 한다.

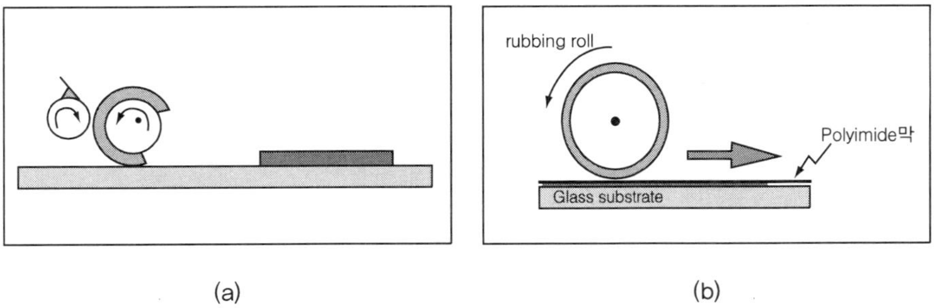

그림 3.37
Rubbing 과정

(3) Spacer 산포

상판과 하판을 합착시킬 때 일정한 셀 갭을 확보하기 위하여 spacer를 균일하게 뿌려주는 공정으로, spacer를 적정 농도로 용액 속에 혼합한 후 펌프를 통해 분사 노즐로 수송하여 노즐에서 고압으로 기판에 분사시킨다. 이때 용액은 열건조를 통해 휘발시키며, 화면의 크기 등에 따라 100~200개/cm^2의 밀도가 되도록 조절한다. Spacer는 공모양으로 직경은 4~5μm의 크기에서 결정된다.

(4) 액정 주입

상판과 하판을 합착한 후 모세관 현상과 압력차를 이용해서 상판과 하판 사이에 액정을 주입하는 공정으로, 진공 배기계, 진공 반응기, 상하 이동 장치, 액정을 담그는 지그 및 N_2purge계로 구성되어 있다. 진공 배기를 통해 셀 갭 내를 10^{-3} Torr 정도의 진공 상태로 유지하면, 모세관 현상에 의해 액정이 셀 내부로 빨려 올라간다. 약 80%정도 채워졌을 때, 서서히 N_2를 진공 chamber 내로 purge하면 셀 내부와 주위와의 압력차가 발생하여 액정이 셀 내부의 빈 공간을 채우게 된다.

3.4 모듈 공정

모듈 공정은 최종적으로 사용자에게 전해지는 제품 품질을 결정하는 단계이다. 완성된 패널에 편광판을 부착하고 Driver-IC를 실장한 후 PCB(Printed Circuit Board)를 조립하여 최종적으로 후면광 unit과 기구물을 조립함으로써 모듈은 완성된다.

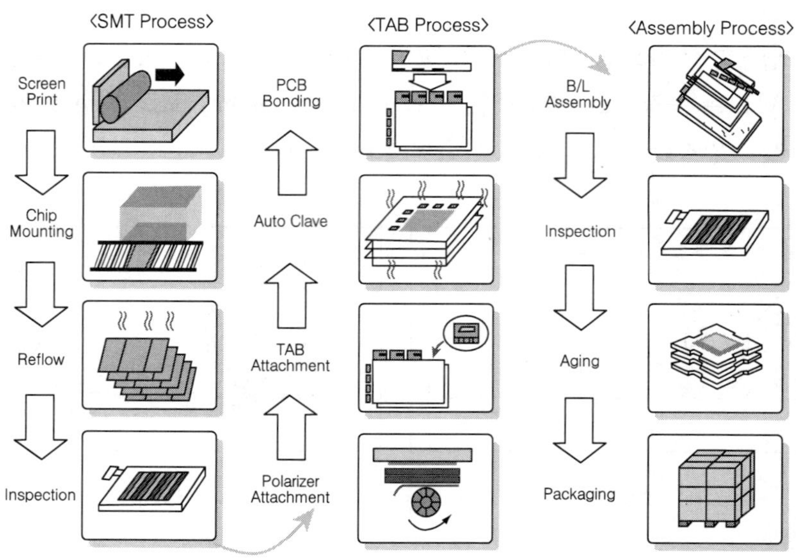

그림 3.38
모듈 공정 개략도

TFT-LCD 기술 동향 및 전망

4.1 가격 경쟁력 확보

공정 축소, 구동회로 단일칩화 등을 통해 가격 경쟁력을 확보해야 한다. 제조 공정 단순화 기술은 공정 마스크 수를 감소시키는 것으로 대변할 수 있다. 하나의 마스크에 연관된 공정이 최소 10~30가지 이상이 되므로 마스크 절감 기술은 생산비용의 하락 측면에서 매우 중요한 요소이다. 그리고 ODF(One Drop Filling)의 새로운 액정 주입법의 이용으로 수 시간 단위의 액정 주입 시간을 수십 분 이내로 줄이는 방법 등을 이용하여 공정 시간을 대폭 축소하여 공정이 매우 단순화된다.

4.2 광시야각 기술과 고속 응답 기술의 요구

PC용 디스플레이 경우 사용자의 시각은 대부분 정면에서 보기 때문에 좁지만, LCD TV의 경우 다수의 사람들이 다양한 자세로 시청하기 때문에 시야각이 넓어야 한다. 그리고 끊김없고 보다 큰 화면을 위해서는 빠른 액정의 응답 기술이 필요하다. 이를 위해서는 액정의 재료 개선과 회로부에서 액정이 고속 구동할 수 있도록 인가되는 전압을 조절하는 방법 등이 개발되어야 할 것이다.

4.3 유리 기판 및 플라스틱 기판의 개발 동향

기판 공정상 문제시 되는 열 처리에 의한 수축과 팽창을 감소시키고, 절단시 유리가루 발생의 방지, 연마 공정의 고비용의 자동화 및 가격감소를 해결하기 위해 유리 기판의 형성 방법의 개선과 동시에 후 공정에서의 오물, 상처 방지를 위해 가공 공정의 정밀화 및 완전 자동화가 기대된다. 또한, 0.5mm 혹은 그 이하 두께의 대형 유리 기판을 AM-LCD 공정에서 사용할 수 있는 유리 제조 공법이 요구된다. 이러한 문제를 해결함으로써 미래에는 현재보다 더 나은 AM-LCD의 박형화, 경량화 및 저가격화를 이룰 수 있을 것이다. 현재 개발된 플라스틱 기판으로는 polycarbonate(PC), polyimide (PI), polyethersulphone (PES), polyacrylate (PAR), polyethylenenaphthelate (PEN), polyethyleneterephehalate (PET) 등이 있다. PI의 허용 공정 온도는 275℃이지만, 컬러를 갖고 있기 때문에 AM-LCD용 기판으로는 부적합하다. PES의 경우에는 200℃ 공정이 가능하고 다른 플라스틱 기판의 허용 공정 온도는 150℃ 이하이다. AM-LCD 제작시에 TFT의 성능 향상을 위하여 공정 온도를 250℃ 이상으로 유지시키는 것이 좋다. 따라서 250℃에서 견딜 수 있는 플라스틱 기판을 개발해야 가볍고 휠 수 있는 AM-LCD의 생산이 가능하다.

4.4 저 소비전력화

LCD에서 소모되는 전력의 대부분은 후면광 lamp를 포함하는 후면광 unit 부분이다. 전체에서 소모되는 전력의 60~70%이다. 따라서 소비전력의 절감을 위한 후면광 unit의 효율성 증대는 절대적이라고 할 수 있다. 이를 위해서, ① 광원의 광도를 높이는 연구, ② 입력 전력 대비 휘도의 효율을 높이고 형광 lamp를 구동하는 drive 주파수를 최적화하여 휘도를 향상시키는 invertor의 개발, ③ Back scattering과 흡수가 작은 확산판 개발로 효율이 높고 균일한 특성의 후면광 구현, ④ 외부 aluminum mirror의 성능을 개선시킴으로써 광효율 향상유도 등에 대한 연구 개발이 필요하다.

4.5 고휘도화

광원에서 조사된 빛이 100%라고 할 때, 옆의 그림에서 보이는 것처럼 LCD 내의 layer–polarizer, 컬러 필터, alignment layer 등을 통과해 최종적으로 우리 눈에 들어올 때는 약 10% 정도이다. 따라서 광원으로 사용된 램프의 밝기가 높아야 한다.

4.6 박형화, 경량화, 저제작단가화

소비전력, 고휘도화 외에도 박형화, 경량화 등이 LCD의 휴대성을 향상시킨다. 이상에서 언급한 것들을 토대로 연구 개발이 가속화되고 있다.

연습문제

1. MOSFET와 Poly-Si TFT는 coplanar형이지만 a-Si:H TFT는 주로 스테거드 형인 이유를 설명하시오.

2. 저온 다결정 TFT-LCD의 장단점을 a-Si TFT-LCD와 비교하여 2가지 이상 쓰시오.

3. Directive type과 Reflective type의 각각의 장·단점을 서술하시오.

4. 4bit digital source driver IC가 있다. 이것으로 최대 만들 수 있는 그레이 스케일은 몇 단계인가? 그리고 color의 조합 수는 최대 몇 가지까지 가능하겠는가?

5. Active matrix와 Passive matrix와의 차이점을 기술하고, Active matrix 구동하는 방법을 서술하라.

6. IPS 방식과 VA 방식의 차이점을 기술하고, 어떤 방식이 유리한지 그 이유와 함께 서술하라.

7. TFT-LCD 패널 제조 공정에서 Etch-stopper와 Etch-back 방식의 차이점은 무엇인가?

8. TFT 공정을 나열하고 간략히 서술하시오.

9. Color Filter 공정을 나열하고 간략히 서술하시오.

10. TFT-LCD 기술 동향에 대해 요약, 서술하시오.

참고문헌

[1] 디스플레이 공학, 김상수, 김용배 et al, 청범출판사, 2000

[2] 은성 홈페이지(http://eun-sung.net)

[3] 이준신 교수님 홈페이지(http://joy.skku.ac.kr)

[4] 차세대 디스플레이 시장, 기술분석(전략기술 경영연구원)

[5] 반도체에 생명을 불어넣은 사람들(밥 존스턴 지음 / 박정태 옮김 / 굿모닝 북스)

[6] T.Tsukada, "TFT & LCD", 북스힐, pp.60~63 , pp.87~89, 2000

[7] K. H. Lee, J. K. Park and J. Jang, 『High performance polycrystalline silicon thin film transistor using silicon nitride gate insulator』, IEEE Trans. on Elec. Dev. Vol. 45, 2548, 1998.

[8] S. K. Kim, S. I. Cho, Y. J. Choi, K. S. Cho, M. Pietruszko and J. Jang, 『Coplanar amorphouse silicon thin film transistor fabricated by inductively coupled plasma CVD』, Thin Solid Films, Vol. 337, 200, 1999.

[9] S. K. Kim, Y. J. Choi, K. S. Cho and J. Jang, 『Coplanar amorphouse silicon thin film transistor fabricated by inductively coupled plasma CVD』, J. Appl. Phys, Vol. 84, 4006, 1998.

[10] J. H. Choi, C. S. Kim, B. C. Lim, and J. Jang, 『A novel thin film transistor using double amorphous silicon active layer』, IEEE Trans. on Elec. Dev. Vol. 45, 9, 1998.

[11] 김창수, 임병천, 최종현, 장진, 『채널 식각형 비정질 실리콘 박막 트랜지스터에서 배면에 붕소 이온 도핑효과』, 응용물리 12(1), 47, 1999.

[12] 이준신, 이 호, 도이미, 정창오, 유진태, 강해성, 박영복, 임동우, 김관식, "박막 트랜지스터 신기술동향조사", 특허청, 2002.

[13] LCD 개요, 월간 반도체, 1996.

[14] Internet "LC, LCD, TFT" sites
www.eio.com/lcdintro.htm
stefan.www.media.mit.edu/people/stefan/liquid-crystal
tie.kaist.ac.kr/field/organic.html
tftlcd.kyunghee.ac.kr/

[15] 전자공학도를 위한 물리학, 액정 일렉트로닉스의 기초와 작용, 이근길, 강영채 공저, 1992.

액정 (Liquid Crystal)

Chapter 03 → 04

* 1 액정 (Liquid Crystal)

본 단원에서는 액정 재료의 디스플레이 응용과 관련된 물성 및 특징과 이를 이용한 디스플레이 응용 원리를 초보적인 수준에서 다룬다. 액정 물성에 대한 심도 있는 이해를 원하는 독자는 "Handbook of Liquid Crystals(edited by D. Demus et al, Wiley-VCH, Weinheim, Germany)", "The Physics of Liquid Crystals(P. G. de Gennes and J. Prost, Oxford University Press, New York, USA)"를, 그리고 LCD의 광학적 원리에 대한 이해를 원하는 독자는 "Optics of Liquid Crystal Displays(Pochi Yeh and Claire Gu, John Wiley & Sons, Inc., New York, USA)"를 참고하기 바란다.

1.1 액정이란?

액정(liquid crystal)은 액체(liquid)와 결정(crystal)이 조합된 합성어로 액체와 같은 유동성과 고체 결정과 같은 규칙성을 동시에 가지는 중간상(mesophase 또는 mesomorphic phase) 또는 그러한 중간 상태를 나타내는 물질을 의미한다. 액정은 1888년 오스트리아의 식물 생리학자인 프레드릭 레이니츠 (Friedrich Reinitzer)와 독일 물리학자 Otto Lehmann에 의해 최초로 발견되고 이름이 붙여진 후 최근까지 수 만종 이상의 새로운 액정 상을 보이는 물질들이 발견 혹은 합성되었다. 중간상인 액정은 액체의 성질과 결정의 성질을 모두 가진 특이성 때문에 다른 물질에서 발견되지 않는 다양한 물리적 특성을 가지고 있고, 그 중 몇 가지는 광학적 응용성이 탁월하다. 이러한 물성을 바탕으로 1970년대부터 연구 개발되기 시작한 LCD(liquid crystal display) 기술은 현재의 대표적 디스플레이 기술이 되었다.

액정은 통상 1~2 nm 길이의 막대형태 유기 단분자로 이루어져 있다. 이를 막대형 액정(calamitic liquid crystal)이라고 한다. 현재 모든 상용 LCD에 사용되고 있는 액정들이 모두 막대형 액정에 속해 있다. 막대형 액정 외에도 원반형 액정(discotic liquid crystal), 꺽인 분자 액정(bent core liquid crystal), 및 이중 연결 액정(bimesogen 또는 dimer) 등 다양한 형태의 분자들이 합성되어 연구되고 있으나 상용 LCD의 액정 층에 사용되고 있지는 못하다. 원반형 액정은 TN(Twist nematic) LCD의 보상필름에 고형화된 필름 형태로 사용되기도 한다. 따라서 본 교과서에서는 막대형 액정을 위주로 설명이 된다.

액정 재료에 대한 이해를 돕기 위해 가장 잘 알려진 액정 재료 중의 하나인 5CB로 불리는 액정 재료를 그림 4.1에 도식하였다. 막대형 액정은 수개의 벤젠(benzene)고리이나 사이클로헥산(cyclohexane) 등으로 이루어진 중앙그룹(central group)과 이와 연결된 말단그룹(terminal group: 그림 4.1에서 X와 Y), 그리고 측면에 붙은 측면 그룹(lateral group)

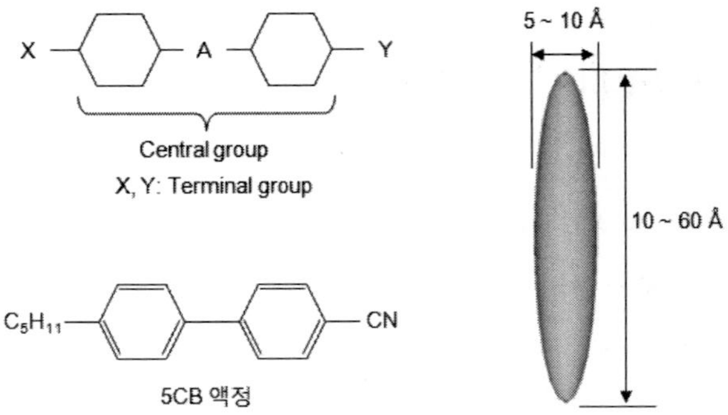

그림 4.1
막대형 액정 분자의 일반적 구조(좌상), 대표적 예(좌하), 및 크기(우)

들의 조합으로 이루어져 있다. 각각의 화학구조와 유연성, 전자친화도 등은 액정 상의 물성을 결정짓는데 중요한 역할을 한다.

액정을 이루는 분자들의 배열 규칙성은 재료의 종류와 온도에 따라 다양한 규칙의 정도를 가진다. 가장 낮은 단계의 규칙성은 분자들이 공간적 규칙성은 없이 방향의 규칙성을 가지는 경우이다. 즉 그림 4.2 (a)에 도식된 것과 같이 막대형 분자들이 한 방향으로 배열되어 있는 상태를 말하고, 이를 네마틱(nematic) 액정이라고 한다. 이보다 높은 수준의 규칙성은 그림 4.2 (b)에 도식된 것과 같이 층상 구조를 보이는 스멕틱(smectic) 액정에서 발견된다. 스멕틱 액정에서는 분자들의 층 구조를 하고 있으므로 분자의 공간적 위치가 각 층에 고립되고 있으므로 분자들이 공간적 규칙성을 가지고 있고, 또한 각 층의 분자들은 일정한 방향으로 배열특성을 가지므로 방향의 규칙성을 동시에 가진다. 스멕틱 액정을 사용한 디스플레이 장치를 상용화에 성공한 예가 있으나 매우 예외적인 경우이고, 대부분의 상용 LCD는 네마틱 액정을 사용하고 있다.

네마틱 액정이 디스플레이에 사용되는 가장 큰 이유 중의 하나는 네마틱 액정이 가지는 낮은 수준의 배열 규칙성 때문에 외력에 의해 배열이 흐트러지더라도 다시 원래의 배열 상태로 복원이 쉽게 되기 때문이다. 반면 분자의 공간적 규칙성을 동시에 가지는 스멕틱 액정은 외부력에 의해 공간적 규칙성이 흐트러졌을 때 원래의 배열 상태로 복원되기 쉽지 않아 디스플레이로 활용하는데 한계를 가진다.

네마틱이나 스멕틱 액정에서 액정들이 나선구조를 이루며 공간적으로 꼬임구조를 가지는 액정들이 있다. 이러한 특이 구조는 액정을 구성하는 분자들이 한 종류의 이성질체(isomer)로 구성되어 있거나 두 종류(R 또는 S isomer) 이성질체 중 한 종류가 더 많을 경우에 발생한다. 네마틱 액정이 꼬임구조를 가지는 경우를 카이랄(chiral) 네마틱 또는 콜레스테릭 액정(cholesteric LC)이라고 하고 스멕틱 액정이 꼬임구조를 가지는 경우를 카이랄(chiral) 스멕틱 액정이라고 한다.

(a) Nematic 액정

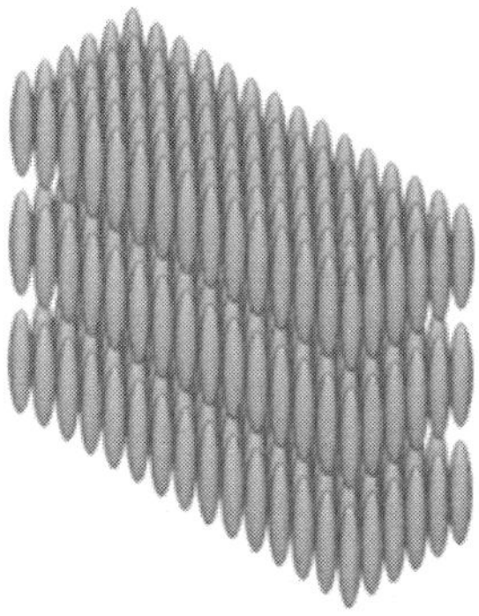

(b) Smectic 액정

(c) Cholesteric 액정

그림 4.2
네마틱 액정과 스멕틱 액정 정렬 상태의 모식도

액정의 배열 정도를 수치적으로 나타내기 위하여 질서매개변수(order parameter)를 정의하고, 네마틱 액정 상의 질서매개변수(S)는 다음과 같은 가장 단순한 수식으로 표현 가능하다.

$$S = \frac{1}{2} \langle 3\cos^2\theta - 1 \rangle \qquad \text{(식 4–1)}$$

이때 θ는 각 액정 분자의 장축과 액정분자들의 평균적인 배열 방향사이의 각도를 나타내고, 〈 〉는 관측하고자 하는 영역 내의 모든 액정들에 대한 평균값을 의미한다. 일반적인 네마틱 액정은 0.5~0.7 사이의 질서매개변수를 가진다. 질서매개변수는 온도가 올라감에 따라 그 값이 점진적으로 낮아지다가 특정 온도가 갑자기 자발적 배열을 잃고 질서매개변수가 0으로 바뀐다. 이 온도를 상전이 온도(phase transition temperature)라 하고 상전이 온도보다 높은 온도에서는 액정 상을 보이지 않고 일반적인 무질서한 액체상태(isotropic state)의 특성을 보인다. 이처럼 그 배열 상태가 온도에 의해 변조되는 액정들을 온도전이형 액정(thermotropic liquid crystal)이라고 하고 현재 디스플레이에 사용되는 모든 액정들은 온도전이형 액정들이다.

앞서 설명한 바와 같이 액정은 서로 상반되는 물성이라고 할 수 있는 액체의 성질과 고체 결정의 성질을 동시에 가진다. 즉 액정은 액체와 같이 이를 구성하는 분자들이 비교적 자유로운 분자운동을 하고 있고, 이 때문에 유동성을 가지고 또한 외부자극을 가했을 때 액정은 쉽게 자극에 반응한다. 또한, 액정은 고체 결정과 같이 자발적으로 액정을 구성하는 단위 분자들이 방향 규칙을 가지도록 배열되고, 이러한 배열 특성은 거시적인 비등방(anisotropy)적 물성의 원인이 된다.

이러한 두 가지 서로 상반되는 특징, 즉 자발적으로 분자들이 규칙적으로 배열하는 특징과, 외부자극이나 액정과 접하고 있는 경계 조건에 의해 쉽게 그 배열의 특성을 변조할 수 있는 특징 때문에 액정은 디스플레이를 포함한 다양한 광학소자에 응용이 된다. 다음 세부단원부터 액정이 가지는 다양한 물성 중에서 디스플레이 응용성과 관련되는 대표적인 물성들을 설명한다.

1.2 액정의 배향

액정을 두 장의 유리 기판 사이에 주입하고 이를 두 장의 편광판 사이에 삽입하고 현미경을 통하여 관찰하면 그림 4.3 (a)와 같이 Schliren texture라고 부르는 복잡한 패턴을 나타낸다. 이는 액정 분자들이 자발적 배열 특성을 가지지만 그 배열 방향은 결정되어 있지 않으므로 기판의 다른 위치에 있는 액정들이 각각 다른 방향으로 배열이 되기 때문에 나타난다. 그림 4.3 (a)에 액정 분자들의 배열 방향을 도식하였다. 이처럼 좁은 영역에서는 같은 방향으로 배열이 되어 있지만 넓은 면적을 보았을 때에는 무작위의 배열 특성을 보이고 있다. 이러한 무작위의 배열을 가진 액정 셀(cell)은 광학 소자로 이용할 수 없고, 전체 기판 위의 액정들이 모두 일정 방향으로 배열된 상태를 만들어 주어야 한다. 이처럼 액정을 원하는 방향으로 배열시키는 것을 액정 배향(alignment)이라고 한다.

액정은 앞서 설명한 바와 같이 외부 자극에 민감하게 반응한다. 그 외부 자극에는 액정을 담고 있는 용기의 경계면도 포함된다. 다시 말해 액정과 접하는 경계면에 적절한 표면처리를 함으로써 액정 셀(cell) 내부의 전체 액정을 원하는 방향으로 배열시킬 수 있다. 이때 주변 영역 내의 수천 개 정도의 액정 분자들의 평균적인 배열 방향을 방향자(director)라고 부르고, 기판면에 대한 디렉터의 방향을 선경사각(pretilt angle)이라고 한다.

LCD에 사용되는 액정 배향은 크게 수평 배향(planar alignment 또는 homogeneous alignment)과 수직 배향(vertical alignment 또는 homeotropic alignment)으로 구분할 수 있다 그림 4.3 수평 배향은 선경사각이 기판면을 기준으로 10도 이내의 실질적으로 기판면에 거의 나란한 배향을 하는 경우를 말한다(엄격히 말해, 선경사각이 0도인 경우가 수평 배향이고, 선경사각이 0도 이상인 경우를 경사 배향(tilted alignment)이라고도 하지만, 보편적으로 선경사각도 10도 이하의 배향을 수평 배향이라고 하고, 본 단원에서도 후자의 정의를 따른다). 반면 선경사각이 80도 이상으로 기판면에 수직에 가까운 배향를 수직 배향이라고 한다. 수직과 수평 사이의 선경사각이 큰 경사 배향도 존재하나 현재 상용화된 LCD에서는 사용되고 있지 않다. 두 장의 기판이 서로 다른 배향을 가지고 있는 경우도 존재한다. 두 기판이 모두 수평 배향을 가지고 있으나, 배열의 방위각 방향이 수직을 이루고 있는 경우를 꼬임 배향(twist alignment)이라 하고, 한쪽 기판은 수평 배향 그리고 다른 쪽 기판은 수직 배향을 가진 경우를 하이브리드 배향(hybrid alignment)라고 한다.

액정을 기판면에 대해서 균일한 배향을 얻기 위해서 배향막이 사용된다. 일반적으로 배향막은 폴리이미드(poly-imide) 계열의 폴리머가 사용되고, 배향막의 두께는 약 700

~ 1000 nm로 형성시킨다. 배향막 도포는 일반적으로 프린팅 방법으로 액상의 폴리이미드 혹은 폴리아믹산(poly-amic acid) 용액을 도포한 후 적당한 열처리 과정을 거쳐 견고한 폴리이미드 막이 형성되도록 한다.

기판 면에서 액정의 배향을 그림 4.3에서 표시한 바와 같이 극각(polar angle)과 방위각(azimuthal angle)으로 표시하자. 이때 극각의 조절은 선경사각의 조절을 의미하고 이 각의 크기에 따라 수평 배향과 수직 배향으로 구분할 수 있다. 일반적으로 액정 배향 극각의 조절은 배향막 재료 특성으로 결정된다. 배향막에 사용되는 폴리머에 붙은 곁사슬(side chain)의 분자구조와 길이, 및 밀도에 의해 선경사각이 결정된다. 선경사각이 큰 수직 배향의 경우에는 긴 알킬사슬이 조밀하게 붙어있는 경우가 많고, 선경사각이 작은 수평 배향의 경우에는 짧은 사슬이 사용되거나 밀도가 낮은 경우가 많다. 액정이 기판의 표면에 배향되어 있는 세기를 표면 고정력(anchoring force) 이나 표면 고정 에너지(anchoring energy)를 이용하여 표현할 수 있다. 이때 표면 고정 에너지는 단위 면적의 기판 위의 근접한 액정들을 단위 각도만큼 회전시키기 위하여 필요한 에너지를 정량적으로 표시한 것이다. 표면 고정에너지는 극각 방향과 방위각 방향으로 독립적으로 정의할 수 있고, 각각을 극방향 표면 고정 에너지(polar anchoring energy)와 방위방향 표면 고정 에너지(azimuthal anchoring energy)라고 한다. 일반적으로 LCD에 사용되는 배향막은 강한 표면 고정 에너지를 가지고 있어 일반적인 수학적 계산이나 컴퓨터 시뮬레이션에서 무한대의 표면 고정 에너지를 가정하고, 이를 강한 고정 에너지 가정(strong anchoring assumption)이라고 한다.

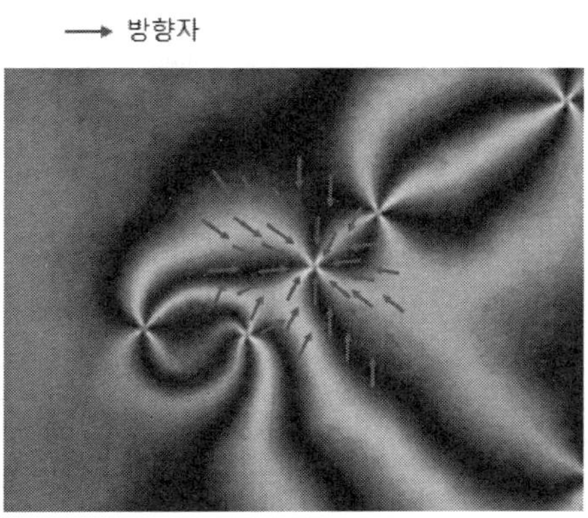

(a) Schliren texture

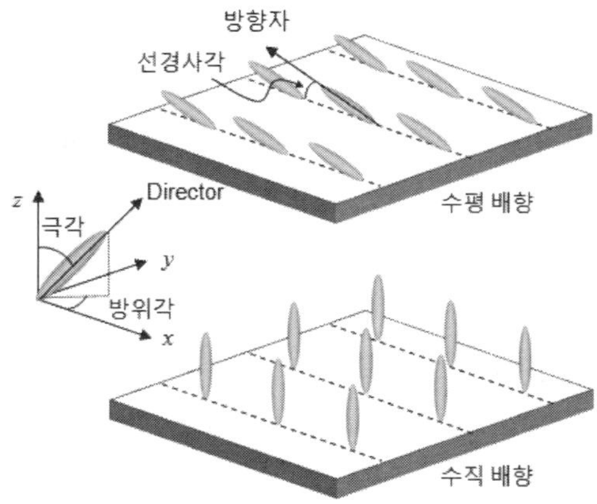

(b) 수평 및 수직 배향

그림 4.3

액정의 불규칙한 배열에 의한 텍스처, (b) 수평 및 수직 배향

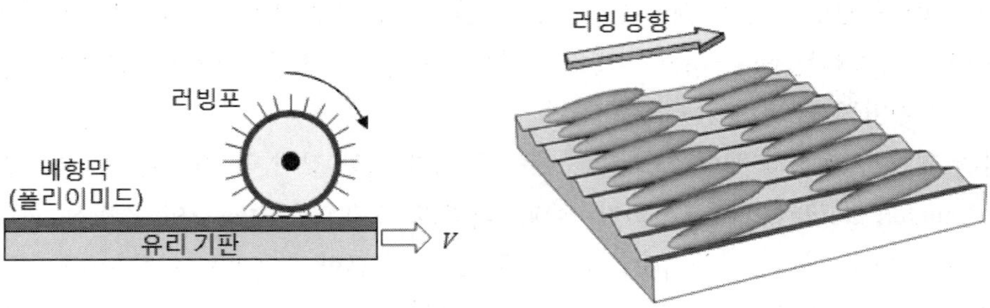

그림 4.4
러빙포를 이용한 러빙 배향 공정(좌) 및 러빙된 기판위에서 액정의 배열(우)

수직 배향의 경우에는 수직 배향 특성을 가진 배향막을 도포하는 것만으로 액정의 수직배향을 유도할 수 있다. 반면에 수평 배향은 극각의 조절뿐 아니라 방위각을 조절해 주어야 한다. 액정 배향의 방위각을 조절하는 방법은 매우 다양하게 있으나 본 단원에서는 두 가지 대표적인 방법에 대해서 설명한다.

첫 번째 방법은 배향막 표면을 러빙포라고 부르는 천으로 한쪽 방향으로 마찰시키는 러빙 배향법이다(그림 4-4 참조). 배향막 상부에 러빙포가 붙은 롤을 고속회전하면서 마찰시킴으로써 균일하게 배향막을 한쪽 방향으로 배열시킨다. 러빙 공정을 거친 배향막은 러빙포가 지나간 방향으로 폴리머가 어느 정도 배열되고 그루브(groove)라고 하는 미세하고 길다란 홈 들이 형성된다. 러빙 처리된 배향막과 접한 액정의 장축은 러빙 방향을 따라 배향된다. 일반적으로 수평 배향을 위해 사용되는 배향막은 러빙처리 후 선경각이 약 1~10도 정도로 나타나는데 사용되는 배향막의 재료의 분자 구조에 의해서 그 크기가 결정이 된다. 액정 모드에 따라 다른 선경사각이 요구되므로 다른 배향막 재료가 사용된다.

두 번째 대표적 액정 배향 방법은 광배향(photo-alignment)이라고 하는 방법이다[그림 4.5]. 광배향법에 사용되는 배향막은 러빙 배향법에서 사용되는 배향막과 유사한 폴리이미드 계열의 폴리머가 주로 사용되나, 광 반응성 기가 포함되어 있다는 점에서 구별된다. 광배향막에 사용되는 광 반응성 기는 세 가지 종류가 있다. 빛에 의해 광 중합이 이루어지는 광 중합성 재료(photo-polymerization material), 빛에 의해 막대형 트랜스(trans) 분자구조와 굽은 형태의 시스(cis) 분자 구조 사이를 상호 전이되는 광 이성질 재료(photo-isomerization material), 그리고 빛에 의해 폴리머 사슬이 분해되어 끊어지는 광 분해성 재료(photo-dissociation material)가 있다. 일반적으로 이러한 특성을 가진 폴리머를 도포한 후 편광 자외선을 쬐어줌으로써 배향막이 비등방적 특성을 가지도록 유도한다. 편광 자외선이 쬐어진 광배향막 위에서 액정은 편광 방향에 나란하거나 혹은 수직 방향으로 배향된다.

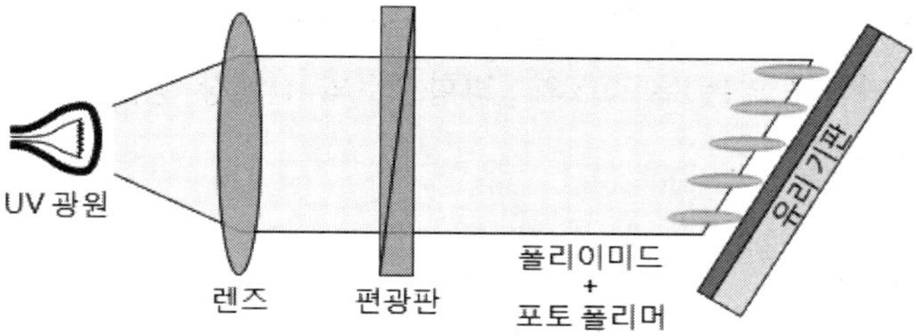

그림 4.5
편광 자외선 조사를 이용한 광배향 방법

러빙 배향법은 공정적인 단순성과 재료의 안정성 때문에 오래전부터 사용되어 오는 방법이지만, 기판의 면적이 넓어질수록 러빙 공정의 난이도가 높아지고, 러빙 과정에서 발생하는 먼지는 LCD 화질 불량의 원인이 될 수 있으며, 또한 기판에 형성된 여러 배선들에 의해 형성된 표면 굴곡 때문에 러빙이 미치지 못하는 미세 영역에서 액정 배향이 흐트러질 수 있는 단점들이 있다. 이 때문에 비접촉식 방법인 광배향 기술이 대체기술로 오랫동안 연구되어 왔지만, 광배향 공정으로 만들어진 LCD 패널의 장기 신뢰성 문제로 제품에 적용되지 못하다가, 최근 2010년부터 일부 제품에 광배향 기술이 적용되었고 그 적용 범위를 확대하고 있다.

1.3 광학적 이방성(optical anisotropy)

배열된 액정은 복굴절 특성을 가진다. 즉 배열된 액정에서 배향 방향과 나란한 방향의 굴절률, n_e 값은 이에 수직인 방향의 굴절률, n_o와 다른 값을 가진다. 이때 아래첨자인 e와 o는 extraordinary axis와 ordinary axis를 나타낸다. 막대형 액정에서 n_e는 n_o보다 큰 값을 가진다. 두 주축방향으로 굴절률 값의 차이를 굴절률 이방성(Δn) 혹은 birefringence 이라고 한다.

$$\Delta n = n_e - n_o \quad \text{(식 4-2)}$$

편광된 빛이 복굴절 특성을 가진 물질을 통과할 때 그 편광 특성이 바뀌는데, LCD의 기본 광학적 원리는 이를 이용한 것이다.

액정 내에서의 빛의 편광에 대한 상세한 이해를 원하는 독자는 "Optics of Liquid Crystal Displays (Pochi Yeh and Claire Gu, John Wiley & Sons, Inc.)"를 참조하기 바라며, 본 단원에서는 이와 관련된 기초적인 내용만을 설명한다.

빛은 진행 방향에 수직인 전기장과 자기장이 주기적으로 진동하는 전자기파이다. 일반적으로 자연광에서의 전기장은 빛의 진행 방향에 수직인 면위의 모든 방향으로 진동하는 전기장들의 조합이다. 이러한 빛을 편광되지 않은 빛(unpolarized light)이라고 한다. 반면, 그림 4.6에 도식된 바와 같이, 편광자를 통과한 빛은 오직 한 방향으로 진동하는 전기장만을 가지고 이를 편광된 빛(polarized light)이라고 한다. 이때 빛의 진행 방향(z)에 수직인 면위에 있는 두 축 x와 y방향으로의 전기장 성분을 E_x, E_y라고 하면, 이는 다음과 같이 주어진다.

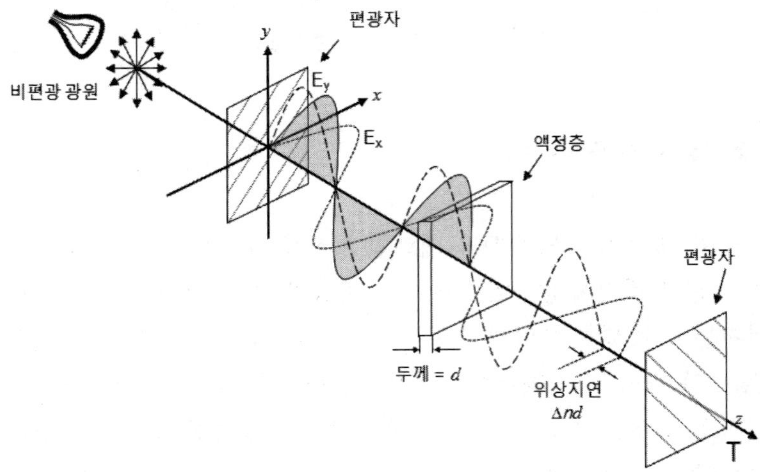

그림 4.6
빛의 편광과 위상지연 효과에 의한 편광 변화

$$E_x = A_x e^{i(\omega t - kz)}$$
$$E_y = A_y e^{i(\omega t - kz)} \qquad \text{(식 4-3)}$$

이때 ω와 k는 각주파수(angular frequency = 2π/T, T는 주기)와 파수(wave number = 2π/λ, λ는 파장)를 나타내고, (ωt − kz)를 파동의 위상(phase)이라고 한다.

그림 4.6과 같이 대각방향으로 진동하는 빛은 x, y 방향의 두 전기장 성분으로 분해할 수 있고, 각 전기장 성분은 다른 굴절률을 느끼며 복굴절 재료인 액정 층을 통과하게 된다. 빛이 굴절률 이방성 Δn을 가지는 액정 층 두께 d 만큼을 통과한 후에는 x와 y 방향의 전기장 성분의 위상은 Δnd 만큼 차이가 나게 된다. 이때 Δnd를 위상지연(retardation)이라고 한다. 액정 층을 통과 한 후 두 전기장 성분은 다음과 같이 주어진다.

$$E_x = A_x e^{i(\phi_0 - \pi \Delta nd/\lambda)}$$
$$E_y = A_y e^{i(\phi_0 + \pi \Delta nd/\lambda)} \qquad \text{(식 4-4)}$$

이 두 전기장 성분의 벡터 합은 두 전기장 성분의 위상차이 값에 따라 다른 형태를 가진다. 예를 들면, Δnd이 파장(λ)의 1/2이 될 때 두 전기장 성분의 벡터 합은 액정 층을 지나기 전의 벡터합보다 90도 회전한 전기장이 된다. 이처럼 액정 층을 지나면서 빛의 편광은 연속적으로 변환된다.

그림 4.6과 같이 두 장의 편광판과 그 사이에 액정 층이 꼬임없이 균일하게 배열되어 있을 때 빛의 투과율은 다음 식과 같이 나타낼 수 있다(식의 유도는 Jones 벡터 계산법이나 4×4 matrix 계산법으로 가능하나, 세부 유도 과정은 생략한다).

$$T = \frac{1}{2}\sin^2(2\psi)\sin^2\left(\frac{\pi \Delta n d}{\lambda}\right) \qquad \text{(식 4-5)}$$

이때 ψ는 편광자의 축과 액정 배향 방향의 각도를 나타낸다. (식 4-5)는 액정의 꼬임이 없는 경우에만 적용되는 수식이지만, VA LCD, IPS LCD 및 FFS LCD 등에서의 투과율 계산을 위하여 자주 사용되는 수식이다.

이와 같이 액정 층의 배열 방향(ψ)이나 위상지연(Δnd) 값을 조절함으로써 액정을 포함한 셀의 투과율을 조절할 수 있음을 알 수 있다. 일반적으로 전기장을 인가함으로써 이러한 값들을 조절할 수 있다.

1.4 유전율 이방성(dielectric anisotropy)

액정은 전기적 유전체(dielectric material), 즉 부도체이다. 유전체에 전기장을 인가하면 분극(polarization)이 발생한다. 분극은 물질을 구성하는 원자나 분자가 자발적으로 혹은 외부 전기장에 의해 쌍극자 모멘트를 가질 때, 이러한 쌍극자 모멘트들의 단위 체적당 벡터합으로 정의할 수 있다. 일반적으로 유전체의 축 i 방향으로는 분극(P_i)는 다음과 같이 나타낼 수 있다.

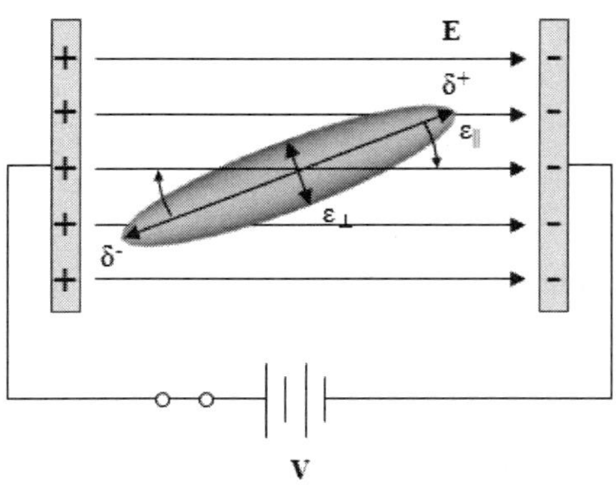

그림 4.7
전기장에 의한 액정(유전체)의 회전력

$$P_i = P_{0i} + \epsilon_0 \sum \chi_{ij} E_j + \sum \beta_{ijk} E_j E_k + \ldots\ldots \qquad \text{(식 4-6)}$$

이때 아래첨자는 축 방향을, E는 각 축방향의 전기장 세기를, 그리고 ϵ_0, χ, β는 비례 상수를 나타내며, 특히 비례 상수 ϵ_0와 χ를 각각 진공 유전율(permittivity of free space)과 물질의 감수율(electric susceptibility)이라고 한다. (식 4-6)에서 오른쪽 첫 번째 항은 유전체가 가지고 있는 자발분극(spontaneous polarization)을 나타낸다. 자발분극은 스멕틱 액정의 일부나 꼬임구조 등으로 대칭성이 깨진 구조에서 나타나지만 일반적인 네마틱 액정에서는 나타나지 않으므로 무시할 수 있다. 오른쪽 세 번째 이상의 항들은 전기장의 제곱 이상의 고차원 항들로 그 계수의 크기가 작아 일반적인 계산에서 무시된다. 따라서 네마틱 액정의 분극은 전기장에 1차항에 비례하는 값만을 가진다. 즉 네마틱 액정에서 분극(P)은 다음과 같다.

$$\boldsymbol{P} = \epsilon_0 \chi \boldsymbol{E} \qquad \text{(식 4-7)}$$

물질 내에서 전기 변위장(displacement field: D)은 전기장(E)과 분극(P)의 합으로 나타낸다.

$$\boldsymbol{D} = \epsilon_0 \boldsymbol{E} + \boldsymbol{P} \qquad \text{(식 4-8)}$$

(식 4-7)과 (식 4-8)에서 전기 변위장과 전기장과의 관계는 다음과 같이 나타낼 수 있다.

$$\boldsymbol{D} = \epsilon_0 \boldsymbol{E} + \epsilon_0 \chi \boldsymbol{E} = \epsilon_0 (1 + \chi) \boldsymbol{E} = \epsilon_0 \epsilon \boldsymbol{E} \qquad \text{(식 4-9)}$$

이때 ϵ를 유전상수(dielectric constant 또는 relative permittivity)라고 한다.

액정이 가지는 비대칭적인 배열 특성 때문에 배향축에 나란한 방향과 수직 방향 사이에는 다른 값의 유전상수를 가진다. 일반적으로 배향축에 나란한 방향의 유전상수를 $\epsilon_{\parallel}$로 수직인 방향의 유전상수를 $\epsilon_{\perp}$로 표시하고, 그 차이를 유전율 이방성이라고 한다. 유전율 이방성($\Delta\epsilon$)은 다음과 같다.

$$\Delta\epsilon = \epsilon_{\parallel} - \epsilon_{\perp} \qquad \text{(식 4-10)}$$

일반적으로 유전율 이방성이 양수인 액정 재료를 positive 액정이라고 부르고, 음수인 액정 재료를 negative 액정이라고 부른다.

유전율 이방성을 가진 재료는 인가되는 전기장의 방향에 따라 다른 크기의 분극이 발생한다. 그림 4.7에 도식된 바와 같이 인가된 전기장이 두 축 방향과 일치하지 않을 때에는 각 축 방향으로의 전기장 성분, 즉 $E_{\parallel}$와 $E_{\perp}$에 의해 유도되는 분극을 계산함으로써 각 방향의 분극의 세기를 계산할 수 있다. 유전체 내의 전기적 에너지는

$$U_{dielectric} = -\frac{1}{2} \boldsymbol{P} \cdot \boldsymbol{E} \qquad \text{(식 4-11)}$$

이므로, 그림 4.7과 같이 유전율 이방성을 가진 재료의 전기적 에너지는 다음과 같다.

$$U_{dielectric} = U_{\parallel} + U_{\perp} = -\frac{1}{2}\boldsymbol{P}_{\parallel} \cdot \boldsymbol{E}_{\parallel} - \frac{1}{2}\boldsymbol{P}_{\perp} \cdot \boldsymbol{E}_{\perp} \qquad \text{(식 4-12)}$$
$$= -\frac{1}{2}\left(\epsilon_0 \chi_{\parallel} E\cos\theta\, \hat{x}\right) \cdot \boldsymbol{E} - \frac{1}{2}\left(\epsilon_0 \chi_{\perp} E\sin\theta\, \hat{y}\right) \cdot \boldsymbol{E}$$
$$= -\frac{1}{2}\epsilon_0 \Delta\epsilon\, E^2 \cos^2\theta + const.$$

이와 같이 유전체의 전기적 에너지는 유전체와 전기장 사이의 각도 θ에 의존하는 특성을 보인다. 따라서 에너지가 가장 낮은 쪽으로 유전체가 회전하려고 하는 회전력(torque)을 가지게 된다. 유전체가 가지는 회전력은 전기적 에너지를 각도에 따라 미분을 함으로써 얻을 수 있다.

$$\tau = \frac{\partial U}{\partial \theta} = \epsilon_0 \Delta\epsilon\, E^2 \cos\theta \sin\theta \qquad \text{(식 4-13)}$$

즉, positive 액정의 방향자는 전기장이 가해졌을 때 전기장과 나란한 방향으로 회전하려고 하는 힘을 가지게 됨을 알 수 있고, 반대로 negative 액정은 전기장과 수직인 방향으로 회전하려는 힘을 가지게 되고, 이는 LCD 구동에서 액정 층의 광학적 특성을 전기적으로 변조시키는 원리가 된다.

1.5 탄성 및 점성

수많은 단분자들로 이루어진 액정은 상당한 분자 간 상호작용력을 가지고 있지만 여전히 유체성을 가지고 있는 액체이다. 액정에서 각 분자들은 상호작용력에 의해 자발적으로 배열하려는 특성을 가지고 있고, 그 배열은 변형이 가장 적은 균일한 배열, 즉 분자들이 한 방향으로 배열하려는 경향을 가지고, 균일한 배열을 가질 때 가장 낮은 내부에너지를 가지게 된다. 반면, 배열의 변형이 발생하게 되면 원래의 균일한 배열 상태로 돌아가려고 하는 힘을 가진다. 이러한 배열의 변형에 대한 복원력은 고무와 같은 탄성체가 가지고 있는 탄성 변형에 대한 복원력과도 유사하고, 따라서 탄성체에 적용되는 물리적 및 수학적 방법을 이용하여 표현될 수 있다. 이와 같이 액정을 탄성체의 성질과 유사한 연속적인 물질로 취급하는 이론을 연속체 이론(continuum theory)라고 하고 액정의 탄성 변형과 관련된 이론들의 바탕이 된다.

앞서 설명한 바와 같이 네마틱 액정에서 방향자는 균일한 배열을 하려는 경향이 있다. 균일한 배열을 하고 있는 액정에 외력을 가하면 일정 변형을 유도할 수 있다. 이때 액정 배열 상태를 방향자 n을 이용하여 기술한다. 방향자 n은 크기가 1인 벡터와 유사하지만, 양의 방향과 음의 방향을 구별하지 않는 차이점이 있다. 즉 n을 180도 회전시켰을 때 동일한 값을 가진다. 액정 내부에서 변형이 발생한다는 것은 위치에 따라 다른 배열 상태를 가진다는 것을 의미하고, 이는 방향자가 위치의 함수가 됨을 의미한다. 즉, n = n(r) (여기서 r은 위치 벡터)로 표현할 수 있다.

대표적 탄성체인 용수철을 예로 들어 보면, 용수철을 일정 거리만큼 변형시키면 용수철이 가지는 복원력(P)의 크기는 변형된 길이에 비례하여 다음과 같이 결정된다.

$$P_{spring} = -K\Delta x \quad \text{(식 4-14)}$$

이때, K를 탄성계수라고 하고, x를 변위(displacement)라고 한다. 이때 용수철 내부에 축적되는 에너지는 변위를 0에서부터 x까지 증가시키는데 필요한 힘을 적분한 값으로 다음과 같이 주어진다.

$$F_{spring} = \frac{1}{2}K(\Delta x)^2 \quad \text{(식 4-15)}$$

이와 유사하게 액정에서의 배열 변형에 의해 증가하는 내부 에너지 값을 변형의 제곱에 비례하는 값으로 표현할 수 있다. 일차원(x축)의 경우를 예로 들어 보면 다음과 같이 표현할 수 있다.

$$F_{spring} = \frac{1}{2}K\left(\frac{\partial n}{\partial x}\right)^2 \quad \text{(식 4-16)}$$

그리고 탄성에 의한 복원력(P)은 탄성 에너지를 거리로 편미분하여 얻을 수 있다.

$$P_{spring} = -K\frac{\partial^2 n}{\partial x^2} \quad \text{(식 4-17)}$$

하지만, 실제의 액정에서 탄성 변형은 (식 4-15)로 표현할 수 있는 것보다 훨씬 다양한 변형이 발생한다. 네마틱 액정의 경우에 이러한 다양한 탄성 변형에 의한 에너지를 다음과 같은 세 가지의 대표적 탄성변형들의 조합으로 표시할 수 있고, 이를 프랭크(Frank)의 탄성 변형 에너지 밀도라고 한다.

$$F = \frac{1}{2}K_1(\nabla \cdot n)^2 + \frac{1}{2}K_2(n \cdot \nabla \times n)^2 + \frac{1}{2}K_3(n \times \nabla \times n)^2 \quad \text{(식 4-18)}$$

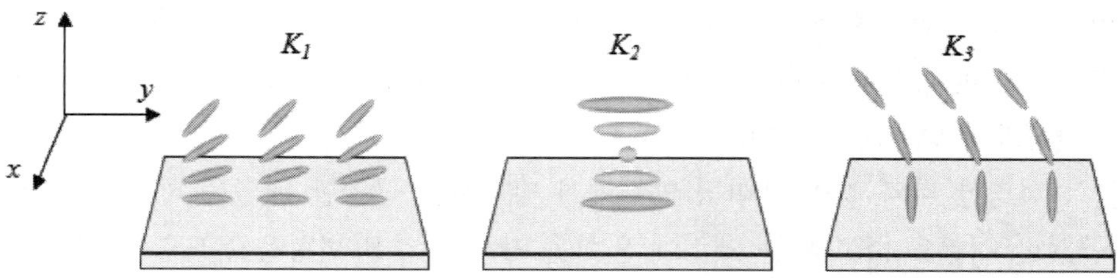

(a) 퍼짐(splay) 변형 (b) 뒤틀림(twist) 변형 (c) 휨(bend) 변형

그림 4.8
액정의 탄성 변형 종류

(식 4-18)에서 오른쪽 첫 번째, 두 번째, 세 번째 항들의 괄호안의 수식은 각각 퍼짐

(splay) 변형, 비틀림(twist) 변형, 그리고 휨(bend) 변형을 나타내고, K_1, K_2, K_3는 각각 대응되는 탄성계수들을 나타낸다[그림 4.8].

LCD에서 액정의 탄성 변형은 주로 전기장에 의해서 유도되는데, 전기장 인가 전의 초기 배향 상태와 인가 전압의 형태에 따라 다양한 탄성 변형이 유도된다. 이러한 탄성 변형은 (식 4-18)과 같이 세 가지 대표적 변형의 조합으로 표현될 수 있다. 하지만 일반적으로 이러한 계산 과정은 매우 복잡하여 수식적인 계산으로 탄성 변형 결과를 찾아내기가 매우 어려워, 대부분 컴퓨터를 이용한 수치해석 방법을 사용하여 계산된다.

일반적 액정 재료는 K_1과 K_3가 유사한 값을 가지고 K_2가 이보다 작은 절반 정도의 값을 가지나 이는 분자구조에 따라 다양한 값을 가질 수 있다.

(식 4-18)은 액정에 외력을 가했을 때 정역학적 관점, 즉 시스템이 평형상태에 도달하였을 때 나타나는 탄성 변형 에너지를 표현한 수식인 반면에, 시스템이 평형상태로 전이하는 과정을 표현하기 위한 동역학적 관점의 이론이 별도로 필요하다. 이를 위하여 레슬리(Leslie)와 에릭슨(Ericksen) 등은 액정의 동역학적 운동을 기술하기 위한 이론(Leslie-Erickson theory)을 제안하였다. 그들의 이론은 액정에 외력을 가했을 때 나타나는 다양한 동적 운동, 즉 액정의 흐름이나 회전을 여러 가능한 분자 운동 유형에 따라 설명하고 있으나, 본 교과서에서는 LCD에서 가장 중요하게 영향을 주는 액정 분자의 회전 운동과 관련된 부분만 간략히 소개한다. 외부에서 액정에 회전력(Γ)을 가할 때 액정 방향자가 회전 운동을 하게 되고, 이때 방향자의 각도(Φ)가 시간에 따라 변하므로 Φ의 시간 미분값 $\dot{\Phi}$은 외부 회전력에 비례하는 유한한 값이 된다.

$$\Gamma = -\gamma_1 \dot{\Phi} \qquad \text{(식 4-19)}$$

이때 비례상수 γ_1를 회전 점도(rotational viscosity)라고 한다.

회전 점도는 분자의 회전 운동을 방해하는 힘으로 작용하여 회전 속도를 감소시킨다. 따라서 회전 점도가 낮은 액정이 LCD의 빠른 응답 속도를 얻기 위해 더 좋은 재료라고 할 수 있다.

1.6 단순한 액정 셀(cell)의 전기광학적 특성

앞서 설명한 액정의 물성들, 즉 (i) 액정과 접한 경계면에 의한 액정의 배향, (ii) 액정의 비등방적 굴절률과 액정 내에서 빛의 편광 변조, (iii) 액정의 비등방적 유전율과 전기장에 의한 액정의 회전력, (iv) 액정의 탄성 변형과 복원력과 액정의 회전 점도 특성을 이해함으로써 LCD에서 액정이 사용되는 기본적인 원리를 모두 이해할 수 있다.

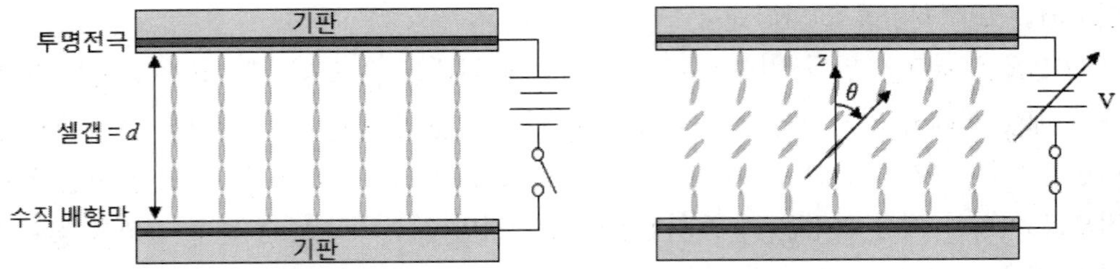

그림 4.9
수직 배향 액정 셀의 구조 및 전계에 의한 액정 배열

예를 들어 그림 4.9와 같이 수직 배향된 액정 셀을 가정해 보자. 투명 전극이 포함된 두 기판에 수직 배향막을 도포한 후 액정을 사이에 두고 두 기판을 포개면 그림과 같은 액정 셀을 만들 수 있다. 이때 액정은 음의 유전 이방성을 가진 negative 액정이라고 하고, 액정의 극각은 수직 방향에서 특정 방향으로 1도 정도 기울어져 있다고 가정하자. 이는 전기장이 가해졌을 때, 액정이 눕는 방향을 미리 결정하기 위함이다. 두 전극에 전압을 인가하면 액정 층에 전기장이 인가되고 전기장은 (식 4-12)와 (식 4-13)에 의해서 회전력을 가하게 된다. 하지만 배향막 근처의 액정은 배향막에 강하게 고착되어 있다. 강한 표면 고정 에너지 가정에 의해, 표면의 액정은 전기장과 무관하게 움직이지 않는다고 가정할 수 있다. 반면 액정 셀의 중앙부의 액정은 전기장이 증가함에 따라 회전하게 된다. 이런 전기장에 의한 액정의 회전은 액정 셀 내부에서 불균일한 배열 특성 즉 탄성 변형을 유도한다. 탄성 변형은 전기장에 의한 변형력과 반대로 원래의 균일한 배향으로 복원시키려는 복원력을 가진다. 따라서 액정 방향자의 상태는 전기장에 의한 변형력과 탄성력에 의한 복원력의 균형 상태에서 멈추게 된다. 이를 수식적으로 표시하게 되면 다음과 같다.

$$F=\frac{1}{2}\int_0^d\left[K\left(\frac{d\theta}{dz}\right)^2-\frac{\epsilon_0\Delta\epsilon}{2}E^2\sin^2\theta\right]dz \quad \text{(식 4-20)}$$

이때 d는 셀 두께, θ는 액정의 극각을 나타내고, 적분은 액정 셀 내부의 모든 탄성 에너지와 전기에너지를 합하기 위하여 사용되었다.

일반적으로 (식 4-20)과 같은 적분함수는 계산이 어려우므로, 오일러-라그랑주 함수(Euler-Lagrange equation)를 사용하여 다음과 같이 바꿀 수 있다.

$$-K\frac{d^2\theta}{dz^2}+\frac{\epsilon_0\Delta\epsilon}{2}E^2\sin\theta\cos\theta=0 \quad \text{(식 4-21)}$$

이때, 좌측 첫 번째 항은 탄성력을 두 번째 항은 전기에 의한 회전력을 나타냄을 알 수 있다. 즉 탄성력과 전기적 회전력의 합이 0이 되는 힘의 균형점에 액정 방향자가 배열하게 된다. 미분방정식인 (식 4-21)의 해를 구함으로써 전기장에 의해 액정의 방향자가 액정 셀 내부에서 어떻게 분포되어 있는지 계산할 수 있다. 하지만 이처럼 단순한 경우조차도 수식적인 해를 구하는 것이 쉽지 않다. (식 4-21)의 해는 타원방정식(elliptic equation)이라고 하는 복잡한 해를 가지고, 본 단원에서 다룰 수 있는 수준을 벗어난다. 이러한 이유로 대부분의 경우에는 컴퓨터 시뮬레이션을 통하여 수치해석에 의한 해를 구하게 된다.

이번에는 그림 4.9와 동일한 경우에 동적 특성을 다루는 방법을 간략히 살펴보자. 동적 특성을 알기 위해서는 시간에 따른 변화를 알아야 하고, 이를 위해서는 점성 관련 항, 즉 (식 4-19)를 고려하여야 한다. (식 4-21)에 점성 항을 추가함으로써 시간에 따른 액정 운동과 관련된 방정식을 찾을 수 있다.

$$-K\frac{d^2\theta}{dz^2}+\frac{\epsilon_0\Delta\epsilon}{2}E^2\sin\theta\cos\theta=\gamma_1\frac{d\theta}{dt} \quad \text{(식 4-22)}$$

(식 4-22)의 해를 찾음으로써 액정의 동적 특성을 알 수 있으나 이 또한 일반적으로 수치해석을 통하여 얻는다. (식 4-22)의 해는 시간 항을 가진 동적 특성에 대한 정보를 주고 이는 액정의 응답 속도와 관련된다.

액정 셀의 전기장에 따른 특성을 알아보기 위하여 그림9의 셀을 더욱 단순화하여 그림 4.10과 같이 도식하여 보자. 액정이 기판에 용수철을 이용하여 붙어 있다고 가정한다. 이때 전기장에 의한 회전력은 (식 4-10)으로부터 다음과 같이 유도할 수 있다.

$$\tau_{electric}=\epsilon_0\Delta\epsilon E^2\cos\theta\sin\theta \quad \text{(식 4-23)}$$

반면 용수철에 의한 복원력은 그림 4.10과 같이 단순화된 구조에서는 다음과 같이 쓸 수 있다.

$$\tau_{elastic}=-K\sin\theta \quad \text{(식 4-24)}$$

힘의 균형은 (식 4-23)과 (식 4-24)의 합이 0이 될 때 얻어지므로, $\tau_{electric}+\tau_{elastic}=0$ 으로부터

$$\cos\theta=\frac{K}{\epsilon_0\Delta\epsilon E^2} \quad \text{(식 4-25)}$$

을 얻을 수 있다. 좌측의 cos 함수는 항상 1보다 작으므로 (식 4-25)이 유효하기 위해서는 우측도 1보다 작아야 한다. 이로부터 다음과 같은 결과를 얻을 수 있다.

$$E>\sqrt{\frac{K}{\epsilon_0\Delta\epsilon}} \quad \text{(식 4-26)}$$

(식 4-26)의 의미는 전기장의 세기가 어떤 세기보다 작을 때에는 액정이 외부 전기장에 전혀 반응하지 않음을 뜻한다. 액정을 거동하는데 필요한 최소한의 전압을 문턱전압이라고 한다. 문턱전압 이상에서는 (식 4-25)로부터 전기장이 상승하면 θ가 0에서 π/2

로 점진적으로 상승함을 알 수 있고 이를 대략적으로 표시하면 그림 4.10 (b)과 같이 표시할 수 있다.

(식 4-5)에서 액정의 유효 굴절률 이방성이 상승하면 액정 셀의 투과율이 상승함을 알 수 있다. 따라서 액정 방향자의 각도 θ가 상승하면 액정의 유효 굴절률 이방성이 상승하고 이는 투과율 상승을 유도한다. 이때 유효 굴절률 이방성은 액정 셀을 상측에서 보았을 때 액정 셀의 평균적인 굴절률이 가장 큰 축과 작은 축 사이의 굴절률 차이를 의미한다. 액정의 길이 방향이 가장 잘 보이는 방향이 굴절이 크다. 따라서 액정의 평균각도 θ가 증가하면 유효 굴절률 이방성이 증가하는 것이다.

이와 같이 액정 셀에 전기장을 인가함으로써 액정 셀의 투과율이 상승함을 확인하였다. 이처럼 인가전압 대비 투과율 곡선을 일반적으로 V-T 곡선이라 부른다. 액정 셀의 종류에 따라 어떤 LCD는 전압에 따라 투과율이 증가하는 경우도 있고, 반대로 전압이 증가함에 따라 감소하는 경우도 있다. 전자의 경우를 normally black 모드라고 하고, 후자의 경우를 normally white 모드라고 한다. Normally black 모드의 대표적 예는 다음 단원에서 배우게 될 VA 모드, IPS 모드, FFS 모드가 있고, normally white 모드의 대표적 예는 TN 모드가 있다.

그림 4.10에서 도식된 매우 단순화된 액정 셀을 기준으로 설명한 액정 셀의 동작 원리인 (식 4-23)에서 (식 4-26)은 지나친 단순화 때문에 실제 LCD 설계에서 사용되는 수식과는 다르다. 일반적으로 많이 사용되는 수식들은 다음 단원인 액정 모드의 설명 이후에 다시 설명하기로 한다.

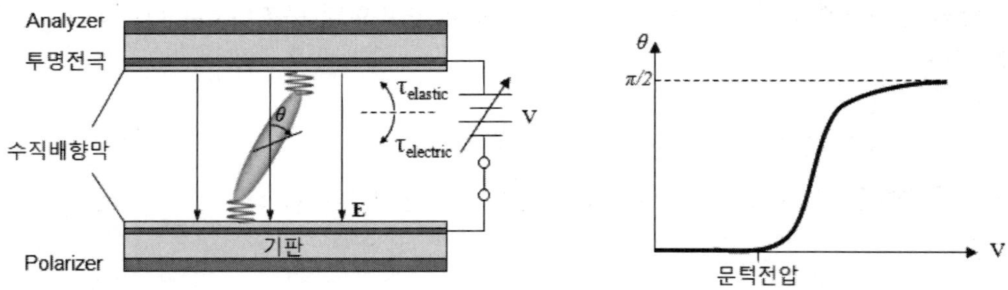

(a) 전기장에 의한 변형력과 탄성에 의한 복원력 (b) 인가 전압에 따른 극각 변화

그림 4.10
(a) 액정의 변형과 복원 원리 및 (b) 전압에 따른 평균 극각 변화

일반적으로 LCD의 전기광학적 특성과 관련하여 중요한 특성들은 앞서 설명한 VT 곡선 외에도 액정의 응답 속도, 시야각 특성 등이 있다. 액정의 응답 속도는 액정 셀에 전기장을 인가하였을 때 액정의 배열 상태가 얼마나 짧은 시간 안에 변하는가를 나타내는 지수이고, 일반적으로 액정 셀을 지나는 빛의 투과율이 초기 투과율과 최종 투과율로 전이할 때 10% 변한 시점부터 90%까지 변한 시점까지의 시간을 응답시간이라고 한다. 액정이 일어서는데 걸리는 시간과 눕는데 걸리는 시간을 rising time과 falling time이라

고도 하고, 인가전압이 커질 때와 낮아질 때를 각각 on time, off time이라고도 한다.

시야각 특성은 디스플레이의 정면 화질보다 측면 화질이 나빠지는 현상을 일반적으로 이르는 용어다. 이를 정량적으로 측정하는 방법으로는 대비비를 이용한 시야각 특성이 자주 사용된다. 밝은 255 계조 상태와 어두운 0 계조 상태 사이의 비율, 즉 대비비(contrast ratio) 값이 디스플레이의 측면 방향에서 보았을 때 10 이하로 낮아지는 각도를 대비비 기준 시야각 값이라고 할 수 있다. 반면 계조가 상승하면 밝기가 증가해야 하는 것이 일반적인 디스플레이의 요구 특성이라고 할 수 있는데, 일부 LCD 디스플레이를 측면에서 보았을 때, 밝아야 할 계조가 더 어둡게 보이고 어두워야 할 계조가 더 밝아지는 계조역전 현상이 발생한다. 이러한 계조역전 현상이 나타나는 측면 각도를 계조반전 각도라고 하고 시야각 특성을 정량적으로 나타내는 지수로 사용되는 경우도 있다. 하지만 대비비 기준 시야각과 계조반전 각도는 최근의 고화질 LCD의 시야각 특성을 정량적으로 나타내기에는 한계가 있다. 이러한 특성은 LCD의 화질 특성이 매우 나빴던 1990년대에 주로 사용되던 화질 기준이므로 최근에는 정면과 측면의 계조곡선(Gamma curve)을 비교함으로써 정면과 측면의 화질을 비교하는 방법이 많이 사용된다.

* 2 액정 모드(LC mode)

D i s p l a y E n g i n e e r i n g

2.1 Twisted Nematic(TN) 모드

TN 모드는 1971년 스위스의 Schadt와 Helfrich가 최초로 제안한 이후 간단한 제조 방법 및 구조, 높은 투과율, 빠른 응답 속도 등 디스플레이 소자로서 뛰어나 특성 때문에 많은 연구와 더불어 다양한 상용 제품에 적용이 되어 왔다. 현재, 모니터 제품의 대부분과 고급 노트 PC를 제외한 대부분 노트 PC 제품에 적용되고 있고, 저가의 소형 전자기기나 일반 가전제품에 표시장치로 널리 사용되고 있다. TN 모드를 적용한 광소자의 구조 및 구동 원리는 그림 4.11과 같다. 상부 및 하부 유리기판 내부 표면에는 전기장을 인가하기 위한 투명 ITO 전극이 있고 그 위에는 러빙된 수평 배향막이 각각 코팅되어 있다. 이때 상부 기판과 하부 기판의 러빙 방향은 수직을 이루는데, 일반적으로 디스플레이 소자를 정면으로 바라볼 때 수평축을 기준으로 상부와 하부 기판에 각각 +45°와 −45° 방향으로 러빙이 적용되어 있다. 기판 표면 근처의 액정 분자들은 러빙 방향과 나란한 방향으로 배열되어, 인가 전압에 무관하게 표면 고정 에너지에 의해 고정되어 있다. 두 기판 사이에 있는 네마틱 액정층은 하부 기판에서 상부 기판까지 광축이 90° 만큼 연속적으로 회전하여 비틀린 구조를 이루고 있다. TN 모드 panel 상하에 서로 평행하는 편광판을 부착하였을 때의 빛의 투과율은 (식 4-27)과 같이 나타낼 수 있고 이를

Gooch-Tarry 식이라고 한다.

$$T=\frac{\sin^2\left(\frac{\pi}{2}\sqrt{1+u^2}\right)}{1+u^2}, \text{ 단 } u=2d\frac{\Delta n}{\lambda} \qquad \text{(식 4-27)}$$

이때 Δn, d, λ는 각각 네마틱 액정의 복굴절, 액정 층의 두께, 입사광의 파장을 나타낸다. (식 4-27)은 액정이 꼬여 있는 상태, 즉 전압이 인가되지 않은 상태에서의 투과율을 나타내고, sin 함수 안의 값이 nπ (n은 자연수)가 될 때 투과율이 최소가 되는 조건이 결정된다. 위 함수에서 투과율이 최소가 되는 제일 작은 양수값 u는 $u=\sqrt{3}$ 일 때이고, 이는 550 nm 파장 빛에 대하여 dΔn = 476nm 일 때 최소값을 가짐을 의미한다. 반면 액정 cell에 전기장이 인가되어 액정이 그림 4-11 (b)와 같이 기판에 수직으로 서게 되면 실질적 u값은 0에 근접하면서 (식 4-27)의 투과율은 1이 된다. 이와 같이 두 장의 편광판을 TN cell 상하부에 수평으로 부착하였을 때, TN cell은 전압이 인가되지 않을 때 최소의 투과율, 즉 어두운 상태가 되고, 전압이 인가되었을 때 밝아지는 상태가 되는데 이를 normally black 모드라고 한다. 일반적으로 normally black 모드의 TN cell은 높은 대비비(= 최고 투과율 / 최저 투과율)를 얻기 어렵기 때문에 실제 상용 제품에 적용되지 않는다. 반면 그림 4.11과 같이, TN cell의 상하부에 직교하는 편광판을 부착하면 전압이 인가되지 않았을 때 밝은 상태가 되고 전압이 인가되었을 때 어두운 상태가 되는 normally white 모드 TN cell이 되고, 이때의 투과율은 다음과 같다.

$$T=1-\frac{\sin^2\left(\frac{\pi}{2}\sqrt{1+u^2}\right)}{1+u^2} \qquad \text{(식 4-28)}$$

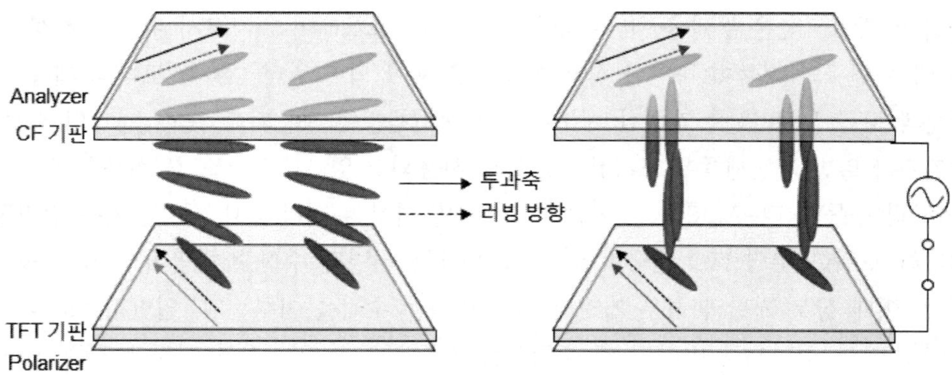

(a) Bright 상태　　(b) Dark 상태

그림 4.11
TN 액정 셀의 구조 및 무전계 상태와 전계 상태에서 액정 동작 원리

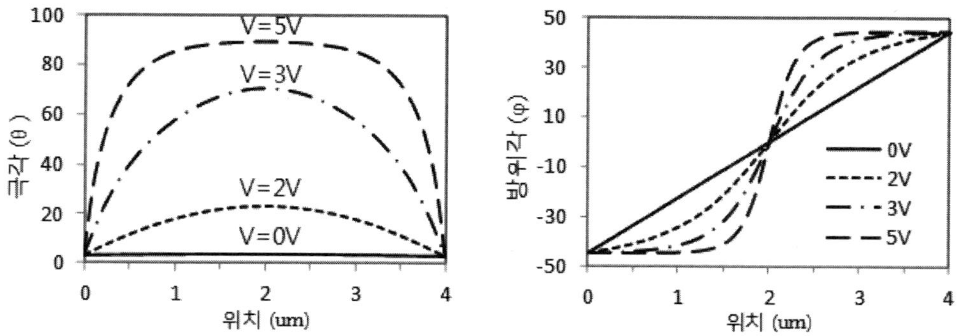

그림 4.12
TN 액정 층에서 전압에 따른 방향자의 극각과 방위각 변화

그림 4.11 (a)에서와 같이 normally white 모드에서는 인가 전압이 0V 일 때 백라이트로부터 입사된 빛은 하부 편광판을 지나면서 선편광이 되고 액정 층을 지나면서 편광 방향이 90°만큼 회전하여 상부 편광판을 모두 통과하게 되어 밝은(bright) 상태가 된다. 반면에 액정층에 인가되는 전압이 충분히 높은 경우에는 그림 4.11 (b)와 같이 액정 분자들이 모두 수직으로 배열하게 된다. 이러한 경우 입사광은 편광의 변화 없이 액정층을 진행하게 되어 상부 편광판을 투과할 수 없게 되고 어두운(dark)상태가 된다.

TN 액정 층에서 전압에 따른 액정 방향자의 분포는 극각(θ)과 방위각(ϕ)을 이용하여 그림 4.12와 같이 나타낼 수 있다. 비활성 상태(V=0)에서는 액정 분자는 모두 기판과 평행한 상태로 정렬되어 θ가 0이 되고 있고 ϕ은 하부에서 상부로 갈수록 −45°에서 +45°까지 90° 만큼 연속적으로 꼬여있다. 인가 전압이 점점 커지면 중간 부분의 액정들은 점차 수직 방향으로 회전(θ 증가)하는 반면에 기판 표면에 있는 액정 분자들은 높은 anchoring 에너지에 의해 고정되어 있는 것을 볼 수 있다. Normally white 상태에서 전압에 따른 광투과도 곡선은 그림 4.13과 같이 나타난다. 무전계 상태에서 최대 투과율을 보이고 인가 전압이 서서히 높아질수록 투과율이 점점 감소하고 5V 이상이 되면 투과율은 0이 되어 어두운 상태가 된다.

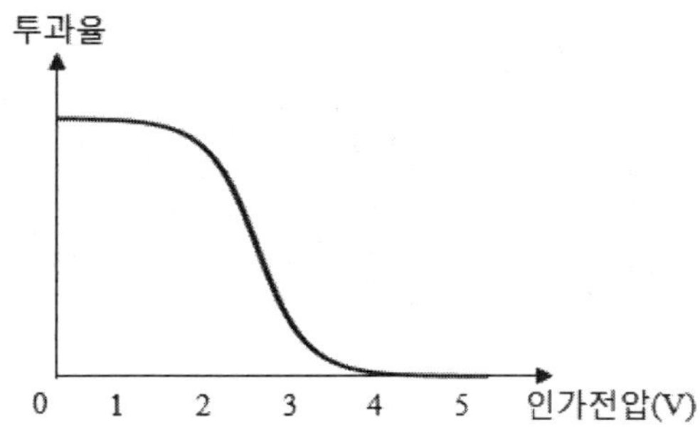

그림 4.13
TN 셀에서 인가 전압에 따른 투과율

Normally white TN 모드에서 그림 4.11에서와 같이 편광판의 투과축이 액정의 장축(e-axis)과 나란하게 부착되는 경우를 e-mode라고 부르고, 반대로 액정의 단축(o-axis)과 나란하게 부착되는 경우를 o-mode라고 부른다. 두 광학 모드에서 정면의 광학적 특성은 동일하나 시야각에서 특성이 달라질 수 있다. 일반적으로 e-mode가 더 많이 사용된다.

TN 모드의 시야각 특성은 그림 4.14에서 나타내었다. 좌우 시야각 특성은 상하 방향에 비해 넓고 대칭적으로 나타나는데 비해 상하 시야각 특성은 비대칭적으로 나타난다. 특히 하측 시야에서는 고계조와 저계조의 밝기가 반전되어 마치 인화된 필름을 보는 것과 같은 계조반전이 나타나기도 한다. 이러한 TN 모드의 시야각 특성은 근본적으로 액정 분자가 비틀린 구조를 가지고 있기 때문에 보는 방향에 따라 유효 굴절률이 달라지고 그에 따라 입사광의 위상지연(retardation)이 달라져서 나타난다. 따라서 광시야각 모드를 구현하기 위해서는 이러한 광학적 비등방성을 상쇄시켜 주어야 하며 주로 디스코틱 액정 층을 포함하는 보상필름이 사용된다. TN 모드에 사용되는 보상필름을 wide-view film이라고 한다. 보상필름의 적용으로 시야각이 매우 향상되기는 하지만 상측과 하측의 비대칭성을 완전히 극복하지 못하므로 일반적으로 TN LCD는 고급 디스플레이 제품에 사용되지 않는다.

일반적으로 TN 모드는 다른 액정 모드보다 빠른 응답 속도를 보인다. 양의 유전율 이방성을 가지는 액정이 낮은 점도를 보이는 경향이 있고, 액정의 인가되는 전기장의 세기가 큰 편이며, 5도 내외의 선경사각을 가지는 것이 빠른 응답 속도의 원인이라고 할 수 있다.

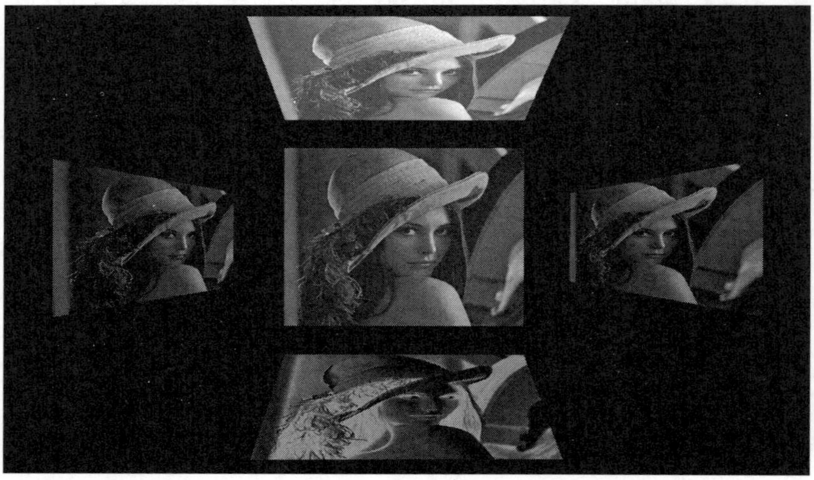

그림 4.14
TN LCD의 시야에 따른 이미지 왜곡 현상

2.2 Vertical Alignment(VA) 모드

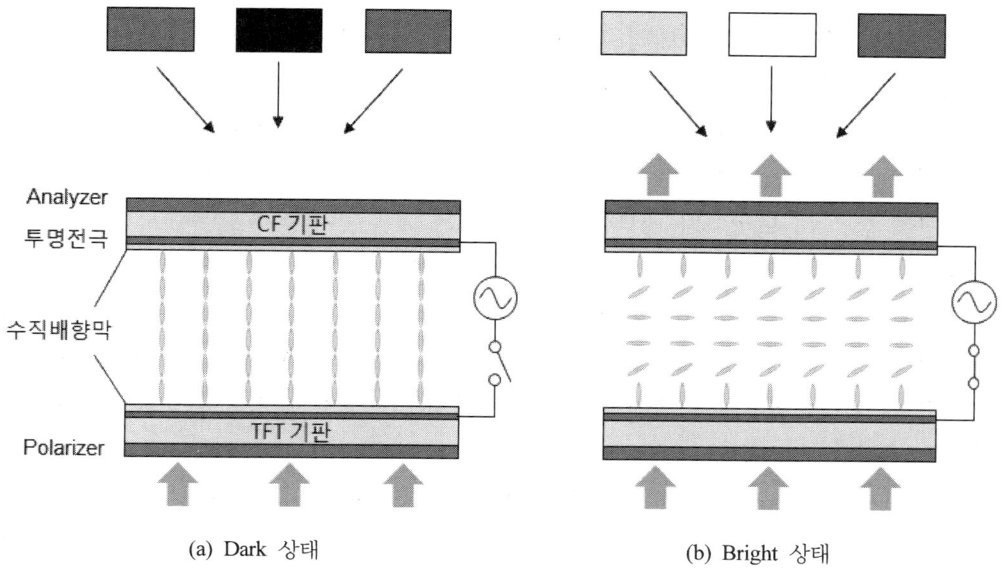

그림 4.15
VA 액정 셀의 구조와 동작 원리 및 시야에 따른 밝기 변화

1971년 독일의 Schiekel 과 Fahrenschon에 의해 제안된 VA 모드는 수직 배향막을 사용하고, 전기장 방향에 대하여 수직한 방향으로 배열하려는 특성을 가진 음의 유전이방성을 가진 액정(negative 액정)을 사용한다. 이는 TN 모드나 IPS (다음 장 참조) 모드에서 사용되는 수평 배향막과 양의 유전 이방성을 가지는 액정(positive 액정)과 구별된다. VA 모드의 구동 원리는 그림 4.15와 같다. V=0 일 때 모든 액정 분자들은 수직으로 정렬되어 있고 이때 선형 편광된 입사광은 액정의 광축을 따라 진행하기 때문에 편광 변화가 나타나지 않는다. 따라서 상판 편광판은 파장과 셀갭에 관계없이 모든 입사광을 차단하고 VA 셀은 어두운(dark)상태가 된다. 특히 선경사각 등에 의한 잔여 위상지연이 없기 때문에 정면에서는 매우 어두운 상태가 되고, 다른 액정 모드 대비 가장 큰 대비비 값을 얻을 수 있다. VA 셀의 상하판 사이에 전압이 인가되면 음의 유전율 이방성을 갖는 액정 분자들의 장축은 전기장 방향에 대하여 수직한 방향으로 기울어지고, 액정 층을 진행하는 빛은 액정의 굴절률 이방성에 의하여 위상지연이 발생하며 위상지연의 크기는 인가 전압에 의해 조절된다. 앞장에서 살펴본 바와 같이 액정 층을 통과하는 빛의 투과율은 (식 4-29)와 같이 쓸 수 있다.

$$T=\frac{1}{2}\sin^2(2\psi)\sin^2\left(\frac{\pi\Delta n_{eff}d}{\lambda}\right) \qquad \text{(식 4-29)}$$

투과율은 크게 기판과 수평한 평면에서의 액정 방위각 성분(ψ)과 $\Delta n_{eff}d$로 계산되어지는 유효 위상지연에 따라 달라진다. VA 모드의 경우 전압에 의한 액정 회전은 기판과 수직한 방향으로 발생하기 때문에 ψ는 45도로 고정되어 있다. 반면 투과율은 (식 4-29)의 마지막의 sin2(πΔnd/λ)에 의해 변조된다. VA 셀이 최대 밝기를 나타내기 위해서는 $\Delta n_{eff}d$ 값이 반파장(λ/2) 길이의 홀수배가 되어야 하는데, 실제 VA LCD에서 액정 재료의 굴절률 이방성과 액정 층 두께의 곱인 Δnd는 300 ~ 310nm 내외에서 결정된다. 가시광의 중심파장의 반인 550/2 = 274nm보다 더 높은 값을 사용하는 이유는 전압을 최고로 인가하더라도 기판 근처의 액정들은 서있거나 기울어져 있으므로 실제로 유효한 위상지연 값은 더 낮아지기 때문이다.

VA 모드는 TN모드에서와 같이 시야 방향에 따라 액정층의 유효 굴절률이 크게 변하기 때문에 측면에서는 밝기가 달라 보는 시야각 문제를 가지고 있다. 특히 중간 밝기 계조에서는 좌우 시야에서 계조가 비대칭으로 보이기 때문에 TV 제품과 같이 광시야각이 필요한 기기에는 적용하기 위해서는 시야각 문제를 극복하는 것이 필요하다. 일반적으로 광시야각 VA 모드를 구현하기 위해서는 시야각에 따라 균일한 dark상태를 만들어 주는 보상필름 기술과 화소를 4가지의 영역(domain)으로 분할하고 각 domain마다 액정이 눕는 방향을 서로 상이하게 만드는 다중 분할(multi-domain) 기술을 함께 사용하는 것이 필요하다.

VA 모드에서 사용하는 보상필름은 일반적으로 이축성 필름을 사용하는데 이는 폴리머 필름을 연신하여 만들 수 있어, 디스코틱 액정을 사용하는 TN용 보상필름보다 제조원가가 저렴하고 쉽게 제작할 수 있어서 모든 VA 모드에 적용이 되고 있다. 일반적이 편광판은 편광 특성을 나타내는 요오드 복합체가 배열된 PVA(polyvinyl-alcohol) 필름을 두 장의 TAC(tri-acetyl-cellulose)필름이 양면에서 감싸고 있는 구조를 가진다. 반면 VA용 보상필름을 포함하는 편광판은 액정 층과 가까운 쪽은 TAC 필름을 보상기능을 가지는 이축성 필름이 대체하고 있는 구조를 가지므로 편광판의 두께 변화나 원가의 상승이 상대적으로 낮다.

다중 분할 기술은 측면에서 바라볼 때 분할된 domain의 평균 계조를 인지하게 되므로 모든 방향에서 동등한 시야각을 가지도록 한다. 공간 분할을 하는 대표적 방법으로는 Multiple-Domain Vertical Alignment(MVA)와 Patterned Vertical Alignment(PVA)가 있다. MVA는 그림 4.16과 같이 상부 및 하부 기판의 ITO 표면에 돌기(protrusion)들이 적절하게 배치하여, 전압이 인가되었을 때에, 액정 분자들이 돌기에 수직 방향으로 기울어지도록 하여 영역 분할을 하는 방법이다. 화소 내에서 돌기의 모양을 적당히 배치함으로써 편광자의 축과 45도가 되는 4가지 방향으로 액정들이 골고루 누울 수 있도록 만들어 줄 수 있다. MVA 모드에서는 무전계 상태에서 돌기 표면위의 액정들이 기울어져 있어 약한 빛샘을 야기하고 대비비를 저하시키는 문제가 있다.

PVA는 MVA와 달리 패턴된 ITO를 사용하여 mutiple domain을 사용한다. 무 전계 상태에서는 일반 VA 모드와 동일하게 모든 액정 분자들이 수직한 방향으로 정렬되어 있다. 따라서 액정 기울임에 의한 위상지연이 없기 때문에 가장 높은 대비비를 얻을 수 있다. 전압이 인가되면 상부 기판과 하부 기판 사이에 전기장이 형성되는데, 이때 전기력선은 그림 4.17과 같이 패턴된 ITO에 의해 조금씩 휘어지는 형태로 나타낼 수 있다. 이를 Fringe field라고 한다. 따라서 각 도메인의 액정 분자들은 domain 경계부에 수직인 방향으로 누우려는 경향이 있어 이를 이용하여 다중 분할 구조를 형성시킨다.

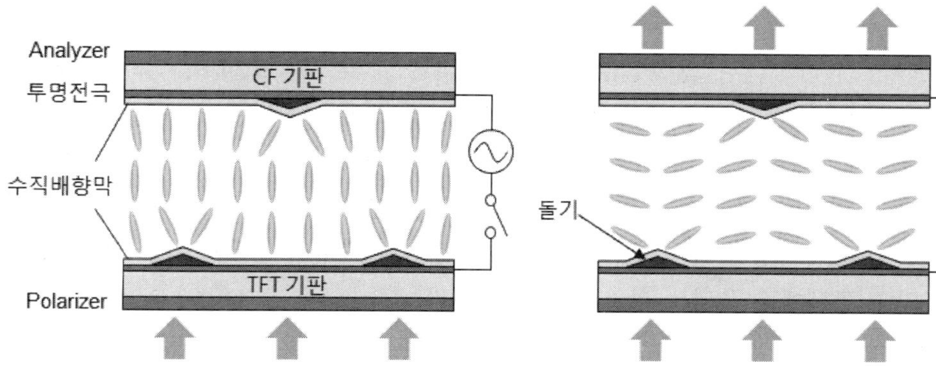

(a) Dark 상태 (b) Bright 상태

그림 4.16

MVA 액정 셀의 구조: (a) 무전계 상태와 (b) 전계 상태에서 액정 배열

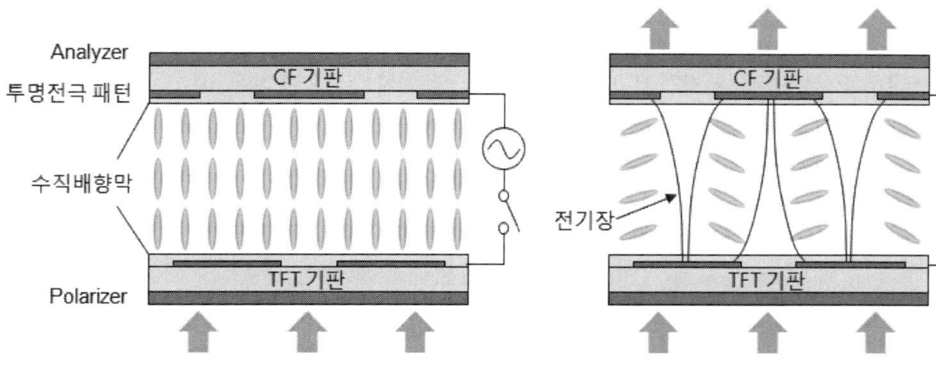

(a) Dark 상태 (b) Bright 상태

그림 4.17

PVA 액정 셀의 구조: (a) 무전계 상태와 (b) 전계 상태에서 액정 배열

앞서 설명한 바와 같이 보상필름과 다중 분할 기술을 적용한 VA 기술은 매우 개선된 시야각 특성을 보이지만, VA 제품군에서 최대의 경쟁기술인 IPS 기술(다음 장 참조)과 비교하였을 때에는 시야각 특성에서 상당한 열세를 보였다. 이는 정면의 계조곡선과 측면에서의 계조곡선이 동일하지 않기 때문에 발생한다. 즉 시야각에 따른 계조곡선 왜곡이 다중 분할 구조를 가지는 VA에서 측면 화질 저하를 발생시킨다. VA 모드에서 측면

화질 저하는 색이 엷어지는 형태로 나타난다. VA 모드의 측면 시인성을 개선하기 위해서 화소를 2개로 완전히 분리를 하고 각각 2개의 TFT를 사용하거나 별도의 내장된 회로를 도입하여 각각의 두 분할된 화소에 다른 세기의 전압이 인가되도록 만든 기술이 개발되었다. 이를 SPVA 모드 기술이라고 한다. SPVA는 전압이 차등 적용된 두 분할된 화소와 각 화소마다 4개의 영역이 있으므로, 4개의 세부 영역을 가지는 기존의 PVA나 MVA의 화소와 달리, 8개의 영역을 가진 화소를 가지고 있다고 할 수 있다. SPVA는 PVA 나 MVA 기술보다 월등히 개선된 측면 시야각 특성을 보여준다.

최근에는 VA 모드의 생산성을 높이고 투과율을 높이기 위하여, PSVA(polymer stabilized VA) 모드 기술이 널리 사용된다. PSVA 모드에 사용되는 액정은 음의 유전율 이방성을 갖는 VA 액정에 광 반응성 메조겐(Reactive Mesogen, RM)을 소량 첨가한 혼합물을 사용한다. 이러한 광 반응성 기에 자외선이 조사되면 RM 분자들은 중합(polymerization)과정을 거쳐 일부 액정 분자들을 기판 표면에 고착시키는 역할을 한다. 또한 PSVA 모드에 사용되는 화소 전극은 생선가시(fish-bone) 모양으로 형성되어 있다. 이때 생선가시 모양 전극의 폭과 간격은 각각 3~4 μm 선폭을 가진다.

PSVA 모드의 액정 배향 과정은 다음과 같다. 우선 두 기판 사이에 액정+RM 혼합물을 채우고 양단에 전기장을 가하는데, 이때 전압 인가 초기에는 액정 분자들이 무작위로 눕게 되지만, 시간이 지나면서 액정 분자들은 탄성 에너지가 최소가 되게 하기 위하여 그림 4.18과 같이 생선가시(fish-bone) 모양으로 형성된 화소 전극을 따라 각기 다른 네 방향으로 서서히 배열하게 된다. 그 다음 기판 사이에 전기장이 유지된 상태에서 자외선이 조사하면 액정에 혼합된 RM 분자들이 중합 반응을 일으키며 기판 표면에 고착된다. 그 과정에서 일부 액정 분자들은 인가된 전기장에 의해 전극 방향을 따라 기울어진 상태에서 RM에 의해 같이 기판에 고착되고 전기장을 제거한 후에도 약 0.5° ~ 2.0° 의 선경사각을 가지게 된다. 선경사각이 형성된 액정 panel은 각 화소 전기 신호가 인가되면 빠른 속도로 각 도메인 방향을 따라 눕게 되어 다중도메인 액정 셀이 형성된다. 따라서 PSVA 모드의 배향은 러빙 공정이 필요 없고 자외선을 이용한 다는 점에서 광 배향 방법과 유사하지만 광 반응성 기가 배향막이 아니라 액정과 혼합되어 있다는 점에서 구별된다. 또한 자외선 조사 방법도 다른 광배향 기술보다 간단하므로 높은 생산성을 가진다.

이러한 PSVA 모드의 가장 큰 장점은 도메인별로 별도의 구조물 없이 동일한 방향의 선경사각을 가지고 있어서 각 도메인 사이를 구분하는 경계 영역의 길이가 다른 VA계열 모드 대비 가장 짧다는 점이다. 이 때문에 투과율이 다른 VA 모드 대비 약 10 ~ 20% 정도 높다. 또 다른 장점으로는 빠른 응답 속도를 들 수 있다. 액정의 선경사각은 on/off 응답 속도를 단축시키는 역할을 하는데, 이와 같은 특성은 고속구동이 필요한 제품에 유효하게 사용될 수 있다. 고속 구동 기술은 동영상 개선을 위한 기술에도 적용이 되고, 시분할 stereoscopic 3D 기술에도 사용이 된다.

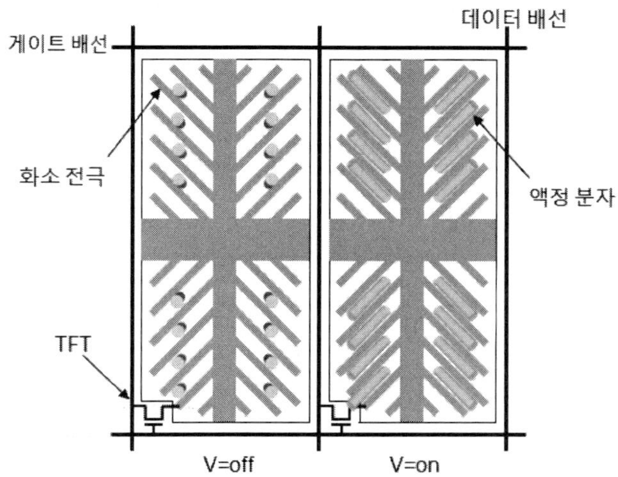

그림 4.18
PSVA pixel 구조 및 전압 인가에 따른 액정 배열 방향

VA 모드의 응답 속도는 저계조와 고계조 간에서는 매우 빠른 응답 속도를 보이고 저계조 간의 응답 속도는 느린 특성이 있다. 이를 개선하기 위하여 image processing을 통하여 응답 속도를 향상시키는 DCC(dynamic capacitive compensation) 기술이 대부분의 VA 모드 제품에 적용되어 응답 속도를 향상시키고 있다.

VA 모드의 특징을 요약하자면 다음과 같다. 광시야각 모드이고 높은 대비비를 갖는다. 러빙 공정이 필요하지 않기 때문에 대면적 패널의 제조 공정에 용의하고 기존의 TN 모드 제조에 사용되는 공정과 매우 유사하여 생산성이 좋다. 하지만 측면 화질 왜곡은 최대의 약점이다. 이를 위한 많은 기술들이 개발되어 왔다. 또한 빠른 on/off 응답 속도를 가지는 VA모드는 시분할 stereoscopic 3D 기술과 잘 어울려 시분할 3D VA 제품들이 많이 생산되고 있다.

2.3 In-Plane Switching(IPS) 모드

TN 모드나 VA 모드는 상부 및 하부 기판에 신호 및 공통 전극을 형성하고 수직 전계를 인가하여 액정의 회전을 조절한다. 이와 달리 하부 기판에만 전극이 편성되어 있고, 수평 전계를 이용하여 액정을 기판과 평행한 방향(in-plane)으로 회전시켜 빛의 편광을 조절하는 액정 모드를 In-Plane Switching(IPS)모드라고 한다.

IPS 모드의 액정 셀 구조 및 전기장에 의한 액정 거동을 그림 4.19에 나타내었다. 상부 및 하부 기판 내부 표면은 수평 배향막이 코팅 되어 있으며 표면의 액정 분자들을 정렬하기 위하여 각각 반대 방향으로 러빙이 되어 있다. 수평 전계를 인가하기 위한 화소 전극과 공동 전극은 서로 번갈아가며 깍지형태 (interdigitated shape)로 형성되어 있고, 전극의 장축 방향은 러빙 방향과 7도~15도 정도 기울어져 있다. 기판의 러빙 방향과 하판 편광자의 투과축은 평행 혹은 직교하고 있다. 전압이 인가되지 않은 상태에서는 액정의 광축이 러빙 방향을 따라 평행하게 정렬되어 있고 이때 하부 편광판을 통과하여 입사된 빛은 편광 방향의 변화 없이 진행되어 상판 편광판을 통과하지 못하므로 어두운 상태가 된다. IPS 셀에 전압이 인가되면 양의 유전율 이방성을 갖는 액정 분자들이 인가된 전기장의 방향을 따라 회전하게 되고 이에 따라 액정 층을 통과하는 빛의 편광 방향은 조절된다. 전계의 의한 액정의 회전은 기판과 평행한 평면에서 이루어지며 이는 (식 4-29)에서 방위각(ψ)의 변화로 표현될 수 있다. 따라서 VA 모드와 달리 IPS 액정의 투과율은 (식 4-29)의 우측 $\sin^2(2\psi)$ 항에 의해 조절된다. 높은 전압이 인가되면 액정들이 수평 전계 방향으로 회전하면서 유효 방위각이 45도가 되어 최대 밝기를 나타낸다.

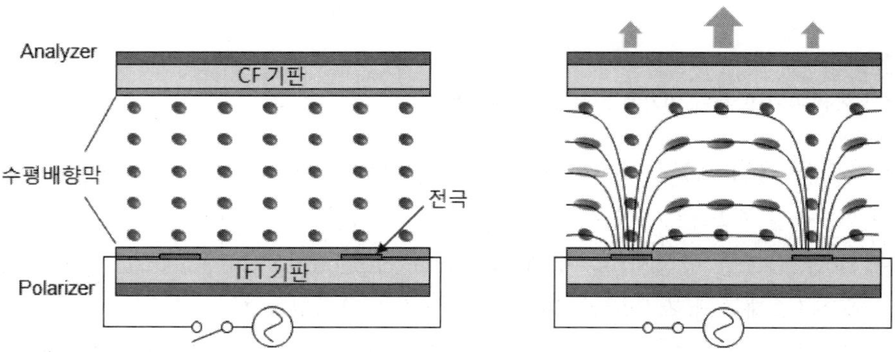

(a) Dark 상태 (b) Bright 상태

그림 4.19
IPS 모드에서 무전계 (a)와 전계 (b)상태에서 액정 배열

이때 전극의 방향과 러빙 방향 사이의 각도는 액정을 편광축에 대하여 45도 만큼 회전시키는데 필요한 전기장의 세기를 결정하는데 중요한 역할을 한다. 일반적으로 저전압 구동이 필요한 제품에서는 그 각도를 작게 만들어 최고 휘도가 발생하는 전압이 낮아지도록 설계를 하고, 고속응답이 필요한 제품에서는 그 각도를 크게하여 필요한 전압은 높아지지만 휘도가 높아지고 응답 속도가 빨라지는 특징을 가지도록 설계한다. 위의 러빙 각도를 높게하면 VT곡선이 완만하여 전기장의 불균일에 의한 얼룩 발생 정도를 약화시킬 수 있는 장점도 있다.

TN과 VA 모드와 달리 IPS는 전압이 인가되었을 때 액정이 기판에 수직 방향으로 서지 않고 기판 면에 수평인 방향으로 꼬임 탄성 왜곡을 한다. 따라서 방향에 따라 액정의 머리부분과 몸통부분을 보게 되어 시야각에 따라 화질이 저하되는 TN과 VA 모드와 달리 IPS 모드는 보는 방향에 따라 화질의 변화가 거의 없다. 이 때문에 VA모드는 광시야각화 기술을 적용시킨 액정 모드인 반면에, IPS는 본질적으로 광시야각 액정 모드라고 할 수 있고, IPS의 가장 큰 장점은 우수한 측면 화질이라고 할 수 있다.

그림 4.20 (a)는 단일 도메인을 사용하는 기본적인 IPS 모드의 전극 구조 및 액정 거동

을 위에서 본 모습이다. 비활성 상태에서 액정 분자들은 러빙 방향과 나란하게 정렬되어 있다가 신호 및 공통 전극 사이에 전압이 인가되면 수평면에서 회전한다. 하지만 회전이 한쪽 방향으로만 이루어지면 좌측과 우측 시야에서 위상지연 영향이 서로 비대칭으로 나타나기 때문에 색깔(파장)이 각각 반대쪽으로 이동하여 색변화가 나타난다. 이와 같은 단점을 보상하기 위하여 그림 4.20 (b)와 같이 'V'자 모양의 쉐브론(chevron) 전극 구조를 가진 S-IPS 모드가 개발되었다. 전극이 꺾인 지점을 기준으로 화소의 윗부분과 아랫부분의 전기장 방향이 서로 다르기 때문에 각 위치의 액정 분자들은 서로 반대 방향으로 회전할 수 있는 도메인이 형성된다. 따라서 큰 시야에서 나타나는 색변화는 각 도메인에 의해 보상되므로 일반 IPS 모드 대비 측면 시인성을 향상 시킬 수 있다.

또한 IPS는 보상필름을 사용하지 않아도 상당히 우수한 광시야각 특성을 보인다. 이 때문에 보상필름을 적용하지 않은 IPS 모드는 생산원가적인 장점을 가진다. 하지만 고급형 IPS 모드는 보상필름을 필요로 한다. 이는 저계조에서 측면의 빛 샘을 최소화하기 위함이다. 보상필름을 적용하지 않을 경우 측면에서 어두운 영상을 보면 빛 샘이 매우 두드러지게 보이게 된다. 고급형 IPS 모드에 사용되는 보상필름은 필름에 수직 방향으로의 굴절률 값이 필름 면의 두 축 방향의 굴절률 값의 평균을 가지는 이방성 필름이 가장 바람직하다. 하지만 이러한 보상필름(Z-plate라고 부름)은 생산 원가가 높아 매우 제한적으로 적용된다. 반면 광보상 능력은 다소 낮지만 생산원가가 저렴한 다양한 IPS용 편광필름이 연구 개발되고 있다.

VA모드 대비 IPS 모드의 또 다른 장점은 외부의 물리적 충격에 의해 액정의 배열 상태가 흐트러지는 정도가 약하다는 것이다. 액정이 수직으로 배열된 VA 모드는 화면에 충격을 가하면 액정 분자들이 순간적으로 기울었다가 다시 원래 배열 상태로 오는 움직임 때문에 번쩍임 현상이 나오지만, IPS 모드는 이러한 충격에 의해 화질의 변화가 거의 나타나지 않는다. 이러한 장점은 터치 패널을 내장한 액정 패널 개발에서 큰 장점이 될 수 있다. 하지만 대부분의 경우에는 터치 패널이 강화유리와 함께 별도로 장착되어 어떤 액정 모드를 사용하더라도 외부 충격에 강한 특성을 가진다.

IPS의 단점 중에 하나는 낮은 개구율로 인한 투과율 저하라고 할 수 있다. 그림 4-19 (b)에서 보듯이 두 인접 전극 사이의 액정은 수평 전계에 의해 쉽게 꼬임 변형을 가지지만 전극의 바로 위에 있는 액정들은 수평 전계가 약하므로 꼬임 변형을 하지 못한다. 따라서 이곳에 위치한 액정 분자들은 전극에 전압이 가해져도 기판과 평행한 방향으로 회전(twist)하는 것이 아니라 수직한 방향으로 눕는(tilt) 변형을 하며 이 부분의 액정 층은 투과율에 기여를 하지 못한다. 때문에 IPS 모드에서 화소 전극은 불투명 금속전극을 사용하는 경우가 대부분이다. 이는 개구율 저하를 유발하고 TN 모드에 비해 약 50% 수준의 낮은 투과율을 유도한다.

또한 IPS의 대비비는 그 동안 집중적인 연구가 되어온 단점 중의 하나이다. 러빙이 필요 없고 초기 배열 상태가 수직인 VA 모드는 상대적으로 매우 높은 대비비를 가지는 반면, 러빙 공정도 필요로 하고 액정의 기판에 수평으로 배열된 IPS 모드는 상대적으로 낮은 대비비를 가진다. 러빙을 하게 되면 기판에 러빙 스크래치가 발생되는데 그 주변부에서 빛샘이 발생하기도 한다. 또한 기판에 형성된 굴곡이 있는 전극은 러빙을 균일하게 하지 못하게 만드는 원인이 되기도 한다. 전극의 바로 인접 부위에 러빙이 약하게 형성되어 빛샘이 발생하는 경우가 많다. 또한 수평으로 배열된 IPS 액정은 분자들의 동적 요동에 의해 빛을 산란시키고 그 산란과정에서 편광성을 잃게 만들어 산란에 의한 빛샘을 유도한다. 이러한 탈편광 산란(depolarized light scattering)은 VA 모드에도 있으나 그 정도가 매우 미약하여 대비비를 저하시키지 않는 반면, IPS 모드에서는 대비비를 낮추는 주요 원인이 된다. 결과적으로 IPS 모드의 최고 대비비는 약 1500:1 수준으로 알려져 있고 이는 VA모드에서의 최고 대비비보다 약 1/10 수준이라고 할 수 있다. 대부분의 경우에 1500:1의 대비비는 고화질을 표현하는데 전혀 문제가 없는 수준이나, 어두운 영상을 표시해야 하는 일부 화면에서 차이를 보일 수 있다.

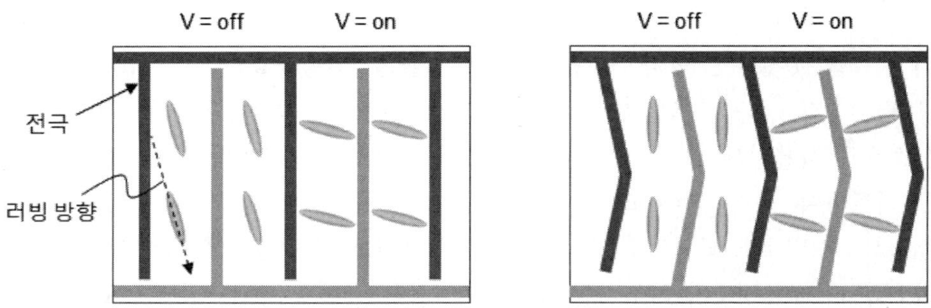

(a) IPS 모드 (b) S-IPS 모드

그림 4.20
(a) 일반 IPS 모드와 (b) S-IPS 모드의 전극구조 모식도

IPS의 응답 속도는 VA 모드 대비 장점과 단점을 동시에 가진다. IPS 모드는 모든 계조 간의 응답 속도가 비교적 균일한 특성을 가진다. 반면, VA 모드에서는 저계조와 고계조 간 응답 속도는 매우 빠른 반면 저계조 간 응답 속도는 느린 편이다. 이는 IPS의 장점이라고 할 수 있다. 하지만, 저계조와 고계조 간의 빠른 응답 속도를 가지는 VA 모드가 고속 프레임 구동이나 시분할 3D 기술에서 장점을 가진 반면, 저계조와 고계조간 응답 속도가 상대적으로 느린 IPS에서는 이러한 기술의 적용이 어렵다. 이는 단점이라고 할 수 있다.

2.4 Fringing Field Switching(FFS) 모드

FFS 액정 모드는 IPS와 같이 하부 기판에만 전극이 형성된다. 하지만 IPS 모드에서의 전극 및 대향 전극은 동일 평면상에 형성되는데 비해 FFS 의 전극은 화소 전극과 공통 전극이 각기 다른 층에 형성이 된다. 그림 4.21에서와 같이 화소 전극은 화소 전체에 걸쳐 전극이 형성되고 그 위에 절연체 층을 증착한 후 그 위에 IPS의 화소 전극과 유사한 빗살 형태의 공통 전극이 형성된다. 이때 화소 전극과 공통 전극은 모두 빛을 투과시킬 수 있는 투명 전극(ITO)이 사용되고, 공통 전극들의 반복 주기(pitch)는 IPS 화소 전극-공통 전극간 간격(약 8 ~10 μm)보다 매우 좁은 4.5 μm 내외의 값을 가진다. 배향막은 IPS와 동일하게 수평 배향막을 사용한다.

FFS셀의 화소 전극에 전압을 인가하면 조밀하게 반복적으로 형성된 화소 전극과 공통 전극 사이에서 프린지 필드(fringe field)가 형성되고, 그 세기는 전극 간 거리가 넓은 IPS에서보다 훨씬 강하게 형성된다. 이때 IPS에서의 경우와 마찬가지로 액정은 기판면에 평행인 상태에서 회전 운동을 하는데, 이는 공통 전극과 화소 전극의 경계부분에서 형성되는 강한 수평 전계의 영향 때문이다. 뿐 아니라 전극의 상부의 액정들도 바로 이웃의 액정들의 탄성력에 의해 유사한 회전 운동을 하므로, 화소 전체의 액정이 기판 면에 평행인 상태에서 회전 운동을 하게 된다. IPS에서는 전극의 상부에서는 수평 전계의 부족으로 회전 운동을 하지 않아 투과율이 낮아지지만, FFS에서는 화소 전체에서 빛이 투과되므로 IPS보다 더 높은 투과율을 가진다.

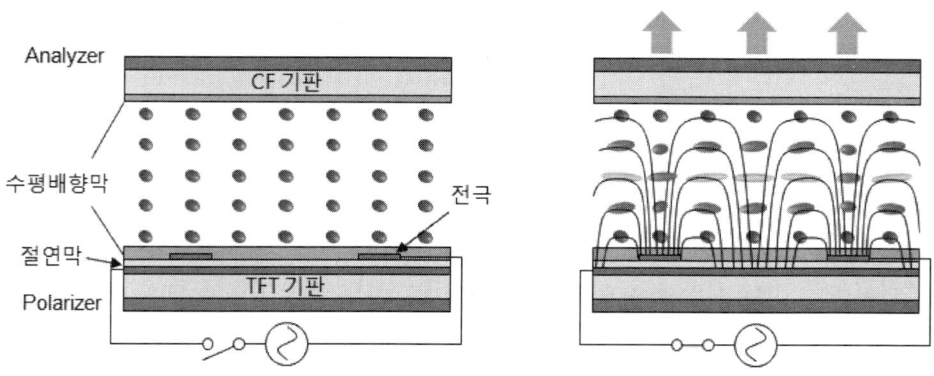

(a) Dark 상태 (b) Bright 상태

그림 4.21
FFS 액정 셀의 구조 및 동작 원리

또한 FFS 모드에서는 TFT 기판의 최상부에 공통 전극이 형성되고, 그 공통 전극은 일반적으로 데이터 배선(data bus line)을 덮고 있다. 일반적으로 LCD의 데이터 배선 주변에는 데이터 배선의 신호의 영향으로 액정들이 비정상 운동을 하고 이 때문에 빛샘이 발생한다. 이를 막아주기 위하여 BM(black matrix)이라고 부르는 광차단 막을 형성시킨다. 일반적으로 BM의 폭은 20~30 μm 정도 되므로 화소의 개구율을 감소시키는 주요 원인이 된다. FFS 모드에서 데이터 배선 주변에 빛 샘이 발생하지 않으므로 BM의 폭을 매우 낮게 만들 수 있다. 이 효과는 특히 고해상도 제품에서 개구율을 높이는 가장 중요한 요인이 된다. 그리고 하부 기판에 형성된 화소 전극과 공통 전극은 별도의 추가 구조 없이 충전용량(storage capacitance, C_{st})을 형성한다. 이러한 구조 역시 FFS 액정 모드가 높은 개구율을 가지게 하며, IPS 모드 대비 짧은 신호-공통 전극 간 거리는 상대적으로 낮은 전압에서도 액정 구동을 가능하도록 해 준다. 이와 같은 광시야각, 고개구율, 저전압 구동 특성은 FFS 모드가 고급 스마트폰, 태블릿, 노트북 등 주로 저소비전력을 요구하는 고해상도의 중소형 디스플레이 장치에 적용되는 주요한 이유이며, 대형 디스플레이 장치에는 큰 충전 용량에 의해 RC 지연이 커지기 때문에 구동 마진이 줄어들게 되어 적합하지 않다.

최근에는 음의 유전율 이방성을 가지는 액정을 적용한 FFS 액정 모드가 개발되기도 하였다. 음의 액정을 적용한 FFS 모드는 약 15%정도 도 높은 투과율을 가진다. 이는 양의 액정 셀에서 fringe field에 의해 액정이 기판에 수직 방향으로 서는 현상이 있는 반면, 음의 액정 셀에서는 모든 액정이 기판에 수평으로만 움직이기 때문이다.

2.5 각 액정 모드들의 간략한 비교 정리

지금까지 알아본 각 액정 모드의 특징은 표 4.1에 정리되어 있다.

정면 대비비는 액정 분자를 수직으로 정렬하여 어두운 상태를 표현하는 VA 모드가 가장 우수하며 1000:1 이상의 값을 갖는다. 다른 액정 모드들은 배향막 표면이나 전극 인접 부위에서 잔여 위상지연이 발생하기 때문에 보통 수백:1의 대비비 값을 갖는다.

시야각은 측면에서 대비비가 10:1이 되는 지점까지의 각도로 정의되는데, 보는 위치에 따라 액정 모양이 달라 보이는 TN과 VA 모드가 시야각이 매우 좁다. 특히 TN 모드에서는 하측 시야에서 고계조와 저계조의 밝기가 반대로 나타나는 계조반전 현상까지 나타난다. 이와 같은 시야각 특성을 개선하기 위하여 TN에서는 판상 구조 액정을 사용한 보상필름을 주로 사용하고(Wide Viewing TN 모드; WV-TN 모드) VA에서는 픽셀에 domain을 형성하여 액정의 회전 방향을 서로 다르게 만들어주는 방법을 사용한다.

액정 응답 속도는 액정의 탄성 계수와 관련이 있는데, 일반적으로 탄성 계수의 크기는 다음과 같은 관계를 갖는다.

$$K_{33}(bend) > K_{11}(splay) \geq K_{22}(twist)$$

각 액정 모드의 거동은 TN 모드일 경우 splay, VA 모드는 bend, IPS 모드에서는 twist가 주로 나타난다. 따라서 일반적인 경우 VA 모드의 액정 응답 속도가 가장 빠르고 IPS 모드의 응답 속도는 다른 액정 모드 대비 가장 느리다. TN 모드는 VA와 IPS의 중간 정도의 응답 속도를 갖는다. 하지만 액정 셀의 두께(d), 액정의 점도, 인가 전압 등도 응답 속도에 영향을 미치기 때문에 절대적인 관계는 아니다.

현재에는 휴대폰, 태블릿 장치와 같이 터치 기능이 포함된 휴대용 디스플레이 장치의 발달로 시야각 특성과 터치에 의한 화면 왜곡(bruising) 특성이 중요시되고 있다. TN이나 VA 계열의 액정 모드는 앞서 본 바와 같이 시야각이 IPS나 FFS 대비 좁다. 또한 외부에서 패널에 압력이 전해졌을 경우 수직하게 배열되어 있는 액정의 변형 및 흐름을 유발하여 화면에 왜곡이 심해지기 때문에 위와 같은 장치에는 적합하지 않다. 반면에 IPS나 FFS와 같이 수평 전계를 사용하며 액정의 거동이 in-plane에서 일어나는 경우 시야각 특성이 우수하고 외부 압력에 의한 영향도 다른 액정 모드 대비 적게 일어난다.

이와 같이 각 액정 모드는 각기 다른 화면 표시 특성을 가지고 있고, 그 특성에 따라 다른 종류의 전자 기기에 적용된다. 가격이 싸고 생산성이 좋은 TN 모드는 시야각 특성이 크게 제약받지 않는 개인용 랩톱 컴퓨터나 모니터 제품에서 주로 적용된다. 광시야각 특성과 생산성이 좋은 VA와 IPS 모드는 대형 TV에서 많이 사용된다. 고해상도에서 높은 투과율 특성을 가진 FFS 모드는 넓은 시야각과 저소비 전력 특성이 요구되는 스마트폰과 태블릿 PC에 널리 사용되고, 일부 고급 모니터 제품에도 사용된다.

표 4.1 여러 가지 액정 모드의 표시 특성 및 주요 적용 제품

액정모드	TN	VA	IPS	FFS
대비비	○	◎	△	△
개구율	◎	○	○	◎
시야각	△	○	◎	◎
응답 속도	◎	○	○	△
주요 적용제품	노트북, 모니터	TV, (휴대폰)	TV, (모니터)	태블릿PC, 휴대폰, (모니터)

표 4.2 여러 액정 모드에서 전기광학적 특성 요약

주요특성	τ_{on}	τ_{off}	V_{th}	K_{eff}
TN	$\left(\frac{d}{\pi}\right)^2 \frac{\gamma_1}{K_{eff}}\left(\frac{1}{(V/V_{th})^2-1}\right)$	$\left(\frac{d}{\pi}\right)^2 \frac{\gamma_1}{K_{eff}}$	$\pi\sqrt{\frac{K_{eff}}{\epsilon_0}\Delta\epsilon}$	$K_{11}+\left(\frac{K_{33}-2K_{22}}{4}\right)$
VA	K_{33}			
IPS	$\left(\frac{\pi \cdot l}{d}\right)\sqrt{\frac{K_{eff}}{\epsilon_0 \Delta\epsilon}}$	K_{22}		

연습문제

1. 디스플레이 장치를 발광형과 수광형으로 구분하고 종류별 특징에 대하여 논하시오.

1. 액정(liquid crystal)의 정의를 liquid와 crystal의 조합이라는 측면에서 기술하고, 액정이 일반적인 액체와 격자 구조를 가지는 고체와 비교하여 차이점과 닮은 점을 기술하시오.

2. LCD의 구동 및 특성과 가장 관련성이 높은 액정의 물성 4가지를 나열하고 각 물성이 LCD의 특성 중 어떠한 특성과 가장 큰 관련성이 있을지 논하시오.

3. 액정 셀에 (+)와 (−) 전압이 반복적으로 인가되는 교류의 사각파가 인가될 때 액정 분자들의 거동에 대해서 설명하고 그 이유를 말하시오.

4. 액정의 이온 농도는 매우 낮아야 하는데 그 이유를 설명하고, 배향막 표면에 이온들의 포집되어 있을 때 나타날 수 있는 현상을 설명하시오.

5. 배향막의 두께가 지나치게 두꺼울 경우에 나타날 수 있는 문제는 무엇이 있을지 예측하시오.

6. 다른 디스플레이 기술과 달리 LCD는 다양한 모드(방식)가 존재하는데 그 이유가 무엇이라고 생각하는지 쓰시오.

7. 대표적 LCD 모드 4가지를 쓰고 각각의 장단점과 대표적 적용 제품을 기술하시오.

8. 스마트폰 제품에 사용되는 디스플레이가 가져야 할 가장 중요한 특성이 무엇이 있을지 기술하시오.

9. LCD의 응답 속도를 향상시킬 수 있는 방법을 응답 속도 공식으로부터 유추하시오. 액정 재료 물성 관점과 액정 셀 변수 관점에서 설명하시오.

10. 차량용 LCD를 설계하려고 할 때 어떠한 점을 고려해야 할지 논의해 보시오.

Chapter 04 → 05

디스플레이 시스템 구동

D i s p l a y E n g i n e e r i n g

1 TFT-LCD의 동작 원리

1.1 TFT-LCD의 동작 방법

TFT LCD의 모든 화소는 그림 5.1에서 보는 바와 같이 TFT를 갖는다. 게이트(Gate)는 수평 방향으로 스캔라인(Scanning line)과 연결되고 소스(Source)/드레인(Drain) 전극 중 한 전극은 수직 방향의 데이터라인(Data line)과 연결되며 한 전극은 화소 전극과 연결된다. 그림 5.1의 오른쪽 그림과 같이 수평 방향의 스캔라인에 충분한 정전압을 가하면 해당 스캔라인 상의 모든 TFT가 온상태로 열리고 이때 해당 스캔라인 상의 화소 전극이 수직 방향의 데이터라인과 연결되어 이 데이터라인을 통해 영상데이터가 전달되고 화소 전극이 적당한 전압으로 충전된다. 이어서 스캔라인에 충분한 부전압을 가하면 TFT가 오프상태로 닫히고 다음 신호가 들어올 때까지 전하를 액정 커패시터에 저장한다. 이러한 순서로 첫 스캔라인에서 마지막 스캔라인까지 전체 화면의 영상데이터를 입력하고 첫 번째 라인부터 다시 신호를 입력받는다.

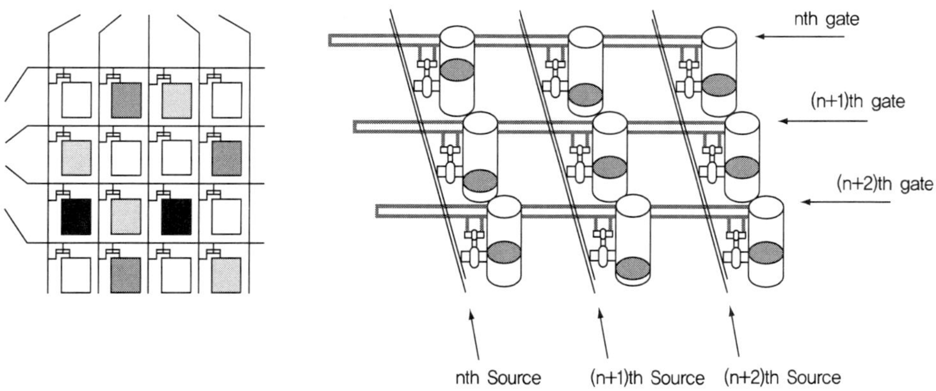

그림 5.1
TFT-LCD의 동작방법 모식도

1.2 극성반전(Polarity Inversion)

전기장에서 액정 분자의 모멘트는 전기장의 제곱에 비례한다. 이 모멘트는 액정의 탄성을 극복하여 배열을 제어하고 투과도를 제어하는 데 사용된다. 액정 분자에 인가되는 전기장은 방향성이 있으며 각각 다른 시간에 반대되는 방향의 전기장을 액정에 인가하는 것을 '극성반전'이라 한다. LCD에서 아래 위 전극 사이의 간격은 일정하며 전기장의 방향은 전위차의 극성에 따라 결정된다. 따라서 극성반전은 액정에 플러스, 마이너스의 서로 상반된 전위차를 인가하는 것을 의미한다. 액정을 극성반전 방식으로 구동해야 하는 이유는 두 가지이다.

1.2.1 배향막(Orientation layer)의 직류 차단 효과(DC Blocking Effect)

주입된 액정의 배열 상태를 제어하려면 액정 기판 표면에 폴리이미드(Polyimide, PI)와 같은 유기재료박막으로 입힌 후 직물 천으로 문지르거나(Rubbing) 자외선을 쪼여 표면의 액정 분자를 원하는 배열 방향으로 고정시킨다. 이 박막을 배향막(Orientation layer, OL 혹은 Alignment Layer)이라고 한다. 배향막은 그림 5.2와 같이 액정을 사이에 두고 배향막이 샌드위치처럼 위아래로 덮고 있는 구조를 취하고 있다. 전극의 전압은 배향막을 통하여 액정에 인가된다. 따라서 그 구조 상 커패시터 성분과 약간의 기생 저항이 병렬로 연결된 등가회로를 형성한다.

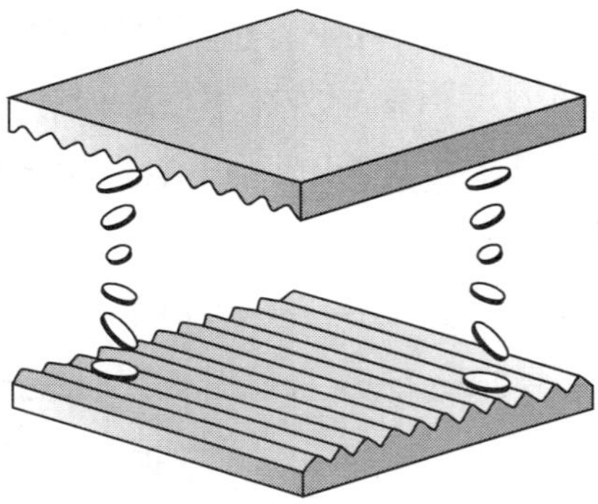

그림 5.2
배향막의 직류차단 효과

배향막에는 동작 중에 여러 가지 전하가 모일 수 있고 이러한 전하는 액정에 가해지는 외부 전압을 상쇄하여 외부 전압을 일부 차단시켜 액정의 동작이 변하게 된다.

1.2.2 가동성 이온(Mobile Ions)과 직류 잔류(DC Residue)

액정 공정에서 완벽하게 순수한 액정을 만드는 것은 불가능하다. 어쩔 수 없이 그 액정 중에 가동성 이온이 잔류하게 된다. 따라서 배향막에 전압을 인가하면 가동성 이온들이 양 전극으로 이동하게 된다. 만약 인가 전압의 평균값이 0이라면 가동성 이온은 두 전극을 향해 이동하는 운동이 상쇄되어 순 이동거리는 0이 된다. 하지만 인가 전압의 평균값이 0이 아니라면 액정과 배향막의 표면까지 이동한 가동성 이온은 자신이 가진 반대 극성인 전극과 내부전기장을 만들고 이 내부전기장은 외부전압이 형성한 전기장과 함께 액정의 투과도에 영향을 준다. 결국 전압을 전혀 인가하지 않을 때에도 액정의 배열은 내부전기장에 따라 원래의 배열 상태와 달라져 투과도에 영향을 준다. 이러한 상황을 직류 잔류(DC Residue)라고 한다. 이러한 현상이 디스플레이 장치에서 일어나지 못하도록 해야 한다.

직류 잔류 현상을 막으려면 인가한 전압의 평균치를 0으로 하여야 하며 따라서 구동 전압을 (+)와 (−) 극성으로 교대로 인가하여 전압의 평균이 0이 되도록 하여야 한다. 이와 같이 구동전압의 극성을 교대로 반전시키는 것을 극성반전이라 한다. 극성반전을 통해 양의 전압과 음의 전압의 평균치가 서로 상쇄되어야 한다. 즉 인가되는 전압에 직류 전압 성분이 없어야 한다.

1.2.3 플리커(Flicker)

플리커 현상은 액정의 전압이 우리 눈이 반응하는 속도 내에서 변하며 밝기도 변하여 눈이 감지하여 느끼는 불량 현상이다. 개인차가 있지만 대개 90 Hz 정도 이내의 밝기 변화는 사람 눈에 감지되어 불편함을 느끼게 된다. 극성반전 시 전압의 비대칭 현상이 심하면 플리커 현상이 발생하며 이 또한 디스플레이 장치의 심각한 결함이다. 사람의 눈은 환경의 휘도에 따라 플리커 현상에 대한 수용도가 달라지므로 기준 환경에서 플리커의 수용 능력을 관찰하며 환경에 따라서도 플리커의 감지정도가 달라지지만 개인차나 디스플레이 화면의 밝기에 따라서도 각각 플리커의 수용 정도가 달라진다.

1.2.4 화소어레이의 극성반전 방식

앞서 말한대로 모든 화소 액정은 극성반전을 통해 구동된다. 보통 화소어레이의 극성반전 방식은 그림 5.3과 같이 프레임 반전(frame inversion)과 열 반전(column inversion), 행 반전(line inversion), 점 반전(dot inversion)이 있다.

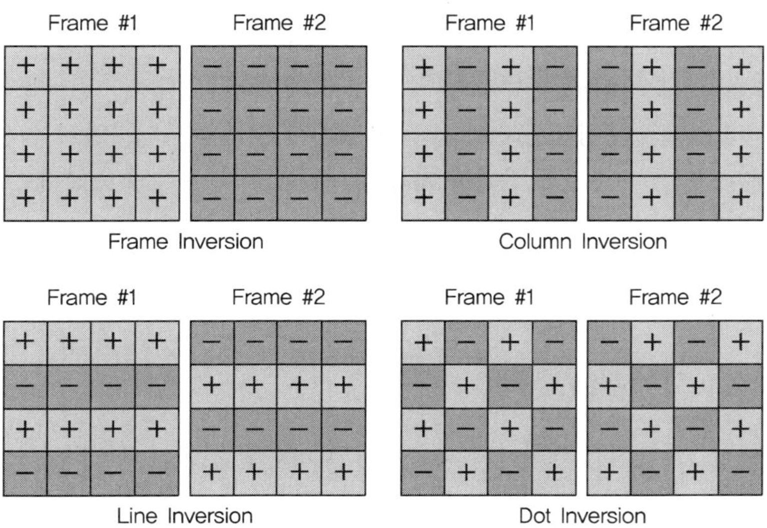

그림 5.3
화소어레이의 극성반전 방식

한 프레임의 입력이 끝나고 다음 프레임에 대한 입력이 시작되기 전 모든 프레임의 화소에 저장된 전극의 극성이 같을 경우 프레임 반전이라 한다. 만약 같은 열의 화소에 저장된 전극의 극성이 모두 같고 좌우 인접한 열의 화소가 저장한 전압의 극성이 다르면 열 반전이라 한다. 또 같은 행 화소의 전압 극성이 같고 위 아래로 인접한 행의 화소 전극과 반대라면 행 반전이라 한다. 마지막으로 모든 화소의 전극 극성이 상하좌우 인접한 화소의 전극과 다른 경우 점 반전이라 한다.

1.3 전위유지(Holding)

1.3.1 전류의 충전과 방전

액정 커패시터에서 전하가 충전되고 방전되는 전하량과 전류, 전압의 관계를 공식으로 표현하면 다음과 같다.

$$dQ(t) = Idt = CdV$$

앞서 극성반전에 대해서 공부하면서 화소전위의 설정은 디스플레이 장치의 동작 과정에서 바로 이전 재생에서 설정한 전위에서 시작한다. 방금 전 설정된 전위의 극성이 음극이었다면 앞으로 설정할 전위의 극성은 양극이기 때문에 액정 커패시터를 '충전'해야 한다. 반대로 방금 전 양극으로 설정되었다면 앞으로 설정된 전위의 극성은 음극이어야 한다. 이때는 액정 커패시터를 '방전'해야 한다.

TFT LCD에서 충전 혹은 방전은 모든 TFT의 게이트를 일정 전압으로 설정하여 전기가 통하게 한 후 필요한 전류를 공급하고 화소전위를 데이터라인과 같은 전위로 설정한다. 충전과 방전 과정에서 데이터라인의 전위는 구현하려는 계조에 대응하여 일정한 전압으로 설정된다. 데이터 구동 IC의 출력부로부터 데이터라인과 화소전극을 충전하거나 방전한다. 화소전극의 전압은 충전과 방전 과정에서 점차 데이터라인에 설정된 전압값에 가까워진다. 따라서 충전과 방전이 각각 진행됨에 따라 TFT의 드레인-소스 전압차와 전류는 점차 낮아지게 된다.

1.3.2 전압범위

(1) 데이터구동 IC의 전압범위

데이터구동 IC는 전압을 정확하게 제어하여 계조를 설정한다. 데이터구동 IC는 이 소량의 전압을 공급하여 제어하므로 보통 데이터구동 IC를 아날로그 IC로 간주한다. 앞에서 극성반전이 필요한 이유를 살펴보았는데, 실제 TFT LCD 구동에서 극성반전을 달성하기 위해 공통 전극의 전압을 5V 수준으로 설정하고 양극의 전압을 5~10V, 음극의 전압은 0~5V로 설정하는 경우 액정에는 5V 범위의 전압이 걸리게 된다. 따라서 데이터라인의 최대 충전전압의 범위는 0~10V이다.

1) 데이터구동 IC 출력전압범위의 저하

커패시터 C에 대해 구형파로 충전하거나 방전하는 소비전력은 다음과 같다.

$$P=(1/2)fCV^2$$

여기서 f는 전압이 충전되거나 방전될 때의 주파수이고 V는 충전 혹은 방전되는 전압의 범위이다. 따라서 액정의 전압변동범위가 작으면 소비전력도 작아진다.

데이터구동 IC는 전압을 정확하게 제어해야 하는 아날로그 IC에 속한다. 일반적인 반도체 제조과정에서 제작하는 IC는 5V보다 낮은 전압만 제공할 수 있다. 따라서 데이터구동 IC의 출력전압 범위를 5V 이하로 낮춘다면 데이터구동 IC의 선택의 폭을 넓히고 소비전력을 낮추는 데 매우 유리하게 작용할 수 있다.

2) 공통 전극 전압 변조(Common Modulation, Common Toggle)

'공통 전극전압 변조' 방식을 이용하면 데이터구동 IC의 출력전압 범위를 낮출 수 있다. 동작 원리는 다음과 같다. 액정 화소에 (+)극성을 가해야 하는 경우 공통 전극을 0V 수준으로 설정한다. 이때 데이터구동 IC의 출력 전압은 계조에 따라 0~5V 범위에서 설정되며 화소 전압은 +0V에서 +5V 범위에서 설정된다. 액정 화소에 (−)전압을 가해야 하는 경우에는 공통 전극 전압을 5V 수준으로 설정한다. 이때 데이터구동 IC의 출력전압은 계조에 따라 다르지만 역시 0~5V범위이다. 예를 들면 화소 전압에 0V를 입력하고자 하면 데이터구동 IC의 출력 전압은 +5V로 설정한다. 반대로 화소 전압에 −5V를 입력하고자 하면 데이터구동 IC의 출력 전압은 0V로 설정한다. 이와 같은 방법으로 화소 전압을 0V에서 −5V 범위에서 설정할 수 있다.

(2) 공통 전극 전압범위

이론적으로 액정전압의 양극성과 음극성이 대칭을 이루게 하여 직류 잔류 현상을 방지하려면 공통 전극의 전압값을 데이터라인 전압의 대칭 중심값으로 설정해야 한다. 하지만 사실상 TFT의 기생 커패시턴스 때문에 용량결합효과가 생겨 TFT가 닫힐 때 그림 5.4에 표시된 것처럼 화소 전압이 게이트전압 변화의 영향을 받아 데이터라인에 입력된 전압에서 벗어나게 된다. 이 전압의 변화를 보상하려면 공통 전극 전압이 데이터라인 전압의 대칭 중심보다 낮은 전압값으로 조정되어야 한다. 이를 공통 전극 전압보상이라 한다.

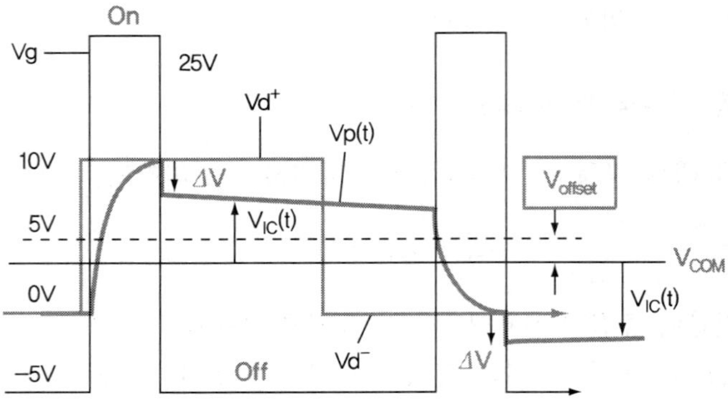

그림 5.4
공통 전극 전압범위

1.3.3 선충전(Pre-Charging)

TFT LCD가 동작할 때 데이터라인과 화소 전극을 음극에서 양극으로 충전하고 양극에서 음극으로 방전되는 과정을 반복한다. 이 과정은 충전시간 내에 완성되어야 한다. 또 프레임과 행이 전환하여 교체할 때 시간의 공백이 생긴다. 이 공백을 이용하여 선충전 방식으로 사전에 충전과 방전을 진행하면 시간을 확보하여 빨리 전압을 설정할 수 있다. 선충전 방식에는 이중 펄스 스캐닝 방식과 전하 공유 방식이 사용된다.

(1) 이중 펄스 스캐닝(Two-pulse Scanning)

이중 펄스 스캐닝은 그림 5.5에서 나타낸 바와 같이 시간에 두 개의 스캔라인을 열어 선충전하는 방식이다.

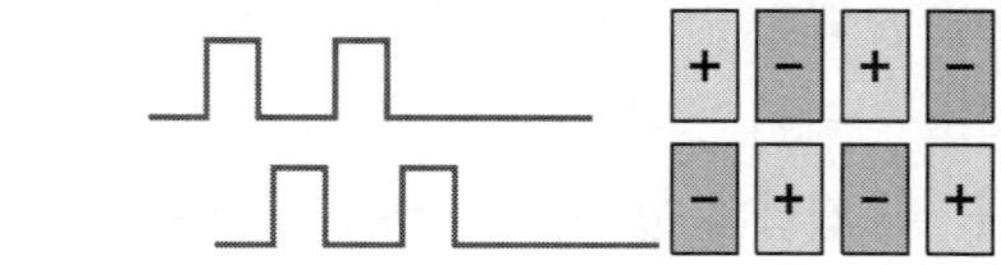

그림 5.5
이중 펄스 스캐닝

한 스캔라인은 두 번 열리는데 처음에는 같은 극성의 다른 화소 전압을 자신의 화소 전극에 입력하여 '선충전'하고 그 다음 실제 설정할 화소 전압을 화소 전극에 입력한다. 시간의 추이에 따라 보면 같은 시간에 두 스캔라인 상의 TFT가 열려 하나는 처음 열리고 다른 하나는 두 번째로 열려 두 번째 열린 스캔라인은 실제 설정하려는 화소 전압을 입력한다. 반면 처음 열린 스캔라인은 같은 극성의 다른 화소 전압을 자신의 화소 전극에 입력하여 '선충전'한다.

(2) 전하공유(Charge Sharing)

앞의 이중 펄스 스캐닝을 이용한 선충전 방식 외에 전하공유를 통해 선충전의 효과를 달성할 수 있다. 에너지사용 효율을 개선하기 위해서 전하공유를 통해 에너지소모를 줄일 수 있다.

열 반전 방식으로 TFT LCD를 구동하면 모든 프레임의 화소 전압을 입력하면 인접한 데이터라인끼리는 극성이 반대가 된다. 이때 전하공유 스위치를 사용하면 인접한 데이터라인이 같이 단락되어 이 두 데이터라인의 양전하와 음전하는 상호 중화되어 전압이 근접해진다. 이 과정은 데이터구동 IC를 통해 충전하거나 방전할 필요가 없어 에너지를 소모하지 않고 원래 양극 혹은 음극이던 데이터라인 전압은 극성을 반전하려던 목표전압에 직접 이르지 못하더라도 목표에 근접해질 수 있다. 그 사이의 격차는 데이터구동 IC의 충전과 방전을 통해 달성된다. 이렇게 데이터구동 IC가 충전하거나 방전하는 전압의 범위를 낮춤으로써 부분적으로 선충전과 에너지절약의 효과를 얻을 수 있다. 만약 점 반전으로 TFT LCD를 구동한다면 한 열의 화소 전극을 입력한 후 이어서 다음 열과 인접한 데이터라인에 설정하려는 극성은 반대가 된다. 이와 같은 원리로 이때 인접한 데이터라인과 같이 단락되어 같은 효과를 얻는다.

1.4 전위유지(Holding)

충전과 방전이 끝나면 TFT 스위치는 다음 스캔라인에 의해 열리는데 보통 스캔라인의 중복주파수는 60Hz, 전위유지(Holding)에 해당하는 시간은 16.67ms이다. 이론상 화소 전위는 충전과 방전 기간을 설정하면 설정된 전압을 계속 유지할 수 있어야 한다. 그러나 실제는 누설전류의 영향으로 설정한 전압이 약간 변하여 액정 커패시터에 인가된 RMS 전압값도 변하고 투과도에 영향을 미치게 된다. 전위유지(Holding)는 누설전류가 전위와 투과도에 미치는 영향이 '허용 범위'보다 작도록 하려는 것이다.

1.4.1 누설전류의 경로

(1) 액정 커패시터의 누설전류

순수한 액정 재료는 저항값이 매우 커서 절연체로 볼 수 있다. 하지만 액정을 다루는 공정에서 이물질이 들어와 저항값을 감소시키기 때문에 누설전류가 발생할 수 있다. 커패시터에 충전된 전압은 시간에 따라 지수적으로 감소하며, 감소하는 양은 저항값과 정전용량값의 곱에 비례한다. 따라서 액정의 저항 성분을 줄여야 한다.

초기의 액정공정에서는 전위 유지 시간 동안 0.7V의 전압 강하가 발생했지만 현재의 액정공정은 매우 안정되어 전위 유지 시간 동안 8mV의 전압 강하가 발생하여 전위유지의 요건에 부합하게 된다.

(2) TFT의 누설전류

다른 누설전류 경로는 화소스위치의 역할을 하는 TFT이다. TFT는 게이트에 음전압을 인가(스위치 off)하는 상황에서도 0.1~1pA 수준의 누설전류를 갖는다. 이러한 누설전류가 초래한 전압변화의 범위는 허용되는 수준에서 허용될 수 없는 수준 사이에 있다. TFT의 누설전류를 주의해야 하는 이유는 누설전류가 고정값이 아니기 때문이다. 이는 게이트-소스 전압에 따라 변한다. 또 주의해야 할 점은 TFT 패널이 실제로 동작할 때 백라이트 조명을 받는 상황에서 빛에너지에 의해 전자 정공 쌍이 생성되어 누설전류가 증가한다는 것이다. 이러한 상황을 막기 위해 외부 광원에 대해서 블랙 매트릭스를 통해 빛을 가린다.

1.4.2 저장 커패시터(Storage Capacitor)

저장 커패시터는 두 가지 역할을 한다. 액정 커패시터와 TFT의 누설전류를 줄이는 것은 전위유지를 위한 직접적이고 효과적인 방법이다. 누설전류를 최대한 낮추었으나 전위유지의 조건을 만족시킬 수 없는 경우 다른 방법을 통해 전위를 유지해야 한다. 액정 커패시터와 전류가 누설되지 않는 커패시터를 병렬로 연결하면 이 커패시터는 전하 축적을 도와주는 용도로 사용될 수 있다. 따라서 이 커패시터 성분을 저장 커패시터라고 부른다.

저장 커패시터의 면적이 클수록 전위유지 측면에서는 이득이 있지만 저장 커패시터는 빛을 투과시키지 못하기 때문에 저장 커패시터가 커질수록 빛을 차단하는 면적이 넓어져 개구율이 낮아지고 빛의 투과율도 떨어지는 현상이 나타난다. 그리고 TFT를 열어 충전하는 과정에서 액정 커패시터와 저장 커패시터를 동시에 충전해야 하는데 저장 커패시터의 용량이 너무 크면 충전을 완전하게 할 수 없게 된다.

1.4.3 점 결함형 누설전류

그 밖의 누설전류 현상은 공정 상의 불량으로 발생한다. 이러한 누설전류는 디스플레이 장치의 결함을 만들어 결함이 발생한 위치에 따라 패널의 화소 점에 나타나게 되며 이를 점 결함이라고 한다. 점 결함이 발생하는 누설전류 위치로는 스캔라인, 공통 전극, 데이터라인, 인접한 화소 전극 등이 있다.

1.5 용량결합효과(Coupling)

1.5.1 용량결합의 원리

(1) 전하보존(Charge Conservation)

그림 5.6의 각 커패시터는 한 전극에 연결되어 있다. 처음 각 커패시터의 전압은 고정되어있다. 따라서 그림 5.6 (a)처럼 연결된 모든 전극의 전위는 같다. 그러다가 어느 순간 한 커패시터의 전극의 전위가 내려가면 그림 5.6 (b)와 같이 커패시터의 전압은 연속적이므로 이 순간 전극의 전위가 내려간 커패시터의 또 다른 전극의 전위는 다른 커패시터의 전극보다 낮아지게 된다. 그러나 공통으로 연결된 전위는 같아야 하기 때문에 전하는 다른 커패시터에서 흘러나와 전위가 낮아진 커패시터의 전위는 전하가 유입되면서 상승한다. 결국 그림 1.6 (c)와 같이 연결된 전극의 전위는 다시 같아진다. 다만 전위는 그림 1.6 (a)보다 낮아졌다. 이러한 상황이 '용량결합효과' 이다. 그림 5.6를 다시 보면 각 커패시터가 공통으로 연결된 전극에서 전하의 증가나 감소가 없었다. 이 전제조건이 바로 '전하보존'이다. 일단 전하가 유입되거나 유출될 경로가 있으면 공통으로 연결된 전극의 전하가 증가하거나 감소하여 이들 전하량의 증가 혹은 감소량이 연결된 전극의 전위에 영향을 줄 수 있어 '용량결합효과'만 고려할 수 없게 된다.

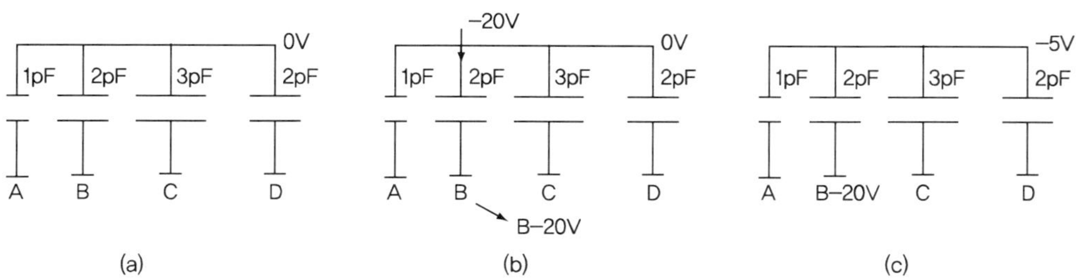

그림 5.6
화소용량결합 설명도 (a) 처음 각 커패시터의 전압 (b) 그 중 한 커패시터 전압이 변화 (c) 각 커패시터의 최종 전압

(2) 용량분압

여러개의 커패시터로 구성된 회로에서 커패시터값의 합계가 ΣC일 때 이 회로 중에서 모든 커패시터가 하나의 전극에 서로 연결되어 있되 다른 전극은 각자 다른 전압원과 연결되어 있고 이 커패시터와 연결된 전극은 직류 경로를 통해 전하가 유입되거나 유출되지 않는다(즉 '전하보존')는 전제 아래 그 중 한 커패시터 C와 연결된 전압원이 ΔV만큼 변하면 같이 연결된 전극의 전압 변화량은 아래와 같이 된다.

$$\Delta V \times \frac{C}{\Sigma C} \quad \text{(식 5-1)}$$

1.5.2 화소의 커패시터

TFT가 OFF일 때 TFT의 누설전류를 무시하면 화소의 전극은 전하보존상태에 들어간다. 화소 전극은 액정 전압을 제어하는 전극이므로 화소면적의 대부분을 차지한다. 이 전극과 관련된 커패시터에 대해 그림 5.7의 화소 레이아웃을 참조하여 알아보자.

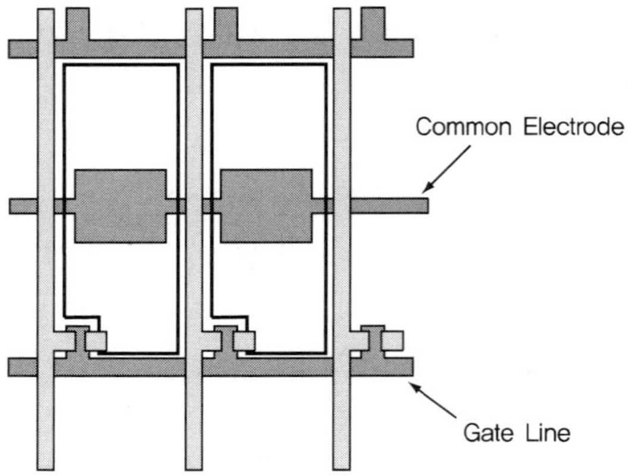

그림 5.7
화소 레이아웃의 예

(1) TFT 자체의 기생용량

TFT 의 정상적인 동작을 위하여 게이트와 소스/드레인의 중첩이 필요하고 이로 인해 기생용량이 발생한다. 이러한 기생용량은 소스와 드레인 양측에 모두 발생하는데 이 부분에서 주목할 것은 화소 전극에 연결된 부분이다. 화소의 TFT 소스 전극과 드레인 전극은 데이터라인 전압과 화소 전압 간 전압차의 극성에 따라 가변적이다. 화소 전극이 전하보존 상태일 때에만 용량결합효과가 발생하기 때문에 데이터라인에 연결된 다른 한쪽에 있는 TFT 전극의 기생용량은 커패시터 양단이 각자 데이터라인과 스캔라인 외부 전압에 연결되어 있어 전하보존 상태에 들어갈 수 없다. 따라서 이 경우 용량결합 현상은 고려할 필요 없으나 구동부하 현상은 고려해야 한다.

(2) 화소 전극과 스캔라인 사이의 기생용량

화소 전극이 있는 부분은 액정의 회전을 제어하여 화소의 휘도를 결정하지만 화소 전극이 없는 부분은 전압을 인가하여 액정 투과도를 제어할 수 없는 부분이므로 가려지게 해야한다. 블랙매트릭스로 이 부분을 가리는 것 외에 화소 전극과 스캔라인과의 중첩 혹은 화소 전극과 데이터라인과의 부분적인 중첩을 설정하여 각 라인과 화소 전극 사이에서 빛이 새는 것을 차폐한다. 블랙매트릭스는 컬러필터가 있는 다른 기판에 있으므로 화소전극과의 정렬오차가 비교적 크기 때문에 이를 이용하는 경우에는 차폐범위가 넓어야 한다. 반면 스캔라인과 화소 전극은 같은 TFT 기판에 있으므로 정확하게 차폐할 수 있어 개구율이 크다. 이러한 방법을 집적 BM(Integrated BM)이라 한다. 화소전극과 스캔라인은 공정에서 절연층으로 단절되어 있어 단락의 가능성은 없으나 기생용량을 만들게 된다.

(3) 화소 전극과 데이터라인 사이의 기생용량

전통적인 TFT 공정에서 데이터라인과 화소 전극 사이는 절연층으로 막혀있지 않아 중첩으로 인해 단락이 될 수 있다. 때문에 화소 전극과 데이터라인을 중첩시키지 않게 하여 단락이 일어나지 않도록 한다. 그러나 데이터라인 방향을 따라 제어되지 않는 영역의 빛은 차폐되어야 한다. 블랙매트릭스로 차폐하게 되면 데이터라인 방향의 화소가 길어서 개구율 손실이 크다. 따라서 화소는 작고 PPI가 큰 TFT LCD 경우는 데이터라인 그 자체를 사용하여 직접 BM으로 이용하는데 이렇게 되면 그림 5.7과 같이 기생용량이 발생한다. 그러나 이 경우에는 데이터라인과 화소 전극의 단락을 막기 위해 별도로 절연층을 끼워 넣고 화소 전극(보통 투명 ITO전극)을 위쪽에 놓는다. 이러한 특수한 공정을 'Top ITO'라고 한다.

(4) 용량을 추가한 화소등가회로

기생용량을 화소등가회로에 적용하면 그림 5.8과 같으며 여기에는 화소 전극과 연결된 커패시터는 하판 공통 전극 라인까지 이어지는 저장 커패시터 C_s와 상판 공통 전극에 연결된 액정 커패시터 C_{lc}, TFT의 기생용량 C_{gd}, 자체 데이터라인에 연결된 C_{pd}, 인접 데이터라인에 연결된 $C_{pd'}$, 자체 스캔라인에 연결된 C_{pg}, 인접 스캔라인에 연결된 $C_{pg'}$가 있으며 이 회로에서는 용량결합효과를 고려해야 한다. 직접 BM 방식을 선택한 TFT라면 C_{pd}, $C_{pd'}$, C_{pg} 및 $C_{pg'}$의 값은 무시해도 된다. 또한 부하용량으로는 스캔라인과 데이터라인 사이의 C_{x1}, 하판 공통 전극 라인과 데이터라인 사이의 C_{x2}, TFT의 기생용량 C_{gs}, 데이터라인과 상판 공통 전극 사이의 C_{d0}, 스캔라인과 상판 공통 전극 사이의 C_{g0}가 있다.

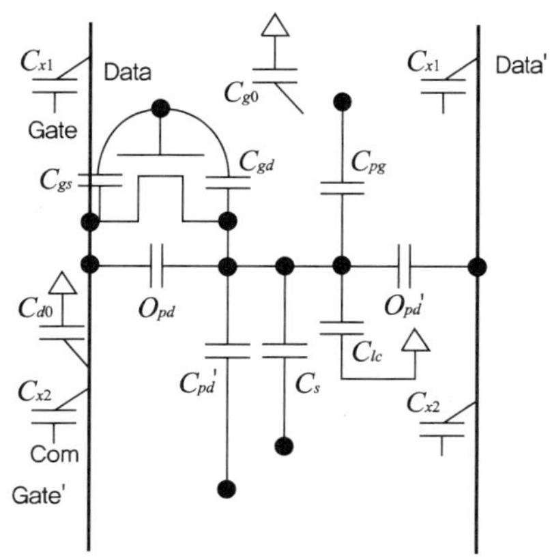

그림 5.8
용량을 추가한 화소등가회로

1.5.3 스캔라인의 용량결합효과

(1) 스캔라인과 화소 전극의 용량결합

(식 5-1)에 따라 전하보존의 전제 하에 스캔라인의 전압변화가 $V_{OFF}-V_{ON}$이면 화소 전압의 변화량 $\triangle V$는 아래와 같다.

$$-\triangle V=(V_{OFF}-V_{ON})(C_{gd}+C_{pg})/(C_s+C_{lc}+C_{gd}+C_{pd}+C_{pd'}+C_{pg}+C_{pg'}) \quad \text{(식 5-2)}$$

C_{pd}, $C_{pd'}$, C_{pg}와 $C_{pg'}$를 무시하면

$$-\triangle V=(V_{OFF}-V_{ON})(C_{gd})/(C_s+C_{lc}+C_{gd}) \quad \text{(식 5-3)}$$

TFT의 ON전압 V_{ON}은 TFT의 OFF전압 V_{OFF}보다 크기 때문에 전압 변화량은 마이너스값이 된다. 이 전압의 변화량은 $V_{OFF}-V_{ON}$의 변화와 정비례하고 TFT의 기생용량과도 정비례한다. 그러나 축적용량과 액정용량의 합과는 반비례한다.

전하보존의 전제하에서 TFT가 OFF에서 ON으로 바뀌면 충전과 방전을 시작한다. 이 때 화소 전극과 데이터라인 사이에는 전하가 이동하고 전하보존은 지켜지지 않으며 용량결합효과도 발생하지 않는다. 그러나 TFT가 ON에서 OFF로 바뀌면 화소전극의 전하는 데이터라인으로 이동하지 않는다. 따라서 전하보존 상태에 들어가고 용량결합이 발생한다.

(2) 스캔라인의 축적용량

그림 5.9와 그림 5.10은 이 설계의 레이아웃과 등가회로를 보여준다. 이러한 화소에서는 하판 공통 전극 라인이 없어 하판 공통 전극 라인과 데이터라인 사이의 용량 C_{x2}가 없다. 또한 이러한 화소의 기생용량은 대부분 일반 화소 설계와 마찬가지로 그 축적용량 C_s와 화소 전극과 인접 스캔라인 사이의 용량이 하나의 용량 C_s로 변한다. 따라서 (식 1.3)은 다음과 같이 수정될 수 있다.

$$-\triangle V=(V_{OFF}-V_{ON})(C_{gd})/[C_s+C_{lc}+C_{gd}]+(V'_{scan1}-V'_{scan2})(C_s)/[C_s+C_{lc}+C_{gd}] \quad \text{(식 5-4)}$$

그 가운데 V'_{scan1}과 V'_{scan2}는 인접 스캔라인의 변화 이전과 이후 저장된 전압이고 축적용량 C_s를 경유하여 화소 전압에 영향을 미친다. (공식 1.4)에서 알 수 있듯이 저장된 인접 스캔라인 상의 전압 변화($V'_{scan1}-V'_{scan2}$)가 화소 전압에 미치는 영향 정도는 자체 스캔라인의 변화분보다도 (C_s/C_{gd})의 배가 된다.

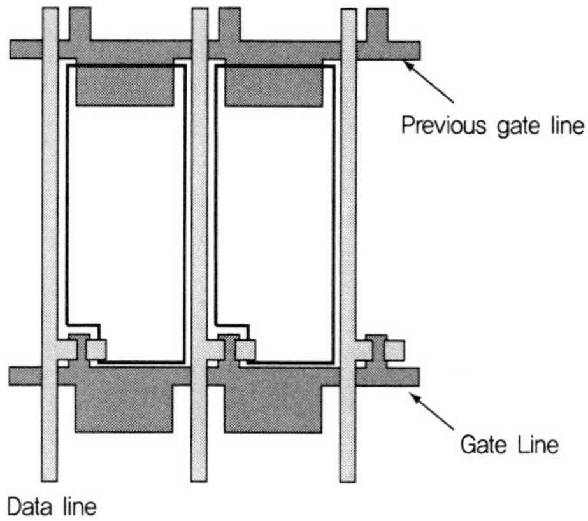

그림 5.9
스토리지 온 게이트 화소레이아웃

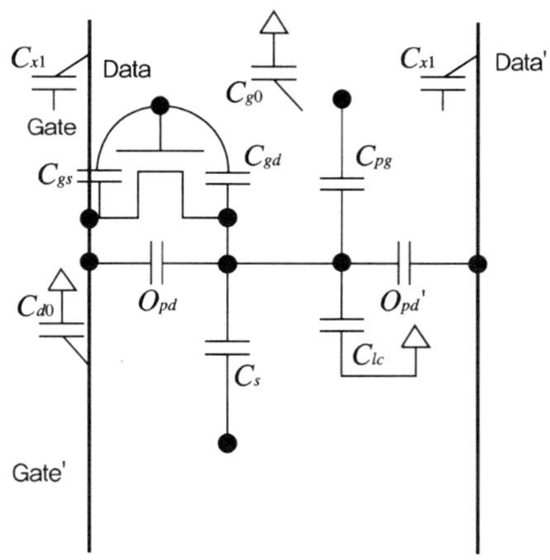

그림 5.10
스토리지 온 게이트 화소등가회로

(3) 이전 스캔라인과 다음 스캔라인의 축적용량

스토리지 온 게이트(Storage on gate) 설계에서 축적용량은 화소 전극과 인접 화소의 스캔라인을 두 전극으로 구성한다. 수직 방향으로 두 개의 인접 화소가 있으므로 하나는 이전 스캔라인에 다른 하나는 다음 스캔라인에 있다. 그림 5.9의 스토리지 온 게이트 화소레이아웃을 통해 보면 축적용량을 더 멀리 있는 화소 스캔라인에 연결하기 어렵다. 그림 5.11은 스토리지 온 게이트 구조의 등가회로이다.

먼저 축적용량이 이전 스캔라인과 연관된 상황을 계산하면 다음과 같다. 먼저, 이전 스캔라인이 ON이 되는 순간에 전압은 V_{OFF}에서 V_{ON}으로 변한다. 이때, 축적용량 C_s를 경유하여 다음과 같이 화소 전압이 변한다.

$$+\Delta V_1 = (V_{ON} - V_{OFF})(C_s)/[C_s + C_{lc} + C_{gs}] \quad \text{(식 5-5)}$$

다시 이전 스캔라인이 OFF되면 전압은 V_{ON}에서 V_{OFF}로 변하고 축적용량 C_s를 경유하여 화소 전압이 다음과 같이 변한다.

$$-\triangle V_1 = (V_{OFF} - V_{ON})(C_s)/[C_s + C_{lc} + C_{gs}] \quad \text{(식 5.6)}$$

이때 화소 자체의 스캔라인이 ON되면 역시 전압이 V_{OFF}에서 V_{ON}으로 변하지만 이 화소 전압과 관계없이 TFT에 이미 도전성이 생겼으므로 화소 전압은 데이터라인의 전압으로 설정된다. 다시 화소 자체의 스캔라인이 OFF되면 TFT 기생용량 C_{gs}를 경유하여 화소전압을 변화시킨다.

$$-\triangle V_2 = (V_{OFF} - V_{ON})(C_{gs})/[C_s + C_{lc} + C_{gs}] \quad \text{(식 5-7)}$$

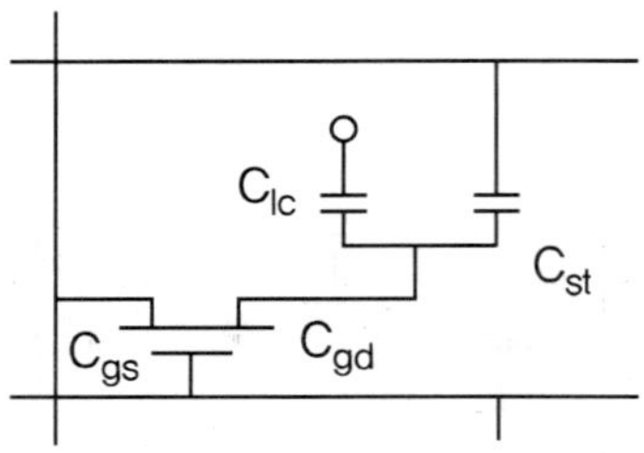

그림 5.11
스토리지 온 게이트(Storage on gate) 화소 등가 회로

(4) 스캔라인 3단계 구동법

스토리지 온 게이트 화소에서 이전 스캔라인이 화소 전압의 용량결합에 미치는 영향을 이용하면 액정용량변화의 영향으로 발생한 용량결합 부분의 변동 범위($\triangle V$)는 단일 공통전극을 통해 보상할 수 없는 문제를 해결할 수 있다. 이 방법의 주사전극전압은 그림 5.12에서 보여주는 것처럼 3개 레벨이 있어 스캔라인 3단계 구동이라 한다. 그 중 가장 큰 전압의 레벨은 TFT를 ON으로 만들고 나머지 두 전압에서는 TFT가 OFF상태가 된다.

그림 5.12를 참조하면 화소의 TFT가 ON으로 되기 전 전압의 결합변화는 시간① 동안 데이터라인에 인가된 전압에 의해 다시 설정된다. 이때 화소 전압 $V_{\pi xel}$은 데이터라인 전압 V_{data}와 같다. 시간② 동안 화소 자체의 스캔라인 전압 변화는 $-(V_{ghl} + V_{gc})$이고 TFT의 용량 C_{gs}를 통해 화소전압을 $-\triangle V_1$만큼 변동시킨다.

$$\triangle V_1 = (V_{gh1} + V_{gc})C_{gs}/(C_{gs} + C_s + C_{lc} + \dots) \quad \text{(식 5-8)}$$

시간③ 동안 이전 스캔라인의 전압변화는 $+V_{gc}$이고 축적용량 C_s를 통해 화소 전압을 $\triangle V_2$만큼 변화시킨다.

$$\triangle V_2 = V_{gc}C_s/(C_{gs} + C_s + C_{lc} + \dots) \quad \text{(식 5-9)}$$

시간④ 동안 화소 자체의 스캔라인 전압 변화는 $+V_{gc}$이고 기생용량 C_s를 통해 화소 전압을 $\triangle V_3$만큼 변화시킨다.

$$\triangle V_3 = V_{gc}C_{gs}/(C_{gs}+C_s+C_{lc}+\ldots) \quad \text{(식 5-10)}$$

시간④가 경과한 후 화소 전압 V_{pixel}과 데이터라인 전압 V_{data}의 관계는 다음과 같다.

$$V_{pixel} = V_{data} - \triangle V_1 + \triangle V_2 + \triangle V_3 \quad \text{(식 5-11)}$$

만약 $(-\triangle V_1+\triangle V_2+\triangle V_3)$이 0이 되게 하려면 TFT가 OFF일 때 화소에 인가된 전압 V_{data}가 시간②③④ 동안 일련의 용량결합효과를 거친 후 화소 전압 V_{pixel}이 데이터라인 전압 V_{data}와 같은 수준으로 돌아와야 한다. (식 5-8)와 (식 5-9), (식 5-10)을 $(-\triangle V_1+\triangle V_2+\triangle V_3)$에 대입하면 세 공식의 분모가 같고 액정용량변화는 분모값에 영향을 주므로 분자가 0이면 결합변화의 총량을 0으로 하는 설계조건을 얻게 된다. 즉,

$$V_{gs}C_s = V_{ghl}C_{gs} \quad \text{(식 5-12)}$$

이렇게 해서 액정용량변화의 영향을 배제시키고 스캔라인의 용량결합효과를 완전하게 보상할 수 있다. 3단계 구동법의 주요 개념을 다시 정리하면 다음과 같다.

A. 스캔라인의 수가 많을 경우 화소 전압은 몇몇 스캔라인의 시간비율에서 프레임에서 구현하는 액정 전압 RMS 값과 직류성분에 대한 영향은 크지 않다.

B. TFT가 ON으로 되기 전의 화소 전압과 상관없이 TFT가 ON이 된 후의 화소 전압은 데이터라인 전압으로 충전 혹은 방전한다.

C. TFT의 전류가 전위유지의 조건만큼 작아지면 TFT의 OFF 전압은 하나의 값이 아니고 하나의 범위 안에 있게 된다.

이 개념에 의하면 스캔라인 전압의 상승을 이용하여 축적용량결합을 통해 화소 전압을 다시 올림으로써 화소 전압의 감소를 보상할 수 있다.

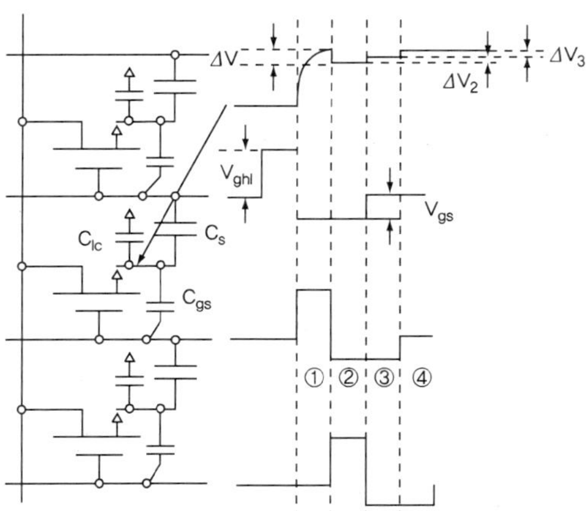

그림 5.12
스캔라인 3단계 구동의 3개 수직으로 인접한 화소의 등가회로와 대응파형

TFT-LCD의 구동 시스템

2.1 구동 시스템 개관

TFT LCD의 구동 시스템은 스캔라인의 구동이나 데이터라인의 구동을 주요하게 포함한다. 그 중의 기본회로는 모두 시프트 레지스터(shift register), 레벨 시프터(level shifter), 연산 증폭기(operational amplifier) 등의 기능블록(function blocks)으로 구성되어 있다. 그림 5.13에서 보여주는 TFT LCD 구동 시스템은 TFT LCD 패널과 백라이트 시스템을 비롯하여 전체 구동 시스템을 포함한다.

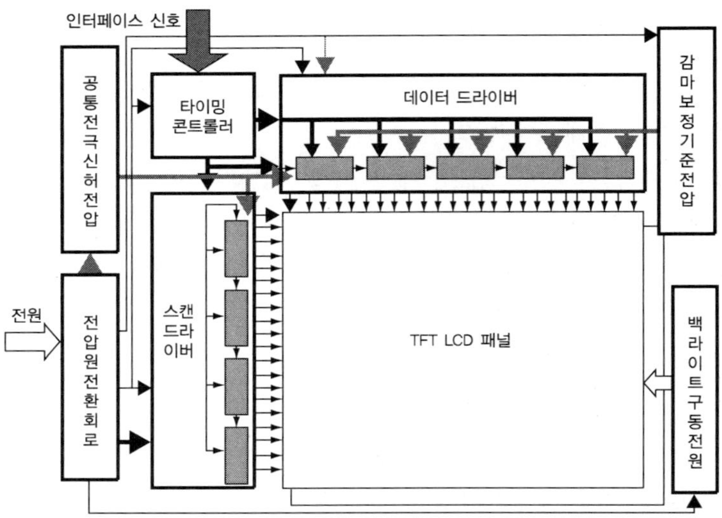

그림 5.13
TFT LCD 구동 시스템 개관 설명도

2.1.1 타이밍 콘트롤러(Timing Controller)

전체 디스플레이 장치의 동작순서를 제어하는 중심부분으로 각 프레임에서 구현하는 타이밍에 따라 수평스캔을 시작하고 인터페이스에 입력되는 영상신호를 데이터 드라이버에서 사용하는 데이터 신호형식으로 전환하여 데이터 드라이버의 메모리로 전송하고 수평스캔에 맞춰 적당한 시간에 데이터구동을 통제한다. 타이밍 콘트롤러의 기본 기능은 뒤에 나올 스캔 드라이버 서브시스템과 데이터 드라이버 서브시스템에 필요한 타이밍 콘트롤 신호와 구현하고자 하는 영상데이터 신호를 제공하는 것이다.

그림 5.13에서 보여지는 바와 같이 외부 데이터 신호가 타이밍 콘트롤러에 입력이 되고 타이밍 콘트롤러는 TFT LCD 패널의 해상도나 동작 frame 주파수에 맞추어 데이터

드라이버나 스캔 드라이버에 사용되는 신호를 발생시켜 공급하게 되며 이때 각 신호간에는 타이밍이 잘 맞아야 제대로 된 이미지를 표시 할 수 있다.

2.1.2 스캔 드라이버(Scan Driver)

타이밍 콘트롤러의 제어를 받아 순차적으로 특정 스캔라인에 적당한 on 전압 혹은 off 전압을 보내 TFT LCD 패널의 스캔라인을 구동한다.

2.1.3 데이터 드라이버(Data Driver)

타이밍 콘트롤러의 제어를 받아 고주파로 입력되는 디지털 영상데이터를 메모리에 저장하고 이어서 디지털 영상 신호를 화소 전극에 보낼 아날로그 영상 신호 전압으로 변환하여 데이터라인으로 보내게 된다. 데이터라인에 공급 된 영상 신호 전압은 스캔 전압이 가해진 스캔 라인의 트랜지스터를 거쳐 화소 전극에 공급 및 화소에 저장이 된다.

2.2 스캔 드라이버

2.2.1 스캔 드라이버의 기본 기능블록

스캔 드라이버의 역할은 스캔라인에 연결되어 있는 TFT의 on/off 상태를 결정하는 것으로 그 구조는 그림 5.14와 같다.

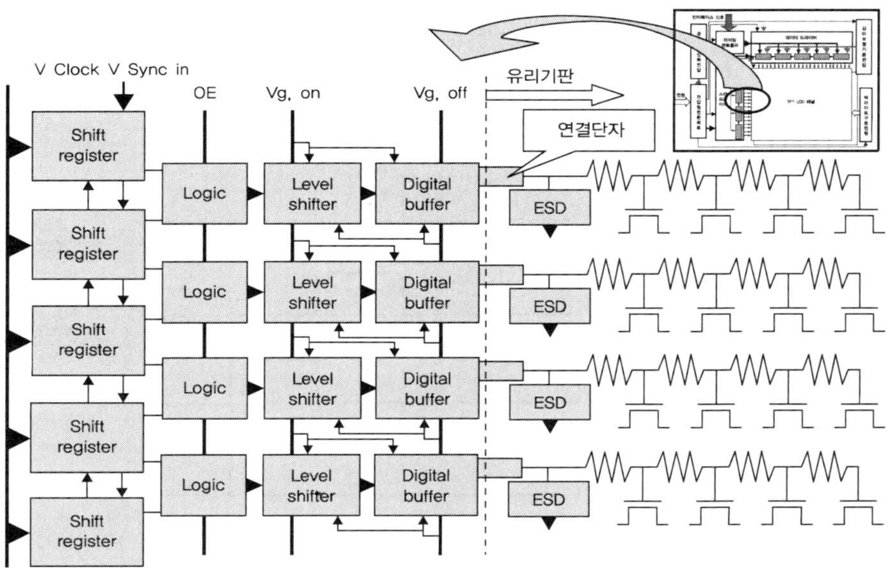

그림 5.14
스캔 드라이버 회로의 기본 기능블록 설명도

그 중 다음과 같은 기능블록이 있다.

(1) 시프트 레지스터(shift register)

일반적으로 시프트 레지스터는 D-type 플립-플롭으로 매 클록 주기를 경과할 때 그 입력단의 논리 상태를 다음 단으로 전송한다. TFT LCD의 동작 방식은 스캔라인을 순차적으로 동작시키고 각 라인의 화소에 영상신호를 순차적으로 공급한다. 한 프레임이 시작하면 첫 번째 스캔라인부터 펄스가 공급이 되어 순차적으로 다음 라인으로 펄스가 공급이 되며 한 프레임의 시작을 알리는 신호가 필요하다. 한 프레임의 시작을 알리는 신호가 들어오면 스캔라인의 첫 번째 라인부터 펄스가 공급되기 시작하며 스캔라인에 공급되는 시작 신호는 수직 동기 신호에 해당이 된다. 그림 5.15에서 보여주듯이 수직 방향의 스캔동기신호(V_{sync})를 첫 번째 시프트 레지스터로 보내고 수직 방향의 클록 신호(V_{clock})를 회로에 인가하면 각 시프트 레지스터 출력은 클록에 의해 제어되어 스캔라인의 on/off를 결정하는 로직상태를 순차적으로 발생시킬 수 있다. 디스플레이 패널에서 화면은 상하를 바꾸어 볼 수 있기 때문에 상황에 따라서 스캔 방향을 서로 반대로 교체할 수 있어야 한다. 따라서, 구동 IC는 범용성을 고려하여 시프트 레지스터의 스캔 방향을 상하 선택적으로 할 수 있도록 되어 있다.

이 기능 블록은 on 또는 off의 로직 상태만 결정하기 때문에 높은 전압이 필요 없고 3V에서 5V의 전압이면 되고 낮은 소비 전력을 위해서는 낮은 전압이 유리 한다.

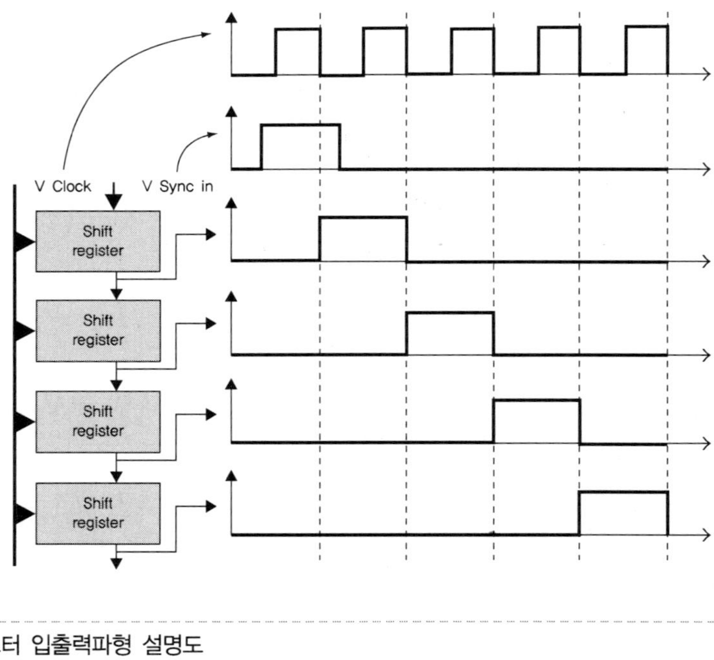

그림 5.15
시프트 레지스터 입출력파형 설명도

(2) 로직(Logic)

이 블록에서는 필요한 논리연산을 실현할 수 있다. 로직 상태만 연산하기 때문에 보통 3V에서 5V의 전압이면 충분하다. 파형을 변화시킬 필요 있을 때 사용되며 그림 5.16과 같이 DE 라인으로 공급되는 제어 신호에 의하여 펄스의 모양을 변화시키는 것이 가능하다. 이러한 펄스의 모양 변화는 게이트 펄스의 폭을 가변시켜 신호 지연에 의한 화질의 왜곡을 방지하는데 유용하다.

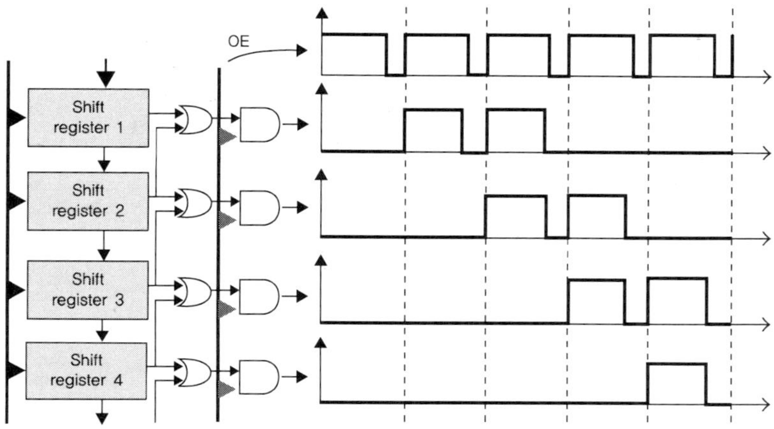

그림 5.16
논리연산 회로파형 설명도

(3) 레벨 시프터(Level shifter)

레벨 시프터는 3V/0V 또는 5V/0V인 저전압 논리레벨을 화소 TFT를 열거나 닫는데 필요한 20V이상의 on 전압과 −5V이하의 off 전압으로 즉시 변환한다. 레벨 시프터의 입출력파형의 예는 그림 5.17과 같다. TFT를 열거나 닫는데 필요한 전압은 TFT의 구성 재료나 타입에 따라서 각각 다르며 TFT의 특성에 맞게 온 전압과 오프 전압으로 변환한다.

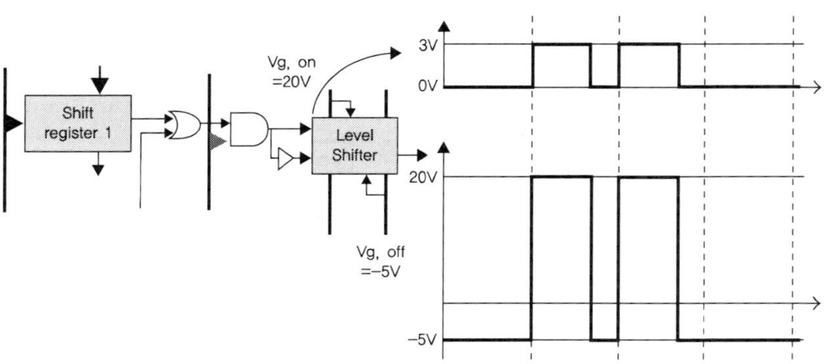

그림 5.17
레벨 시프터의 입출력 파형 설명도

(4) 디지털 버퍼(Digital buffer)

레벨 시프터의 출력으로 스캔라인을 직접 구동하면 스캔라인의 큰 저항과 전기용량 때문에 구동력이 부족해지기 때문에 버퍼(buffer)를 이용하여 구동력을 높여야 한다. 그림 5.18처럼 레벨 시프터에서 나온 신호는 인버터로 구성된 버퍼를 거치는데 각 인버터의 전류 능력이 단이 거듭될수록 증가하도록 되어 있으며 게이트라인을 빠른 시간 안에 전압을 충전시킬 전류 능력을 확보하도록 설계한다.

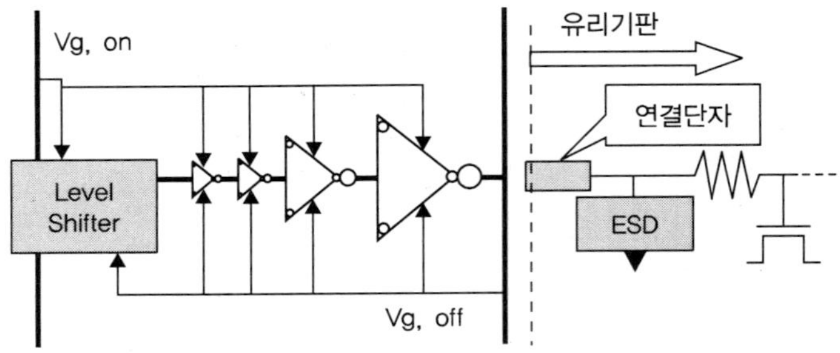

그림 5.18
디지털 버퍼의 예

2.3 데이터 드라이버

2.3.1 데이터 드라이버의 기본 기능블록

데이터 드라이버의 역할은 스캔 드라이버보다 복잡한데 그 구조는 그림 5.19와 같다.

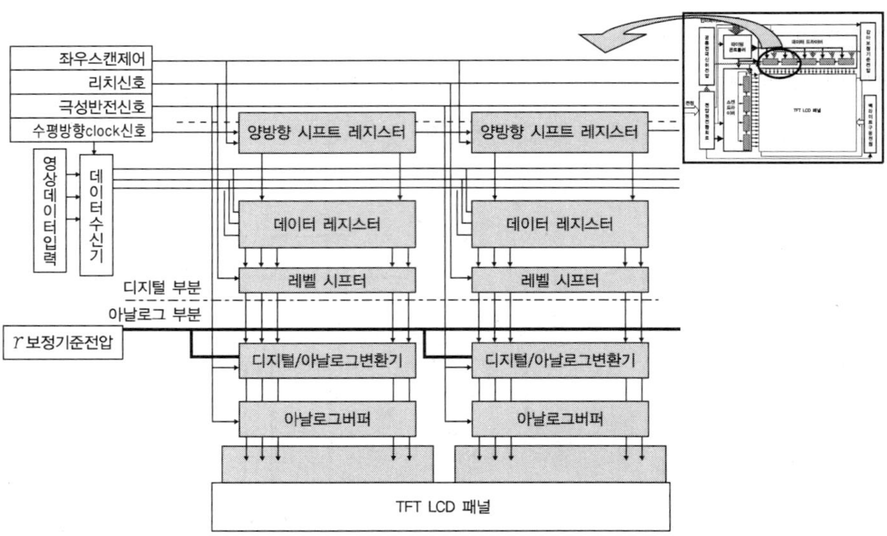

그림 5.19
데이터 드라이버의 기본 기능블록 설명도

그림 5.20과 같이 기능블록을 세부적으로 펼쳐 데이터 드라이버의 동작 방식을 설명할 수 있다. 시프트 레지스터(S/R)는 수평 방향 클록 신호(H clock)와 수평 방향 스캔동기신호(H sync)에 의해 동작이 제어되며 수평 방향 클록 신호가 공급이 되면 클록 주기에 따라 순차적으로 펄스를 발생시킨다. 래치방식으로 실현한 제1데이터 레지스터를 순차적으로 열어 n−1번째 스캔라인의 화소가 구현하려는 디지털 영상데이터(Video data)를 순서대로 저장한다. 그리고 그 줄 전체 스캔라인의 화소가 구현하려는 데이터를 순서대로 제1데이터 레지스터에 저장한 후 다음 수평 방향 스캔동기신호(Hsync)에 따라 이들 데이터를 동시에 제2데이터 레지스터(Latch 2)에 저장한다. 이와 동시에 이들 디지털 신호를 아날로그/디지털변환기(Digital/Analog Converter, DAC)를 이용하여 화소전압으로 변환하고 다시 아날로그 버퍼(Analog Buffer)를 이용하여 구동력을 증폭시켜 패널 화소 어레이의 데이터라인을 통해 화소 전극에 전압을 인가한다.

이 화소 전압 인가의 동작 시간이 바로 충전 시간으로 전압을 인가하는 동시에 시프트 레지스터는 다음 Hsync를 받아 n번째 스캔라인 화소의 영상데이터를 저장한다. n번째 데이터 업데이트는 Latch 1에 저장되며 n−1번째 전압 인가는 Latch 2에 해당되기 때문에 동시에 진행할 수 있다. 때문에 데이터 레지스터는 두 조가 필요하다. 반복적으로 이러한 동작을 진행하면 TFT LCD 동작을 완성할 수 있다.

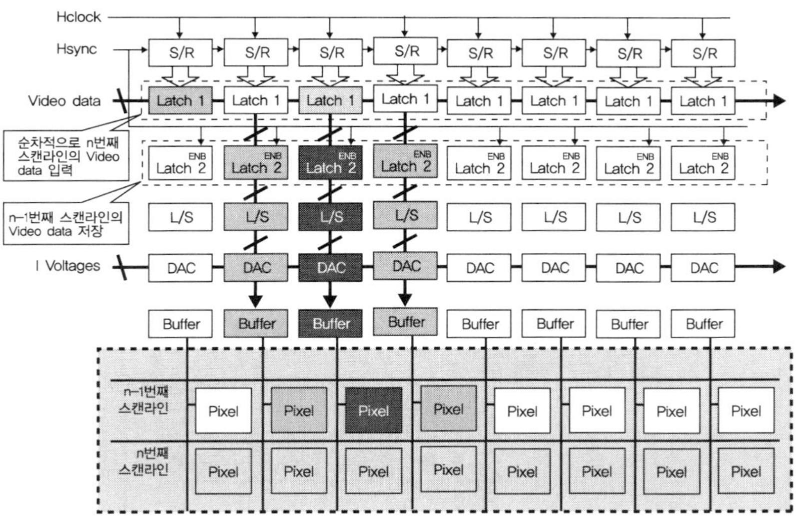

그림 5.20
데이터 드라이버의 동작 설명도

데이터 드라이버의 기능블록을 설명하면 다음과 같다.

(1) 시프트 레지스터

사실 이 시프트 레지스터는 스캔 드라이버에서 사용하는 것과 같지만 동작 주파수는 수백 배 이상 빠르다. 실제 동작 주파수는 데이터 신호 인터페이스의 채널수와 전송할 데이터와 연관이 있다.

(2) 데이터 레지스터

여기에서 저장한 데이터는 디지털 데이터로 인버터(Inverter) 두 개로 출력과 입력이 서로 연결된 래치(Latch)를 통해 기억하면 된다.

(3) 레벨 시프터

그림 5.20에서 L/S블록이 레벨 시프터다. 기능블록에서 논리 상태를 결정하기만 하면 된다. 그러나 디지털/아날로그 변환기(DAC)에서 이 디지털신호의 전압을 확대하여 기준전압의 스위치로 쓸 필요가 있다면 기준전압범위는 액정을 구동하는 양극성과 음극성을 포함하여 10V정도가 될 것이다. 따라서 레벨 시프터는 시프트 레지스터와 데이터 레지스터에서 사용하는 5V 전압을 상승시킨다.

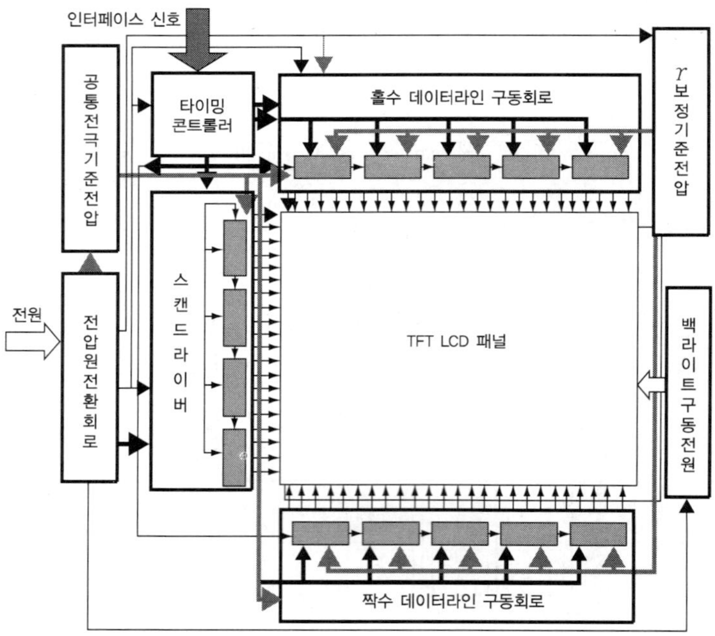

그림 5.21
데이터구동 IC를 TFT LCD 상하단에 배열한 시스템 설명도

(4) 디지털/아날로그 변환기(DAC)

DAC의 구조는 그림 5.22와 같은데 기준 전압들을 발생시키고 입력데이터에 따라서 전압을 선택하는 식으로 구성이 된다. 예를 들어 디지털 신호데이터가 100110일 때 V_{out}은 V38에 연결되고 디지털 신호데이터가 010011일 때는 V_{out}가 V19로 연결된다. 이렇게

디지털 신호데이터에 따라서 분할된 전압을 선택하는 방식으로 디저털 신호데이터를 구동화소에 필요한 아날로그 전압으로 변환시켜 준다.

액정을 구동할 때는 극성반전이 필요하다. 따라서 양극성과 음극성의 전압을 제공해야 한다. 극성반전을 위해서는 주기적으로 구동 전압이 바뀌는데, V0~V63의 전압을 변환시켜 전압의 극성을 바꿔 Vout$^+$와 Vout$^-$를 만들고 다시 1대 2의 Multiplexer를 이용하여 적당한 극성의 전압을 선택하여 출력한다.

그림 5.22의 D0~D6은 디지털 신호지만 시프트 레지스터를 이용하여 전압을 올렸기 때문에 양극성 혹은 음극성 범위의 기준전압을 열거나 닫을 수 있다.

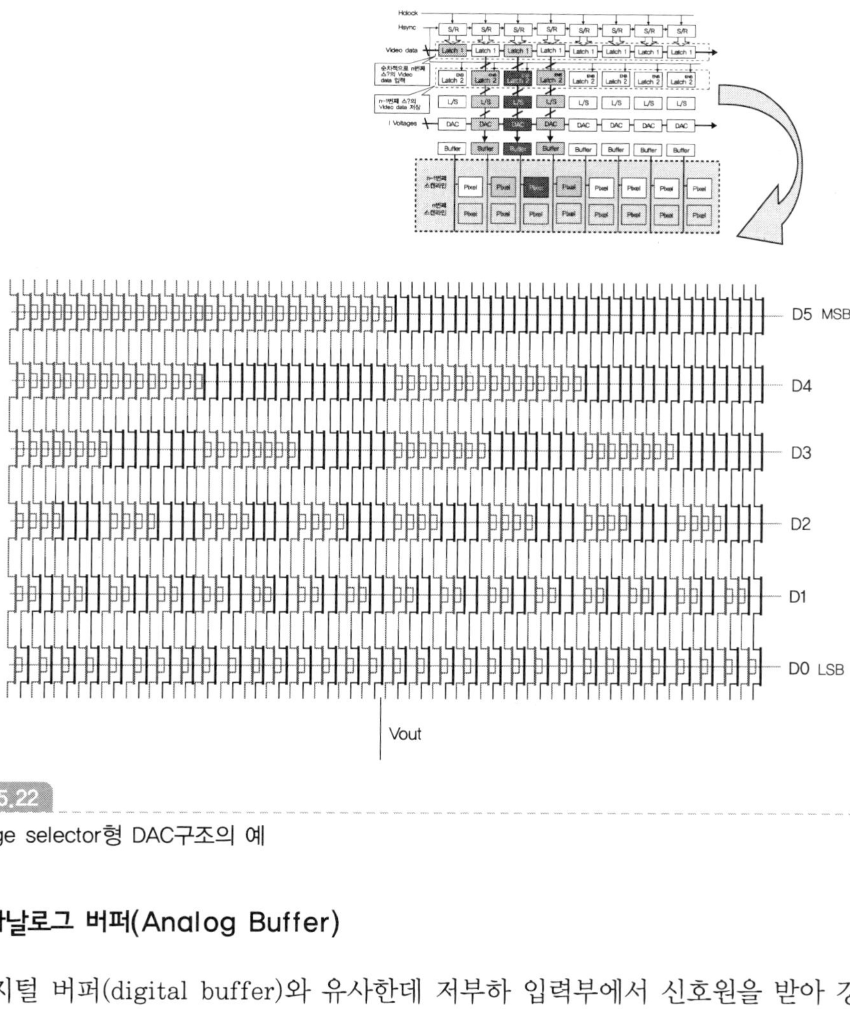

그림 5.22
Voltage selector형 DAC구조의 예

(5) 아날로그 버퍼(Analog Buffer)

디지털 버퍼(digital buffer)와 유사한데 저부하 입력부에서 신호원을 받아 강력해진 출력으로 화소어레이의 큰 부하를 구동한다. 그러나 디지털 버퍼와 가장 큰 차이점은 디지털 신호가 아닌 아날로그 신호이기 때문에 구동능력을 확대시켜야 하는 점이다. 즉 디지털 신호와 같이 25V 또는 25.2V를 모두 수용할 수 있는 on 전압으로 할 수 없기 때문에 이 아날로그 버퍼(analog buffer)가 필요하다. 보통 연산증폭기를 사용하여 실현한다. 그림 5.23과 같이 회로가 구성이 되며 출력 전압은 입력 전압과 동일하다. 그렇지만 더 큰 구동력을 갖고 있다.

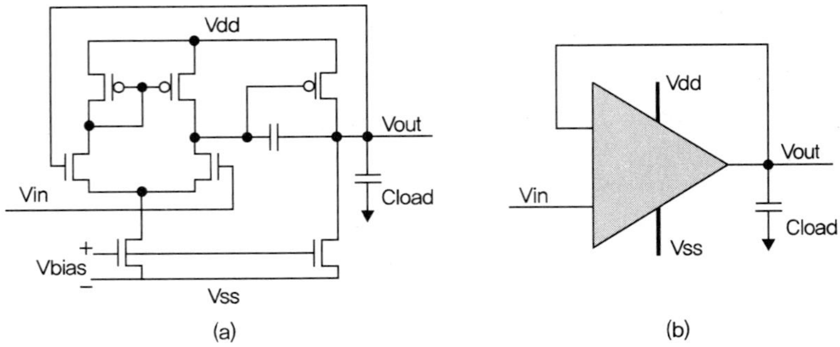

그림 5.23
Analog buffer의 예 (a) 회로도 (b) 부호도

저항성 분압의 이론을 통해 보면 저항의 절대값은 중요하지 않고 저항의 비율이 전압을 결정한다. 따라서 온도가 변하거나 IC 공정이 변해도 전압의 분압에 영향을 주지 않는다. 그러나 저항의 절대값은 전력소비와 구동력에 영향을 미친다. 사용하는 저항의 절대값이 클수록 저항성 분압이 소비하는 전력이 작아지지만 부하의 영향을 쉽게 받아 기준전압을 변화시킨다. 소비전력을 낮추려면 반드시 높은 저항의 절대값을 사용해야 하고 기준전압의 부하를 줄여야 한다. 따라서 그림 5.24와 같이 입력 저항이 높은 아날로그 버퍼를 응용한다.

그림 5.24의 구조를 보면 각 데이터구동 IC마다 모두 분압 저항이 있기 때문에 기준전압원이 동시에 여러 개 데이터구동 IC를 구동하면 이들 IC 내부의 분압저항은 서로 병렬 연결되어 기준전압원에서 사용하는 아날로그 버퍼 출력부까지 연결된다. 그 결과 버퍼 사이에 비교적 큰 직류전류부하가 발생한다.

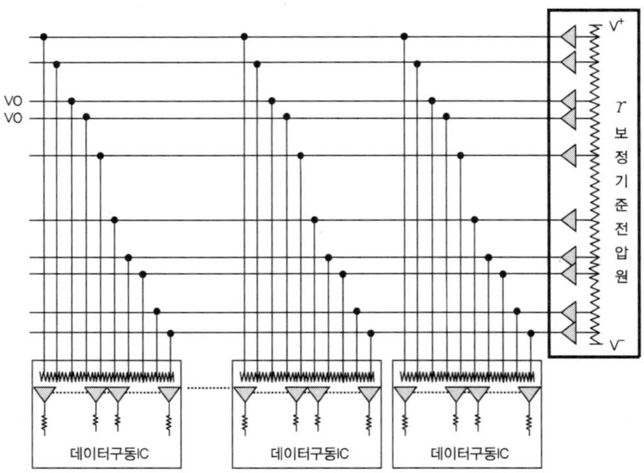

그림 5.24
Analog buffer를 기준전압회로에 응용

*3 Display Engineering

OLED의 동작원리

3.1 OLED의 정의

OLED란 Organic Light Emitting Diodes의 약자로서 유기발광다이오드 또는 유기 EL이라고도 한다. 형광성 유기화합물에 전류가 흐르면 빛을 내는 전계 발광현상을 이용하여 스스로 빛을 내는 '자체발광형 유기물질'을 말한다. 낮은 전압에서 구동이 가능하고 얇은 박형으로 만들 수 있다. 넓은 시야각과 빠른 응답 속도를 갖고 있어 일반 LCD와 달리 바로 옆에서 보아도 화질이 변하지 않는다. 또한 소형 화면에서는 LCD 이상의 화질과 단순한 제조공정으로 인하여 유리한 가격 경쟁력을 갖는다.

주요 컬러 구현 방식으로 3가지가 존재하는데, 3색(Red, Green, Blue) 독립화소방식, 색변환 방식(CCM), 컬러 필터 방식 등이 있다. 그리고 사용하는 발광재료에 포함된 유기물질의 분자량에 따라 저분자 OLED와 고분자 OLED로 구분하고, 구동방식에 따라 수동형 구동방식(passive matrix; PMOLED)과 능동형 구동방식(active matrix; AMOLED)으로 구분한다.

3.2 OLED의 구동 원리

3.2.1 기본 소자 구조

OLED는 저분자, 고분자에 상관없이 같은 발광원리에 기반하고 있다. 유기 EL 소자 내에 음극(Cathode)에서 주입된 전자와 양극(Anode)에서 주입된 정공이 결합함으로써 높은 에너지의 분자 상태가 된다. 일반적으로 이 상태를 'Exciton'이라 부른다. 이 Exciton은 일정한 수명을 가지고 에너지를 빛으로 방출한다. 이 발광은 Exciton의 에너지에 상응한 파장의 발광이 일어나기 때문에 발광 중심의 분자 설계에 의해 발광색을 바꾸는 것이 가능하다. 이것이 OLED 소자의 디스플레이 용도에 매우 장점으로 작용한다.

OLED 발광소자를 형성하기 위한 재료는 저분자 재료와 고분자 재료로 나누어진다. 저분자 재료는 증착에 의한 성막을 전제하고 있기 때문에 비교적 저분자량이고, 고분자 재료는 인쇄 등의 용액 프로세스를 목적으로 해서 용액에 대한 가용성을 맡는 부위와 발광을 맡는 부위를 가지기 때문에 비교적 고분자량으로 설계된다.

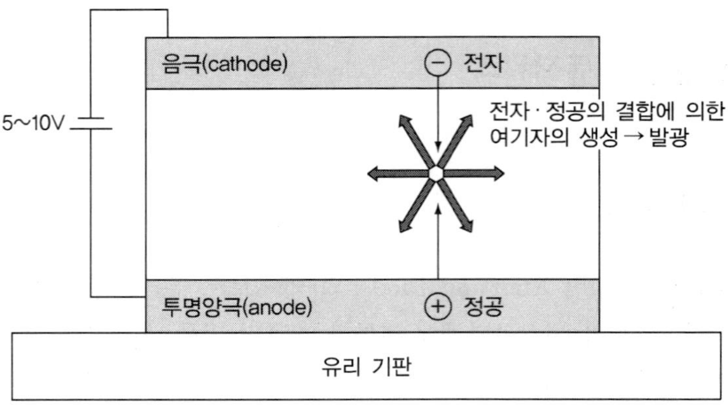

그림 5.25
OLED 발광의 기본원리

3.2.2 발광 메커니즘

OLED 발광은 전자, 정공의 주입·수송, 전자와 정공의 재결합에 의한 Exciton 생성, Exciton의 에너지 이동의 메커니즘에 기반하고 있다.

(1) HOMO와 LUMO

기저상태에서 전자가 채워져 있는 궤도 중에서 가장 높은 에너지를 가지는 전자궤도를 최고점유 분자궤도 또는 HOMO(Highest Occupied Molecular Orbital)이라 부른다. 또한 전자로 채워져 있지 않은 궤도 중에서 가장 낮은 에너지를 가지는 전자궤도를 최저점유 분자궤도 또는 LUMO(Lowest Unoccupied Molecular Orbital)라고 부른다. 쉽게 E_V를 HOMO라 하며 E_C를 LUMO라 생각하면 된다.

(2) 2개의 전자 배치

OLED의 발광 메커니즘을 논의하기 전에 기저상태 및 Exciton 상태에서 어떠한 전자 배치를 취할 것인가에 대해 이해해 둘 필요가 있다. 2개의 전자가 서로 다른 상태에 들어간다고 가정하고 파동방정식을 풀어보면 두 파동함수가 나오게 되는데, 실제 분자 상태를 생각하는 경우 스핀의 기여를 생각하여 스핀양자수 $\pm 1/2$에 대응하는 스핀함수를 대입하여 다시 파동방정식을 풀어보면 총 4개의 파동함수가 얻어진다. 여기서

$\frac{1}{\sqrt{2}}\chi_A(1)\chi_B(2)+\chi_B(1)\chi_A(2) \cdot \frac{1}{\sqrt{2}}\alpha(1)\beta(2)-\beta(1)\alpha(2)$를 1중항 상태,

$\frac{1}{\sqrt{2}}\chi_A(1)\chi_B(2)-\chi_B(1)\chi_A(2)\alpha(1)\beta(2)$를 3중항 상태라고 한다.

1중항 상태에서 기저상태로의 에너지 전이에서 생기는 발광이 형광, 3중항 상태에서 기저상태로의 에너지 전이에서 생기는 발광이 인광이다.

(3) 1중항 Exciton과 3중항 Exciton

기저상태에서는 그림 5.26의 S_0와 같이 전자가 상향스핀과 하향스핀으로 존재한다. 여기한 경우, 상위 준위에 들어가는 전자는 동일한 스핀 상태로 여기(S_1)하거나 또는 무언가의 원인(T_1)으로 역방향의 스핀이 된다. 전자를 1중항 Exciton, 후자를 3중항 Exciton이라 한다.

두 개의 전자가 동일한 궤도에 들어갈 때는 전자의 스핀이 서로 다른 스핀 상태로 전자쌍을 이루어야 한다. 그 때문에 T_1에서 S_0로 에너지 이동하는 과정에서 스핀의 방향이 바뀌어야 한다. 이 과정에서 시간이 걸리기 때문에 인광의 Exciton의 수명이 형광보다 비교적 길다. 또한 3중항 여기상태 T_1은 1중항 여기상태 S_1보다 에너지가 낮으므로 장파장 접근이 되어 가시광으로 인식할 수 없는 경우도 많다.

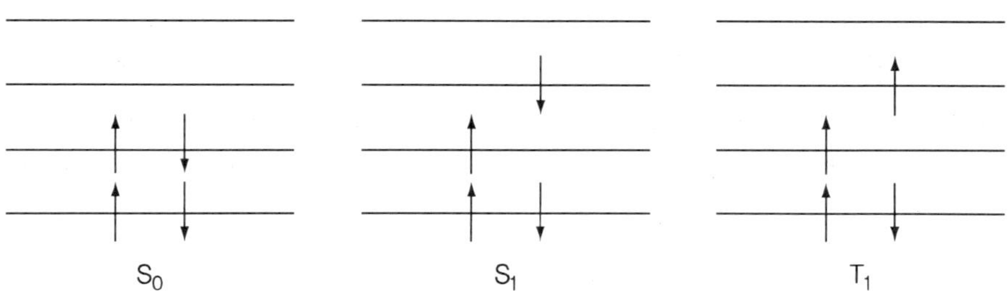

그림 5.26
기저상태, 여기상태의 전자배치

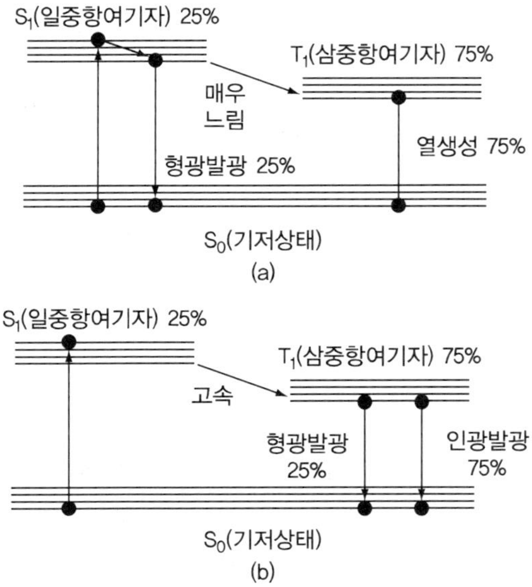

그림 5.27
(a) 형광과 (b) 인광의 발광 메커니즘(Jablonski Diagram)

(4) 전하의 전극으로부터의 주입

OLED 디바이스는 전자와 정공을 디바이스 내에 주입해 재결합함으로써 발광하게 된다. 강한 전계에 의해 전자가 음극에서 ETL(Electron Transportation Layer)층의 LUMO 에너지 준위까지, 정공이 양극에서 HTL(Hole Transportation Layer)층의 HOMO 에너지 준위에 주입된다. OLED 소자 내에서의 전하 주입 메커니즘을 잘 이해하기 위해서는 쇼트키 열전자 방출 및 터널 주입과 진공준위 시프트 모델을 이해하는 것이 중요하다.

(5) 전하의 수송과 재결합

1) 전하수송 거동

OLED에서 전하가 전극에 주입되는 경우를 생각한다. 모든 HOMO는 이미 궤도가 차 있어 더 이상 전하가 들어갈 수 없다면 전자가 주입된 경우는 LUMO에 들어가게 된다. 이 LUMO에 들어간 전자는 전계에 의해 수송되어 전류가 된다. 한편 전자가 제거된다면, 즉 정공이 전극에서 주입된 경우, HOMO에 정공이 들어가게 된다. 이 정공도 전계에 의해 수송되어 전류를 형성한다.

2) Exciton의 발생 및 재결합

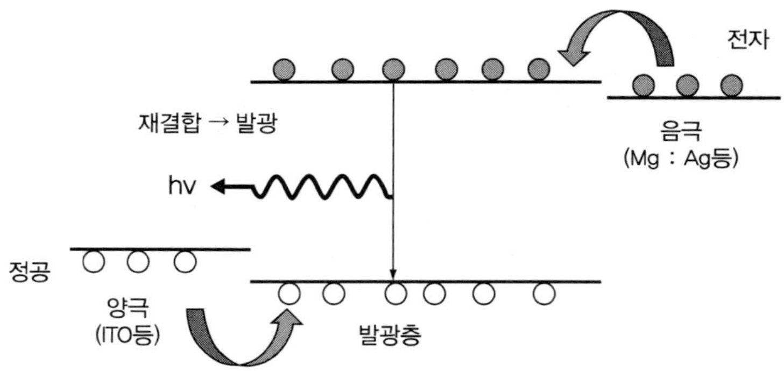

그림 5.28
단일 유기물 층에 의한 OLED 밴드 다이어그램

주입된 전자 및 정공은 그림 5.28과 같이 OLED 소자 내에 전달되고 전자와 정공이 서로 만나 재결합하여 Exciton을 형성한다. Exciton이 생성되고부터 소멸되기 전까지의 시간인 Exciton 수명이 다하게 되면 에너지 차이에 해당하는 파장의 빛을 낸다. 전자와 정공이 서로 만날 확률을 높일 수 있으면 더 많은 빛이 나오게 된다.

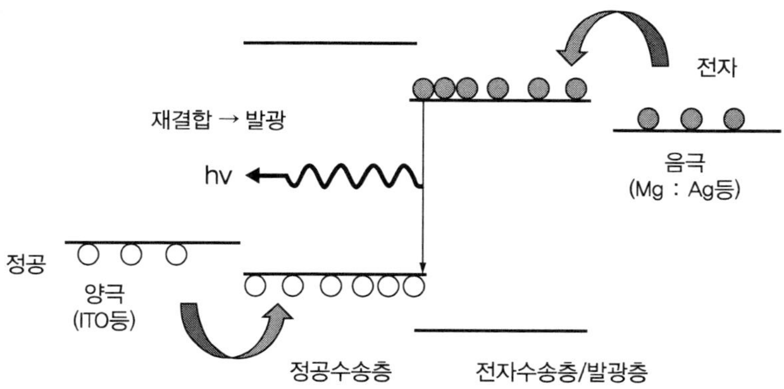

그림 5.29
다층 구조에 의한 전자-정공 재결합 효율화

그림 5.29와 같이 여러 재료로 된 다층 박막을 사용해 HOMO/LUMO 밴드의 에너지 차로서 전자나 정공의 흐름을 방해한다면 전자와 정공의 재결합의 위치를 제어할 수 있다. 전하가 갇히게 되면 전자와 전공의 재결합 확률이 증가되므로 고효율을 구현할 수 있다.

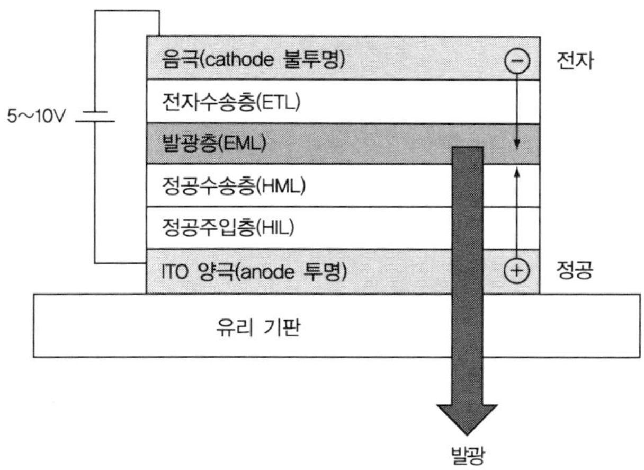

그림 5.30
기능 분담을 한 다층구조의 OLED 모식도

〈기능 분담을 한 다층구조의 OLED〉

OLED에 사용하는 각각의 기능을 가진 물질층이 위의 그림과 같이 나타나게 된다.

- 음극으로부터 전자를 주입하는 전자주입층(EIL)
- EIL에서 주입된 전자를 발광층에 수송하는 전자수송층(ETL)
- 양극으로부터 정공을 주입하는 정공주입층(HIL)
- HIL에서 주입된 정공을 발광층에 수송하는 정공수송층(HTL)
- 전자와 정공의 재결합에 의해 발생한 Exciton를 사용해 발광을 맏는 발광층(EML)
- 정공의 이동을 막는 정공저지층(HBL)

전자주입층과 정공저지층은 정공의 이동을 저지함으로써 Exciton의 생성장소를 제어하기 위해 사용하는 경우도 있다. 또한 전극의 선택도 중요한 요소로 작용한다.

(6) 도핑

마지막으로 유기층에 소량의 발광 물질을 첨가함으로써 OLED의 발광 효율을 높이거나 색을 바꿀 수 있는데 이러한 방법을 도핑이라 한다. 또한 도핑에 사용되는 재료를 도펀트라고 한다. 이러한 도핑 방식을 사용하면 저소비 전력, 고휘도를 실현하는데 효율적이다.

3.3 PMOLED와 AMOLED의 구동방식

3.3.1 PMOLED

그림 5.31, 그림 5.32를 보면 PMOLED는 세로로 뻗은 데이터라인과 가로로 뻗은 스캔라인 사이에 OLED 소자가 각 라인 사인에 놓여져 있다. R, G, B 화소가 나열되어 있고, 데이터라인은 데이터 드라이버에, 스캔라인은 스캔 드라이버에 의해 구동되고 있다. 따라서 특정 데이터라인과 스캔라인에 전압을 걸면 두 라인이 만나는 화소에 전류가 흐르면서 발광을 한다.

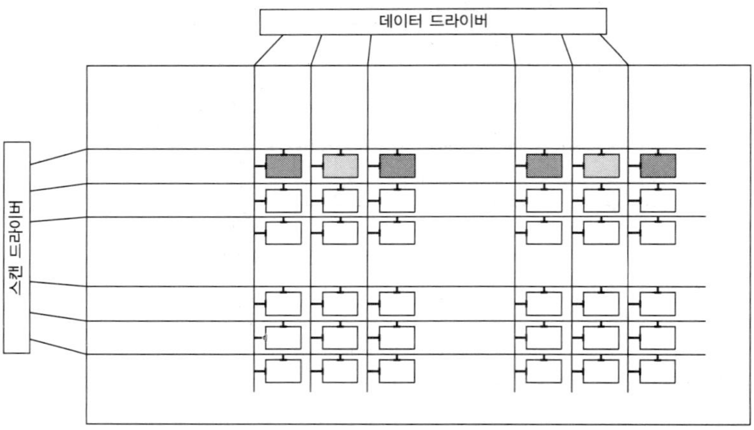

그림 5.31
패시브 OLED 디스플레이의 매트릭스 구동 양식

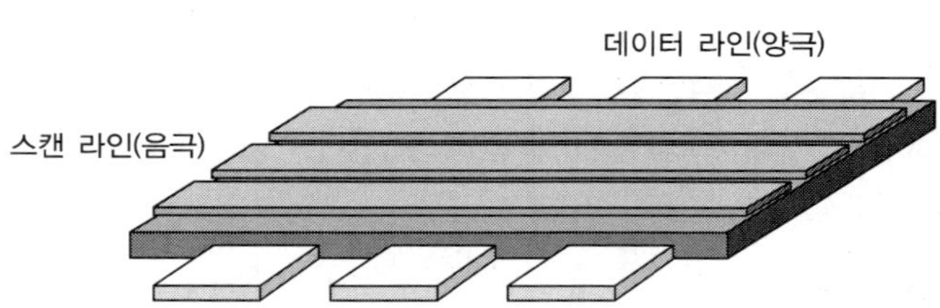

그림 5.32
패시브 OLED 디스플레이의 구조

그림 5.33은 PMOLED의 등가회로를 나타낸다. PMOLED는 그림과 같이 다이오드에 병렬로 기생용량이 붙은 형태로 표현된다. 이 용량의 충방전에 사용되는 전류는 발광에 기여하지 않으므로 전력의 증가, 수명저하로 이어진다. 그러므로 PMOLED의 설계에 있어 불필요한 충방전을 막는 것은 중요하다. PMOLED는 스캔라인과 데이터라인에 전압을 걸 때 발광 시키지 않는 라인에 대해서 소등전압 이하의 전압으로 구동함으로써 충전시간을 확보할 수 있다. 또한 표시화상에 영향을 받는 크로스톡(화소 밝기의 차이)은 전단의 스캔라인에서 미리 충전된 화소와 미리 충전되지 않은 화소 사이의 충전량의 차이에 의해 생긴다. 이러한 형상을 피하기 위해 발광의 준비단계로 데이터라인과 스캔라인을 연결해 선충전을 리셋하고 발광을 준비하도록 하는 방식이다.

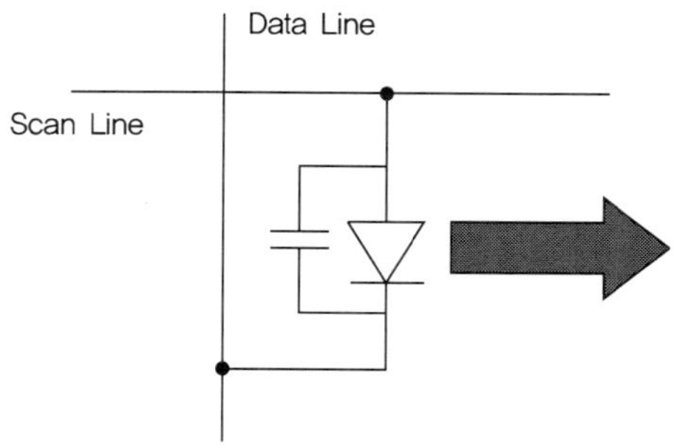

그림 5.33
패시브 OLED의 화소회로

3.3.2 AMOLED

대형과 고해상도의 디스플레이를 OLED로 실현하는 경우, PMOLED와 달리 AMOLED가 필요하게 된다.

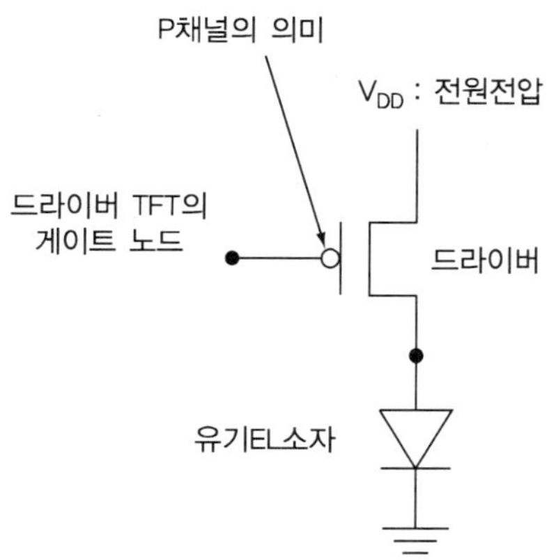

그림 5.34
드라이버 TFT에 의한 OLED 소자로의 전류 공급

그림 5.34는 드라이버 TFT가 OLED소자에 전류를 공급하는 모습을 나타낸다. 드라이버 TFT는 게이트 노드의 전압을 바꿈으로써 드라이버 TFT의 전류는 OLED의 발광강도를 제어한다.

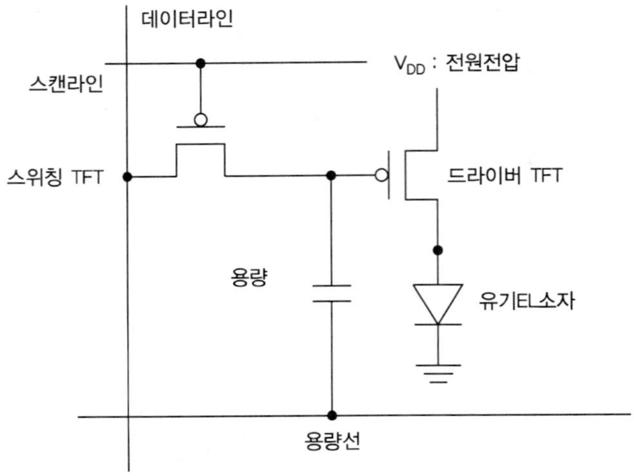

그림 5.35
2T1C 구동회로

그림 5.35는 2T1C라고 부르는 가장 기본적인 AMOLED 디스플레이 화소 회로이다. 2T1C라고 부르는 것은 트랜지스터가 2개, 정전용량이 1개가 있기 때문이다. 이 회로는 OLED 소자의 휘도를 조정하는 드라이버 TFT의 게이트 노드 단위를 스위칭 TFT로 조정하고 있다. 스위칭 TFT와 정전용량을 사용해 신호를 써 넣는 방법은 LCD 화소 회로와 같다.

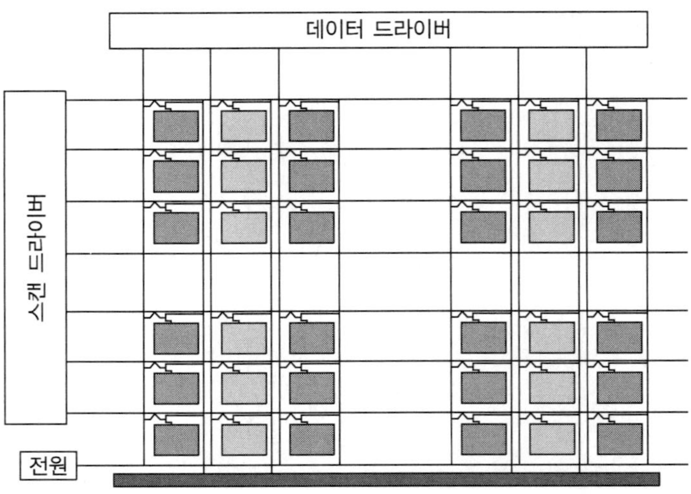

그림 5.36
액티브 OLED 디스플레이

이와 같은 화소를 종축으로 매트릭스 상에 나열한 것이 그림 5.36이다. RGB의 삼원색을 사용해 표현하는 것이 가능하므로 RGB 각각의 서브픽셀을 1개씩 사용해서 그 조합으로 원하는 색을 표현하는 것이 가능하여 별도의 백라이트 없이 디스플레이 가능한 것이 AMOLED의 장점이다.

2T1C 회로는 전기용량에 저장되고 저장된 전압을 전류로 변환하는 두 단계로 이루어진다. 그림 5.35와 같이 스캔 전압에 의해 동작하는 스위칭용 트랜지스터와 저장된 전압을 전류로 변환하는 드라이버 트랜지스터의 두 부분으로 이루어져서 LCD와 비교하면 화소 회로는 좀 더 복잡하다. 보존용량 Cst에 저장된 전압과 전원 전압에 의해 드라이버 트랜지스터의 전류가 결정이 된다. LCD 화소와 비교하면 트랜지스터도 하나 더 많고 구동 트랜지스터에는 VDD의 전원이 연결되어 있어서 VDD 배선도 필요하다. 구동 트랜지스터의 다른 한 쪽에는 OLED가 연결이 되어 있으며 트랜지스터의 게이트에 가해지는 전압과 OLED의 전압 전류 특성에 의해서 정해지는 전류가 한 프레임 동안 계속 흐르며 빛을 내게 되고 구동 트랜지스터의 게이트에 가해지는 전압의 크기에 따라서 전류가 달라지므로 밝기도 달라져 전압을 조절하여 원하는 밝기로 조절할 수 있다.

3.4 AMOLED의 화소회로

3.4.1 TFT 문턱전압 변화 보상

LCD는 전압 구동으로 액정에 가해지는 전압에 따라서 밝기가 결정이 된다. 반면에 OLED는 전류 구동으로 소자에 흐르는 전류에 따라서 밝기가 결정이 된다. LCD의 경우는 TFT의 특성이 어느 정도 불균일 해도 그림 5.36과 같이 화질에 영향을 주지 않는다.

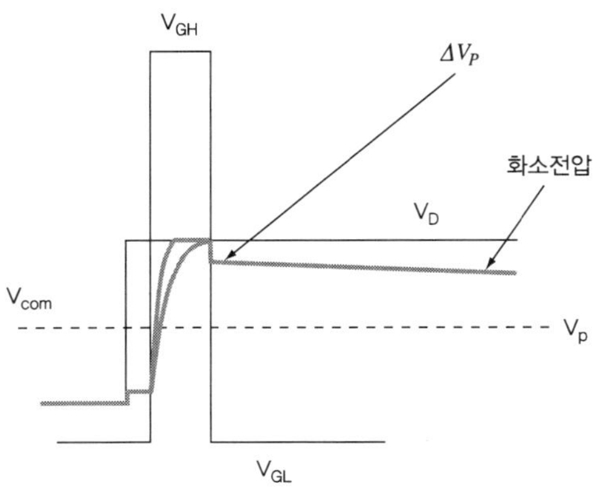

그림 5.37
LCD 는 전압 구동형으로 TFT 특성의 일정 변화 범위 내에서는 특성이 변하지 않는다.

그림 5.37과 같이 충전 시간이 변하여도 도달 전압이 변하지 않으면 밝기가 변하지 않는다. 따라서 트랜지스터의 특성 변화가 어느 정도 작을 때 화질의 큰 변화는 없다. 구

동 트랜지스터를 통해 흐르는 전류는 구동 트랜지스터의 게이트에 가해지는 전압에 따라서 변하게 되므로 구동 트랜지스터의 특성이 변하면 전류가 변하게 되고 화소의 밝기가 변하게 되어 화질에 문제가 생기게 된다.

트랜지스터의 특성 변화는 여러 가지가 있을 수 있는데 문턱전압의 변화가 대표적이다. 이동도의 변화가 크지 않다고 하면 문턱전압의 변화에 따른 특성의 변화가 대부분으로 문턱전압의 변화에 따른 OLED의 전류 변화가 문제가 된다. 이러한 문제를 해결하기 위하여 트랜지스터의 문턱전압 변화를 보상하는 방법들이 제시가 되었다. 이 방법은 문턱전압의 변화만큼 구동 트랜지스터의 게이트에 가해지는 전압을 변화시켜 OLED에 흐르는 전류를 일정하게 하는 방법이 사용된다.

문턱전압의 변화를 반영하기 위해서 구동 트랜지스터의 문턱전압을 추출해 내야 하는데 트랜지스터를 이용한 다이오드 구조가 사용된다. P채널 TFT에서 사용되는 문턱전압 추출을 위한 다이오드 구성은 그림 5.38과 같으며 게이트를 그라운드 쪽에 연결하고 전원을 연결한 형태인데 전원전압을 플러스로 인가한다. 전원전압이 플러스이면 게이트 전극의 전압은 전원전압보다 낮아서 마이너스 전압 영역이고 이 전압이 문턱전압 이하가 되면 온 상태가 되며 그 전에는 오프 상태이다. 따라서 전원전압을 증가시키면 처음에는 오프 상태이다가 전원전압이 문턱전압의 절대값을 넘어서면 트랜지스터는 온 상태가 된다.

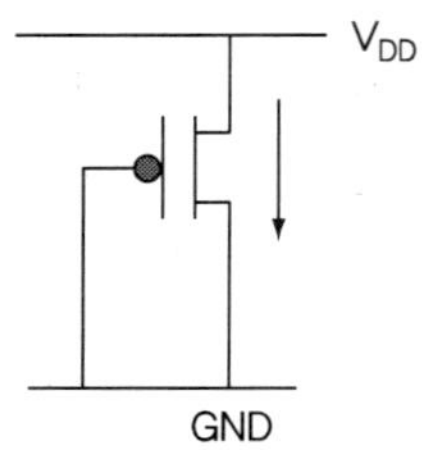

그림 5.38
P채널 트랜지스터의 다이오드 구성

그림 5.39는 문턱전압을 추출하는 회로의 원리를 보여 주기 위한 것으로 그림에서 VDD가 높게 가해지면 온 전류가 화살표와 같이 흐른다. 이 상태에서 GND에 연결되어 있는 스위치를 오프시킨다. P점의 전위는 GND에서 스위치가 오프된 이후에 전류는 P점으로 흐르면서 P점의 전압을 상승시키며 VDD와 P점 사이의 전압이 점점 줄어든다. P점의 전압이 일정 전압에 도달 하면 트랜지스터가 오프 상태가 되며 P점의 전압과 VDD 상이의 전압 차이가 문턱전압에 도달하면 오프 상태가 된다. 이어서 그림 5.39와 같이 스위치를 오프시키면 전원이 차단되므로 전기용량에 저장되어 있는 P점에 연결되어 있는 스위치를 오프시켜 P점에 추출 전압을 저장한다.

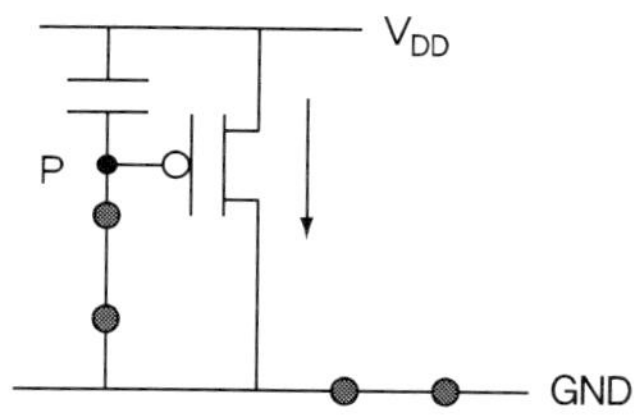

그림 5.39

P채널 트랜지스터의 문턱전압 추출

각 스위치를 트랜지스터로 대체하고 OLED를 연결하면 그림 5.40과 같이 된다.

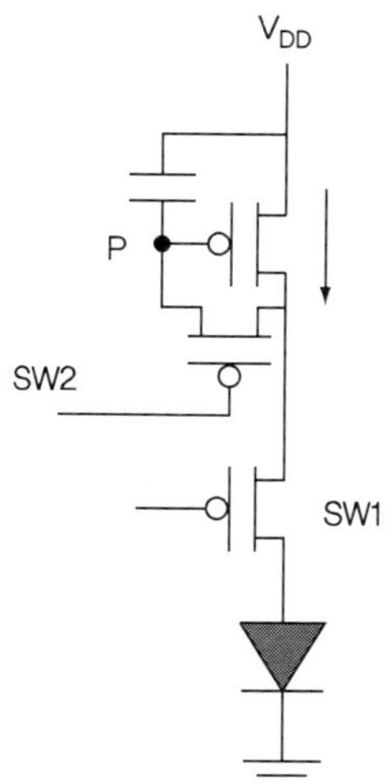

그림 5.40

문턱전압 보상 및 OLED

문턱전압을 추출하고 나면 데이터를 실어야 되는데 직접 데이터신호를 P점에 연결하면 추출된 전압이 사라지므로 그림 5.41과 같이 전기용량을 통한 결합으로 전압을 더하거나 빼주게 된다. C1이 그러한 역할을 하고 있으며 C1의 왼쪽 노드의 전압의 변화 분만큼 추출된 문턱전압이 비례해서 변하게 된다. 따라서 추출된 문턱전압이 데이터 전압의 변화만큼 전압이 줄어들거나 늘어나게 되어 문턱전압에 따라서 전압이 자동 조절이 되어 OLED에 흐르는 전류는 일정하게 유지될 수 있도록 해 준다.

OLED의 구동에서 데이터라인에 공급된 전압은 드라이버 트랜지스터에 의해 전류로 변환되어 OLED에 공급이 된다. 신호 전압이 전압이어서 전압 기입법이라고 한다. 전압 대신에 전류를 사용하는 경우에는 전류 기입법이 되는데 전류를 전압 대신 신호로 사용하게 된다.

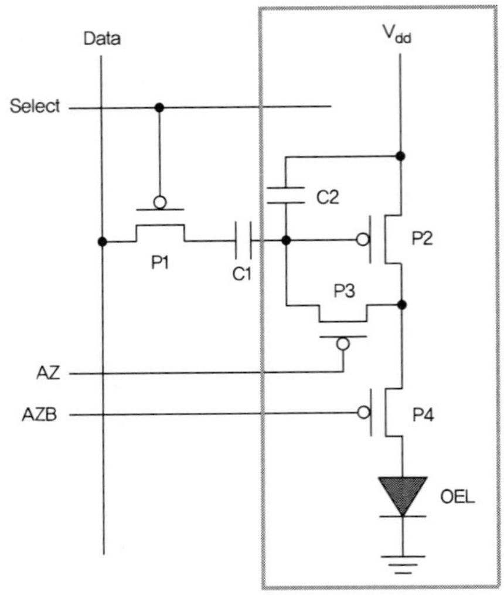

그림 5.41
문턱 전압 보상 AMOLED 화소 회로

3.4.2 전류기입법 화소회로

그림 5.42는 전류기입법의 예를 보여 준다. 데이터 전류가 화소에 공급이 되면 트랜지스터를 거쳐 OLED에 전류가 외부에서 가한 전류만큼 흐르게 된다. 이때 드라이버 트랜지스터의 게이트에는 일정 전압이 셋업이 되는데 데이터 전류를 흘릴 수 있는 전압이 셋업된다. 이 전압은 트랜지스터의 문턱전압과 이동도 등 트랜지스터의 특성이 반영이 되어 셋업이 되므로 문턱전압의 변화나 이동도의 변화 등이 모두 보상이 가능하다. 이 동안 트랜지스터 T_3와 T_5는 온 상태를 유지하고 T_6는 오프 상태이다.

데이터 전류가 흐르는 동안 T_2의 게이트에 전압이 셋업되고 이어서 T_3가 오프되면 셋업 된 전압은 전기용량 C에 의하여 유지가 된다. 셋업된 전압은 데이터 전류를 흘릴 수 있는 전압이므로 데이터 전류는 계속 유지가 된다. 이어서 T_5가 오프가 되고 T_6가 온이 되면 T_2에 VDD 전압이 가해지고 데이터 전류가 계속 유지가 된다. T_5가 오프되고 T_6가 온이 되어 VDD가 가해지면서 T_2의 드레인 소스 간 전압이 변화되게 되지만 T_2 트랜지스터는 포화영역에서 동작이 되어 데이터 전류는 변화가 없고 따라서 OLED에는 외부에서 가한 데이터 전류가 계속 흐르게 된다.

트랜지스터의 문턱전압이나 이동도 등이 변하면 이러한 변화에 맞추어 셋업되는 전압도 변동이 되어 데이터 전류만큼 흘릴 수 있게 되므로 트랜지스터의 특성 변화가 보상이 된다. 그러나 데이터라인의 기생용량이 크고 데이터 전류가 작으면 기생용량을 충전하는 시간이 길어지게 되어 구동 시간이 길어지는 문제가 생긴다.

기본적인 보상 회로를 설명하였지만 이외에도 매우 다양한 여러 가지 보상 방법들이 제안되어 왔으며 구동을 보다 간단하게 하고 배선을 줄이는 회로들도 있으며 외부에서 특성 변화를 보상하는 방법들도 적용이 되고 있다.

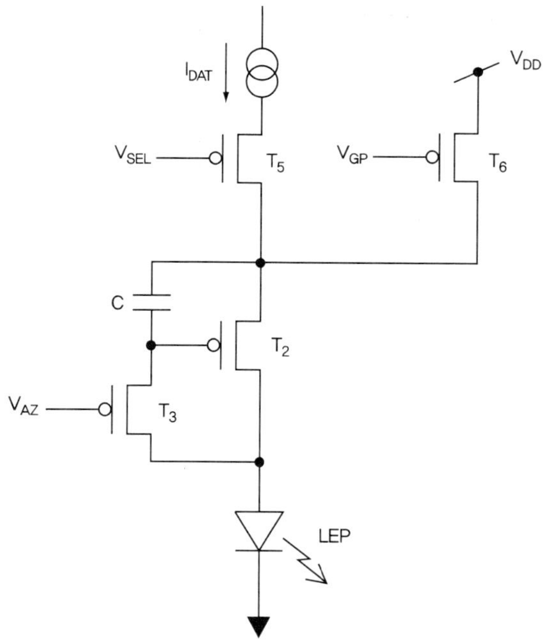

그림 5.42
전류기입 화소회로의 구성

3.4.3 IR drop 보상

OLED에 흐르는 전류가 화소의 밝기를 결정하는데 화소에 가해지는 전원전압에 의해 화소의 OLED 에 전류가 흐르고 VDD 라인을 따라 흐르는 전류에 의하여 VDD 라인의 저항 때문에 전압강하가 생긴다. 라인의 저항에 전류값을 곱한 만큼 전압강하가 생기게 되어 VDD라인 입구에서 멀어질수록 전압강하가 점점 증가한다. 거리가 멀어질수록 저항이 증가하게 되어 전압강하가 증가하게 된다. 따라서 전압 기입을 할 때 거리가 먼 쪽일수록 가해준 전압보다도 낮은 전압이 걸리게 되어 이에 따른 밝기변화도 보상해 줄 필요가 있다. 이러한 전압 전류 곱에 의한 전압 강하(IR drop)도 보상하는 회로들도 사용이 되고 있다.

3.4.4 디지털 구동 화소 회로

그 외 OLED 의 밝기를 흑, 백 두 가지 밝기로만 사용하는 디지털 구동도 화질의 균일도를 향상 시키기 위하여 제안이 되었는데 이것은 OLED에 흐르는 전류를 밝은 모드와 블랙 모드 두 가지만 사용하고 밝기는 전류가 OLED에 흐르는 시간을 제어 하여 조절하는 것이다. 그림 5.43과 같이 신호 전압에 따른 밝기가 중간 밝기에서는 편차가 심하고 밝은 신호나 어두운 신호 양 끝에서는 편차가 적다는 것을 활용하는 것이다. 이러한 디지털 구동에서는 한 프레임을 그림 5.44와 같이 여러 개의 부 프레임으로 나누고 각 프레임에서의 흑, 백 두 가지 밝기의 조절로 중간 밝기를 구현 하도록 하고 있다. 그 외에도 여러 가지 다양한 디지털 구동 방법들이 제안되고 있다.

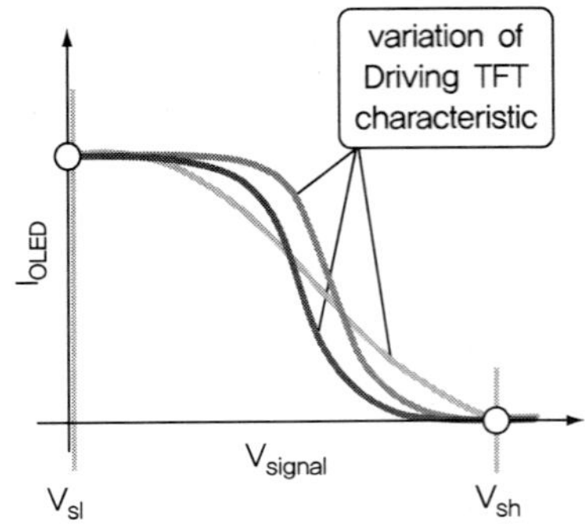

그림 5.43
OLED에 가해 준 시그널과 밝기의 관계

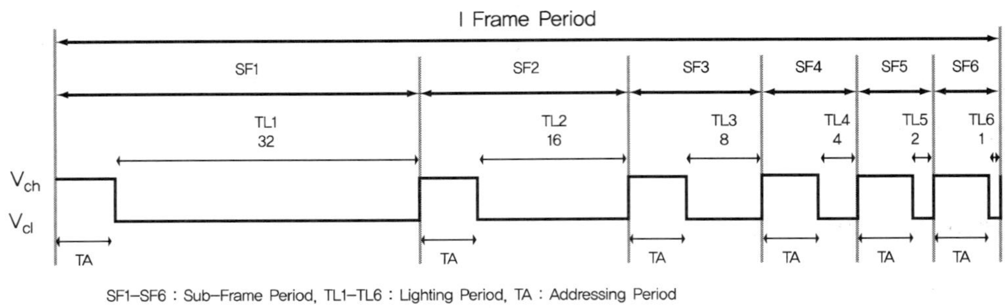

그림 5.44
여러 부 프레임으로 구성한 예

참고문헌

[1] TFT-LCD 패널의 구동과 설계(Design and Operation of TFT-LCD Panels) 다이아상 지음 두양사 권상직, 한형석 공역

[2] Cheng, Wei-Chung, Yu Hou, and Massoud Pedram. "Power minimization in a backlit TFT-LCD display by concurrent brightness and contrast scaling." Proceedings of the conference on Design, automation and test in Europe-Volume 1. IEEE Computer Society, 2004.

[3] Choi, Inseok, Hojun Shim, and Naehyuck Chang. "Low-power color TFT LCD display for hand-held embedded systems." Low Power Electronics and Design, 2002. ISLPED'02. Proceedings of the 2002 International Symposium on. IEEE, 2002.

[4] 조성민. "OLED 디스플레이 및 조명기술 현황." 조명· 전기설비 23.1 (2009): 25-32.

[5] 문대규. "OLED Displays and Lightings." 전자공학회지 35.8 (2008): 49-59.

[6] 이창희. "[특집: 디스플레이 Ⅱ] OLED 디스플레이 기술 동향." 광학과 기술 8.1 (2004): 13-21.

[7] 칼라 TFT 액정 디스플레이 대한전기학회 지음

[8] OLED display fundamentals and application Takatoshi Tsujimura 지음 Willey 출판

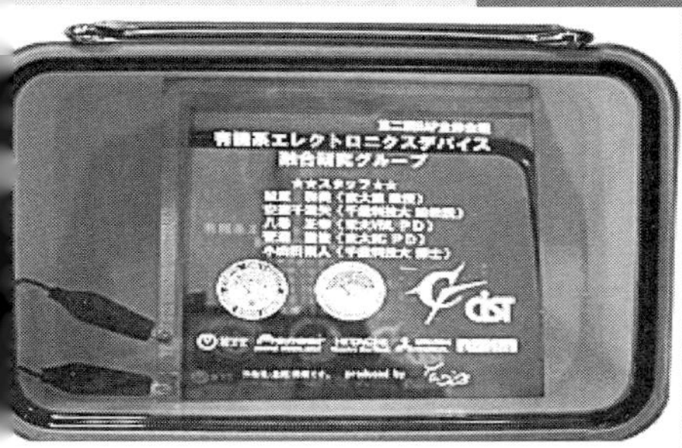

유기 발광 디스플레이 (Organic Light-Emitting-Diode, OLED)

Chapter 06

*1 Display Engineering

유기 발광 디스플레이의 소개 및 정의

2000년까지 디스플레이 시장에서 주류를 이루고 있던 CRT에서 디스플레이의 휴대화, 저소비전력화, 경량화, 평면화의 요구에 따라 평판 디스플레이에 대한 관심이 높아지면서 LCD로의 대체가 급속하게 이루어지는 한편, 차세대 평판 디스플레이 중 유기 EL[1]은 소형 디스플레이 시장에서 경쟁력을 지니고 있으며 기존의 LCD에 위협적인 경쟁자로 부상하고 있다.

유기 EL에서 EL은 주로 형광체에 전계를 인가하거나 혹은 전류를 흘려주었을 때 발광 재료의 자체 발광 현상이다. 최초 EL은 1920년대에 무기 EL에서 발견되었으며, 그 후 1953년 초에 유기 EL의 발광이 관측되었고, 1963년에 직류에서의 발광이 확인된 이후, 유기 EL의 본격적인 연구가 시작되었다. 1987년에 이르러 미국의 이스트만 코닥사가 저전압구동, 고휘도의 유기 EL 소자를 고안하여 수많은 기본 특허를 취득하였다. 제품화의 시초는 파이오니아로 1997년에 동북 파이오니아 회사의 유기 EL을 사용한 차량용 FM 문자방송 수신기의 디스플레이를 세계 최초로 실용화하였다.

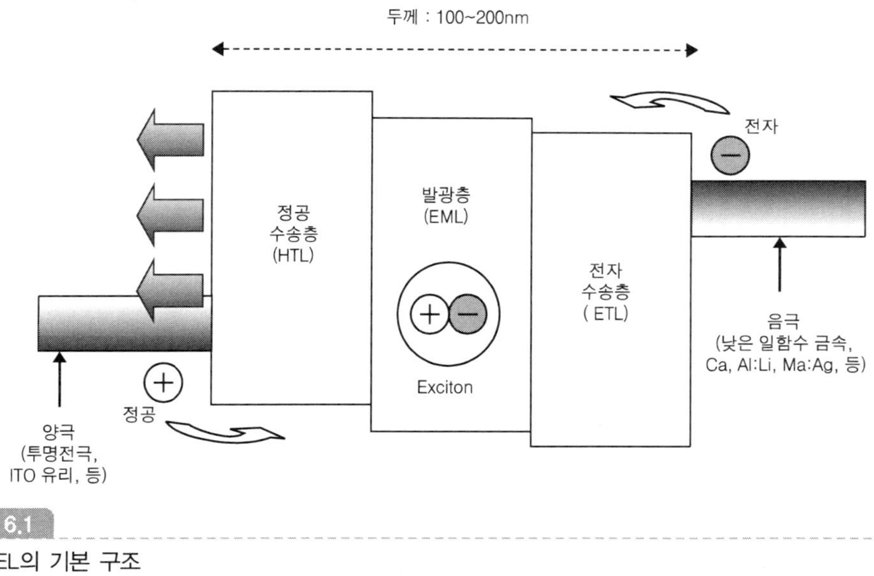

그림 6.1
유기 EL의 기본 구조

1) 유기 EL 명칭
현재 우리나라에서는 다음과 같이 다양하게 불리고 있다.
- 유기 전기 발광 소자
- 유기 EL(OEL ; Organic Electroluminescence)
- 유기 EL(OLED ; Organic Light-Emitting-Diode)
우리나라에서 현재 "유기전기 발광소자", "유기 EL(OEL)", "유기 LED(OLED)" 등으로 OLED의 명칭이 다양하지만 일본에서는 일반적으로 "유기 EL"이라고 부르는 것이 일반적이고 유럽이나 미국 등 특히 폴리머 재료를 다루는 사람들 간에서는 "유기 LED"라고 부르는 경우가 많다.

그림 6.1에 유기물을 이용한 발광 소자의 기본 구조를 도시하였다. 음극과 양극 금속 전극 사이에 두께 200nm 내외의 전자와 정공 수송층과 이들이 재결하여 발광하는 발광층으로 구성된다. 유기 EL은 유기물 박막에 음극과 양극을 통하여 주입된 전자와 정공이 유기 물질 안에서 자유롭게 돌아다니다가 재결합하여 여기자(exciton)를 형성하고 형성된 여기자로부터의 에너지에 의해 특정한 파장의 빛이 발생하는 현상을 이용한 것이다.

유기물층은 재료에 따라 저분자형과 고분자형으로 분류할 수 있다. 저분자형의 경우 재료의 특성이 잘 알려져 있어 개발이 쉽고 조기 양산이 가능하지만 수명이 짧고 발광 효율이 낮아 대화면화에 어려움이 있다. 반면에 고분자형은 저분자형에 비해 열적 안정성이 높으며 기계적 강도가 우수하고 자연색과 같은 색감을 지니면서 구동 전압이 낮기 때문에 디스플레이 응용에 유리하다. 그러나 재료의 신뢰성이 확보가 미흡해 고분자 소재에 대한 활발한 연구가 진행중이다. 또한 유기 EL은 소자의 구동 방식에 따라 수동형(PM)과 능동형(AM)으로 구분할 수 있다. 수동 구동은 순간적으로 유기 EL 소자를 높은 밝기로 발광하도록 하지만 능동 구동은 유기 EL을 원하는 밝기에서 지속적으로 발광할 수 있다. 그러므로 수동 방식의 경우는 해상도가 높아짐에 따라 순간 발광 휘도가 더욱 높아져야 하며, 짧은 시간 동안에만 소자를 동작시켜야 하므로 전력 소모가 증가하여 대면적화에 적합하지 않다. 반면에 능동 구동은 유기 EL 소자에서 지속적으로 발광하므로 낮은 전류로 구동이 가능하며 또한 픽셀 형성 공정이 수동 구동에 비해 간단하고, 고해상도의 패널을 제작할 수 있다. 그러나 능동 구동은 하나의 유기 EL 소자당 한 개 이상의 트랜지스터를 사용하여야 하므로 이를 필요로 하지 않는 수동 구동에 비해 제조 공정도 복잡할 뿐만 아니라 비용도 많이 든다.

표 6.1 유기 EL의 구분

구 분		장 점	단 점	원천기술 보유
유기 EL 발광 재료	저분자	조기 양산화 가능	복잡한 제조 공정, 대화면 곤란	Eastman Kodak
	고분자	Flexible 기판 사용 가능, 고색상 가능	재료의 신뢰성 미흡	CDT
구동 방식	수동형	저가격, 단순 제조 공정	고소비 전력	파이오니아
	능동형	대화면 용이, 저소비 전력	고가격	산요

유기 EL의 경우 10인치 급 이하의 중, 소형 디스플레이로서 시작한 디스플레이이다. 특히 FED 등에 비하여 더욱 신속히 발전하고 있으며, 이의 원인은 유기 LED 고유의 특징 및 이점에서 비롯되고 있다. 즉, LCD가 액체, PDP가 기체, FED가 진공 매개체를 사용하는 반면에, 유기 LED는 완전한 고체 상태(solid-state)의 소자이며, 따라서 내구성

이 우수하다. 동작 특성면에서 볼 때, 자체 발광형 소자로서 휘도와 효율이 높고, 대조비(contrast)가 우수하고, 시야각이 넓으며, 후면광(backlight unit)이 불필요하다. 또한, 동작 속도가 빠르고 동작 전압이 낮은 장점이 있다. 무기 EL과 비교해보면 무기 EL은 대면적화가 어렵고, 높은 구동 전압을 필요로 한다. 또한 청색 발광의 어려움을 가지고 있어 현대 디스플레이에 필수적으로 요구되는 full-color화가 어렵다. 그러나 유기 EL의 경우는 발광 재료에 있어서 다양한 재료가 있고, 또한 다양한 색상이 있다. 이것은 무기 EL보다 훨씬 우수해서 컬러화가 용이하다. 이외에도 대면적화 가능, 뛰어난 휘도와 발광 효율 등을 들 수 있다. 유기물로 구성되는 수송층과 발광층은 저분자(small molecule) 유기물과 고분자(polymer) 유기물로 구성가능하며, 표 6.2에 유기 EL과 무기 EL의 장단점과 전망을 비교 요약하였다.

표 6.2 유기 EL과 무기 EL의 장단점 비교

구분	저분자 유기 EL	고분자 유기 EL	무기 EL
재료	Athracene, Alq3	PPV, PPP, PT	ZnS, GaN, SiC
장점	발광 효율 우수 풀컬러 가능 다층막 형성 가능 픽셀화 용이 대면적화 가능	낮은 구동 전압 기계적 강도 우수 편광발광 가능 대면적화 가능 박막 공정 용이	내충격성 내구성 내환경성
단점	결정화 기계적 강도 낮음 다층막 간의 상호 확산	픽셀화 쉽지 않음 다층막 형성 어려움	높은 AC 구동 전압 청색 발광 어려움 고가
전망	상용화 시장 확대 예상	연구 개발중	특수 분야 활용 중

* 2 유기 발광 디스플레이의 발광 재료 및 특성

Display Engineering

유기 EL 물질은 크게 저분자 유기 물질과 고분자 유기 물질로 나눌 수 있다. 그림 6.2에 유기 EL 디스플레이 구분과 장단점을 요약하였다.

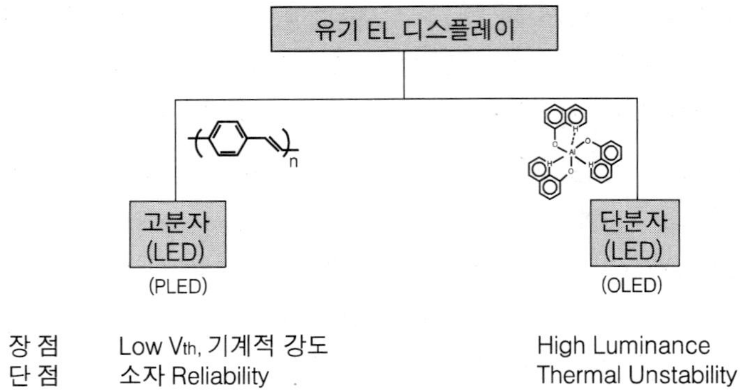

그림 6.2
유기 EL 디스플레이의 분류

(1) 저분자 유기 물질

저분자 유기 물질로는 청색을 내는 안드라센, phenyl 치환된 cyclopentadiene 유도체 그리고, DVPBi 등이 있으며 노란색(580nm)를 발하는 1,2-phthalo-perinon 유도체 등과 가장 대표적인 물질로 초록색(550nm) 빛을 발하는 Alq3가 있다(표 6.3 참조). 이 물질에 유기물 색소를 doping함으로써 초록색부터 빨간색까지의 넓은 영역에서 빛을 낼 수 있으며 한 예로 DCM색소를 Alq3에 doping함으로써 적색 발광하는 물질 제조가 가능하다.

표 6.3 유기 저분자 재료

종류	Alq3	Anthracene	phenyl-치환된 cyclopentadiene	perylene
발광색	초록색(510nm~530nm)	청색	청색	빨강색

이러한 저분자 유기 EL은 앞부분에서 언급한 바와 같이 낮은 구동 전압과 비교적 큰 휘도를 낼 수 있는 장점을 가지나, 빛의 지속적인 발광면이나 안전성과 양자 효율면에서 해결해야 할 문제를 가지고 있다.

저분자 방식은 유기 발광 재료의 특성을 파악하기 쉬워 기술적으로 큰 어려움 없이 개발이 가능하다는 장점을 지니고 있으나, 진공 열증착(Thermal evaporation) 또는 기상증착(Vapor phase deposition) 등 진공 장비를 이용한 건식 공정을 거쳐야 하므로 대화면의 구현이 어렵고 생산성이 낮다는 단점을 지니고 있다. 이 방식은 미국의 Eastman Kodak사가 원천 특허를 지니고 있으며, 일본과 한국, 대만 등 아시아 지역을 중심으로 개발이 활발히 이루어지고 있다.

저분자 재료는 그 기능에 따라 정공 주입 및 전달 재료, 전자 전달 재료 또는 정공 속박 재료, 발광 재료로 나눌 수 있으며 발광 재료는 발광 기구에 따라 단일항 여기상태에서 유래되는 형광 재료와 삼중항 여기자에서 유래되는 인광 재료로 나눌 수 있으며 발광

색에 따라 청색·녹색·적색 발광 재료와 보다 나은 천연색 구현을 위해 필요한 노란색 및 주황색 발광 재료로 구분할 수 있다.

유기 EL에서 사용되는 모든 재료들의 바람직한 특성은 순도가 높아야 하고 진공증착이 가능해야 한다. 또한 유리 전이 온도와 열분해 온도에서 높은 열안정성을 나타내야 하며 소자 작동시 발생하는 줄(joule) 열로 야기되는 결정화에 의한 소자의 파괴를 방지하기 위해 무정형이어야 하며 인접한 다른 층과의 접착력은 좋은 반면 다른 층으로 이동하지 않아야 한다.

1) 정공 주입 및 전달 재료

정공 주입 재료는 양극으로부터의 정공 주입을 용이하게 해주는 재료다. 정공 주입 장벽을 낮추기 위해서는 양극인 ITO(Indium Tin Oxide)와 이온화 에너지(ionization potential)가 비슷하고 ITO와의 계면접착력이 높아야 한다. 외부양자 효율을 높이기 위해서는 가시광 영역에서의 흡수가 가능한 한 없어야 한다. 현재 사용되는 재료로는 프탈로시아닌구리(CuPc : Copper Phthalocyanine)와 PEDOT가 많이 알려져 있다. CuPc의 경우 열안정성은 우수하나 가시광 영역에서의 흡수가 문제가 되며 PEDOT는 스핀주조(spin casting)를 사용하므로 진공증착을 주공정으로 하는 단분자계 유기 전기 발광 소자의 공정 적용에는 무리가 있다.

정공 전달 재료는 정공을 쉽게 운반시킬 뿐만 아니라 전자를 발광 영역에 속박함으로서 여기자(exciton) 형성 확률을 높여주므로 정공 전달 재료는 위에서 언급한 기본 특성 외에도 정공 이동도가 높은 물질이 바람직하다고 알려져 있다.

이 계통의 물질로는 주로 정공이 주입되었을 때 생성되는 양이온 라디칼이 안정화될 수 있는 방향족 아민이 많이 사용되고 있으며 지금까지의 연구개발 방향은 가장 중요한 특성인 유리 전이 온도를 높이는 방향으로 전개되어 왔다.

전자 전달 재료는 음극으로부터 전자가 주입되었을 때 생성되는 음이온 라디칼이 안정화될 수 있는 전자당김체를 보유하고 있는 화합물이나 전자를 잘 수용할 수 있는 금속 화합물이 주로 사용된다. 전자당김체를 보유하고 있는 화합물로는 시안기·옥사디아졸·트리아졸과 같이 공명에 의해 전자를 잡아당기는 작용기를 포함하고 있는 화합물과 Alq3와 같은 화합물이 많이 사용된다. Alq3는 가장 많이 사용되고 효과적인 전자 전달층이나 다른 층으로 이동하기 때문에 문제가 되므로 종종 다른 목적과 병행하여 음극과의 사이에 전자 주입층 또는 절연층을, 발광층과의 사이에 정공 속박층을 두는 경우도 있다.

2) 발광 재료

일반적으로 발광 재료는 빛의 삼원색인 적색·녹색·청색만 있으면 우리가 원하는 거의 모든 색을 발현할 수 있으나 빛을 혼합하는 경우 흰색에 가까워져 색도가 떨어지는 경우가 있으므로 완벽한 총천연색 구현을 위해서는 노란색과 주황색을 구비하는 것이 좋다. 또한 발광재료로 한 재료만을 적용하는 경우 색순도와 발광 효율이 떨어지는 단점이 있다.

사용되고 있는 전기 발광 재료 중 가장 먼저 개발된 재료로 실용화에 충분한 발광 특성을 나타내고 있는 재료가 녹색 발광 재료인 Alq3이다. Alq3는 87년 코닥에서 발표한 재료로 발광 특성은 최대 효율은 15Cd/m^2 이상이며 이들 유도체 중 수정된 Alq3가 가장 발광 효율이 높은 것으로 알려져 있다. 이 외에도 몇 가지의 녹색 발광 유기 재료가 발표되었으나 발광 특성면에서 Alq3에 미치지 못한 것으로 보고되고 있다.

발광 재료 중 가장 효율이 좋다고 알려진 재료가 Idemitsu의 디스트릴(distryl) 화합물이다. 알려진 구조로는 DPVBi가 있으나 수정된 DPVBi계 화합물이 발광 특성이 더 좋은 것으로 알려져 있다.

개발된 유기 청색 발광 재료로는 소니의 13인치 시제품에서 사용한 청색 발광 재료는 구조가 알려지지 않았지만 현재까지 보고된 재료보다 발광 효율 및 색순도 면에서 우수한 것으로 알려져 있다. 그러나 이러한 유기 청색 발광 재료는 색순도 및 효율의 장기적 열안정성에 문제가 있어 실용화에 충분한 수명을 갖지 못하는 단점이 있다.

유기 금속 화합물계 청색 발광 물질도 일본과 우리나라 기업을 중심으로 많이 발표되고 있다. 그러나 이들은 화학적 안정성의 결여, 정제의 어려움, 낮은 색순도 특히 고휘도시 넓은 발광파장대로 인한 백색화 등의 단점을 가지고 있다.

발광 재료는 본질적으로 낮은 발광 효율(예 : 양자 효율이 100%라 할지라도 620nm, 5V에서 효율이 5lm/W밖에 되지 않음), 고농도시 확장된 파이전자를 통한 분자간 상호작용에 의한 발광감쇄(quenching) 효과, 넓은 발광 대역으로 인한 색순도의 저하 등의 단점을 가지고 있으며 이로 인해 단독으로 사용되기보다는 host 물질에서부터 dopant인 적색 발광 물질로의 에너지 전이를 이용함으로써 효율을 높이는 방법을 사용해 왔다.

그러나 이 방법도 host에 의한 발광과 높은 전압시 적색 발광 재료에서의 트래핑(trapping) 효과의 증가 등의 문제점이 있어 적색 발광 재료는 최근까지 실용화에 가장 문제가 많은 발광 재료로 인식되어 왔다.

발광 물질로 하나의 물질만을 사용하는 경우 분자간 상호작용에 의해 최대 발광파장이 장파장으로 이동하고 장파장에서의 둔덕 피크가 생겨나 색순도가 떨어지거나 효율이 떨어지게 된다. 색순도의 증가와 에너지 전이를 통한 발광 효율을 증가시키기 위해 host/dopant계를 사용한다.

화합물 내에서 전자의 여기상태는 일중항 상태와 삼중항 상태가 있다. 일중항 상태의 확률은 4분의 1이며 삼중항 상태의 확률은 4분의 3이다. 일중항 상태에서 기저 상태로 떨어지는 것이 형광이며 삼중항 상태에서 기저상태로 떨어지는 것이 인광이다.

그러므로 형광을 이용한 발광 재료의 내부양자 효율의 한계치는 25%이고 인광을 이용한 발광 소자의 내부 양자 효율 한계치는 75%이다. 또한 여기된 삼중항 상태에서 여기된 일중항 상태로 에너지 전이가 일어나는 체계에서는 내부 양자 효율의 이론적 한계치가 100%에 달한다(형광을 이용한 소자의 경우에도 내부 발광 효율이 25%를 초과하는 경우가 있어 여기에 대해서는 학자에 따라 약간 다른 의견이 있다). 이러한 점을 이용해 발광 효율을 개선한 발광 재료가 인광 발광 재료이다. 전기 인광 재료로는 일중항 또는 삼중항 여기상태에서 삼중항 여기상태로의 계간 전이(intersystem crossing) 또는 에너지 전이가 잘 일어나는 원자번호가 큰 전이금속이 중심 원자로 있는 유기금속화합물이 바람직하다. 현재까지 알려진 재료로는 이리듐(Ir)·백금(Pt)·유로피움(Eu)·터비움(Tb)계 화합물 등이 있다. 유로피움 및 터비움계 화합물은 발광대역폭이 매우 좁다는 면에서는 우수하나 안정성이 낮아 진공증착이 어려우며 전하 이동도가 낮아 효율이 떨어지는 단점이 있다.

이리듐 화합물을 host로 코닥의 적색 발광 물질을 dopant로 사용한 적색 발광소자의 경우 외부 양자 효율이 약 1%에서 4%로 증가했다. 인광 재료를 이용한 소자의 경우 가장 큰 단점은 저전류 밀도에서의 효율은 충분히 실용화할 수 있을 정도로 매우 높으나 고전류 밀도에서의 효율은 삼중항 여기상태의 포화로 인한 소멸 현상으로 효율이 급격하게 감소하는 단점이 있다. 이러한 단점을 개선하기 위해서는 dopant인 발광체의 삼중항 또는 단일항 여기상태의 수명이 짧아야 하며 host의 삼중항 또는 단일항 여기상태의 수명은 길고 계간 전이가 잘 일어나는 재료가 바람직하다.

현재까지 개발된 발광 재료의 특성과 실용화를 위해 요구되는 발광 특성을 고려할 때 충분히 실용화할 수 있는 발광 재료는 녹색이며 적색은 발광 효율이, 청색은 수명이 문제시되고 있다. 적색의 경우는 인광을 이용한 전기 발광을 이용하면 충분한 효율을 얻을 수 있으나 인광의 농도소멸이 일어나는 고휘도에서는 발광 효율이 급격히 떨어지므로 고휘도를 요구하는 수동형 소자에서는 문제가 되고 있으나 고휘도를 필요로 하지 않는 능동형 소자의 경우 충분하다고 볼 수 있다.

(2) 고분자 유기 물질

전통적으로 전자 소재로서의 고분자 재료는 전기를 흐르지 않게 하는 부도체 성질을 이용한 응용에 많이 치중되어 왔다. 반도체 소자의 패키징 재료나 포토레지스트 재료들이 이러한 범주에 속할 것이다. 전통적인 관점에서 볼 때 고분자 재료도 전기를 통할 수 있다는 전도성 고분자의 출현은 매우 획기적인 것이다.

전도성 고분자는 1977년 일본의 히데키 시라카와 교수팀이 우연한 계기로 폴리아세틸렌을 합성하고 이 고분자가 산화도핑에 의해서 금속 수준의 전도도까지 나타낼 수 있다는 것이 보고되면서 세상에 알려지기 시작했다. 그 후 1987년 Eastmann Kodak에서 aluminaquinone이라는 π-공액 구조를 갖는 색소로 제작된 소자에서 EL이 발견되었고 1990년 영국의 케임브리지 대학에서 poly(p-phenylenevinylene)이라는 π-공액 고분자(conjugated polymer)에서 EL이 관찰되어 고분자를 이용한 EL에 대한 연구가 급격히 활발해졌다. 고분자 유기물은 저분자 유기물에 비해 기계적 강도가 좋고, 열안정성이 높으며 유기물과 같이 합성 경로가 다양하여 합성된 분자의 성질이 그대로 나타나므로 청색 발광이 용이하여 총천연색(full color)화가 가능하다.

전기 발광 소자를 이용한 디스플레이는 가장 상업화에 가까운 고분자 반도체의 응용 분야라고 할 수 있다. 고분자를 이용하는 전기 발광 디스플레이는 저분자를 이용한 전기 발광 디스플레이와 구별하기 위해 OLED라는 용어 대신 PLED(Polymer Light Emitting Diode)라는 용어를 사용한다.

유기 EL에 활용되는 고분자 소재는 저분자 소재와는 다른 특성들을 가지고 있다. 분자 집합체의 총 무게인 분자량은 저분자 소재에 비해 고분자 소재가 통상 만배 이상 높다. 따라서 저분자 소재에 비하여 고분자 소재는 열적 안정성이 높으며 기계적 강도가 좋다. 박막 제조 공정면에서도 두 소재는 큰 차이를 보인다. 저분자 소재는 진공 열 증착(Thermal evaporation) 또는 기상 증착(Vapor phase deposition) 등 진공장비를 이용한 건식 공정을 거치는 반면 고분자 소재는 적절한 용매에 녹인 후 회전도포, 프린팅 등의 방법으로 박막을 형성하는 습식 공정을 거치게 된다. 따라서 고분자 소재는 저분자 소재의 진공 장비를 이용하면서 생기는 투자비 증가, 디스플레이 크기의 한계 등에 대한 문제점을 해결할 수 있는 기술로 사용될 수 있다.

또한 고분자 전기 발광 소자를 제작했을 경우 구동 전압이 저분자로 제작된 소자보다 낮기 때문에 디스플레이 응용에 유리하다고 할 수 있다. 고분자 소재는 발광 색상의 변화를 줄 수 있는 방법이 매우 다양하다. 여러 가지 치환체를 사슬에 도입하는 방법, 사슬 내의 공액길이를 조절하는 방법, 사슬 내에 여러 모양의 고리를 도입하는 방법, 서로 다른 색을 내는 발광 재료를 블렌딩하는 방법 등 여러 가지 방법으로 청색에서 적색, 백색까지 색상을 다양하게 낼 수 있다.

고분자 소재가 장점만을 갖고 있는 것은 아니다. 고분자 소재는 저분자 소재에 비해 순도를 높이기가 쉽지 않다. 이것은 고분자를 합성하는 중합 과정에서 첨가되는 촉매가 완전히 제거되지 않는다거나, 화학적으로 구조가 약간 변형된 유도체의 형성 등에 의한 불순물이 잔존하는 까닭이다. 이러한 문제점이 있음에도 고분자 소재가 유기 EL 소재로 지속적인 관심을 끄는 이유는 대화면 디스플레이로의 응용면에서 저분자 소재에 비해 높은 가능성을 갖고 있기 때문이다.

1) 발광 재료

π-공액 고분자는 일중 결합(혹은 σ-결합)과 다중 결합(혹은 π-결합)이 교대로 있는 화학 구조를 가지고 있어서, 이들 화학 결합에 의해 편재화되지 않고 결합 사슬을 따라 비교적 자유롭게 움직일 수 있는 π-전자를 가지고 있다. 공액 고분자들과 이들의 화학 구조는 그림 6.3과 같다.

대표적인 고분자 유기 물질로는 PPV(poly(p-phenylenevinylene)와 그 유도체, PPP (poly(p-phenylene))와 그 유도체 , PT(polythiophene)와 그 유도체 등이 있다.

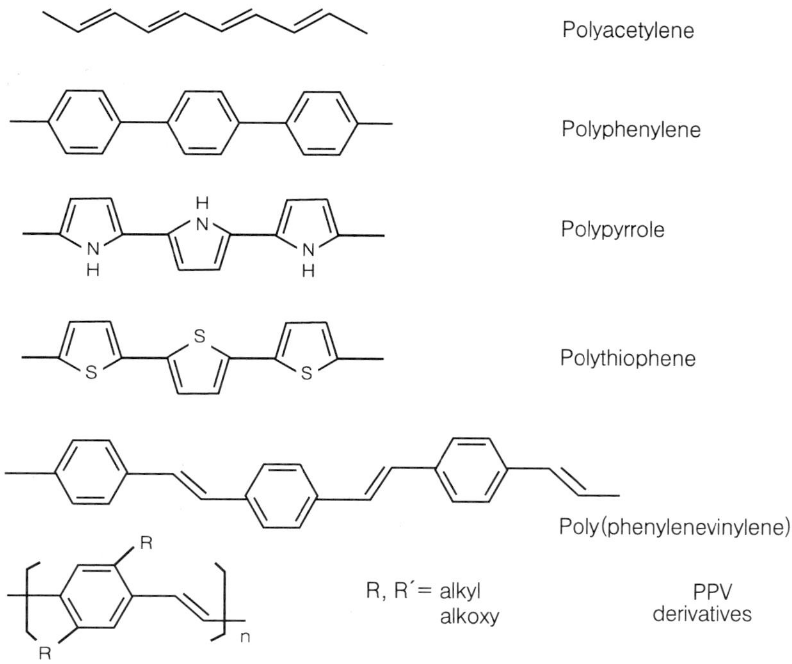

그림 6.3
공액 고분자들과 이들의 화학 구조

– poly(p-phenetlenevinylene) : PPV

PPV는 유기 용매에 잘 녹으며 분자량도 큰 중합체를 얻는 방법으로, PPV의 PL최대 peak는 540nm로서 녹색의 빛을 발하며, 발광 효율은 0.1%이고 약 14V정도의 전압 공급을 해줌으로써 전류가 흐르기 시작한다.

최근 용해도를 증가시키기 위해 PPV의 페닐기에 알킬기나 알콕시기를 치환하여 만든 MEH-PPV(poly(2-methhoxy-5-(2-ethylhexyloxy)-1,4-pheneylenevinylene))에 관심이 집중되고 있으며 이 MEH-PPV는 일반적인 유기 용매에 잘 녹아 박막 형태로의 가공이 가능하며, MEH-PPV의 자외선 최대 흡수 파장은 510nm이며, PL스펙트럼은 PPV에 비해 장파장쪽으로 이동하며 약 590nm에서 최대 peak를 나타낸다. 그리고 MEH-PPV의 전류-전압 특성으로부터 약 4V의 낮은 구동 전압에서 전류가 흐르기 시작하는 장점을 지니며 이 유도체의 발광 효율은 1% 정도이다.

비교적 낮은 발광 효율을 높이기 위하여 PPV에 전자 친화력이 큰 치환체인 CN을 도입함으로써 CN-PPV가 개발되었고 PPV의 공액 길이를 균일하게 조절한 CNMBC (conjugated-nonconjugated multiblock copolymer) 고분자를 개발하여 PPV와 PPV 유도체들의 문제점이던 청색 발광이 가능해졌다.

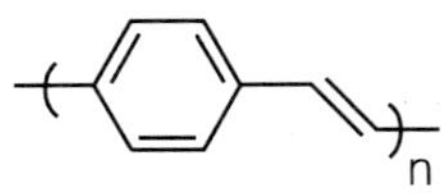

그림 6.4

PPV

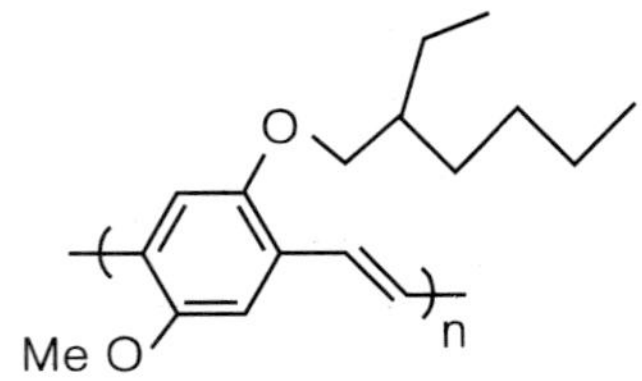

그림 6.5

MEH–PPV

– poly(p–phenylene) : PPP

PPP는 내구성과 내열성이 좋은 고분자로 오직 한 형태만을 가지고 있고 어느 정도 합성방법에 의해 PPP의 성질은 조절이 가능하며, 매우 높은 결정성을 갖고 있다. 또한 다루기가 어렵고 잘 녹지 않으며, 공기 중 450도까지 안정한 특성을 가진다. PPP의 전구체를 사용해 만든 소자의 전류–전압 특성을 살펴보면 약 10V의 구동 전압이 필요하고 발광 효율은 약 0.01%~0.05% 정도이다. PPP에서 측정된 발광 범위는 약 460nm로 청색을 발광한다.

전구체를 통해 얻어진 PPP의 경우 최종 생성물이 잘 녹지 않아 가공성이 좋지 않다. 이러한 단점을 극복하기 위해 PPP 물질에 알킬기나 알콕시기를 치환기킴으로써 가용성 물질의 PPP 합성이 연구되어 발광 효율면이나 유기 용매 용해성 등에 장점을 갖게 되었다. 또한 대부분의 PPP 계열의 고분자 재료를 이용한 소자를 만들므로 초록색 발광을 얻을 수 있으며 낮은 구동 전압으로도 작동이 가능하고, pi–공액 정도를 조절하여 발광색을 청색–노란색에 걸쳐서 제어할 수 있다.

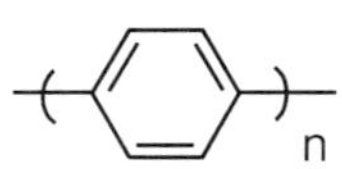

그림 6.6

PPP 구조

– polythiophene : PT

PT와 그 유도체는 화학적 방법과 전기 화학적 방법으로 합성이 가능하며, 공기중이나 수분에 대해 매우 안정한 특성을 가지고 있다. PT는 치환된 알킬기의 길이, 온도, 그리고 용매에 따라 발광 파장과 방출세기가 다른데, 한 예로 poly(3–thiophene)의 경우 온도가 증가함에 따라 흡수 peak가 자외선 흡수 스펙트럼에서 단파장쪽으로 이동하며, 광발광세기도 증가한다.

PT와 그 유도체의 pi–pi전이는 약 480nm에서 520nm에 걸쳐 있고 흡수 peak는 600~650nm 영역 사이이며, thiophene 고리에 붙은 치환체의 종류를 달리함에 따라 흡수 peak 파장을 변화시킬 수 있다.

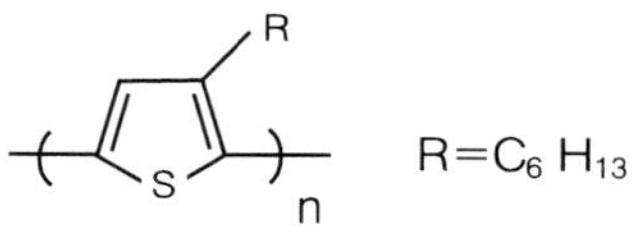

그림 6.7
PT 구조

다음은 고분자 유기 EL 물질의 분류표이다.

표 6.4 고분자 유기 EL 물질

종 류	PPY	MEH-PPV	CN-PPV	CNMBC	PDSiPV	SiPPV
최대 Peak	PL(540nm, 녹색)	PL(590nm, 적색)	PL(710nm, 적색)	EL (청색)	PL(470nm, 청록색)	EL(440nm, 청색)
발광 효율 (%)	0.1%	1%	4%			
구동 전압 (V)	14V	4V			23V	10

종 류	SiPVKPPV	PPP	알콕시기 치환된 PPP	PDHFMPV PDHFPPV	polyalkythiophene
최대 Peak	EL(450~480nm, 청색)	PL(460nm, 청색)	PL(420nm, 청색)	PL(440~550nm) EL(426~482nm)	PL(590nm, 빨간색)
발광 효율(%)		0.01~0.05%			
구동 전압(V)	10V	10V	10V	10V	

고분자 발광 재료의 발전은 고분자 전기 발광 소자의 상업화에 있어서 매우 중요한 부분을 차지해왔다. 화학자들에 의해서 다양한 구조의 고분자들이 개발되었으며, 이러한 연구들을 토대로 응용성을 갖춘 재료들이 나타나기 시작하고 있다. 특히, 고분자 전기 발광 소자에서 가장 문제시 되어왔던 소자의 수명 문제도 재료의 고순도화를 통해서 어느 정도 해결되어 가고 있으며 이러한 결과는 다시 소자 성능에 피드백 되어 더 높은 수준의 소자 성능 개발에 큰 역할을 하고 있다. 고분자 EL 소자는 표시 소자로 이용될 경우, 길이가 수 m일 정도로의 대형화와 넓은 각도에서 볼 수 있는 평면화 및 화면을 구부릴 수 있는 곡면화가 용이하며, 휘도가 높은 것도 하나의 장점이다. 또한 발광 효율이 높아지게 되면 디스플레이 소자 뿐 아니라 레이저 다이오드로의 응용 가능성도 예측할 수 있다.

유기 발광 디스플레이의 구조 및 동작 원리

3.1 구조 및 동작 원리

(1) 적층 구조

유기 LED는 기본적으로 그림 6.8과 같이 기판(유리, 플라스틱 등)과 상부 및 하부 전극(양극 및 음극), 그리고 두 전극 내에 유기 발광층이 삽입되어 있는 구조로 되어 있다. 유기 EL의 적층 구조는 크게 단층(single-layer)과 다층(multi-layer)으로 나눌 수 있는데 그림 6.8 (a)와 같이 한 개의 유기층이 존재한다고 하여 단층 구조라 하며, 그림 6.8 (b)와 같이 전하의 주입을 더욱 활성화시키기 위하여 발광층의 상부 및 하부에 각각 전자 전송층(Electro transport layer), 정공 전송층(Hole transport layer) 등을 적층화한 구조를 다층 구조라고 한다. 다층 구조는 캐리어들이 직접 주입되지 않고 전송층 통과라는 2단계 주입 과정을 통해 구동 전압을 낮출 수 있다. 또한 발광층에 주입된 전자와 정공이 발광층을 거쳐 반대편 전극으로 이동시 반대편 전송층에 막힘으로써 재결합 조절이 가능하며 전자와 정공 재결합에 의해 생성되는 singlet excition이 전극과 발광층 사이의 경계면에서 형성되어 물질의 발광을 감속하는 현상을 막을 수 있다. 이를 통해 발광 효율은 높일 수 있다.

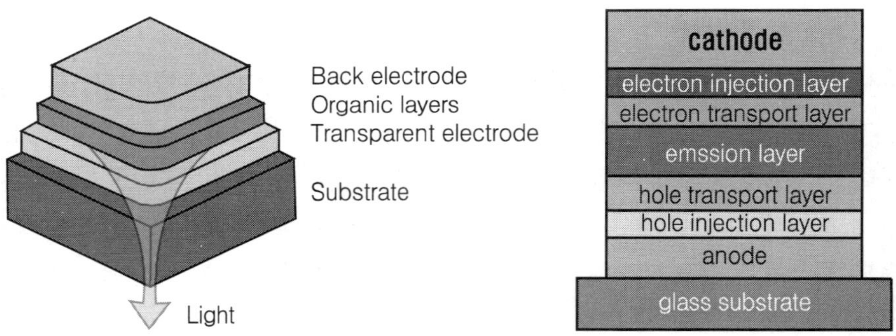

(a) (b)

그림 6.8
단층 및 다층 구조의 유기 ELD

(2) 발광 메커니즘

고분자에서의 EL은 다음과 같은 과정을 거쳐 일어나는 것으로 설명된다. 먼저 고분자 EL 소자의 가장 간단한 구조는 다음 그림 6.9에 나타난 것과 같이 발광 공액 고분자 박막이 일함수가 높은 금속 전극과 낮은 금속 전극 사이에 존재하는 형태이다.

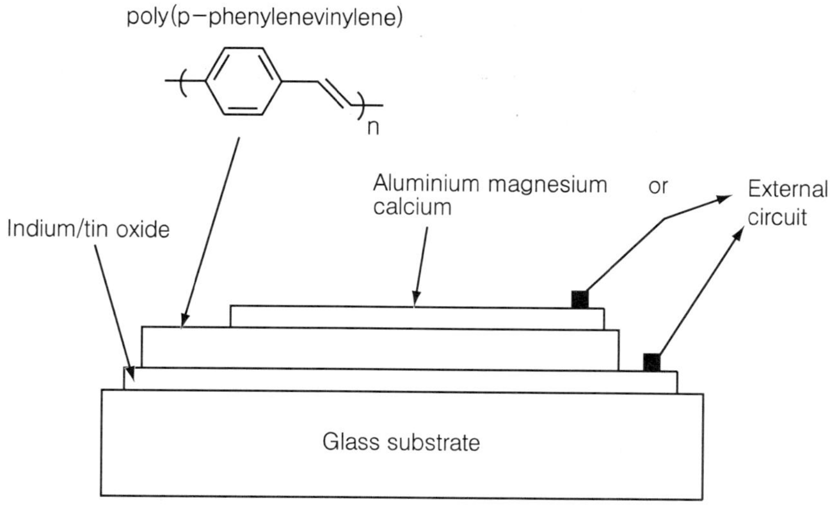

그림 6.9
고분자 EL 소자의 기본 구조

일함수가 높은 금속은 정공 주입 전극으로, 낮은 것은 전자 주입 전극으로 쓰인다. 발광된 빛이 소자 밖으로 나오게 하기 위하여 기판과 한 쪽 전극이 발광 파장 영역에서 흡수가 거의 없는 투명한 것을 사용한다. 투명한 전극으로 인듐주석산화물(ITO)이 많이 쓰이고, 이 금속의 일함수가 크므로(약 5eV) 통상 정공 주입 전극으로 많이 쓰인다.

먼저, 일함수가 높은 전극을 양극으로 하고 일함수가 낮은 전극을 음극으로 하여 순방향 바이어스를 소자에 가함으로써 정공과 전극을 발광층에 주입한다. 이때 전자는 음극에서 전도띠(LUMO, lowest unoccupied molecular orbital)로, 정공은 양극에서 전도띠(LUMO, highest occupied molecular orbital)로 주입된다(운반자 주입단계). 다음에 전자와 정공이 발광층 내에서 전자−격자 상호 작용(electron−lattice interaction)으로 각각 음성 및 양성 폴라론을 생성한다(운반자 완화 단계). 생성된 폴라론들은 고분자 사슬을 따라 반대 전극을 향하여 이동하다가(운반자 이동 단계), 사슬 내에서 서로 만나면 폴라론−여기자(singlet polaron exiciton)를 생성한다(여기자 생성 단계). 이들 여기자가 발광 소멸을 하게 되면 폴라론의 에너지 갭에 해당하는 빛이 발생하게 된다(발광단계). 따라서, 발광이 효율적으로 이루어지기 위해서는 양극에서의 정공의 주입 및 수송 정도가 음극에서의 전자의 주입 및 수송 정도와 균형이 잘 맞추어져야 한다. 이 과정을 PL의 경우와 비교하여 도식적으로 나타내면 다음 그림 6.10과 같다.

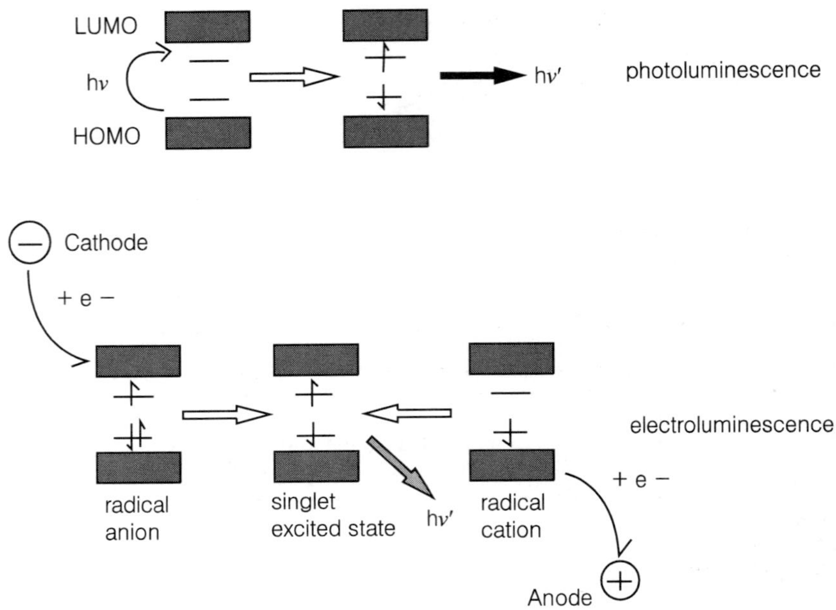

그림 6.10
전기 발광과 광발광 원리 비교도

(3) 발광 효율

소자의 발광 효율은 크게 내부 양자 효율과 외부 양자 효율로 구분하며, 소자의 소수 운반자의 전류밀도에 의해 조절 가능하며, 외부 효율의 경우 빛세기-전류 특성 곡선으로부터 결정된다.

내부 양자 효율은 외부 전극으로부터 주입된 캐리어 수에 대한 소자 내부에서 발생한 포톤 수의 비로 다음과 같은 식으로 표현할 수 있다.

$$\eta_{int} = \eta_{injection} \times \eta_{recombination} \times \eta_{fluorescence}$$

ηinjection은 회로에 흐른 전자수에 대한 소자 내에서 형성된 exciton의 수의 비, η recombination은 소자 내에서 형성된 exciton 수에 대해 생성된 singlet exciton 수의 비이다. 마지막으로 ηfluorescence는 singlet exciton 수에 대한 발광에 소요된 exciton 수의 비를 나타낸 것이다.

외부 양자 효율은 실험적으로 측정한 발광 효율로써 발광 물질의 굴절률(n)에 의해 영향을 받는다.

$$\eta_{ext} = \eta_{int} / 2n^2$$

소자의 발광 효율, 즉 양자 효율을 극대화하기 위한 방법이 크게 두 가지가 있는데, 첫째는 고분자의 LUMO 준위와 음극의 페르미(Fermi)준위를 맞추거나, 둘째로는 전자와 정공의 만남이 전극 근방에서 이루어지지 않고 발광층 중앙 부근에서 만나도록 전자나 정공의 이동을 조절하는 것이다.

표 6.5 MEH-PPV로 된 발광층 단층 소자에서의 음극 금속의 일함수에 따른 양자 효율의 변화

금 속	일함수 (eV)	양자 효율 (%)
Ca	2.87~3.00	4×10^{-3}
In	4.12~4.20	1.6×10^{-4}
Ag	4.26~4.74	1.8×10^{-4}
Al	4.06~4.41	8×10^{-5}
Cu	4.65~4.70	8×10^{-6}
Au	5.1~5.47	5×10^{-7}

첫째 방법은 음극을 일함수(work function)가 작은 것을 쓰거나, 혹은 고분자를 전자 친화력(electron affinity)이 큰 것을 사용하여 장벽 높이를 줄이는 것이다. 장벽 높이를 수십 분의 일 eV를 변화시켜도 작동 전압 및 발광 효율에는 크게 영향을 준다. 그러므로 발광 고분자와 전극 금속을 잘 선택하여 고분자의 HOMO와 LUMO 준위를 정공 주입 전극이나 전자 주입 전극의 페르미준위와 각각 잘 맞춰지게 하면 5V 이하의 작동 전압을 얻는 것은 어렵지 않다. 표 6.5에 의하면 음극으로 일함수가 큰 것으로부터 작은 것을 사용함에 따라 양자 효율이 증가하는 것을 알 수 있다.

그러나, 일함수가 작은 금속은 공기나 습기에 치명적으로 약한 결함을 갖고 있어 사용에 제약을 받는다. 따라서, Al과 같은 통상적인 금속을 음극으로 사용하면서 전자 친화력이 큰 발광 고분자를 사용하면 양자 효율을 높일 수 있다.

둘째 방법은 소자 구조가 밴드 갭이 다른 두 개의 이상의 고분자를 써서 이종 접합 구조(heterostructure)를 이루게 하는 것이다. 이 구조는 전자의 이동도가 정공의 이동도보다 낮기 때문에, 이들의 효과적인 만남이 이루어지게 하기 위해서는 정공의 이동을 억제함으로써 국재적인 전하 밀도를 크게 하여 공간 전하장(space-charge field)에 의해 전자의 주입이 용이하게 하고 전자의 수송 능력이 좋은 물질을 이용하여 정공과 재결합할 수 있는 충돌 반경 내로 빨리 들어오게 함으로써 발광 효율을 높이는 것이다. 이종 접합 구조는 전하 수송층(charge transport layer)을 발광층과 전극 사이에 도입함으로써 만들 수 있다[그림 6.11].

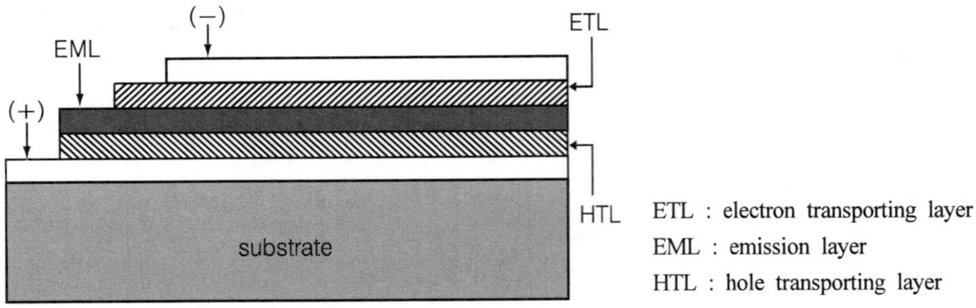

그림 6.11
전하 수송층을 포함한 소자의 구조

전하 수송층은 전자 수송층(EML : electron transport layer)과 정공 수송층(HTL : hole transport layer)이 있으며 전하 수송층은 다음과 같은 몇 가지 작용을 한다.

- 전하 수송층은 운반자들을 발광 고분자로 효율적으로 수송시켜줌으로써 발광 고분자 내에서 발광 결합의 확률을 크게 하는 것이다.
- 전하 수송 물질의 HOMO나 LUMO 준위가 발광 고분자의 것과 어느 정도 어긋남으로써 운반자의 이동을 억제하는 작용을 한다. 예를 들면, ETL은 발광층과의 계면에서 정공의 흐름을 억제하고 이에 ETL 내에 전기장이 증가되어 음극으로부터의 전자 주입이 개선된다.
- 발광 고분자 내에서 정공 이동도가 전자의 것보다 좋으므로 일중항 여기자를 형성하기 위한 발광 재결합이 음극 가까이에서 주로 일어나게 되는데, 이 음극 가까이에는 소멸의 원천으로 작용하여 발광 재결합의 확률이 매우 줄어든다. ETL을 도입하면 발광 재결합이 발광층과 수송층의 계면에서 일어나므로 금속 전극과 거리가 있어 여기자의 억제가 줄어든다.
- 정공 주입 전극과 발광층 사이에 도입되는 HTL에 의해, 소자의 작동 전압이 낮아질 수 있다. 작동 전압이 낮아지게 되는 것은 HTL의 HOMO와 ITO의 페르미준위의 차이가 작아지는 것에 기인한다.

양자 효율을 증가시키는 또 다른 방법은 발광 여기자의 수면을 증대시키는 것인데 이것은 여기자를 속박함으로써 비발광 소멸의 근원이 되는 결합들과의 만남을 적게 하는 방법으로 발광 고분자의 공액 부분을 같은 사슬 내에서 비공액 부분으로 둘러싸이게 함으로써 가능하다.

양자 효율의 증대는 또한 고분자 블렌드를 이용함으로써 가능하다. 발광 고분자의 블렌드는 색상 조절이나 양자 효율을 높이는 데 모두 좋은 방법이다. 고분자 블렌드는 성분 고분자의 강점만을 나타내거나, 아니면 성분 고분자와는 다른 새로운 성질을 갖는 새로운 물질처럼 작용하기도 한다. 발광 고분자와 전하 수송성이 좋은 고분자를 블렌드하면 양자 효율이 높아지는데, 이는 주입된 전하의 수송성이 도움을 받게 되고 또 희석 효과(dilution effect)에 의해 생성된 여기자가 갇혀 있으므로 결함 등과의 충돌로 인한 비발광 소멸될 확률이 줄어듦으로써 양자 효율이 높아진다. 또 두 개의 서로 다른 밴드 갭을 갖는 발광 고분자로 블렌드하는 경우에도 양자 효율이 매우 크게 증가한다.

3.2 제조 공정 및 주요 기술

유기 LED의 기본적인 제조 공정 순서를 그림 6.12에 나타내었다. 먼저 기판 위에 양극을 증착한 후 패터닝(patterning)하는데, 주로 투명 전극인 ITO가 코팅된 유리 기판에 대해 바로 패터닝 작업에 들어간다. 다음 단계로서 유기 발광층을 형성하게 되며, 여기부터 진공이나 질소, 아르곤 등과 같은 비활성 기체 분위기 내에서 공정이 진행된다. 유기 발광층을 형성한 후 음극용 재료를 증착한 다음 패터닝을 하며, 이 경우 유기층의 손상을 방지하기 위하여 건식 공정인 shadow mask, lift-off 공정 등을 적용한다. 박막 형성 및 패터닝 공정이 완료되면 금속 캔이나 보호막을 이용하여 소자를 encapsulation 한 뒤 외부로 이송하여 구동회로를 연결하게 된다.

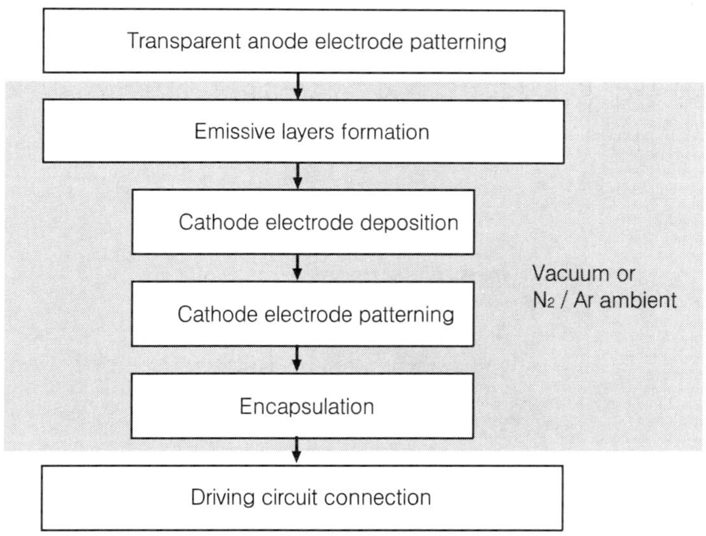

그림 6.12
유기 ELD의 기본 제조 공정

이상과 같이 제조 공정이 비교적 간단하고 온도가 낮기 때문에 생산성 및 응용도면에서 여러 가지 장점이 있음을 알 수 있으며, 단, 공정면에서 보다 구체적으로 볼 때 일부 제한 요소, 개선 및 보완되어야 할 여지가 있음은 분명하다. 예를 들어, 투명 전극인 ITO 박막의 표면 균일도 향상, 발광층과 전자-정공 수송층 등의 특성 향상, 음극 패터닝에 있어서 lift-off 공정의 정밀도 개선과 이때 발생하는 잔류 물질 등 오염원의 제거, encapsulation 공정에 있어서 반응성이나 밀봉성 등을 개선하여 신뢰성과 수명을 향상시키고, 아울러 생산성을 향상시키는 방법의 고안 등이 이에 해당한다. 결과적으로 유기

LED 소자 및 시스템 기술이 완성되기 위해서는 유기 재료와 기판을 중심으로 하는 소재 기술, 박막 형성 및 패터닝 과정이 주가 되는 마이크로 가공 기술, 컬러 형성과 능동 회로 집적화와 관련된 소자 기술, 밀봉성과 생산성 등을 고려한 패키징 기술, 그리고 구동 IC와 PCB 회로가 적용되는 시스템 기술 등이 효율적으로 연계되어야 한다.

(1) 컬러

유기 LED 소자와 관련된 기술 중에서 R(Red)−G(Green)−B(Blue) 컬러 형성을 위해서는 주로 5종류의 방식이 적용되고 있는데, R−G−B 각각의 발광층을 이용하는 방법(side−by−side 방법), 백색 발광층을 형성하고 R−G−B 컬러 필터를 사용하는 방법, 청색 발광층을 형성하고 청색을 녹색과 적색으로 변환하는 색 변환 물질을 사용하는 방법, 넓은 색 스펙트럼을 갖는 발광층에 대해 광학적 메커니즘을 사용하여 R−G−B로 변환시키는 방법(micro−cavity 방법), 그리고 한 개의 sub−화소가 R−G−B를 선택적으로 생성시키는 방법 등이 이에 해당한다. 대표적으로 그림 6.13은 2장의 유리기판 안쪽에 발광층을 형성한 구조이다. 청색을 내는 안드라센, phenyl 치환된 cyclopentadiene 유도체 그리고, DVPBi 등이 있으며 노란색(580nm)를 발하는 1, 2−phthalo−perinon 유도체 등과 가장 대표적인 물질로 초록색(550nm) 빛을 발하는 Alq3가 있다. 하부 기판으로부터의 발광을 투과시키기 위해 상하 전극 모두 ITO를 사용하고 있으며, 하부 ITO 전극 위에는 금속의 보조 전극을 형성하였다.

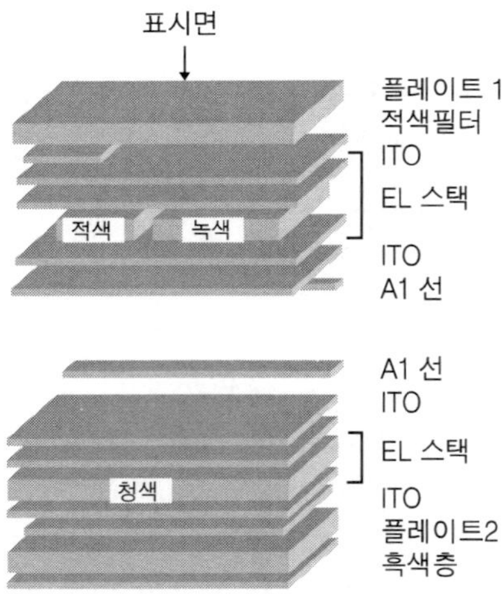

그림 6.12
컬러 구현을 위한 ELD 적층 구조 2중 기판형 풀 컬러 ELD의 구조

1) 화소 제작 기술

유기물 혹은 고분자 전기 발광 소자 연구의 궁극적인 목표는 이를 이용한 컬러 디스플레이 실현에 있다고 할 수 있다. 유기물 및 고분자 발광 소자를 이용하여 컬러 디스플

레이를 실현하는 방법은 여러 가지가 연구 중에 있으며, 일부는 상용화에 근접해 있다. 그 중 대표적인 4가지 방법이 다음과 같다.

첫 번째 방법은 R,G,B의 발광 화소를 나란히 배열하는 방법(side-by-side ; 그림 6-14 (a))이다. 이때 각 화소는 R, G, B의 개별 화소가 되고 R, G, B 세 개의 화소가 하나의 컬러 화소가 된다. 이 방법의 문제점은 R, G, B의 세 화소를 동일한 기판에 형성해야 하기 때문에 공정이 힘들다는 것인데, R 화소를 형성한 다음, G 화소를 형성하고 다시 B 화소를 형성해야 하므로 최소한 3번의 과정을 거쳐야 한다. 또한 발광층이나 수송층으로 사용되는 유기물이 유기 용매에 약하기 때문에 유기막을 미세하게 패턴하는 것이 어렵다.

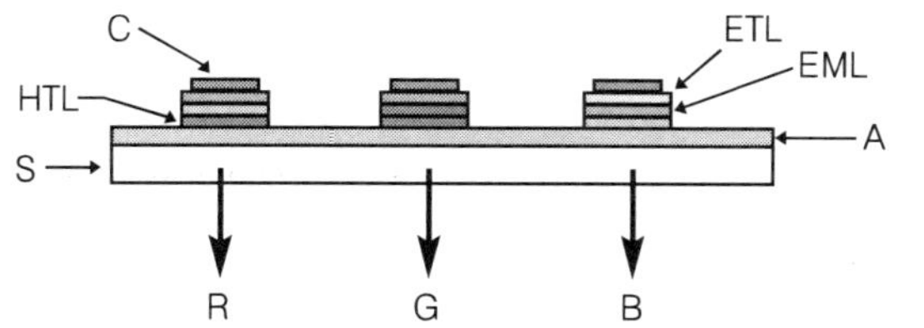

(a) side-by-side

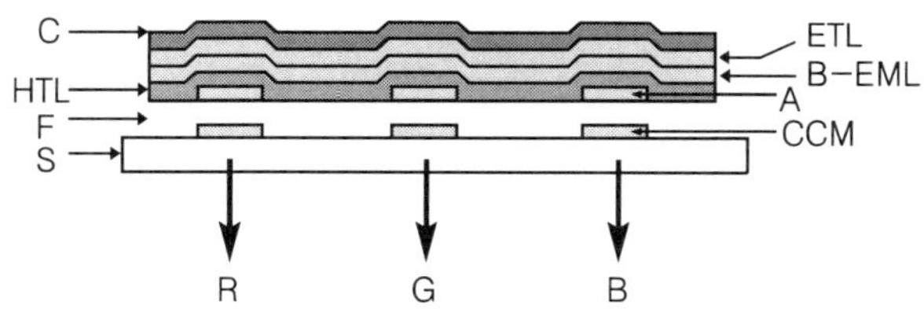

(b) CCM

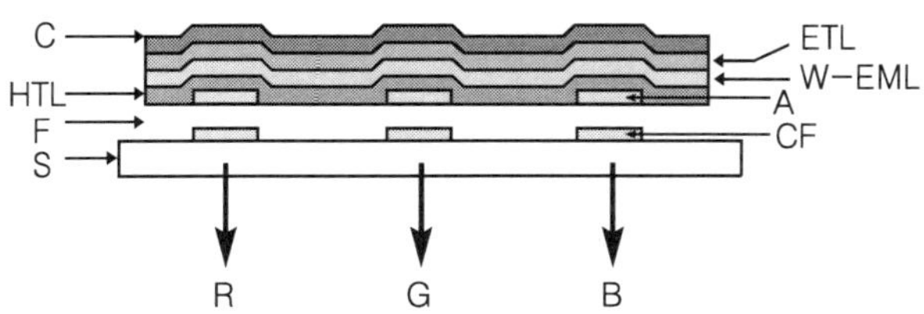

(c) color filter

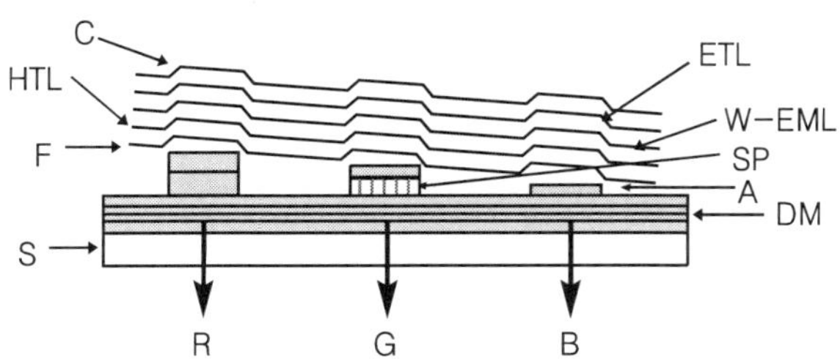

(d) Microcavity

그림 6.14

전기 발광 소자를 이용하여 컬러화하는 대표적 방법(EM=발광층, ETL=전자 수송층, HTL=정공 수송층, S=기판, A=양극, C=음극, CC=색 변환층, BEM=청색 발광층, W-EM=백색 발광층, F=충진제, CF=컬러 필터, SP=스페이서, DM=dielectric mirror), (a) side-by-side법, (b) 색 변환층(color changing medium)법, (c) color filter법, (d) microcavity법.

두 번째 방법(CCM)은 청색 발광된 빛을 색 변환층을 이용하여 R, G, B 화소를 형성하는 방법[그림 6.14] (b)이다. 고휘도의 청색 발광 소자를 이용하여 발광된 빛을 광 발광(PL) 효율이 우수한 R, G, B의 색 변환층을 이용하여 컬러 화소를 형성하는 방법이다. 이 방법을 이용하면 유기 용매에 약한 유기막을 가공하는 과정이 줄어들어 미세 패턴으로 가공할 수 있다.

세 번째 방법(color filter)은 컬러 액정 패널과 동일한 방법으로 R, G, B를 포함하는 백색광을 방출하는 전계 발광 소자를 컬러 필터를 이용하여 R, G, B 화소를 형성하는 방법[그림 6.14] (c)이다. 액정 패널과 동일하게 TFT와 액티브 구동 방식을 이용하여 고해상도의 패널을 실현할 수 있다. 그러나 백색광으로부터 R, G, B를 얻기 위하여 컬러 필터를 사용해야 하므로 광원의 밝기가 많이 떨어지는 단점이 있다.

네 번째, 백색광 발광 소자로부터 나온 빛을 미세 공진 구조를 이용하여 R, G, B 화소를 형성하는 방법[그림 6.14] (d)이다. 이 방법은 세 번째 방법과 유사하나 컬러필터 대신 미세 공진 구조를 이용하여 R, G, B 화소를 형성하는 점이 다르다고 할 수 있다. 광원으로부터 나온 백색광을 스페이서와 dielectric mirror를 이용하여 미세 공진 길이를 조절하므로 R, G, B 화소를 분리한다. 이 방법을 이용하면 발광 파장이 좁은 R, G, B를 얻을 수 있다는 장점이 있다. 그러나 아직 발광 효율이 낮고 방출된 R, G, B가 방향성을 가지고 있어 시야각이 좁은 단점을 가지고 있다. 이들 4가지 방법으로 제작되는 화소 제작 성능을 비교하면 표 6.6과 같다.

표 6.6 여러 가지 화소 제작 방법의 특징

	side-by-side	Color filter	CCM	Microcavity
color purity	Depend on Active Layer	Good	Good	Excellent
Output Efficiency	Normal	Low	Fair	Excellent
Fabrication	Very Difficult	Easy	Easy	Easy
Cost	High	Low	Low	Moderate
Drawback	Different Aging for R, G, B	Low Efficiency		Color shifr dep. on Angle
Application	Large area FPD	Low-cost display	Md-size	Personal Panel Viewfinder

2) 색상도 향상법

유기물 및 고분자의 EL 발광은 스펙트럼의 영역이 반치폭(Full Width Half Maximum)가 100~150mm로 매우 넓다. 그러나 넓은 스펙트럼은 풀 컬러를 내기 위한 삼원색의 색 배합을 할 때에 선명한 색을 내지 못하는 단점이 있다. 따라서 색상도가 좋기 위해서는 삼원색 각각의 색 순도(color purity)가 좋아야 하는데(saturation of color

라 부른다) 이는 바로 발광 빛의 단색성(monochromaticity)이 좋아야 함을 의미한다. 단색성이 좋으려면 발광 스펙트럼의 폭이 매우 좋을 필요가 있다. 이를 위해서는 발광 스펙트럼이 매우 좁은 물질이 필요하다. 이러한 물질로 만족할 만한 것은 아직 없지만, 희토류 금속을 포함하는 유기물에서의 발광 스펙트럼이 매우 좁은 편에 속한다[그림 6.15]. 이러한 물질에 dopant를 사용하여 적색의 색 순도를 높일 수 있다.

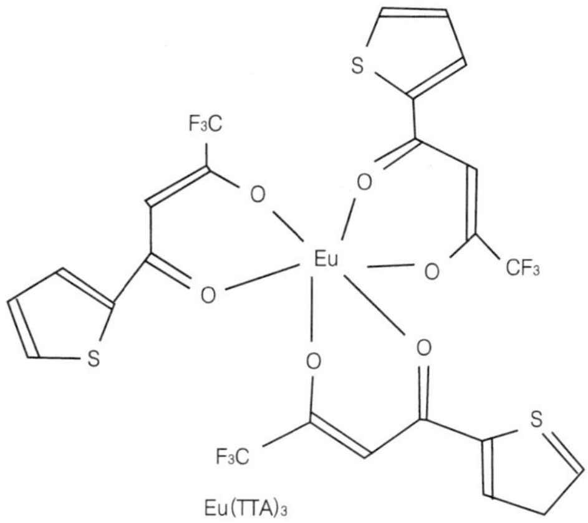

(a)

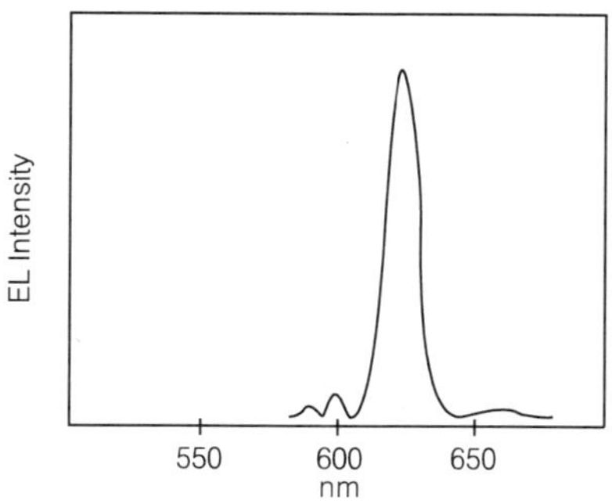

(b)

그림 6.15
회토류 금속 Eu을 포함하는 유기물의 화학 구조 (b) EL 발광 스펙트럼

위에서 말한 것과 같은 방법으로 얻어지는 색상은 풀 컬러 디스플레이를 구현할 때에 video signal로 구동될 경우, 자주 인용되는 색 좌표에서 NTSC 표준치(삼각형의 RHr 지점)에 가까워야 할 것이다. 유기물로 얻어지는 색상의 색 좌표 상에서의 기대치는 적색은 x=0.624, y=0.374, 녹색은 x=0.269, y=0.628, 청색은 x=0.137, y=0.084로 예측된다. 색 순도는 CIE 색 좌표의 삼각형 밖에 있는 곡선 상에 있을 때 해당 파장에서의 색 순도가 제일 좋은 것으로 간주되고 있다.

(2) 패키징 관련 기술

유기 LED에 있어서 패키징 기술이 매우 중요한데, 특히 발광층 등의 유기 소재가 수분과 산소에 매우 취약하여 진공이나 불활성 기체 내에서 밀봉성 패키징을 하여 신뢰성과 수명을 향상시켜야 하며, 이와 함께 공정이 간단하고, 공정 시간이 짧아 생산성을 증가시켜야 한다. 즉, 무반응성-밀봉성-일괄 공정 등을 갖춘 패키징 기술의 등장이 반드시 필요하다. 현재에는 그림 6.16 (a)에 보인 바와 같이 불활성 기체 내에서 BaO와 같은 흡습제가 설치된 금속 캔을 유기 LED의 뒷면에 부착하는 방식을 취하고 있는데 이는 무게와 부피 문제가 있을 뿐 아니라 유리나 플라스틱 등 종류가 다른 기판과 부착되므로 응력이 발생하기 쉬우며, throughput이 낮아 생산성에도 문제가 있다. 따라서 그림 6.16 (b)과 같이 금속이나 플라스틱 캔 등과 같은 구조물을 이용하는 방식이 아닌 보호층을 형성하는 방법이 연구되고 있는데, 보호층 소재로서 유기막을 사용할 경우, 수분, 산소 등의 침투를 완전히 방지할 수 있는 재료가 개발되어야 하며, 비유기 재료의 경우, PE-CVD(Plasma Enhanced-Chemical Vapor Deposition) 등을 이용한 저온 공정 SiO2, SiNx를 이용한 패키징 성능 관련 기술이 확보되어야 한다.

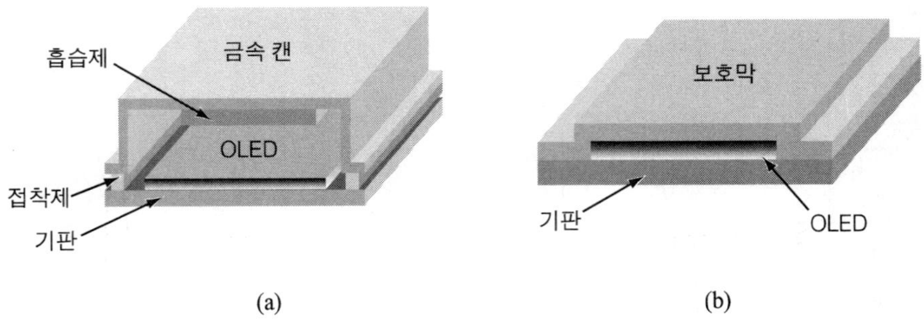

그림 6.16
금속 캔(a) 및 보호막(b)을 이용한 유기 LED의 패키징

(3) 마이크로 가공 관련 기술

음극 형성 및 패터닝은 유기층의 형성 후에 이루어지므로 유기층이 수분이나 기타 화학적인 성분에 의해 손상되는 것을 방지할 수 있도록 습식 공정이 아닌 건식 공정을 사용하게 되며 따라서 lift-off 공정이나 shadow mask를 이용하게 된다. 그림 6.17은 lift-off 공정으로서, 역으로 경사지도록 PR(Photo Resist)를 패터닝한 뒤, 이 위에 금속 전극을 증착하여 각 라인들간의 절연을 이룬 경우이다.

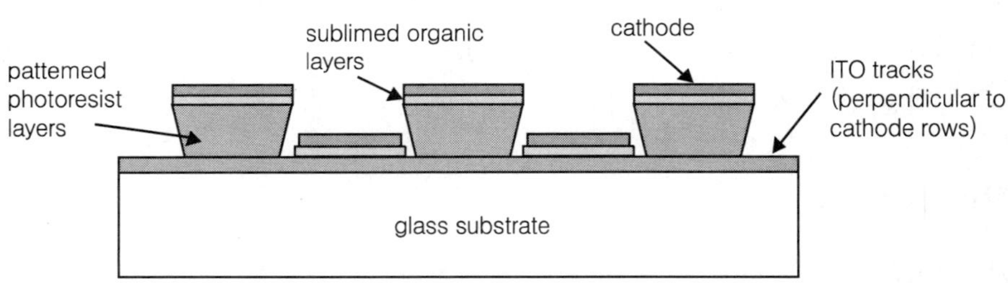

그림 6.17
Lift-off 공정을 적용한 음극 라인 형성

이와 함께 유기 LED의 대면적화를 위하여 최근에 잉크젯 프린팅 방법을 이용한 발광층 형성 방법이 개발되고 있는데, 이는 그림 6.18에 보인 바와 같다. 즉, 투명 전극 위에 격리용 폴리이미드 구조물을 주기적으로 배열한 상태에서 선택된 영역에만 수용액에 용해된 고분자를 잉크젯으로 프린팅한다. 이 방법에 따르면 면적에 관계없이 선택된 영역에 발광층을 형성할 수 있고, 아울러 소재의 손상이 없으므로 대면적화와 생산성 측면에서 유리할 수 있어 그 실현이 주목된다.

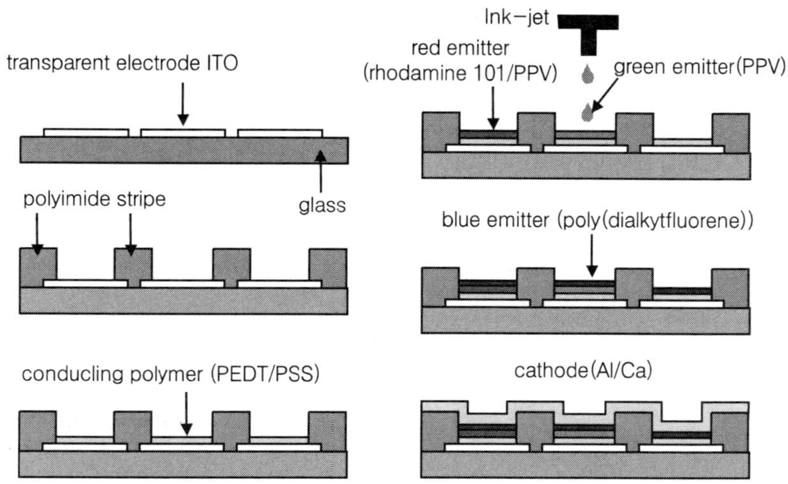

그림 6.18
잉크젯 프린팅을 적용한 유기 LED의 제조 공정

(4) 소재 관련 기술

유기 LED용 기판의 경우 현재 유리와 플라스틱이 주로 사용되고 있으며, 각각이 지니고 있는 특징들을 비교하여 표 6.7에 요약하였다. 즉, 유기 재료의 접착력에 큰 영향을 미치는 TEC(Thermal Expansion Coefficient) 면에서 볼 때에는 유리 기판 보다는 플라스틱이 상대적으로 유리하며, 이외에 가격, 유연성, 중량 등에서 플라스틱 기판이 강점을 갖고 있다. 반면에 습기나 산소의 침투 방지, 물리적인 강도, 공정 온도 및 열에 대한 내구성, 그리고 투명성 등에 있어서는 유리 기판이 상대적으로 유리하다. 용도에 따라 적용되는 기판이 선택되겠지만, 각각에 대해 부족한 점을 보완할 수 있는 기술도 개발되어야 한다. 아울러, 전자 종이(electronic paper)나 벽지(wall paper) 등과 같은 분야에 유기 LED에 적용하기 위해서는 더욱 유연성 있고 가벼운 기판재가 필요하게 된다.

표 6.7 유기 LED의 주요 기판 소재인 유리와 플라스틱의 특징 비교

	Glass	Plastic
Adhesion(TEC)	W(Weak)	S(Strong)
Cost	W	S
Flexibility	W	S
Permeation (moisture, oxygen)	S	W
Physical strength	S	P(Possible)
Process temperature	S	W
Thermal durability	S	W
Transparency	S	M
Weight (for large size)	W	S

이와 함께 유기 박막에 있어서는 발광층과 이의 효율을 증가시키기 위한 전자 및 전공의 수송층과 관련한 연구가 매우 중요하게 된다. 특히 단분자 LED의 경우 열 증착법이 주로 사용되며, 고분자 LED의 경우 spin coating, roll-to-roll, doctor blade, dip coating, 그리고 ink-jet printing 등의 방법이 적용된다.

* 4 유기 발광 디스플레이의 구동 원리

Display Engineering

유기 LED가 디스플레이로서 동작하기 위해서는 매트릭스 구동을 하여야 하는데, 이는 단순 구동과 능동 구동으로 분류할 수 있다. 단순 구동의 경우, 제조 방법이 간단하나 화면의 크기와 화소수가 증가하게 되면 RC 지연 시간, 화소간 간섭(cross- talk), 소비전력 등의 문제가 발생하게 된다. 우선 수동 구동과 능동 구동의 차이점을 살펴보고 능동 구동 방식에서 해결해야 할 문제들에 대해서 알아보자.

수동 구동 방식과 능동 구동 방식의 차이는 그림 6.19 (a), (b)에서 보듯이 기본적인 소자의 구조가 다르다. 수동 소자는 가로, 세로 전극이 교차하면서 매트릭스 형태로 소자를 구성한다. 반면에 능동 소자는 각 화소를 개폐하는 TFT(Thin Film Transistor)가 화소마다 위치하고 이 TFT가 스위치 역할을 하여 아래쪽 전극을 화소 단위로 ON/OFF시키고 반대면의 전극은 공통 전극으로 사용한다.

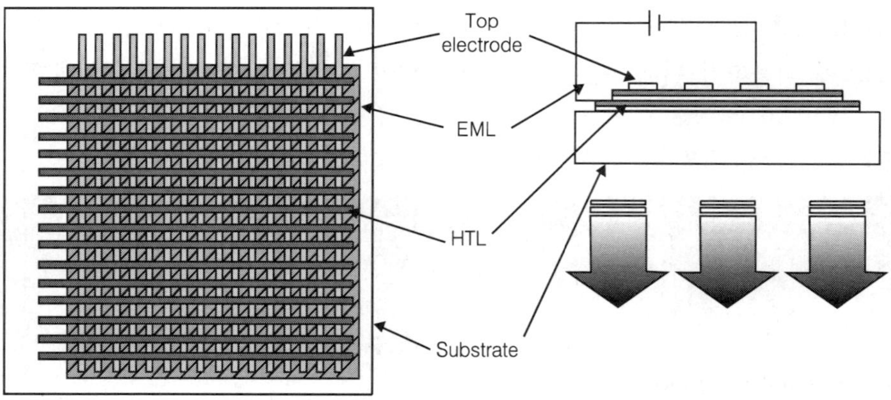

(a) 수동 구동 방식

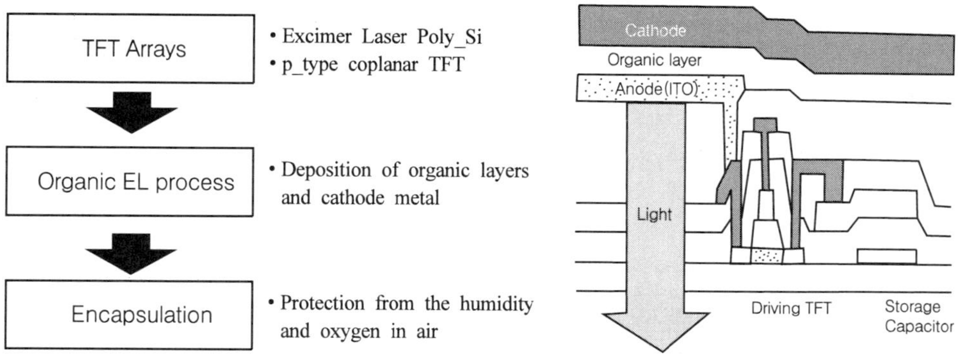

(b) 능동 구동 방식

그림 6.19
구동 방식에 따른 소자 구조의 차이점

수동 구동 방식을 이용한 유기 EL 소자의 제작을 위해서는 규칙적인 선형 패턴을 가진 음극 전극을 형성하는 것이 필요하다. 유기 재료의 특성상 일반적으로 습식 식각공정이 적용되기 어려운 점을 감안하여 ITO 양극 전극 위에 유기물을 적층하기에 앞서 photolithography를 이용한 음극분리 절연 격벽(cathode separator)을 형성하는 기술 그림 6.20을 개발하여 이러한 공정상의 한계를 극복하였다. 유기층과 음극전극을 절연 격벽의 형성 후에 연속적으로 증착하는 공정을 통해 별도의 음극 패턴의 형성이 없이도 256×64, 정도의 해상도를 실현할 수 있게 되었다.

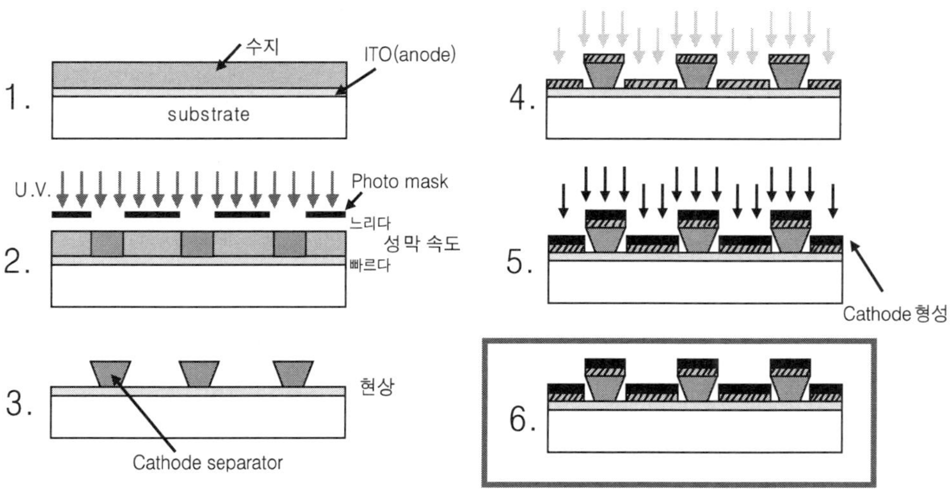

그림 6.20
Photolithography에 의한 cathode separator 형성 및 cathode patterning

또한 수동 구동 방식 구조는 단색광 혹은 풀 컬러 유기 EL 디스플레이 모두에게 적용이 가능한데 기본적으로는 line-sequential scanning과 constant current driving 방식을 채택하고 있다. 수동 구동 방식은 각각의 화소를 구동하기 위하여 주사선을 시간에 따라 순차적으로 구동하므로 요구되는 평균 휘도를 나타내기 위해서는 평균 휘도에 선(라인)수를 곱한 것만큼의 순간 휘도를 내야만 한다. 따라서 선이 많으면 많을수록 더 높은 전압과 더 많은 전류를 순간적으로 인가해 주어야 하므로 소자의 열화를 가속시키고 소비전력이 높아져 고해상도, 대면적 디스플레이에는 적합하지 않다.

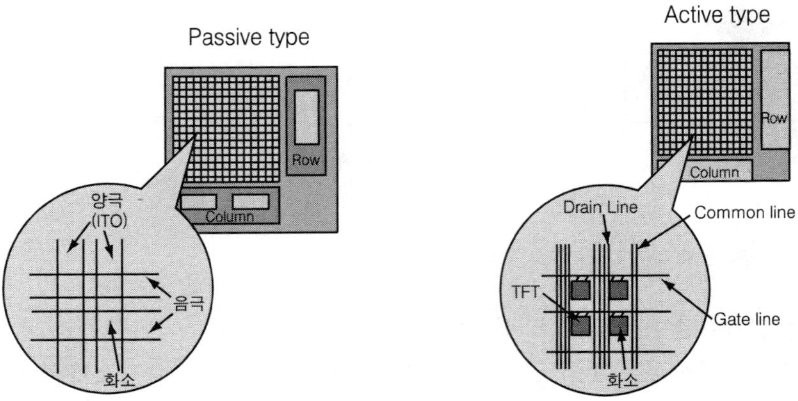

그림 6.21
수동 구동 화소와 능동 구동 화소의 회로 구조

이를 해결하기 위하여 그림 6.21에 보인 바와 같이 각 화소에 TFT(Thin-Film Transistor)를 집적화시켜 각 화소가 완전하게 on-off 되고, 아울러 화소 전류를 일정치로 유지시킴으로써 대조비, 소비전력 등을 향상시키는 능동 구동 방식을 사용한다. 그림 6.22는 수동 구동 방식과 능동 구동 방식의 형태를 간략히 나타낸 것이다. 능동 구동 방식 가운데서도 기존의 LCD에서 사용 중인 높은 전기저항을 띠는 비정질 Si TFT 보다는 고온에서 안정적이지 못한 유기박막 재료에 영향을 주지 않는, 저항이 낮고 저온에서 유리 기판 상에 직접 형성이 가능한 저온 poly-Si TFT가 우선적으로 고려되고 있다.

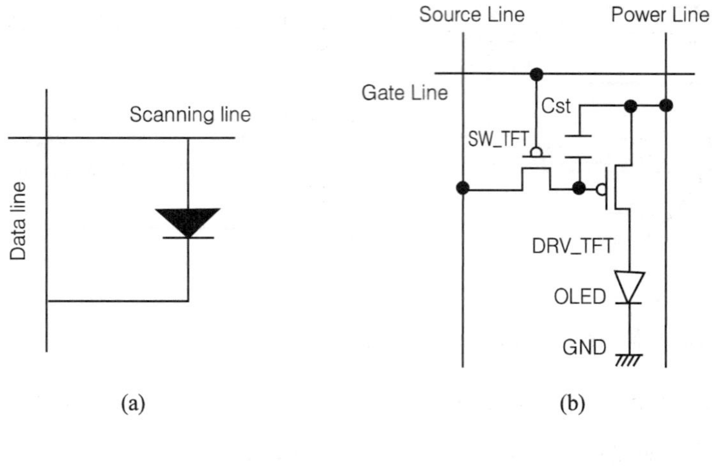

그림 6.22
수동 구동 방식(a)과 능동 구동 방식(b)의 회로도

그림 6.22 (b)는 능동 구동 유기 EL의 기본 화소 구조를 보여준다. 구동 원리를 살펴보면 선택 신호에 따라 실렉트 전극에 신호를 인가하면 SW_TFT가 열리고 데이터 전극에서 인가한 데이터 신호가 SW_TFT를 통과하여 DRV_TFT와 저장 커패시터(Capacitor)에 인가되며 DRV_TFT가 열리면 전원 공급 선(라인)인 power line(V_{dd})로부터 전류가 DRV_TFT를 통하여 유기 EL 소자에 인가되어 발광하게 된다. 데이터 신호의 크기에 따라 DRV_TFT의 열리는 정도가 달라져서 DRV_TFT를 통하여 흐르는 전류량을 조절하여 계조 표시를 할 수 있게 된다.

구간에는 커패시터에 충전된 데이터가 DRV_TFT에 계속 인가되어 다음 화면의 신호가 인가될 때까지 지속적으로 유기 EL 소자를 발광시킬 수 있다. 이러한 원리로 인하여 수동 구동에 비해 낮은 전압과 순간적으로 낮은 전류를 인가해도 되며 선택된 라인수에 관계없이 한 화면시간 동안 계속 유기 EL 소자의 구동이 가능하여 저소비 전력, 고해상도, 대면적화에 유리하다. 한편 TFT를 통하여 전류를 흘려주어야 하는 구조이므로 기존의 비정질 실리콘의 TFT는 캐리어 이동도가 낮아서 이용하기 어렵고 캐리어 이동도가 보다 우수한 poly-Si의 TFT가 이용되어야 한다.

능동 구동 방식에서는 화소에 인가된 전압이 커패시터에 충전되어 있어 그 다음 프레임신호가 인가될 때까지 전원을 인가해 주도록 함으로써 주사선수에 관계없이 한 화면 동안 계속해서 구동한다. 따라서 능동 구동은 낮은 전류를 인가해 주더라도 동일한 휘도를 나타내므로 저소비 전력 고정세, 대형화가 가능하다[표 6.8] 참조. 유기 EL은 전류 구동 소자이므로 균일한 표시 특성을 얻기 위하여 균일한 TFT 특성을 얻는 것이 중요하다. 즉 TFT 문턱 전압과 전자 이동도가 불균일할 경우 휘도가 균일하지 못해 높은 수준의 계조 표시(gray level)가 어려운 문제가 있으며 따라서 저온 폴리를 이용한 TFT-LCD와 비교하여 유기 EL이 보다 균일한 TFT 특성을 요구한다.

표 6.8 능동 구동 소자와 수동 구동 소자의 비교

구 분	능동 구동	수동 구동
구동	Active, TFT	Simple Matrix
보조전극	불필요	필요
음극 세퍼레이터	불필요	필요
휘도	발광층 최대 휘도	(발광층 최대 휘도)/라인수
소비전력	적음	많음
대면적화	용이	어려움

저온 폴리의 결정화를 균일하게 하는 노력과 함께 TFT 특성의 불균일을 보상해 주는 회로적인 접근도 다각적으로 개발되고 있으며 지금까지 발표된 보상회로는 기본 화소의 저장 커패시터에 데이터를 쓰는 방법에 따라 그림 6.23과 같이 전압 모드 프로그래밍 방식과 전류 모드 프로그램 방식으로 대분할 수 있다.

전압모드 프로그래밍 방식은 데이터를 쓰는 동안 화소의 저장 커패시터에 균일한 전압을 유지하도록 하는 방식인 반면, 전류 모드 프로그래밍 방식은 전류를 데이터로 하여 그에 해당하는 전압치를 저장 커패시터에 인가함으로써 TFT의 특성에 상관없이 일정한 전류를 유기 EL 소자에 흐르게 한다. 전압 모드의 대표적인 예는 삼성 SDI가 한양대 연구팀과 공동으로 개발한 회로와 Sarnoff 회로가 있으며 이의 공통점은 인접한 두 개의 TFT를 구동에 사용함으로써 문턱 전압의 변화를 보상해준다. 한편 전류모드의 대표적인 예는 NEC 회로와 소니 회로가 있으며 이는 전류 미러(current mirror) 원리를 이용하여 유기 EL에 흐르는 전류가 데이터 전류와 같도록 하는 방식이다.

전류 모드의 방식은 구동 TFT의 문턱 전압뿐만 아니라 캐리어 이동도의 불균일성에 의한 전류 차이까지도 보상할 수 있다는 장점이 있으나 저장 커패시터에 데이터를 쓰는 데 걸리는 시간이 길고 전류 구동 IC가 패널에 내장되지 못하고 별도로 필요하다는 단점이 있다.

어느 방법을 사용하든지 이러한 보상회로를 이용할 경우 각 화소에 들어가는 트랜지스터 수가 증가하여 실제 발광 영역이 줄어들어 휘도가 낮아지게 되므로 투명 전극을 사용한 전면 발광 구조가 필요하다.

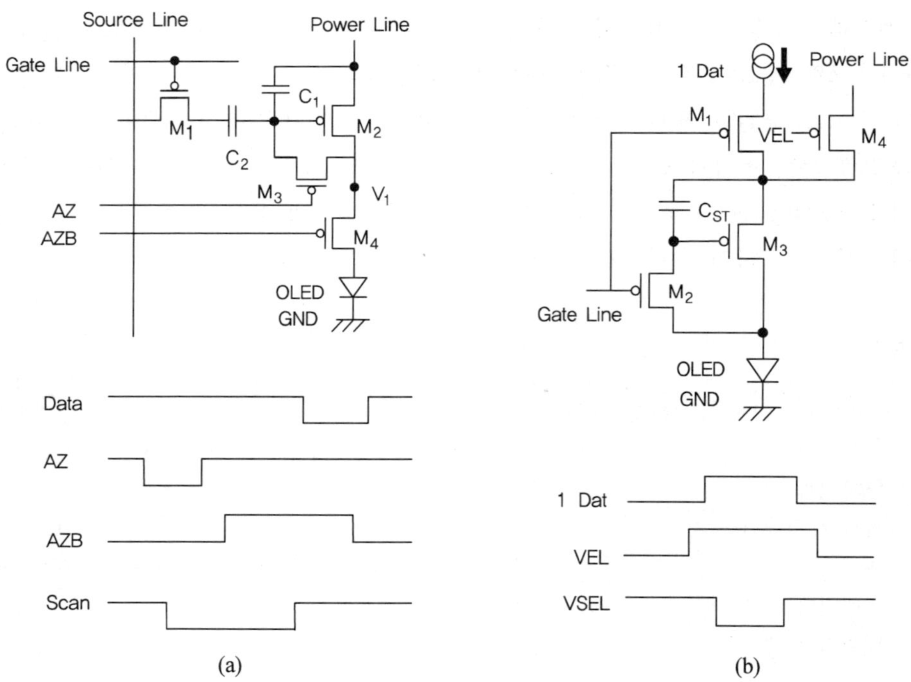

그림 6.23
전압 모드 프로그래밍 방식과 전류 모드 프로그래밍 방식의 보상회로

미세한 색 변화를 제대로 나타내기 위하여 정밀한 계조 표시(gray scale) 능력이 디스플레이에서는 없어서는 안 될 기능이다. 유기 EL은 기본적으로 유기 EL에 흐르는 전류의 양을 조절하여 표시하며 능동 구동 방식에서는 유기 EL에 전류를 공급하는 트랜지

스터의 게이트 전압을 계조 값에 따라 달리 유지하도록 데이터를 인가하여 트랜지스터에 흐르는 전류의 양을 조절함으로써 유기 EL의 발광량이 달라져서 계조가 표시되며 이를 아날로그 계조 표시 방식이라 한다. 위에 언급한 보상회로를 이용하면 TFT의 문턱 전압의 불균일성을 극복하여 어느 정도의 고계조는 달성할 수 있다.

또 다른 방법으로는, 유기 EL에 전류를 공급하는 구동 TFT를 완전 OFF 상태와 완전 ON 상태만을 이용하는 디지털 방법으로 이 경우에는 TFT의 특성이 불균일하여도 그에 따른 전류량의 차이가 상대적으로 적어서 불균일성을 해소할 수 있다. 여기에는 두 가지 방식을 이용할 수 있는데 그 중 하나는 하나의 화소를 여러 개의 작은 단위 화소로 나누어 발광되는 단위 화소의 개수에 따라 밝기를 조절하는 면적 분할 방식이다. 이것은 화소의 크기가 작은 고해상도 디스플레이에서는 각 화소를 여러 개의 단위 화소로 나누는 것이 어려워서 많은 계조를 표시하는 데 문제가 있다. 또 다른 하나는 시간 분할 계조 표시 방식으로 화소가 켜져 있는 시간을 길게 또는 짧게 조절하여 사람의 눈에는 밝기가 다르게 보이도록 하여 계조를 표시하는 방법이다. 이 경우는 계조수가 늘어남에 따라 데이터의 ON/OFF 횟수가 많아지므로 TFT의 동작 속도가 충분히 빨라야 정확히 계조를 표시할 수 있다. 이밖에도 위의 두 방법을 혼합하여 사용하는 하이브리드 방식도 가능하다.

유기 EL이 고해상도를 가진 대면적 디스플레이로 응용되기 위하여 능동 구동이 필수적이며 능동 구동 유기 EL이 실용화되기 위하여 TFT의 균일도를 높이고 보다 효율적인 보상회로를 개발하여야 하는 과제를 갖고 있다. 아울러 능동 구동 유기 EL은 휴대폰용과 같은 소형 디스플레이도 저온 poly-Si 회로로 패널에 구동 IC를 내장시킴으로써 더욱 소형화시키고 소비전력도 줄일 수 있는 장점을 가지고 있다. 보상회로를 각 화소에 내장시킴으로써 생기는 개구율의 저하를 방지하기 위하여 통상적인 배면 발광 구조를 전면 발광 구조로 바꾸어야 하며 이 경우는 투명 전극 개발과 투명 봉지 기술 개발이 필요해진다.

그림 6.24
유기 EL의 응용 분야

* 5 Display Engineering
유기 발광 디스플레이의 연구 동향 및 과제

5.1 기술 동향 및 전망

(1) 국내의 연구 개발 동향

국내에서는 LG 전자, 삼성 SDI, 오리온전기 등에서 상용화를 위해 많은 연구개발을 진행하고 있으며, 표 6.9에 국내 기업들의 유기 EL 소재 개발 동향을 나타내었다.

표 6.9 국내 소재 개발 동향 (자료 : 전자부품 연구원, 유기 EL 부품소재 산업동향, 2002. 12.)

① 삼성 SDI	② LG 화학	③ SKC
④ Elia Tec	⑤ NESS Display	⑥ Smart Display
⑦ 현대 Display Tech.	⑧ 네오 디스플레이	⑨ LG 전자
⑩ 에이스디지텍	⑪ 삼성정밀유리	

주요소재	관련기업										
	①	②	③	④	⑤	⑥	⑦	⑧	⑨	⑩	⑪
Assembly	■			●	■		●	■	■		
발광 재료	●	●			■				●		
발광 도핑 재료	●	●			■				●		
전자주입/음극전극재료	●			●	●		●		●		
전자 수송 재료		●									
정공 저지 재료									●		
정공 주입 재료		●			●						
봉지 기판											
Encapsulation					●						
흡습제											
편광판										●	
유리 기판											□□

주 : ■ 생산 , ● R&D , □□ 판매

저분자 유기 EL 재료에 대해서는 LG 화학 및 LG 전자기술원, 삼성 SDI, 네스디스플레이, 경상대, 홍익대, 서울대 등에서 일부 연구개발이 이루어지고 있으나, 대부분의 원천 기술 특허는 일본과 미국에서 확보하고 있다. 고분자 재료 물질은 KIST와 KAIST 등에서 국내 및 국제 물질 특허를 갖고 있으나, 대부분의 원천 기술 특허를 Dow, Covion, Unix, CDT 등과 같은 외국업체들이 선점하고 있다. 국내에서도 유기 EL 관련 특허의 적극적인 출원을 통해 상품화에 대비하고 있으나 아직은 해외 경쟁사에 비해 미미한 수준이며, 특히 신소재에 대한 연구개발은 일부 출연연구소 및 대학에 국한되어 있다.

유기 EL의 제품화에 박차를 가하고 있는 기업으로는 삼성 SDI와 LG 전자, LG-필립스

LCD 등의 대기업과 엘리아테크, 네스, 네오디스 플레이 등의 벤처기업이 있다. 삼성 SDI의 경우 이동전화 및 CNS(Car Navigation System)용 양산라인을 보유하고 있으며, 2001년 하반기부터는 2인치급 컬러 유기 EL을 생산하고 있다. LG 전자의 경우, 유기 EL을 이동전화 단말기 상용 모델에 적용한 사례가 있으며, 구미 공장에서 연간 1,200만개 정도를 생산하고 있다. 이 외에도 LG-필립스 LCD는 유기 EL 연구개발팀을 구성하여 생산화를 위한 작업을 시작하였으며, 네스, 네오디스플레이 등에서도 2001년부터 1.5인치급 이동통신 단말기용 유기 EL 패널을 공급하고 있다.

(2) 국외의 연구 개발 동향

국외의 경우 CDT(Cambridge Display Technology), Covion, eMagin, Philips, Pioneer, Sanyo, Sony, Uniax, Universal Display 등이 연구 개발 및 생산에 적극 참여하고 있다. CDT의 경우, Seiko-Epson과 제휴하여 능동 매트릭스형 유기 LED를 개발한 바 있으며, 대화면용으로 잉크젯 프린팅 방식을 연구 중에 있다. Covion은 고분자 발광 물질과 유연성 있는 디스플레이 개발에 집중하고 있으며, eMagin은 Si 기판 상에 유기 LED를 집적화시켜 마이크로 디스플레이를 구현하고 있다. Philips의 경우 고분자 발광 물질과 이를 이용한 디스플레이 개발을 추진 중이다. 그림 6.25 (a)~(d)는 각각 CDT와 Seiko-Epson의 능동 매트릭스형 소자, Covion의 유연성 있는 소자, eMagin의 마이크로 디스플레이, 그리고 Philips의 고분자 발광 소재를 보인 것이다.

(a) CDT

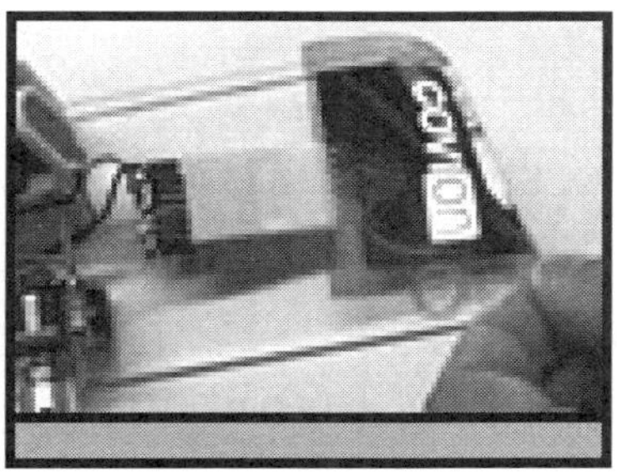

(b) Covion

(c) eMagin의 유기 LED 소자

(d) Philips의 고분자 발광 소재

그림 6.25
유기 소재 개발 동향

또한 파이오니아의 경우, 세계 최초로 유기 EL을 실용화하였으며, 카오디오 등에 문자 및 간단한 그림을 표시할 수 있는 소자를 연간 100만대 이상 출하중이다. 이와 함께 산요도 Eastman Kodak과 제휴하여, 단순 및 능동 매트릭스 유기 EL을 생산하고 있다. 그림 6.26에 파이오니아와 산요의 유기 EL 시제품을 나타내었다.

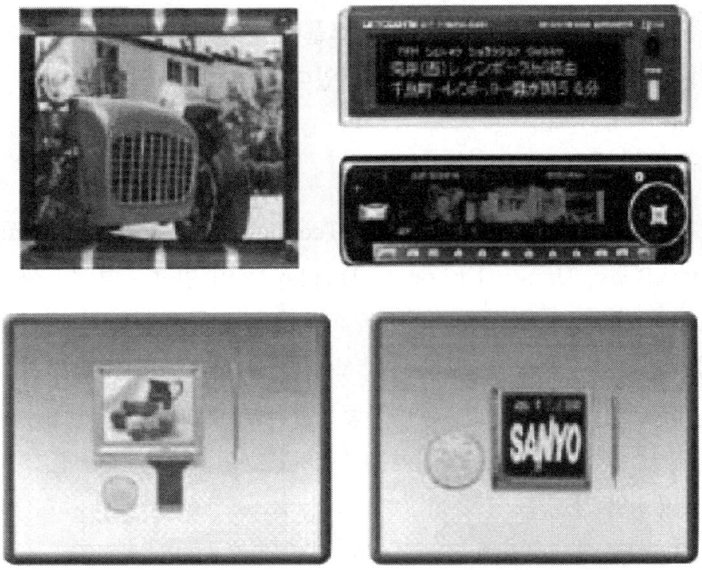

그림 6.26
파이오니아(a)와 산요(b)의 유기 EL 시제품

Universal Display의 경우, Princeton Univ. 및 Univ. of Southern California와 협력하여 TOLED(Transparent Organic Light Emitting Device), SOLED(Stacked pixel OLED), 그리고 FOLED(Flexible OLED)라 명명한 3종류의 유기 EL을 개발중이다. TOLED의 경우 상부와 하부에서 동시에 관찰 가능하고, SOLED는 적층 구조를 사용하여 휘도와 해상도를 높였으며, FOLED는 플라스틱 등 유연성이 있는 기판 위에 제작되어 휠 수 있다는 특징이 있다. 그림 6.27에 이들의 개념도와 모양을 나타내었다.

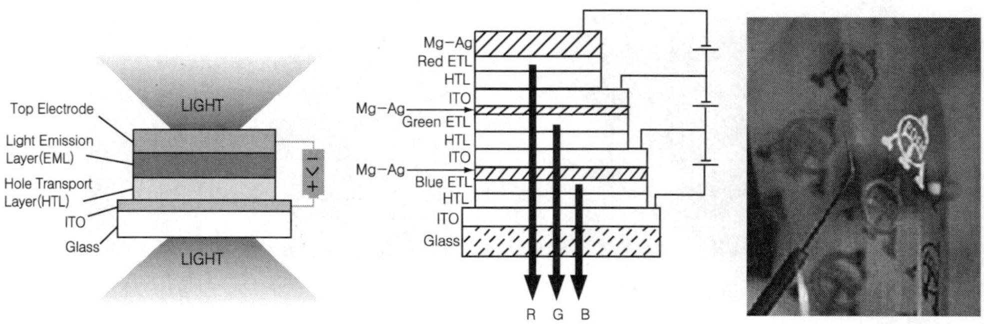

그림 6.27
TOLED와 SOLED의 개념도 및 FOLED의 모양

(3) 기술 수준 및 기술로드맵

한국산업은행의 실태조사에 따르면, 유기 EL의 국내 기술 수준은 고분자/저분자 및 PM/AM 방식 원천 기술 보유국인 일본, 미국에 비해 5년 정도의 기술격차를 보이고 있으며, 유기발광체, 구동IC 등 소재, 부품 분야에서도 3년 이상의 큰 기술격차를 보이고 있는 것으로 분석하고 있다. 이에 반해, 생산기술은 0.5년, 신뢰성 검사기술은 1.5년으로 상대적으로 선진국과의 기술격차가 크지 않은 것으로 조사되었다.

표 6.10 유기 EL 기술 수준 비교

구 분	선진국	한국	기술격차 (년)	종 합		
				선진국	한국	기술격차
원천 기술 보유	90	50	5	80	50	2
신뢰성 검사 기술	85	70	1.5			
소재, 부품 자급도	85	50	3			
생산 기술	85	80	0.5			
인적 자원	85	75	1			

자료 : 한국산업은행, 테크노리포트, 2003.3.

국가과학기술위원회가 2002년에 작성하여 발표한 국가기술지도에 따르면, 유기 EL은 대량 수요가 예상되는 AM 방식 유기 EL의 중대형화를 위한 기술적 과제에 초점을 맞추어 기술로드맵을 작성하였으며 표 6.10, 표 6.11에 한국산업은행과 국가과학기술위원회에서 발표한 컬러 유기 EL 제품 기술로드맵을 나타내었다.

표 6.11 유기 EL 기술로드맵

	~2004 2005	2006 2007 2008	2009 ~ 2010
유기 EL	소형급 AM EL 개발 - Pixel 100PPI - 수율 : 50% - 기판 사이즈 : 400×400	중대형급 AM 유기 EL개발 - Pixel 200PPI - 수율 : 50% - 기판 사이즈 : 730×920	Flexible 유기 EL - Pixel 300PPI - 수율 : 90% - 기판 사이즈 : 1,500×1,800

자료 : 국가과학기술위원회, 국가기술지도, 2002.11.

(4) 응용도와 전망

유기 LED의 다양한 특징들 가운데서도 특히, 구동 전압이 낮고, 휠 수 있고 얇고 가벼우며, 가격이 저렴하다는 점이 매력 있는 응용 분야를 도출할 수 있을 것으로 보인다. 크게 보면, CNS(Car Navigation System), 계기판, 전면 유리판 등의 자동차용 디스플레이, 정보 통신 기기, PC 등의 휴대용 디스플레이, 그리고 전자 종이, 광고판 등의 유연성 있는 대형 디스플레이로 구분될 수 있으며, 이러한 범주 내에 세부적인 응용 기능성은 실로 무한하다.

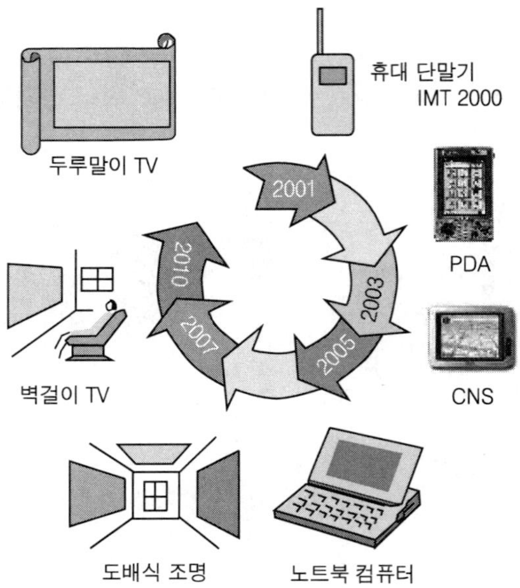

그림 6.28
유기 LED의 응용 분야 발전 추이

그림 6.28에 유기 LED의 응용도 발전 개념을 예측하였는데, 초기에는 1~3인치급 소형 디스플레이로서 셀룰러 폰, IMT-2000, 뷰 파인더 등을 대상으로 시작하여, 다음으로는 5~10인치급 응용 분야인 계기판, CNS, PDA(Personal Data Assistant) 등으로 확장할 것으로 보인다. 기술이 축적됨에 따라 Palm-PC, 노트북 등의 10인치급 이상으로 디스플레이 영역의 핵심부에 도달할 것으로 보이며, 이와 함께 전자 종이 및 벽지용 디스플레이, 초대형 광고판 등 유기 LED 고유의 특징을 살린 전문 영역을 마련할 것이다.

이를 위해서는 당면 과제로 bottle-neck이 되고 있는 요소 기술들을 해결해 나가야 하는데, 예를 들어 동작 특성 개선을 위한 적색, 청색 재료의 고순도, 고휘도, 고효율화, 장수명화, 신뢰성 확보를 위한 패키징 기술의 확립, 구동 부문의 최적화, 고정세-대형 기술의 구축을 위한 대면적에서의 정밀도 향상, 프린팅 기술, 그리고 생산성 확보를 위한 throughput 개선 및 대형 기판에의 대응, 양산 장비 개발 등이 이에 해당한다.

5.2 시장 현황 및 전망

유기 LED의 시장 진입이 초창기인 만큼 현재 전문기관에서 예측하고 있는 시장 규모는 오차 범위가 매우 크다. Display Search(2000년)의 경우, 유기 LED 기술을 적용할 수 있는 제품 분야를 총망라할 경우 2005년에는 최고 35억 불까지 시장 규모가 확대될 것으로 예측하고 있다. 이에 따르면 2005년에 이르러서는 세그멘트 형태의 디스플레이가 전체의 90%를 차지하게 되고 그 중 56%는 1라인 디스플레이, 14%는 2라인 디스플레이, 나머지 20%는 4라인 혹은 그 이상의 디스플레이가 차지하게 될 전망이다. 나머지 10%는 그래픽 디스플레이가 차지할 것으로 보이는데 2~4인치 크기의 소형 패널이 6%, 1인치 이하의 초소형 패널이 2.5%, 5~8인치의 중형 패널이 1% 그리고 9~21인치 대형 패널이 0.5%의 구성을 가지게 될 것으로 보고하고 있다.

IDC(2000년)의 경우, 1999년~2005년간의 디스플레이의 연평균 성장률에서 유기 LED가 170.1%, PDP가 71.3%, LCD가 18.2%로 유기 LED가 가장 높을 것으로 보고 있다. Stanford Resources(2000년)는 유기 LED의 세계 시장 규모에 있어서 생산/매출이 1999년에는 수십만 대/3백만 불에서 2005년에는 1억대/7억1,400만 불 규모까지 성장할 것으로 전망하고 있다. 이러한 유기 LED의 생산 수량과 시장 규모는 기술의 발전 속도, 경제 상황, 그리고 시장 여건에 의해 꾸준히 변화할 것임은 자명하다. 그림 6.29 (a), (b)에 Display Search와 IDC에서 예측한 유기 LED의 시장 전망을 예시하였다.

(단위 : 억불)

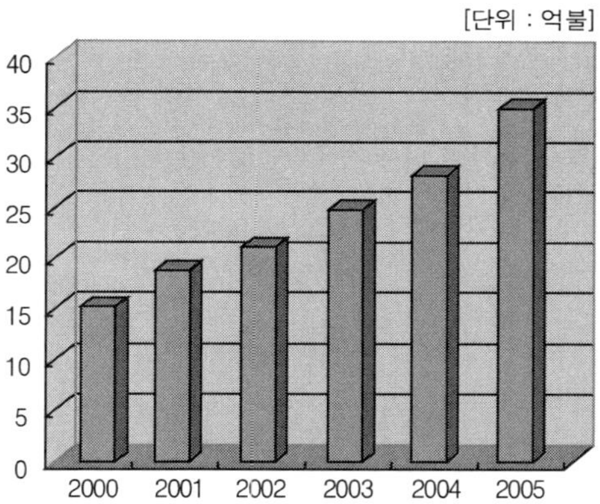

(a)

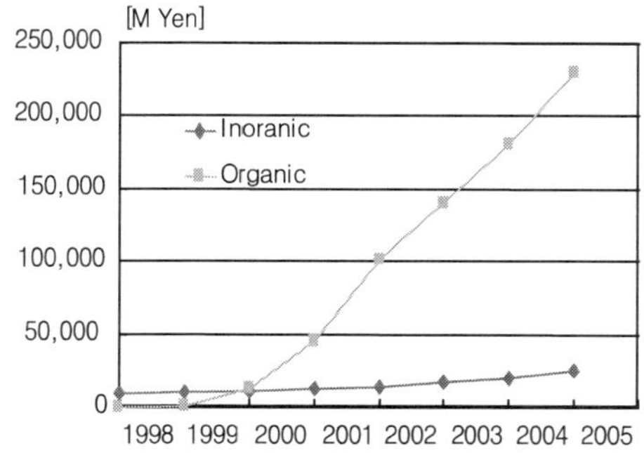

(b)

그림 6.29

Display Search(a)와 IDC(b)에서 예측한 유기 LED의 시장 발전 전망

연습문제

1. 앞으로의 OLED 시장의 확대와 제조, 공정 기술력들을 바탕으로 볼 때 OLED가 display 이외의 어떠한 역할을 할 수 있을 것인가?

2. OLED 디스플레이의 기본 구조와 원리에 대해서 간단히 설명해 보세요.

3. 수동 구동 방식과 능동 구동 방식의 차이점에 대해서 간략히 설명하고 능동 구동 방식에서 해결해야 할 문제들에 대해서 간단히 설명해 보세요.

4. OLED의 특징을 바탕으로 앞으로의 디스플레이 시장에서의 OLED 위치와 다른 디스플레이와의 차별성에 대해서 생각해 봅시다.

참고문헌

[1] 김재우, 김강회, 박창걸, "유기 EL 디스플레이 Organic Electroluminescent Display", 한국과학기술정보연구원 기술산업정보분석, 2003

[2] 정효균, "저온 Poly-SI TFT를 이용한 능동 구동 유기 EL 기술", 전자신문 테마특강, 2001

[3] 정태형 외 7인, "디스플레이 공학1", 청범출판사, 2000

[4] 정태형, "유기물 /고분자 전기 발광 디스플레이 Organic/ Polymeric Electroluminescence Display", 한국 전자 통신 연구원 반도체. 원천기술 연구소 응용 소자 연구부, 2002

[5] 권순기, "유기 EL 재료의 개발동향", 디스플레이기술교육센터 OLED 단기교육 과정 자료, 2004

[6] 이형락, "유기 EL 소자의 이해", 경북대학교 물리학과, 나노과학기술학과 나노물리연구실 : 디스플레이 기술교육 : 유기 EL소자, 2004

[7] 김우영, 신찬훈 "유기 EL 개발 동향과 향후 전망 (제1부)", 주간 전자정보 Weekly Electronics Information, 2000

[8] 권지인, "정보통신산업동향 : 정보통신기기편 : 유기 EL", 정보통신정책연구원 2003

[9] 권순기, "유기 EL 단분자 재료", 전자신문 테마특강, 2001

[10] 전자 디스플레이, "유기 EL 최근동향", 전자 디스플레이 원고, 4월

[11] 이준신, "Thin Film Growth Methods", SAMSUNG SDI Lecture Note, 2000

[12] 주병권, 김재경, 이윤희, "유기 LED 기술의 등장, 현황 그리고 발전 방향", KIST 정보재료 소자연구센터, 2001

[13] 주병권 외, "무한한 응용 가능성 꿈꾸는 차세대 디스플레이, 유기 EL",p. 3-8,(2001)

[14] Polymer Science and Technology Vol. 7. No. 6, December 1996

[15] Polymer Science and Technology Vol. 11. No. 11, April 2000

[16] K. G. Chittibabu, S. Balasubramanian, W. H. Kim, A. L. Cholli, J. Kumar, and S. K. Tripathy, J. Macromol. sci., "Pure and Applied Chemistry"., A33, 1283 (1996)

[17] 한국디스플레이연구조합(http://www.edirak.or.kr/)

[18] 한국과학기술연구원 디스플레이 및 나노소자 연구실(http://diana.kist.re.kr/)

[19] 정보통신정책연구원(http://www.kisdi.re.kr/)

[20] OLED Madang(http://www.oledmadang.com/)

[21] 차세대 정보디스플레이 기술개발사업단(http://www.display.re.kr/)

[22] Integrated Systems Design & Test Lab.(http://isdnt.chungbuk.ac.kr/research/el.htm)

[23] 임성규, "Electoluminiscent Dispalys el 1,el 2", p. 11, p.10

[24] 한국 정보디스플레이 학회(http://www.k-ids.or.kr/)

[25] 한국과학기술정보연구원(http://www.kisti.re.kr/)

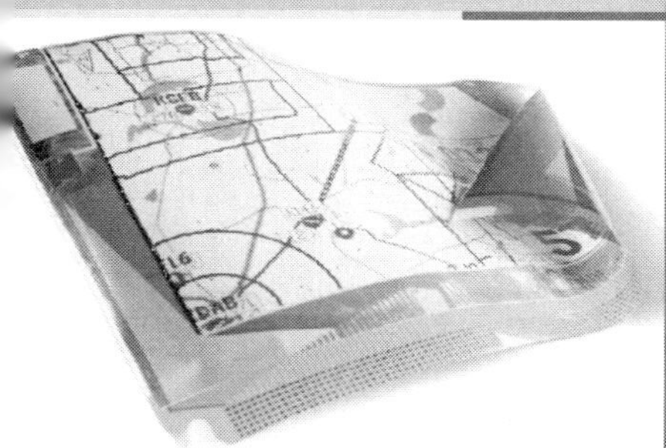

Chapter 07

플렉시블(전자종이) 디스플레이 (Flexible(E-Paper) Display)

1 플렉시블 디스플레이의 개요
2 플렉시블 디스플레이의 재료 및 요구특성
3 유기박막트랜지스터(OTFT) 원리 및 연구동향
4 전자종이 디스플레이의 구조 및 동작 원리
5 플렉시블 디스플레이의 동향 및 전망

* 1 Display Engineering
플렉시블 디스플레이의 개요

지난 60여년동안 디스플레이의 주력으로 자리잡아 왔던 브라운관은 평판 디스플레이(FPD)의 등장으로 그 위치를 위협받고 있으며 휴대용 기기뿐만 아니라 디스플레이의 가장 큰시장인 TV와 모니터까지도 평판 디스플레이로 대체되고 있다. 평판 디스플레이 중에서도 LCD는 기존의 브라운관과 거의 동등한 화질 성능을 보유하면서도 휴대가 편리한 경량, 박형, 저소비 전력 등을 실현하여 급속히 성장하고 있으며, 그 뒤를 이어 PDP 및 OLED가 시장진입이 이루어진 상태이다. 1988년 유비쿼터스(ubiquitous)란 용어를 처음으로 사용한 미국 Palo Alto Research Center, Inc.의 Mark Weiser 소장은 유비쿼터스 컴퓨팅이 메인프레임, 퍼스널 컴퓨터(PC)에 이은 제 3의 정보혁명 물결을 이끌 것이라고 주장하였으며 책상 위 PC간의 네트워크화 뿐만 아니라 휴대전화, TV 휴대단말기, 카 네비게이션, 센서 등 모든 기기가 네트워크화 되어 언제, 어디서나, 누구나 대용량의 통신망을 사용할 수 있는 시대가 곧 도래할 것으로 전망하였다. 이러한 전망이 현실화 될 시대가 멀지 않았다는 것을 증명하듯이 최근 U-city, U-healthcare, USN(ubiquitous sensor network) 등과 같은 용어를 쉽게 접할 수 있고, 다가오는 유비쿼터스 시대에 기본적으로 요구되는 것이 인간과 정보를 연결하는 정보 표시 장치(디스플레이)이며, 시간과 공간의 제약에서 자유로울 수 있는 신개념의 정보 전달 매체를 필요로 하고 있고, 플렉시블 디스플레이(flexible display)가 이와 같은 역할을 수행할 수 있을 것으로 기대하고 있다. 이렇듯 소비자의 변화하는 요구, 새로운 어플리케이션의 창출, 디스플레이 관련 기술 발전에 따라 디스플레이는 점점 진화하고 있다.

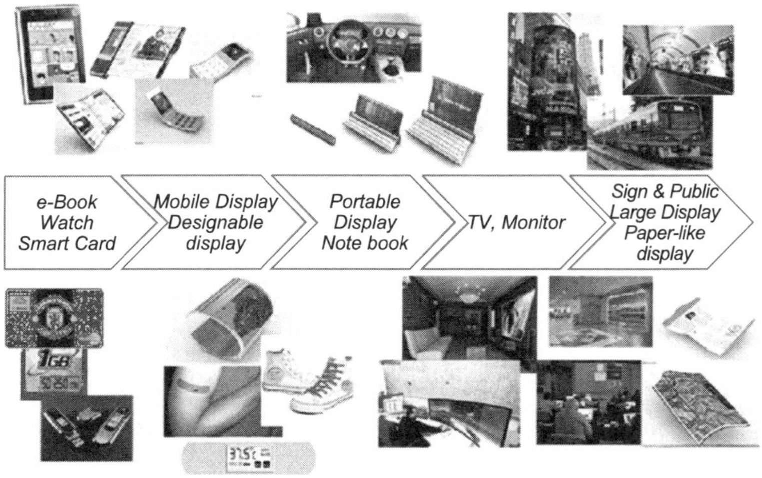

그림 7.1
플렉시블 디스플레이 모식도

플렉시블 디스플레이는 두루마리 형태로 말 수 있고, 종이처럼 접거나 구부릴 수 있으며 외곽 디자인이 자유롭고, 기판이 유연성을 가지고 있어 깨지지 않으며 휴대가 간편한 디스플레이로 정의하고 있다. 다시 말해서 특성의 손실 없이 휘거나 구부리거나, 말 수 있는 유연한 기판 상에 제작된 디스플레이를 의미하며, 현재의 기술 수준은 충격에 견딜 수 있는 수준의 rugged display 단계에 있으며, 향후 기술 개발이 진행되어 bendable display 단계를 거쳐 궁극적으로는 말 수 있는 두루마리형 디스플레이(rollable display)가 구현될 것으로 전망하고 있다. 플렉시블 디스플레이는 기존의 평판 디스플레이인 LCD, PDP, OLED 등과 같이 새로운 개념의 디스플레이가 아니라 기존 유리 기판 기반의 디스플레이를 금속호일(metal foil)이나 플라스틱 필름과 같은 유연한 기판에 구현한 것이다. 즉, 하드웨어 기술의 변화를 의미하고 디스플레이의 화질은 기존 유리 기판 기반의 디스플레이와 동일하거나 또는 향상된 화질을 기본으로 해야 하며 현재 구현 가능성이 큰 분야는 플렉시블 OLED, 플렉시블 LCD 및 전자종이(electronic paper)이다. 이들 가운데 단기간 내에 제품 구현 가능성이 가장 큰 것은 플렉시블 전자종이라고 할 수 있다. 기판이 유리에서 유연한 소재로 변경되는 것을 플렉시블 디스플레이의 1차적인 정의라고 할 때, 플렉시블 디스플레이 기술의 발달과 용도에 따라 4가지 형태로 구분할 수 있다.

1) Durable : 얇고 가벼우면서(thin & light) 깨지지 않는 디스플레이, 플렉시블 디스플레이의 가장 초기 형태로서 기판만 유리에서 유연한 소재로 바뀐 형태로 기존 휴대용 제품의 견고한 외곽은 그대로 사용하나 제품의 두께, 무게, 신뢰성을 혁신적으로 향상시킨 형태의 디스플레이를 말한다.

2) Bendable & Conformal : 휘어지고, 일정부분 디자인이 자유로운 디스플레이, 디자인을 자유롭게 구현할 수 있다는 것이 핵심으로서 휘어진 형태를 지속적으로 유지할 수 있고 디스플레이 외곽 디자인을 자유롭게 하여 패션개념이 가미된 새로운 형태의 모바일 제품을 비롯해 평면이 아닌 공간이나 자투리 공간을 최대한 활용한 새로운 개념의 제품을 만들어 낼 수 있다.

3) Flexible : 플렉시블 디스플레이가 추구하는 궁극적인 형태로서 두루마리 형태처럼 자유롭게 말 수 있는 디스플레이, 자유롭게 접고 말 수 있는 디스플레이로 최소한의 공간을 활용하면서도 대화면을 구현할 수 있는 공간 절약형 신개념의 제품을 만들어 낼 수 있다.

4) Disposable : 종이를 대체할 수 있는 초저가 디스플레이, 프린팅 프로세서를 기본으로 하여 롤투롤(roll-to-roll) 공정 기술로 연속적인 제품을 생산함으로써 초저가 구현이 가능해지고 일반종이 인쇄물을 대체하는 신규 제품을 만들어내고 일회성 제품으로 쉽게 사고 임의로 폐기할 수 있는 디스플레이 구현이 가능하다.

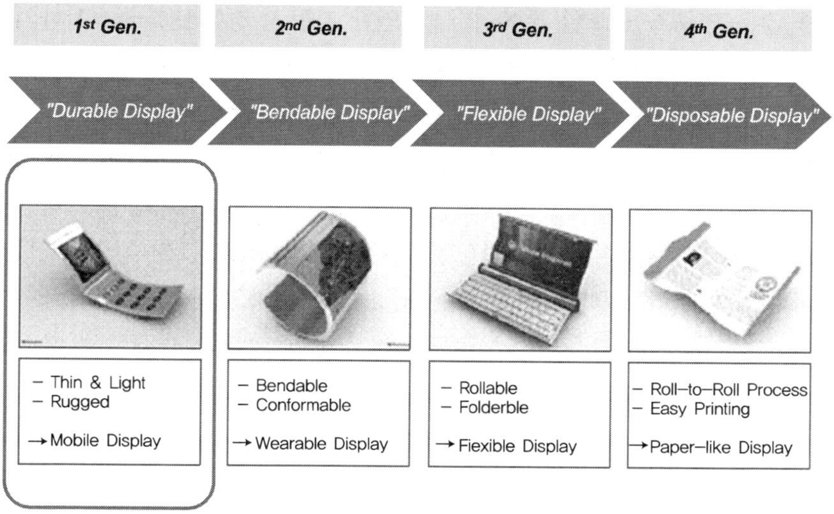

그림 7.2
플렉시블 디스플레이의 분류

플렉시블 디스플레이를 구현하기 위한 기본 기술로서는 유연한 기판 기술, 구동 소자 기술, 디스플레이 모드 기술 등이 다양하게 연구되고 있고 다음과 같이 나누어 볼 수 있다.

1) 기판 기술(Substrate) : plastic film, metal foil, thin glass
2) 구동 소자 기술(TFT Array) : a-Si TFT, poly-Si TFT, Organic TFT
3) 디스플레이 모드 기술(Display Mode) : LCD, OLED, Electrophoretic

Part I	Part II	Part III
Substrate	TFT Array	Display Mode
1. Thin Glass 2. Metal Foil 3. Plastic Film	1. a-Si TFT 2. Poly-Si TFT 3. Organic TFT	1. E-paper 2. LCD 3. OLED

플렉시블 디스플레이 정의에서 알 수 있듯이 유연한 기판 기술은 플렉시블 디스플레이의 기본적인 출발점이다. 현재의 유리 기판 기반의 디스플레이에서 기판만 유연한 플라스틱 필름이나 메탈호일로 대체하면 1차적인 플렉시블 디스플레이가 구현된다. 이는 단순한 것일 수도 있지만 반도체 기반 기술의 능동형 구동 소자를 유연한 기판 위에 마이크론 단위로 정밀하게 형성하려면 습기와 산소에 대해 차단 기능이 요구되고 공정 온도가 가해져도 수축되거나 열 팽창되지 않는 특성이 요구되는 점에서 쉬운 일이 아니다. 특히, 이러한 요구 조건을 만족하는 유연한 기판이 개발되거나 현재 제공되고 있는 유연한 기판의 물성 범위 한계 내에서 구동 소자를 쉽게 형성하는 새로운 저온 구동 소자 형성 기술이 서로 밀접하게 연관되어 있어 플렉시블 디스플레이를 상용화하는데 큰

장애물이자 많은 연구가 필요한 분야이다. 유연한 기판의 경우 0.1 mm 이하의 매우 얇은 유리판, 메탈호일(metal foil), 플라스틱 필름(plastic film)이 주로 검토되고 있으나 아직 플렉시블 디스플레이를 구현하기 위한 요구 물성을 만족하는 기판은 확보되지 않고 있으며 주로 플라스틱 필름과 메탈호일에 연구가 집중되고 있다. 능동형 구동 소자의 경우 TFT-LCD나 AMOLED용 구동 소자에서 주로 사용하는 비정질 실리콘 박막 트랜지스터(a-Si TFT)와 저온 다결정 실리콘 박막 트랜지스터(LTPS) 기술이 기존 기술의 연장선상에서 개발되고 있으며, 최근 저온 공정이 가능하고 용액 공정이 용이한 유기 반도체를 이용한 유기 박막 트랜지스터(OTFT) 기술이 미래의 플렉시블 디스플레이용 구동 소자 기술로서 활발히 연구되고 있다. 그러나 디스플레이를 구동하여 표시 품질을 확보하는데 필요한 소자의 성능 및 신뢰성이 부족한 현실이다. 플렉시블 디스플레이 모드의 경우 원리적으로 현재의 능동형 구동 소자를 기반으로 하는 모든 디스플레이 모드를 사용할 수 있다. 기존 액정을 이용한 LCD의 경우 표시 품질과 공정 측면에서 양산성이 검증된 가장 안정된 기술이나 상, 하판의 유연한 기판 사이에 형성된 액정 셀의 간격을 일정하게 유지하는 기술과 유연한 백라이트 기술이 반드시 확보되어야 한다. 유기 발광 물질을 이용한 OLED의 경우 수분 및 산소의 침투에 취약한 플렉시블 기판을 사용해야하므로 보호막(passivation) 및 봉지 기술(encapsulation)의 혁신적인 개선이 필요하지만 원리적으로 LCD에 비해 플렉시블 디스플레이에 더 적합한 기술이다. 그리고 종이의 특성과 전자 디스플레이를 결합한 전자종이 기술의 경우 반사형이면서 메모리 저장 기능이 있어 전자책(E-book)용 플렉시블 디스플레이에 가장 적합한 기술이나 표시 품질이 LCD나 OLED에 비해 떨어지므로 칼라 구현과 같은 고해상도 구현을 위한 기술 개발이 진행되어야 한다.

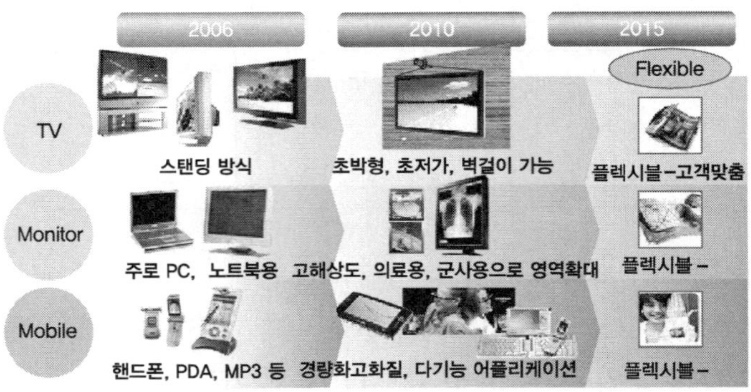

그림 7.3
Flexible display 응용 분야별 발전 전망

플렉시블 디스플레이의 가장 적합한 기술 개발 방향은 생산성과 가격 및 디스플레이의 성능에 달려있다. 플렉시블 디스플레이의 중요 특성인 가볍고, 얇고, 유연함을 갖기 위해서는 범용 플라스틱 기판이 유리할 것으로 생각되고 구동 소자는 상온, 상압 공정이 가능한 프린팅 방법을 통해 대량 생산이 가능한 유기 박막 트랜지스터(OTFT) 소자가 가장 적합할 것으로 예상된다. 디스플레이 모드의 경우 박형화에 유리하고 휘어져도 표시 특성의 차이가 적은 유기 EL(OLED) 모드가 동화상과 자연색감이 요구되는 고급 제품용으로 사용될 것으로 기대됨과 동시에 낮은 가격이 중요한 범용 제품에는 일부 동영상의 표현이 가능하고 색의 구현이 가능하도록 성능이 개선된 칼라 전자종이(color E-paper)가 채용될 것으로 예상된다. 이 경우 기판 및 구동 소자와 디스플레이 모드가 모두 유기물인 전유기 디스플레이(All Organic Display)가 구현되나 각각의 기술이 아직은 해결해야할 문제가 많아 지속적인 기술 개발 노력이 있어야 한다.

* 2 플렉시블 디스플레이의 재료 및 요구 특성

Display Engineering

2.1 플라스틱 기판

정보화의 심화 및 대중화에 따라서 다양한 정보를 시각화하여 인간에게 전달하는 디스플레이로서 장소, 시간에 구애됨이 없으면서 초경량, 저전력의 얇고, 종이처럼 가볍고 유연한 플렉시블 디스플레이가 많은 주목을 받고 있다. 플렉시블 디스플레이가 지향하는 궁극적인 목표는 형태적으로는 휴대가 용이하고, 가볍고, 장소의 제약이 없는 종이같은(paper like) 디스플레이이며 산업적으로는 저가격화를 실현하기 위해 프린팅 기반의 연속 공정(roll-to-roll process)을 통한 대량 생산성 확보에 두고 있다. 플렉시블 디스플레이를 구현하기 위해서는 플렉시블 기판, 저온 공정용 유/무기 소재, 플렉시블 전자소자, 보호막 및 차단막 기술, 그리고 패키징 기술 등이 복합적으로 필요하다. 이중에서 플렉시블 기판은 플렉시블 디스플레이의 성능, 신뢰성, 가격을 결정하는 가장 중요한

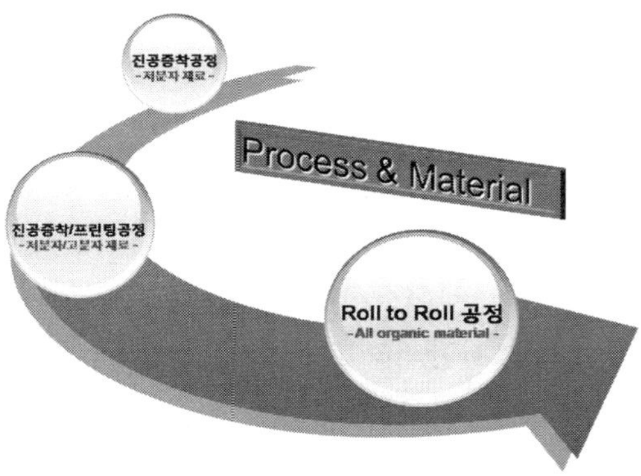

그림 7.4
플렉시블 디스플레이의 제조 공정 발전 방향

부품으로 인식되고 있다. 플렉시블 기판 중에서 플라스틱 필름이 가공의 용이성, 저중량, 연속 공정의 적합성 등으로 인해 광범위하게 적용이 검토되고 있다. 따라서 본 장에서는 플렉시블 디스플레이를 구현하기 위해 필수적으로 요구되는 재료 및 기반 기술들에 대해 알아보고 이를 통해 향후 플렉시블 디스플레이가 구현되기 위해서는 어떠한 분야에 기술적인 혁신이 뒤따라야하는지 생각해보고자 한다.

2.1.1 플라스틱 기판의 필요성

현재 3가지 종류(metal foil, thin glass, plastic substrate)의 기판이 플렉시블 디스플레이의 구현을 위해 검토되고 있으며 각각의 장·단점으로 인해 응용성에서 많은 차이를 보이고 있다. 먼저 박형유리는 기존에 사용하던 유리(보통 두께, 700 μm)를 박형(50~200 μm)화한 소재로 3종류의 기판 중에서 투명하고, 표면 평탄도가 양호하고 수분 및 산소가 투과하기 어렵다는 장점 이외에 공정성 확보가 용이하다는 특징을 가지고 있으나 충격에 약하고 다른 기판 소재와 달리 연속 공정으로의 적용이 힘든 단점이 있다. 메탈호일은 투명한 디스플레이가 요구되지 않는 경우에 내충격성을 확보하면서 유리에 가까운 물성을 요구할 경우 적용이 검토될 수 있다. 보통 부식 문제 때문에 스테인레스 스틸(stainless steel)이 사용되며 전기적 절연성을 확보하기 위해 절연체를 코팅하고 거친 표면을 평탄화하기 위해 유기 평탄막을 코팅하는 과정이 부수적으로 필요하다는 단점이 있다. 따라서 메탈호일을 사용할 경우 공정 온도에 제약이 없다는 장점이 있으나 유기 평탄막의 열 특성 한계로 인해 이 역시 공정 온도에 제약을 가지게 된다. 또한 불투명하기 때문에 반사형 디스플레이나 상방향 발광(top emission) 모드에만 적용이 가능하다. 플렉시블 디스플레이 구현을 위한 가장 적합한 소재로 플라스틱 기판이 오래전부터 주목을 받아오고 있다. 플라스틱 기판은 앞서 언급한 두 종류의 기판 소재에 비해 무게가 가볍고 가공이 용이해 형태의 제약이 거의 없다는 점과 산업적으로 저가격화 실현을 위한 연속 공정 특히 최근 활발히 연구가 진행되고 있는 잉크젯(ink-jet) 프린팅에 가장 적합한 소재라는 특징이 있다. 하지만 열적 안정성의 부족 및 산소, 수분 투과율이 높은 점은 반드시 해결해야 할 문제점이다.

(1) 플라스틱 기판의 분류

플라스틱 기판은 열적 거동 특성, Tg(유리 전이 온도, glass transition temperature)별로 정리하면 그림 7.5와 같이 크게 3가지의 형태로 나누어 볼 수 있으며 각각의 열적 거동의 차이로 인해서 플라스틱 기판의 제조 방법은 조금씩 차이를 보인다. 플라스틱의 유리 전이 온도(Tg)는 국부적인 분자 사슬의 거동(segmental motion)이 시작되는 온도로서 Tg 부근에서 플라스틱의 물리적, 기계적 물성 변화가 급격히 일어나게 된다. 따라서 플라스틱의 Tg는 플라스틱 기판의 사용 온도를 결정하는 중요한 의미를 포함하고 있다.

PET(polyethylene terephtalate), PEN(polyethylene naphtalate), PEEK(polyethy-

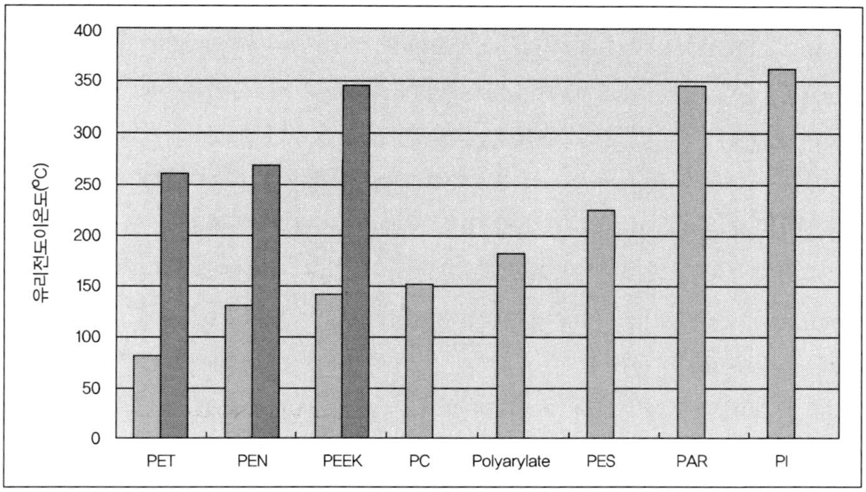

그림 7.5
플라스틱 기판의 분류

lene ether ketone) 등의 열가소성 세미 결정성 플라스틱(thermoplastic semicrystalline polymer)은 ~140°C 정도의 Tg, ~340°C 정도의 Tm(녹는점, melting temperature)을 가지고 있으며 Tm 이상의 온도로 플라스틱을 가열하면 플라스틱은 용융된다. PET, PEN 기판은 용융 후 두 방향으로 연신하여 기판을 형성하지만 세미 결정성 플라스틱보다 Tg가 높고 Tm을 보이지 않는 150°C Tg의 PC(polycarbonate), 220°C Tg의 PES(polyethylene sulfonate) 등의 열가소성 무정형 플라스틱(thermoplastic amorphous polymer)은 연신 방법 외에 용매 캐스터(solvent cast) 방법으로도 광학용 기판의 형성이 가능하다. 마지막으로 상대적으로 높은 내열성을 가진 PI(polyimide), polyarylate, PAR 등은 용융 후 연신을 통한 기판 제조가 어려워 용매 캐스터 방법을 이용해서 기판을 제조한다. 용융 압출 방식으로 플라스틱 기판을 제조할 경우 저공정 비용으로 성형이 가능하다는 장점은 있으나 PET, PEN, PEEK와 같은 세미 결정성 플라스틱의 경우 MD(machine direction), TD(transverse direction) 방향으로 기판을 연신할 때 기판을 구성하는 고분자의 배향 상태가 달라짐으로써 연신 방향인 MD, TD 방향으로 기판의 광학적(굴절율, 투과도 등), 기계적 특성이 서로 차이를 보이게 된다. 따라서 이렇게 제조된 기판은 LCD와 같이 편광 필름을 사용하는 디스플레이의 경우 적용이 어려운 단점이 있다. 열적 거동 온도가 높은 무정형 플라스틱의 경우 용융 후 연신을 통해 기판을 성형하는 것은 공정 및 장비적으로 어려움이 있다. 따라서 이러한 고분자의 경우 적정 용매에 첨가제 및 플라스틱을 혼합, 용해시켜 유동성을 확보한 후 이를 두께가 고정된 슬릿 다이(slit die)를 통과시키면서 용매를 휘발시켜 플라스틱 기판을 성형하는 용매 캐스터 방법을 이용한다. 이 방법은 방향성이 없는 기판을 얻을 수 있다는 장점이 있으나 용융 압출 방식에 비하여 양산성이 떨어지고 사용된 용매의 회수, 정제, 재사용을 위한 별도의 설비가 필요하다는 단점이 있다.

(2) 플라스틱 기판의 종류

현재 적용이 검토되고 있는 플라스틱 기판의 종류 및 각 기판의 제조업체를 정리하면 표 7.1과 같다. 플라스틱 기판 소재는 선진 화학업체를 중심으로 상업화 연구가 진행 중에 있으며 특히 소재의 열적, 광학적, 기계적 특성을 향상시키기 위한 연구가 주류를 이루고 있다. 주로 기존의 전통적인 플라스틱 기판을 모재로 활용하여 플렉시블 디스플레이에서 요구되는 수분, 산소 차단 특성을 확보하기 위하여 각 업체마다 차별화된 베리어막(barrier layer) 코팅 기술 개발 및 내열 특성 개선에 주력하고 있다. 플라스틱의 물리적, 화학적 물성은 사용 목적과 응용 범위에 따라 각각 다른 관점이 있을 수 있으며 플렉시블 디스플레이 구현을 위한 기판 관점에서 정리하면 다음과 같다.

표 7.1 플라스틱 기판의 종류 및 제조업체

플라스틱 종류	색상	제조업체
Polyethylene terephtalate	Transparent	General Atomics(USA) Mitsubishi Chem.(Japan)
Polyethylene naphtalate	Transparent	DuPont Teijin Film(Japan)
Polycarbonate	Transparent	Teijin Film(Japan) GE(USA) Mitsubishi Eng.(Japan)
Polyethylene sulfonate	Transparent	Sumitomo Bakelite(Japan) i-Component(Korea)
Arylite	Transparent	Ferrania Image System(Italy)
Polyimide	Yellow/Transparent	DuPont(USA) Mitsubishi Gas(Japan)
Polynorbonene	Transparent	JSR(Japan)

1) PC 기판 : PC(polycarbonate)는 우수한 광학적, 기계적 특성을 가진 플라스틱이지만 내화학성(특히 ketone류)이 취약하다고 알려져 있으며 이로 인해 사용용매(포토레지스트 현상액, 포토레지스트 제거액, 금속 에칭액, 클리닝 시약 등)에 많은 제약이 따르게 된다. 이와 같은 문제점을 해결하기 위해 PC 기판의 경우 기판의 양면에 내화학성을 확보하기 위해 내화학층 혹은 하드 코팅(hard coating)층을 별도로 형성할 필요성이 있다. 일반적인 플라스틱 기판 소재의 공통적인 문제점일 수 있으나 열팽창계수(Coefficient of Thermal Expansion)가 무기물에 비해 10배 정도 크다는 점과 기존의 유리에 비해 저온 공정(최대 사용 온도 범위, 150~180°C)으로 진행해야 한다는 단점이 있다.

2) PET 기판 : 세미 결정성 고분자인 PET(polyethylene terephtalate)는 용융 온도(Tm)가 낮아 비교적 낮은 온도에서 용융성을 확보할 수 있고 저렴한 공정 및 제조비용으로 플라스틱 기판 성형이 용이하여 오래전부터 기판 적용이 검토되었다.

PET와 같은 세미 결정성 플라스틱은 내화학성 측면에서는 무정형 고분자보다 우수하며 흡습성이 낮아 공정 시간 단축에 유리한 점은 있으나 낮은 유리 전이 온도, 용융 온도(Tg, Tm)에 기인한 취약한 열적 안정성으로 인해 실제 적용에는 어려움이 있다. 또한 PET 기판은 광학적으로 이방성을 보이므로 LCD와 같은 편광판을 사용하는 디스플레이의 기판으로서는 적용이 불가능하다. 더욱이 150°C 이상의 열처리에 의해 PET 분자 사슬의 재결정화가 일어나 국소적으로 기판이 뿌옇게 되는 백탁(whitening) 현상이 일어나 기판의 광학 투과도가 저온 열처리에 의해서도 쉽게 저하되는 문제점을 안고 있다.

3) PES 기판 : 플라스틱 기판으로서 일본의 스미토모사에 의해 최초로 상용화된 PES (polyethylene sulfonate)는 다른 플라스틱 기판과 달리 두드러진 단점을 보이지 않는 기판으로 가장 활발히 적용이 검토되고 있다. 그러나 케톤계 용매에 대해서 내화학성이 취약하고 PC 및 PET 기판과 유사하게 유리에 비해 CTE가 크고 공정 가능 온도(180°C)가 낮다는 점 외에도 흡습성이 비교적 큰 플라스틱으로서 물과 접촉하거나 공기 중에 장시간 방치했을 경우에는 탈수(dehydration)공정이 추가로 필요하다는 단점이 있다. 또한 기판 제조 원료인 PES pellet을 제조, 공급하는 업체가 많지 않아 기판 원료의 수급에 어려움이 있고 이로 인해 PES 기판 가격이 유리와 비교해서 상당히 높다는 문제도 가지고 있다. 하지만 광학적 이방성이 없기 때문에 편광을 이용하는 LCD 소자에 적합한 플라스틱이라고 할 수 있다.

4) PI 기판 : PI(polyimide)는 듀폰사에서 60년대 후반에 상용화된 이후에 우수한 내화학성, 내열성으로 인해 전기, 전자 부품 등에 폭넓게 응용이 되고 있는 플라스틱으로서 최근 이들의 물성에 주목해 이들을 플렉시블 기판으로 적용하고자 연구들이 진행되고 있다. PI는 앞서 언급한 PES보다 더 큰 흡습성(약 3배)을 보이는 소재로서 공정 중에 적절한 탈수 과정의 도입이 요구된다. PI의 분자 사슬 내의 이미드(imide)그룹은 내열성을 부여하는 그룹일 뿐 아니라 소재의 광학 특성을 떨어뜨리는 원인이 되며, 이 이미드 그룹의 존재로 인해 일반적인 PI 기판은 짙은 노란색을 띠게 된다. 따라서 PI의 광투과도는 550 nm의 가시광선에 대해 ~30% 전후에 불과하며 이 같은 수치는 앞서 언급한 PES 및 PC의 ~90%와 큰 차이를 보이게 되는데 이런 광학적 특성은 디스플레이용 기판 소재로서 PI의 응용성에 큰 제약이 되고 있다. 이에 최근 PI의 분자 사슬 변화를 이용해 광학적으로 투명하면서 높은 Tg(〉 300°C)를 가진 PI 기판이 개발되고 있다.

5) PEN 기판 : PEN(polyethylene naphtalate)은 앞서 소개한 PET와 유사한 거동을 보이는 광학적 이방성을 가진 플라스틱으로 열적 안정성 측면에서는 많은 문제점을 안고 있지만 최근 개발이 진행되어 PEN을 이용한 다양한 연구 결과들이 발표되고 있다. 가격이 저렴하고 CTE가 무기물에 비해서 높기는 하지만 다른 플라스틱 소재에 비해서 가장 낮은 수치를 보이므로 PEN을 플렉시블 디스플레이 구현을 위한 가장 적합한 소재로 보는 의견도 있다. 하지만 기판의 열적 수축율이 180°C

까지는 1~2%내로 작게 유지가 되지만 200°C 이상에서는 수% 이상으로 급격히 증가하는 단점으로 인해 공정 온도가 180°C 이하로 제약되는 어려움이 있다.

6) Arylite 기판 : Arylite 기판은 이탈리아의 Ferrania Image System사가 개발한 광학 기판으로 국내의 관련기관 및 업체로부터 긍정적인 평가를 받고 있다. 다른 플라스틱 기판소재와 비교해 우수한 열적, 광학적, 화학적 특성을 보이고 있으며, 특히 CTE의 경우 앞서 언급한 PES 및 PC는 130~150°C 부근에서부터 급격히 증가하는 경향을 보이지만 Arylite 기판은 온도의 증가에 따라 증가는 하지만 200°C까지 선형적으로 증가하는 우수한 열적 특성 곡선을 보여준다. 그러나 표면에 증착된 배리어 층의 열적 스트레스로 인해 기판이 휘어지는 경향이 있으며 이로 인해 기판 표면에 균열이 발생하는 단점은 해결되어야할 사항이다.

표 7.2 플라스틱 기판별 물성치 비교표

	Tensile Strength (Mpa)	Young's Modulus (Gpa)	Tg(°C)	CTE (ppm/K)	Dielectric Const.	Resistivity (Ωcm)	color	Chemical Resistance	
								Acetone	Acid
PET	55	2.5~3.0	76.5	79.2	3	2×10^{15}	Transparent	bad	good
PC	52~72	2.1~2.4	150	70.2	2	7.3×10^{16}	Transparent	bad	good
PES	83~100	2.4~8.6	228	49.1	3.8	2.9×10^{16}	Transparent	bad	good
PEN	275	6.1	200	23	–	2×10^{17}	Transparent	bad	good
PI	221	2.8	385	20	3.5	1.5×10^{17}	Colored	bad	good
Poly arylate	100	2.9	330	50	2.6	1.0×10^{16}	Transparent	bad	good
Glass(1737)	–	73	620	5	5.7	–	Transparent	good	good

(3) 플라스틱 기판 구조

플라스틱 기판의 구조는 제조 방법, 제조회사별로 차별화, 특허화되어 있다. 일반적인 구조는 앞서 언급한 PET, PES, PEN, Arylite 등의 50~200 μm 두께의 베이스 필름(base film)에 케톤류 등에 취약한 베이스 필름의 화학적 안정성을 확보하기 위해서 가교 아크릴레이트(crosslinked acrylate) 등으로 수 μm 두께의 고분자층 하드코팅(hardcoat) 또는 하부 코팅층(undercoat layer)을 베이스 필름의 양면에 적층한다. 유리기판과는 달리 플라스틱 기판에서는 가설 설정의 수분, 산소의 침입으로부터 디스플레이의 이미지 특성의 열화를 방지하기 위해서 한층 혹은 다층의 무기물층 또는 유/무기 하이브리드 멀티층으로 베리어층을 형성하고 베리어층을 보호하기 위해서 투명 고분자층으로 상부 코팅층(overcoat layer)이 베리어층 위에 서로 유기적으로 복합된 적층 구조로 플라스틱 기판은 구성되어 있다. 이때 적층된 플라스틱 기판 각 층의 종류 및 두께는 기판의 광학적, 열적 특성의 최적화를 통해 선정된다. 플라스틱 기판 제조업체에서 베리어 코팅을 통해 플라스틱 기판을 개발하고자하는 노력과 베리어층 코팅 기술을 특화 기술로 하여 기존 플라스틱 기판을 플렉시블 디스플레이용으로 개발하려는 두 방향의 시도들이 진행되고 있다. 미국업체들의 경우 GE에서는 240°C의 Tg를 갖는 PC 필름 상에 Graded UHB(graded ultra high barrier) 코팅 기술을 적용한 기판 개발을 추진하고 있으며 Vitex system사 기술의 핵심은 그림 7.6에서처럼 유기물과 무기물 층의 반복적인 코팅을 통하여 기체 투과 방지막 특성을 극대화하는 것으로 이는 유기물 층을 진공 중에서 코팅하고 경화시키는 플래쉬 증착(flash evaporation) 기술이 특화된 기술이다. Symmorphix사는 고품질의 무기물 층을 이용한 기체 투과 방지막 형성을 시도하고 있으며 Dow Corning에서는 축적된 플라즈마 화학기상 증착법(Plasma Enhanced Chemical Vapor Deposition) 기술을 이용한 실리콘-탄소합금막(Silicon-Carbon alloy film)을 플라스틱 필름 상에 형성하는 방법으로 기체 투과 방지막을 개발하고 있다. 한편 일본에서도 다양한 개발이 진행되고 있는데 Sumitomo Bakelite에서는 Sumitomo Chemical에서 개발된 PES resin을 이용하여 PES 광학 필름을 개발하였으며 최근에는 복합재를 이용한 필름 개발을 진행하고 있고 복합재를 이용한 필름은 Tg 측면에서는 큰 개선이 없었지만 열수축율(CTE)이 크게 개선되는 것으로 확인되고 있다.

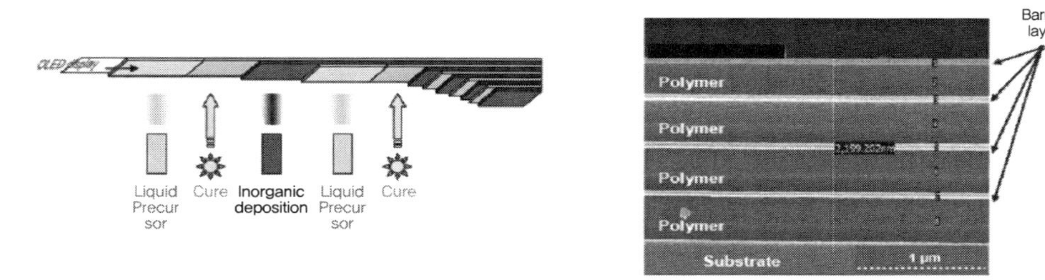

그림 7.6
Vitex사에서 개발한 flash evaporation 기술

Dupont-Teijin사는 160°C의 연속 사용 온도(continuos use temperature)를 가지는 PEN 필름의 개발을 발표하고 적절한 열처리를 통하여 필름 특성을 개선할 수 있음을 보여주었다. 이와는 별도로 Teijin사에서는 고내열성 PC 기판을 개발하여 일부 시제품을 공급하고 있으며 JSR사는 COC(cyclic olefin copolymer)를 이용한 필름 가공을 시도하고 있다. 아울러 유럽에서도 고내열성 고분자들에 대해 다양한 연구들이 진행되고 있는데 Promerus사에서는 Polynorbornene 계열의 필름 개발(Tg 330°C)을 발표하고 있으며 Fraunhofer 연구소에서는 유-무기 하이브리드 고분자인 Ormocer로 아주 우수한 기체 차단성을 나타내는 것으로 알려지고 있으며 앞서 소개한 바와 같이 Ferrania사에서도 arylite계열의 높은 Tg(약 320°C)를 갖는 기판을 개발하고 고온 공정에 적합한 플라스틱 기판을 소량씩 연구 개발용으로 공급하고 있다.

(4) 플라스틱 기판의 요구 특성

기존에 사용되던 유리를 대신해 플라스틱 기판이 사용되기 위해서는 디스플레이 구현에 필요한 열적, 광학적 그리고 기계적 물성이 요구된다. 열처리에 따른 플라스틱 기판의 팽창 및 수축에 의한 기판의 치수 및 형태의 변화는 디스플레이 이미지 특성에 큰 영향을 미치게 된다. 따라서 낮은 CTE, 높은 공정 온도 등이 요구된다. 기판 표면의 평탄성 및 청결도는 후속 공정에서 형성되는 박막(유기물 또는 무기물)의 신뢰성 및 안정성에 영향을 미치는 인자로서 기판 형성시 소재 조성물 및 형성공정의 최적화로 관련 특성을 확보하여야 한다. 또한 공정성을 확보하기 위해서는 공정상에 사용되는 용매에 대한 내화학성 및 일정 범위 이상의 강직성이 요구된다. 이외에도 디스플레이의 성능에 직접적인 영향을 미치는 기판의 투과도는 기판을 시각 창으로 활용하는 LCD, OLED (bottom emission), E-paper의 경우 특히 중요시 되며 400~800 nm의 파장대에서 85% 이상의 투과도가 요구된다.

1) 치수 안정성

기판의 치수 안정성(dimensional stability)은 일반적으로 최대 공정 온도 및 시간 하에서 플라스틱 기판을 열처리한 후 이를 상온으로 냉각시켜 열처리 전, 후 기판의 변화율(단위 ppm 또는 %)로 정의한다. 이때 평가하는 기판의 단위 길이는 제조업체별로 차이를 보이며 TMA-7 thermo-mechanical analyzer(Perkin Elmer)를 이용해 주로 평가한다. 플라스틱 기판은 고온에 노출되었을 경우 팽창 및 수축하는 현상을 보이게 되는데 이같은 현상은 플렉시블 디스플레이 구현 시 순차적인 멀티층 공정진행에 가장 큰 장애가 되고 있다. 기판의 열적 안정성을 확보하기 위한 방안으로 기판 소재, 세트 업체별로 크게 두 가지 방법으로 접근을 하고 있는데, 먼저 소재업체에서는 플라스틱 기판 자체의 열적 안정성을 위해서 내열성이 우수한 소재를 베이스 기판 소재로 이용하거나 기판 제조 시 기판의 열 이력을 최소화하기 위한 공정을 채용해 기판의 열 이력과 인접층과의 열적 거동 차이(mismatch)를 최소화하는 방향으로 접근을 하고 있다. 두 번째로 세트업체에서는 플라스틱 기판을 이용해 관련 공정을 진행함에 있어 공정을 항온, 항습 분위기

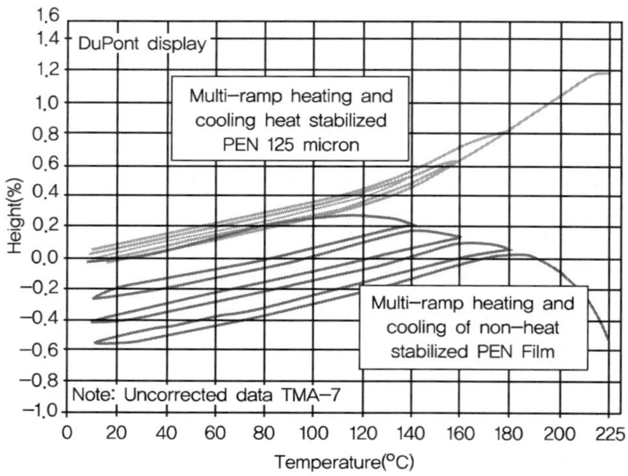

그림 7.7
PEN 기판의 치수 안정성 변화

하에서 진행해 공정의 신뢰성을 확보함과 동시에 플라스틱 기판의 열 이력을 최소화하기 위해 공정 온도를 최대한 낮추려는 노력을 기울이고 있다. 또한 높은 공정 온도에 의해 열적 변형이 일어난 플라스틱 기판은 충분히 상온까지 냉각한 후 공정을 진행해 각 공정이 동일한 기판 상태에서 진행되도록 하고 있다.

열처리에 따른 기판의 변화율은 열처리 온도에도 의존성을 보이지만 시간에 따라서도 의존성을 보인다. 이와 같은 특징으로 인해 기판의 제조 단계에서 적절한 열안정화 공정을 추가해 진행하면 이러한 공정을 진행하지 않은 기판에 비해 훨씬 향상된 치수 안정성을 보이는 플라스틱 기판을 얻을 수 있다. 그림 7.7은 열안정화 공정을 진행한 PEN과 그렇지 않은 PEN의 열적, 기계적(thermo-mechanical) 분석을 8°C에서 출발해 140°C, 160°C, 180°C, 그리고 220°C까지 가열과 냉각을 반복하면서 평가한 결과이다. 열안정화를 하지 않은 기판의 경우 가열 후 냉각에 의해 치수 변화율이 줄어들고 있으나 기판의 치수에 영구 변형이 일어났음을 볼 수 있다. 이에 비해 열안정화 공정을 진행한 기판의 경우 기판의 영구 변형이 일어나지 않았다. 열적 요인 이외에 기판의 치수 안정성은 디스플레이 형성 공정 중에 사용된 용매에 의한 팽윤(swelling) 현상에 의해서도 문제가 될 수 있으나 각 공정 단계 사이에 적절한 탈용매 과정을 도입해 해결하고자 노력하고 있다.

2) 낮은 열팽창계수(CTE)

기판의 열적 거동을 평가하는 방법으로는 앞서 언급한 것처럼 기판을 가열 후 초기 온도까지 냉각시켜 기판의 치수 변화율(보통 수축 현상이 일어남)을 평가하는 방법과 일정 가열 온도에서의 기판의 늘어나는 정도를 평가하는 방법이 있는데 후자의 평가 결과를 열팽창계수로 정의한다. 플렉시블 디스플레이를 구현하기 위해서는 플라스틱 기판 위에 여러 층의 무기물을 적층하게 되는데 이때 기판과 적층된 층이 고온 공정에서 열팽창계수 차이가 많이 날 경우 그림 7.8에서 보는 것과 같이 증착층에 균열이 생긴다든지 박리가 일어날 수 있다. 따라서 플라스틱 기판의 열팽창계수는 20 ppm/°C 이하의 값이 요구되나 현재 이 값을 만족하는 기판은 없는 실정이다. 또한 열팽창계수는 플라스틱의

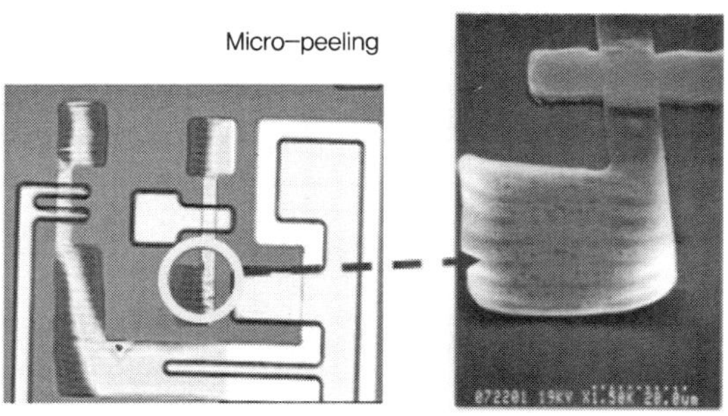

그림 7.8
열팽창 계수 차이로 인해 생긴 박막의 균열 및 박리 현상

Tg 부근에서 급격히 증가하는 경향을 보이기 때문에 Tg가 높으면서 열팽창계수가 낮은 소재가 플렉시블 디스플레이 구현에 적합한 소재라고 할 수 있다.

3) 높은 베리어 특성

기존의 유리를 대신해 플라스틱 기판이 적용되기 위해서는 유리 정도의 베리어 특성이 요구된다. 무정형 고분자(PES, PC 등)보다는 열가소성 세미 결정성 플라스틱(PET, PEN 등)이 조금 낮은 경향을 보이지만 플라스틱 베이스 기판만으로는 대체적으로 1~100 g/m^2[day]정도의 높은 투습도를 보인다. 그러나 디스플레이의 이미지 특성의 열화(액정의 오염, 구동 소자의 열화, OLED 캐소드 메탈층의 산화 등)를 막기 위해서는

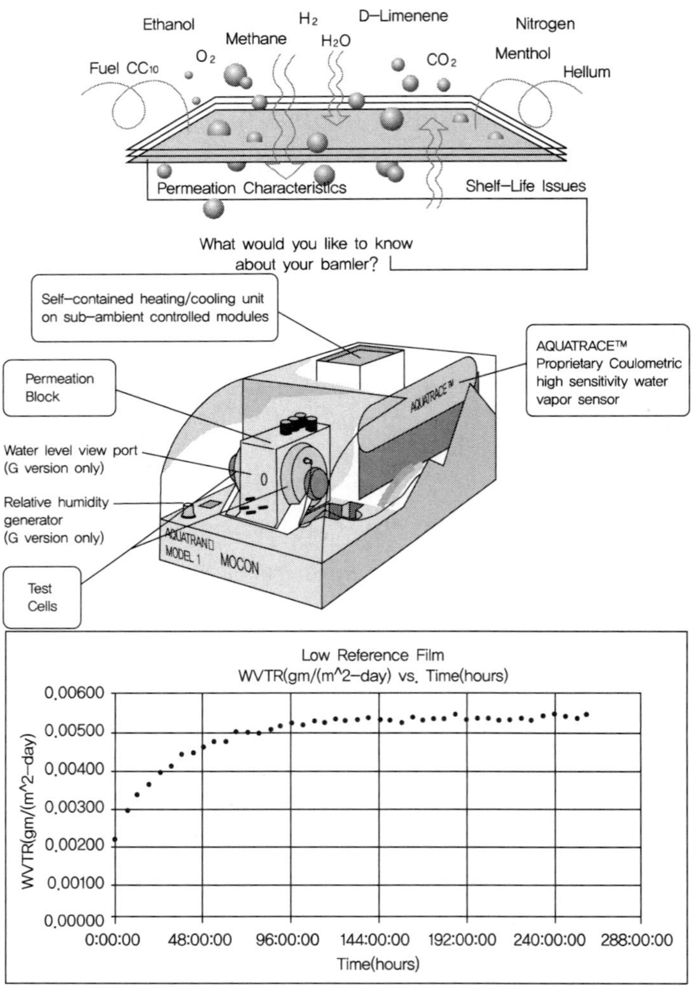

Actual data from test performed on AQUATRAN low reference film

그림 7.9 MOCON사의 투습도 평가 장비 개념도

외부로부터 디스플레이 내부로 들어오는 오염 인자(산소, 수분, 먼지 등)를 차단할 수 있는 베리어 박막이 플라스틱 기판에 필요하다. 이때 요구되는 베리어 박막의 품질은 오염 인자에 대한 민감도에 따라 조금씩 다를 수 있지만 LCD의 경우 ~10^{-2} g/m^2 [day]정도, OLED의 경우 10^{-6} g/m^2[day] 이하 수준의 베리어 박막이 요구된다. 플라스틱의 베리어 박막에 관한 연구는 1950년대부터 식품 포장재 개발을 위해 시작되었지만, 플라스틱 기판용 베리어의 경우 기판의 광투과도를 손상시키지 않으면서 기존의 식품 포장재의 베리어보다 투습도가 1/1000 이하인 베리어 박막이 요구된다. 베리어 박막의 품질은 증착면의 청결도, 베리어 박막의 치밀도, 인접층과의 계면 특성이 복합적으로 결부된 특성으로서 최근에는 유/무기 복합막이 서로 적층된 구조의 베리어 막이 많이 연구, 검토되어지고 있다. 베리어 박막의 특성을 평가하는 방법으로는 MOCON사의 투습도 및 투산소도 평가 장비가 가장 일반적으로 사용되고 있으나 장비의 측정 한계(투습도의 경우, 5x10^{-3} g/m^2[day] 이하의 경우에는 측정 불가) 때문에 산소 및 수분에 대한 투과도가 매우 낮은 기판의 특성은 다른 형태의 평가 수단이 요구된다. 다양한 평가 수단이 있으나 MOCON 장비로 평가할 수 없는 베리어 특성은 칼슘(Ca) 테스터 방식으로 많이 평가가 진행되고 있다.

4) 강직성

플라스틱 기판의 강직성(rigidity)은 기판의 공정 적합성을 평가하는 중요한 의미가 있는데, 이는 young's module(E), 두께(t), poisson's ratio(υ)의 함수로 정의된다.

$$\text{Rigidity} = \frac{E \times t^3}{12(1-v)} \qquad \text{(식 7-1)}$$

Young's modulus의 경우 열가소성 세미 결정성 플라스틱이 무정형 고분자보다 3배 정도 큰 값을 보이므로 동일한 두께 기판의 경우 열가소성 세미 결정성 플라스틱이 무정형 플라스틱보다 공정을 진행하는 입장에서는 3배정도 딱딱하게 느끼게 된다. Poisson's ratio는 가설 설정의 힘에 대한 가로, 세로의 변형비로서 일반적인 플라스틱의 경우 0.3~0.4 정도의 값을 보여준다. 공정 진행 면에서 플라스틱 기판의 강직성은 중요한 변수로 작용하는데 공정 중에 기판의 휨 현상이 발생할 경우, 진공 장비 사용이 원활하지 않고 이를 평탄하도록 힘을 가하게 되면 박막 스트레스로 인해 막의 균열이 일어나는 원인이 된다. 따라서 최근에는 이를 해결하기 위하여 그림 7.10과 같이 유리와 같은 평탄한 캐리어 기판에 플라스틱 기판을 공정 진행 중에 부착하여 진행한 후 공정이 완료되면 제거하는 방법들이 개발되고 있다.

5) 투과도

플라스틱 기판의 투과도(transmittance)는 디스플레이의 이미지 특성과 소비 전력에 큰 영향을 미치는 중요한 소재 특성으로서 디스플레이용으로 적용하기 위해서는 고투과

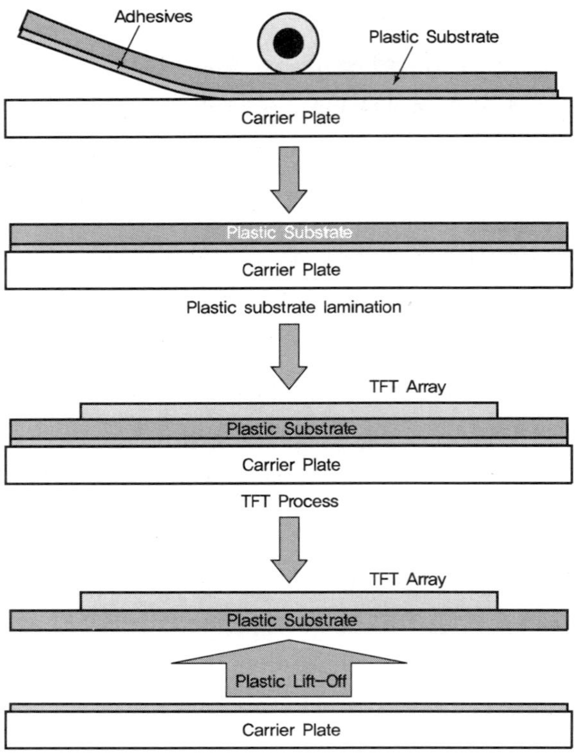

그림 7.10
Plastic lift-off 공정

도, 공정상의 변화(열 및 용매처리 공정)에 따른 소재의 결정화도 및 표면 변화에 따른 산란, 반사도의 변화가 일어나지 않아야 한다. 투과도를 평가하는 방법으로는 전 가시광선 영역(400~700 nm)의 혼합 광에 대한 광특성(투과, 반사) 혹은 특정파장(550 nm)에서의 광특성을 평가한다. 현재 적용이 검토되는 대부분의 광학 기판은 550 nm에서 고투과도(85% 이상)를 보이며 베이스 필름과 베리어 박막까지 적층된 필름의 광특성을 비교해 보아도 큰 유의차를 보이지 않는 것이 일반적이다.

6) 내구성(Durability)

종이같이 구부러지는 디스플레이를 실현하기 위해서는 기판을 구성하는 구성층의 기계적 특성을 이해할 필요가 있다. 플라스틱 기판은 베이스 기판, 베리어, 하드 코팅(hard-coat), 오버 코팅(overcoat), 투명 전극 등의 유기물과 무기물이 적층된 다층(multi-layer) 구조로서 이루어져 구부림 혹은 사용 중에 구성 박막의 균열 및 층간의 박리 현상이 생길 수 있다. 이와 같은 플라스틱 기판의 구조적 문제는 유기물과 young's modulus 값이 약 100배 정도 차이가 나는 무기물(베리어, 투명 전극)층에 기인한 것이지만 무기물을 대체할 유기물 소재가 개발되지 않는 한 피할 수 없는 문제이다. 따라서 기판의 기계적 특성을 확보하면서 구부릴 수 있는 신뢰성이 확보된 디스플레이를 구현하기 위해서는 적정한 유기 소재의 개발뿐만 아니라 각층의 기계적 특성을 바탕으로 적절한 기판 설계가 절실히 필요하다. 여러 층(유/무기물)이 적층된 플라스틱 기판을 기계적 파단이 일어날 때까지 벤딩하게 되면 내부의 기판 쪽에서는 내부 스트레스(internal stress)가 발생하고 기판 위에 증착된 박막에서는 증착 박막과 플라스틱 기판과의 접착불량(adhesion failure)이 발생하거나 증착 박막층 내부의 cohesive failure를 수반하게 된다. 벤딩에 의해 플라스틱 기판에 가해진 내부 스트레스(internal stress, σ_i)는 박막 코팅 전후의 곡률반경(curvature radius) (R_1, R_2)와 박막 코팅 전후의 young's modulus, poisson's ratio, 두께 등을 대입해 하기의 식으로부터 계산할 수 있다.

$$\sigma_i = \frac{E_s \times h_s^2}{6(1-v_s)h_c}\left(1+\frac{h_c}{h_s}\left(4\frac{E_c}{E_s}-1\right)\right)\times\left(\frac{1}{R_2}-\frac{1}{R_1}\right) \quad \text{(식 7-2)}$$

이때 E_s와 E_c는 기판과 코팅 박막의 young's modulus, υ_s는 기판의 poisson's ratio, h_s와 h_c는 각각 기판과 코팅 박막의 두께이다. 증착 박막의 cohesive failure를 평가하는 수단으로서는 크게 벤딩을 이용하는 방법과 파쇄(fragmentation) 방법이 있다. 벤딩 방법은 그림 7.11에서 보는바와 같이 상하로 물려진 플라스틱 기판을 양쪽에서 스트레스를 가하면서 플라스틱 기판의 증착 박막의 cohesive failure를 관찰하는 방법으로서 실험이 용이하여 많이 이용되고 있다. 파쇄 방법은 기판을 양쪽으로 연신하면서 증착 박막의 cohesive failure를 CCD 카메라를 이용해 관찰하는 방법을 이용한다.

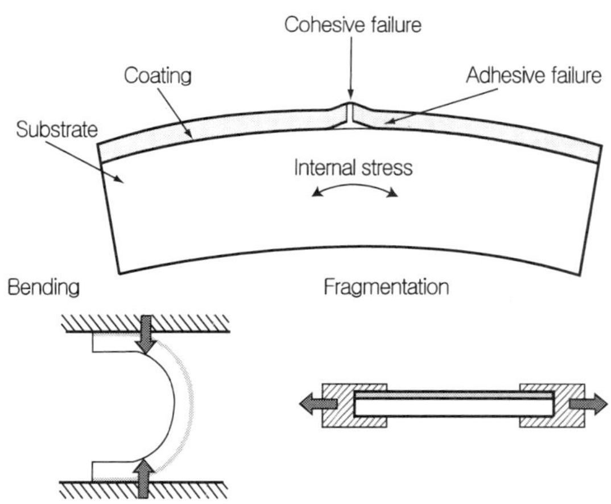

그림 7.11
플라스틱 기판의 기계적 시험 방법

증착 박막(투명 전극, ITO, IZO), 베리어(SiNx, SiOx, SiC)의 cohesive failure를 현상학적으로 살펴보면 기판에 스트레인(strain)을 가하지 않은 상태에서 기판 표면을 살펴보면 박막을 증착하는 과정 중에 혼입된 이물질(particle) 또는 증착 박막의 아래 플라스틱 기판 표면에 존재하는 pin hole 혹은 이물질 등의 마이크로 결점(micro-defect)들을 관찰할 수 있다. 기판에 스트레인을 가함에 따라서 기판 또는 증착면에 존재하던 마이크로 결점들을 중심으로 균열이 시작됨을 볼 수 있으며 더욱 스트레인이 증가하면 증착 박막 두께의 100~500배 정도의 길이를 가진 균열들이 나타나기 시작한다. 이때가 되면 균열의 성장은 더욱 급격해지고 이에 따라 그림 7.11에서 보는 것처럼 변형이 나타나게 된다. 균열이 성장과정을 거쳐 더욱 큰 스트레인이 증착 박막에 가해진 경우에는 tensile failure가 전체 증착면에서 관찰되게 된다. 그림 7.12는 벤딩 방법을 이용해 플라스틱 기판 위에 ITO가 각각 50, 100 nm 증착된 기판의 cohesive failure를 관찰한 결과이다(ITO의 두께가 두꺼워질수록 면저항은 감소하며 특히 OLED의 경우 저저항의 투명 전극이 요구된다). 그림 7.12에서 보면 100 nm ITO 박막의 경우 50 nm ITO 박막에 비해 상대적으로 낮은 스트레인에서부터 저항치가 급격히 증가하는 모습을 보여준다. 이와 같은 결과는 ITO 박막의 두께를 증가시키는 것은 면저항을 낮출 수 있는 방법이지만 상대적으로 응용성(특히 벤딩)에서 많은 문제점을 야기할 수 있음을 함께 보여준다. 이결과는 베리어로 증착된 무기 박막에서도 비슷하게 관찰된다. 따라서 현재 사용되는 무기 투명 전극, 베리어 막을 그대로 플라스틱 기판에 적용할 경우 구부릴 수 있는 디스플레이는 구현될 수도 있으나 종이같은 두루마리형 디스플레이를 구현하는 것은 거의 불가능하다.

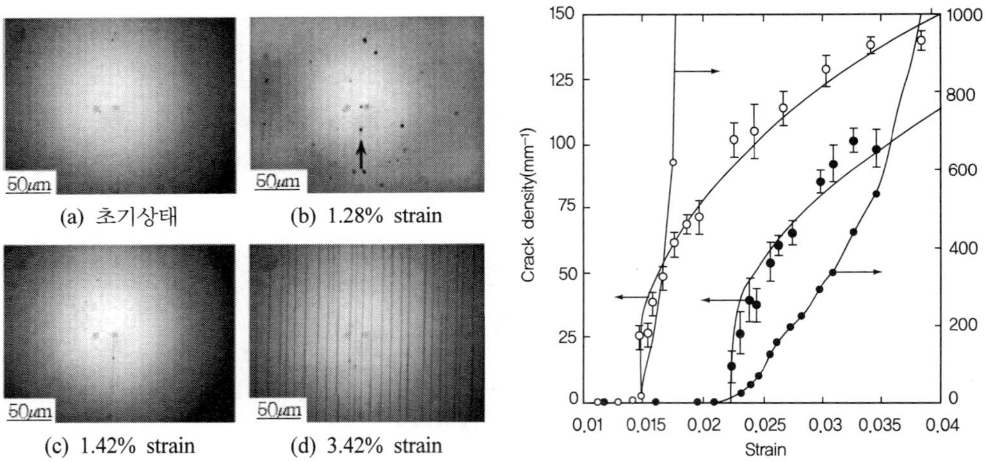

그림 7.12
100 nm ITO가 코팅된 플라스틱 기판에서의 crack 진행과정(○ : 100 nm, ● : 50 nm)

7) 용도별 요구 특성

플라스틱 기판은 사용 목적에 따라 조금씩 요구 특성이 달라질 수 있는데 유기물을 사용하는 OLED의 경우 앞서 언급한 것처럼 매우 낮은 투습도 및 투산소도가 요구되며 이것은 OLED 패널의 안정성 측면에서 가장 중요한 관리 항목이다. OLED를 하부 발광(bottom emission) 형태로 이용하는 경우 플라스틱 기판을 통과한 광을 시각적 이미지로 인식하기 때문에 고투과도가 요구된다. 또한 OLED는 구조상 발광층이 증착되는 증착면의 표면 평탄도, 두께 균일도, 내환경성이 이미지 특성에 중요한 영향을 미친다. 반도체 공정에 플라스틱 기판을 적용하기 위해서는 다수의 별도 관리 항목이 요구되는데 두께 균일도, 플라스틱 기판 위에 형성된 무기 박막과 플라스틱 기판과의 높은 접착력, 충분한 기계적 특성이 요구된다. 가장 중요한 것은 공정성, 신뢰성에 가장 큰 영향을 미치는 기판의 내열 특성이다. 기존의 반도체 공정은 높은 공정 온도를 이용한 무기 박막 증착이 많은 부분을 차지하는데 플라스틱 기판에 적용하기 위해 공정 온도를 무리하게 낮추는 것은 증착 무기 박막의 품질을 떨어뜨려 소자의 성능 저하를 초래하게 된다. 따라서 플라스틱 기판의 내열 특성은 증착 박막의 품질 및 소자 특성에 직접적인 영향을 미치는 인자로 인식되고 있으며 원활한 반도체 공정 진행을 위해서는 20 ppm/°C 이하의 CTE 및 180°C 공정에서 열적 안정성(치수 안정성)을 확보할 수 있어야 한다. 또한 최대 공정 온도와 상온 사이의 열적 사이클(thermal cycle)에서 기판의 수축률이 0.003% 이내여야 한다. 어떤 디스플레이의 구동부로 사용될지에 따라 조금씩 차이가 있을 수 있으나 앞의 OLED에서 요구되는 정도의 광투과도, 투습도, 투산소도 등이 필요하다. 내열성 이외에 중요한 항목은 내화학성으로 공정에서 사용되는 모든 용매에 대해서 내성을 가지고 있어야 한다. 그림 7.13에 응용 분야별 베리어 막의 요구 특성을 정리하였다.

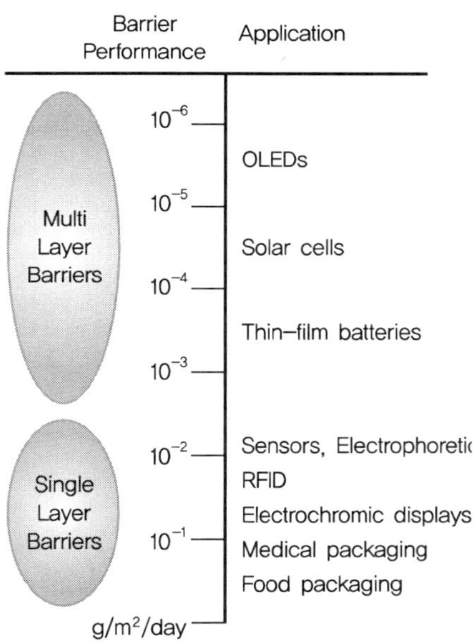

그림 7.13
응용 분야별 베리어 막 요구 특성치

지금까지 유리 기판형 디스플레이는 원판 유리의 크기에 기반한 시설 투자시기 및 규모가 디스플레이 업체의 성공 요인이었으나 차세대 디스플레이는 제품의 용도 다양화 및 다양한 제품 대응 여부가 향후 시장 지배력을 좌우할 것으로 보인다. 이런 시장에서는 지금까지 보다 부품, 소재의 중요성이 더욱 증대하게 될 것이다. 많은 플라스틱 기판이 소재업체를 중심으로 적용 검토되고 있으나 기존의 유리를 대체할 만큼의 특성이 확보된 기판은 현재 없으며 이러한 이유로 몇 가지 시제품들은 발표되었으나 이미지 특성 및 신뢰성이 확보된 플렉시블 디스플레이는 아직 보고되지 않고 있다. 디스플레이의 발전추이를 볼 때 향후 플렉시블 디스플레이가 하나의 시장 흐름을 형성할 것으로 보이나 현재의 기술적 수준을 고려하면 획기적인 소재 개발 및 공정 개발이 진행되지 않고서는 기존의 유리 기판형 디스플레이 정도의 품질 특성을 확보하기는 어려워 보인다. 플렉시블 디스플레이의 핵심소재인 플라스틱 기판의 품질은 디스플레이의 이미지 특성 및 공정 수율에 가장 큰 영향을 미치는 소재 분야이나 국내의 연구 기반은 취약한 실정으로 국내의 소재업체는 최근에 들어서 플라스틱 기판의 사업화를 위한 기술 개발에 착수하였고 세트업체에서는 외국의 선진업체와 기술 협정을 맺고 전량 필요 물량을 수입해 관련 연구를 수행하고 있다. 향후에도 디스플레이 시장에서 지금과 같은 시장 지배력을 확보하기 위해서는 관련 소재 분야에 대해 지속적인 기술 개발과 함께 마케팅 측면에서도 장기적 비전을 가지고 관련 문제를 해결하고자 하는 노력이 절실히 요구되고 있다.

2.2 프린팅 공정 기술

프린팅 기술은 크게 직접(direct) 프린팅과 간접(indirect) 프린팅 방법으로 나눌 수 있으며, 직접 프린팅에는 비접촉식의 잉크 분사 방법을 이용한 잉크젯 프린터(ink-jet printer)와 접촉식의 스크린(screen), 플렉소그래피(flexography), 그라비어(gravure) 방식의 롤 프린터(roll printer)가 대표적이며, 다른 매체를 통해 기판에 인쇄하는 간접 공정인 간접 프린팅에는 주로 접촉식인 임프린팅(imprinting) 기술과 레이저 전사 패터닝(laser transfer patterning) 등을 예로 들 수 있다. 연속 공정으로서 roll/blanket을 이용하는 롤 프린터(roll printer)들은 고속 인쇄 공정으로 기술이 검증된 바 있으며 최근 LCD 제조공정을 중심으로 다양한 기술 개발이 진행되고 있다. 롤 식의 프린팅 기술은 고속 인쇄가 가능하다는 장점이 있으나 사용되는 잉크의 점도 및 해상도 등이 방식에 따라 상이하고 유기 전자 소자의 제작 공정을 위한 장비연구가 아직 충분히 이루어지지 않았다.

표 7.3 프린팅 방식에 따른 잉크의 점도, 해상도 및 생산 속도의 비교

Printing method	Viscosity (Pas)	Layer thickness (μm)	Feature size (μm)	Registration (μm)	Throughput (m^2/s)
Gravure	0.01~0.2	<0.1~8	75	>20	3~60
Flexography	0.05~0.5	0.04~2.5	80	>200	3~30
Offset	5~100	0.5~2	10~50	>10	3~30
Screen	0.5~50	0.015~100	20~100	>25	2~3
Ink-jet	0.001~0.04	0.05~20	20~50	5~20	0.01~0.5

따라서 현재 플렉시블 디스플레이 소자의 제작 공정에서 고속 프린팅 기술 부분이 갖는 중요성 및 핵심성은 매우 높으며, 유연한 기판에 구현할 수 있는 LCD, OLED, 전자종이(electrophoretic paper) 등을 위한 다양한 소재가 개발되고 있기 때문에 상용화뿐 아

니라 시장의 확대가 가능할 것으로 판단되며 특히 이를 위한 최적의 롤투롤(roll-to-roll) 시스템/공정 인프라 확충에 의한 산업 기반 조성이 달성될 경우 차세대 디스플레이 산업 전반의 경제성 향상에 크게 기여할 수 있다고 판단된다. 그림 7.14에서 볼 수 있는 것처럼 고해상도 잉크젯 프린팅법에 의한 유기 고분자 박막 트랜지스터가 발표되었고, 또한 수용성의 PEDOT : PSS를 사용하여 소스/드레인의 전극 패턴을 폴리이미드 절연막 상에 형성한 후 이러한 소스/드레인 층에 용매 간섭이 없는 유기 용제를 사용하여 poly (9,9-dioctyltrifluorene-*co*-bithiophene, F8T2)의 활성 유기 반도체 층과 패시배이션(PMMA/PVP)의 박막을 형성시켰다. 일반적으로 잉크젯을 이용한 미세패턴은 20~25 μm 정도가 얻어질 수 있으며 그 이하의 패턴을 얻기 위해서는 별도의 표면 처리 방법이 필요하다. 장비 개발 관점에서는 미국, 일본, 영국이 가장 활발히 연구를 진행하고 있으며, 특히 특허 등 원천 기술에 대한 확보 및 크로스 라이센싱(cross licensing)이 이루어지고 있다. Seiko Epson의 경우는 자체 기술력으로 시제품을 생산하고 있으며, 영국의 CDT, 미국의 Litrex, Spectra의 전략적 제휴, 국내의 경우 삼성전자에서 MEMS 기반 피에조 잉크젯 프린터 헤드(MEMS Based Piezo ink-jet Print Head) 소자 개발이 진행되고 있다.

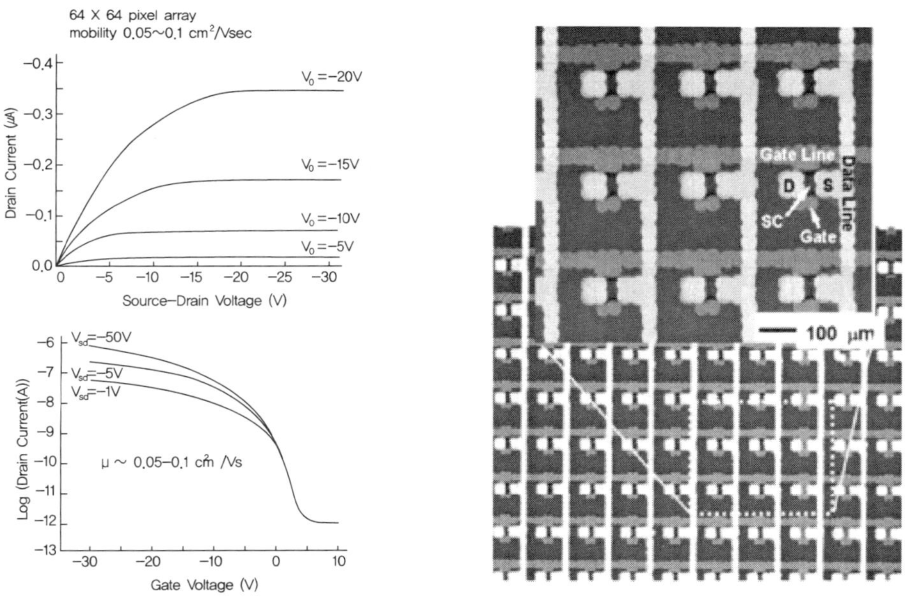

그림 7.14
잉크젯 프린팅에 의한 OTFT printed array of 300 μm polythiophene (Xerox/PARC)

레이저 전사 패터닝(laser transfer patterning) 방법은 3M과 삼성SDI에 의하여 LCD의 칼라 필터 전사법으로 개발되었으나, 현재 OLED의 대면적(4세대 이상) 저분자 유기 EL 소자의 개발을 목적으로 칼라 패턴 방법에 적용하기 위한 연구 개발이 활발히 이루어지고 있다. 유기 반도체 소자의 패턴 공정에는 DuPont, Sarnoff, Creo 등의 미국/캐나다 업계의 연구소를 중심으로 유기 반도체 소자의 활성층 물질과 게이트 전극, 소스/드레인 전극용 전도성 고분자(conducting polymer)를 레이저 패턴(laser pattern)법으로 전사/

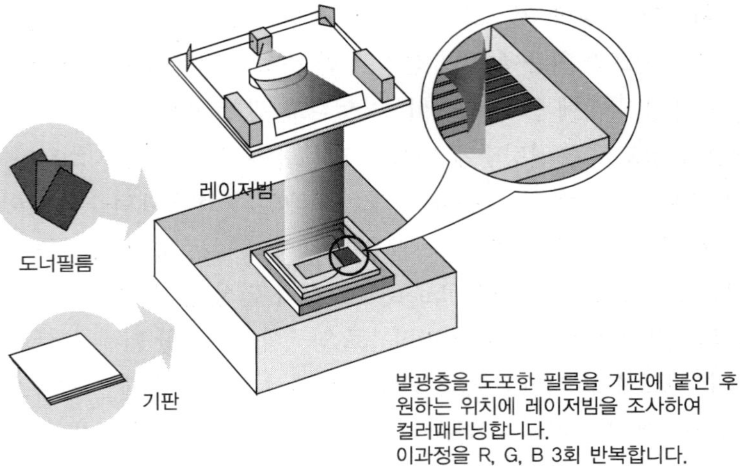

그림 7.15
Laser transfer patterning 공정 개략도

프린팅하는 연구가 진행되고 있다. Donor 필름으로부터 기판의 픽셀 상으로 전사가 이루어지며, 5 μm의 픽셀 해상도 및 250 픽셀에 해당되는 폭의 패턴 전사 구현이 발표되었는데 이러한 고체-고체 전사(dry patterning)의 장점은 유기 용제의 오염 없이 고해상도, 다층 박막의 패턴이 가능하다는 장점이 있다. 고해상도의 전사 품질을 위해서는 전사 물질의 기판, 필름, 물질간의 접착력 및 cohesion의 조절이 필요하다. 이와 같이 본 절에서는 향후 플렉시블 디스플레이 구현을 위한 저가 대면적 제조 공정의 핵심인 롤투롤 공정에 적용될 수 있는 주요 프린팅 방법들에 대해서 간단하게 살펴보고자 한다.

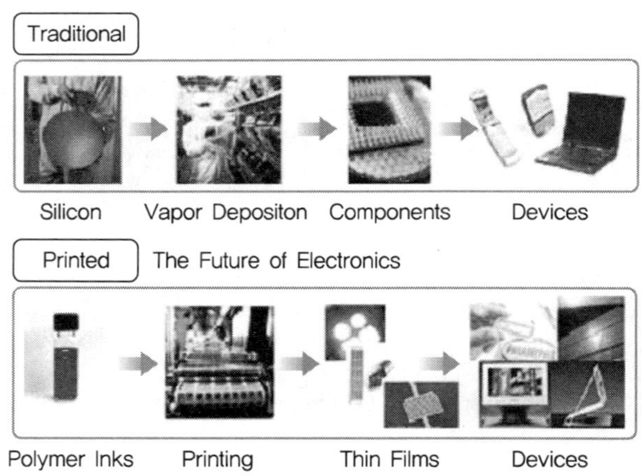

그림 7.16
기존의 전통적인 제조공정과 미래 프린팅 제조 공정

1) 스크린 프린팅(Screen printing)

스크린 프린팅은 스텐실을 이용한 비 가압식 프린팅 공정으로서 상대적으로 낮은 공

정속도를 보이는 대신에 잉크와 기판에 영향을 받지 않는 장점이 있어 대면적 기판 위에 두꺼운 잉크 증착에 적합한 기술이며 대기 중에서 박막 형성과 패터닝까지 한 번에 진행할 수 있는 프린팅 방법이다. 또한, 부가 설비면에서도 기타 장비들에 비해 저렴하고 간단한 공정으로 진행 할 수 있어 시간과 비용면에서 큰 이점을 가지고 있다 할 수 있다. 주요 공정 요소로는 스크린, 스텐실, 스퀴지(squeeze), 잉크, 프레스와 기판 등이 있다. 비교적 간단한 공정 방식이지만 프린팅 공정에 영향을 미치는 많은 변수들이 존재하며 프린팅 속도, 스퀴지의 각도 향상, 스크린과 기판 사이의 거리, 메시(mesh) 소재, 메시 숫자, 잉크의 점성 등이 있다. 잉크의 점성이 증가할수록 박막의 두께는 커지며 메시수가 늘어날수록 얇은 박막 증착에 유리하다. 기술 개발 초기에 스크린 프린팅으로 증착된 박막은 스핀 코팅에 의해 얻어진 박막과 큰 차이가 없다. 한편 수백 나노미터 높이와 100 μm의 길이, 10 μm 너비의 메시 효과로 인해 패턴 정밀도가 떨어지는 경향이 있어 소자 특성에 부정적인 영향을 미치기도 한다.

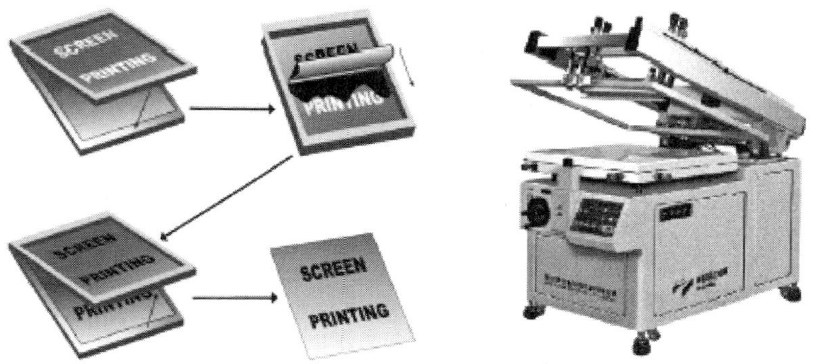

그림 7.17
스크린 프린팅 공정 개략도 및 스크린 프린팅 장비

2) 그라비어 프린팅(Gravure printing)

그라비어 프린팅은 25~30 μm 깊이의 패턴이 새겨진 구리 실린더를 이용하는 롤러 방식의 프린팅 공정 기술로서 구리 실린더에 패턴은 사각형 셀 형태의 이미지로 구성하는데 보통 인치당 250개의 셀을 형성한다. 기계적인 패턴 제작 방식이 주종을 이루지만 최근에는 레이저를 이용한 방식이 소개되어 보다 유연하고 간편한 패터닝 기술로 자리를 잡아가고 있는 추세이다. 그라비어 프린팅 공정은 먼저 셀내에 잉크가 채워지고 초과된 잉크는 닥터 블레이드(doctor blade)에 의해 연속적으로 제거된다. 하지만 높은 압력과 금속 실린더와의 직접적인 접촉으로 유리와 같은 단단한 기판 내의 프린팅에는 적합하지 않은 면이 있다. 그라비어 프린팅의 유기 전자 소자 제작에 적용은 아직까지는 폭넓은 연구가 수행되고 있지는 않은 현실이다. 다양한 잉크 시스템을 적용할 수 있고 고점도 잉크를 사용하여 낮은 공정 속도에서 상당한 두께의 박막 제작이 가능하다는 점에서 적용 잠재성은 높다고 할 수 있다.

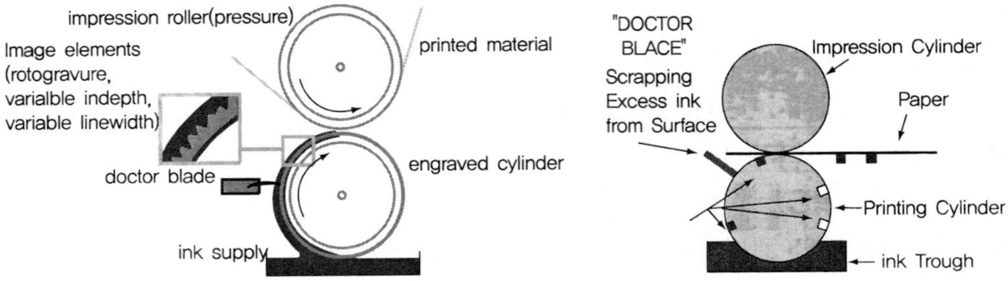

그림 7.18
그라비어 프린팅 공정 개략도

3) 플렉소그래피 프린팅(Flexography printing)

플렉소그래피 프린팅은 고무 또는 포토폴리머로 제작된 플레이트에 음각 또는 양각 패턴을 제작하고 이를 프린팅 매체로 사용하는 기술로서 잉크는 Anilox roller를 거쳐 전달받기도 한다. 최적의 프린팅 정도를 얻기 위해서는 속도, 잉크 점성, 롤러 사이의 압력 등의 공정 변수 제어가 매우 중요하다. 이 공정 기술은 리소그래피에 버금가는 정밀한 선 패터닝을 수행할 수 있어 전자 소자의 프린팅에 적합한 특성을 가지고 있다.

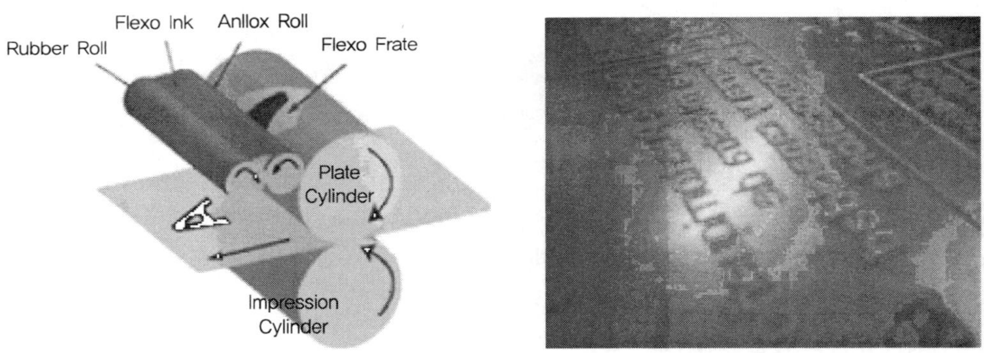

그림 7.19
플렉소그래피 프린팅 공정 개략도 및 플렉소그래피 프린팅된 기판

하지만 패턴의 끝 부분에서 비교적 두꺼운 박막을 형성하는 등 기술적 문제점을 지니고 있어 이의 극복을 위해 압력, 점성, Anilox roller 선택 등 공정 제어와 최적화 연구가 필요한 부분이다.

4) 옵셋 리소그래피 프린팅(Offset lithography printing)

옵셋 리소그래피는 다양한 종류의 소재를 프린팅 할 수 있는 비교적 잘 정립된 공정이며 기판의 양면에 회로를 제작할 수 있는 장점이 있고 연속 공정을 위해서 플레이트는 실린더 형태로 만들어지며 돌출된 부분에는 잉크 플레이트 실린더(plate cylinder)에서 고무 블랭킷(rubber blanket)에 전달되고 연속적으로 플렉시블 기판 위에 전사되는 방식이다. 프린팅된 상이 어두운 곳에서는 소수성을 나타내어 잉크를 흡착시키며 프린팅된 상이 밝은 곳에서는 친수성을 나타내어 물이 잉크를 배척하게 된다. 잉크와 롤러 사이의 접촉시 프린팅 플레이트는 물과 잉크를 필요한 곳에 흡착시켜 프린팅 하고자 하는 상을 형성하게 된다. 형성된 상은 기판(종이 등)에 직접 프린팅하는 것이 아닌, 고무 실린더(rubber cylinder)에 전사된 후 가압 실린더(impression cylinder)에 의해 지지되는 기판에 잉크 막을 가압함으로써 공정은 완료된다. 옵셋 리소그래피 프린팅 기술은 선폭과 선 경계를 형성하는 공정이 아니기 때문에 전통적인 프린팅 공정에 비해 매우 높은 패턴 정밀도, 전사도를 보여준다. 주요 공정 요소로는 잉크의 특성, 프린팅 플레이드, 용액, 장비 등이 있다. 현재 공정 분해능은 10~100 μm 수준이다. 옵셋 리소그래피 프린팅은 기판의 양면에 회로를 제작할 수 있는 장점이 있으며 이를 위한 기술적 어려움은 상용화된 양면 종이 프린팅 기술을 응용하여 극복할 수 있을 것으로 보고 있다.

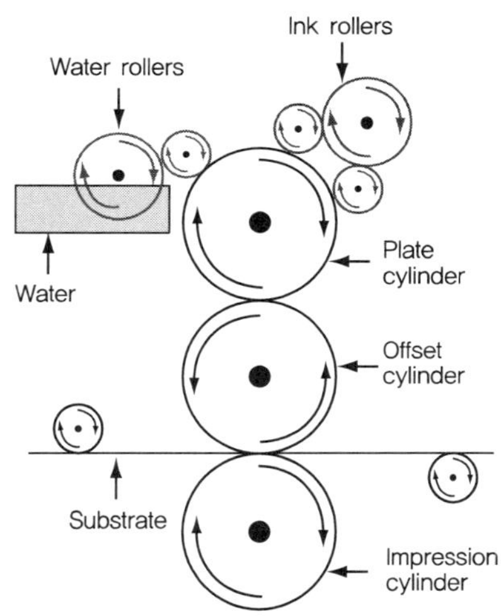

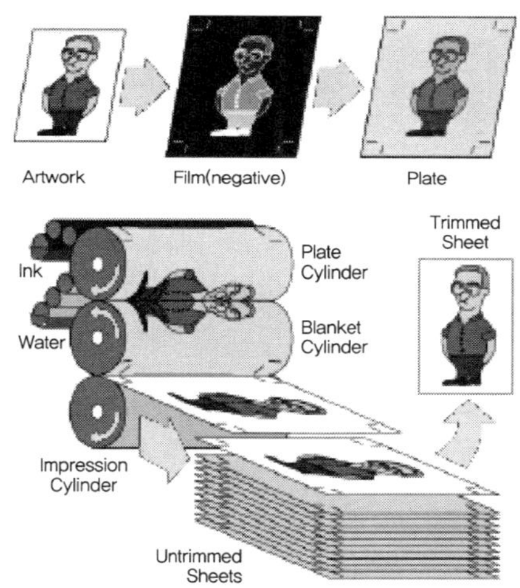

그림 7.20
옵셋 리소그래피 프린팅 공정 개략도

5) 잉크젯 프린팅(Ink-jet printing)

잉크젯 프린팅은 세밀한 잉크 방울(droplet)을 만들어 이를 기판 위의 원하는 위치에 패터닝하는 공정 기술로서 비접촉 방식으로 작은 체적에 복잡한 형상 구현에 적합한 공정 기술이다. 공정의 특성에 따라 연속 공정(continuos process)과 원하는 영역에만 프린팅하는 Drop-on Demand(DoD) 공정으로 구분된다. 연속 공정은 그림 7.21에 나타낸 것처럼 일정한 압력으로 잉크 챔버에 잉크가 공급되면 진동자(vibrating transducer)에 의해 여기된다. 적절한 점성, 주파수, 압력에서 규칙적인 잉크의 유동이 발생하고 노즐을 통해 분사되고 잉크 방울은 전극 사이를 통과하면서 전하를 얻게 된다. 그 결과 전하를 띤 잉크 방울은 전기장 인가 시 특정 방향으로 굴절되는데 이러한 원리로 싱크로니즘(synchromism)에 의해 각 잉크 방울의 이동이 제어되게 된다. 잉크 방울의 측면 이동과

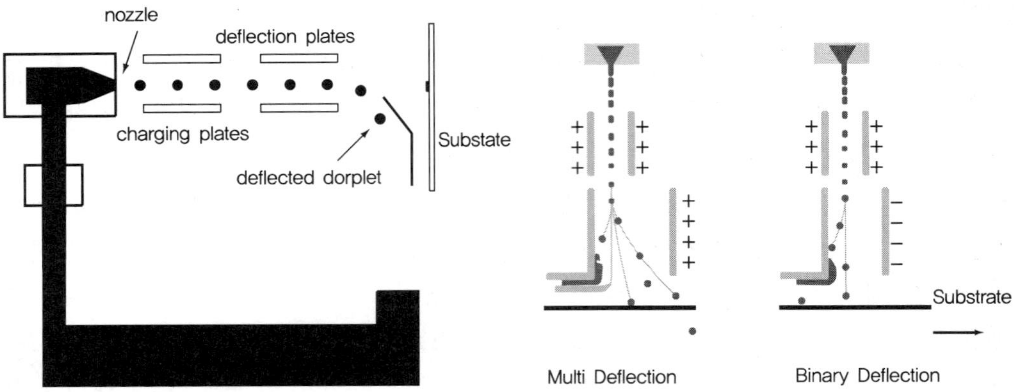

그림 7.21
연속 잉크젯 프린팅 모식도

동시에 기판 운동을 부가하면 연속적인 잉크 패턴이 증착되게 되지만 연속 공정의 가장 큰 한계는 보통 인치당 200~300의 방울(droplet) 분사로 인해 분해능이 낮다는 것이다. Drop-on-Demand 잉크젯 분사량(10 pico liter 이하)과 우수한 위치 정밀도로 전자 소자 프린팅 공정 기술로 적합하다고 볼 수 있으나 양산용 공정으로는 한계가 있다. 잉크젯 공정은 프린터 헤드 등의 공정 제어 기술의 지속적인 발전에도 불구하고 droplet의 속도변화, 퍼짐(spreading), 잉크 비산(splashing) 등으로 인해 최대 채널 분해능은 수십 마이크로미터에 머무르고 있다. 최근에 이 문제를 해결하기 위하여 기판의 표면 에너지 패터닝 공정을 적용하여 액체 상태의 전도성 폴리머 잉크젯 방울의 흐름을 선택적으로 유도하여 채널 길이의 정밀도를 5 μm까지 향상하고자 시도하고 있다.

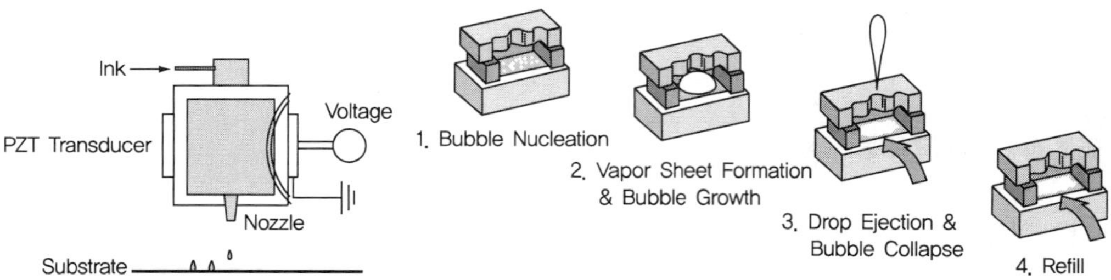

그림 7.22
Drop-on-Demand piezo ink-jet 및 thermal ink-jet 원리

유기 전자 소자의 롤투롤 공정은 기존 인쇄 매체를 대량으로 제작하던 방법을 디스플레이 제조 공정에 적용한다는, 공정 유용성(process capability) 측면에서의 혁신적 기술 진보를 의미하는 것으로, 실제로 기존 디스플레이의 저가격화, 그리고 미래의 플렉시블 디스플레이를 위한 제작 공정 개발은 동 분야에서 막대한 미래지향적 부가가치를 갖는다고 할 수 있다. 아직까지는 종이(paper), 라벨(label), 전자티켓(electronic ticket) 등 종이 기반 연속 생산 기술로서 이들 종이 매체의 디지털 전산화의 방법으로서 RFID

안테나 등을 임베딩(imbedding) 시키는 공정 및 장비가 활발히 연구 개발되고 있으며 플라스틱 기판을 이용한 이들 전자 티켓, 플렉시블 전자 소자/다이나믹 광고판(dynamic signage) 등은 아직 개발의 태동기 단계에 있다고 볼 수 있다. 이러한 웹기반 롤투롤(web-based roll-to-roll) 생산 방식은 기존의 배치(batch) 형 생산 방식과 달리 공정 및 시스템에서 몇 가지 핵심적인 기술적 문제 해결이 요구된다. 첫째는 연속 공정 시스템(continuous process system)을 구성할 때 중요한 웹 핸들링(web handling)에 대한 문제로 웹의 종류와 속도에 따른 장력 조건을 결정해야 하며 정확한 이송을 위한 보다 정밀한 위치 제어가 필요하다. 둘째는 웹(web)이 연속적으로 이동하기 때문에 코팅 공정이 이러한 이동에 대응할 수 있어야 한다. 플라스틱 기판이 길이 방향으로 이동하면서 연속적으로 유기 물질을 도포해야 하기 때문에 그라비어, 옵셋, 잉크젯 프린팅 등이 이러한 제한 조건에 맞게 설계되어야 한다. 셋째는 모든 공정에서 기판이 연속적으로 이동하기 때문에 공정장비의 진공 상태가 확보되지 못한다. 따라서 진공이 필요한 공정에서는 진공 확보가 매우 중요하여 각종 실링(sealing)에 대한 연구가 필요하고, 또한 화학약품(chemical)을 사용하는 공정 장비에서는 공정 약품들이 가설 설정으로 누출되지 않아야 한다. 최근의 전자 회로 패턴 프린팅 공정 및 장비 연구의 해상도(resolution) 향상 및 두께 정밀도 개선 방안은 위의 주요 기술적 이슈 해결을 목표로 진행되고 있다. 그림 7.23에 롤투롤 공정의 간략화된 개념도를 보였다. 그림에서 보는바와 같이 롤투롤 공정은 각각의 공정이 분리된 개별 공정과 궁극적으로 추구하고 있는 모든 공정이 연속 공정으로 실시간 진행되는 전체 공정으로 구분해서 생각해 볼 수 있다. 그림 7.24에는 HP와 Applied Film사에서 발표한 롤투롤 공정에 의해 연속적으로 임프린트 리소그래피(imprint lithography) 및 진공 증착이 가능한 시제작 장비의 예를 보여주고 있다.

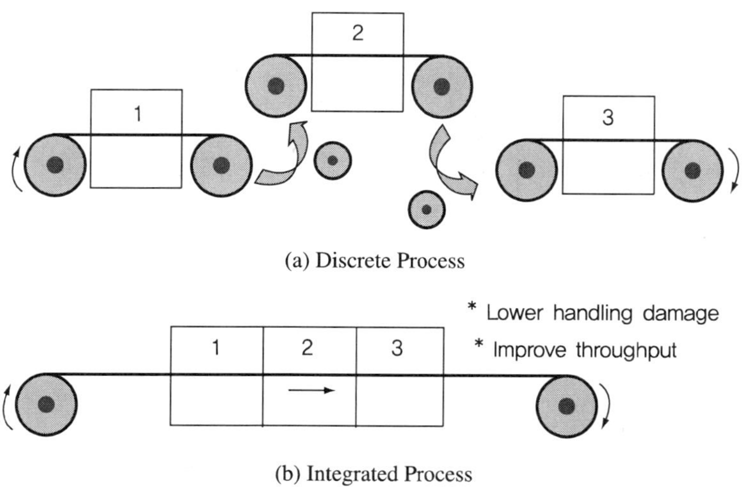

그림 7.23

Roll-to-roll 공정의 단순화된 schematic diagram [1. Treatment & coating process 2. Pattern print (organic/metallic, etc.) 3. Inspection & monitoring]. (a) Discrete process : 각각의 공정이 보조 roll에 의해 전체적으로 연결, (b) Integrated process : 개별 process가 연속적으로 전체 공정 내에 존재함

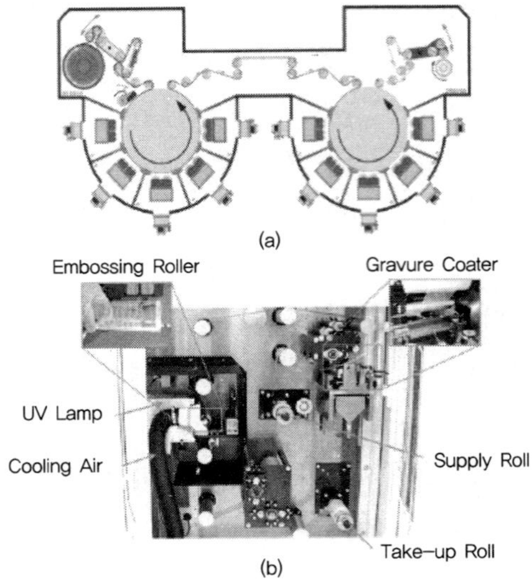

그림 7.24
(a) Applied Film사의 롤투롤 진공 증착 시스템, (b) Hewrett-Packard사의 롤투롤 임프린트 리소그래피 설비

해외의 연구 사례를 보면, 독일의 Chemnitz 대학의 Institute for Print and Media Technology에서는 대량 프린팅(mass printing) 연속 공정에 의하여 유기 반도체 소자 및 ring oscillator와 같은 수십 마이크로미터 선폭을 갖는 유기 전자 논리 소자를 프린팅 가능한 장비를 갖추고 소자 제작 및 공정 연구를 수행하고 있다. 그림 7.25에 보인 것처럼 각각의 플렉소그래피, 옵셋 등의 프린팅 단위(unit)에서 소스/드레인 전극, 유기 반도체, 보호층, 게이트 전극을 차례로 프린팅하여 논리 소자를 완성하는 형태로 공정이 구성되어 있다. 핀란드의 국영기술개발센터(VTT)에서는 인쇄 가능한 유기 트랜지스터(printable

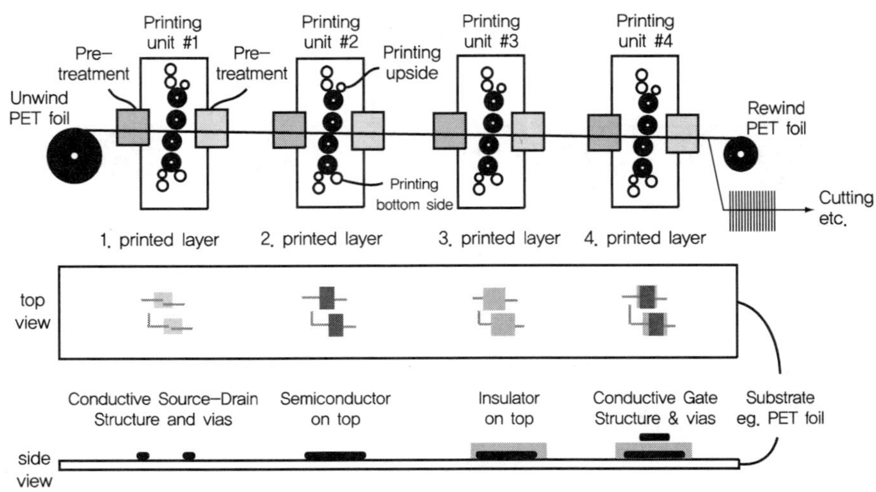

그림 7.25
Mass printing 연속 공정에 의한 유기 트랜지스터 소자 제작 공정도

organic transistor), 태양전지(solar cell), 유기 발광 디스플레이(OLED), 유기 메모리(organic memory), RFID, 광 마이크로시스템(photonic microsystem), 센서(sensor) 및 표지계(indicator) 등의 다양한 소자를 대상으로 롤 프린팅(roll printing) 기반의 소자 제작 예를 발표하고 있으며, 관련 제조 공정 기술을 개발 중이다. 이에 따른 소재/디바이스 기술은 미국의 Arizona State University/Army Flexible Research Center 등과 공동 연구를 진행하고 있다. 현재의 기술 수준에서는 선 간격 20 μm, 선폭 20 μm 이하(전자 회로 기능성 최소 선폭 75 μm) 수준의 해상도를 갖는 전도성 나노 실버 잉크(nano silver ink)의 패턴이 그라비어 프린팅법에 의해 구현될 수 있다(그림 7.26). 그라비어 방식에 의해 OLED 소자를 제작하는 연구도 수행되고 있으며, 여기서 그라비어 롤의 셀 깊이(cell depth)는 3.0~4.5 μm 정도로서 깊이에 따라 코팅되는 유기막의 두께를 조절할 수 있고 이에 따른 소자의 특성을 발표하였다. 전극의 경우에도 알루미늄 입자(aluminum particle)를 사용한 잉크 프린팅을 시도하여 1.0 Ω-cm 정도의 특성을 얻고 있다. 이처럼 연속 프린팅 기술에 의한 유기 전자 소자의 제작과 정밀한 패턴 구현이 가능하다는 초기 결과는 발표되고 있으나 이를 적절한 디바이스의 요구 특성에 맞도록 기능성 유기/무기 소재 사이의 계면(interface) 적합성을 만족시키는 연구 결과로는 다소 부족하다. 예를 들면 OLED의 발광 화소 패턴이나 유기 반도체 소자의 활성 반도체, 소스/드레인 패턴으로 수십 마이크로 선폭의 구현은 가능하지만 여러 유기 재료 층의 적층이 필요한 상황에서 다층 프린팅(multi-layer printing) 기술 등은 아직 완벽히 개발되지 않았다. 국내의 경우 건국대 등의 학계와 KIST, 한국기계연구원 등의 출연 연구소에서 유기 전자 소자 제작을 위한 기초 연구를 시작하였으며, 산업계의 경우 필요성을 인정하고 있으나 접근 방법을 학계 및 연구소와 협의하려고 준비 중인 단계이다. 좀 더 상업화 공정 개발에 가까운 롤투롤 공정 기술은 주로 미국 디스플레이 연구 조합(USDC)의 지원으로 벤처 기업과 대학들에 의해 이루어지고 있으며, Kodak의 플렉시블 콜레스테릭 LCD(cholesteric LCD) 제조 공정, Sipix사에서 개발한 전기영동 매체의 필름(전자종이 디스플레이에 사용)을 롤투롤 공정에 의해 제조하는 예와 같이 연속 생산 공정 설계를 추진하고 있다(그림 7.27).

전자기기 제조에서 전통적인 방식은 복잡한 프로세스들을 이용하여 회로의 패턴을

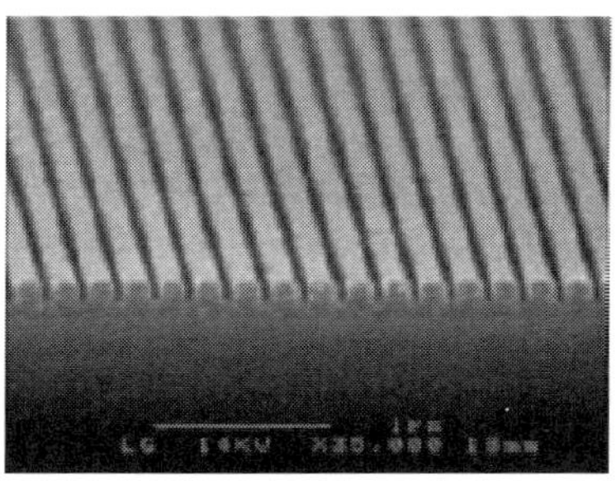

그림 7.26
선 간격 20 μm 및 전자 회로의 기능성 선폭 75 μm를 구현한 그라비어 인쇄 패턴(VTT)

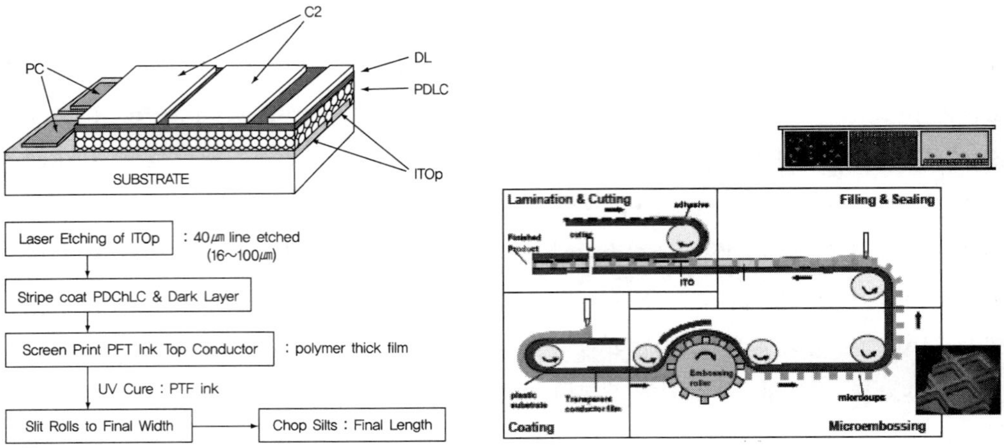

그림 7.27

(a) Eastman Kodak사에서 발표한 cholesteric liquid crystal display의 롤투롤 제조 공정, (b) SiPix사의 전기영동 필름의 롤투롤 제조 공정

형성한다. 우선 반도체나 금속 필름이 베이스로서 기판에 형성된다. 회로 영역이 결정되면 나머지 부분은 식각된다. 이때 코팅 및 에칭 프로세서는 진공 상태에서 실행되어야 하는데 부피가 크고 고가인 진공 펌프는 팹(fab.)의 원가를 높이는 주요 원인이 된다. 직접 프린팅 기술은 기존 방식의 이러한 문제점들을 해결할 수 있다. 회로 패턴이 종이에 직접 그리거나 프린팅 플레이트에서 이미지를 가져오는 방식으로 그려지기 때문에 기존 방식에서 요구되는 3단계 프로세스를 한 단계 프로세스로 마칠 수 있다. 또한 프로세스를 표준 대기압 상에서 실행할 수 있기 때문에 진공 장비도 필요가 없게 된다. 아울러 기존 방식은 기판(웨이퍼, 유리 등) 처리에 과다한 경비가 지출된다는 문제를 가지고 있다. 웨이퍼를 개별적으로 처리하기 때문에 다른 프로세스로 웨이퍼를 이송할 때에도 개별적으로 운반해 주어야 한다. 이에 따른 필수 로더(loader)와 언로더(unloader)로 인해 프로세싱 시스템의 규모도 커질 수 밖에 없다. 하지만 롤투롤 방식을 활용하면 기판이 프로세싱 시스템을 연속적으로 지나게 되어 프로세스 장비도 연속라인으로 구성할 수 있기 때문에 운반에 필요한 시간과 공간, 장비를 크게 줄일 수 있다. 다이렉트 프린팅(direct printing)과 롤투롤 프로세싱(roll-to-roll processing)을 결합하면 기존 공정에 비해 장비 투자는 현저히 절감하면서도 생산성은 높일 수 있다. 이는 무엇보다 단위 면적당 제조 원가의 하락에 기인하는 것이다. 이러한 효과는 기기의 종류와 생산 규모에 따라 다르겠지만 대체적으로 10분의 1로 원가를 낮출 수 있다. 기존의 평판 디스플레이를 전 프린팅 공정으로 생산할 경우 제조 원가를 10분의 1 이상으로 낮출 수 있을 것으로 기대하고 있다. 이러한 프린팅 전자기기들은 반도체, 인터커넥트(interconnect), 기판에 사용하는 것과는 완전히 다른 소재를 요구할 것이다. 기판으로는 플라스틱이 이용될 것이며 새로운 유기 반도체나 순금속 분자는 회로 형성에 사용될 것이다. 신형 디바이스의 두께, 무게, 유연성은 주로 이러한 소재의 특성에 의한 것이다. 특히 플라스틱 기판을 사용함으로써 가볍고 얇은 전자기기의 제작이 가능해지며 이에 유기 반도체를

적용할 경우 플렉시블 디스플레이 제조도 가능해지는 것이다.

플렉시블 디스플레이 및 전자 소자 연구 영역에서 특별히 플라스틱 기판의 개발 동향과 연속 공정 및 프린팅 기술의 기술 개발 사례를 살펴보았다. 앞서 논의한 것처럼 플렉시블 디스플레이가 구현되기 위해서는 기본적으로 플렉시블 기판에 대한 공급이 우선적으로 진행되어야하지만 현재 수준의 플라스틱 기판으로는 한계가 있다. 우수한 베리어 특성 및 공정 적합성을 확보한 플라스틱 기판이 개발되기 위해서는 기판 개발 업체와 소자 제조 업체가 유기적인 협력체제 구축을 통해 기술적인 진보를 이루어 나가야할 것으로 생각된다. 아울러 다음 장에서 논하게 될 고분자 및 유기 반도체를 이용한 박막 트랜지스터(TFT) 디바이스의 높은 전하 이동도와 온/오프(on/off) 전류비 등 우수한 특성을 확보하기 위해서는 유기 물질의 분자 수준에서의 정렬, 배향 기술 뿐만 아니라 박막 균일성(uniformity) 확보에 관련된 소재 기술이 뒷받침되어야 하고, 실제 소자화를 위해서는 적절한 마이크로 패터닝(micro-patterning) 방법을 적용시켜 저온 공정으로 플렉시블 어레이(flexible array) 상에 형성할 수 있는 공정 개발이 효과적으로 추진되어야 한다. 현재까지 발표되고 있는 많은 유기 전자 소자들이 진공 증착 및 반도체 식각 공정을 일부 사용하고 있으나 향후 이들 신규 소자의 근본적인 장점을 부각시키기 위해서는 효율적인 프린팅 기반 패터닝 공정 개발이 필요하다. 최근 용액 공정이 가능한 신소재, 고해상도 프린팅 공정의 발전 및 정밀한 위치 제어 기법과 다층 박막의 도포가 가능한 롤투롤 연속 공정에 대한 연구 개발이 활발히 추진되고 있어 유기 박막 트랜지스터를 비롯한 다양한 프린팅 기반 유기 전자 소자의 향후 기술 및 시장 진입 전망은 매우 밝을 것으로 예상된다.

D i s p l a y E n g i n e e r i n g

* 3 유기 박막 트랜지스터(OTFT) 원리 및 연구 동향

3.1 구동 소자 기술

플렉시블 디스플레이를 위한 기판 기술과 능동형 구동 소자 기술은 서로 직접적으로 연관되어 있으며 현재 플렉시블 디스플레이를 현실화하는데 가장 큰 장애물이기 때문에 많은 연구 기관과 회사에서 집중적으로 연구 자원을 투입하는 영역이다. 능동형 구동 소자의 경우 TFT-LCD나 AMOLED용 백플레인(backplane)에서 주로 사용하는 비정질 실리콘 박막 트랜지스터(a-Si TFT)와 저온 다결정 실리콘 박막 트랜지스터(low temperature poly-Si) 기술이 1차적으로 개발되고 있으나 최근 상대적으로 저온 공정이 가능하고 용액 공정이 용이한 유기 반도체를 이용한 유기 박막 트랜지스터(OTFT, organic thin film transistor) 기술이 미래의 플렉시블 디스플레이용 구동 소자 기술로서 활발히 연구되고 있다. 그러나 디스플레이의 표시 품질을 확보하는데 필요한 소자의 성능 및 신뢰성이 아직 부족한 상황이다. 따라서 본장에서는 최근까지 개발이 진행된 기술을 중심으로 유기 반도체 기술에 대해 살펴보고자 한다.

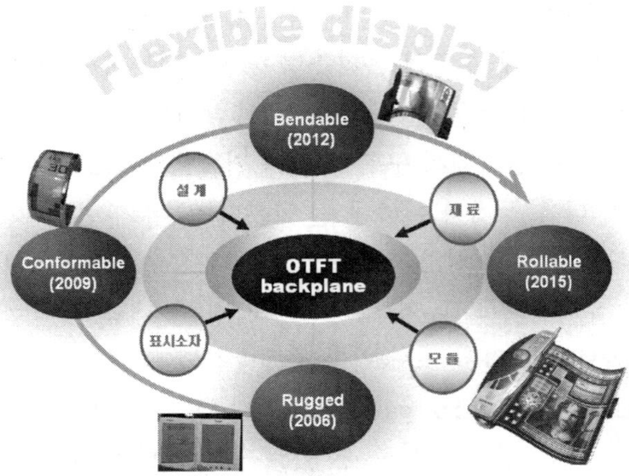

3.1.1 프로토타입 플렉시블 디스플레이

플렉시블 기판 위에 형성하는 디스플레이 소자에 대한 연구는 EPD, LCD, OLED 등 주요 디스플레이 패널의 백플레인을 구성하는 비정질 실리콘, 폴리실리콘, 유기 박막 트랜지스터 연구에 집중되어 왔다. 최근 수년간 플라스틱 기판 위에 제작한 EPD에 대한 보고가 잇따르고 있으며 2005년에는 Philips, Sony, E-ink가 공동으로 최초의 전자종이 디스플레이 모듈을 상용화하였다. 하지만 EPD는 반사 모드에서 구동하기 때문에 풀칼라 동영상 디스플레이를 실현하는데 어려움이 있으며 제품의 형태도 전자종이나 전자책에 국한될 수밖에 없다는 이유 때문에 LCD와 OLED가 플렉시블 디스플레이 표시 모드로서 더 많은 관심을 모아오고 있다.

플라스틱 TFT-LCD가 기존의 LCD에 비해 많은 장점을 갖는 것은 사실이나 디스플레이를 구부리거나 두루마리처럼 마는 것은 LCD 주변 봉합재와 셀 갭의 안정성을 크게 위협하는 요인이 된다. 또한 LCD 양쪽면에 사용되는 편광자(polarizer) 역시 구부릴 수 있는 얇은 디스플레이를 만드는데 적합하지 않다. 이러한 점에서 디스플레이업계는 플렉시블 디스플레이의 최적 모드로 자발광형 디스플레이인 OLED에 주목하고 있다. OLED는 매우 얇고 견고한 재료로 구성된다는 점에서 플렉시블 디스플레이 제작에 유리한 것은 사실이나 OLED 자체를 수분이나 산소의 투과로부터 보호하기 위해 고성능 베리어막을 형성해야한다는 점이 과제로 남아있다.

한편, 유기 박막 트랜지스터 백플레인으로 구성한 플렉시블 LCD 또는 OLED 디스플레이의 개발 예도 최근에 발표되기 시작하고 있다. 소니는 미국에서 개최된 SID2007 (Society of Information Display)에서 PEN 플라스틱 기판 위에 OLED 모드로 제작한 프로토타입의 2.5인치 플렉시블 OTFT-OLED 칼라 디스플레이를 세계 최초로 발표하였다. 하지만 프로토타입 수준에 머물고 있으며 상용화를 위해서는 향후 지속적인 연구 개발이 이루어져야 한다. 디스플레이의 표시 모드에 따라 요구되는 구동 소자의 특성 역시 차별화되어 개발이 진행되어야 한다.

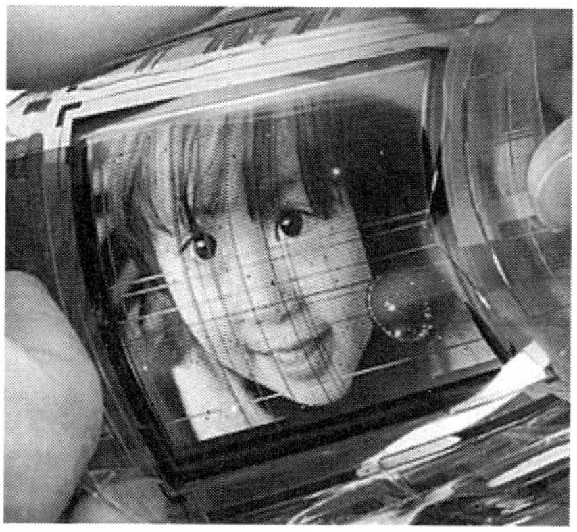

그림 7.28

2.5-inch prototype display [16.8 million colors at a 120 x 160 pixel resolution(80 ppi, 318-mm pixel pitch), is 0.3 mm thick and weighs 1.5 grams without the driver]

3.1.2 유기 반도체(OTFT)의 장점

유기 반도체의 대표적 특징은 반도체적 성질을 가지고 있지만 기본적으로 유기물이라는 것이다. 유기 반도체도 다른 유기물(고분자 포함)처럼 유기 용매에 녹고, 온도를 높이면 증발하고, 구부려도 전기적 성질이 변하지 않으며, 가벼우면서도 충격에 강하다는 장점이 있다. 이러한 특성을 이용할 경우 소자 제작에 다음과 같은 큰 장점이 있다.

첫째, 유기 반도체는 상온이나 아주 낮은 온도(100°C 이하)에서도 쉽게 결정화되므로 성막 시 기판의 온도를 높일 필요가 없다. 따라서 플라스틱과 같이 사용 최고 온도는 낮지만 구부림이 가능하고 얇으면서도 충격에 강한 기판을 사용할 수 있다. 이러한 특징은 휴대전화 등과 같이 이동성이 강조되는 전자 소자에 큰 강점이 있다. 또한 자동차 앞 유리나 건물기둥과 같은 곡면에 디스플레이나 센서 등 전자 소자를 설치할 필요가 있을 때 아주 유용하다. 평면 상태에서 제작한 후 어느 곡면이든 필요한 곳에 손쉽게 설치할 수도 있다.

둘째, 고분자나 녹을 수 있도록 설계된 저분자 유기물의 경우 적절한 용매에 녹는다는 장점이 있다. 고분자의 경우 유기 용매에 녹인 후 필요한 곳에 도포하고 다시 용매를 증발시켜 고체를 만들어도 원료 물질의 전기적 특성은 변하지 않는다. 이러한 점을 이용하여 다양한 방법으로 박막을 형성할 수 있다. 우선 용매에 녹은 상태의 유기 반도체는 인쇄 공정에서의 잉크와 같다. 따라서 유기 반도체 박막은 기존의 인쇄 공정을 그대로 사용할 수 있다. 즉, 스핀 코팅(spin coating), 담그기(dipping), 잉크젯(ink-jet printing), 옵셋(off-set printing), 그라비어(gravure printing), 플렉소(flexo printing), 스크린

(screen printing) 등 다양한 종류의 인쇄 기법을 이용하여 원하는 패턴을 형성할 수 있다. 이러한 방법은 대기 중에서 상온 공정이 가능하고 궁극적으로 롤투롤(roll-to-roll) 공정이 가능하기 때문에 초저가의 전자 소자 제작이 가능한 것이다. 이와 관련된 프린팅 공정 기술은 앞 절에서 이미 상세하게 다루었다.

셋째, 유기물은 반도체 뿐만 아니라 도전성 고분자, 절연체 등도 모두 폭넓게 존재하며 또 필요에 따라 원하는 기능을 갖는 소재의 합성이 가능하기 때문에 소자 제작의 자유도가 높다. 따라서 이러한 물질들을 모두 잉크 형태로 만들어 인쇄하듯이 전자 회로를 제작한다면 누구나가 자신이 원하는 형태의 전자 소자를 직접 디자인하고 인쇄를 통해 제작할 수 있는 미래를 그려볼 수 있다.

3.1.3 전도성 유기물(공액성 분자)의 전도 원리

전도성 유기물은 금속이나 무기 물질과는 달리 탄소, 수소, 질소 등과 같은 가벼운 원소들이 공유 결합으로 이루어진 유기 화합물이다. 전도성 유기물의 전도성은 원자간 단일 결합과 이중 결합이 반복되는 공액성 구조에 기인하며 이러한 공액성 구조가 잘 나타나 있는 전도성 고분자를 예로 전도기구를 살펴보자.

고분자 또는 중합체는 간단한 화학적 구조 단위의 반복에 의해서 이루어진 분자량이 큰 분자이며 정해진 규정은 없지만 대체로 분자량이 약 일만에서 수백만 사이의 물질군이라 할 수 있다. 이러한 고분자는 단량체라고 하는 분자들이 화학 반응으로 연결되어 있으며 거대 분자를 얻는 이러한 공정을 중합이라고 한다. 단량체는 탄소를 포함하고 있으며 비교적 분자량이 작고 구조가 간단한 분자나 화합물로서 고분자를 합성할 수 있는 기본 물질이며 적어도 2개 이상의 기능기(functional group)를 가지거나 탄소-탄소의 결합이 2중 결합이나 3중 결합을 하고 있다. 고분자의 특징은 가볍고 가공성이 뛰어나 대량 생산으로 싼 제품을 만들 수 있다. 반면에 금속이나 무기 재료에 비해 기계적 강도가 작고 열에 약하며 결정성이 떨어지고 절연체이다. 고분자가 우수한 절연성을 보이는 것은 원소가 가지고 있는 최외각 전자들이 공유 결합을 하면 가전자대(valance band)에 전자들이 자리하고 전도대(conduction band)까지의 밴드 간격(band gap) 에너지가 크기 때문이다. 고분자가 전자 재료로서 본격적인 관심을 끌기 시작한 것은 1970년 후반에 미국 펜실바니아 대학의 A. J. Heeger 교수와 A. G. Macdiarmid 교수 연구팀에서 폴리아세틸렌(polyacetylene) 필름에 할로겐 원소들을 도핑하여 전기 전도도가 급격히 증가하는 부도체-금속 상전이 현상을 발견한 후부터이다. 폴리아세틸렌과 같은 고분자에서는 탄소 원자들이 단일 결합과 이중 결합이 번갈아 반복되는 사슬 구조를 하고 있어서 π-전자가 어느 정도 자유롭게 움직일 수 있기 때문에 π-공액 고분자(π-conjugated polymer)라고 부른다. 또한 이런 고분자에 화학적 또는 전기 화학적으로 도핑을 하면 그림 7.29에 보인 것과 같이 부도체에서 금속에 이르는 영역에까지 전기 전도도를 조절할 수 있기 때문에 전도성 고분자(conducting polymer)라고 부르기도 한다. $(CH)_x$ 필름은 탄소와 수

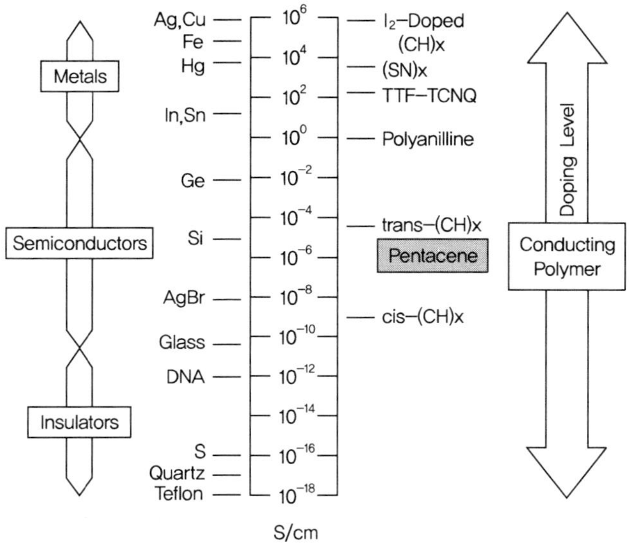

그림 7.29
전도성 고분자와 재료별 전도성

소만으로 이루어진 가장 간단한 고분자 사슬이며 하기에 보인바와 같이 트랜스(trans)와 시스(cis)의 두 가지 형태가 있는데 cis-(CH)x의 전기 전도도는 상온에서 10^{-9} S/cm로 부도체에 가까우나 *trans*-(CH)x는 10^{-5} S/cm로서 반도체적인 특성을 보이고 에너지 밴드 간격도 각각 1.9eV, 1.4eV인 것으로 알려져 있다. π-공액 고분자에는 탄소 원자 하나당 한 개의 π-전자가 존재하고 있으므로 전도성 고분자 사슬의 뒤틀림 없이 모든 C-C 결합의 거리가 같다고 하면 가전자대가 반만 채워지므로 일차원 금속이라 할 수 있다.

cis-$(CH)_X$ *trans*-$(CH)_X$

그러나 아주 긴 고분자 사슬에서 길고 짧음이 교대로 반복하는 결합 길이 교대(bond alternation) 상태가 같은 결합 길이를 갖는 상태보다 더 안정한 구조이다. π-전자계는 전자-포논 커플링에 의해 고분자 사슬에 변형(distortion)을 일으키게 되고 이것을 Peierls 변형이라고 한다. Peierls 변형에 의해 C-C 간의 결합 길이의 짧고 긴 상태가 교대로 이어지는 사슬 구조를 가지게 되며 이로 인해 전자 상태 밀도에 갭을 형성하게 된다. 그림 7.30에 보이는 바와 같이 긴 고분자 사슬의 경우 결합 길이가 교대되는 상태가 되면 균일한 결합 길이를 갖는 경우의 2배가 되는 격자 상수를 가지게 된다. 이렇게 되면 결합 길이가 균일한 상태의 페르미 에너지 면(fermi energy surface)에 에너지 밴드 간격이 생기고 도체에서 반도체로의 상전이 현상이 일어나게 되는데 이것을 Peierls 간격이라고 부르며 무기물 반도체에서 가전자대와 전도대 사이의 밴드 간격에 해당한다. 유기물에서는 각각의 밴드를 π-밴드, π^*-밴드라고 부르며 가전자대의 제일 높은 궤도를 Highest Occupied Molecular Orbital(HOMO), 전도대의 제일 아래 궤도를 Lowest Unoccupied Molecular Orbital(LUMO)라 하고 이 사이를 $\pi-\pi^*$ 갭이라고 부른다. 폴리아세틸렌의 $\pi-\pi^*$ 갭은 약 1.4~1.7eV(1eV : ~1240 nm) 정도이다.

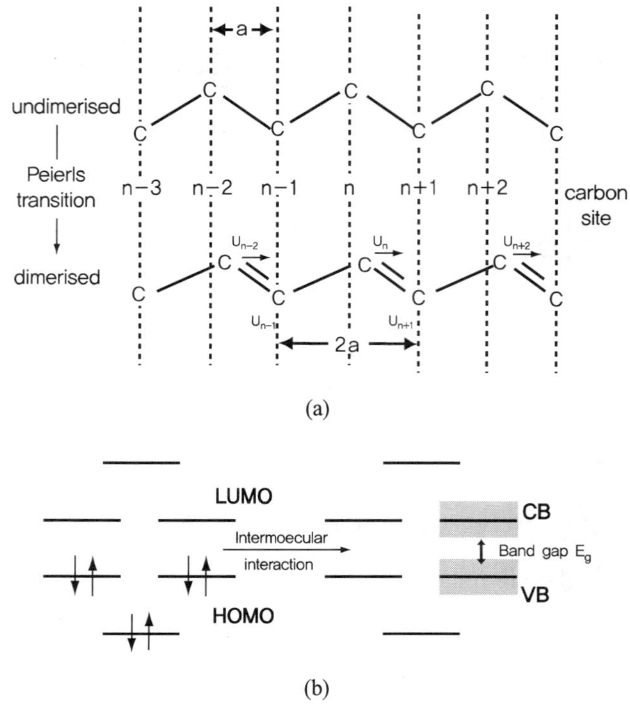

그림 7.30

(a) Bond dimerization, (b) Energy band gap by Peierls

이중 결합에서는 전자의 농도가 단일 결합보다 높아서 결합 길이가 짧아진다는 사실은 π-전자와 고분자 구조 사이에 연관성이 있음을 나타내며 전자-포논 상호 작용이 크다는 것을 의미한다. 또한 결합 길이의 차이와 고분자의 에너지 간격은 밀접한 관계를 가지고 있으므로 π-결합의 밀도를 조절하여 고분자 반도체의 에너지 간격을 조절할 수 있으며 고분자는 삼차원의 구조를 가지는 고체와는 달리 일차원 구조를 가지고 있어서 전하를 주입하면 사슬의 수직 방향으로는 격자 변형이 거의 없고 평행한 방향으로는 구조의 변형이 쉽게 되어 폴라론(polaron)을 형성한다. 이와 같이 π-공액 고분자에 도핑을 하거나 빛 등으로 여기된 전하는 강한 전자-포논 상호 작용에 의해 비선형 여기자를 형성한다. 전도성 고분자의 구조에 따라 바닥 상태에서 에너지 상태가 같은 두개의 공명 구조가 존재할 수 있는 폴리아세틸렌의 경우 에너지 밴드 간격 중앙에 솔리톤(soliton)을 형성하고 바닥 상태에서 존재할 수 있는 공명 구조의 에너지 상태가 같지 않은 대부분의 전도성 고분자는 두 솔리톤이 결합된 바이폴라론(bipolaron)을 형성한다. 이러한 솔리톤과 바이폴라론 등은 다양한 실험을 통해 확인되고 고분자에 있어 반도체-도체 상전이 현상을 나타내는 이론적 근거로 제시되고 있다.

현재까지의 전도성 고분자의 전기적 특성에 관한 많은 실험 결과들은 분자에서 분자로 전하가 호핑(hoping)하는 모형을 사용하여 전도 현상을 기술하여 왔다. 따라서 분자의 π-전자궤도 사이의 겹침이 크면 호핑의 확률이 커져서 전도도가 증가한다. 불순물이나 분자의 무질서한 배열은 전자 파동 함수의 겹침을 제한하므로 전도도를 떨어뜨린다. 그리고 각 분자 사이의 에너지 장벽을 뛰어 넘어야 하므로 호핑 과정에는 열적 여기에너지인 포논을 필요로 한다. 그러나 Bell 연구소의 연구 결과에 따르면 순도가 높은 유기 반도체의 경우 전자의 전도 현상은 유기 분자 간의 호핑이 아니라 GaAs와 같은 무기 반도체처럼 에너지 간격에서의 전도로 기술이 가능하다는 이론도 제시되고 있다. 따라서 고체 결정에 비해 상대적으로 무질서도가 높은 고분자의 경우 전하 수송 현상에 대해 정확한 이해는 어려운 실정이며 나노 기술을 이용하여 단일 고분자 사슬의 전기 전도도 특성을 연구함으로써 전도성 고분자 고유의 전하 수송 현상과 나노 구조의 소자에서 나타는 양자 역학적 현상을 연구하려는 시도가 전 세계적으로 활발히 진행되고 있다.

3.1.4 유기 박막 트랜지스터(OTFT)의 동작 원리

박막 트랜지스터의 동작 영역은 FET(field effect transistor)에서와 마찬가지로 크게 선형 영역(linear region)과 포화 영역(saturation region)으로 구분된다. 대표적인 유기물 반도체인 펜타센은 p-형의 반도체 특성을 나타내므로 p-형 유기 박막 트랜지스터의 동작 원리를 살펴보겠다. 그림 7.31 (a)에 나타낸 바와 같이 소스/드레인과 게이트에 전압을 인가하지 않으면 유기물 반도체 내의 전하들은 모두 반도체 내에 고루 퍼져있게 된다. 이때 소스와 드레인 사이에 전압을 인가하여 전류를 흘리면 낮은 전압 하에서 전압에 비례하는 (식 7-3)과 같은 박막의 전도도를 가지는 I_{DS}가 흐른다.

$$\sigma \cong \left(\frac{L}{Wt}\right)\frac{I_{DS}}{V_D}\Big|_{V_G=0,\, V_D\to 0} \qquad \text{(식 7-3)}$$

여기서 W는 채널 폭, L은 채널 길이, t는 반도체 두께, V_D는 드레인 전압이다. 그림 7.31 (b)에서처럼 게이트에 음의 전압이 가해지면 소스-드레인 전극과 유기 반도체 사이의 장벽이 낮아져서 전극으로부터 정공(hole)이 주입되고, 절연체와 반도체 사이에는 정공 축적층(accumulation layer)이 형성된다. 축적된 정공이 움직이거나 트랩에 의해 포획되지 않고 소스와 드레인에 전압이 인가되면 전류가 흐르게 된다. 게이트 바이어스가 δV_G만큼 증가하면 채널의 정공 전하는 $C_i\delta V_G$만큼 증가하게 되고, 전 채널에 대해서는 $WLC_i\delta V_G$만큼 증가하게 된다. 만일 증가한 전하가 μ의 이동도를 가지고 작은 양의 드레인 바이어스 V_D가 인가된다면 전류 증가량 δI_{DS}는 (식 7-4)와 같이 주어진다.

$$\partial I_{DS} = \frac{W}{L}\mu C_i V_D \partial V_G \qquad \text{(식 7-4)}$$

여기서 C_i는 절연층의 정전 용량(capacitance)이고 V_G는 게이트 전압이다. 만약 드레인

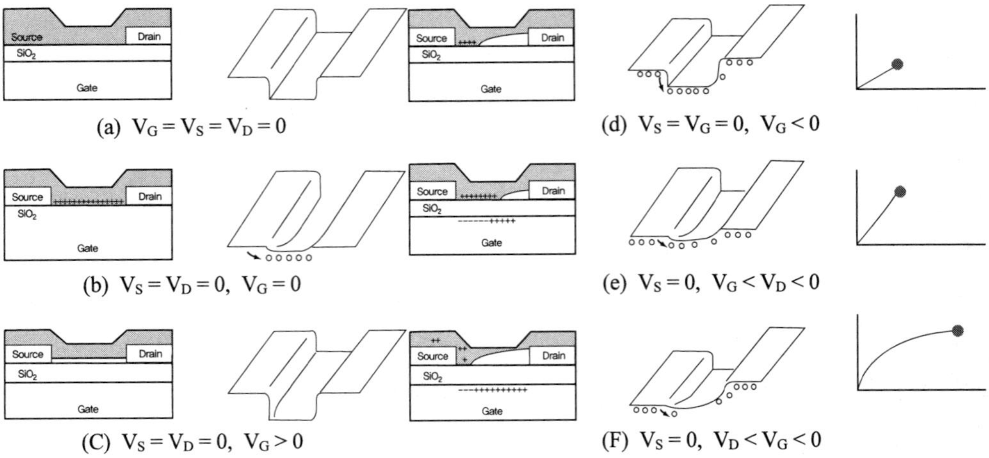

그림 7.31
OTFT 구조 및 동작 메커니즘

전류가 낮은 드레인 전압에서 게이트 전압의 함수로 측정되면 상호 컨덕턴스(transconductance) g_m은 (식 7-5)와 같이 계산된다.

$$g_m = \frac{\partial I_{DS}}{\partial V_G}\Big|_{V_D \to 0} = \frac{W}{L}\mu C_i V_D \quad \text{(식 7-5)}$$

전계 효과 이동도는 (식 7-6)과 같은 V_G의 함수로서 계산되어진다. 이 식은 선형 영역(linear region)의 경우 이동도 계산식이다.

$$\mu = \mu(V_G) = \left(\frac{L}{WC_i V_D}\right)\frac{\partial I_{DS}}{\partial V_G}\Big|_{V_D \to 0} \quad \text{(식 7-6)}$$

그림 7.31 (c)에서처럼 게이트에 양의 전압을 인가하면 이 인가된 전압에 의해 발생한 전기장에 의하여 전극과 유기 박막 사이의 에너지 장벽이 증가하여 전극으로부터 캐리어 주입이 차단된다. 따라서 절연체에 가까운 부분은 전도 전하가 없는 층이 생기게 되고, 이 층을 공핍층(depletion layer)이라 한다. 이런 상황에서 소스와 드레인에 전압을 인가하면 전도 가능한 전하 운반자가 줄어들었기 때문에 그림 7.31 (a)의 상황에 비해 더 낮은 전류의 양이 흐르게 된다. 드레인 전압이 음으로 증가하면 드레인 전극의 에너지가 증가하여 주변의 정공들이 드레인으로 급속히 유입되어 공핍층이 형성된다. 그림 7.31 (d), (e), (f)와 같이 드레인이 음으로 더욱더 커지면 공핍 영역은 드레인 전극으로부터 확장되어 드레인 주변에서부터 유기 박막이 완전히 공핍되어 전류는 포화되기 시작하고 전류-전압 그래프는 트랜지스터 전류-전압 특성처럼 나타난다. OTFT의 I_D-V_D 관계식은 유기 박막의 전도도로부터 유도할 수 있다. (식 7-7)과 같이 유기 박막의 전도도는 진성 영역, 축적 영역, 공핍 영역의 전도도로부터 구분하여 드레인 전압으로 적분하여 구할 수 있다. 그리고 근사식은 (식 7-8)과 같이 주어진다.

$$I_{DS}=\frac{W}{L}\int_0^{V_s}[N_A qt\mu+C_0\mu(V_G-V_T-V_s)]dV_x \quad \text{(식 7-7)}$$

$$+\frac{W}{L}\int_{V_s}^{V_d}[(t-w)N_A q\mu]dV_x$$

$$N_A qt\mu:\ intrinsic\ layer$$

$$C_D\mu(V_G-V_T V_s):\ accumulation\ layer$$

$$(t-w)N_A q\mu:\ depletion\ layer$$

여기서 N_A는 전하 밀도, q는 전하량, t는 반도체 두께, μ는 전계 이동도, C_o는 산화막의 정전 용량, V_G는 게이트 전압, V_T는 문턱 전압, V_g는 전위, ω는 공핍층의 두께를 나타낸다.

$$I_{DS}\approx\frac{W\mu C_o}{L}\left(V_G-V_T-\frac{V_D}{2}\right)V_D+\frac{\sigma Wt}{L}V_D \quad \text{(식 7-8)}$$

3.1.5 유기 박막 트랜지스터 성능 평가 인자

그림 7.32는 유기 박막 트랜지스터의 전달 특성 곡선을 나타낸 것이며 이 곡선으로부터 유기 박막 트랜지스터의 성능 평가 인자들을 다음과 같이 추출한다. 전계 이동도(mobility)는 포화 영역(saturation region)의 전류식 (식 7-9)로부터 추출할 수 있다.

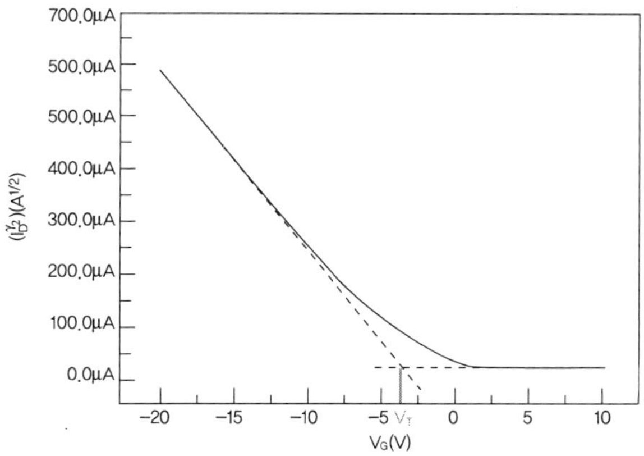

그림 7.32

OTFT 소자의 I_D–V_G output 특성 그래프

$$I_{DS}=\frac{WC_o}{2L}\mu(V_G-V_T)^2 \quad \text{(식 7-9)}$$

$$\sqrt{I_D}=\sqrt{\frac{\mu C_o W}{2L}}(V_G-V_T)$$

$$slope=\sqrt{\frac{\mu C_o W}{2L}} \quad \text{(식 7-10)}$$

$$\mu_{FET}=(slope)^2\times\frac{2L}{C_o W}$$

위의 식을 $\sqrt{|I_{DS}|}$ vs V_G의 관계 그래프로 바꾸면 그 기울기로부터 (식 3-8)과 같이 전계 이동도를 구한다.

Sub-threshold는 유기 박막 트랜지스터가 문턱 전압에 도달하기 전 상태를 말하며, sub-threshold slope은 문턱 전압에 이르기 전 게이트 전압의 변화에 대한 드레인 전류의 변화정도를 나타낸다. 보통 드레인 전류가 10배 증가하는데 필요한 게이트 전압의 변화량으로 나타내고 단위는 V/dec이다. 이 값이 작을수록 게이트 전압의 채널 전도도 제어능력이 우수한 것으로 판단한다. 문턱 전압(threshold voltage, V_{th})은 그림 7.32와 같이 $\sqrt{|I_{DS}|}$ vs V_G 그래프에서 선형 부분의 기울기와 오프 상태에서의 값의 교점으로 구할 수 있다. 문턱 전압은 0 V에 가까워야 전력이 적게 소모된다. I_{on}/I_{off} 전류비는 (식 7-11)과 같이 주어진다.

$$\frac{I_{on}}{I_{off}}=\left(\frac{\mu}{\sigma}\right)\frac{C_0^2}{qN_At^2}V_D^2 \qquad \text{(식 7-11)}$$

위의 식에서 볼 때 전류비는 유전막의 유전율이 크고 두께가 작을수록 그 값이 커지므로 유전막의 종류와 두께가 전류비를 결정하는데 중요한 요인이 되며 차단 누설 전류(off-state leakage current)도 작아지게 된다. 계산 방법은 온 상태의 최대 전류값과 오프 상태의 최소 전류값의 비로 구해진다. 차단 누설 전류는 오프 상태일 때 흐르는 전류로서, I_{on}/I_{off} 전류비에서 오프 상태에서 최소 전류로 구하면 된다. 현재 a-Si TFT의 누설 전류는 10^{-12} Å 이하로 매우 낮다. 누설 전류는 전력 소모, 스위칭과 직결되기 때문에 이 누설 전류를 최소로 줄이는 것이 필요하다.

3.1.6 유기 반도체 재료 연구 방향

박막 트랜지스터(thin film transistor)의 활성 반도체(active semiconductor)층 소재로 가장 널리 사용되는 진공 증착형 비정질 실리콘을 대체하기 위한 연구 가운데 단결정, 박막 증착된 유기 반도체, 용액형 저분자 및 고분자 반도체 소재의 경우 많은 성능의 향상이 발표되어 디스플레이 소자, 센서, 정보태그, 스마트미디어 등 다양한 응용 분야에 대한 관심이 고조되고 있다. 용액 공정은 불가능하지만 저온에서 진공 증착으로 박막을 형성할 수 있는 펜타센 등의 저분자 유기 반도체 소재 및 이를 이용한 소자는 저속 증착에 의해 큰결정 그레인(grain size)을 유지하는 경우 1 ~ 5 cm^2/Vs 수준의 높은 이동도까지 지속적으로 진보해오고 있다. 고분자형 유기 반도체를 이용한 디바이스의 경우 저온 성막, 용액 공정처럼 공정성과 경제성 등의 장점에도 불구하고 이를 활성층으로 사용한 소자의 실용성은 아직 충분히 검증되지는 않았다. 최근에는 비정질 실리콘의 이동도 값과 유사하거나 이를 능가하는 특성이 보고되었는데, 용액 공정이 가능한 고분자 소재의 대표적 예는 poly-3-hexylthiophene(P3HT)로, 이동도에 밀접한 영향을 주는 인자는 미세 결정성(micro-crystallinity) 및 head-to-tail 위치 정규성(regio-regularity)

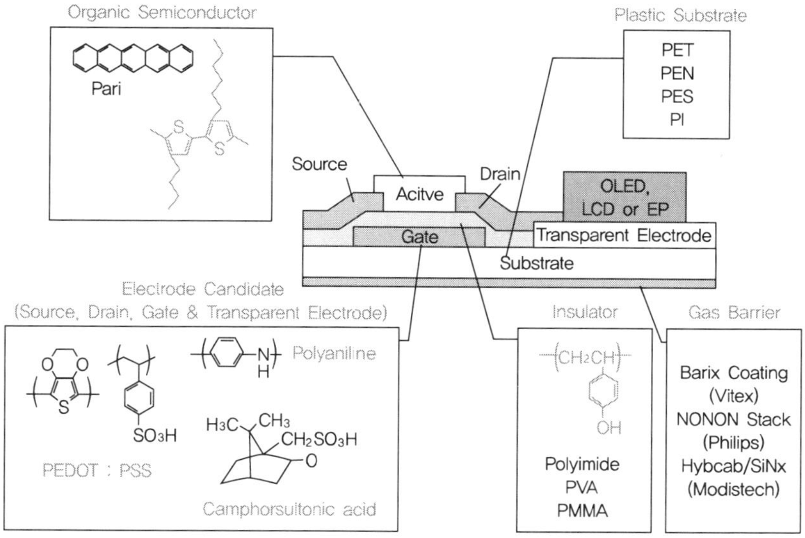

그림 7.33
유기 박막 트랜지스터 구조 및 관련 유기물 재료

이며, 일반적으로 0.05~0.1 cm^2/Vs 정도의 전하(hole) 이동도 값이 발표되고 있다. 위치 정규성(regioregularity)이 높고 파이전자 적층면(π−π stacking plane)과 전류 흐름 방향(current flow direction)이 평행 관계에 있는 경우 높은 전하 이동도를 얻을 수 있으며, 이에 따라 스핀 코팅에 의한 것에 비해 용액 캐스팅(casting)에 의하여 제조된 P3HT 박막의 경우 높은 전하 이동도가 얻어질 수 있다. 고분자 박막의 분자 구조 및 배향이 트랜지스터 특성에 크게 영향을 미치는데, 미세 구조 제어 방법으로 Langmuir-Blodgett법, mesogenic 말단기 도입, 주사슬의 반복성, 자기 조립 액정성 부여 등 다양한 방법이 꾸준히 연구되어 왔다. Poly-3-hexylthiophene(P3HT)의 규칙적인 head-to-tail에 곁가지 알킬그룹(pendant alkyl groups)이 치환되는 경우 높은 위치 정규성(regioregularity)을 얻을 수 있다. 이러한 regioregular 구조는 고분자 주쇄에 이차원적 판상형 라멜라(two-dimensional sheet-like lamella) 구조 형성을 통한 규칙성을 부여

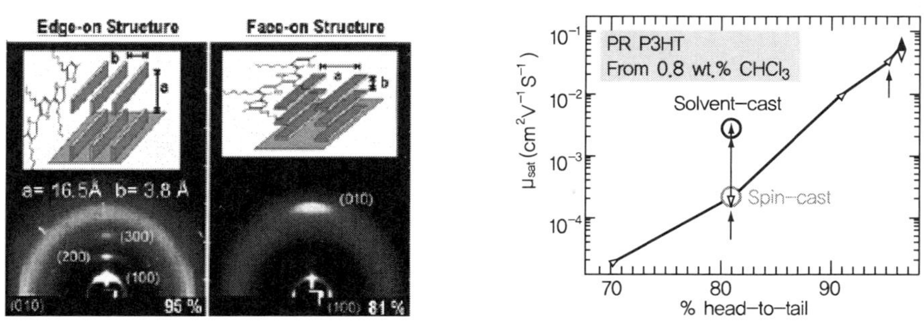

그림 7.34
P3HT의 배향 차이에 대한 WAXS(Wide Angle X-ray Scattering) 이미지 및 실리콘 옥사이드 게이트 절연막을 사용하였을 때의 P3HT regioregularity와 전하 이동도 사이의 관계

하고, 티오펜 링 평면 방향으로의 배향이 기판의 적절한 표면 처리에 의해 규칙적으로 이루어진다는 것이 발표된 바 있다. 주쇄에 치환되지 않은 티오펜 반복단위를 추가하고 위치 이성체(regioisomer)를 제거함으로써 전하의 이동도와 이온화 포텐셜(ionization potential, IP) 값이 높아진다는 결과도 발표된 바 있는데, P3HT와 비교하여 이러한 재료 특성은 산소에 대한 안정성 향상에 도움이 될 수 있다. 인접한 알킬기 사이의 국소화된 자유부피 증가는 결정화도를 높일 수 있으나, 이러한 방법에 의한 결정화 도메인의 증가는 액정상 mesophase를 이루는 온도 이상에서의 열처리 이후에도 10~15 nm 정도로 그리 크지 않으며, 이 경우 최대의 전하 이동도는 0.1 cm^2/Vs 이내로 제한적이다. 최근 Merck사에서 발표한 poly(2,5-bis(3-alkylthiophen-2-yl)thieno[3,2-*b*]thiophene) : PBTTT(R=$C_{10}H_{21}$, $C_{12}H_{25}$, $C_{14}H_{29}$)의 경우 액정상으로부터 큰 결정화 도메인의 크기를 갖도록 하여 용액 공정에 의해 제조한 디바이스의 높은 hole 전하 이동도 0.2~0.6 cm^2/Vs의 결과를 보였다.

그림 7.35에 유기 반도체 활성층의 유기막 재료의 화학 구조 및 종류에 따른 성능 향상을 발표한 최근 결과를 요약하였다. 펜타센의 경우 비정질 실리콘의 이동도 이상의 값도 얻어질 수 있으나 소자의 안정성, 온/오프 비(on/off ratio), 픽셀 어레이(pixel array)로 제작하였을 때의 소자 특성의 저하 등 여러 가지 문제가 남아 있으며 유기물 자체의 미세 구조 및 결정화도 제어에 의하여 얻어지는 특성 뿐만 아니라 소스/드레인(source/ drain) 전극, 절연층의 유전체(dielectric material)와의 계면 현상 등을 이해하고 소자 구조를 최적화하는 작업이 전하 이동도, 온/오프 비와 같은 소자 특성의 수준 향상 및 균일성 확보에 있어서 아직까지는 매우 중요하고, 까다로운 난제로 남아 있다.

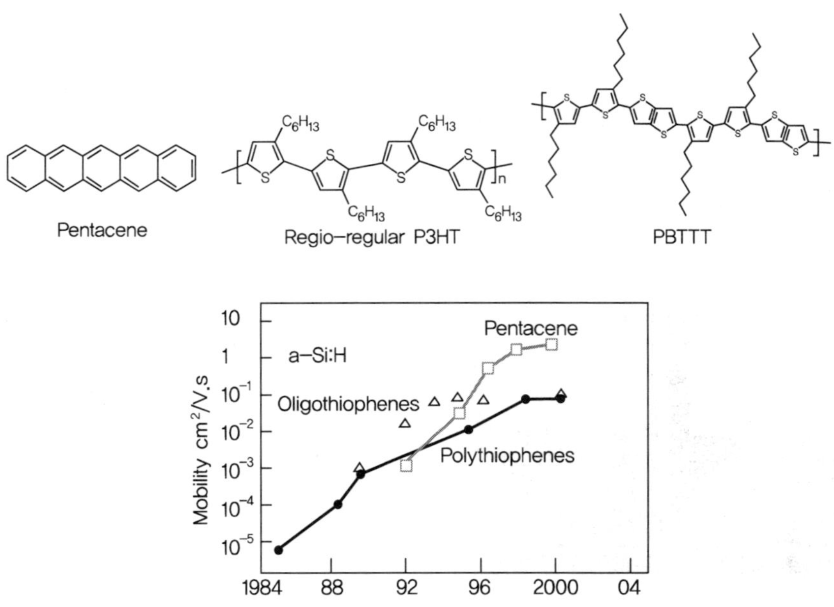

그림 7.35
유기 반도체 분자 구조 및 기술 발전 추이

3.1.7 유기 반도체 재료 기술 개발 동향

유기 반도체 재료 분야의 경우, 전 세계적으로 다양한 그룹에서 활발히 연구가 진행되고 있는 분야이다. 최근의 연구 동향은 저분자 진공 증착 공정 재료 보다는 용액 공정이 가능하면서 높은 이동도 뿐만 아니라 분자 안정성을 가질 수 있는 새로운 반도체 재료 개발에 집중되고 있다. 먼저 국내 연구 동향을 살펴보면 최근 국내에서도 연구소(ETRI)와 학계(경상대, KAIST, 홍익대, 동아대 등)를 중심으로 몇몇 그룹에서 연구가 본격화되고 있으며, 삼성 및 LG를 비롯한 기업에서도 많은 관심을 가지고 R&D에 투자를 시작하고 있는 분야이다. p-형 고분자의 경우 KAIST에서 개발한 fluorenethienothiophene(PFTT)는 fluorenebithiophene 공중합체인 F8T2와의 비교 실험에서 10 배 정도 더 좋은 전하 이동도를 나타내었다. p-형 저분자의 경우 GIST-KIST의 공동 연구를 통하여 약 0.1 cm^2/Vs의 이동도와 10^4의 점멸비 특성을 갖는 oligothienothiophene 유도체인 BPTT와 BFTT를 개발한 바 있고, 경상대에서 개발한 oligothiophene(4T23)은 유기 절연체에 따라 0.3~0.7 cm^2/Vs의 전하 이동도를 가지며, GA-1은 펜타센과의 비교 실험에서 3.5배 정도의 더 좋은 전하 이동도(0.65 cm^2/Vs)와 10^5의 점멸비를 가지며, GA-5은 펜타센과의 비교 실험에서 2배 정도의 전하 이동도(0.4 cm^2/Vs)를 가지며 특히 낮은 오프 전류(off current, 10^{-11})를 나타내는 재료를 합성하였다.

한편 국외에서는 더욱 활발한 연구가 진행되고 있는데 p-형 진공 증착용 재료의 경우 저분자 및 올리고머 재료로 주로 올리고티오펜(oligothiophene), 펜타센이 연구되고 있는데 재료 및 박막 형성 방법에 따라 올리고티오펜의 경우 최대 0.01~0.1 cm^2/Vs, 펜타센의 경우 최대 2~7 cm^2/Vs의 전하 이동도를 나타내어 비결정질 실리콘을 능가하고 있어 유기 박막 트랜지스터 재료의 실용화 가능성을 충분히 보여주고 있다. 현재 가장 좋은

표 7.4 p-형 진공 증착용 재료

Material	Mobility (cm^2/Vs)	On/Off ratio
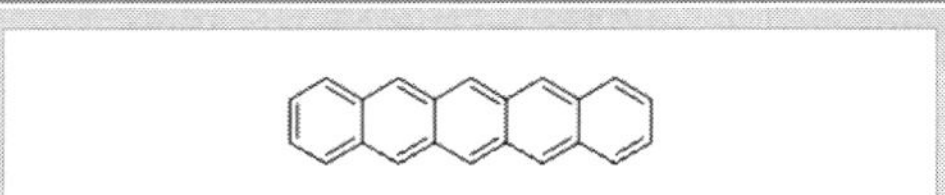	7	-
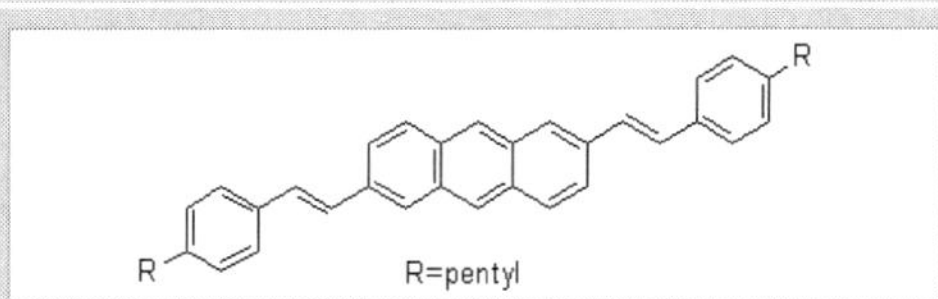	0.95	10^6
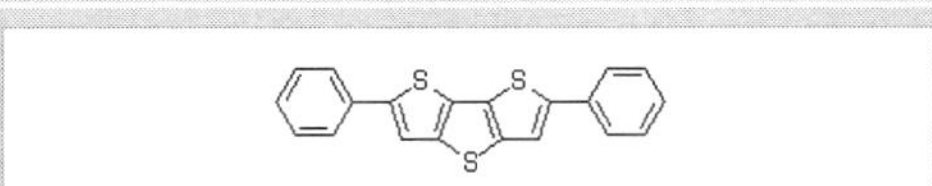	0.42	10^6
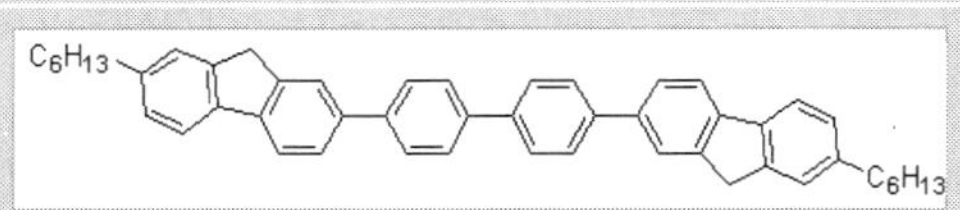	0.30	10^6

유기 박막 트랜지스터 특성을 나타내는 물질은 펜타센이나 펜타센의 경우 산화 안정성이 좋지 못하여 새로운 재료의 개발이 필요하여 2006년에는 안트라센(anthracene) 유도체를 연구하여 전하 이동도가 0.95 cm^2/Vs를 가지며 전류 점멸비가 10^6을 가지는 물질이 개발되었다. 프린스턴 대학에서는 플루오렌(fluorene) 유도체를 연구하여 전하 이동도가 0.30 cm^2/Vs를 가지며 전류 점멸비가 10^5을 가지는 물질을 2006년에 발표하였다. 아울러 dithienothiophene 유도체를 연구하여 전하 이동도가 0.42 cm^2/Vs을 가지며 전류 점멸비가 10^6을 가지는 재료가 발표되기도 하였다.

p-형 용액 공정용 재료의 경우, 기존에 성능이 검증된 펜타센 골격에 용액 공정이 가능하도록 녹을 수 있는 작용기를 도입하여 공정 편리성과 소자 안정성을 동시에 추구하

표 7.5 p형 용액 공정용 재료

Material	Mobility (cm^2/Vs)	On/Off ratio
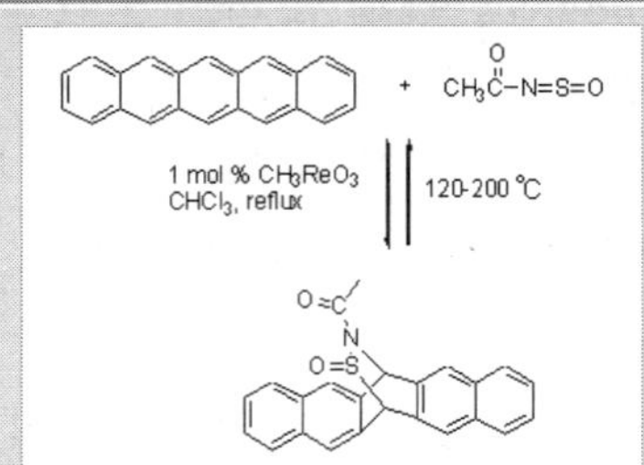	0.89	–
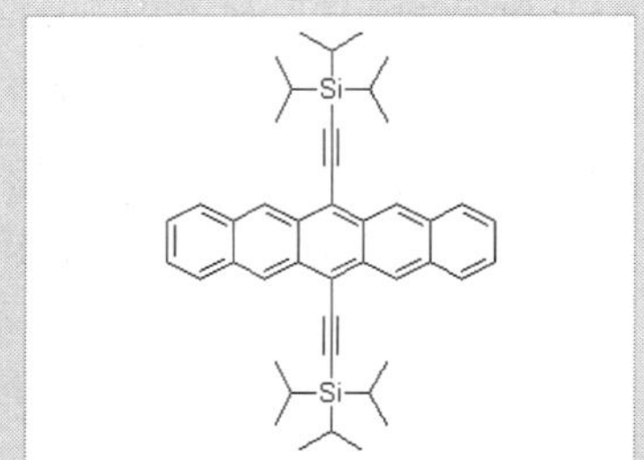	0.4	10^6
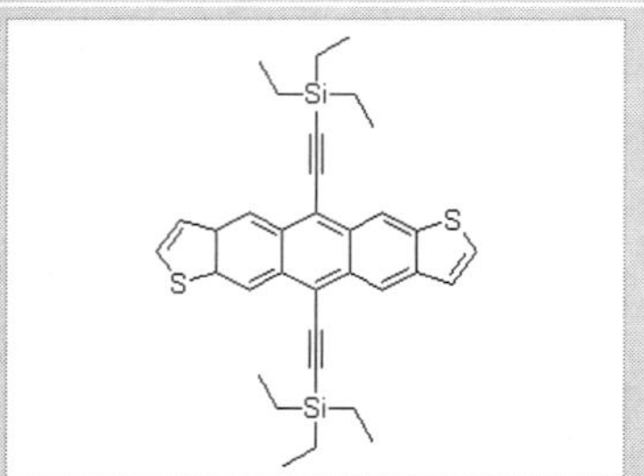	1	10^7
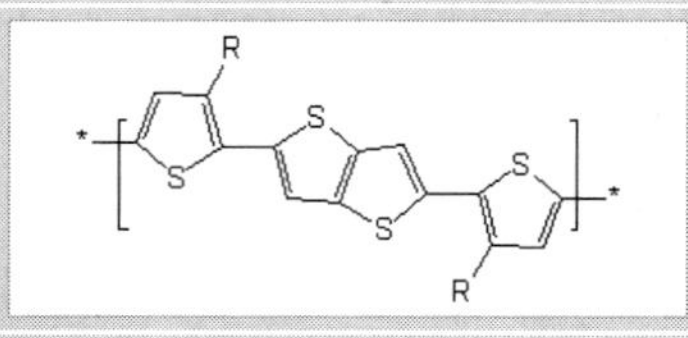	0.2 ~ 0.6	10^7
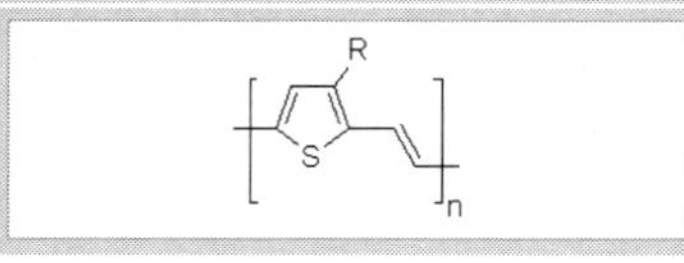	0.22	–

고 있다. 우선 펜타센 전구체로 펜타센의 6, 13 위치에 이탈이 쉽고 용액 공정이 가능한 작용기를 도입하여 용액 공정으로 반도체를 형성한 다음, 열을 가하여 펜타센을 기판에 형성함으로써 0.089~0.2 cm^2/Vs의 전하 이동도를 얻을 수 있는 펜타센 전구체 방법이 개발되었다. 2003년에는 펜타센의 6, 13위치에 triisoproplysilylacetylene을 치환시킨 TIPS 펜타센은 0.4 cm^2/Vs의 전하 이동도와 10^6의 전류 점멸비가 얻어졌으며, 2005년에는 anthradithiophene의 5, 11번 위치에 triethylsilylactylene을 치환시켜 TIPS 펜타센과의 비교 실험에서 약 6배 정도의 전하 이동도(1.0 cm^2/Vs)를 나타내며 10^7의 전류 점멸비가 발표되었으며, 아울러 최근에는 펜타센의 6, 13위치에 p-pentylphenylacetylene을 치환하여 0.52 cm^2/Vs의 전하 이동도와 10^5의 전류 점멸비를 나타내는 유기 반도체 재료가 개발되기도 하였다.

p-형 고분자 물질로는 폴리티오펜(polythiophene) 계열이 주로 사용되고 있으며, 최대 전하 이동도는 약 0.1~0.6 cm^2/Vs 수준이며 1993년에 발표된 poly(thienylenevinylene)의 전하 이동도는 0.1 cm^2/Vs 이상으로 발표 되었으나 재현성이 없었으며 또한, OLED용 전도성 고분자로 많이 사용되고 있는 PPV(polyphenylenevinylene)의 경우 전하 이동도는 10^{-7} cm^2/Vs으로 알려져 있고, 2005년에는 Lain McCulloch 그룹에서 thienothiophene을 포함하는 폴리티오펜 유도체를 사용해 최고 0.15 cm^2/Vs의 이동도와 10^5의 전류 점멸비 특성을 갖는 고분자를 개발한 바 있다. 일본의 미쯔비시 그룹은 폴리티오펜(μ = 10^{-5} cm^2/Vs, on/off = 10^2), 폴리피롤(polypyrrole) (μ = 6.9 × 10^{-5} cm^2/Vs)과 polythienylenevinylene(PTV) (μ = 0.1 cm^2/Vs, on/off = 10^5)을 주로 연구하였으며, PTV의 경우, 재현성을 보이지 않아 문제가 되었고 미국의 Lucent-Bell 그룹은 poly(3-hexylthiophene) (P3HT) (μ = 0.045 cm^2/Vs)에 대하여 발표하였다. Cavendish 그룹은 폴리아세틸렌(polyacetylene) (μ = 10^{-4} cm^2/Vs)과 P3HT(μ = 0.1 cm^2/Vs, on/off = 10^6) 등을 캐나다의 Xerox 연구 센터에서 알킬 곁사슬을 갖는 terthiophene이나 quaterthiophene 단량체를 이용한 폴리티오펜 유도체를 개발하여 최대 0.14 cm^2/Vs의 이동도와 10^7의 점멸비를 갖는 재료가 발표되었다. 또한 위치가 규칙적인(regioregular) 폴리티오펜(μ = 0.07~0.12 cm^2/Vs, on/off = 10^7)을 Xerox 연구센터에서 2004년부터 연구하였으며 thienothiophene이 치환된 poly(2,5-bis(2-thienyl)-3,6-dipentadecylthieno[*3,2-b*]thiophene) (μ = 0.25 cm^2/Vs, on/off = 10^7)을 개발하였다. 또한 Merck 사에서 thienothiophene을 포함하는 폴리티오펜 유도체를 사용해 최고 0.2~0.6 cm^2/Vs의 이동도와 10^7의 점멸비 특성을 갖는 고분자를 발표한 바 있다. 아울러 디아세틸렌(diacetylene) 유도체인 10, 12-pentacosadiynic acid(PDA)를 증착 후 UV 조사(irradiation)에 의한 고분자화를 이용한 폴리아세틸렌(μ = 0.8 cm^2/Vs)이 개발되기도 하였다.

블렌드(blend) 시스템의 경우 최근 진공 증착용 저분자 재료의 경우 일반적인 유기 용매에 잘 녹지 않기 때문에 고분자와의 블렌드를 통해 고분자의 좋은 용해도가 유지되면서 고성능 저분자의 도입으로 좋은 성능을 기대할 수 있는데 대표적인 예로 폴리스티렌

표 7.6 n형 진공 증착용 재료

Material	Mobility (cm^2/Vs)	On/Off ratio
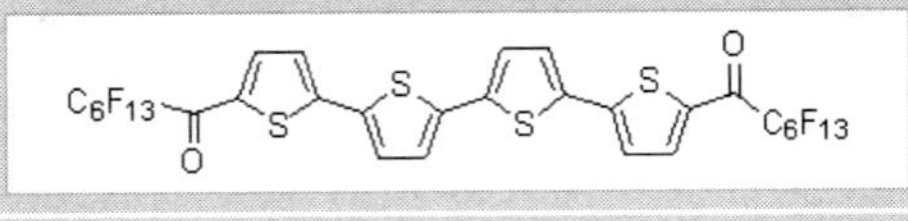	0.6	10^7
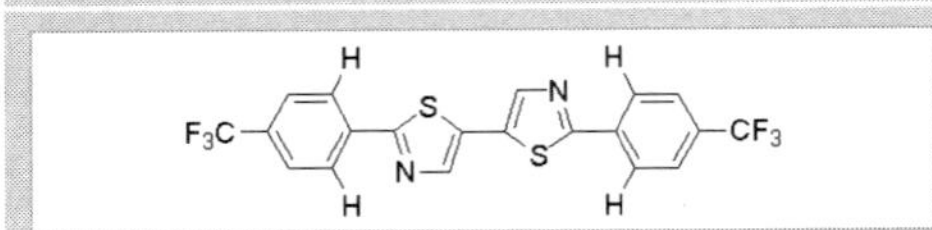	1.83	10^4
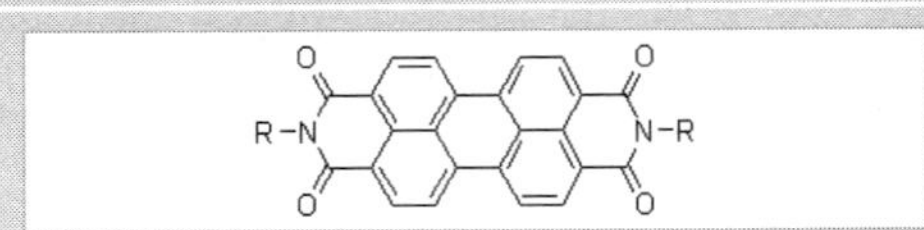	0.6	–
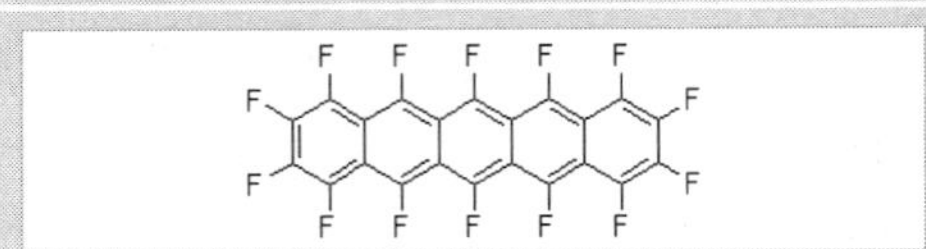	0.11	10^5

(polystyrene)과 TIPS 펜타센을 블렌드하여 전하 이동도가 0.5~1.5 cm^2/Vs을 가지며 전류 점멸비가 10^7의 높은 특성이 발표되었으며, KAIST에서는 F8T2와 DH4T를 블렌드하여 전하 이동도가 0.012 cm^2/Vs를 나타내고 전류 점멸비(on/off)가 약 10^5으로 발표하고 있다.

n형 유기 박막 트랜지스터 재료로 프탈로시아닌(phthalocyanine, PC) 및 fluorinated PC(FPC), tetracyanoqinodimethane(TCNQ), C60(bucky ball), naphthalene tetra-carboxylic dianhydride(NDTCA), perylenetetracarboxylic dianhydride(PDTCA) 유도체 등이 있으나 전하 이동도가 FPC의 경우 0.03 cm^2/Vs이며, PDTCA 유도체가 0.6 cm^2/Vs으로 발표되고 있으며 2005년에는 티아졸(thiazole) 유도체를 합성하여 표면을 OTS(octadecyltrichlorosilane)처리하여 전하 이동도가 1.83 cm^2/Vs을 가지며 전류 점멸비가 10^4을 가지는 물질이 개발되기도 하였다. 최근 IBM에서는 유/무기 하이브리드(organic-inorganic hybrid) 재료를 이용하여 전하 이동도가 0.1~0.62 cm^2/Vs인 물질을 개발하였으며, 초박막 형태의 Langmuir-Blodget(LB) 또는 자기 조립(self-assembly)을 이용한 유기 박막 트랜지스터 재료 개발도 이루어지고 있다. n형 저분자 물질의 경우 상대적으로 수분과 공기에 민감한 n형 유기물 반도체 대신 전통적인 p-형 유기물 반도체 물질에 불소가 치환된 물질을 도입시켜 공기나 수분 안정성을 향상 시키고 전자 친화도를 높여 금(Au) 전극으로부터 쉽게 전자가 주입될 수 있는 물질들을 발표하였으며 최대 0.6 cm^2/Vs의 이동도를 보이고 있으나 여전히 개발의 여지가 많이 남아 있는 부분이다.

n형 고분자 물질의 경우 개발된 예가 드물며 사다리형 고분자인 poly(benzimidazo-benzophenanthroline, BBL) 및 BBL과의 블렌드를 통한 고분자들이 발표되어 있는 정도이고 BBL은 0.1 cm^2/Vs의 이동도와 10^5의 전류 점멸비를 나타내고 있다. 현재, 국외에서는 10^{-1} cm^2/Vs 정도의 이동도 성능에서 구현이 가능한 전자종이 디스플레이의 실용화를 서두르고 있다.

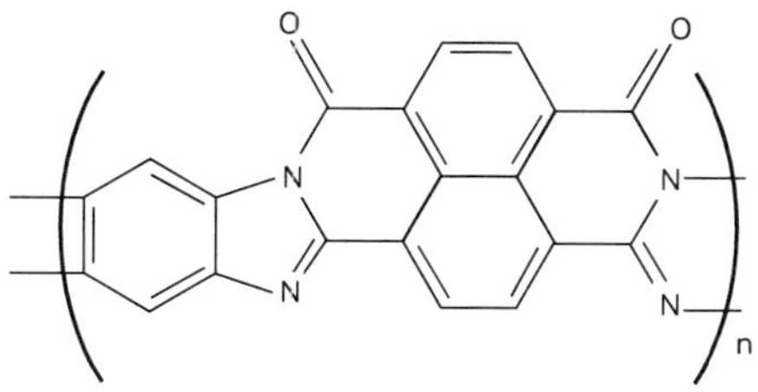

그림 7.36
BBL 분자구조

현재 국내 유기 반도체 재료 개발의 기술 수준은 선진국 대비 약 80~90% 수준에 이르고 있으나 선발업체의 독점적 지위와 모듈(module) 업체와의 정보 비공개 협약(NDA) 체결 등으로 인한 정보 수집의 어려움으로 인해 기술 개발에 대한 난점이 존재하고 있으며 디스플레이 산업이 발달한 우리나라에서는 모듈 업체와 긴밀한 협조 관계가 필요한 디스플레이 재료 산업의 특성상 빠른 피드백(feedback)으로 인해 기술 경쟁력 확보가 용이한 장점을 가지고 있다. 재료 설계 및 합성, 소자 구조, 물리적 현상 연구의 학제간 연구와 산학연 공동 연구, 외국 선진 연구 기관과의 국제 공동 연구를 통하여 유기 반도체 개발의 기술 경쟁력 확보가 가능할 것이다. 현재는 특정국가에서 독보적인 OTFT 재료를 가지고 있지 않으며 기술의 발전 주기상 개발기에 해당하므로 국가적인 지원과 산학연 학제간 및 국제 협력을 통한 기술 개발이 수행된다면 유기 반도체 분야의 기술 강국으로 부상할 수 있을 것으로 기대된다.

3.1.7 유기 절연체의 분극 현상

유기 박막 트랜지스터는 유전체의 분극 현상에 의하여 더욱 효율적으로 구동될 수 있다. 분극 현상의 종류 및 그 원리에 대해서 살펴보면 분극 현상은 쌍극자를 형성하는 메커니즘에 따라 전자 분극, 이온 분극, 배향 분극, 계면 분극으로 나눈다. 그림 7.37 (a)은 전자 분극(electronic polarization)을 설명한 모식도이다. 중성 원자의 순 전하(net charge)는 제로이다. 더구나 평균적으로 전자들의 음전하 중심은 양의 원자핵과 일치하여 순 쌍극자 모멘트를 가지고 있지 않다. 그러나 이 원자가 가설 설정 전계에 놓이면 쌍극자를 유도한다. 전자들은 양의 원자핵보다 훨씬 가벼워서 쉽게 전계에서 변위를 일으킨다. 그 결과 양전하 중심으로부터 음전하 중심이 분리되어 버린다. 결국 전자 분극은 외부 전계에 의해 전자 구름과 원자핵이 상대적인 변위를 일으켜 발생되는 것이다. 그림 7.37 (b)은 이온 분극(ionic polarization)을 설명한 모식도이다. 이온 결정에 외부 전계가 인가되어 양이온과 음이온이 서로 역방향으로 변위하여 유기되는 분극이 이온 분극이다. 인가된 전계가 없을 때 고체는 같은 크기의 쌍극자 모멘트가 머리와 머리, 꼬리와 꼬리로 늘어서기 때문에 순 쌍극자 모멘트는 영이 되며 순 분극도 영이 된다. 전계가 인가되었을 때 쌍극자 모멘트는 증가하여 순 쌍극자 모멘트는 더 이상 영이 아니다. 그림 7.37 (c)은 배향 분극(orientation polarization)을 설명한 모식도이다. 배향 분극은 전술한 두 가지 변위

분극과는 다르게 배향 분극은 전계가 없어도 영구 쌍극자 모멘트가 존재한다. 전계가 인가되었을 때 쌍극자 모멘트가 전계의 방향으로 배향하는 것에 의해 발생되는 분극이다. 마지막으로 그림 7.37 (d)은 계면 분극을 설명한 모식도이다. 계면 분극(interfacial polarization)은 계면(서로 다른 상이 접촉하고 있는 경계면)을 경계로 하는 두상 사이 또는 상 내부의 두 영역들 사이에 서로 다른 극성의 전하가 축적됨에 따라 발생하는 분극이다.

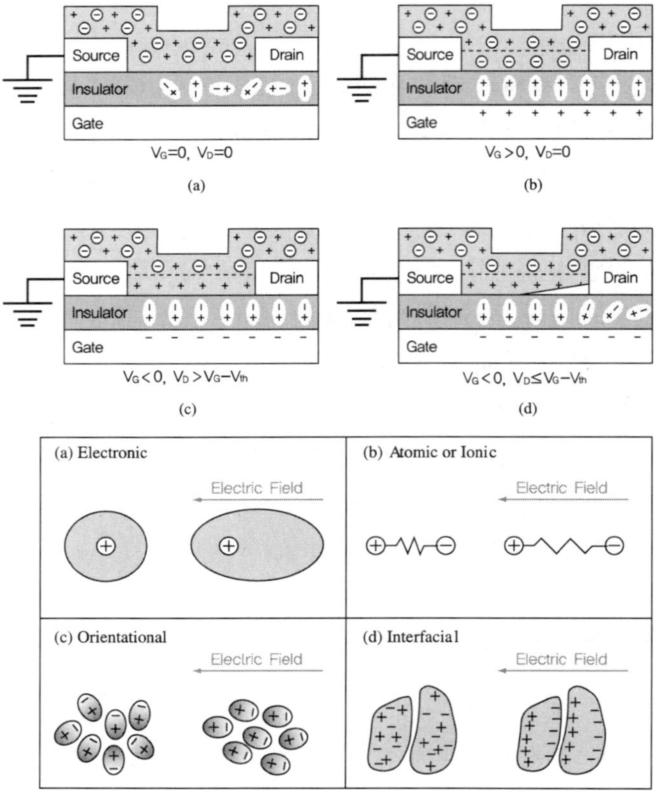

그림 7.37
OTFT 소자의 계면 분극 모형(상) 및 분극 현상의 종류(하)

3.1.8 유기 절연체의 요구 물성

유기 박막 트랜지스터에 사용할 수 있는 유기 절연막으로는 다음과 같은 특성을 가진 새로운 유전 재료를 개발하는 것이 요구된다. 먼저, 유전율이 커야한다. 전계 효과 트랜지스터의 동작 원리를 보면 게이트에 전압을 인가하여 이 인가된 전압으로 인해 유전체 양단에 전하들이 모이고 이 전하들로 인한 전기장(전계)이 축적층과 공핍층을 만드는 것이다. 따라서 유전율이 크다는 것은 낮은 전압에서도 많은 전하를 유전체 양단에 모을 수 있다는 것을 의미하므로 낮은 전압에서 소자를 구동할 수 있다는 것이다. 유전율(dielectric constant)은 콘덴서의 두 전극 사이에 유전체를 넣었을 경우와 넣지 않았을 경우(엄밀히 진공일 경우)의 전기 용량의 비를 말한다. 전기 용량은 전압이 걸릴 때 생기는 전하를 저장할 수 있는 두 도체 사이의 능력으로 정의될 수 있다. 다음으로 절연 특성이 좋아야한다. 누설 전류는 유전체 양단에 모인 전하를 중화시키는 작용을 하므로 장시간 전하를 유지하지 못하고 자주 재충전해주어야 하는 구동상의 문제를 야기하게 된다. 또한 낮은 온도에서 박막 형성이 가능해야 한다. 플라스틱 기판의 특성상 유리 전이 온도가 낮아 플렉시블 디스플레이를 구현하기 위해서는 저온 소성이 가능해야 하기 때문이다. 아울러 열팽창율이 기판과 같거나 비슷해야한다. 소자의 특성상 전류를 흘리기 때문에 필연적으로 열이 발생한다. 이러한 열에 잘 견디기 위해서는 열팽창율이 비슷한 소재가 가장 이상적일 것이다. 마지막으로 구부림이 가능한 플라스틱 기판 위에 사용하기 위해서는 일정 정도의 구부림에 따른 막 스트레스로 인한 균열 발생이 없어야 한다.

3.1.9 유기 절연체 재료 기술 개발 동향

유기 절연체(organic dielectrics) 분야의 경우, 유기 반도체 재료와 비교하여 상대적으로 그 중요성이 높음에도 불구하고 아직 연구 및 개발이 초기 수준으로 볼 수 있다. 먼저 국내의 연구 동향을 살펴보면 유기 절연체 분야에 대해 집중적으로 연구하고 있는 기관은 한국화학연구원(KRICT) 정도이며 다른 학계 및 연구소 그리고 기업의 경우 기존의 논문에 발표된 유기 절연체 물질을 이용한 소자 특성 최적화 정도의 연구가 일반적인 상태이다. 한국화학연구원의 경우 유기 절연체로 저온 가공형 감광성 폴리이미드를, 유기 반도체로서 펜타센을 사용하여 유기 박막 트랜지스터(OTFT) 소자를 제작하였다. 노광 공정에 의해 유기 절연막을 형성한 후 제작된 소자의 전계 전하 이동도는 약 0.1 cm^2/Vs 정도이나 기존의 포토리소그래피에 의한 에칭 방법과는 달리 유기 절연체 자체를 패터닝하여 유기 박막 트랜지스터(OTFT) 어레이 제작 공정을 단순화 시킨 특징이 있다. 또한 전유기 디스플레이용 유기 절연체의 요구 특성에 적합한 성능을 발현할 수 있는 신규 고유전율 유기 절연 소재의 개발 연구를 수행하고 있으며, 고유전율 감광성 유기 절연체 설계 및 분자 구조 개선에 의한 절연체 특성의 최적화, 고유전율 유기 절연체에 기능성을 부여하기 위한 기능성 단량체 및 중합체의 제조 기술을 확립하였다. 현재 용액 공정형 유기 반도체 대응 및 특성 저하가 최소화된 저온 경화 가능 폴리이미드 절연체에 대한 연구가 활발히 진행되고 있다. 경희대 연구팀의 경우 유기 절연체로서 가교된 폴리비닐페놀(PVP)을 사용하였고 유기 반도체로는 펜타센을 사용한 유기 박막 트랜지스터(OTFT)를 제작하였다. 펜타센을 이용한 대부분의 연구들은 펜타센의 미세 형상화(patternability)를 고려하지 않았으나 상기 연구에서는 펜타센이 증착될 부분의 표면특성(surface properties)을 조절한 펜타센의 선택적 성장 기술(selective pentacene growth technique)을 이용한 미세 형상화를 시도하여 온/오프 전류비는 10^7이고 전하이동도는 1.2 cm^2/Vs 정도의 연구 결과를 나타내었다. 하지만 폴리비닐페놀 유기 절연체의 경우 소자 구동에 따른 히스테리시스 및 높은 경화 온도로 인해 플렉시블 소자 구현에 적용하기 어려운 문제점이 남아 있다. 서울대 연구팀의 경우 유기 절연체를 유기 박막 트랜지스터 소자에 적용하는 다양한 연구를 진행하고 있는 연구 그룹으로 최근에 유기 절연체로 PVP와 폴리비닐아세테이트(PVAc)를 사용하고 유기 반도체로 미세 형상화하여 유기 박막 트랜지스터를 제작 하였고 특히 단일 유기 절연체가 아닌 이중 유기 절연체가 소자 특성에 미치는 영향에 관하여 조사하였다. 소자의 전계 전하 이동도는 약 0.1 cm^2/Vs 이고 PVP의 경우와 동일한 문제점을 나타내고 있다. 포항공대 연구팀의 경우 게이트 절연체 자체 보다는 표면 처리에 관한 연구를 활발히 하고 있는 그룹이다. 표면 처리를 위해 사용되는 자기 조립 단일막(SAM)의 분자 구조가 소자 특성에 미치는 영향에 관한 연구를 수행하고 있다. 특히 증착이 가능한 저분자보다는 용액 공정이 가능한 고분자 유기 반도체에 더욱 관심이 있고, 최근 들어 다수의 흥미로운 연구 결과를 발표하고 있다. 또한 자기 조립 단일막 자체를 이용한 초박막 절연체를 개발하고 있으며 궁극적으로 저전압 구동의 유기 박막 트랜지스터 소자를 개발하려는 시도를 하고 있다. 성균관대학교의 경우 고분자 절연체에 존재하는 하이드록시기(hydroxy group)의 함량이 유기 박막 트랜지스터의 히스테리시스(hysteresis)에 미치는 영향을 조사하고 유전체 내부에 존재하는 하이드록시기의 함량이 증가할수록 전자의 트랩량(electron trapping)이 증가하여, 히스테리시스 및 게이트 누설 전류의 증가를 밝혔다. 높은 홀(hole) 이동도에 기인한 높은 이동도(~5.5 cm^2/Vs)를 나타내었지만 새로운 절연체 개발이라기보다는 소자 내에서의 절연체의 역할 및 소자 특성과 연관관계를 규명하는 연구라고 할 수 있다. 학계보다는 실제 디스플레이 소자를 제작하는 기업계에서 유기 절연체의 중요성에 대한 인식이 더 높으며 삼성종합기술원(SAIT)에서 유기 절연체 개발이 활발히 수행되고 있다. 특히 유전 상수를 높이기 위해 무기물과의 복합화를 통한 수지 형태의 유기 절연체를 개발하고 있으며 발표된 자료가 없어 자세히 알 수는 없지만 상당히 우수한 성질을 나타낸다고 알려져 있다. 하지만 소자 내에서 구동시 절연체에 의한 히스테리시스(hysteresis)가 나타나는 결정적인 문제점이 있는 것으로 알려져 있다.

국내의 경우와 마찬가지로 국외의 경우 유기 박막 트랜지스터(OTFT)에 관한 연구가 활발히 진행되어지고 있으나 유기 반도체와는 달리 유기 절연체의 경우 새로운 구조 및 기능의 유기 절연체 개발은 미진한 수준이다. 상기 표 7.7에서는 진공 증착용 유기 반도체와 접목된 유기 절연체의 개발 사례들을 보여주고 있다. 표에서 볼 때 연구 개발은 다양하게 이루어지고 있으나 사용된 유기 절연체의 경우 폴리이미드(polyimide), 폴리비닐페놀(PVP), 폴리메틸메타아크릴레이트(PMMA), 폴리스티렌(PS) 정도로 한정되어 있다. 최근의 연구 동향은 저전압 구동을 위해 유기 절연체 자체를 초박막으로 형성을 하거나 혹은 유전 상수를 증가시키는(무기물 절연체와 복합화 혹은 이중 박막으로) 방향으로 연구가 많이 되고 있는 추세이다. 이러한 시도는 절연체 자체의 누설 전류 및 소자 히스테리시스 등의 발생이라는 문제점이 해결 과제로 남아있다.

표 7.8에서는 용액 공정용 유기 반도체를 적용하였을 때 사용되어진 유기 절연체 연구 동향을 정리하였다. 이 경우 유기 반도체 박막을 형성할 때 사용되어지는 유기 용매에 유기 절연체가 안정해야 하는 내화학성이 필수 조건이므로 유기 절연체의 선택의 폭이

표 7.7 유기 절연체 특성 (진공 증착용 유기 반도체 적용)

유기 절연체	반도체	이동도 (cm^2/Vs)	기판
Polyimide	펜타센	0.27~0.71	PES
Polyimide	펜타센	0.27~0.71	Polyimide
Polyimide	펜타센	0.3	PEN
Cross-linked PVP	펜타센	0.06	PEN
Cross-linked PVP	펜타센	1.2	PES
Crosslinked PVP	펜타센	1.3	PES
PS	펜타센	0.16	Glass
PS	Tetracene	0.2	Si wafer
PVP	펜타센	0.2	Paper
PVP	NTCDA	0.02	Si wafer
PMMA	펜타센	0.01	Si wafer
Poly(chloro-p-xylene)	펜타센	$10^{-4\sim5}$	Glass
Polyimide / SiO_2	펜타센	0.75	Si wafer
polyacrylate / Al_2O_3	펜타센	0.01	PEN

표 7.8 유기 절연체 특성 (용액 공정용 유기 반도체 적용)

유기 절연체	반도체	이동도 (cm^2/Vs)	기판
Polyimide	Polythiophene	10^{-5}	Glass
PHEMA	P3HT	0.1	Glass
PVCN, Epoxy/ PMMA	PEDOT, PPy	NA	PET, PP
PMMA, cross-linked PVP, PHEMA, PS	P3HT	10^{-3}	Glass
CYPEL, PVP, PVOH	P3BT	0.04	Polyimide
PMMA	P3HT	0.001	PET
PMMA blend	P3HT	0.02	PET
BCB	Polyfluorene copolymer	10^{-4}	Glass
Poly(4-methylstyrene)	PTPTP, F15-NTCDI	0.02	Glass
Polymer photoresist	P3HT	0.003	Polyimide
Cross-linked PVP	F8T2	0.1	Glass

더욱 좁아지는 문제가 있다. 따라서 내화학성이 우수한 폴리이미드(polyimide) 혹은 기존에 포토레지스트(photoresist)로서 반도체 산업에서 많이 사용되어온 물질이나 경화 폴

리비닐페놀 등이 이용되어지고 있으나 이러한 유기 절연체 자체가 박막을 형성하기 위한 공정 온도가 200°C 이상의 고온으로 플라스틱과 같은 유연 기판을 사용하는데 있어서 문제점이 되고 있다. 최근 유기 박막 트랜지스터 관련 연구 분야를 분석하였을 때 새로운 유기 반도체에 관한 연구가 집중적이며 상대적으로 유기 절연체에 관한 연구는 유기 반도체 대비 절반 이하의 수준에 머무르고 있다. 특히 유기 박막 트랜지스터(OTFT) 절연체 관련 연구 내용 중 사용되어진 절연체를 분석해 보면 산화알루미늄(aluminum oxide, Al2O3), 폴리메틸메타아크릴레이트(PMMA), 폴리비닐리덴플루오라이드-트리플루오로에틸렌(Copolymer of vinylidene fluoride & trifluoroethylene, P(VDF-TrFe), 폴리이미드(polyimide), 폴리메틸메타아크릴레이트/탄탈리움 옥사이드(PMMA/Ta_2O_5), 폴리비닐아세테이트(poly(vinyl acetate)), 가교 유기실록산(cross-linkable organosiloxane), 자기 조립 단일막(SAM), 가교 폴리비닐페놀(cross-linked PVP), 마일라(Mylar), 폴리디메틸실록산(PDMS), 가교 플루오로사이클로부탄(cross linkable perfluorocyclobutane) 정도로서 무기물과 유기 반도체의 조합 연구도 발표되고 있으며 유기 절연체의 경우에도 기존의 사용되어진 유기 절연체(cross-linked PVP, PMMA, 범용 고온 공정 polyimide 등)의 수준을 벗어나지 못하고 있는 현실이다.

위에서 보여주는 것과 같이 지금까지의 연구 결과를 종합해 보면, 일부 연구 그룹에서는 유기 절연체와 유기 반도체를 이용하여 이동도나 제반 성능지수(performance parameter)가 상대적으로 좋은 유기 박막 트랜지스터 단위 소자를 발표하고 있지만, 유기 디스플레이에 적용될 만큼의 성능, 내화학 안정성, 저온공정 가능 특성 등의 모든 유기 절연체 요구 특성을 만족하는 재료는 아직 개발되지 않았다는 것을 알 수 있으며 유기 절연체의 경우 그 개발 종류도 극히 일부 물질에 한정되어 있다. 앞서 언급한 바와 마찬가지로 일부 그룹에서는 유/무기 하이브리드 소재를 유기 절연체로 사용하여 유기 박막 트랜지스터 성능 향상을 도모하고 있으나, 소자 특성은 미흡하다. 또 다른 그룹은 단층 유기 절연체가 아닌 다층 구조의 유기 절연체를 사용하여 표면 특성과 벌크 특성 조절을 통한 유기 박막 트랜지스터 특성 제어를 시도하고 있다. 또한 두 가지 이상의 유기 절연체의 혼합(blending)을 통한 연구도 이루어지고 있다. 하지만 이러한 시도 역시 누설 전류 및 공정 적합성 등의 문제점이 있다. 최근의 유기 반도체의 경우 산화 안정성이 우수한 재료의 개발이 핵심이슈이고 유기 절연체 또한 유기 박막 트랜지스터의 안정성 확보를 위해 수분과 온도의 영향에 의한 소자의 장기 신뢰성(life time)에 문제가 없기 위해서는 내구성 및 안정성이 우수한 재료의 개발이 필수적으로 필요하다. 이러한 관점에서 폴리이미드가 유기 절연체로 우수한 후보로 부각되고 있지만 투명도 확보와 내흡습성에 대한 개선이 필요하다. 유기 절연체 연구에 사용되어진 증착용 유기 반도체는 성능이 가장 우수하다고 국내, 외적으로 알려진 펜타센이 대부분을 차지하고 있는 실정이다. 펜타센과 유기 절연체로 이루어진 유기 박막 트랜지스터의 전계 전하 이동도는 대부분의 경우 0.1~1.0 cm^2/Vs 정도로 발표되고 있으며 간혹 5.0 cm^2/Vs 이상의 발표도 있으나 신뢰성이 조금 떨어지고 있다. 또한 용액 공정용 유기 반도체와 유기 절연체로 이루어진 유기 박막 트랜지스터 연구의 경우는 증착용 유기 반도체와 마찬가지로 가교 폴리비닐페놀(PVP)과 그 유도체, 폴리이미드(PI), 폴리메틸메타크릴레이트(PMMA)와 그 유도체가 주로 사용되고 있고 유기 반도체로는 폴리티오펜과 폴리플루오렌(polyfluorene) 유도체들이 주로 사용되고 있다. 유기 박막 트랜지스터의 전계 전하 이동도는 대부분의 경우 0.001~0.1 cm^2/Vs 정도로 낮게 발표되고 있으며 이는 용액 공정용 유기 반도체의 특성 개선과 아울러 이러한 용액 공정용 유기 반도체와 접합성 및 계면 특성이 우수한 유기 절연체의 개발이 이루어져야 특성 개선이 가능하다는 점을 시사하고 있다. 현재의 기술 수준을 바탕으로 향후 연구 방향은 유기 반도체 연구 그룹과 유기 절연체 연구 그룹의 공동 연구를 통한 전유기 유기 박막 트랜지스터의 구현에 대한 개발 연구가 필수적이라고 생각되어진다. 즉 유기 반도체의 특성 및 개발 방향에 적합한 맞춤형 유기 절연체 개발이 필요하다고 생각되어지며 궁극적으로 진공 공정이 배제된 용액 공정의 전유기 박막 소자를 위해서는 용액 공정 등에서 내화학성 및 안정성이 우수한 유기 절연체의 개발이 반드시 필요하다.

현재 유기 박막 트랜지스터용 유기 절연체의 경우 유럽(Merck), 미국(Dupont)이나 일본 등 재료 강국에서도 독보적 개발 물질이 없고 기술 개발 수준 자체가 국내와 비교하여 월등하다고 할 수 없는 상태이다. 즉 유기 절연체 시장 분야의 경우 현재 빠른 원천 소재 및 기술 확보를 한다면 전세계 시장을 독점할 수 있는 잠재성이 많은 분야로 생각할 수 있다. 유기 박막 트랜지스터용 유기 절연체의 경우 유기 반도체 재료와 접목되어 최적의 상호 효과를 가져올 수 있는 방향으로 개발되어야 하며 궁극적으로 향후 플렉시블 디스플레이 시장 등에서의 관점에서 볼 때 디스플레이 강국의 국가경쟁력 차원에서 집중적인 연구가 이루어져야 하는 분야이다.

3.1.10 플렉시블 기판을 이용한 유기 박막 트랜지스터

최근까지도 대부분의 유기 박막 트랜지스터는 펜타센 박막을 이용하여 제작되고 있다. 진공 증착 공정을 이용하여 플라스틱 기판 상에 제작된 펜타센 기반의 유기 박막 트랜지스터 캐리어 이동도는 0.2~1.2 cm^2/Vs 수준이며 p-형 소자로 구성된 ring oscillator와 CMOS 회로 등이 발표된 바 있다. 반면 용액 공정으로 제작한 펜타센 유기 박막 트랜지스터의 캐리어 이동도는 ~0.05 cm^2/Vs 정도 수준에 머물러 있으며 P3HT와 같은 고분자를 사용한 경우는 0.08 cm^2/Vs 수준의 이동도 값을 얻은바 있다. 즉, 용액 기반 공정을 사용하여 제작한 유기 박막 트랜지스터의 동작 성능은 진공 공정을 사용한 경우에 비해 현저하게 떨어지는 것이 사실이나 향후 인쇄 공정 등을 사용하여 제작 비용을 대폭적으로 절감할 수 있을 것이라는 기대 때문에 여전히 중요한 연구 분야의 하나로 자리매김하고 있다.

일반적으로 비정질 실리콘이나 폴리실리콘 박막 트랜지스터의 경우에는 포토 리소그래피 공정을 통해 소자의 구성 부분을 패터닝한다. 하지만 유기 반도체를 사용하는 유기 박막 트랜지스터는 리소그래피 공정 후 소자의 특성이 크게 열화하는 경우가 많은데 그

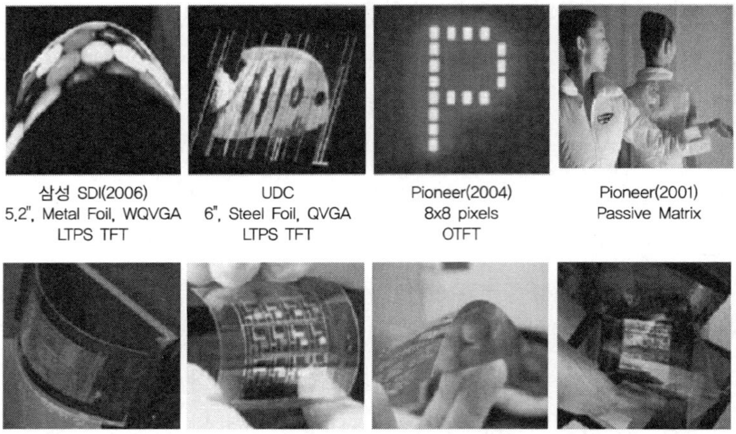

삼성 SDI(2006)
5.2", Metal Foil, WQVGA
LTPS TFT

UDC
6", Steel Foil, QVGA
LTPS TFT

Pioneer(2004)
8x8 pixels
OTFT

Pioneer(2001)
Passive Matrix

ETRI(2003)
Passive Matrix

NHK(2004)
PET, 4x4 pixels
OTFT

Lehigh Univ(1997)
Metal Foil
LTPS TFT

Pen. State Univ.(2006)
PET, 48x48 pixels
OTFT

그림 7.38
플렉시블 기판 및 박막 트랜지스터를 이용한 OLED 시연

이유는 유기 박막이 상기 공정에서 손상을 입기 때문이다. 따라서 현재까지 유기 박막 트랜지스터의 제작에서 유기 반도체의 패터닝에는 메탈 쉐도우(metal shadow) 마스크를 사용하는 경우가 많지만 패터닝의 크기에는 한계가 있다. 최근 사용되고 있는 인쇄 공정은 좋은 대안이 될 수 있으나 아직까지는 양호한 동작 성능을 갖는 소자에 대한 보고가 거의 없는 실정이다. 이러한 배경으로부터 일부 연구 그룹에서는 자기 정합 특성을 이용하여 트랜지스터 영역에만 펜타센을 선택적으로 형성하는 방법을 연구하고 있으며 이 방법으로 제작한 소자의 특성을 보고하고 있다. 유기 박막 트랜지스터의 동작 수명을 개선하기 위한 연구도 계속되고 있다. 보호막(passivation) 공정 전후의 소자 동작 특성은 크게 달라지는 것으로 알려져 있으며 따라서 유기 박막 트랜지스터의 장수명화를 위해서는 수분이나 산소의 투과를 막는 적절한 패시베이션 공정의 개발이 향후 유기 박막 트랜지스터의 상용화에 매우 중요한 기술 이슈가 될 전망이다. 아울러 반복 동작에 따른 소자 열화 현상 기구에 대한 규명도 함께 진행되어야 할 것이다. 유기 박막 트랜지스터 기반의 LCD 또는 OLED 패널 분야는 기술적으로 아직 매우 초기 단계이며 향후 TFT-LCD에 동등 수준의 성능을 갖는 유기 박막 트랜지스터 백플레인(backplane) 개발이 당면 과제가 될 전망이다. 디스플레이 패널의 유연성(flexibility) 자체도 매우 중요한 기술 이슈이며 이는 기판 두께, 소자 구조, 구성 재료, 기판 재료 등에 의존한다. 아울러 플렉시블 디스플레이의 구동 신뢰성을 평가하는 일도 매우 중요하다 현재까지의 연구는 소자 특성 자체의 성능을 향상시키는데 주력해 왔으나 앞으로는 이들 소자의 장단기 신뢰성을 정량적으로 평가할 수 있는 방법을 개발하고 소자의 동작 노화 기구를 이해하는 한편 응용 분야에 있어 전기적, 기계적 스트레스 상황에서 소자의 동작 신뢰성을 향상시키는 일이 향후 이 분야의 주요 연구 주제가 되어야 할 것이다.

* 4 Display Engineering 전자종이 디스플레이의 구조 및 동작 원리

4.1 전자종이의 특징

플렉시블 디스플레이 모드의 경우 원리적으로 현재의 능동형 구동 소자를 기반으로 하는 모든 디스플레이 모드를 사용할 수 있다. 기존 액정을 이용한 Liquid Crystal Display(LCD)의 경우 표시 품질과 공정성 측면에서 양산성이 검증된 가장 안정된 기술이나 2장의 유연한 기판 사이에 형성된 액정 셀의 간격을 일정하게 유지하는 기술이 반드시 확보되어야 한다. 유기 발광 물질을 이용한 OLED(Organic Light Emitting Diode)의 경우 습기 및 산소의 침투에 취약한 플렉시블 기판을 사용해야하는 관계로 보호막(Passivation) 및 봉지(Encapsulation) 기술의 혁신적인 개선이 필요하나 원리적으로는 LCD에 비해 플렉시블 디스플레이에 더 적합한 기술이다. 그리고 종이의 특성과 전자 디스플레이를 결합한 E-paper(Electronic paper) 기술의 경우 반사형이면서 정보기억 기능을 가지고 있어 E-book용 플렉시블 디스플레이에 가장 적합한 기술이나 표시 품질이 아직 LCD나 OLED에 비해 현저히 떨어지는 디스플레이 성능 및 칼라 구현 기능을 혁신적으로 개선해야하는 문제점을 안고 있지만 현 단계에서 플렉시블 디스플레이의 상용화에 가장 근접해 있는 전자종이 디스플레이에 대한 기술 및 개발 현황에 대해 논의해보고자 한다.

전자종이는 종이 인쇄물과 디스플레이 매체를 융합한 새로운 표시 소자로서 종이의 특징인 말거나 구부릴수 있고 문자나 이미지를 구현하면 지워지지 않고 그대로 남아있는 쌍안정성(Bistability)을 가진다는 특성과 디스플레이의 특징인 전자 디바이스의 특성을 동시에 가진다. 전자종이의 요구 조건을 보다 세부적으로 나열하면 시간과 장소에 제약없이 읽을 수 있어야 하며, 가벼우며 얇고 구부릴 수 있어서 취급이 용이해야하고, 쌍안정성을 가지고 있어서 한번 구현된 정보는 전원이 없어도 이미지가 유지되어야 하며, 문자나 이미지를 재작성(rewriting)하여 정보를 업데이트(update)할 수 있어야 하며 사용자의 눈에 피로를 주지 않아야하는 점들이다. 전자종이는 종이와 유사한 대조비를 구현할 수 있으며 재료 및 공정이 간단하고 롤투롤 프로세스(roll-to-roll process)에 의한 대량 생산이 가능하여 초저가 제품의 구현이 가능하며, LCD, PDP, OLED 등에서 구현할 수 없는 쌍안정성이라는 전자종이만의 독특한 특성으로 고정된 문자나 패턴을 구현할 때 초기에만 전력이 필요하고 새로운 화면으로 전환하기 전까지는 추가적인 전력 소모가 없는 저소비 전력형 소자이다. 또한 반사형 소자로서 백라이트가 필요없으며 구부림에 대한 잉크의 영향이 거의 없어서 유연성 구현에 적합하다. 디스플레이의 관점에서 보면 전자종이는 저급의 반사형 디스플레이이므로 다양한 방식에 의해 구현이 가능하며 현재 표 7.9와 같이 많은 업체와 연구소에서 연구 개발을 수행하고 있다. 이 중에서 E-ink사의 전기영동에 의한 microcapsule형 전자종이가 가장 보편화되어 있다. 이

표 7.9 전자종이 구현을 위한 기술 개발 동향

Materials	Driving method	Display	Ressar cher
Particle technology	Electrophoresis	Microcapsule	E-ink
		In-Plane	Canon, IBM
		Microcup	SiPix
	Rotating motion	Gyricon	Xerox
		Magnetic twist ball	京海大, 明星大
		Column twist ball	王子製紙
	Transiating motion	Toner	Fuji Xerox
		QR-LPD	Bridgestone
	Magnetophoresis	Magnetophoresis	Pilot, Takara
		Magneto-heat sensing	
	Phase change	Thermal	Mitsubishi 製紙
Liquid Crystal	Optical anisotropic	Cholesteric LC	Kent Univ.
		STN	ZBO
		FLC	NHK
	Pigment polarization	G-H type PD-LC	大日本印刷
Film	Actuated film	AFD	Toshiba
Thermal rewritable	Thermal sensing	Thermal paper	Richo
Fluid technology	Fluid motion	Electrowetting	Philips
Oxidation-reduction	Electrochromic	EC paper	ACREO, Uppsaie Univ
	Electrodeposition	EDD	Sony
OLED	Self-emissive	Organic EL	Pioneer

표 7.10 전자종이의 다양한 형태

	Plate	Book	Roll up	Paper
Style			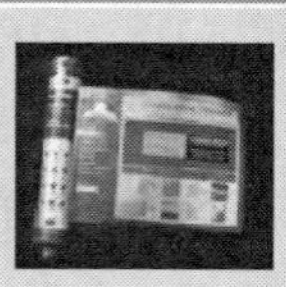	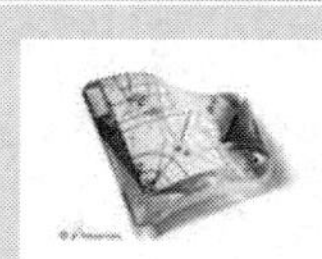
Rewriting unit	Included	Included / attached	Attached	Separate
Merits	Quick rewriting	Browsing ability	Compact	Thin like paper
Demerits	Rather high bulky	Rather high bulky	Difficult to browse	Bulky when content is considerable

러한 전자종이는 신문, 잡지, 도서 등을 대체하는 전자신문(E-newspaper), 전자잡지(E- magazine), 전자책(E-book)의 개념으로 응용이 기대되고 옥내, 옥외용 실시간 광고판 등 게시판용 디스플레이뿐만 아니라 향후 성능개선에 따라 핸드폰, PDA(Personal Digital Assistant), PMP(Portable Multimedia Player) 등과 같은 이동 통신 기기의 정

보 표시 매체로서의 응용도 기대되며 이외에도 잠재적 응용 분야가 다양할 것으로 전망되고 있다. 이상과 같이 다양한 응용이 가능하며 응용 분야에 따라 표 7.10과 같이 전자종이의 형태는 플레이트(plate), 스크롤(scroll), 책(book) 및 종이(paper) 형태들이 가능하다.

4.2 전자종이의 구현 기술

정보화 사회는 통신 기술과 컴퓨터 기술이 융합된 디지털 기술을 기반으로 발전하고 있다. 이는 다양화되는 정보화 사회의 요구를 수반하여 정보 기술(IT) 관련 제품의 다양화와 수요의 증가를 불러왔다. 최근 컴퓨터와 인터넷을 중심으로 한 정보사회의 발전은 새로운 지식 사회의 창출을 선도하며 인간의 새로운 정보 전달 매체의 개발을 요구하고 있다. 현재 연구되고 있는 차세대 디스플레이는 정보화 사회를 선도하고 있는 인터넷, IMT-2000, PDA 등 정보이용 환경의 고도화 및 휴대화에 따라 경량, 박형, 고효율, 및 천연색의 동영상 구현이 가능한 디스플레이로 발전하고 있다. 나아가 얇고 휘어지는 유연한 디스플레이(Flexible Display)로 발전해 가고 있다. 이와 같은 요구에 따라 고품위의 유연한 디스플레이의 구현을 목표로 연구되고 있는 전자종이(Electronic Paper)는 종이의 질감으로 휴대할 수 있고 표시와 소거가 용이한 차세대 디스플레이이다. AD 105년 후한의 채륜이 나무껍질, 마, 넝마 및 폐어망을 원료로 발명한 종이는 2,000여년 동안 정보 저장 및 전달 매체의 역할을 훌륭하게 수행하고 있다. 8세기 경 아라비아를 거쳐 유럽에 전파된 제지술과 1450년경 구텐베르크의 활자 인쇄술의 융합으로 정보의 대량 복사가 가능해졌다. 이는 종이로 만든 책을 탄생시켜 일반인들의 정보 전달 및 커뮤니케이션의 매개체로 중심적인 위치를 점하고 있다. 그러나 최근 컴퓨터와 인터넷을 중심으로 한 정보 과학의 급속한 발전은 새로운 차원의 정보 전달 매체의 변모를 요구하고 있다. 기존의 디스플레이들은 시인성이 종이에 비해 떨어지고, 부피가 크고, 전원 공급을 필요로 하는 단점을 가지고 있다. 급속도로 진행되는 이동 통신 환경의 일상 생활화는 일반 대중들이 언제 어디서나, 쉽게 대용량의 고급정보를 빠르게 사용할 수 있는 표시 매체를 필요로 하고 있다. 종이와 기존 디스플레이 각각의 장점을 극대화, 즉 우수한 대조비와 시인성, 동영상을 표시할 수 있는 빠른 응답 속도, 천연색의 표시, 저가, 휴대 가능한 종이질감을 가진 꿈의 디스플레이, 전자종이의 구현은 다가올 지식 정보 사회의 인프라 구조를 혁명적으로 진화시키는 역할을 할 것이다. 현재까지 전자종이의 본격적인 상용화는 이루어지지 않고 있지만 다양한 접근 방식(표 7.9)으로 서로의 장점을 내세우며 경쟁하고 있는 상황이다. 전자종이의 대표적인 3가지 형태는 정전하가 충전된 반구형 트위스트 볼(회전하는 볼이라는 그리스 어원을 가진 'Gyricon'볼이라고 불리고 있음)을 이용한 제록스사의 트위스트 볼 타입, 전기영동법과 마이크로캡슐을 응용한 E-ink사의 전기영동 디스플레이 및 콜레스테롤 액정을 이용한 Kent Display사의 콜레스테롤 액정 디스플레이가 있다. 이중 가장 상용화에 가까운 접근 방식으로 많은 시제품을 내놓고 있는 전기영동(Electrophoresis) 현상에 기초를 둔 전자종이 기술 개발 동향과 전자종이 실용화를 위한 시도에 대해서 기술하고자 한다. 종이처럼 얇고, 필요할 때 펼쳐볼 수 있는 유연한 디스플레이는 영화 속의 상상만이 아니라 가까운 미래에 실현 가능한 것이며, 전자종이가 그 꿈을 실현시켜 줄 것이다. 정보화 사회에서 빠르게 변화하는 정보를 언제 어디서나 편리하게 사용할 수 있는 디스플레이인 전자종이에 대해 알아보자.

4.2.1 전기영동 디스플레이의 구동 원리

전기영동이란 전하를 띠고 있는 입자가 유체 내에 분산된 상태에서 인가된 전기장에 의해 이동하는 현상으로 전기영동 디스플레이란 전기영동 현상을 이용하여 형상이나 글자를 반복적으로 기입하고 지울 수 있는 반사형 디스플레이이다. 1956년 Metcalfe와 Wright가 전기영동 현상을 이용한 이미지 구현을 최초로 개발하였으며 대표적인 전기영동 디스플레이 패널은 염료 유체에 전하 입자들이 분산된 입자 분산액이 투명한 전극판(front electrode)과 픽셀 전극들로 이루어진 후면 전극판(backplain) 사이에 채워진 형태로 수십 볼트 내지 수백 볼트의 DC 볼트를 인가함으로써 구동된다.

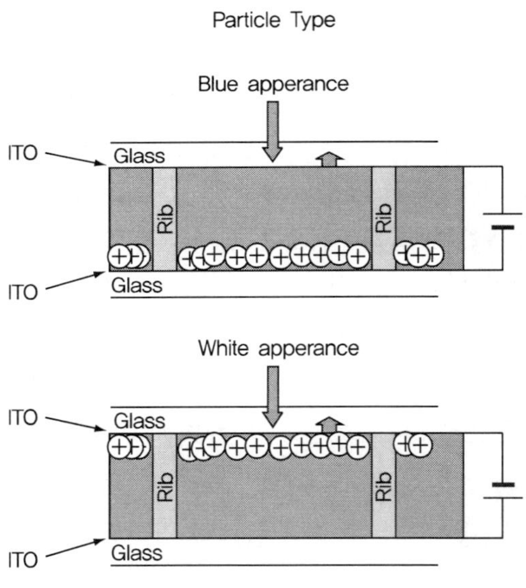

그림 7.39
전기영동 구동 원리

광학적 대조비는 전하를 띤 안료 입자들이 전극판 사이를 상하로 움직임으로써 얻을 수 있다. 입자들이 전면 전극에 쌓이거나 층을 이루면 백색 상태는 램버시안(Lambertian) 산란 상태가 되기 때문에 모든 시야각(view angle)에서 밝은 백색 상태를 볼 수 있다. 전기영동 디스플레이 패널의 스위칭 속도는 기본적인 전기영동 현상학 가정으로부터 계산된다. 전기장이 인가된 상태에서 유체내의 전하를 띤 안료 입자는 인가된 전기장(E)에 비례하며 속도(v)로 움직인다. 그 비례상수를 μ로 가정하고 이를 전기영동 이동도(electrophoretic mobility)라 하면,

$$v = \mu E \quad \text{(식 7-12)}$$

Smoluchowski는 다음과 같이 전기영동 이동도를 나타내었다.

$$\mu = \zeta\varepsilon/\eta \quad \text{(식 7-13)}$$

여기서 ε는 전기영동 유체의 절연 상수, η는 전기영동 유체의 점도, ζ는 전기영동 유체의 제타 전위(zeta potential)다. 제타 전위는 전하 입자를 둘러싼 전단층(shear plane)에서의 정전하 준위(electrostatic potential)로서 제타 전위는 다음과 같이 나타낼 수 있다.

$$\zeta = g\lambda_D/\varepsilon \quad \text{(식 7-14)}$$

여기서 g는 입자의 전하량, λ_D는 입자가 전기영동 유체 내에서 차지하는 디바이(Debye) 길이이다. 따라서 셀 간격이 h에서 v 속도로 움직이는 전기영동 입자의 스위칭 시간은 다음과 같이 정량화된다.

$$t_{total} \cong h/\mu E = h^2/\mu V \quad \text{(식 7-15)}$$

여기서 V는 인가된 전압(voltage)이다. 이 식들은 스위칭 시간을 줄이기 위해서 입자와 유체의 물리적 특성을 어떻게 조정해야 하는지 알려준다.

이러한 기본 원리에 근거해서 앞에서 제시된 바와 같이 다양한 기관에서 여러 종류의 모드를 활용하여 전자종이를 구현하고 있으며 플렉시블 디스플레이를 구현하기 위한 가장 가능성이 높은 기술로서 다양한 연구들이 진행되고 있다. 이 중에서 주목받고 있는 기술로는 EPD(Electrophoretic Display; microcapsule, microcup, in-plain type), Quick response liquid powder display(QR-LPD), Gyricon display, Electrowetting display, Cholesteric LC display 등이 대표적인 기술들이다. 이들의 기본 구성과 구동 원리에 대해 세부적으로 살펴보자.

(1) Encapsulated EPD

E-ink사에서 개발된 전자종이로서 초기의 소자 형태는 구동 원리에서 본바와 같이 하전을 띤 미립자(주로 rutile TiO_2를 사용)와 색을 띤 유체를 함유한 투명성 마이크로 캡슐을 제조한 후, 바인더와 혼합하여 상, 하부의 투명 전극 사이에 위치시키고 양의 전압을 인가하면 음으로 대전된 잉크 미립자들이 표면으로 이동하여 미립자의 색을 표시하는 원리로 문자나 이미지를 표시하는 원리이다. 하지만 이 경우에는 미립자들의 클러스터화(cluster) 및 응집 형성이 실제 상용화에 큰 걸림돌이 되었다. 따라서 최근에 주로 사용되고 있는 다른 방식으로는 하기 그림 7.40과 같이 투명 유체에 양의 하전을 갖는 백색 미립자와 음의 하전을 갖는 흑색 미립자를 분산시킨 마이크로 캡슐(평균입경 70 μm)을 제조하여 흑색 및 백색 표시를 구현하는 방식으로 상기 방식에 비해 진보된 방식이다.

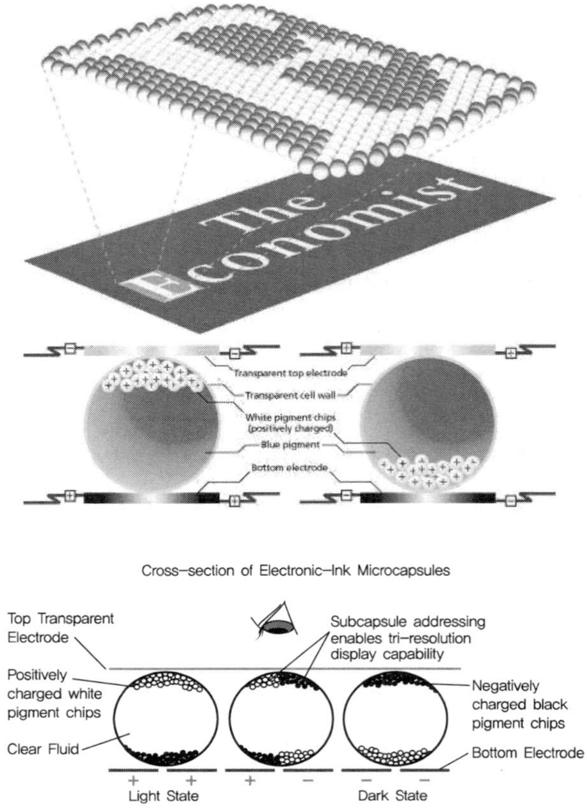

그림 7.40
Encapsulated 전기영동 디스플레이 구동 원리

이러한 마이크로캡슐로 구성된 전자잉크는 화학, 물리, 전자 기술의 결합으로 발명된 신소재로 각각의 마이크로캡슐 안에는 (+)로 전하를 띤 백색 분말(주로 TiO_2)과 (−)로 전하를 띤 흑색 분말(주로 카본블랙)들이 액체와 함께 채워져 있다. 여기에 (−)전기를 가하게 되면 백색 분말이 마이크로캡슐의 위쪽으로 올라와 사람의 눈에 보이게 되며 동시에 흑색 분말은 바닥으로 내려와 숨겨지게 된다. 반대의 경우에는 흑색 분말이 위로 올라와 그 부위가 검게 보이게 된다. 실제 E-ink 전자종이 디스플레이를 위해서는 전자잉크가 플라스틱 필름 위에 코팅된 후, 회로층과 라미네이팅 되어야 하고, 회로층은 픽셀의 패턴을 형성하게 된다. 마이크로캡슐들은 액상의 “carrier medium”과 섞이게 되어 스크린 프린팅이 가능하게 되며 궁극적으로 유리, 플라스틱, 섬유, 심지어 종이에 이르기까지 어떠한 표면에도 인쇄가 가능하다. 최근에는 반사율이 45%, 콘트라스 비가 15:1인 전기영동 디스플레이를 개발하였고, 그림 7.41과 같이 칼라 전기영동 디스플레이도 개발하였으며 구현 방법으로는 적색, 녹색, 청색 등의 하전 입자를 갖는 마이크로캡슐을 이용하는 방법과 적색, 녹색, 청색의 반사판(reflector)을 흑, 백 하전 입자를 포함하는 캡슐 하부에 배치한 차단 모드(shutter mode) 방식을 발표하고 있다. 그러나 최근에 응답 속도가 조금 빨라지기는 했지만 아직도 ~수십 ms로 동영상 구현에는 많은 개선이 필요하고 수동형 구동 원리에 기초하면 문턱 전압(threshold)이 없어 해상도에 한계를 나타내고 있다. 따라서 수동형 구동은 낮은 정보 콘텐츠용 응용 분야에는 효율적이지만 고해상도 이미지를 구현하기 위해서는 능동형 구동이 적용되어야하는 단점이 존재한다.

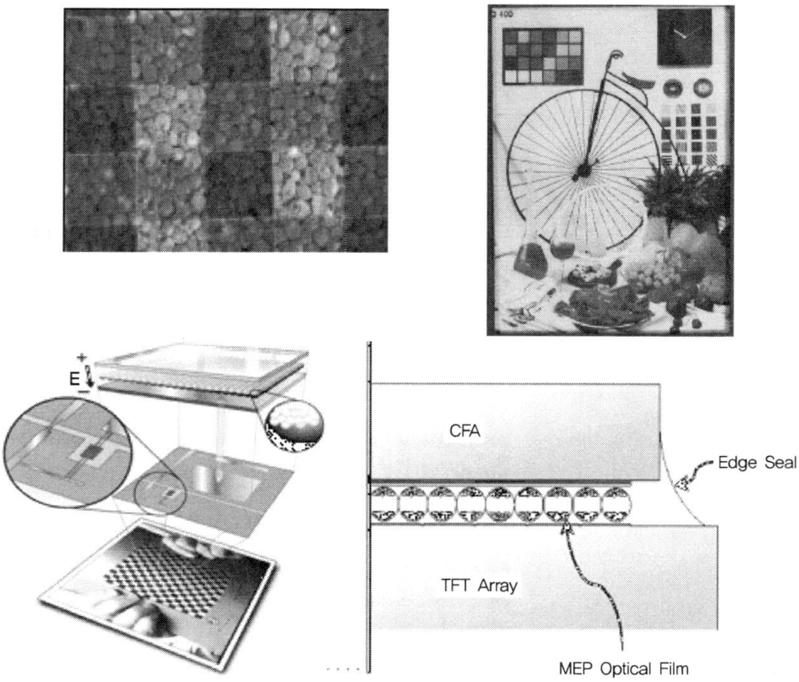

그림 7.41
칼라 전기영동 디스플레이

앞으로 E-ink사의 캡슐화된 전기영동 디스플레이는 시장 확장을 위한 다양한 응용 분야를 선보임과 동시에 상용화를 위한 여러 모델을 출시할 것으로 여겨진다. 휴대전화기, 패션시계, 전자책 등을 포함해서 E-ink사는 2008년 프랑스 최대 경제일간지 Les Echos와 신문 유통에 새로운 패러다임이 될 수 있는 전자 페이퍼 신문 발간을 위한 개발이 진행 중이다. 특히, Les Echos의 전자 페이퍼 신문은 인터넷 사이트를 무선 랜으로 접속, 휴대용 디스플레이에 지면을 다운 받는 형식으로 방대한 정보량과 인터넷의 속도를 겸비한 신기술을 선보일 예정이다. 현재 상용화에 가장 앞선 응용가능성을 선보인 E-ink는 응용 개발의 주된 업체들을 통한 시장 선점 확보와 안으로는 값싼 재질과 간단한 제조 공정을 통한 저가의 전자잉크를 공급하고자 협력하고 있다.

(2) 마이크로컵(microcup) EPD

1999년 미국 캘리포니아의 실리콘 밸리에서 설립한 SiPiX Imaging은 전자종이의 원료 및 디스플레이 모듈의 주문 제작, 시장의 성공적인 진입을 위한 기술 이전을 제공하고 있는 전자종이 전문업체이다. 캘리포니아의 Fremnont에서는 연구 개발과 롤투롤 생산 방식을 Taiwan의 Chung Li에서는 모듈 생산 및 응용 분야 개발을 담당하고 있다. 또한 Toppan 프린팅과 합작하여 프린팅 기술로 전극 형성을 성공하여 전자종이가 일반적인 종이 두께보다 얇고 전극을 포함해서 200 μm보다 얇은 전자종이를 제작할 수 있으며, XGA(1024 × 768) 해상도의 패턴을 프린팅하는 것이 가능해졌다. 이러한 기술을 바탕으로 최근 SiPiX Imaging은 신용카드에 전자종이를 탑재하여 사용할 때마다 비밀번호를 새롭게 생성시켜주는 전자 신용카드 개발에 성공하였다. 2005년 미국에서 무려 6만 명의 신용카드 위조 피해자가 발생, 피해액은 14억 달러 이상으로 집계되고 있다. 이에 새로운 신용카드는 거래할 때마다 카드에 장착된 버튼을 눌러 마이크로 칩이 액정화면에 새로운 숫자를 무작위로 생성, 일련번호가 바뀌는 것과 동일한 효과를 제공하는 방식이다. 그림 7.42는 SiPiX Imaging이 실제 신용카드(credit card)에 적용한 제품이다. 스마트(smart) 기능을 채용하여 자유자재로 정보를 수정할 수 있으며, 장점으로는 저전력, 주문에 유연한 사이즈, 충격과 습기에 강한 장점을 보이고 있다.

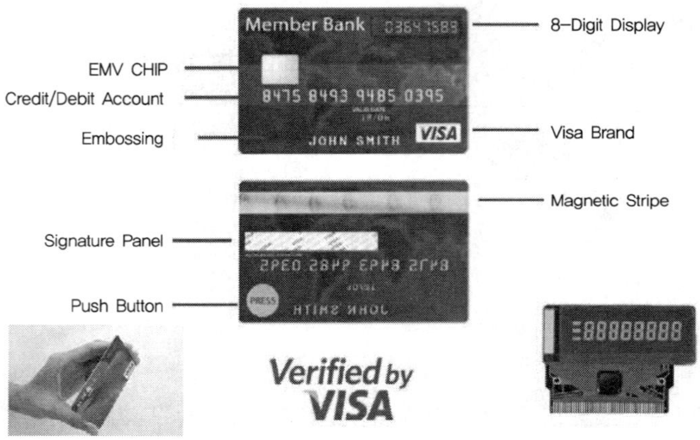

그림 7.42
SiPix Imaging이 선보인 신용카드 적용 예

SiPiX Imaging은 전기영동(electrophoretic) 구동 방식의 표시 소자로 입자(particle)를 사용하는 것 중, 그림 7.43과 같이 마이크로컵 안에 주입된 입자(particle)에 전압 인가와 미인가 시에 흑(black)과 백(white)의 디스플레이를 구현하는 것이다. 즉, 전기영동(electrophoretic)이 가능한 하전 입자를 마이크로컵(microcup)에 주입하고 전기장 하에서 입자의 이동에 의해 문자나 이미지를 구현하는 전자종이가 마이크로컵 전기영동 디스플레이이다. 이러한 방식은 기본적으로 대량 생산이 가능하고 쌍안정성(bistability)에 우수한 특성을 보인다. 마이크로컵은 유동체, 입자(particle)와 같은 정밀한 물질을 포함하는 미소규모의 용기라고 할 수 있다.

마이크로컵의 구조는 대체로 150 μm의 얇고 충격과 압력에 견딜 수 있는 유연한 PET 플라스틱 층에 의해 보호된다. 그림 7.44에 마이크로컵의 제조 공법이 소개되어 있다. 이러한 공법은 대량 생산에 있어 고속 마이크로엠보싱 공정(high speed microem-

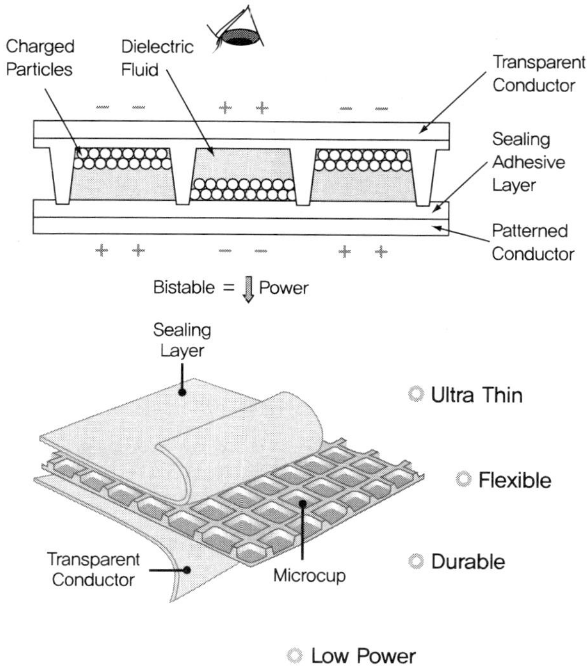

그림 7.43
Microcup 전기영동 디스플레이 구동 원리

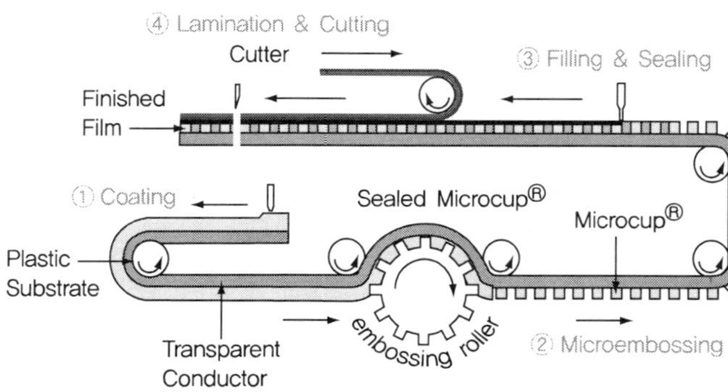

그림 7.44
Microcup 전기영동 디스플레이 제조 공정

bossing process)과 Seamless filling, 실링 공정(sealing process)이 가능하다. 그림과 같이 롤투롤 공정에 의해 초저가의 전자종이를 생산할 수 있다는 점이 특징이며 투명 전극이 형성된 유연한 기판(flexible substrate)에 마이크로컵을 형성할 물질의 코팅 공정, 마이크로컵을 형성하는 마이크로엠보싱 공정, 하전 입자를 주입하고 밀봉하는 주입 및 실링 공정, 그리고 유연한 상판을 부착하는 라미네이팅 그리고 절단 공정으로 구성되어 있다. 마이크로엠보싱 공정은 스탬프(stamp) 방식에 의해 그림 7.45와 같은 형상의 마이크로컵을 형성하는 핵심 기술로서 종래 패턴형성에 많이 이용되어온 광 리소그래피(photo-lithography) 공정, 샌드블라스트(sandblast) 공정 등과는 비교가 되지 않을 정

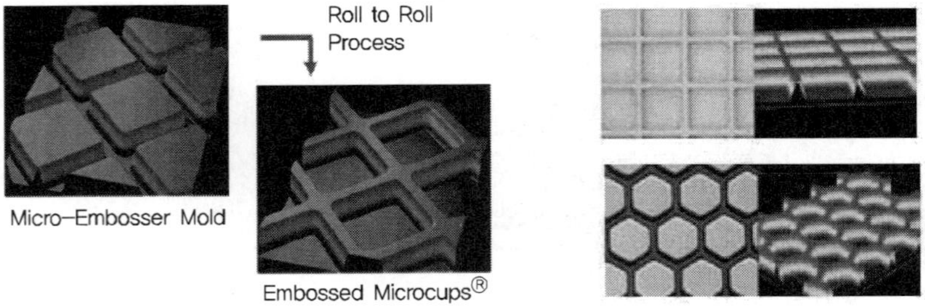

그림 7.45
마이크로엠보싱 공정을 통한 마이크로컵 제작

도로 간단한 공정으로 마이크로컵 패턴을 형성할 수 있는 방법이다. 마이크로엠보싱 공정과 더불어 중요한 공정인 주입 및 실링 공정은 종래 디스플레이 제조 공정과는 완전히 상이한 방식으로서 그림에서 보는바와 같이 하전 입자의 주입 및 실링을 동시에 진행하는 것이 특징이다. 실링재(sealant)를 하전 입자와 혼합하여 마이크로컵에 채우면 실링재는 마이크로컵 상부로 상분리가 일어나 표면으로 올라오게 되고 이후 경화를 통해 실링이 완성된다. ITO와 같은 투명 전도체가 코팅된 PET 플라스틱 기판은 코팅기를 통해 특정한 레진을 표면에 유지시킨 후, 마이크로엠보싱을 위한 3차원 구조를 가진 몰드를 통해 성형된다. 이러한 점은 서브마이크론(submicron)과 비수용성 밀도 조절된 입자들(non-aqueous density-matched particles)을 안정하게 채용할 수 있다. 이러한 롤투롤 공정으로 다양한 엠보싱 몰드 형태(embosser mold shape)를 이용하여 주문형 형태로 성형 가공이 가능하다. 그 예로 그림 7.45와 같이 정사각형 구조와 육각형 구조 또한 마이크로컵으로의 제작이 가능하다. ITO가 코팅된 PET 플라스틱 구조의 마이크로컵은 라미네이팅 전에 80°C 오븐안에서 5일 정도 보관을 하여도 무게 손실(weight loss)이 발생하지 않는 우수한 특성을 보였다. 셀 간격(cell gap)은 15~30 μm로 일정하게 유지한다.

그림 7.46은 마이크로컵 전기영동 디스플레이의 칼라 기술을 설명하기 위한 모식도로서 3가지의 기본 기능이 작동되어야 칼라를 구현할 수 있다. 먼저 (1) 마이크로컵에 백색의 하전 입자를 갖는 적색, 녹색 및 청색 유체가 각각 채워져서 이것이 칼라 필터 역할을 수행해야 하며 (2) 마이크로컵 벽면이 전도성을 가지고 있고 이것이 전극으로 작용

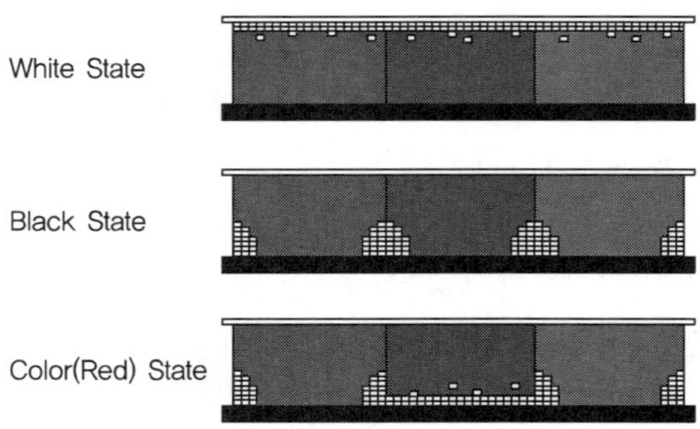

그림 7.46
마이크로컵 전기영동 디스플레이 칼라 구현 원리

하여 백색의 입자를 좌우 벽면으로 이동시킬 수 있어야 하며 (3) 마이크로컵 하단에 흑색 흡수층을 도입하여 외부로부터 유입된 광을 흡수할 수 있어야 한다. 그림의 적색 상태를 예로 들어서 설명하면 청색과 녹색 마이크로컵에서는 백색 하전 입자가 벽면으로 이동된 상태이므로 외부에서 유입된 광은 흑색 흡수층에 흡수되며 따라서 어떤 특정 색을 구현하지 못한다. 반면에 적색 마이크로컵에 존재하는 백색 하전 입자는 바닥으로 이동해 있으므로 외부로부터 유인된 광을 모두 산란시킬 수 있고 산란된 광은 적색 유체를 통과하면서 적색 성분만 패널 외부로 방출되므로 적색이 구현 가능해지는 원리이다.

Sipix Imaging은 마이크로컵과 상부 실링 기술에 기반을 둔 수동 구동형 마이크로컵 전기영동 디스플레이(PMEPD)와 a-Si TFT를 구비한 능동형 마이크로컵 전기영동 디스플레이(AMEPD)의 영상 안정성을 발표하였다. 이러한 디스플레이 제품은 롤투롤 방식에 의해 저비용과 고효율의 수동, 능동 구동형 마이크로컵 전기영동 디스플레이 구현이 가능함을 의미하고 2003년 SID에서는 a-Si TFT에 기반을 둔 마이크로컵 능등형 전기영동 디스플레이의 구현을 시연하였다.

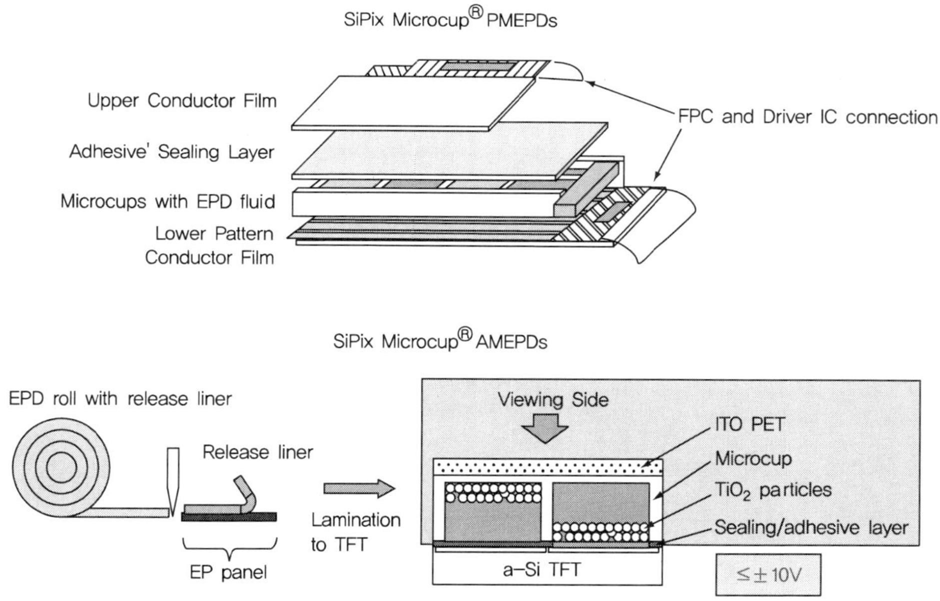

그림 7.47
SiPix사의 수동, 능동 구동형 전기영동 디스플레이 모식도

전기영동 구동 방식 가운데 SiPix사의 마이크로컵 전기영동 디스플레이는 마이크로캡슐형 전기영동 디스플레이에 비해 셀 간격이 현저히 작아 마이크로컵과 유체간의 개별적인 최적화가 가능하며 가장 큰 장점은 높은 생산성과 높은 수율, 롤투롤 공정 및 우수한 물리-기계적(physicomechanical) 특성으로 인한 연속적인 주입 및 실링이 가능하며, 좁은 셀 간격을 통해 서브 마이크로론 입자를 채용하여 낮은 전압에서도 약 1,000 μm^2/Vs 이상의 응답 속도를 기대할 수 있다.

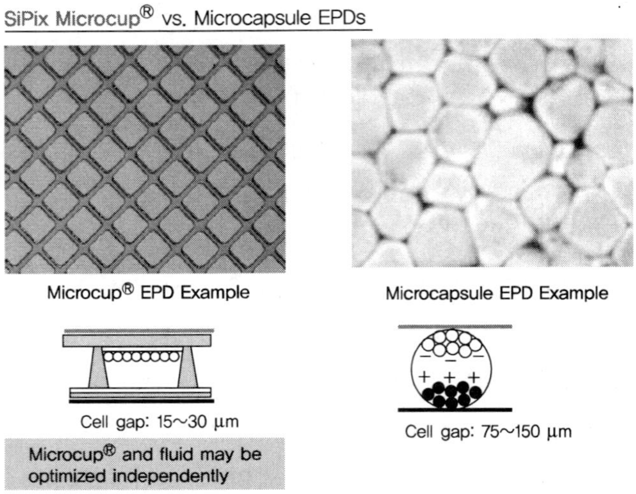

그림 7.48
마이크로컵 vs 마이크로캡슐형 전기영동 디스플레이 비교

(3) In-plain EPD

캐논(Canon)에서는 그림 7.49와 같이 별도의 in-plain 방식을 채용한 전기영동 전자

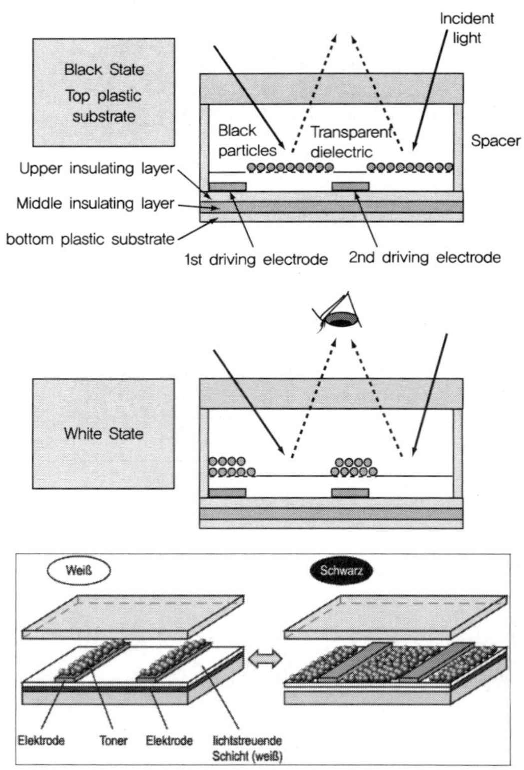

그림 7.49
In-plain EPD 구동 원리

종이를 제안하였으며 상, 하부 기판 사이에 투명 유체를 채우고 흑색의 영동 입자를 분산시키고 이때 하부 기판은 전극과 백색 산란 절연층이 적층된 구조를 가진다. 하부 기판에 형성된 패턴 전극에 전압을 인가하여 흑색 입자를 집중시키면 백색 산란층이 노출되어 백색 표시가 가능해지는 원리이다. In-plain EPD의 풀칼라 구현을 위한 전자종이 패널 구조는 그림 7.50과 같으며 하전된 흑색 입자와 투명한 유체 및 바닥 부위에 형성된 적색, 녹색, 청색 칼라 필터로 구성되어 있다. 녹색 및 청색 픽셀(pixel)에서는 바닥 부위에 흑색 입자가 이동되어 있으므로 입사광이 모두 흡수되며 반면에 적색 픽셀에서는 흑색 입자가 양쪽 스페이서(spacer)에 이동되어 있으므로 광이 color filter까지 도달할 수 있으며 적색 반사광에 의해 적색 표시가 가능해진다. 따라서 하나의 픽셀로 칼라를 표시할 수 있어 고해상도에 유리하지만 표시의 안정성 향상 등의 문제점들이 남아있다.

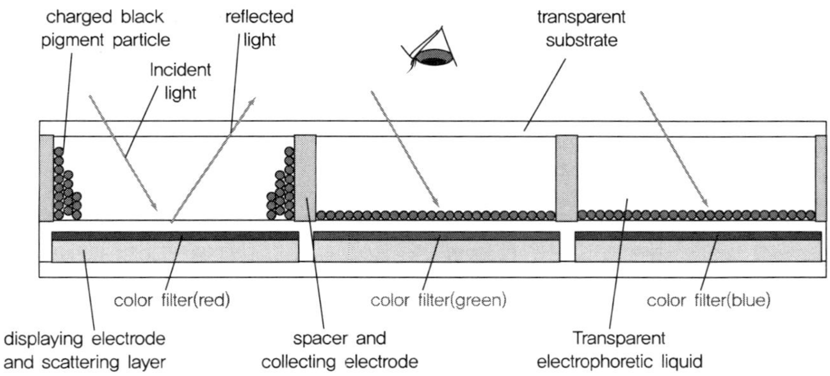

그림 7.50
In-plain EPD 칼라 구현 원리

(4) Quick-response liquid powder display (QR-LPD)

일본 큐슈(kyushu) 대학의 Reiji Hattori 교수가 수동 구동형의 QR-LPD를 개발하였고 Bridgestone Corporation에 의해 상업화가 된 기술로 이는 건식 이동 방식에 해당하는 것으로서 각각 다른 전하와 색깔을 띤 입자를 에어로졸 상태로 격벽(rib)이 형성된

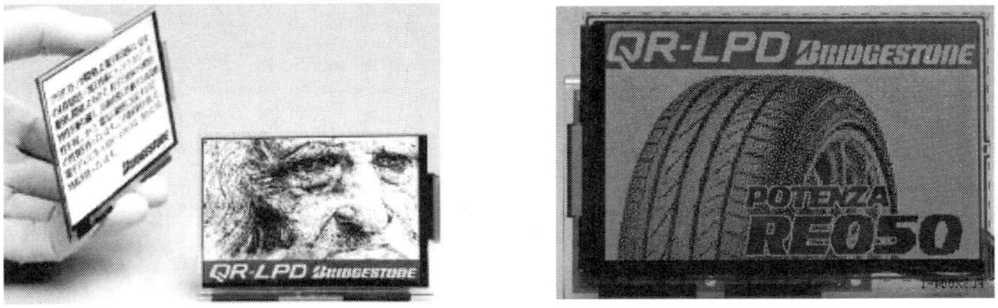

그림 7.51
Bridgestone's QR-LPD

기판 사이에 주입하고 전기장에 따라 이동시켜 영상을 표시하는 방법이다. 우리에게 타이어 제조회사로 알려진 Bridgestone은 플라스틱 제품, 콘베이어 벨트 등을 공급하는 회사이다. 특히, 일본의 Bridgestone사는 PDP용 필름형 필터를 처음 대량 생산한 기업이다. 2002년 액체와 같은 분말 형태의 유동성을 가진 고분자인 '액체 가루'를 개발하여 2004년 QR-LPD(Quick Response-Liquid Powder Display)를 이용한 전자종이 기술을 개발하였다. 2006년 Bridgestone은 Hitachi와 전자종이 실용화 계획을 발표하였는데, Bridgestone과 Hitachi는 전자종이 디스플레이의 시장 개척 및 사업화를 위해 서로 협력하기로 합의하였다. 이 합의의 가장 큰 목적은 기기업체와 디바이스 업체라는 입장을 가진 두 회사가 협력하여 전자종이 시장을 확대하는 것이다. Bridgestone은 전자종이 공급처를 Hitachi로 제한하고 있는 것은 아니다. Hitachi는 2005년 12월에 JR 동경역에서 Bridgestone의 전자종이를 채용한 광고 표시 단말기의 실증 실험을 수행한 바 있으며, 이와 관련한 다양한 조사를 실시하였다. 이러한 조사 결과를 Bridgestone에도 피드백하여 보다 나은 성능의 전자종이 개발을 지원할 예정이다. 즉, 전자종이를 독점적으로 이용하기 보다는 전자종이 시장의 확대를 위해 서로 협력하는 것이 목적이다.

QR-LPD의 최대 강점은 0.2 μs 이하의 빠른 응답 속도(response time), 종이의 흰 면을 나타내 보이는 밝은 이미지, 42% 이상의 반사율, 무한한 쌍방향성, 이상적인 확산 반사율을 가진 넓은 시야각, 수동 구동과 4 gray-level 이상의 명암 반 색조 이미지에 의한 대형 Matrix addressing 구동 능력을 제공한다. 특히, QR-LPD는 전원이 끊어진 경우에도 일종의 메모리(memory) 기능에 의해 그림을 유지할 수 있는 특성을 가지고 있으며, 시야각도가 거의 180°에 육박하며, 액정보다 제작 공정이 간단하고 수지 기판 형태로 제조할 경우에는 약 0.25 mm의 두께로 만들 수 있으므로 종이 두께와 같은 초박형 디스플레이가 가능하다는 특성을 가지고 있다. 그러나 QR-LPD 기술이 사용화 되기 위해서는 200V 이상의 구동 전압을 10V대로 현저히 낮추어야 한다. 그림 7.52는 QR-LPD의 구동 원리를 나타낸 그림이다.

일반적인 전기영동 방식처럼 색깔의 표시 소자로 입자(particle)를 사용하는 전자종이는 콜로이드에 분산된 입자가 유체의 저항으로 갖게 되는 느린 응답 속도(response

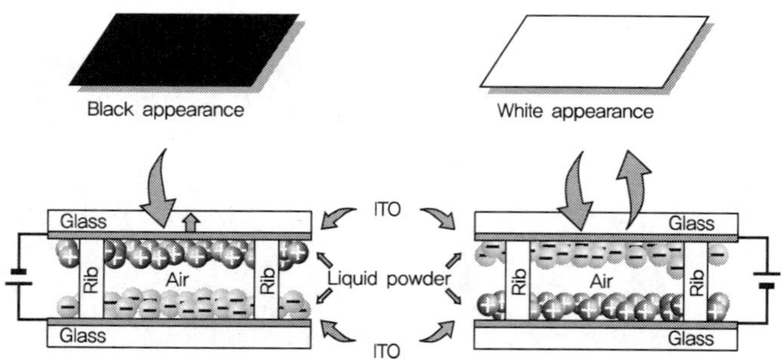

그림 7.52
QR-LPD의 구동 원리

time)의 한계를 극복해야 한다. 이에 Bridgestone의 QR-LPD는 분산성이 매우 좋은 액체와 같은 유동성을 특징으로 하는 입자인 액체 가루(liquid powder)를 잉크 소재로 사용한다. 이러한 액체 가루는 E-ink의 상용화된 전자책에서와 같이 응답 속도가 느려 잔상이 오래 남는 문제점을 극복할 수 있다. 또한, 유체의 매질이 액체가 아닌 기체를 사용하여 저항을 크게 줄일 수 있다. 왜냐하면, 응답 속도는 유체점도에 반비례하기 때문이다. 이러한 건식 이동 방식은 기존 전기영동 방식(습식 타입)에서 나타나는 응답 속도의 한계를 극복할 수 있는 방법으로서 액체와 같은 유동성을 갖는 액체 가루를 이용하여 응답 속도가 0.2 ms/line을 달성하였고 기존의 전기영동식 및 입자 회전식을 이용한 전자종이가 100 ms 이상의 응답 속도로 시각적 특성의 한계를 가지는 것에 비해 확실한 우월성을 가지는 방식이다. 그림 7.53은 빠른 응답 속도에 대응하는 대조비(contrast ratio)를 보여주는 것으로 짧은 시간이지만, 검정색에서 흰색으로 또는 흰색에는 검정색으로의 변환이 잘 일어나는 것을 알 수 있다. 또한, 전자종이 방식 중에서 가장 명암비가 선명하다. 또한 QR-LPD의 넓은 시야각이 반사형 LCD와 비교한 것이 그림 7.54에 나타나 있다. 기존의 LCD는 45도의 시야에서 반사율이 30%로 떨어지지만, QR-LPD 방식

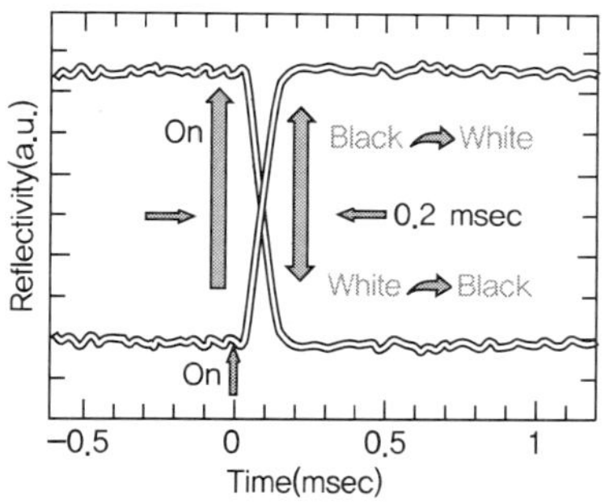

그림 7.53
Response of reflectivity

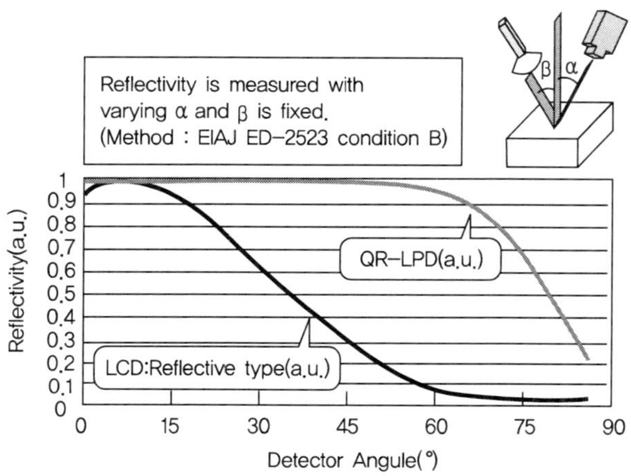

그림 7.54
QR-LPD's Detector angule

은 최상의 상태를 그대로 유지하는 것을 알 수 있다. 60도의 시야각에서 작아지기 시작해서 이후 감소하지만, 기존의 반사형 LCD에 비해 폭넓은 시야각을 가지고 있는 것을 확인할 수 있다. 지난 SID 2006에서 LG전자는 그림 7.55에서 보듯이 320 × 240 해상도의 5.7 인치 패널을 제작하여 발표하였다. 픽셀의 격벽은 벌집 모양의 육각형 모양으로 형성되었고 또한, 휘어질 수 있는 한계가 격벽의 존재로 인해 작은 곡률까지만 가능하다.

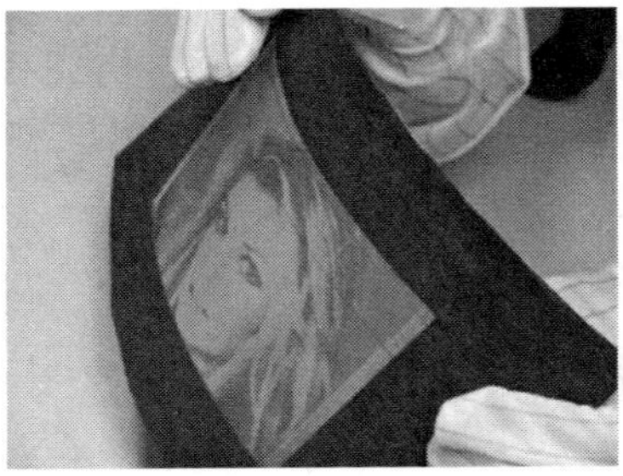

그림 7.55
LG전자의 QR-LPD

앞서 살펴본바와 같이 QR-LPD는 동영상을 구현할 수 있을 만큼 빠른 응답 속도를 가지고 있지만 구동 전압이 커서 동영상을 구현할 수 있는 전자종이에 적용하기가 힘든 점이 있다. 또한, 그레이 스케일(gray-scale)을 구현하는 것이 어려운 문제이나 큰 명암비를 가지고 있고 박막 트랜지스터(thin film transistor)가 필요없이 수동 구동으로 제어가 가능하며 구부림(bending) 특성이 우수하고 구부림에 따른 반사도의 변화가 거의 없다는 특징이 있다. 반면, 구동 전압이 200 V 이상으로 높다는 것이 단점으로 지적되었으나 최근 100 V 이하의 구동 전압이 구현되었다고 발표하였다. Bridgestone사는 최근에 풀칼라 QR-LPD를 데모 전시하였으며 RGB 및 W형 칼라 필터를 부착하여 화소수가 480 × 384의 8.1인치형 4,096 칼라 구현을 보여주었다.

그림 7.56
칼라 QR-LPD

(5) Gyricon display

트위스트 볼 형태의 디스플레이(Gyricon display)는 1975년 미국의 Xerox Palo Alto

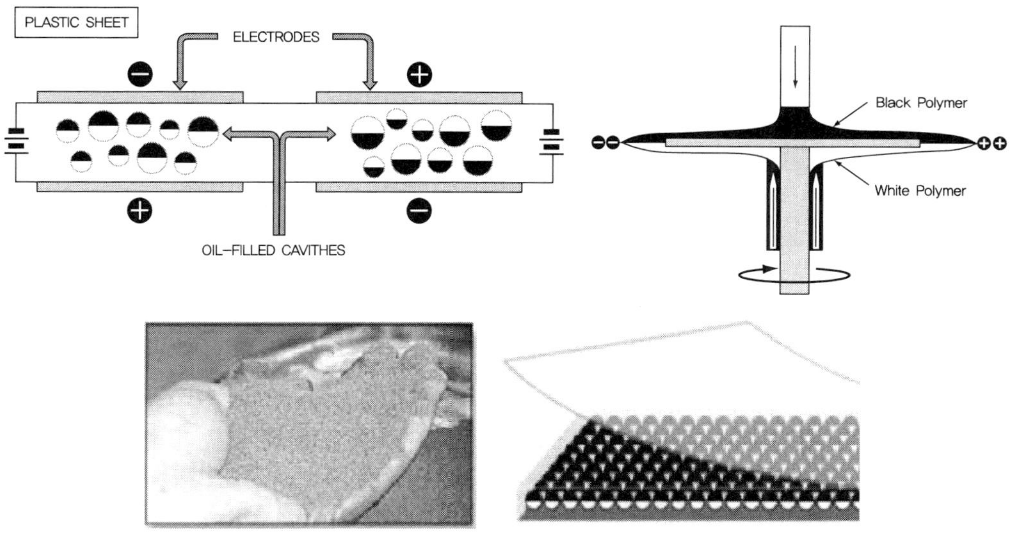

그림 7.57
Gyricon 디스플레이 구조 및 재료

연구센터(PARC)의 Sheridon 박사에 의해 개발되었으며 2000년 제록스사는 Gyricon media라는 회사를 설립하여 상업화를 추진하였다. 최근 제록스는 3M사와 업무제휴를 맺어 디스플레이 재료의 양산을 목적으로 연구 개발을 추진하고 있다. 그림 7.57과 같이 ITO와 같은 투명 전극이 형성된 투명 플라스틱 시트(plastic sheet) 사이에 수백만개의 작은 볼이 오일이 채워진 엘라스토머(elastomer) 매트릭스 공동(cavity)에 분산되어있고 여기서 볼은 양쪽이 강하게 대조되는 반구 형태로 한쪽은 빛을 흡수하는 검은색이고 다른 한쪽은 빛을 반사시키는 흰색으로서 볼의 백색과 흑색 영역은 반대의 전하를 가지고 있다. Gyricon 볼은 대량 생산이 가능한 단순 공정인 스프레이 몰튼(spray molten)법으로 제조한 유사 왁스(wax-like) 플라스틱이 사용되어 저가격 실현에 이점이 있으며 또한 3백만 사이클 이상의 동작에서도 특성의 저하가 없는 아주 안정적인 것으로 발표되고 있다. 앞서 얘기한대로 양쪽이 대조되는 반구 형태로 한쪽은 빛을 흡수하는 검은색이고 다른 한쪽은 빛을 반사시키는 흰색으로서 볼의 백색과 흑색 영역은 반대의 전하를 가

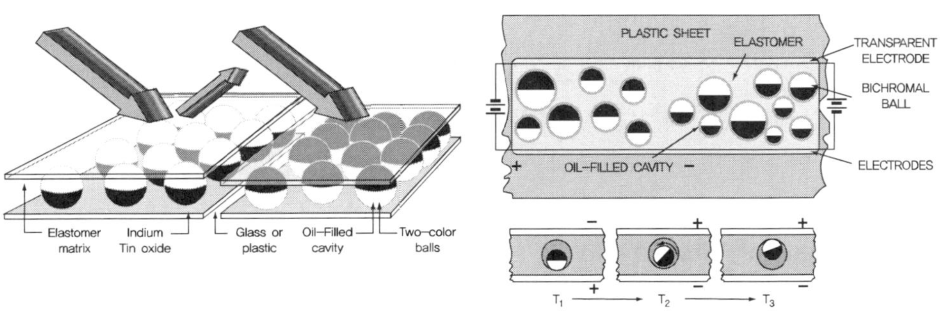

그림 7.58
Gyricon 디스플레이 구동 원리

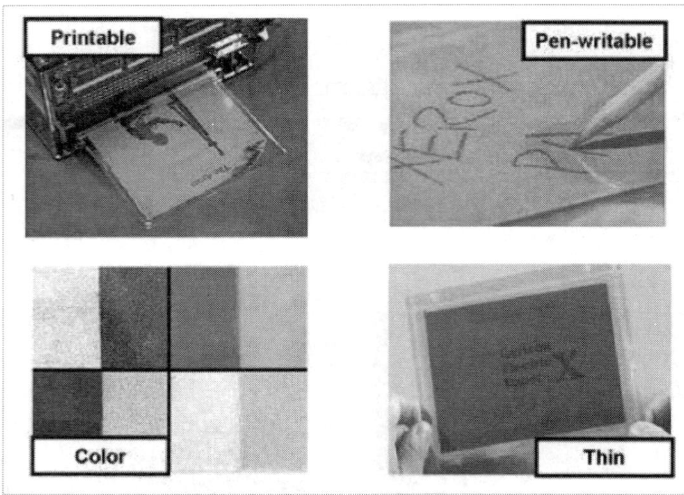

그림 7.59
Gyricon 디스플레이의 다양한 구현 형태

지므로 전계 하에서 회전뿐 만 아니라 공간(cavity)내에서 상하 이동이 가능하여 문자나 이미지를 구현하는 원리이다.

볼과 오일의 비중이 거의 비슷하게 일치하므로 전계에 의해서 볼의 위치가 정해지면 볼은 쉽게 움직이지 않으며 따라서 전계를 제거하더라도 Gyricon 디스플레이 이미지는 몇 시간 또는 몇 일 동안 지속될 수 있는 쌍안정성(bistability)을 나타낸다. Gyricon 디스플레이는 일반적으로 약 100 μm 직경의 볼을 사용하여 만들어지고 6:1 이상의 대조비를 나타내며 구동 전압과 스위칭 시간은 사용되는 재료의 전기적 특성, 볼의 크기, 오일에 의해 생성된 댐핑 크기 등에 의존하는데 대략 50~150V와 80~100 ms의 영역에 각각 존재하여 비교적 높은 전압과 긴 스위칭 시간이 요구된다. 백색광에 대한 광반사 효율은 약 20%로 신문의 절반 정도에 해당되며 회색의 이미지는 중간 레벨의 구동 전압에서 볼의 부분적인 회전에 의하여 관찰될 수 있으며 얇은 Gyricon 디스플레이 층은 안정하여 큰 노화없이 장시간 사용이 가능한 장점이 있다. 그러나 Gyricon 디스플레이의 가장 큰 단점은 볼의 위상변화에 있어 전압의 문턱(threshold)이 없는 것이다. 즉, 어떤 전압에서도 볼의 위상을 어느정도 변화시킬 수 있다는 의미로서 실제로 해상도의 한계를 가져오고 픽셀의 수가 증가할수록 디스플레이의 전계 조절은 매우 복잡해지는 것이다. Gyricon 디스플레이의 칼라는 볼(ball)의 색깔을 조정하여 다양한 면적 칼라 디스플레이를 구현할 수 있으며 또한 칼라 필터의 도입에 의해 풀칼라화도 가능하다.

(6) Electrowetting display (EWD)

2003년 9월 Nature의 표지에 Philips Research Laboratory의 Hayes and Feenstra가 제안한 전기습윤(electrowetting)을 이용한 전자종이가 소개되었다. 특이할 만한 사항은 기존의 전자종이는 동영상, 즉 빠른 응답 속도에 중점을 두기보다 쌍안정성(bista-

그림 7.60
전기습윤 방식으로 구현한 이미지(SID 2006)

bility)과 흑백의 명암 비를 높이는 방향으로 연구 개발이 이루어지고 있었는데, Philips 사의 모델은 동영상의 구현에 초점을 두었다는 것이다. 고전적인 전기습윤의 원리를 디스플레이의 온/오프 스위치로서 제안한 반짝이는 아이디어였다. 2006년 SID(Society for Information Display)에 Philips사에서 분사한 Liquavista는 Nature에 제안한 아이디어를 기반으로 만화를 동영상으로 선보였다. Liquavista에서 제안한 것은 반사형(reflective type)이지만, University of Cincinnati의 Dr. Hikenfeld는 발광형(emissive type)의 전기습윤 기반의 전자종이를 선보였다. 반사형의 경우는 Red, Green, Blue의 구현을 액적의 색깔(colored oil)로 하는 것이고, 발광형의 경우는 자외선에 반응하여 가시광선을 내는 발광체(Lumophore)를 사용하는데 차이점이 있다. 그러나 두 방식 모두

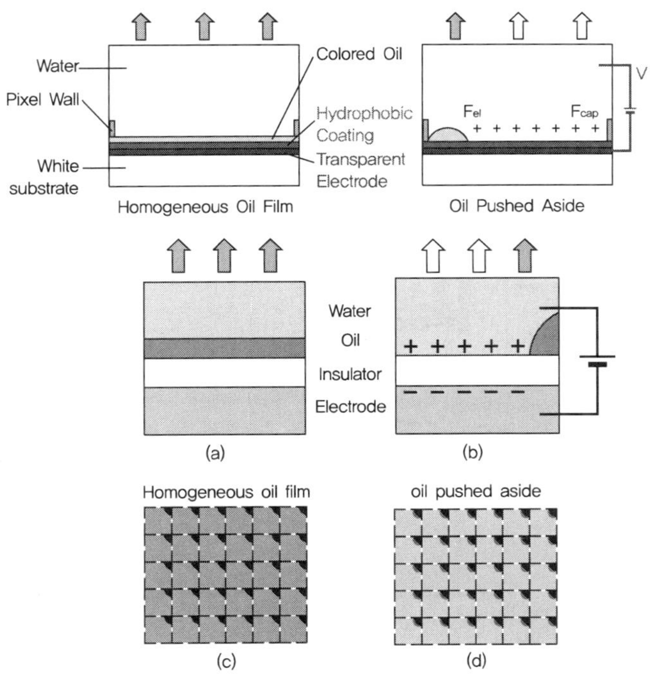

그림 7.61
전기습윤 디스플레이 구동 원리

전기장하에서 액적(droplet)의 움직임을 조절하는 전기습윤이 구동 방식이다. 그림 6.61과 같이 백색 기판 상에 투명 전극(ITO)이 배치되고 그 상부에 소수성(hydrophobic) 절연체(fluoro-polymer), 색을 띤 오일(colored oil : nonpolar dye + C_{10}~C_{16} alkane), 물, 투명 전극(ITO)이 순차적으로 적층된 형태의 전기습윤 디스플레이는 전계가 인가되면 소수성 절연체(hydrophobic insulator)와 액체간의 전위차가 발생하게 되어 물이 오일을 밀어내는 원리(오일이 수축)를 이용하는 기술이다. 그림에서 전계가 가해지지 않으면 오일의 색깔이 표시될 것이며 직류 전계 하에서는 오일의 움직임(microfluidic movement)으로 인해 부분적으로는 백색과 오일색깔(시각적으로는 백색으로 인식)이 동시에 나타나게 된다. 실제 색상을 띄는 액적을 사용한 반사형 전기습윤 디스플레이의 구현 원리 및 이미지가 그림 7.62에 소개되어있다. (a)는 전기장이 가해지지 않은 상태로, 빨강의 액적오일이 기판(substrate)에 고르게 퍼져 있어 반사되는 빛이 액적오일의 색을 나타내는 것을 보여주고 있으며, (c)는 (a)를 위에서 본 그림이다. 전기장이 가해졌을 때는 (b)와 (d)의 상태를 보여주는데, 액적이 한쪽으로 치우쳐 모이는 것을 볼 수 있다. 이렇게 되는 이유는 위와 아래의 전기장 분포로 인해 물이 액적을 한쪽으로 몰기 때문이다. 전극위에 발수성(hydrophobic insulator)층이 있어 전압이 가해지지 않으면, 오일이 그 표면 위를 덮게 된다. 그러나 전압이 가해지게 되면 전기습윤 현상으로 인해 물이 오일을 한쪽으로 밀치게 되는 것이다. 그림 7.62 (B)에 4개의 픽셀이 각각 다른 색깔의 오일이 픽셀 내에서 모이고 흩어진 형상을 보여주고 있다. 이 픽셀은 LCD에서 칼라 필터와 같은 역할을 해주고 있는 것으로, LCD는 안료를 이용하여 픽셀 내에 고체로 존재하는 반면, 액적을 이용하는 방식은 빛을 온/오프의 스위치로서의 역할을 하는 액정(Liquid Crystal)의 역할과 안료의 역할을 액적이 함께 해주고 있는 것이다. 픽셀 내에서의 액적의 움직임은 오일의 두께, 픽셀 사이즈, 오일의 점도 등의 함수이다.

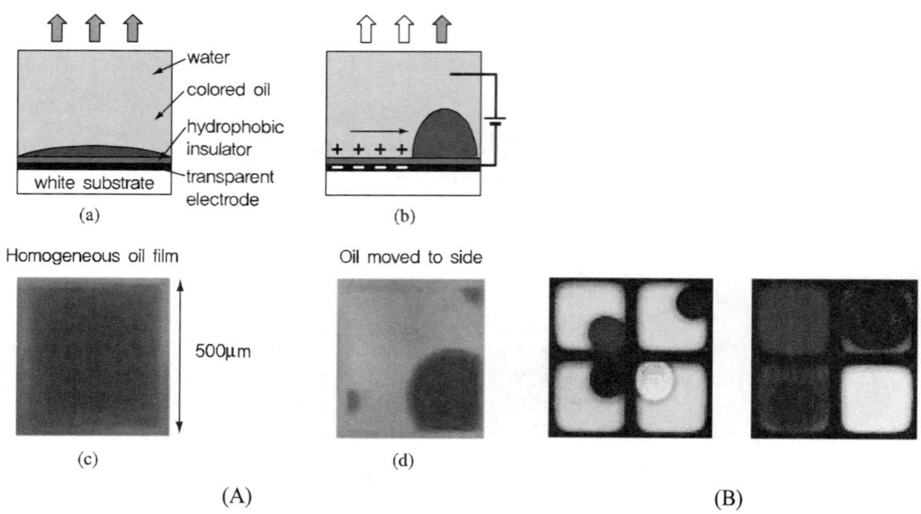

그림 7.62
반사형 전기습윤 방식의 구동 원리(A) 및 4개 픽셀에 구현된 이미지(B)

발광형 전기습윤 방식의 전자종이는 University of Cincinnati의 Dr. Steckl과 Dr. Heikenfeld에 의해 소개되었다. LED를 이용한 광도파 결합 디스플레이(light-wave coupled display)는 비극성 오일이 반사형 모드와 마찬가지로 스위치의 역할을 한다. 기존 LCD의 휘도보다 10~40배 정도 이른 효율이 높다. 또한, Red, Green, Blue의 최대 휘도는 각각 950, 5530, 530 cd/m^2정도이다. 그림 7.63의 광도파로(waveguide)는 UV를 저장하는 플레이트(storage plate)로 굴절율(refractive index)이 ~1.5정도이다. LED를 통해 발생한 자외선 영역의 빛이 광도파로를 통해 전파되고, 오일에 포함되어 있는 발광체(lumophore)를 자극해 가시광선을 방출하게 된다.

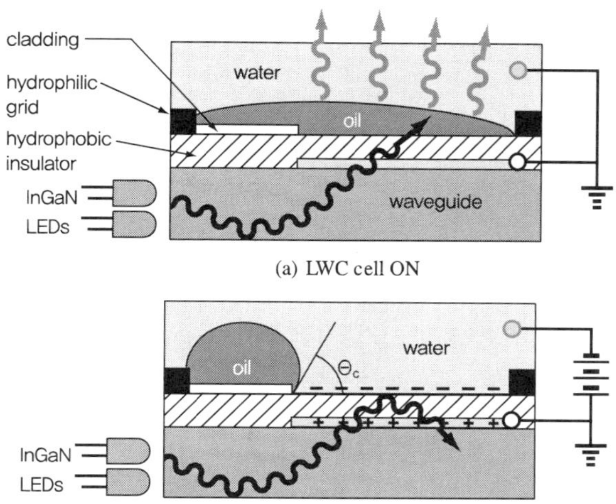

그림 7.63
발광형 전기습윤 방식의 구동 원리

이때, 클래딩층(cladding layer)은 굴절율이 1.3보다 작은 값을 갖고 자외선 빛을 전반사시켜 UV를 저장 플레이트(storage plate)로 되돌려 보내는 기능을 한다. 전압이 인가되어 오일이 한쪽으로 모이게 되면, 물의 굴절율(~1.3)로 인해 자외선 빛은 다시 UV 저장 플레이트로 돌아가게 된다. 그림 7.64는 플렉시블 기판에 구현한 광도파 결합 디스플레이(LWC display)인데, 전기습윤을 이용한 것이 아니라, 글자인 부분에 홈을 파서

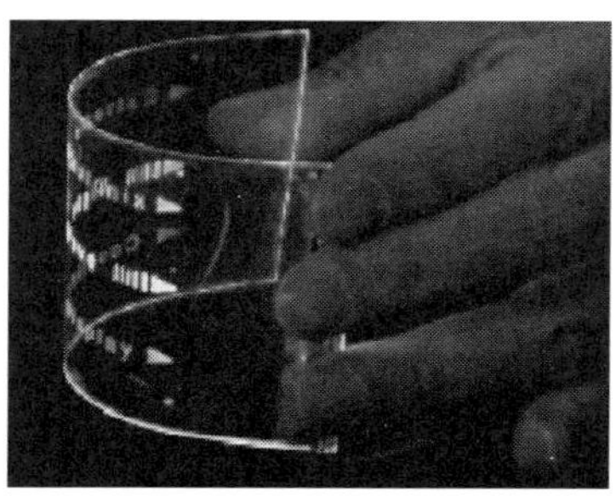

그림 7.64
발광형 전기습윤을 이용한 전자종이

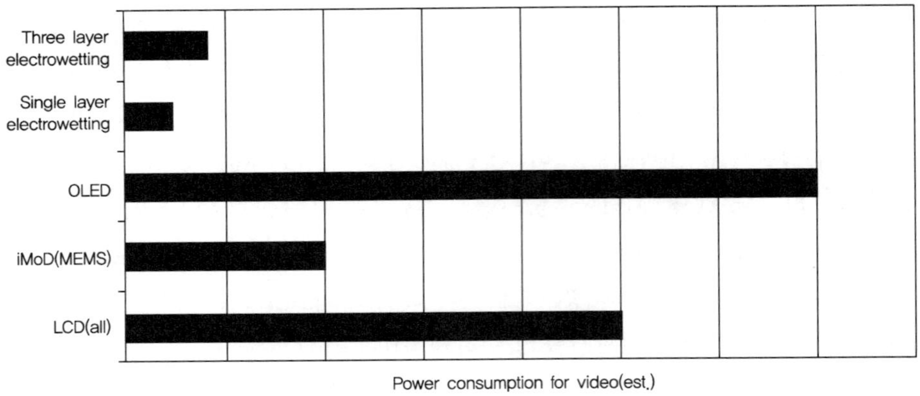

그림 7.65
다양한 디스플레이 방식과의 전력 비교

발광체를 포함한 오일을 채워 구현한 것이다. 현재까지 전기습윤의 원리를 적용하여 구현된 광도파 결합 디스플레이는 발표되지 않았지만, 빠른 시간 내에 소개될 것으로 예상된다. 전기습윤을 이용한 방식과 다른 방식과의 구동 전력에 대한 비교가 그림 7.65에 도시되어 있다. MEMS(Micro Electro Mechanical systems)를 이용한 전자종이의 구동 방식인 iMoD와 전기습윤을 이용한 방식은 상대적으로 OLED와 기존 LCD에 비해서 훨씬 작은 소모 전력을 나타내고 있다. 또한, 전기습윤 방식은 구동 전력면에서 큰 장점이 있음을 알 수 있다. 반사율과 대조비 역시 다른 방식에 비해 뛰어나고 무엇보다 색변환(color conversion)이 종이와 같은 수준까지 되어 색의 구현에 있어서도 큰 장점이 있다. 일반적인 액정 디스플레이 구동과 유사하게 가해지는 전압에 따라 오일의 개구율이 비례해서 증가하는 형태로 구동된다. 그림 7.67에서는 전기습윤 디스플레이의 개략도 및 칼라 필터를 채용한 패널의 단면도를 나타내었으며 그림에서 보듯이 셀 간격에 대한 의

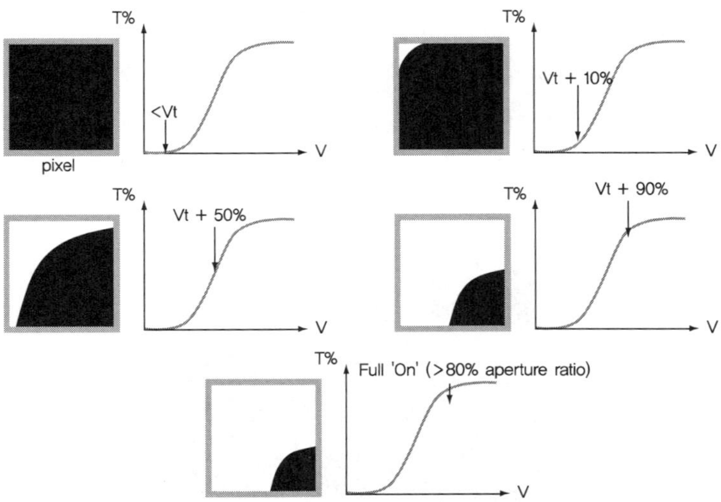

그림 7.66
전기습윤 디스플레이 구동 scheme

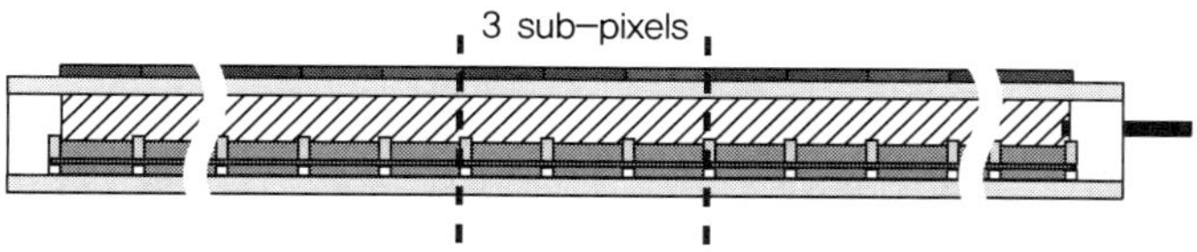

그림 7.67
칼라 필터를 이용한 칼라 구현 방법

존성이 없어서 플렉시블 구현에 유리하다. 풀칼라 전기습윤 디스플레이의 구현은 칼라 필터를 장착하고 블랙 오일을 사용함으로써 가능하다. 풀칼라 전기습윤 디스플레이의 또 다른 구현 방법으로서 그림 7.68과 같이 칼라 오일층을 하나 더 추가하고 시안(cyan), 마젠타(magenta), 옐로우(yellow) 칼라 필터를 적층 구조로 도입하는 것이다. 3개의 서브픽셀은 상하좌우로 시안, 마젠타 및 옐로우로 구성되어 있으며 이들 색의 적절한 배합에 따라 그림과 같은 넓은 범위의 다양한 색범위(color gamut)를 구현할 수 있게 된다.

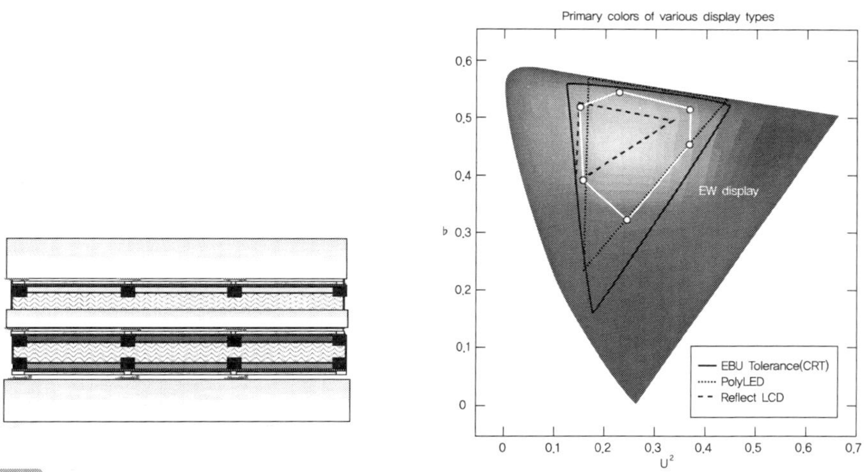

그림 7.68
전기습윤 칼라 디스플레이 구조 및 색범위

(7) Cholesteric LC Display

액정을 플렉시블 디스플레이에 적용하는 경우는 크게 기존의 액정 모드를 플렉시블 기판에 적용하는 경우와, 메모리 특성을 가지는 액정 모드를 적용하는 경우로 나눌 수 있다. 하기 표 7.11과 표 7.12에 액정 모드를 이용한 전자종이 형태와 성능 비교를 각각 정리하였다. 1993년 Kent display사에서는 상이한 파장의 빛을 선택적으로 반사하여 칼라를 표현할 수 있는 콜레스테릭(cholesteric) 액정을 이용하여 전자종이를 구현하는 기술을 개발하였다. 콜레스테릭 액정은 액정의 방향자가 회전축을 따라 꼬이게 되는데(twist), 이때 방향자가 360도 회전할 때까지의 거리를 피치(pitch)라고 정의한다. 주목할 만한 것은 이 피치에 따라 콜레스테릭 액정은 반사하는 빛의 파장대가 결정된다는 것이다. 전압이 인가될 때, 평면 상태(planar state)와 초점 원추형 상태(focal conic state)로 이동

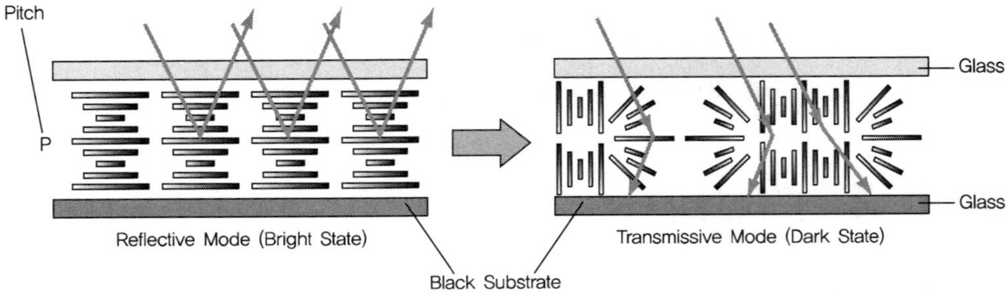

(Planar state) (Focal conic state)

그림 7.69
콜레스테릭 액정의 상태 변화

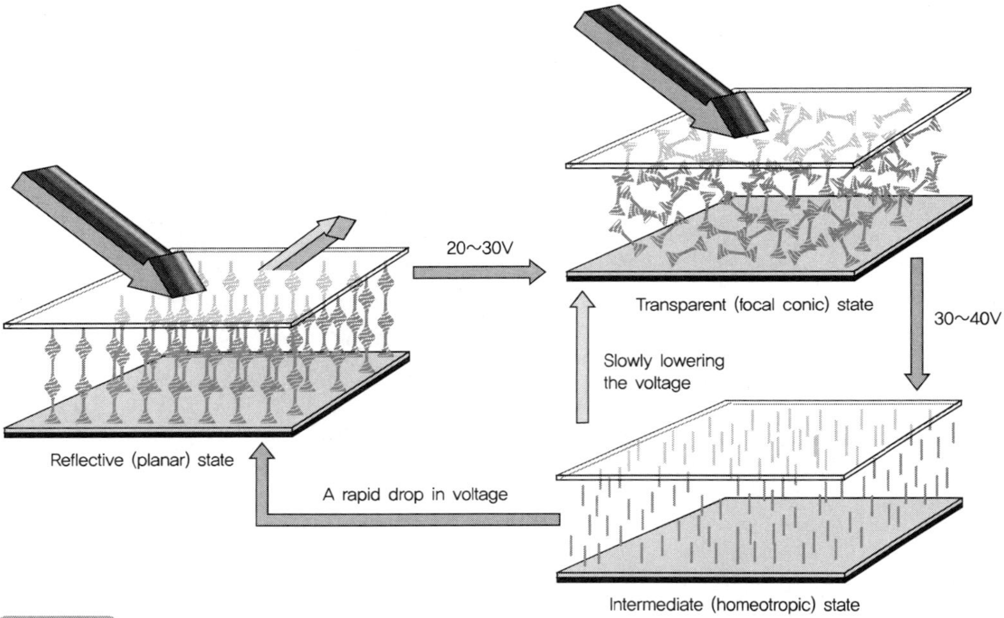

그림 7.70
콜레스테릭 LCD의 구동 원리

표 7.11 액정 모드를 이용한 전자종이

모드	기술	관련사
일반 액정 모드	TN, FSTN, VA, IPS	Softpixel, Samsung
		Sharp/Seiko-Epson/Matsushita
단일 액정 혹은 액정 적층 방식	BTN(Bistable Twisted Nematic)	Nemoptic
	ZBD(Zenithal Bistable Display)	ZBD
	SSFLC(Surface Stabilized FLC)	
	Ch-LC(Cholesteric LC)	Kent/Nanox/Matsushita/Fujitsu
액정 분산 방식	PD-LC(Polymer Dispersed LC)	ASET

표 7.12 액정 모드에 따른 전자종이 구현 성능 비교

항목	News paper	Ch-LC	PD-LC	BTN
Reflectivity	> 60%	30~40%	15~25%	30~40%
Color	Mono/Full	4,096	Yes	C/F필요
Response Time	–	30~100ms	< 100ms	30~100ms
Contrast	10:1	20~30:1	10:1	18:1
Driving	–	Passive	passive	Passive
Voltage	-–	> 40V	> 10V	15V
Flexibility	Yes	Yes	Yes	–

되는데, 평면 상태에서는 반사가 일어나고, 초점 원추형 상태에서는 투과가 일어난다. 칼라를 구현하기 위해서 칼라 필터는 필요하지 않지만, 빨강(red), 녹색(green), 파랑(blue)의 세 층을 차례로 쌓아 올려야 하기에 모듈의 두께가 두꺼워진다. 전기영동 방식과 같이 응답 속도가 동영상의 구현에는 적합한 수준까지는 이르지 못하고 있다. 하지만, 군사용의 야간 촬상장치(night vision device)나 지도 등에 적용하기에 충분한 장점을 가지고 있다. 콜레스테릭 액정을 함유하고 있는 두 전극 사이에 전압을 가하면 빛을 반사하지 않는 투명 상태와 빛을 반사하는 상태로 스위칭 할 수 있으며 또한 그림과 같이 적색, 녹색, 청색 액정을 적층 형태로 한 구조에서 각각의 칼라를 선택적으로 반사시키거나 투명하게 조합을 하는 것으로 칼라의 표현이 가능한 특징이 있다. 상대적으로 높은 반사율 및 선택비를 가진다는 점에서 실현 가능성이 높으며, Kent Display, Nanox 등에서 시제품을 제작 발표한 바가 있다. 콜레스테릭 액정 모드는 광학 특성 및 양산성이 우수한 특징을 가지고 있어 E-book용으로 유망하며 전력 소모를 크게 줄일 수 있고 LCD와 달리 별도의 편광판이 필요 없다. 또한 칼라 필터 없이도 색구현이 가능하기 때문에 향후 휴대용 플렉시블 디스플레이로의 응용이 크게 기대되고 있다. 하지만 고해상도의 구현 어려움, 풀칼라 구현의 어려움, 높은 구동 전압 등의 단점이 있다. 평면 액정(planar)과 초점 원추형(focal conic) 액정간의 전이를 위해서 리셋 펄스(reset pulse)를 인가해 수직 배향 상태를 거침으로 복잡한 구동 파형이 요구되는 문제로 다양한 응용 디스플레이로 구현되는데 어려움이 있다.

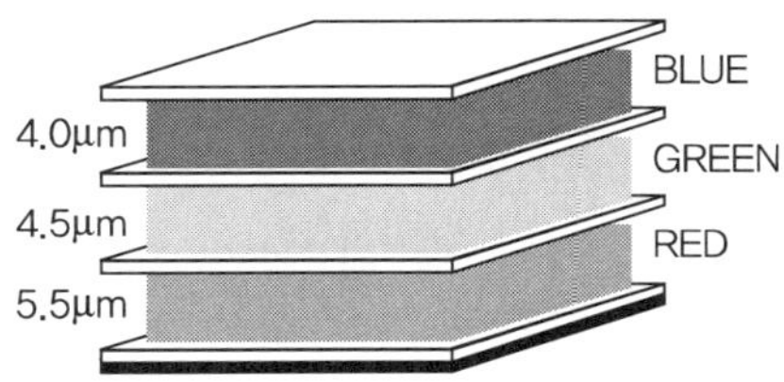

BLACK ABSORBER

Ch-LCD, 1/8 VGA, Eight Color Image

그림 7.71
콜레스테릭 칼라 LCD 구조 및 디스플레이 이미지

원리적으로 콜레스테릭 액정은 상대적으로 밝은 반사형 표시가 가능하여 백라이트가 필요없고 고정세 구현이 가능한 특징이 있다. 콜레스테릭 액정은 네마티 액정 분자가 카이랄제(chiral agent)의 작용에 의해 나선 구조(helical structure)를 취하고 있는데 이 형태를 콜레스테릭 상(cholesteric phase)이라고 한다. 액정 분자는 장축 방향과 단축 방향

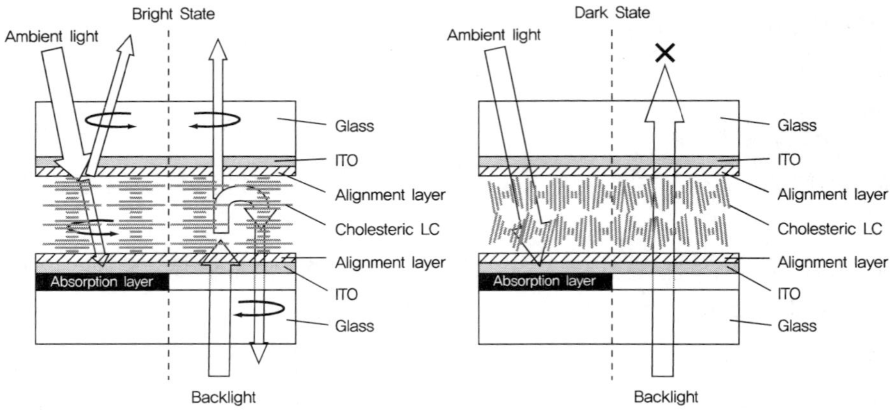

백, 흑 구현 시(반투과형 타입)

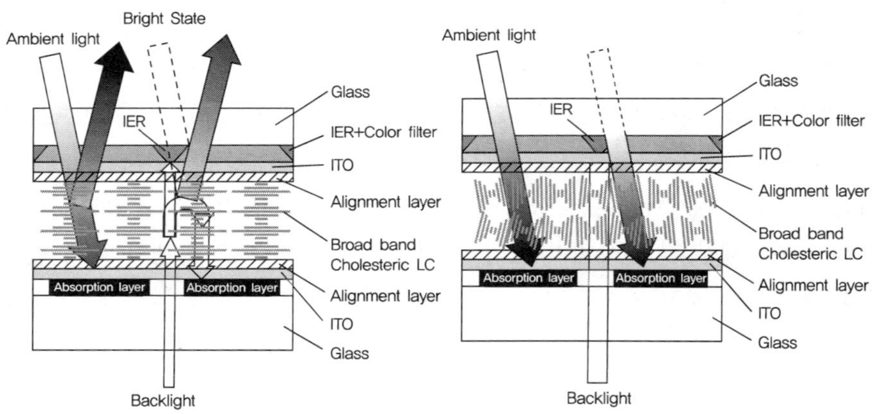

컬러필터를 이용한 컬러 구현 시(반투과형 타입)

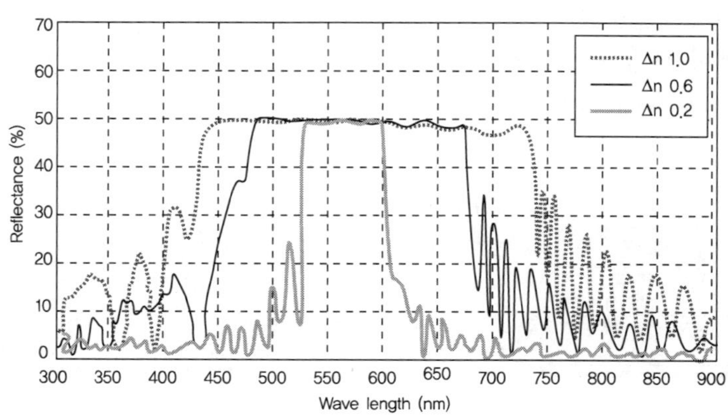

그림 7.72
콜레스테릭 액정 소자 구현 원리 및 굴절률 이방성에 따른 선택반사 파장

에서 굴절률이 다르다. 광의 원편광은 편광 방향이 시간적으로 우회전하는 것과 좌회전하는 것으로 서서히 변하는 2개의 편광 성분을 조합시킨 것으로 정의 할 수 있다. 결정의 비틀림 방향과 같은 방향의 원편광은 선광 작용에 의해 그 상태대로 투과되고 반대의 원편광 성분에 대해서는 주기적으로 굴절률이 변하는 막으로 되어 브래그 반사(Bragg reflection)가 일어난다. 따라서 콜레스테릭 액정의 작동 원리는 좁은 기판 사이에서 콜레스테릭 액정은 전압 무인가 상태에서 평면 상태(planar state)와 초점 원추형(focal conic state)의 2개의 안정된 상태로 될 수 있어 쌍안정성을 나타낸다. 평면 배열 상태를 취한 콜레스테릭 액정의 나선 축은 기판 면에 대하여 거의 수직 상태로 되어 있고, 이 상태의 액정 셀에 입사한 광은 좌선광과 우선광 2개의 원편광으로 나누어져 하나는 투과하고 다른 하나는 반사되는 선택반사가 일어난다. 이론상 최대 반사율은 50%로 된다. 여기에서 반사되는 원편광의 반사가 가장 크게 되는 파장 λ는 λ=n · P로 된다. n은 나선축에 직교하는 평면 내에서의 액정 평균 굴절률이고, P는 나선 피치이다. 반사 스펙트럼의 반값폭은 카이랄 네마틱 액정 재료의 굴절률 이방성 Δn에 비례하는 값으로 조절된다. 한편 초점 원추형 배열 시 나선 축은 기판 면에 대하여 거의 평형 상태가 된다. 나선 피치가 가시광의 파장보다 짧은 경우에는 액정 셀에 입사한 가시광의 대부분은 셀을 투과한다. 이 2개의 상태를 전기적으로 교체하면 유사하게 나타나는 교환이 행하여진다. 콜레스테릭 액정의 선택반사 모드 소자는 전압 무인가 상태에서도 표시 상태가 유지되는 메모리성을 가지기 때문에 박막 트랜지스터로 대표되는 능동 구동 소자를 필요로 하지 않고 단순 매트릭스 전극 구조를 이용할 수 있다. 따라서 저비용으로 고정밀도의 표시 소자를 쉽게 제작할 수 있고 플라스틱 기판을 이용하는 것도 가능하여 얇고 가벼운 표시 소자를 얻을 수 있다. 콜레스테릭 액정 배열의 차이에 의한 선택반사의 유무로 표시 상태가 결정되기 때문에 편광판에 의한 입사와 출사광의 손실이 없기 때문에 고휘도 표시가 얻어진다. 편광판을 이용하지 않기 때문에 액정 분자를 편광 축 방향에서 다룰 필요가 없어 일반적인 네마틱형이나 스메틱형 소자에서 필요로 하는 배향 처리도 필요 없다. 반사형 표시 소자

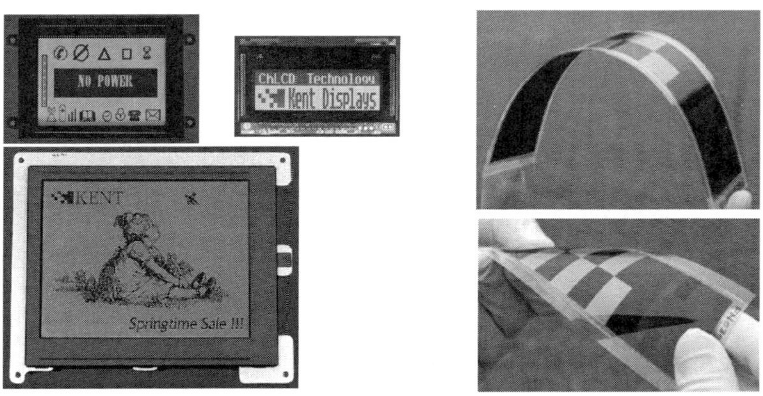

그림 7.73
콜레스테릭 LCD를 이용한 다양한 시제품

로 이용하는 경우에는 광입사측과 반대측에 광 흡수층을 배치한다. 광 흡수층은 평면 배열 시에는 반사되지 않은 편측 원편광 성분 및 선택 반사 이외의 광을 흡수하여 초점 원추 배열 시에는 액정층을 투과한 전체 광을 흡수한다. 이 효과에 의해 흑 선택반사의 명암대비가 높은 표시가 가능한 것이다. 액정 재료로는 양의 유전율 이방성을 가진 네마틱 액정 재료에 액정 분자를 비트는 힘을 부여하는 카이랄제를 적당하게 첨가한 콜레스테릭 액정 재료를 사용하는 것이 일반적이다. 콜레스테릭 액정 재료를 실제 사용 영역에서 콜레스테릭 상을 보여 가시광 영역에 선택반사가 일어날 수 있도록 조정하여 반사형 표시 소자용 재료로 사용할 수 있다. 반사 파장의 조정은 카이랄제의 첨가량으로 행하고 첨가량을 증가시키면 네마틱 결정을 비트는 힘이 증가하고 콜레스테릭상의 나선 피치가 작게 되어 반사 파장은 단파장 쪽으로 이동한다.

기존 액정 모드 방식의 플렉시블 디스플레이를 구동 소자의 종류에 따라 a-Si TFT, poly-Si TFT, OTFT 등으로 구분할 때 현재는 기존 액정 방식을 플렉시블 기판에 적용하는 것이 가장 실현 가능성이 높은 것으로 판단되며, 이때 해결해야 할 과제는 액정 갭의 유지, 광학 구조, 틀어짐에 의한 상, 하판 위치 어긋남(misalign) 최소화 등이 있다. 메모리 특성을 이용한 액정 모드는 쌍안정성을 가지는 것을 특징으로 하는데 이는 종래 LCD, PDP, OLED 등에서는 구현할 수 없는 것으로 저소비 전력 구현이 용이한 특징이 있다. PD-LC는 미세 산란 방식으로 종이의 반사 특성을 가지고 있고 공정이 단순하다는 장점을 가지며 게스트-호스트(guest-host) 방식의 경우 칼라화가 가능한 점이 특징이다. 표 7.13에 앞에서 살펴본 다양한 방식의 전자종이 구현에 대한 성능 비교를 정리하였다. 상대적으로 대조비의 경우 콜레스테릭 액정이 우위를 보이지만 응답 속도와 반사율은 각각 QR-LPD와 전기습윤 방식이 우수함을 알 수 있다.

표 7.13 다양한 방식의 전자종이 성능 비교

Core Technology	Display type (Company)	Driving Voltage(V)	Contrast Ratio	Response Time(μ s)	Reflectivity (%)
	Paper	–	15	–	70
Paticle	Microcapsule(E-ink)	15~90	10	100	40
	Microcup(SiPix)	30	~10	200	40
	Gyricon(Xerox)	50~150	~8	80~100	20
	QR-LPD(Bridgestone)	100	~9	0.2	40
Liquid crystal	ChLCD(Kent Display)	40	20~30	30~100	40
	STN(ZBD)	5	5	20	<5
Fluid	Electrowetting(Philips)	20~30	15	<10	60
MEMS	iMoD(Qualcomm)	5	10	10	50

5 플렉시블 디스플레이의 연구 동향 및 전망

5.1 기술 동향 및 전망

플렉시블 디스플레이용 유기 박막 트랜지스터 재료는 크게 유기 반도체, 유기 절연체, 전극 및 기판 재료로 나눌 수 있으며 궁극적으로 초경량의 저가격, 저소비 전력이 가능한 유연성 있는 디스플레이를 가능하게 하는 기술로서 초기에는 전자종이용에서 시작하여 OLED, LCD 등에서 2007년에 rugged 디스플레이용, 2008년에 conformable 디스플레이용, 2012년에 bendable 디스플레이용, 2015년에 roll-up형 디스플레이용 유기 박막 트랜지스터로 시장이 이동할 것으로 전망되고 있다. 플렉시블 디스플레이 시장의 경우 초기에는 이동 전화(mobile phone), PDA, E-book, 인체 부착용 디스플레이, 곡면 디스플레이 등 경박단소 및 플렉시블 특성의 소형 디스플레이로 초기 시장 진입 후, 유비쿼터스 기반 소형 모바일 디스플레이와 광고 표지판, TV 등의 대면적 디스플레이로 두 가지 방향으로 시장이 전개될 것으로 예측된다. 최종적으로 고속 양산 기술 개발 시 초저가 단시간 사용(disposable) 플렉시블 디스플레이 시장 및 저가 대면적 디스플레이 시장을 창출할 것으로 기대되고 있다. 플렉시블 디스플레이용 유기 반도체 재료의 발달은 전자종이, 디스플레이용으로는 물론 태양전지, 라디오파 인식장치(RFID), 투명 전도성 기판, 스텔스 기술 등의 핵심 재료로서 재료 시장 자체도 디스플레이용으로 예상한 시장보다 훨씬 클 것으로 예상하고 있다.

유기 박막 트랜지스터를 기초로 한 플렉시블 디스플레이 기술의 시장규모는 아직 형성되지 않아 조사하는 전문기관에 따라 큰 차이를 보이며 비관적인 예측치부터 낙관적인 예측치가 다양하게 발표되고 있는 수준이다. 그러나 소재 및 소자 제작 기술의 개발과 함께 향후 시장이 급속히 팽창을 하게 될 것으로 공통적으로 예측하고 있다. 단, 유기 박막 트랜지스터의 중요 응용 분야인 플렉시블 디스플레이 시장은 향후 2~5년 동안 5~7%의 성장세를 보일 것으로 예측되고 있으며 2010년에는 1~5억 달러의 시장 규모를 형성할 것으로 예측하고 있다. 플렉시블 디스플레이는 그림 7.74와 같이 초저가의 경량화된 전자종이, 평판형의 얇고(flat & thin), 가볍고(lightweight), 견고한 디스플레이(robust displays), 휘거나 구부릴 수 있는 디스플레이(curved or conformed displays), 플렉시블 디스플레이(flexible displays), 접을 수 있는 디스플레이(foldable displays), 두루마리형 디스플레이(rollable displays), 입을 수 있는 디스플레이(wearable displays), 및 비정규 형태의 디스플레이(irregular shaped displays) 분야의 새로운 시장을 창출할 것으로 예상되고 있다. 따라서 유기 박막 트랜지스터 재료 시장의 방향도 전자종이용, 플렉시블 OLED 및 LCD용, 두루마리형 유기 박막 트랜지스터 등으로 진화할 것으로 예상되며 재료 측면에서 저품위(E-paper용) 용액 공정용 p-형 유기 반도체 재료, 용액 및

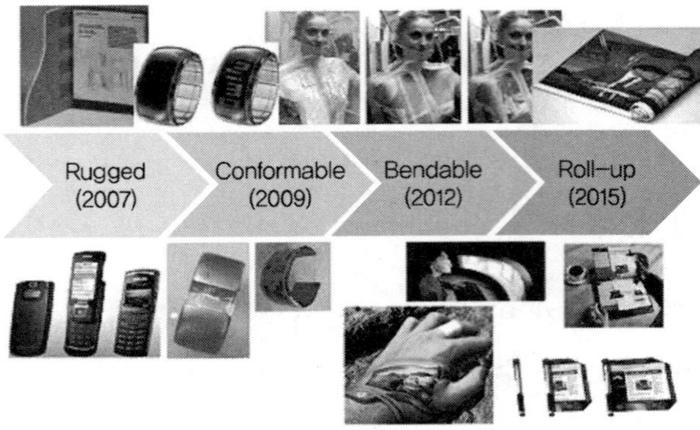

그림 7.74
플렉시블 디스플레이 진화 개념도

진공 증착용 p-형 유기 반도체 개발, OLED 및 박막 트랜지스터(TFT)용 용액 공정용 p-형 유기 반도체 개발, 두루마리형 용액 공정용 p-형 유기 반도체 개발로 이동할 것으로 예상하고 있다.

유기 반도체 재료는 아직까지 시장을 석권할 만한 재료가 없기 때문에 우수한 특성의 유기 반도체 재료만 개발된다면 액정 재료에서 현재의 Merck와 같은 독점적 지위를 누릴 수 있을 것으로 판단된다(실제 Merck 사에서는 액정의 초기 특허 만료 시기에 맞추어 액정과 같은 시장 독점적인 재료 개발을 위하여 유기 반도체 재료 개발에 막대한 연구 개발비를 투자하고 있음). 플렉시블 디스플레이용 유기 반도체 재료는 플렉시블 디스플레이 자체보다는 전자종이 구현을 위한 유기 박막 트랜지스터 재료가 먼저 시장에 나온 후 AMOLED 또는 AM-LCD용 유기 박막 트랜지스터 재료가 개발될 것으로 판단되므로 정제가 쉽고 용액 공정이 가능한 저분자 재료 또는 올리고머(oligomer) 재료가 먼저 시장에 나올 것으로 예상된다. 장기적으로 저가격 대면적의 플렉시블 디스플레이용 유기 박막 트랜지스터 재료가 개발될 것이므로 롤투롤 방식이 가능하고 특성이 안정적인 고분자 유기 박막 트랜지스터 재료가 시장에 나올 것으로 기대되고 특히, 우리나라의 경우 후방 산업인 디스플레이 산업의 발달로 시장 진입이 용이하며 빠른 속도의 기술 피드백(feedback)이 이루어져 시장을 선도하는 역할을 하게 될 것 뿐만 아니라 기술적인 경쟁력 또한 우수할 것으로 예상하고 있다.

유기 절연체 재료의 경우 플렉시블 디스플레이로의 유기 박막 트랜지스터의 응용을 위해서는 유기 반도체와 아울러 필수적인 재료임에도 불구하고 아직 개발 수준이 전 세계적으로 미흡하며, 아직까지 시장을 석권할 만한 재료가 없기 때문에 우수한 특성의 유기 절연체 재료가 개발된다면 앞에서 언급한 것처럼 액정 재료에서 현재의 Merck와 같은 독점적 지위를 누릴 수 있을 것으로 판단된다. 흥미로운 현실은 유럽이나 미국 등지의 학계나 산업계에서 유기 반도체의 경우 활발한 개발이 이루어지고 있으나 유기 절연체의 경우 그 연구가 미진한 상태에 있어 가능성이 높은 분야로 고려되고 있다. 유기 반도체를 이용한 유기 박막 트랜지스터의 경우 유기 절연체의 개발은 필수 사항이므로 유기 절연체에서 원천 소재 개발 및 기술을 확보한다면 유기 박막 트랜지스터 및 나아가 플렉시블 디스플레이 시장에서도 독점적 지위를 확보할 수 있을 것으로 확실시되고 있다. 유기 절연체의 경우 유기 박막 트랜지스터의 유기 반도체 개발 방향과 동일선상에서 개발이 이루어질것으로 예상되며 초기의 유기 박막 트랜지스터의 경우 무기 절연체와 유기 반도체의 조합이 가능하겠지만 궁극적인 roll-up 용액 공정을 위해서는 유기 절연체의 개발이 필수적인 사항이다. 증착형 유기 반도체를 위한 유기 절연체의 경우 제한 요소가 작으나 용액 공정형 유기 반도체를 위한 유기 절연체의 경우 유기 반도체 박막 제조 공정의 유기 용매에 내화학적으로 안정한 특성을 가지는 유기 절연체가 필수적으로 필요할 것으로 예상되고 있다.

플라스틱 기판 재료의 경우 현재, 정보전자 산업에서 무기물과 금속을 유기물로 대체하는 시도는 아직 초기 단계에 있으며, 많은 기술적인 문제들이 극복되어야만 시장이 성장할 것으로 전망되므로 향후 수년 간은 제조 공정과 장비뿐만 아니라 재료 물질에 관한 연구가 우선적으로 진행되어야 할 것이다. 평판 디스플레이 시장 성장 속도를 감안하면 2010년에는 유리 기판 시장 규모가 약 10조원에 달할 것으로 추정되며(테크노 시스템 리서치, 2003) 이를 20%만 플라스틱 기판으로 대체하더라도 그 시장 규모는 약 2조원에 달한다. 새로운 시장으로는 휠 수 있는 디스플레이 분야를 들 수 있는데, 아직까지 매출이 발생하지 않았으나, 2010년까지 약 4,500억 규모의 시장이 형성될 것으로 추정(Intertech Corp, 2004)되며, 이외에도 휠 수 있는 전자 소자나 전혀 새로운 형태의 디스플레이와 같은 분야를 개척할 것으로 예상되고 있다. 현재까지는 어떤 회사도 플라스틱 기판 재료 시장에서 두각을 나타내고 있지는 못하지만, 꾸준한 연구 개발이 진행되고 있으므로 조만간에 시장이 창출될 것으로 기대하고 있다.

표 7.14 플렉시블 디스플레이 기술 로드맵

산업	제품/기술	성능 특징		2006~2009	2009~2012	2012~2015	현 기술 수준	목표
Flexible - Display	OTFT - backplane	해상도		100ppi급 이상	100ppi급 이상	150ppi급 아성	●	고해상도화
		주 성능		Conformable	Bendable	Rollable	●	Flexible화
		부가 성능		유리봉지	박막봉지		●	신뢰성 향상 장수명화
				수명 10,000시간	수명10,000시간	수명 20,000시간	●	
		주요기술	설계 및 모델링	채널/장 채널 소자	채널/단 채널 소자	채널/3차원 설계	●	집적화 저가격화 표준화
			진공증착	저분자 반도체/금속 전극	저분자 반도체		●	
			프린팅	게이트 절연체 및 S/D	고분자 반도체	Roll to Roll	●	
			Library 구축	100ppi급 소자	100ppi급 소자	150ppi급 소자	●	
			모듈	100ppi급 모듈	100ppi급 모듈	150ppi급 모듈	●	
		시장 규모		8~24억$	19~57억$	31~95억$	저 중 고	시장 형성 및 확대

출처 : 차세대 정보디스플레이 기술 로드맵(2006).

표시 재료의 경우 전자종이에서 표시 재료는 구동 방식에 따라 20여 가지의 다양한 방식이 개발되어 시제품 내지는 상품화되어 있으며 사용되는 표시 재료도 구동 방식에 따라 다양하다. 대표적인 전자종이용 표시 재료는 E-ink사의 마이크로캡슐(microcapsule)형, Xerox사의 회전볼(rotating ball)형, Kent Display의 콜레스테릭 액정(cholesteric LC) 등이 있으며 전자종이는 아직까지 시장이 본격적으로 형성되지 않은 디스플레이이기 때문에, 전자종이용 표시 재료는 연구 개발용으로 생산 판매되고 있는 실정이며 표시 재료만의 시장은 큰 의미가 없을 수도 있다. 현재 제품화에 가장 근접한 것으로는 E-ink를 사용하는 전기영동 방식의 마이크로캡슐형 전자종이로써, 2007년 1월 3일 Plastic Logic사는 100만 달러를 투자하여 E-ink를 사용하는 휴대용 전자종이 생산 라인을 독일의 Dresden에 설립하여, 2010년 4,160만 개의 제품을 생산할 것이라고 발표하였으며, Sony사는 LIBRie라는 상품명의 전자책 단말기(E-book viewer)를 생산 판매하고 있다. 그외의 다양한 방식들도 현재까지는 대부분 개념 구현 및 시제품 발표 단계로 구체적인 제품으로의 응용 및 시장 형성에는 시간이 더 걸릴 것으로 예상되고 2006년 디스플레이 서치(Disaply Search)사 자료에 따르면 전자종이 시장은 2010년 약 3천 2백억원, 2015년 약 6천억원 정도 규모에서 형성될 것으로 예측되며, 그 중 표시 재료는 약 5%정도로 2010년 160억원, 2015년 300억원 정도를 차지할 것으로 추정되고 있다.

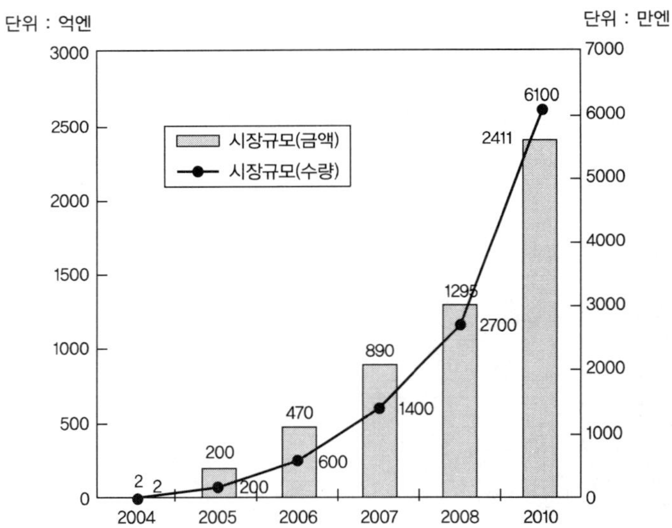

그림 7.75
전자종이(E-paper) 세계 시장 규모

후지키메라 연구소(fuji Chimera Research Institute)에서는 그림 7.75와 같이 2005년 전자종이 세계 시장은 200만대, 금액으로는 200억엔에서 2010년 6,100만대 2,411억엔의 시장을 형성할 것으로 예상하고 있다. 전자종이 시장의 연평균 성장률은 최소 50%에서 최대 125%에 이르는 높은 성장률을 보일 것으로 예상되나, 대당 가격은 지속적으로 하락하여 2010년 대당 가격이 0.7달러(iSupply 자료, 2004), 0.16달러(STEMI, 2003)까지 떨어질 것으로 예상되며, 단가경쟁으로 표시 재료의 시장 성장률은 전자종이의 시장 성장률 보다는 작을 것으로 예상되고 있다.

표 7.15 전자종이 시장 연평균 성장률 및 단가

시장조사업체	연평균성장률 (%)	단가 (달러/대)	
		2004년	2010년
iSupply	124.8	7	0.7
STEMI	86.9	–	0.16
Fuji Chimera	64.5	100	40

출처 : 전자종이, KISTI R&D 전략과제 사전 타당성 분석, 2005.

미국의 E-ink사를 비롯한 일본, 영국의 기업이 거의 모든 전자종이용 표시 재료와 구동 방법에 대한 특허를 확보하고 있는 상태에서는, 칼라 구현이 가능하고 동영상 구현이 가능한 빠른 응답 특성을 가지며 가격 경쟁력을 갖춘 획기적 방식의 표시 소재가 아니라면 시장에 진입하기 어려울 것으로 생각된다. 이러한 측면에서 광고판(signage), 가격표(price tag), 광고판, E-book 등 단순한 용도의 전자종이에는 이미 생산 라인을 구축하고 있거나 계획하고 있는 것 이외의 방식을 라이센싱하여 활용하는 것이 시장 경쟁력 확보 차원에서 현실적일 것으로 생각된다.

5.2 연구 개발 동향

5.2.1 플렉시블 디스플레이 연구 동향

차세대 플렉시블 디스플레이 기술은 현재 전세계 패널 관련 업체, 기업 및 국가 연구소, 학계 등에서 광범위하게 연구되고 있으며 기술 발전 속도가 점차 가속화되어 앞으로 2~3년 후에 플렉시블 디스플레이의 시장 형성이 급속히 진행될 것으로 예상되고 있다. LCD, OLED, 전자종이 방식의 플렉시블 디스플레이의 경우 세계적으로 약 30~40개의 업체에서 연구 개발 중에 있으며, 연구소 및 학계를 포함 할 경우 수백 개에 이르는 연구 기관에서 현재 플렉시블 디스플레이에 대한 연구를 수행하고 있다. 현재 유럽의 경우 네덜란드의 필립스가 주축이 되어 고분자 재료를 이용한 플렉시블 디스플레이 개발이 이루어지고 있는데, 필립스의 경우 플렉시블 디스플레이의 개발 및 상용화 추진을 위해 Polymer Vision을 설립하고 집중 투자하고 있다. 한편 영국의 Plastic Logic에서는 잉크젯 기반의 유기 박막 트랜지스터와 이를 이용한 플렉시블 디스플레이용 백플레인 개발을 진행하고 있다. 미국에서는 IBM, Sarnoff Corporation, Universal Display Corporation, E-Ink, Bell Labs, Palo Alto Research Center(PARC) 등의 기업 연구소를 중심으로 플렉시블 LCD, OLED, 전자종이 등에 대한 전반적인 연구가 이루어지고 있으며 특히, 플렉시블 디스플레이에 대한 많은 원천 기술 및 핵심 기술, 특허 등을 확보하고 있고 정부기관 및 업체들의 집중적인 투자가 이루어지고 있어 향후 플렉시블 디스플레

이 분야에 있어 매우 중요한 위치를 차지할 것으로 예상되고 있다. 일본에서는 Hitachi, Sony, AIST, Seiko-Epson 등의 기업 및 국가 연구소에서 유기 박막 트랜지스터, poly-Si TFT, 플렉시블 OLED 등에 대한 연구가 대대적으로 이루어지고 있으며 최근에는 Bridgestone이 QR-LPD를 발표, 조만간 상용화 할 것으로 예상되고 있다. Sony 및 Seiko-Epson에서는 우수한 poly-Si 제작 및 전사 기술을 바탕으로 고분자 기판 상에 특성이 매우 뛰어난 poly-Si 박막 트랜지스터를 가진 디스플레이를 개발, 시제품을 선보였으며 현재 각종 구동 회로 및 저급의 프로세서를 탑재할 수 있는 기술을 연구 중에 있다. Hitachi 및 AIST에서는 최근 유기 박막 트랜지스터를 스위칭 소자로 이용한 플렉시블 LCD를 개발(OTFT-LCD)하고 시제품을 선보였으며 NHK 방송기술연구소에서는 유기 박막 트랜지스터를 이용한 능동 구동형 OLED에 대한 연구를 진행하고 있다. 국내에서는 삼성전자, LG Philips LCD, 삼성SDI 등의 기업 연구소를 포함하여 KETI, ETRI, 경희대, 동아대 등에서 플렉시블 LCD, OLED, 전자종이에 대한 연구를 진행하고 있다. 국내 플렉시블 디스플레이 관련 기술은 일부 분야에서는 세계 수준에 근접하거나 세계 최고의 수준을 보여주고 있지만 전반적으로는 다른 기술 선진국들에 비해 다소 뒤떨어진 상황으로 볼 수 있다. 특히, 플렉시블 디스플레이 관련 원천 기술 및 특허, 그리고 핵심 부품 및 장비, 재료 분야에서는 미국, 일본, 유럽 등에 비해 매우 뒤쳐져 있다. 하지만 최근 LG Philips LCD와 삼성전자가 세계 최고 수준의 기술들을 선보이고 플렉시블 디스플레이에 대한 기술이 점차 축적됨에 따라 향후 플렉시블 디스플레이에 있어 기술 강국으로 등극할 가능성이 매우 높다고 할 수 있다.

5.2.2 E-ink 응용 기술 개발 동향

이러한 추세에 따라 최근에 전기영동 방식의 디스플레이를 적용한 응용 분야들이 다양하게 발표되고 있다. 모토로라가 발표한 'MONOTINE F3'는 "Best Ultra Low Cost Handset 2007"로 선정되었다. 이 휴대폰은 E-ink 디스플레이를 채용하여 전력 소모를 크게 줄이는 한편, 첨단과 저가의 절묘한 조화를 이루어 삼성전자의 X820 휴대폰이 가지고 있는 기록 보다 2.1 mm 얇은 8.8 mm정도의 두께를 구현한 초슬림 막대형(ultra silm bar type)이다. E-ink사의 디스플레이를 채용하여 소비 전력이 낮을 뿐만 아니라, 높은 대조비로 직사 광선 아래에서도 잘 보이는 장점을 가지고 있다. 이 제품은 현재 저가 제품 시장을 목적으로 판매 전략을 잡고 있다. 이러한 장점은 휴대폰이 구현하는 디스플레이 부분에서 낮은 소비 전력을 제공하며, 저가의 E-ink사 전기영동 디스플레이를 사용하여 이룰 수 있는 결과이다.

또한, Phillips에서 분사한 벤처업체로서 접을 수 있는(rollable) 디스플레이 개발 전문 업체인 Polymer Vision은 바르셀로나에서 열리고 있는 3GSM 행사에서 이동 통신 기능이 내장된 접을 수 있는 E-Book인 "Readius"를 공개했다. Readius라는 이름보다는 "Celluar Book"이라는 닉네임으로 불리는데, GSM, GPRS, EDGE, UMTS 등 2세대, 2.5

그림 7.76
World's First Mobile Phone with EPDs "MOTOFONE"

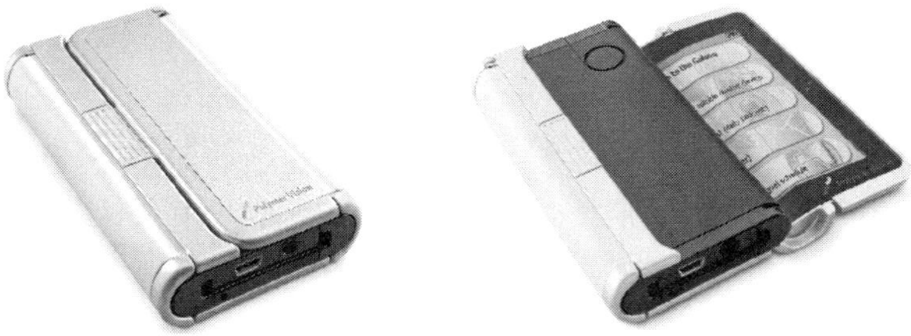

그림 7.77
Polymer Vision's "Cellular-Book" with rollable display

세대, 3세대를 아우르는 다양한 이동 통신 네트워크를 지원하는 특성 때문이다. 디스플레이는 E-ink's 전기영동 디스플레이를 이용하여 흑백계조만 제공되지만, 전력 소비가 크지 않아 내장 배터리에 한번 충전을 하면 10일 까지도 사용 가능한 장점을 가지고 있다. 이렇듯, E-ink사의 Encapsulated EPD는 전기영동 방식을 이용하여 전자종이를 개발하고 있는 대표적인 주자이다. E-ink사의 사업전략(business strategy)은 마이크로캡슐을 공급하고 디스플레이 모듈 및 응용은 전문업체를 통해 협력하는 시스템을 취하고 있다. 2000년 11월에 Lucent사의 Bell lab과 프린팅 방법을 이용한 유기 박막 트랜지스터를 결합한 전자종이를 개발하여 저가 공정으로 플렉시블한 구현이 가능함을 보여 주였다. 2004년에는 영국의 Plastic logic사와 곡률반경이 5 mm까지 구부러지며 50dpi 급 해상도를 갖는 전자종이도 발표하였다. E-ink는 이러한 사업전략을 지속적으로 확장하여 Sony's Librie(E-book) 상용화에 성공하였다. Toppan Printing이 잉크를 담는 전면 기판과 Phillips가 능동 구동 후면 기판을 개발하였다. 특히, E-ink사는 2001년 Toppan Printing과 공동으로 칼라 잉크 개발을 하여 2002년 7월 5 인치, 80dpi급 4,096 칼라 전자종이를 발표한 사례가 있으며, 상업화를 목표로 개발 중이다. 이외에도 Seiko Epson에서 자유로운 형태의 디자인 구현이 가능한 성능을 이용해 패션시계에 적용한 제품을 생산하였으며 국내에서는 LG Phillips LCD와 삼성전자가 개발을 진행하고 있는 등 E-ink사는 전자종이의 상업화를 주도하면서 시장을 형성해가고 있는 중이다.

그림 7.78
Sony사의 전자책 Librie

그림 7.79
Seiko사의 손목시계

앞으로의 E-ink사의 encapsulated EPDs는 시장 확대를 위한 다양한 응용 분야를 선보임과 동시에 상용화를 위한 여러 가지 형태의 모델들을 출시할 것으로 여겨진다. 앞에서 선보인 예 말고도 E-ink사는 2008년 프랑스 최대 경제일간지 Les Echos와 신문 유통에 새장이 될 수 있는 전자 페이퍼 신문 발간을 위한 개발이 진행 중이다. 특히, Les Echos의 전자 페이퍼 신문은 인터넷 사이트를 무선 랜으로 접속, 휴대용 디스플레이에 지면을 다운 받는 형식으로 방대한 정보량과 인터넷의 속도를 겸비한 신기술을 선보일 예정이다. 현재 상용화에 가장 앞선 응용을 선보인 E-ink는 전면으로는 응용 분야 개발과 메이저급 디스플레이 시스템 업체를 통한 시장선점 확보와 안으로는 값싼 재질과 간단한 제조 공정을 통한 저가의 전자잉크를 공급하고자 다양한 업체들과 협력하고 있다.

그림 7.80
미래의 전자종이 신문

5.2.3 국내의 연구 개발 동향

국내에서는 LG전자, 삼성전자, LG Philips LCD 등에서 상용화를 위해 많은 연구 개발을 진행하고 있으며, 하기와 같이 E-ink를 이용한 프로토타입의 제품들을 발표하고 있다.

1) LG Philips LCD : 2005년 10월 LG Philips LCD와 E-ink사가 합작으로 10.1인치 휘어지는 전자종이 디스플레이 개발을 발표하였고 SVGA 해상도로 인치 당 100 픽셀정도가 가능하며 10:1의 대비비와 4단계의 회색 조절이 가능한 수준으로 구현하였다. 연이어 2006년 5월에는 14.1인치 VGA급 흑백 플렉시블 전자종이를 구현하고 연이어 2007년 5월에 동일한 사이즈의 칼라 플렉시블 전자종이를 발표하였다. 미 E-ink사의 전자잉크를 채용하여 최대 4,096 칼라색상 표현이 가능하며 상하좌우 시야각 180도를 확보함으로써 칼라 전자종이 구현 가능성을 열었다. 기존의 흑백 플렉시블 전자종이와 마찬가지로 구부려도 원상태로 복구가 되도록 하기 위해 유리가 아닌 메탈호일로 된 기판에 a-Si 박막 트랜지스터를 배열하였고 추가적으로 플라스틱 기판에 칼라 필터를 코팅해 칼라 영상을 구현하였다. LG Philips LCD와 E-ink사는 메탈호일 기판을 선택하여 스미토모(Sumitomo) 공업으로부터 대량을 공급받아 니폰 스틸(Nippon Steel) 공업에서 이를 제련하여 사용하고 있다.

그림 7.81
LG Philips LCD와 E-ink사가 공동 개발한 칼라 전자종이

2) 삼성전자 : 2006년 일본에서 개최된 FPD International을 통해 A4 사이즈의 플라스틱 흑백 전자종이 디스플레이 발표를 시작으로 최근까지 다양한 시제품들을 발표하고 있다. 특히 2007년 SID에서는 세계 최대 사이즈인 40인치 흑백 전자종이와 A4 사이즈의 플라스틱 칼라 전자종이를 처음으로 공개하였다. 40인치 E-paper는 초대형 DID(Digital Information Display) 개념의 전기영동 방식의 디스플레이로 HD급(1,366 × 768)의 해상도를 갖추고 있으며 일반 LCD의 500분의 1 수준인 300 mW(1 frame/min 기준)의 초 저소비 전력을 자랑한다. 14.3인치 칼라 전자종이는 2006년에 삼성전자가 발표했던 A4 사이즈의 흑백 전자종이의 업그레이드 판으로 130°C 저온 a-Si 공정 기술을 적용하여 플라스틱 기판의 변형없이 칼라 화면을 구현한 것으로 삼성전자가 향후 미래 디스플레이로 주목받는 플렉시블 디스플레이 분야에서도 업계를 리드하고 있다는 것을 보여주는 제품이다.

3) 소프트 픽셀 : 소프트 픽셀은 2000년 4월 설립한 플렉시블 디스플레이 전문의 벤처

그림 7.82
삼성전자가 SID2007에서 발표한 전자종이 (좌: 40인치 E-paper, 우: 14.3인치 칼라 E-paper)

기업으로 두께가 0.7 mm인 흑백 LCD 플렉시블 디스플레이를 최초로 상용화하여 패션시계 업체인 Fossil에 공급하고 있다. 또한 삼성전자의 5" 플렉시블 TFT LCD 개발에 참여하여 박막 트랜지스터 어레이는 삼성전자가, 칼라 필터와 액정 셀은 소프트 픽셀이 만들어 결합한 제품으로 qsVGA급(100ppi)의 투과형 제품이다. 소프트 픽셀의 1.2 g/cm^3 무게의 0.76 mm 이하 규격인 플렉시블 제품은 현재 디지털 시계, 스마트 카드, 입체용 고글, 휴대폰의 입체용 필터 및 액정으로 응용 분야를 넓혀가고 있다.

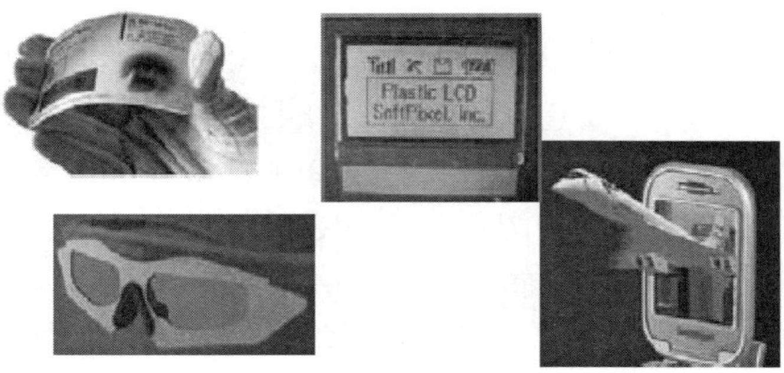

그림 7.83
소프트 픽셀사의 플렉시블 디스플레이 제품

4) 네오럭스 : E-ink사와 제휴하여 전기영동 방식의 디스플레이 기술을 이용한 국내 최초의 전자책 전용 단말기 “NUUT(누트)” 제품을 시판하였으며 X-box용 POP (point of purchase) 광고에 활용하여 큰 호응을 얻은 바 있다. NUUT는 해외에서

E-Ink의 전자종이 디스플레이를 기반으로 출시된 Sony Reader나 iLiad 등 기존의 E-book 전용 단말기와는 달리 최신 기술이 접목된 Vizplex Imaging Film 전자종이 디스플레이를 세계 최초로 적용했다. Vizplex Imaging Film은 기존 전자종이 디스플레이보다 약 25% 더 밝으며, 반응 속도는 1.8배 정도 빠르다. 그리고 메모리 용량에 따라 최대 1,000권 가까이 전자책 콘텐츠를 단말기에 저장할 수 있어, 자신이 원하는 책을 모두 담고 다닐 수 있는 점도 큰 장점이다.

5.2.4 해외의 연구 개발 동향

1) E-ink & Toppan Printing : 1997년 MIT Media Lab.에서 분사한 벤처형 회사로서 전자잉크 분야에 대한 기술을 보유하고 있으며, 하기와 같이 Toppan Printing과 제휴하여 E-ink Imaging Film 제품을 제조하고 있다. 또한 Polymer Vision, Plastic Logic Ltd, Seiko Epson Corp, LG Philips LCD 등 많은 디스플레이 모듈 업체와 제휴하여 전자잉크 혹은 E-ink imaging film을 공급하여 프로토타입 및 제품 개발에 직, 간접적으로 참여하고 있다. E-ink사는 2006년 일본에서 개최된 IDW(International Display Workshops)2006에서 그림과 같이 능동 구동형 전자종이 제품의 공급체인(supply chain)을 발표한 바 있으며, 제공된 E-ink imaging film은 Prime View International 혹은 디스플레이 모듈업체에서 박막 트랜지스터 백플레인과 결합되어 전자종이 패널 및 모듈이 구현되고 이를 Sony에서 E-book 등의 제품으로 집적화(integration)하여 Librie라는 제품으로 시장에 출시하였다. Toppan Printing에서는 하기와 같이 칼라 필터를 투명 무정형 산화물 박막 트랜지스터 상부에 형성한 상판과 E-ink 이미징 필름 하판을 조립하여 새로운 개념의 전자종이를 구현하였다.

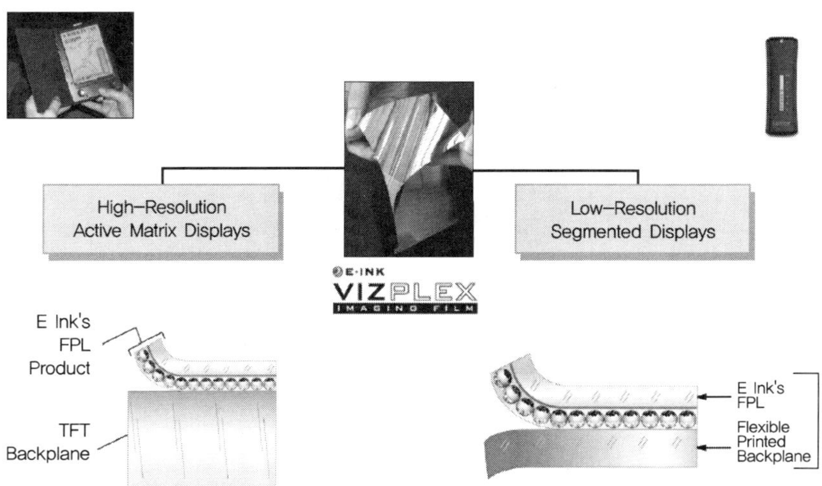

그림 7.84
E-ink사의 전자잉크 공급 체인(supply chain)

그림 7.85
Toppan 프린팅사가 구현한 전자종이 신문

2) Hitachi : 전자종이 모듈을 안정적으로 공급받기 위하여 Hitachi는 Bridgestone과 제휴하였으며 전자종이 솔루션 시장 개척 및 사업화, 다양한 마케팅을 전개한다는 전략을 수립하였다. Bridgestone은 전자종이 모듈을 공급하고 구동 장치, 무선통신 회로, 메모리 등을 Hitachi가 탑재하여 제품화하기로 하였으며 하기 그림과 같이 2006년부터 순차적으로 흑백, A4 사이즈 전자종이에서 칼라 제품, 대형화 제품으로 확대 개발 및 생산할 예정이며 전철 등 교통수단 관련 제품을 주요시장으로 삼고 순차적으로 공공, 유통 분야로 확대해 나갈 예정이며 2010년까지 연매출 100억엔을 목표로 하고 있다. 2006년 5월 Hitachi는 전자종이를 사용한 다목적 디스플레이인 "알비레이(Albirey)"를 출시한 바 있으며 이 제품은 13.1인치 흑백 전자종이로서 해상도는 XGA(1024 × 768)급이다. Hitachi는 2006년 8월 4,096 칼라 전자종이를 개발하였다고 발표하였으며 RGBW 타입의 칼라 필터가 사용되었고 해상도가 512 × 384이며 대각크기는 13.1인치였다. 칼라 필터의 사용으로 인해 2006년 5월에 출시된 흑백 Albirey보다 수직 및 수평 해상도 모두 절반 수준으로 낮아진 것이다. Hitachi는 2007년에 칼라 디스플레이를 출시할 예정이라고 밝힌바 있다.

그림 7.86
Hitachi사가 개발한 칼라 전자종이

5.3 플렉시블 디스플레이 이슈(issue) 분석

전자종이 기술의 장점은 전자 디스플레이의 특성을 지니면서도 기존의 종이와 유사한 특성을 가지고 있기 때문에 향후 이를 이용한 E-book, Tag, 광고판 등에 사용될 가능성이 매우 높지만 아직까지는 LCD나 OLED처럼 완벽한 색 재현성 및 빠른 응답 속도 등의 구현이 어려운 실정이다. 그러나 기존의 다른 디스플레이 기술에 비해 저가격, 박형화, 안정성 등이 뛰어나 향후 이 기술을 응용한 제품 개발이 가속화 될 것으로 기대되고 있다. 전자종이는 기존 종이처럼 읽기가 편해야하고 동영상 구현을 위한 빠른 응답속도 및 낮은 소비 전력 등을 가져야 하는데 태양 아래에서 읽을 수 있을 정도의 특성을 확보해야한다. 하지만 이러한 기술적인 요구 사항이 만족된다고 하더라도 플렉시블 디스플레이만이 가질 수 있는 킬러 애플리케이션을 발굴하지 못하면 큰 시장성장을 기대하기 어려운 현실이다. 시장 조사 기관인 iSupply는 2010년 플렉시블 디스플레이 시장이 1,800만 달러에 불과할 것으로 전망하고 있다. 많은 전문가들도 플렉시블 디스플레이의 시장 형성 가능성이나 시기를 전망하는데 있어서 아직까지 회의적이거나 판단을 유보하는 경향이 높다. 유연성(flexibility)이 가져다 줄 수 있는 가치가 분명한 응용 분야를 발굴하는 것이 플렉시블 디스플레이의 시장성을 높이는 핵심요인인데 아직은 접거나 휠 수 있는 디스플레이를 꼭 필요로 하는 획기적인 킬러 응용 분야가 드러나지 않고 있기 때문이다. 현재까지 자주 언급되고 있는 플렉시블 디스플레이의 대표적인 응용 분야는 전자책이나 신문, 잡지 등으로서 IBM이 구상하고 있는 전자종이로 만든 신문이 좋은 예이다. 이는 기존 신문보다 적은 16페이지의 전자종이로 구성되어 있으며 신문의 하단 모서리엔 배터리와 메모리, 무선 데이터 포트, 버튼, 그리고 전자연필이 달려 있는 형태이다. 출근 후 책상에 놓인 전자종이를 넘겨가며 조간신문을 읽고, 그 신문을 들고 퇴근하면서 내용만 바뀐 석간신문을 읽을 수도 있을 것이다. 신문에는 관련 사진 대신에 동영상이 표시되는 것도 가능할 것으로 기대된다.

전혀 새로운 응용 분야도 상상해볼 수 있는데 자동차의 앞 유리창에 투명한 플렉시블 디스플레이를 부착해 필요시에는 디스플레이를 켜 지리검색 등의 네비게이터(navigator)로 활용하는 것이다. 지능형 교통 시스템이 현실화되고 자동차가 수 만개의 센서로 둘러싸이게 되면 앞 유리창에 부착된 디스플레이를 통해서 내차의 위치를 제 3자의 시각으로 보면서 주행하는 것도 가능해질 것이다. 또한 플렉시블 디스플레이가 완전한 모습을 갖추게 되면 가정에서는 거실의 가장 중심에 버티고 있는 대화면 TV를 주변으로 밀어내고 대신 그 공간을 아름다운 인테리어 소품으로 채우는 것이 가능해 진다. 블라인드 형태의 두루마리 TV를 천정 가까이 설치하고 시청 시간에만 펼치거나 아예 자동차의 예처럼 대형 유리창에 디스플레이를 부착하여 창과 TV의 역할을 번갈아 수행하도록 할 수도 있을 것이다. 그러나 이들은 아직 공상과학 소설이나 영화에 나올법한 얘기로 플렉시블 디스플레이의 시장성을 충분히 설명해주지는 못한다. 시장 진입 초기의 제품 형태로는 디스플레이가 탑재된 다양한 스마트 카드, PDA 기능을 수행하는 신용카드 형태의 전자기기, 전자책 등이 예상된다. 한걸음 더 나아가면 군사용도의 전자지도나 건설현장에서 작업복에 부착하여 입는 디스플레이 등도 가능하다. 하지만 이들은 어디까지나 니치마켓(nitch market)일 뿐 플렉시블 디스플레이 업계의 경쟁 패러다임을 바꿀 정도로 성장하기 위한 시장으로는 부족하다. 현재까지 플렉시블 디스플레이의 유연성에만 초점을 맞춘 까닭에 이를 채용하는 새로운 핵심 애플리케이션을 찾아내는 것이 시장 전망의 핵심이고 이러한 킬러 애플리케이션이 분명하게 나타나지 않을 경우 시장 잠재력에 의구심이 존재하는 것도 사실이다. 그러나 관점을 달리하여 플렉시블 디스플레이로 기존의 PC, TV 등 주력 응용 분야에서 유리 기판을 대체하는 TFT-LCD, PDP, OLED 등의 평판 디스플레이를 대체하는 관점에서 생각해 본다면 플렉시블 디스플레이의 시장 잠재력은 다르게 생각해 볼 수 있을 것이다. 이를 위해서는 경박단소와 원가절감이 중요한 포인트로 작용한다. 플렉시블 디스플레이의 장점은 유연성뿐만 아니라 경박단소 및 높은 내구성에서도 찾을 수 있다. 유리 기판은 최대로 얇게 한다하더라도 0.4~0.5 mm 정도가 한계인 반면, 플라스틱 기판은 일반적으로 0.1~0.2 mm 수준이므로 유리 기판의 1/2에서 1/5까지 두께를 줄일 수 있을 뿐만 아니라 무게도 유리 기판에 비해 1/5 이하 수준이다. 또한 플라스틱 기판은 떨어뜨려도 깨지지 않는 높은 내구성을 지니고 있으나 이미 거대한 브라운관에서 TFT-LCD나 PDP를 통해 경박단소화를 경험한 상황에서 모든 주변 회로까지 플렉시블 기판 위에 집적시켜 디스플레이 자체를 더욱 얇고 가볍게 만들지 못하고 패널만 얇고 가벼워진다면 향후 응용성에 제약이 있을 뿐만 아니라 시장에서 큰 호응을 만들어내기는 어려울 것이다. 그러나 이동성이 요구되는 노트북이나 소형 모바일 기기에서는 패널 부분만이라도 1/5정도 얇고 가벼워진다면 기존 제품 대비 차별화 프리미엄을 충분히 인정받을 수 있기 때문에 시장대체가 가능할 것으로 생각된다. 특히 자주 떨어뜨리게 되는 소형 모바일 기기의 특성상 깨지지 않는 디스플레이는 중요한 판매 전략이 될 수 있다. 플렉시블 디스플레이의 장점을 유연성이나 경박단소, 높은 내구성보다 원가절감이라는 측면에서 접근한다면 대형 거치형 제품에 대해서도 시장 대체가 가능할 것으로 생각된다. 현재까지는 플라스틱 기판에 대한 수요가 많지 않고 생산에 참여하고 있는 기업도 적어 질적인 완성도가 떨어지고 가격도 유리에 비해 2~3배 이상 비싼 상황이지만 시장이 커져 플라스틱 기판에서도 규모의 경제가 달성된다면 유리 기판보다 원가가 크게 낮아질 것으로 기대된다.

무엇보다 얇은 플라스틱 기판을 사용함으로써 혁신적인 저원가 공정을 이용할 수 있다는 사실에 주목할 필요가 있다. 현재 유리 기판을 채용하는 TFT-LCD나 PDP는 기본적으로 기판이 한 장 한 장 순차적으로 가공되는 batch 공정 방식을 벗어나기 힘든 것이 사실이다. 그러나 유연한 플라스틱 기판을 활용할 경우 신문인쇄 방식과 유사한 연속적인 롤투롤 공정에 의한 대량 생산이 가능해져 저가로 제조할 수 있다. 롤투롤 공정으로 전극을 형성하는 기술은 이미 플라스틱 기판을 사용해 플렉시블 LCD를 생산하는 업체들에 의해 상당한 수준으로 진전되고 있다. 여기에서 축적된 노하우를 벤치마킹 한다면 플렉시블 디스플레이의 공정 안정화를 보다 앞당길 수도 있을 것으로 생각된다. 평판 디스플레이 기술이 크게 발전해 있는 상황에서 성능과 경박단소는 더 이상 디스플레이의 핵심적인 차별화 포인트가 아니다. 미래 디스플레이 경쟁의 원천은 저원가 구조에 있는 것이다. 이러한 관점에서 볼 때 현재의 단위별(batch) 공정이 가지는 한계를 어떻게든 극복해야하는데 이에 대한 대안은 플렉시블 디스플레이가 최적이라고 판단되고 있다. 여기에 인간공학적으로 설계되는 파노라마 형태의 곡면 디스플레이 모니터 등 새로운 형태 인자(form-factor)까지 가능하기 때문에 플렉시블 디스플레이는 TFT-LCD, PDP의 뒤를 이을 차세대 디스플레이의 선두주자가 될 가능성이 높은 분야임에 틀림이 없을 것이다. 현재로서는 조기에 수익 실현이 가능한 분야에 집중하려는 대기업들의 생리가 플렉시블 디스플레이 분야에서 적극적인 참여를 어렵게 만들고 있어 시장 형성이 지연되고 있는 상황이다. 그러나 학계 및 벤처, 정부기술연구소 중심의 연구 개발이 꾸준히 진행되고 있어 2010년경에는 유기 박막 트랜지스터의 적용이 가능해지고 플렉시블 디스플레이의 개발도 급물살을 탈 것으로 전망된다. 플렉시블 디스플레이가 새로운 핵심 애플리케이션에 국한되어 틈새시장을 형성하는 것이 아니라 기존의 평판 디스플레이 시장을 대체할 잠재력을 충분히 가지고 있는 만큼 디스플레이 업체들은 대표적인 차세대 수익원으로서의 그 가치를 재조명할 것으로 기대해 본다.

5.4 전자종이 제품 개발 이력

현재까지 개발된 전자종이와 관련된 업체별 제품에 대한 개발 이력을 간단히 정리하면 다음과 같다.

- 1975년 : Sheridon은 초보적인 Gyricon 프로토타입을 개발하여 Xerox사의 "X" 이미지를 구현하였음. Xerox PARC 연구소의 Nick Sheridon이 최초로 작은 회전하는 스피어들을 이용한 전자잉크 개발에 착수하여 Gyricon 시스템을 개발
- 1976~77년 : Hideki Shirakawa, Alan MacDiarmid 및 Alan Heeger 3명의 화학자들이 처음으로 전도성 플라스틱을 발표
- 1977년 : Xerox는 Gyricon을 포기하고 Sheridon을 전자종이 프로젝트에서 제외
- 1996년 : Joseph Jacobson이 MIT 공대 미디어랩 연구소에 합류하여 전자종이 버전을 개발, 4월에 Jacobson과 두 명의 학생들이 전자종이를 상업화하기 위한 E-ink사를 설립
- 1997년 : Lucent Technology사의 Bell Labs이 유기 폴리머로부터 트랜지스터 제조 발표
- 1999년 : Xerox와 3M이 전자종이 공동 개발 발표
- 1999년 : E-ink와 Lucent가 E-ink와 유기 박막 트랜지스터를 이용한 구부릴 수 있는 전자종이 개발 파트너십 발표

- 2000년 : E-ink/Lucent사가 공동으로 E-ink와 플렉시블 유기 박막 트랜지스터를 이용한 최초의 전자종이 시연
- 2000년 : Xerox사는 Gyricon을 분사해서 Gyricon Media 설립
- 2002년 : SID에서 Philips는 16계조의 문자 및 영상 표시가 가능한 플렉시블 전자종이 모델을 전시, Sony는 고체 전해질 내에서 용해된 금속이온(Ag)들의 전기 화학적 증착 및 분해에 의해 동작하는 종이형 디스플레이를 발표, Iridgim display(미국)은 MEMS의 구조체를 사용하는 반사형 칼라 디스플레이를 제안, E-ink사는 능동 구동형 마이크로캡슐 전기영동 디스플레이의 영상 안정성과 이를 이용한 5인치 칼라 디스플레이에 대해 발표, Gyricon Media는 흰색과 흑색으로 이루어진 비드들을 전기적으로 하전하여 용액 내에서 전기장에 의해 회전시킴으로써 문자 및 영상을 표시하는 지능형 종이(Smart PaperTM)를 발표, Stanley Electric(일본)에서는 액정 내에 분산된 미세 입자들의 전기적 거동에 의해 동작하는 MFPD(mobile fine particle display)를 제안, Seiko-Epson에서는 잉크젯 프린팅 기술을 바탕으로 한 능동 구동형 전기영동 소자를 발표, ZBD(프랑스)의 Zenithal Bistable LCD, Nemoptic(프랑스)의 E-book을 위한 반사형 LCD, Kent 주립대(미국)의 표면 안정화된 콜레스테릭 LCD 및 IVF(미국)의 스크린 프린팅된 전기 화학적 디스플레이 등을 발표
- 2003년 : SID에서 Sipix Imaging Inc(미국)는 Microcup 및 top sealing 기술을 이용한 PMEPD(passive matrix electrophoretic display)와 AMEPD(active matrix electrophoretic display)를 제조하고 제반 특성에 대해 발표, E-ink와 Philips Research Lab.은 공동으로 AMEPD에 대한 구동 기술을 발표, Kyushu대와 Bridgestone은 0.2 ms 응답 속도를 갖는 3.1인치 QR-LPD(quick response liquid powder display)를 발표
- 2003년 : Philips(네델란드)에서 전기습윤(electrowetting) 기법을 응용한 반사형 디스플레이 개발
- 2004년 : Philips에서는 E-ink사의 기술을 바탕으로 개발된 전자종이의 생산을 위하여 2005년까지 시제품 생산 라인을 구축하고 연간 100만개의 생산 계획을 발표, Matsushita는 Sigma book이라는 전자종이 제품을 출시하였으며 Kent Display로부터 라이센스를 받은 cholesteric LCD를 이용한 7.2인치의 대각크기, 픽셀수가 1024 × 768 (XGA), 16 그레이 스케일을 가짐, 전자종이를 주된 내용으로 하는 "1st paper-like display conference"를 미국 Florida에서 개최
- 2004년 : 국내 네오럭스사는 E-ink사와 제휴하여 플렉시블 디스플레이 양산계획을 발표(전자신문) : E-ink사의 전자잉크와 필름을 제공받아 조립 및 회로를 부착하여 광고용 제품으로 제작 판매를 계획
- 2005년 : "전자종이" 평면 패널 디스플레이 개발업체인 미국의 E-ink사는 스크린

기술을 활용한 칼라 디스플레이를 개발했으며 2005년 10월 일본에서 개최되는 FPD International에서 전시

- 2005년 : 네델란드 필립스에서 분사한 아이렉스 테크놀로지스가 E-ink사의 "전자종이" 디스플레이 기술을 기반으로 한 무선 접속 태블릿 기기인 "E-reader"를 개발
- 2005년 : JR 동일본기획과 히타치 제작소는 전자종이를 이용한 광고 표시 장치의 실증실험을 2005년 12월에 2주 동안 실시한다고 발표, 동경역 지하 1층 광장에 설치하여 광고매체로서의 가능성을 검증, 실증실험 기간 중에 뉴스와 기상예보, JR 동일본의 안내문, 동경역의 안내문 등이 약 5분 간격으로 표시, 이 디스플레이 단말기는 13.1인치 전자종이와 구동, 통신 회로, 메모리, 전지 등을 탑재한 것으로 탑재한 전자종이는 토너 전기영동 방식(QR-LPD) 패널이며 총화소수는 1024 × 768 (XGA), 백색과 흑색의 2색 표시이며, 반사율은 약 40%, 대조비는 10대 1이라고 발표
- 2006년 : 아이렉스 테크놀로지스가 2005년 발표한 무선 접속 태블릿 기기인 E-leader의 사양을 공개, 일리아드(iliad)라고 명명된 이 제품의 모델명은 ER0100이며 2006년 4월 출시를 발표, 한번의 충전으로 매일 3시간씩 일주일 사용할 수 있으며 PDF, XHTML, TXT 및 MP3 등 다양한 포맷을 지원할 수 있으며 160 dpi, 1024 × 768 픽셀, 8.1인치 흑백전자종이로서 16단계의 그레이 스케일 표시가 가능
- 2006년 : 대만 Tainan의 National Cheng Kung 대학에서 서로 다른 편광의 레이저광을 이용하여 메틸 적색염료가 1 wt%로 첨가된 E7 액정을 스위칭시키는데 성공, 6 μm 간격의 ITO 유리 기판 사이에 액정과 염료의 혼합물을 주입, 한 쪽 ITO 유리 기판에는 폴리이미드 배향막을 형성, 다른 한쪽 ITO 유리 기판 외측에 편광자를 부착, UV 경화 폴리머로 코팅된 쪽에는 λ/4 파장판과 부분투과 거울을 부착한 후 폴리머 코팅 쪽에 선형 편광 532 nm 광을 조사하면 염료 분자의 장축이 레이저빔의 편광에 대해 수직으로 배향하는데 이것이 액정 분자들의 배향을 유도하고 셀의 다른 쪽은 액정들이 배향막에 의해 고착된 상태로 유지, 결과적으로 45° TN (twisted nematic) 위상이 만들어지고 LCD는 광조사 영역에서 안정된 ON 상태를 취하며 원형 편광을 조사하면 OFF 상태로 되돌아가는 원리로 구현
- 2006년 : 후지쯔는 7.8인치, 4,096색 이상을 구현할 수 있으며 A5 종이 크기의 E-book 리더의 형태로 제작된 전자종이를 SEATEC(combined exhibition of advanced technologies) 쇼에 전시, 기차나 지하철의 상부 천정에 곡면 형태로 광고한 분야에 응용을 제시
- 2007년 : Softbank telecom은 무선 LAN을 이용한 전자종이 단말기 개발을 발표하였으며 이미 전자종이를 개발 중에 있는 Hitachi, Fujitsu와 제휴하여 Softbank의 무선 LAN 서비스 "BB모바일 포인트"와 연계한 시스템임. 이 제품은 이미 전국 맥도날드 등에 설치되어 점포 광고용으로 활용되고 있으며, 향후 점포 POP광고로 판매 확대 예정

표 7.16 상용화 단계에 와있는 대표적인 전자종이 기술

방식	전기영동 방식		
개발업체	E-ink	사이픽스 이미징의 입자 기반형	브릿지스톤
제품 사례			
기본 구조(아사히 유리를 제외한 모든 다이어그램은 제조사의 자료를 기반으로 니케이 일렉트로닉스가 작성)	마이크로캡슐 내의 흑색 입자들이 오르락내리락 하면서 흑백 또는 명암을 표시, 마이크로캡슐에는 입자 외에 투영액이 담김. 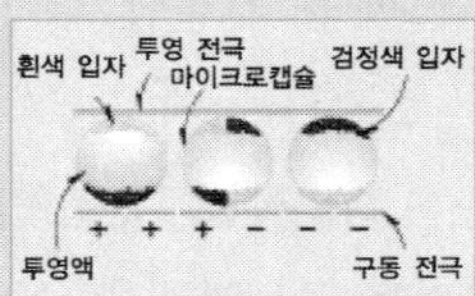 	콜레스테롤 필름 깔든 아래에 감광 필름이 위치, 빛이 조사될 때 감광 필름에서 저항이 변한다는 사실을 이용하여, 액정을 일렬로 연결시키고 그에 따라 입력전압을 조절 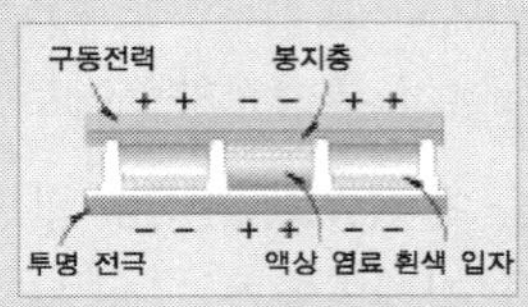 	흑백 입자가 공기 중에서 오르락내리락하면서 흑백 이미지나 그라데이션을 표시. 브릿지스톤은 이 흑백 입자를 액상 분말(Licuid Power)이라고 부르는데 다른 입자 방식의 전자종이에 사용된 입자와는 다른 독자적인 재료를 사용함. 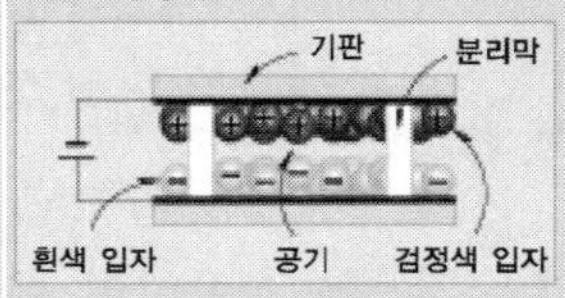
반사성	35%	40%	약 30%
명암비	10:1	10:1	약 10:1
반응 속도	400ms(흑백 전환시), 800ms(중간톤)	300ms	0.2ms
구동 전압	15V	두 종류:40V와 15V	70~80V
특성 및 동향	상용화 선도, 잔상을 비롯하여 반사성, 명암비능이 개선된 디바이스를 공급하기 시작, 새로운 전자종이를 사용한 제품은 2006년에 처음 발표. 능동 구동 방식에 기반한 도트 디스플레이.	롤투롤 제조 방식에 플라스틱 기판 사용. 2005년 10월에 도판 홈즈에 합병. 도판 홈즈가 일본에서 모듈 판매.	입자들이 공기 중에서 움직이면서 수동형 설계도로도 고해상도의 도트 디스플레이를 구현하기 때문에 반응 속도는 약 0.2ms 정도로 빠름. 브릿지스톤은 먼저 유리 기판을 사용하는 모노크롬 제품부터 상용화하고 나서 차후에 칼라, 연성 및 기타 다른 제품 모델을 개발해 나갈 계획임.

표 7.16 상용화 단계에 와있는 대표적인 전자종이 기술 (계속)

방식	콜레스테릭 액정 방식		
개발업체	아사히 유리	후지 제록스	후지쯔
제품사례			
기본 구조(아사히 유리를 제외한 모든 다이어그램은 제조사의 자료를 기반으로 니케이 일렉트로닉스가 작성)	특정 주파수대의 빛을 선택적으로 반사하는 콜레스테릭 액정의 특성을 사용한 일반적인 방법. 두 개의 액정 필름이 적층됨. 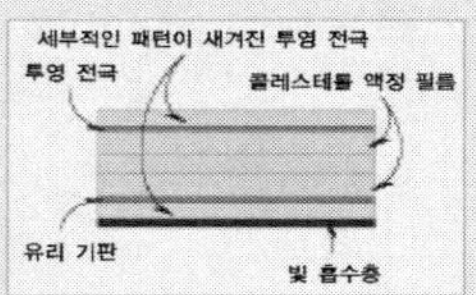	특정 주파수대의 빛을 선택적으로 반사하는 콜레스테릭 액정의 특성을 사용한 일반적인 방법. 두 개의 액정 필름이 적층됨. 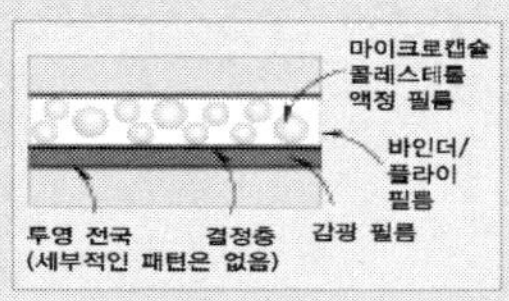	세 개의 콜레스테릭 필름이 적층되며, 각각의 필름이 빨강, 파랑, 초록빛을 반사하여 완전한 칼라 디스플레이를 구현한다. 연성을 확보하기 위해 플라스틱 기판 사용. 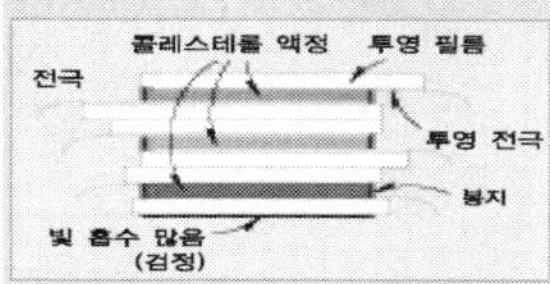
반사성	40~50%	30%	30%
명암비	10:1~12:1	4:1 (7:1 모델도 개발중)	6:1
반응 속도	약 20초 (패널 쓰기 시간당)	약 1초 (패널 쓰기 시간당)	3초 (QVGA급 쓰기 시간)
구동 전압	미공개	400V	미공개
특성 및 동향	액정 개발에서 최종 제품(대중적으로 이용되는 디스플레이 기기)에 이르는 전체 공정을 자체적으로 처리. 도쿄 메트로 요츠야역과 그 밖에 다른 몇 개 장소에서 현재 제품에 대한 시험 가동 중.	대부분의 전자종이와 달리, 이 제품은 빛을 이용한 다시 쓰기가 가능하다. 전용 리라이터(Rewiter)를 포함한 최종 제품이 이미 개발된 상태다.	완전 칼라 및 유연성을 제공할 수 있는 애플리케이션 개발 중. 모듈 형태의 공급을 계획 중이며, 최종 제품 역시 개발 중.

출처 : Nikkei Electronics Asia, 전자종이 시장이 커진다, 2006.

연습문제

1. 플렉시블 디스플레이 정의와 완벽한 플렉시블 디스플레이를 구현하기 위한 핵심 기술에는 어떤 것들이 있는지 설명해 보시오.

2. 전자종이를 구현하기 위한 다양한 모드의 기본 구조와 원리에 대해서 간단히 설명해 보시오.

3. 플렉시블 디스플레이를 구현하기 위해서는 플렉시블 기판이 핵심 요인인데 요구되는 물성들에 대해서 간단히 설명해 보시오.

4. 플렉시블 디스플레이의 궁극적인 목표는 전유기 재료에 기반한 롤투롤 공정(roll-to-roll process)을 구현하는 것이다. 이를 위해서는 프린팅 기반의 공정들이 개발되어야 하는데 프린팅 공정의 종류와 특징에 대해 설명해 보시오.

5. 플렉시블 디스플레이만이 가질 수 있는 기존 평판 디스플레이와의 차별성에 대해서 생각해 보시오.

6. 기존의 전자종이 구현 모드의 원리들에 대해 숙지하고 차별화되는 새로운 구동 모드에 대해 아이디어를 찾아 보시오.

참고문헌

[1] 이진호 외, "플렉시블 디스플레이 소자", 전자통신동향분석 제20권 제6호, 2005

[2] 구재본 외, "플라스틱 일렉트로닉스 기술동향", 전자통신동향분석 제22권 제5호, 2007

[3] "플렉시블 디스플레이 산업기술 로드맵", 한국산업기술재단 기술정책연구센터, 2006

[4] 권재홍 외, "Printed Electronics 기술동향", 주간기술동향 통권 1291호, 2007

[5] 진병두 외, "플렉시블 유기소자 기술과 프린팅 연속 공정", Polymer Science and Technology, Vol. 18, No. 3, June 2007

[6] 주간전자정보 "프린팅 전자소자 기술 및 산업동향", EIC, 2007

[7] 김기현 외, "디스플레이용 플라스틱 기판의 현황", 전자통신동향분석 제21권 제5호, 2006

[8] 유망전자부품 기기 현황분석 - E-paper, 전자부품연구원 2007

[9] 김성현 외, "유기전자소자", 전자통신동향분석 제20권 제5호, 2005

[10] 조길원 외, "계면공학을 이용한 고성능 유기박막트랜지스터", News & Information for Chemical Engineering, Vol. 22, No. 6, 2004

[11] 주간전자정보 "입자기술에 기반한 E-paper 기술동향", EIC, 2005

[12] B. Comiskey, J. D. Albert, H. Yoshizawa, and J. jacobson, "An electrophoretic ink for all-printed reflective electronic display", Nature 394, 253-255, 1988

[13] E. Nakamura, H. Kawa, N. Kanae, and H. Yamamoto, "Development of Electrohporetic Display Using Microcapsulated Suspension", SID98 Digest, 1014-1017, 1998

[14] 황교선 외, "전자종이의 현황과 전망", 전자부품, 2006

[15] 홍성화 외, 2005 미래유망 사업화아이템 이슈분석-플렉시블 디스플레이, 한국과학기술정보연구원, 2005

[16] Hayes RA, Feenstra BJ, "Video speed electronic paper based on electrowetting", Nature, 425, 383, 2003

[17] Roques-Carmes T, Hayes RA, Feenstra BJ, Schlangen LJM, "Reflective display pixel based on electrowetting". Journal of Applied Physics 95, 4389, 2004

[18] Heikenfeld J, Steckl AJ, "Intense switchable fluorescence in light wave coupled electrowetting devices", Applied Physics Letters 86, 011105, 2005

[19] 박이순 외, “E-paper 기술로드맵”, EIC, 2005

[20] 고려대학교 디스플레이 및 나노시스템 연구실(http://diana.korea.ac.kr)

[21] 전자정보센터(http://www.eic.re.kr)

[22] 차세대 정보디스플레이 기술개발사업단(http://www.display.re.kr)

[23] 한국과학기술정보연구원(http://www.kisti.re.kr)

[24] http://www.liquavista.com

[25] http://www.eink.com

[26] http://www.polymervision.nl

[27] http://www.bridgestone.co.jp

[28] http://www.plasticlogic.com

[29] http://www.sipix.com

[30] http://www.kentdisplays.com

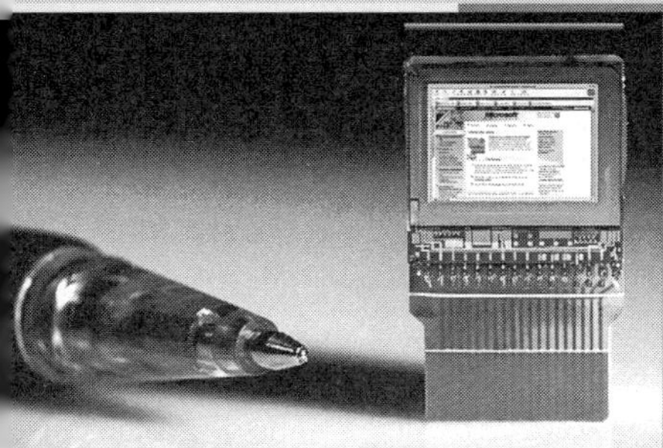

마이크로디스플레이 (Microdisplay)

Chapter 07 → 08

1 마이크로디스플레이란?

2 마이크로디스플레이의 종류와 응용 분야

3 마이크로디스플레이의 기술 개발 동향

*1 D i s p l a y E n g i n e e r i n g

마이크로디스플레이란?

1.1 정보 디스플레이 환경 변화

정보화 시대의 빠른 발전에 따라 많은 양의 정보가 필요하게 되고, 이러한 정보를 표시하는 전자 디스플레이에 대한 요구가 갈수록 급증하고 있다. CRT를 기반으로 하는 초기의 정보 디스플레이 수준에서 LCD와 PDP를 포함하는 평판 디스플레이의 수준으로 발전되어 왔다. 대형의 평판 디스플레이가 시장에 출시되기 전에 대면적의 화면에 대한 요구가 있었으며, 이러한 요구에 의해서 프로젝션 디스플레이라고 하는 큰 화면의 디스플레이를 개발하는 계기가 되었으며, 작은 디스플레이 화면을 광학계를 이용하여 이미지를 확대하는 방법으로 초기의 마이크로디스플레이를 구현하게 된 것이다. 이미지를 광학계를 이용하여 어느 정도 거리에 떨어진 스크린에 확대하는 front 프로젝션의 프로젝터 또는 광학계가 TV 하우징의 앞 또는 뒤에 위치하고 이미지는 자체 하우징 내에 있는 스크린에 표시되는 rear projection TV 등으로 구분되어 개발되었다. 이와 같이 작은 크기의 디스플레이를 이미지 크기를 확대시킬 수 있는 광학계와 결합하여 큰 이미지를 볼 수 있는 microdisplay의 기술은 초기의 대형 프로젝션 TV 또는 프로젝터와 같은 제품에 적용되었으며, 최근에는 HMD(Head Mounted Display)와 같은 제품 및 대화면에 대한 요구가 커지고 있는 휴대폰에 큰 화면에 대한 욕구를 해소시켜줄 수 있는 micro projector 제품 등 초소형 마이크로디스플레이에 많은 관심이 집중되고 있다.

1.2 마이크로디스플레이 정의 및 특징

(1) 마이크로디스플레이의 정의 및 방식

마이크로디스플레이는 일반적으로 대각 2인치 이하의 화면 크기를 가진 소형 디스플레이를 의미하며, 또한 화면 크기가 아주 작아서 광학계를 통한 화면 확대가 필요한 디스플레이로 정의된다.

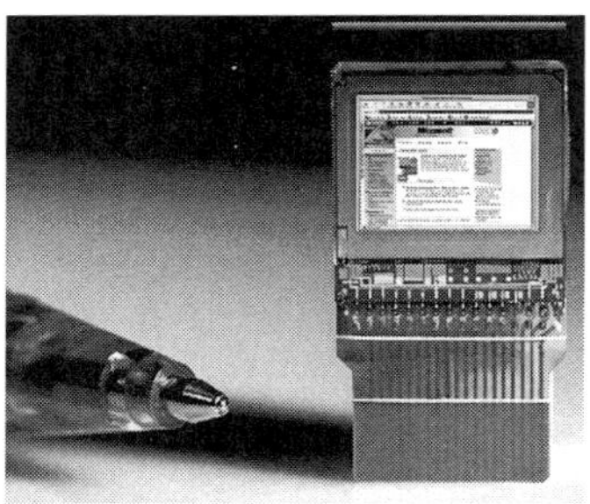

그림 8.1
Microdisplay의 한 예. 0.5인치 화면 크기에 800x600의 해상도를 가진 반사형 LCD 디스플레이

이러한 마이크로디스플레이는 rear-projection TV, front projectors, HMD 및 캠코더나 디지털 카메라의 view finder에 사용 된다. 전형적인 마이크로디스플레이를 그림 8.1에 나타내었다. 마이크로디스플레이를 보는 방법에 따라 구분하면 일반적으로 두가지 방식으로 나눌 수 있다. 그림 8.2에 나타낸 바와 같이, 첫째 방식은 투사형 마이크로디스플레이(Projection Microdisplay)이며, 둘째 방식은 가상형 마이크로디스플레이(Vir- tual Microdisplay)이다. 그림 8.2 (a)에 나타낸 바와 같이 투사형 방식의 경우, 다수의 사용자를 대상으로 마이크로디스플레이의 이미지 또는 영상을 100인치에 이르는 대형 스크린에 확대할 수 있다. 이러한 투사형 마이크로디스플레이 패널은 0.7인치에서 2인치 사이의 크기를 가지며, rear projection TV나 프로젝터와 같은 투사형 방식은 광학계의 정도에 따라 100배에서 200배의 배율을 보여준다.

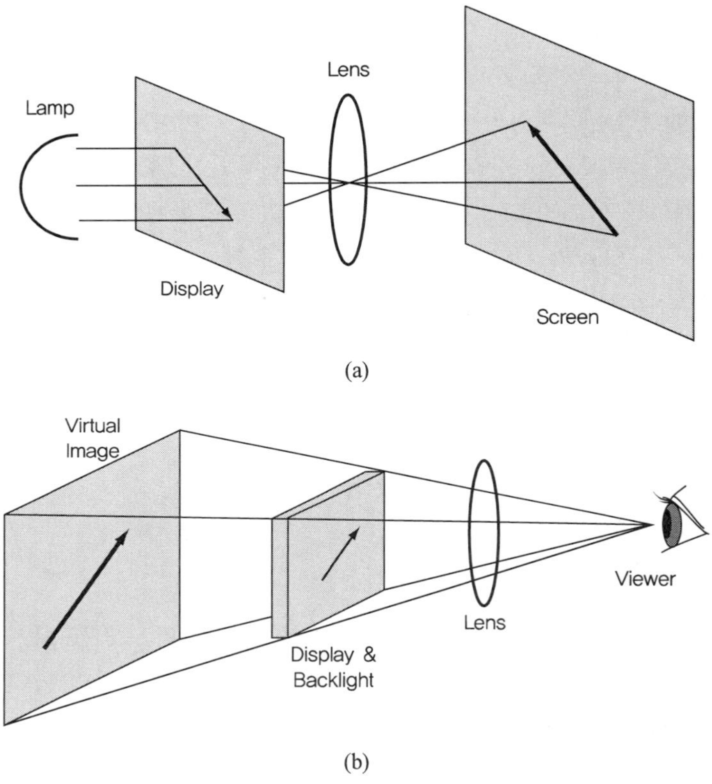

그림 8.2
마이크로디스플레이 방식 (a) 투사형, (b) 가상형

또한, 그림 8.2 (b)에 보이는 가상형 방식의 경우, 개인을 대상으로 사용자가 광학계를 통하여 확대된 이미지 또는 영상을 직접 눈으로 보는 방식으로 디스플레이 패널의 크기가 광학계 배율 정도에 따라 50인치까지 구현이 가능하다. 가상형 방식에 사용되는 패널의 크기는 보통 0.4인치에서 1인치 사이의 크기를 갖는다. 일반적으로 패널 크기가 제한되어 있음으로 작은 면적에 고해상도의 화소 밀도를 구현해야 한다. 그리고 용도에 따라 패널 크기도 다르게 된다. 프로젝션 TV나 프로젝터에 사용하는 투사형 마이크로디스플레이는 HD급의 고해상도를 구현할 수 있으며, HMD나 EGD(Eye Glasses Display)에 사용되는 가상형 마이크로디스플레이는 현재 SVGA 정도의 해상도가 구현되는 수준이다.

표 8.1 투사형과 가상형 마이크로디스플레이 방식 비교

방 식	투사형 마이크로디스플레이 (Projection Microdisplay)	가상형 마이크로디스플레이 (Virtual Microdisplay)
영상(이미지) 크기	~ 100 인치 이상	~ 50 인치
패널 크기	0.7 - 2인치	0.4 - 1인치
해상도	SVGA, XGA, SXGA, UXGA, HD	QVGA, VGA, SVGA
응용 분야	프로젝션 TV, 프로젝터	HMD, 디지털 카메라, 캠코더, EGD, etc.

(2) 마이크로디스플레이의 특징

앞에서 언급한 것과 같이 마이크로디스플레이는 기존의 직시형의 평판 디스플레이 개발 과정에서 생기는 문제점들, 특히 화면 크기, 부피, 가격 등의 아주 민감한 요인들을 해결하려는 노력에서 개발이 시작되었다고 해도 과언이 아니다. 가격이 저렴한 대화면 디스플레이 또는 대화면을 볼 수 있는 소형의 디스플레이에 대한 요구는 마이크로디스플레이가 가지는 두 가지의 중요한 핵심적인 특징을 반영하여 해결할 수 있다. LCD와 PDP 같은 고가의 직시형 평판 디스플레이와 유사한 해상도의 디스플레이를 저렴한 가격의 프로젝션 TV로 대체할 수 있으며, 또한 경량 초소형의 micro projector로 정보 제공력 및 휴대성을 강화하고 새로운 영상 정보를 제공할 수 있다.

* 2 마이크로디스플레이의 종류와 구동 원리

Display Engineering

2.1 마이크로디스플레이의 종류

LCD나 PDP와 같은 직시형 평판 디스플레이와 마찬가지로 마이크로디스플레이의 경우에도 동작 방식에 따라 반사형(Reflective), 투사형(Transmissive), 그리고 자체 발광형(Emissive)으로 분류할 수 있다. 반사형 마이크로디스플레이의 경우에는 반사면의 특성을 변화시켜 가면서 외부로부터 입사되는 광을 변조시키는 방식으로 광원이 마이크로디스플레이 패널 앞쪽에 존재하여 이미지를 반사시켜서 보는 형태가 되며, 투과형 마이

크로디스플레이의 경우에는 입사되는 광이 패널을 통과하면서 변조되는 방식을 이용하는 것으로 광원이 디스플레이 뒤쪽에 있게 된다. 또한 자체 발광형 마이크로디스플레이의 경우에는 스스로 빛을 생성하여 별도의 광원이 불필요한 형태가 된다.

(1) 반사형 마이크로디스플레이

반사형 마이크로디스플레이에는 MEMS(Micro Electro Mechanical Systems) 기술을 이용하는 방식과 실리콘 CMOS chip과 glass plate사이에 있는 액정 박막을 특징으로 하는 LCoS(Liquid Crystal on Silicon) 기술을 이용한 것이 대표적인 반사형 마이크로디스플레이이다.

1) MEMS 마이크로디스플레이

MEMS 마이크로 디스플레이는 반도체 공정을 이용하여 초소형의 전기 및 기계적인 성분으로 제작된 MEMS 소자를 기반으로 하는 디스플레이를 말한다. 소형의 MEMS 소자는 디스플레이에서 화소의 부분이 되며, 전기 및 기계적인 방법으로 화소 등을 조절하여 외부로부터 입사되는 광의 크기 또는 위상을 변조하는 방식으로 반사형의 디스플레이를 구현하는 것이다. 현재까지 TI(Texas Instruments)사의 DMD(Digital Micromirror Device), SLM(Silicon Light Machines)사의 GLV(Grating Light Valve), 대우전자의 TMA(Thin-film Micromirror) 등의 기술을 기반으로 하는 MEMS 마이크로디스플레이가 개발 또는 상품화되어 있다.

(a) TI사의 DMD 기술

TI사는 DMD 기술과 디지털 영상을 색이 있는 아날로그 이미지로 인식하도록 digital light pulse로 변환시키는 DLP(Digital Light Processing)을 결합하여 고화질의 대화면 디스플레이를 구현하였다. MEMS 공정에 의해 제작되는 DMD pixel의 구조는 그림 8.3에 나타내었다.

그림 8.3에서 나타낸 DMD pixel은 초미세 반도체 공정에 의해 메모리 셀(CMOS SRAM)부 위에 제작된 미세한 4단의 구조로 제작된다. 즉, mirror 층, yoke와 hinge 층, metal 3층과 메모리 셀(CMOS SRAM) 층으로 구성되는 것이다. Mirror는 빛을 반사하는 역할을 하며 아래에 있는 yoke에 강하게 연결되어 있다. 이 yoke는 아래의 층에 형성된 post들을 지지하기 위한 두 개의 얇은 torsion hinge에 연결되어 있다. York 및 hinge 층은, SRAM으로부터의 신호를 거울의 기울기로 변환하는 역할을 하며, SRAM으로부터의 전압(ON/OFF)에 의해 정전기적인 토크를 일으켜, torsion hinge부분을 비틀 수 있어, york로 불리는 부분이 천칭과 같이 ±10° 기울게 되어 있다. 이 yoke가 기우는 동안의 동작 속도는 불과 15μsec 정도의 초고속이다. Metal 3층은 yoke가 기울었을 때, yoke의 착지점이 되고 있으며 torsion hinge을 지탱하게 된다. 메모리 셀을 포함하는 DMD pixel 두 개를 입체적으로 표시하면 그림 8.4와 같이 나타낼 수 있다.

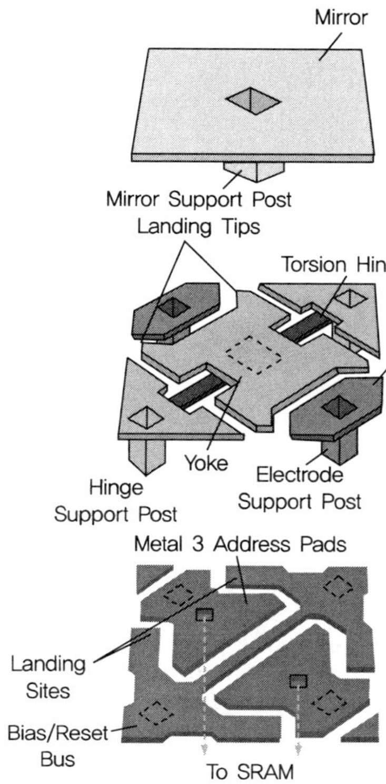

그림 8.3
DMD pixel의 구조

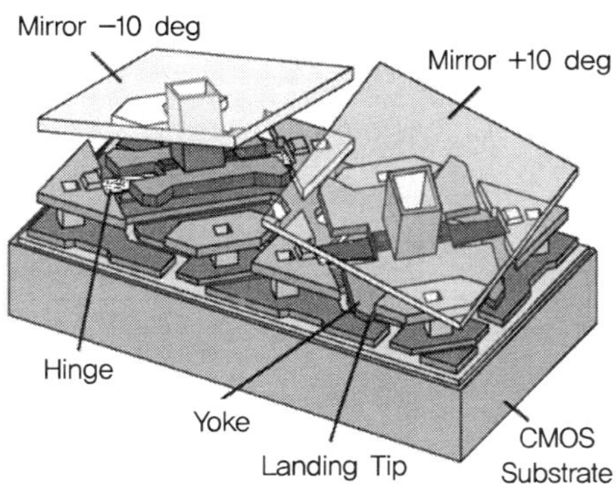

그림 8.4
2개의 DMD pixels

그림 8.4에서 알루미늄으로 만들어진 mirror는 메모리 셀의 신호에 따라서 구동하는 light switch의 역할을 한다. 메모리 셀이 '1'의 상태에 있으면 mirror는 +10° 방향으로 회전하고, 메모리 셀이 '0'의 상태에 있게 되면 −10° 방향으로 회전한다. 결과적으로 광 스위치 기능을 갖는 초소형 DMD pixel array와 광원, 광학계를 결합하면 대화면의 디스플레이가 구현된다. Mirror를 초고속으로 회전시켜 광을 스위칭하여 프로젝션 렌즈의 안이나 밖으로 반사시킴으로써 viewer의 눈이 아날로그 이미지로 인지할 수 있는 디지털 광 펄스의 신호로 변환시킨다. 이렇게 viewer의 눈이 인지하도록 만드는 기술을

binary pulsewidth modulation이라고 하며 일반적으로 디스플레이에서 많이 사용되는 계조 표시 기술 중의 하나이다. DMD를 기반으로 한 DLP 프로젝션 시스템을 구현하기 위해서는 single-chip, two-chip, 그리고 three-chip을 이용하는 세 가지 방식이 있으며, 이는 가격, 광 효율, 전력 소비량, 시스템의 무게와 부피에 아주 밀접하게 관계가 있어서 용도에 따라서 선택적으로 결정된다. 그림 8.5는 single-chip DLP 프로젝션 시스템의 한 예이다.

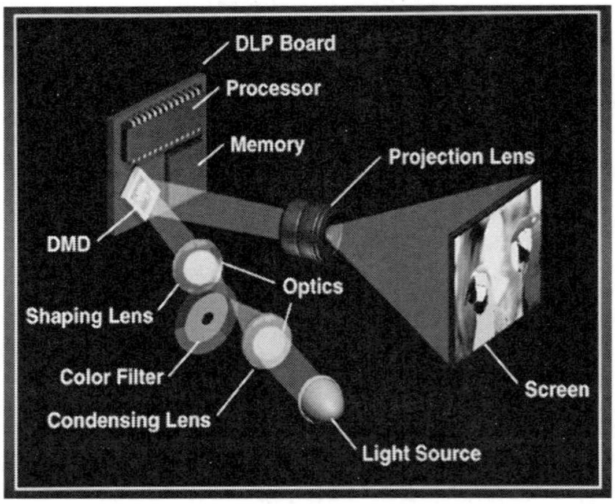

그림 8.5
Single-chip DLP 프로젝션 시스템 (TI사 자료 참조)

DMD 기반의 방식은 LCD 기반의 방식과 달리 반사형 방식으로 수백만 개의 DMD (Digital Micromirror Device)로 패널이 구성된다. 광원에서 나오는 빛은 color filter wheel을 통하여 RGB의 빛으로 변환되고 이를 한 개의 DMD가 렌즈에 반사시켜 이미지나 영상을 구현하게 된다. 따라서 순간적으로 형성된 이미지의 색은 하나뿐이지만 눈의 응답 속도가 느리기 때문에 3개의 이미지가 합해져서 하나의 풀 칼라 이미지로 표시되는 것처럼 보이게 된다.

그림 8.6
삼성전자에서 출시한 세계 최대 사이즈의 71인치 1080p DLP TV

프로젝션 시스템을 구현하는 측면에서 보면, 1개의 칩을 사용하는 DMD 기반의 프로젝션 디스플레이는 작고 가볍지만, 화질적인 측면에서는 3개의 칩을 사용하는 DLP 프로젝션 시스템이 가장 우수하다. 이 때문에 가격은 비싼 편이다. 상용화 측면에서 본다면 color breakup이라는 초기 DLP 기술의 문제점은 frame rate 고속화 기술로 해결되었으며, 공정 기술의 개발에 따라 mirror pitch가 13.6㎛인 것을 현재에는 10.8 μm으로 줄여 1080p의 HD급 제품을 생산하는 수준에 이르렀다. 그림 8.6에 나타낸 사진은 삼성전자에서 출시한 세계에서 가장 큰 사이즈인 71인치 1080p DLP TV이다.

(b) SLM사의 GLV 기술

GLV(Grating Light Valve) 기술은 1990년대 초에 스탠포드 대학에서 고안되어, 1994년 SLM(Silicon Light Machines)사가 설립되는 계기가 되었다. SLM사는 2000년에 Cypress Semiconductor사의 자사로 편입되어 GLV 기술을 기반으로 하는 다양한 소자 기술 개발을 해오고 있다. GLV 기술은 그림 8.7에 표시한 것과 같이 6개의 리본으로 구성된 하나의 픽셀에서부터 시작된다.

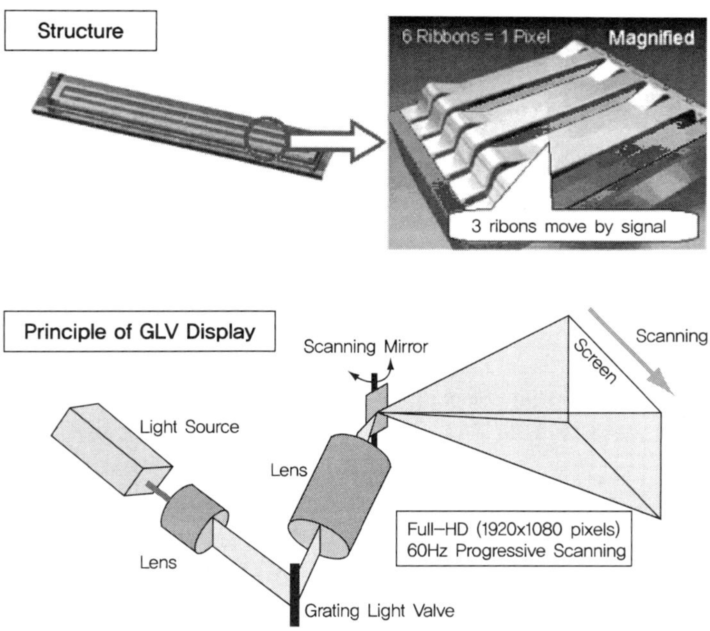

그림 8.7
GLV 프로젝션 디스플레이의 원리 및 화소 구조

실리콘 질화막 위에 반사도가 우수한 알루미늄 막을 코팅하여 리본을 만들며, 리본의 크기는 폭 3㎛, 길이 100㎛, 그리고 두께 100nm이다. 리본의 양쪽 끝 부분을 지지한 상태로 650nm의 air gap을 만들어 준다. 이렇게 만들어진 6개의 리본을 병렬로 배치하면 그림 8.7의 윗 그림과 같이 한 개의 pixel이 완성된다. 픽셀을 구동하는 원리는 리본과 air gap하부에 있는 전극 간에 전기장을 가하면 정전기력에 의하여 리본이 아래쪽 부분으로 20nsec 정도의 아주 빠른 속도로 당겨지게 된다. 6개의 리본으로 구성된 픽셀을 기반으로 하는 GLV 프로젝션 시스템은 기존의 2차원적 화소 어레이가 아니고 선형 어레이 구조로 이미지 주사가 가능한 것은 빠른 스위칭 속도 때문이다. SLM은 그림 8.7의 아래 그림과 같이 Red, Green, 그리고 Blue의 레이저 광원을 이용하여 Full HD급의 프로젝션 TV 시스템을 시연한 바 있다.

(c) LCoS 마이크로디스플레이

Canon사와 Kopin사의 투과형 LCoS 방식을 제외하고는 대부분의 LCoS micro-display는 반사형 방식이다. LCoS microdisplay의 기본적인 구조는 그림 8.8에 나타낸 것과 같다.

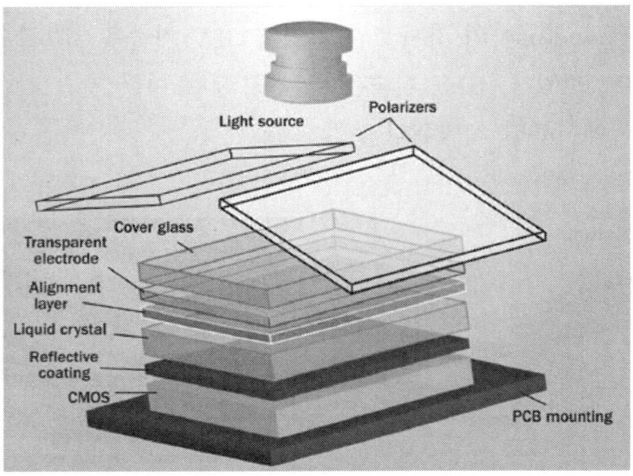

그림 8.8
LCoS 마이크로디스플레이의 구조

LCoS 마이크로디스플레이는 액정의 광변조 특성을 이용한다는 측면에서 직시형 디스플레이인 TFT-LCD와 비슷하다. TFT-LCD의 경우, 두 장의 유리 기판 사이에 액정의 층이 있으며, 각각의 화소 내에 형성되어 있는 TFT(Thin Film Transistor)에 의해 제어된다. LCoS 마이크로디스플레이의 경우에는, TFT가 형성된 한 쪽의 유리 기판 대신에 실리콘 기판을 대체한 것으로 화소 제어를 위하여 단결정 TFT 소자가 형성된 CMOS chip이 구동 소자의 역할을 한다.

CMOS chip 위에 반사막, 액정, 배향막, 투명 전극, 유리판, 그리고 편광판 등이 위치하게 된다. 이렇게 구성되는 LCoS 디스플레이는 입사하는 편광된 빛의 retardation의 변조에 의해 동작하게 된다. TN(Twisted Nematic) 액정 구조에서 간단하게 변조 과정을 살펴보면, 우선 입사하는 편광된 빛을 꼬아서 이를 디스플레이의 앞쪽에서 뒤쪽으로 통과시킨다. 이 빛은 뒤쪽에 위치하고 있는 전극에서 반사되고 다시 꼬여서 디스플레이를 통과하게 된다. 두 번째 편광판은 직각으로 꼬인 빛이 편광판을 통과하도록 하는 역할을 한다. 각 화소 위치에 전압을 가하여 액정의 꼬인 정도를 조절할 수 있다. 최대 전압을 가하면 빛의 편광은 회전하여 analyzing 편광판에 직각으로 위치하게 되어 아무 빛도 통과할 수 없게 된다. 중간 정도의 전압을 가하면 빛의 한 부분만 회전하여 중간 정도 세기의 빛을 통과시킬 수 있게 된다. 즉 액정을 포함하는 LCoS 구조에서 액정은 반사막 표면에 도달하는 빛의 양을 조절하는 밸브의 역할을 한다. 따라서 특정한 화소의 액정에 더 많은 전압이 가해지면 더 많은 양의 빛이 통과하도록 하게 한다.

한편 칼라 LCos 마이크로디스플레이를 구현하는 방법으로는 3개의 LCoS chip과 mirror들을 이용하여 Red, Green, Blue를 만들어 내는 방식(그림 8.9 참조)과 1개의 LCoS chip과 color filter wheel을 이용하여 연속적으로 색상을 구현 하는 방식이 있다.

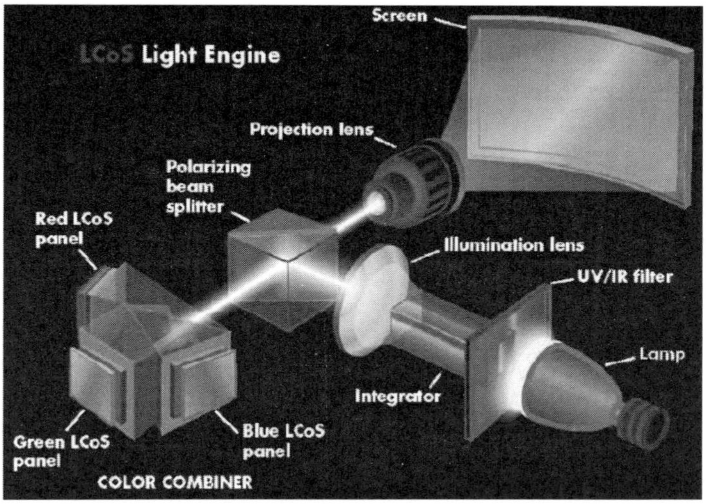

그림 8.9

LCoS projection 시스템 구성도

LCoS 기술의 일종으로 Sony는 최근에 SXRD(Silicon X-tal Reflective Display)를 개발하였다. 주요 특징은 콘트라스트 비가 3000:1로 높다는 것과 고온 다결정 Si 액정 패널과 비교하여 약 2.4배의 화소 밀도를 갖는다는 것이다. 이외에도 실리콘 구동 소자의 평탄화 기술, 균일한 배향막 성막 기술을 개발하여 2㎛ 이하라는 액정 셀 두께 구현 등이 중요한 기술의 개선이다. SXRD 기술의 자세한 구조와 특징을 그림 8.10에 표시하였고, SXRD 기술이 적용된 chip과 70인치 SXRD rear projection TV의 한 예를 그림 8.11에 나타내었다.

또한 JVC(일본 빅터)는 D-ILA(Direct-Drive Image Light Amplifier)라는 LCoS 기술을 개발하였다. JVC는 D-ILA 기술을 이용하여 해상도 8192×4320의 프론트 프로젝터를 위한 1.75인치 8kx4k D-ILA 디바이스를 개발하였다(그림 8.12 참조). 화면 비는 17:9, 화소 피치는 4.8㎛, 화소 간 갭은 0.24㎛, 개구율은 90% 이상이다. 액정의 배향에 의한 혼란 저감화 기술을 채용하여 반사면에 있어서의 빛의 산란이나 회절 등을 억제하여 콘트라스트 20000:1을 실현했으며, 응답 속도는 4.5msec 정도이다. NHK의 차세대 방송

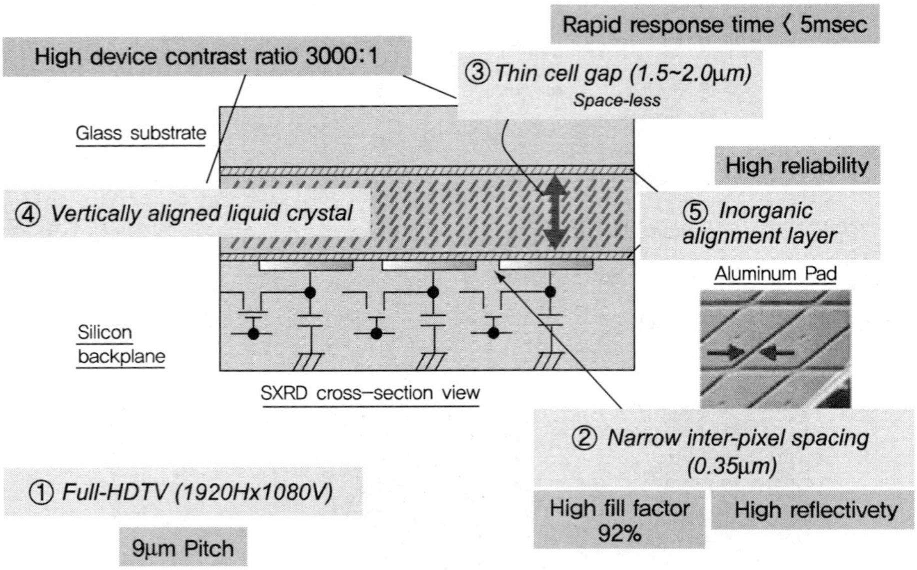

그림 8.10

Sony의 SXED 단면도 및 주요 특징

(a) (b)

그림 8.11

Sony의 (a) 0.78 인치 SXRD chip, (b) 70인치 SXRD 1080p rear projection TV

그림 8.12

JVC의 1.75인치 8kx4k D-ILA 소자

기술로서 추진하고 있는 「슈퍼 하이비젼」의 7,680×4,320에 완전 대응되고 풀HD의 17배, 4k디지털 시네마의 4배의 고정밀 영상 구현이 가능해진다. 단판으로 8k/4k해상도를 실현한 것은 1.75인치 8k×4k D-ILA디바이스가 세계 최초가 된다.

(2) 투과형 마이크로디스플레이

투과형 마이크로디스플레이에는 LCD(Liquid Crystal Display) 기반의 경우가 대부분이다. 화소수, 색 순도, 응답 속도로 규정되는 디스플레이의 고성능 요구 조건을 만족시키기 위해서는 TFT(Thin Film Transistor)를 이용한 AM(Active Matrix)-LCD가 가장 많이 사용되고 있으며, 이러한 TFT는 다결정 폴리 실리콘 또는 단결정 실리콘 위에 제작된다.

(1) 다결정 실리콘 TFT-LCD 마이크로디스플레이

다결정 실리콘 TFT-LCD를 기반으로 하는 마이크로디스플레이의 경우에는, 고온 공정을 통하여 TFT를 제작하기 때문에 고온에서 견딜 수 있는 quartz를 기판으로 사용한다. TFT-LCD의 구동 소자로 쓰이고 있는 비정질 실리콘 TFT에 비하여 다결정 실리콘 TFT는 큰 이동도와 높은 화소 밀도를 얻을 수 있다. 투과형 LCD 마이크로디스플레이에서는 광원이 디스플레이 뒤쪽에 위치한다. 빛이 LCD 마이크로디스플레이를 통과해서 진행하며, 빛은 이미지나 영상을 구현하기 위해서 각각의 화소에서 변조된다. 고온 다결정 실리콘 TFT를 기반으로 마이크로디스플레이를 생산하는 업체는 Seiko-Epson, Sony 등 주로 일본 프로젝터 업체이다. 프로젝터인 경우 디스플레이 크기는 1인치 이상이며, 가상형의 경우 0.5인치에서 1인치 사이의 크기를 갖는다. 그림 8.13에 다결정 실리콘 TFT-LCD 마이크로디스플레이를 이용한 프로젝터의 구조를 나타내었다. 그림에서 알 수 있듯이 LCD 마이크로디스플레이는 광원으로부터 R, G, B로 분리되어 입사되는 빛을 통과 또는 차단하므로 빛을 변조시켜 스크린에 이미지 또는 영상을 만들게 되는 것이다.

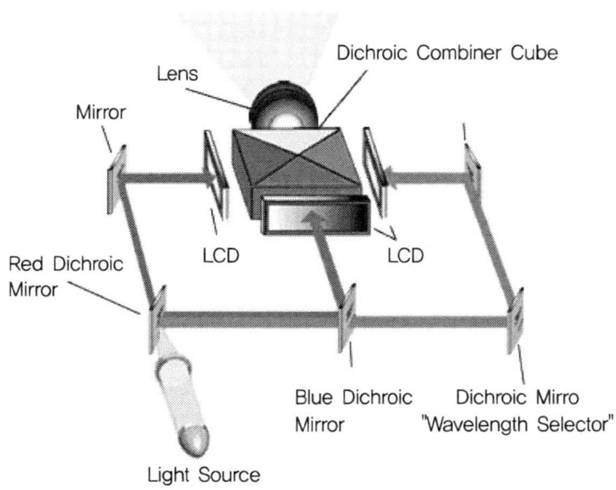

그림 8.13
LCD 마이크로디스플레이를 이용한 프로젝터의 구조

(a) 단결정 실리콘 TFT-LCD 마이크로디스플레이

단결정 실리콘 TFT는 다결정 실리콘 TFT에 비하여 상대적으로 높은 이동도와 화소 밀도를 갖기 때문에 양질의 집적 회로를 패널 위에 쉽게 구성할 수 있다. 이로 인해 신뢰성 및 가격 경쟁력 측면에서 장점을 가질 수 있다. 그리고 실리콘과 같은 불투명한 기판 위에 회로들을 만들기 때문에 주로 반사형 방식으로 디스플레이를 구현하는 것이 일반적이다. 투과형 방식으로는 Kopin사의 Cyberdisplay LCD가 유일하다고 할 수 있다. Cyberdisplay LCD의 경우, 아주 얇은 IC layer를 유리 기판에 전사하는 고유 특허의 lift-off 공정을 사용하고 있으며, 이러한 방법으로 실리콘 기판 위에 있는 단결정 실리콘 회로를 투명한 유리 기판 위로 전사시킴으로 투과형의 마이크로디스플레이가 가능하게 되는 것이다. Color filter를 사용하는 Cyberdisplay LCD의 단면도를 그림 8.14에 나타내었다. 기본적인 구성은 기존의 TFT-LCD와 유사하다.

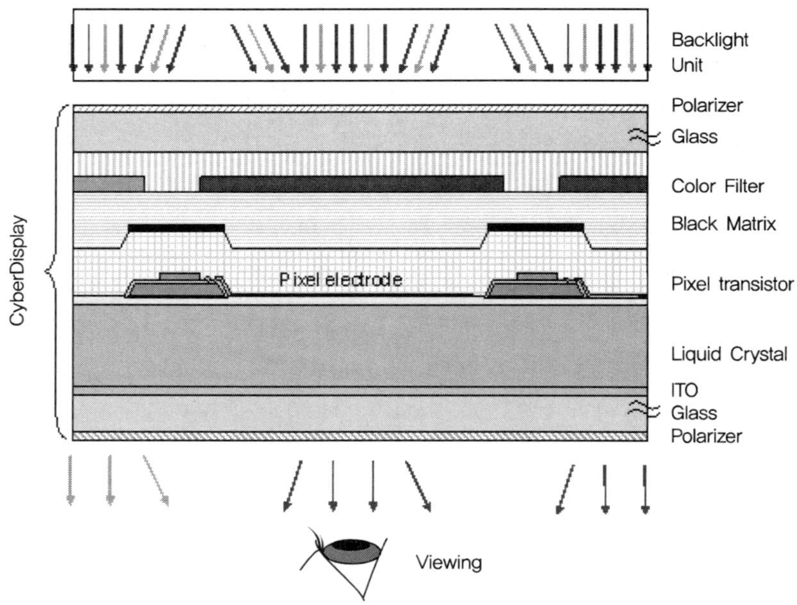

그림 8.14
Kopin사의 Cyberdisplay LCD 단면도

Cyberdisplay LCD를 기반으로 하는 투과형 마이크로디스플레이의 경우, 단결정 실리콘 TFT를 이용하므로 기존의 비정질 또는 다결정 실리콘 TFT를 사용하는 LCD TV나 휴대폰의 화소 사이즈보다 아주 작기 때문에 해상도 측면에서 장점을 가진다. 이로 인해 HMD 또는 wearable display 등의 가상형의 휴대용 디스플레이에 주로 사용된다. Kopin사의 제품은 0.29인치 WQVGA급부터 0.97인치 SXGA급까지의 다양한 종류로 생산되고 있으며, 주로 캠코더 뷰화인더, 개인용 컴퓨터, 게임, 휴대용 GPS 장치 등에 응용되고 있다.

(3) 자체 발광형 마이크로디스플레이

자체 발광형 마이크로디스플레이의 경우에는 외부로부터 광원이 불필요하므로 원리적으로 가장 간단한 마이크로디스플레이를 구성할 수 있으며, 현재까지 다양한 자체 발광형 소자들이 마이크로디스플레이용으로 시도되고 있다.

자발광의 특성을 가지는 디스플레이는 무기 EL, OLED, FED, VFD, 그리고 LED 등이 있다. 현재까지 상품화가 된 디스플레이는 OLED, VFD, 그리고 LED 기반의 디스플레이이다. 그 중 마이크로디스플레이에 가장 많이 접목되고 있는 디스플레이는 저분자와 고분자 기반 OLED 디스플레이라고 할 수 있다. 미국의 eMagin사와 영국의 MED (MicroEmissive Displays)사는 각각 저분자와 고분자 기반의 OLED microdisplay를 개발하여 상품화를 진행하고 있다.

MED사의 P(Polymer)-OLED 마이크로 디스플레이의 주요 부분은 그림 8.15에 보이는 P-OLED 구조이다.

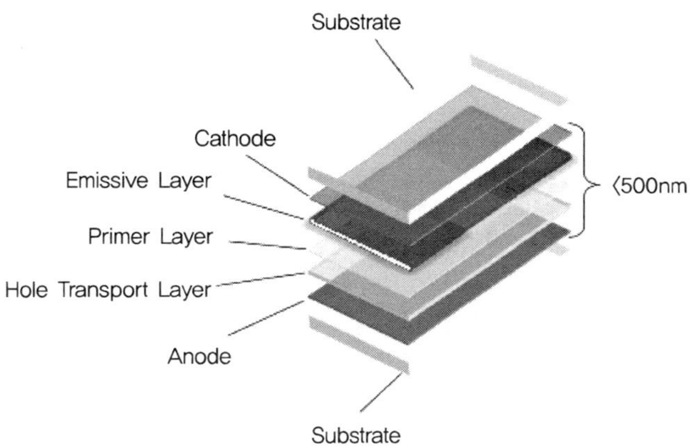

그림 8.15
P-OLED의 기본 구조

P-OLED의 기본 구조는 두 개의 전극, HTL(Hole Transport Layer), Emissive Layer, Primer Layer, 기판 등으로 구성되며, 이는 기존의 고분자 OLED 디스플레이와 같다.

마이크로디스플레이를 제작하기 위해서는 반도체 공정에 의해 회로가 내장된 CMOS chip 위에 그림 8.15와 같은 500nm 정도의 두께로 anode 전극과 고분자 EL 층, 그리고 투명한 cathode 전극을 증착한다. 그 후에 보호용 무기 박막 봉지 공정을 전면에 실시하고 color filter가 있는 유리 기판과 합착하면, 그림 8.16과 같은 P-OLED 마이크로디스플레이가 만들어진다. 그림 8.16의 MED사의 "eyescreen" ME3024는 0.24인치의 QVGA 해상도로 판매가 되고 있는 상용 제품의 사진이다. 이 제품과 렌즈를 포함하는 광학계와 결합하면 HMD와 같은 가상형 마이크로디스플레이가 완성되게 된다.

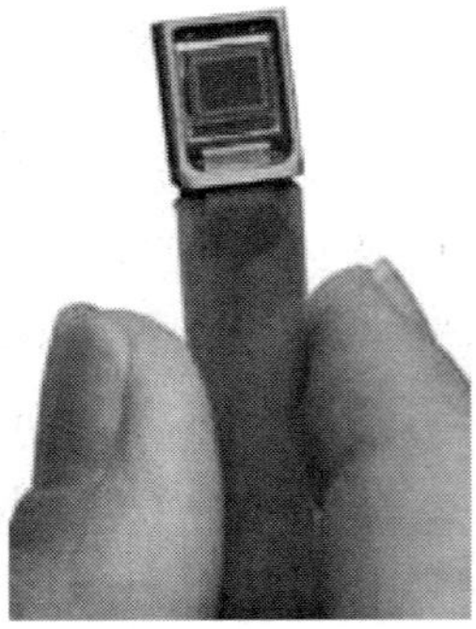

그림 8.16
MED사의 P-OLED microdisplay인 "eyescreen" ME3024

한편, 저분자 유기 EL을 마이크로디스플레이 패널에 이용하고 있는 eMagin사는 Eastman Kodak사로부터 저분자 유기 EL에 대한 특허 사용 권한을 받아서 마이크로디스플레이 패널 제작 기술을 개발하고 있다. 제작 공정은 우선 단결정 실리콘 CMOS 회로 기판 위에 그림 8.17과 같은 평탄화된 절연막, anode 전극, 백색의 저분자 EL 층, 투명 cathode, 투명 seal layer, black matrix, color filter, 투명 보호막, 반사 방지막 등의 순서로 증착 또는 성막 하는 것이다.

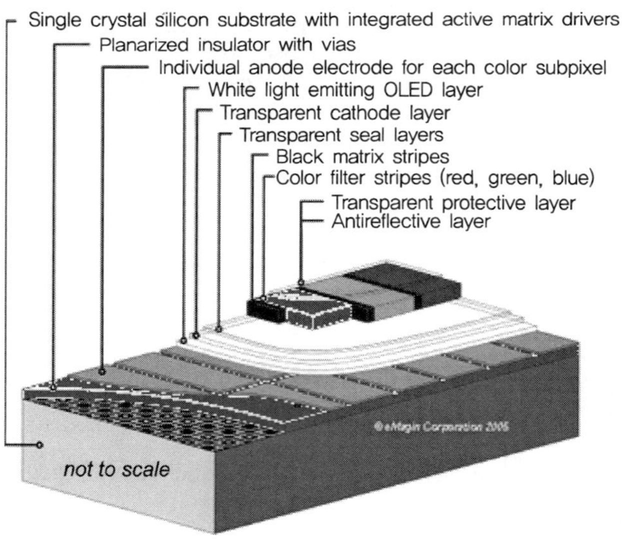

그림 8.17
eMagin사의 저분자 OLED 구조

이렇게 만들어진 OLED 마이크로디스플레이 패널은 그림 8.18에서와 같이 비선형 렌즈를 포함하는 광학계와 결합되어 HMD 또는 NTE display와 같은 가상형의 마이크로디스플레이로 제품화된다.

eMagin사는 0.59인치 SVGA(800×600), 0.61인치 SVGA+(852×600) 급의 저분자 OLED 마이크로디스플레이 패널을 제조 및 판매하고 있다.

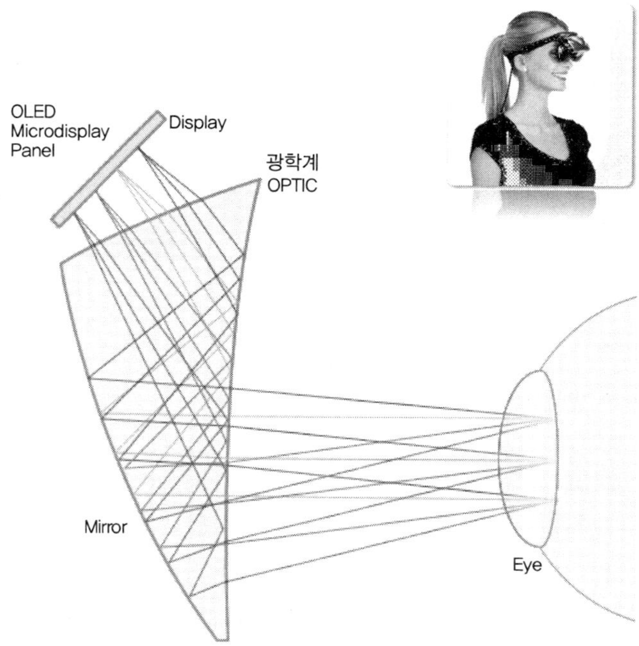

그림 8.18

Microdisplay의 한 예. 0.5인치 화면 크기에 800x600의 해상도를 가진 반사형 LCD 디스플레이

2.2 마이크로디스플레이의 응용 분야

마이크로디스플레이의 응용 분야는 디스플레이의 사용 방식에 따라 다양하게 분류할 수 있다. 응용에 따라서 크게 두가지로 분류가 되는데, 첫째는 투사형(projection) 방식에 따른 응용, 둘째는 가상형(Virtual Image) 방식에 따른 응용이다. 투사형 방식은 현재 가장 광범위한 응용 분야에 이용되고 있으며, 주로 프로젝션 디스플레이와 프로젝터 등의 전자 기기에서 찾아볼 수 있다. 반면에 가상형 방식은 캠코더용 뷰 화인더와 HMD(Head Mounted Display) 등의 제한된 응용 분야에서 사용되고 있다.

프로젝션 디스플레이를 구현하기 위한 기술은 초기의 투과형 CRT(Cathode Ray Tube) 기술에서 시작하여 현재에는 투과형 LCD, DMD, 그리고 LCoS 기술 등이 사용되고 있다. 이러한 기술에 의한 프로젝션 디스플레이는 기존의 CRT의 무게, 부피, 화면 사이즈 등이 제한된 점을 이용하여 대화면, 무게, 부피 측면에서의 장점을 활용, 많은 인기를 끌었다. 그러나 점차 대화면의 LCD와 PDP의 가격이 급격하게 하락함에 따라 투사형 마이크로디스플레이는 현재의 평판 디스플레이와 경쟁을 해야 하는 시점에 이르게 되었고 시장을 점유하는데 어려움이 커질 것으로 예상된다. 그림 8.19에 다양한 기술에 의한 프로젝션 TV 제품을 나타내었다.

프로젝터의 경우는 그동안 고온 다결정 실리콘 기반의 투사형 LCD가 주로 이용되어 왔으나 최근부터 DMD 기반의 DLP(Digital Light Processing) 프로젝터가 시장에서 점유율을 높이고 있는 상황이다.

(a) (b) (c)

그림 8.19

Projection TV (a) LCD 방식, (b) DLP 방식, (c) LCoS 방식

가상형 마이크로디스플레이의 응용 분야로는 HMD(Head Mounted Display) 및 EGD (Eye Glass mounted Display) 등이 정보통신의 급속한 발전과 더불어 다양한 정보 제공의 매체로 부각되기 시작하고 있다. 휴대폰, PDA폰 등의 이동단말기에서 보여주는 영상은 크기가 아주 제한적이기 때문에 사용자가 요구하는 대용량의 정보 제공이 한계에 도달하는 상황이 발생한다. 이러한 문제점을 제거해 줄 수 있는 해결책으로 가상 현실을 제공하는 HMD 등의 개발 및 상용화가 이루어지고 있다. 이외에도 wearable PC 등에 사용되는 EGD도 10대를 비롯한 젊은 층의 인기를 끌고 있는 주요한 응용 분야이다. 여러 가지 가상형 마이크로디스플레이의 다양한 응용 예들을 그림 8.20에 나타내었다.

그림 8.20

가상형 마이크로디스플레이의 다양한 응용 분야

가상형 마이크로디스플레이가 점차 미래 디스플레이의 하나인 wearable display에 사용된다는 측면에서 보면 더욱 다양한 응용 분야가 생겨날 것으로 예상된다. 특히, mobile phone, portable game console, PMP, DVD 등의 entertainment 분야에 우선적인 응용이 발생할 것이며, 군사, 교육, 산업, 의료 등의 분야에서도 실시간으로 정보를 전달, 표현함으로써 효과적인 업무 수행에 많은 도움을 줄 것이다.

마이크로디스플레이의 기술 개발 동향

3.1 국내외 마이크로디스플레이 기술 개발 동향

Sony와 Epson이 고온 다결정 실리콘 기반의 LCD 마이크로디스플레이의 시장을 장악하고 있는 상태이며, 향후 MEMS와 LCoS 기반의 마이크로디스플레이의 급속한 발전으로 시장에서의 판도가 많이 달라질 것으로 예상된다. DMD 기반의 마이크로디스플레이는 프로젝션 TV, 프로젝터 등의 제품에 상당히 많이 채용되어 가고 있으며, 초소형 프로젝터에 관한 연구도 지속적으로 진행되고 있다. 한편, SXRD, D-ILA 등 LCoS 기반의 마이크로디스플레이는 프로젝션 TV와 프로젝터 등의 제품에 적용되고 있으며, 초대형의 디스플레이 구현을 위한 기술 개발에도 많은 연구가 진행되고 있다. 또한 최근에는 mini projector에 대한 고객의 요구가 커짐에 따라 여러 회사 및 연구 기관에서 많은 연구가 진행되어 각종 전시회 및 학회 등에서 시제품을 전시하는 등 지속적인 관심을 받고 있다.

(1) 마이크로디스플레이의 국내 개발 현황

국내에서는 삼성 전자, 삼성 전기, LG 전자 등의 대기업과 ETRI, KETI 등의 공공 연구기관에서 많은 관심을 가지고 연구를 진행하고 있으며, 특히 mini projector 개발에 대한 관심이 늘어나고 있다(표 8.2 참조). Mini projector 개발에 핵심적인 요소인 green laser 개발이나 MEMS scanner 기술 개발에 많은 진전을 이루고 있는 수준이다. 한편 HMD 기술과 관련한 연구 동향은 많지 않은 편이며, 주로 eMagin사, MED사, Kopin사의 마이크로디스플레이 패널을 수입하여 최종 제품을 만드는 수준이다. 이는 규모가 아직 크지 않은 시장에 진입하는 회사가 많지 않기 때문인 것으로 판단되며, 향후 점차적으로 늘어날 것으로 예상된다.

표 8.2 마이크로디스플레이 관련 국외 연구 개발 동향

회 사	제 품	특 징	비 고
삼성전자	Mini Projector	• SVGA급 DMD panel, 3 color LED	
삼성전기	Mini Projector	• MEMS 방식의 SOM 광변조 소자 개발	
LG 전자	Mini Projector	• DMD 및 LCoS panel 적용	
일진 디스플레이	Nano Projector	• 1-LCD 방식의 프로젝션 디바이스	휴대폰용

(2) 마이크로디스플레이의 국외 개발 현황

국외의 경우에는 고유의 기술을 가지고 있는 업체에서 선도적으로 연구 개발이 진행되어 오고 있으며, 특히 미국, 일본, 독일 등의 업체나 연구 기관에서 활발하게 지속적인 연구를 수행하고 있다. 일본의 경우, 대기업을 중심으로 소형 프로젝터 및 대형 프로젝션 디스플레이에 대한 연구가 많이 진행되고 있으며, 미국의 경우에는 TI사의 DMD 기반 기술, eMagin사의 가상형 저분자 OLED 마이크로디스플레이 기술, Microvision사의 MEMS scanning mirror 기술 등에 대한 연구 개발이 진행되고 있다. 그리고 유럽의 경우에는 Fraunhofer Institute의 MEMS scanner 기술, MED사의 고분자 OLED 마이크로디스플레이 기술, Simens의 mini projector 기술 등에 대한 연구가 지속되고 있다.

표 8.3 마이크로디스플레이 관련 일본의 연구 개발 동향

회 사	응용 분야	내 용	비 고
Canon	Mini Projector	• 해상도 SVGA급 소형 사이즈 소자 개발 • MEMS scanner 개발	
Sony	GLV TV	• 레이저 광을 광원으로 사용 • 3000:1dml 높은 색대조비	
Epson	Mini Projector	• 투과형 LCD panel 적용 • 고휘도 LED 사용	
Mitsubishi	Mini Projector	• SVGA급 DMD panel 사용 • Lumileds LED 사용	
NEC	Mini Projector	• Mini projector와 computer가 연결되는 미래 사무환경 시연	
JVC	Projection Display	• D-ILA 기술 개발	

표 8.4 마이크로디스플레이 관련 미국의 연구 개발 동향

회 사	응용 분야	내 용	비 고
Texas Instruments	DMD	• MEMS 기반 DMD/DLP system 개발 • Feature size 12㎛ pixel	
Symbol	Mini projector	• Barcode scanner를 mini projector에 적용	
Microvision	Mini Projector Engine	• MEMS scanner 개발 • HMD/HUD 상용화 • PicoP: full color 시제품 전시(2008 SID)	
eMagin	HMD	• SVGA급 및 SVGA+급 저분자 OLED 마이크로디스플레이 패널 개발	
Displaytech	Pico-projector	• FLCoS(Ferroelectric Liquid Crystal on Silicon) 기술 개발 • VGA, WVGA, and SVGA FLCoS 패널 개발	

표 8.5 마이크로디스플레이 관련 유럽의 연구 개발 동향

회 사	응용 분야	내 용	비 고
Fraunhofer Institute	Mini projector	• MEMS scanner 개발 • OLED projector 개발 • OLED on CMOS microdisplay 개발 • Photosensor 내장 OLED microdisplay 개발	
Simens	Mini projector	• Cyan monochrome 사용 • UV LD와 phosphor scrren 적용	
MicroEmissive Displays	HMD	• 고분자 OLED 마이크로디스플레이 패널 개발 • 0.6인치 QVGA급 OLED 패널 개발 및 상용화	
Fourth Dimension Displays	NTE	• FLCoS기반 0.88인치 XGA급 패널 개발 및 상용화 • Fast switching liquid crystal (40μsec) • 24-bit Native (8-bit per colour) • High fill factor >93%	
Holoeye Photonics AG	Hologram projector	• 실시간 hologram projector 개발 • LCoS panel + laser 광원 + hologram S/W 결합 • LCoS microdisplay size from 0.55" to 0.7" • 해상도:1280x768(WXGA), 1920x1200(WUXGA) • Frame rate: 60 Hz to 180 Hz	
Visitech	Micro-projector	• DLP 기반의 micro projector 개발	

3.2 마이크로디스플레이의 향후 전망

평판 디스플레이의 대표 주자인 LCD와 PDP의 무서운 성장세로 인해 대형 TV 시장에서 경쟁력이 약화될 것이라는 예상과 달리 프로젝션 TV가 북미 시장을 필두로 지속적으로 성장하고 있다. Microdisplay 기술을 적용하는 프로젝션 TV는 초기에는 기존의 CRT TV보다 큰 화면을 구현한다는 점에서 성능에 그다지 의존하지 않았지만, 점차 성능이 개선되고 가격도 경쟁력을 갖추면서 점차 시장을 넓혀가고 있다. 그리고 디지털 방송이 본격화 되면서 microdisplay 기반의 고급 HD 프로젝션 TV의 소비자 수요가 증가할 것으로 예상된다. LCD 기반의 프로젝션 디스플레이보다 해상도 및 디지털 방송에 접근성이 강한 DMD기반의 프로젝션 TV가 점차로 시장에서 관심을 끌고 있다. DMD 기반 프로젝션 디스플레이는 뛰어난 화질과 작은 사이즈, LCD TV나 PDP TV에 비해 상대적으로 저렴한 가격으로 인해 앞으로 꾸준한 성장이 예측된다. 현재 DMD 기반의 방식과 LCD 기반의 방식이 프로젝션 TV와 프로젝터 분야에서 치열하게 경쟁을 하고 있으며 향후 점진적으로 DMD 기반의 방식으로 옮겨갈 것으로 예상된다. 북미 지역과 유럽 지역에서 각각 삼성전자와 LG전자가 시장의 선두 주자로 영역을 넓혀가고 있다. 디지털 방식의 DMD 기반 프로젝션 TV는 TI의 공격적인 마케팅과 더불어 많은 업체들의 다양한 제품 등을 통하여 뛰어난 화질을 가진 디스플레이라는 인식을 소비자들에게 강하게 심

어주었다. 이러한 시장 변화의 움직임은 엡손(EPSON), 후지쯔, 히타치, 마츠시타, 산요, 소니와 같은 LCD 기반의 프로젝션 디스플레이 메이커들에게 3판식 LCD기반 프로젝션 TV의 조기 도입을 유도하였다. 3판 LCD 기반으로 한 프로젝션 TV가 일본의 여러 업체에서 출시되는 등의 노력도 계속되고 있다. 한편 프로젝션 TV 시장에서 DMD 기반의 프로젝션 디스플레이와 LCD 기반의 프로젝션 디스플레이가 치열한 경쟁을 벌이고 있는 동안 LCoS 기반의 프로젝션 디스플레이 제품이 서서히 출시되는 시기에 이르고 있다. 프로젝션 TV 시장에 LCoS 기반의 프로젝션 디스플레이가 가세하므로 고화질과 저가격화는 더욱 가속될 것으로 보인다. 이와 더불어 LCD 및 PDP TV 업체들의 투자 경쟁으로 인하여 직시형 평판 디스플레이의 가격이 급격하게 하락하고 있다. 평판 디스플레이의 급격한 가격 하락과 더불어 성능 향상이 지속적으로 되고 있어 향후 프로젝션 디스플레이에게 치명적인 위협 요소가 될 것이 분명하다. 프로젝션 디스플레이가 미래의 치열한 경쟁속에서 살아남기 위해서는 뛰어난 화질과 저가격화가 반드시 이루어져야 한다. 빠른 기술 개발과 더불어 기존 평판 디스플레이가 구현하기 어려운 응용 분야를 찾아 차별성 있는 제품군을 형성하여야 할 것이다. 이러한 차별성이 있는 제품 분야는 첫째로 초소형의 nano 또는 pico projector이며, 두 번째로 초대형의 고해상도 프로젝션 디스플레이가 될 것으로 기대된다. 기존의 디스플레이 기술로는 구현하기 어려운 초소형과 초대형의 프로젝션 디스플레이가 마이크로디스플레이의 기술 발전과 더불어 가까운 미래에 우리의 주변에서 볼 수 있을 것으로 기대된다.

또한 가상형 마이크로디스플레이의 응용 분야인 HMD와 EGD의 시장은 아직 초기 수준이지만, 빠른 정보 사회의 흐름에 따라 급격하게 시장의 다양화가 이루어 질 것으로 예상된다. 개인적인 용도의 휴대용 디스플레이의 요구가 많아지고 있고, 여가 시간의 확대로 인하여 게임, 영화 등의 entertainment 분야와 의료, 산업 및 군용으로 특수한 목적으로 부가가치를 높일 수 있는 분야에서 많이 사용될 것으로 보인다. 미래에 가능한 입는 PC, 또는 가상 세계를 실현할 수 있는 virtual reality system 등에 가상형 마이크로디스플레이가 필수적으로 적용될 것으로 보인다.

연습문제

1. 투사형 마이크로디스플레이와 가상형 마이크로디스플레이의 장·단점을 비교하고 논의하시오.

2. Kopin사의 투사형 LCD 마이크로 디스플레이의 특징을 반사형 LCD 마이크로디스플레이와 비교하여 차이점을 논의하시오.

3. 마이크로디스플레이의 주요 구성 요소를 열거하고 각각의 구성 요소에 대하여 설명하시오.

4. FLCoS의 원리를 설명하시오.

5. JVC의 D-ILA 기술에 대하여 논하고 대형 프로젝션 디스플레이로의 응용 가능성에 대하여 논의하시오.

6. 프로젝션 마이크로디스플레이의 기반 기술 측면에서 LCD, LCoS, DLP를 비교 설명하시오.

7. LCoS 기반의 마이크로디스플레이의 상용화가 LCD나 DMD 기반의 마이크로디스플레이에 비해 늦었던 이유에 대하여 설명하시오.

참고문헌

[1] David Armitage, Microdisplays move outside the box, SPIE's OEMagazine, PP. 28-30, 2002.11

[2] David Armitage, Ian Underwood, Shin-Tson Wu, Intoduction to Microdisplay, Wiley, 2006. 11

[3] 배병성, 마이크로디스플레이 : 고온폴리 TFT-LCD 일진전자 부품연구소

[4] 문현찬, Micro-Projection 기술 진화와 시장동향(I), KETI 연구보고서, 전자부품연구원, 2007. 7

[5] 주병권, MPD(Micro Projection Display) 산업동향, KETI 연구보고서, 전자부품연구원, 2006. 3

[6] Microdisplay Web Page(http://tfcg.elis.ugent.be/microdis/)

[7] Kopin사 Web Page(http://www.kopin.com)

[8] TI사 Web Page(http://www.dlp.com)

[9] eMagin사 Web Page(http://www.emagin.com)

[10] SLM사 Web Page(http://www.siliconlight.com)

[11] MED사 Web Page(http://www.microemissive.com)

[12] SLM사 Web Page(http://www.siliconlight.com)

[13] Sony사의 SXRD page(http://pro.sony.com/bbsccms/ext/SXRD/index.shtml)

[14] JVC사의 D-ILA page(http://www.victor.co.jp/english/pro/dila/feature.html)

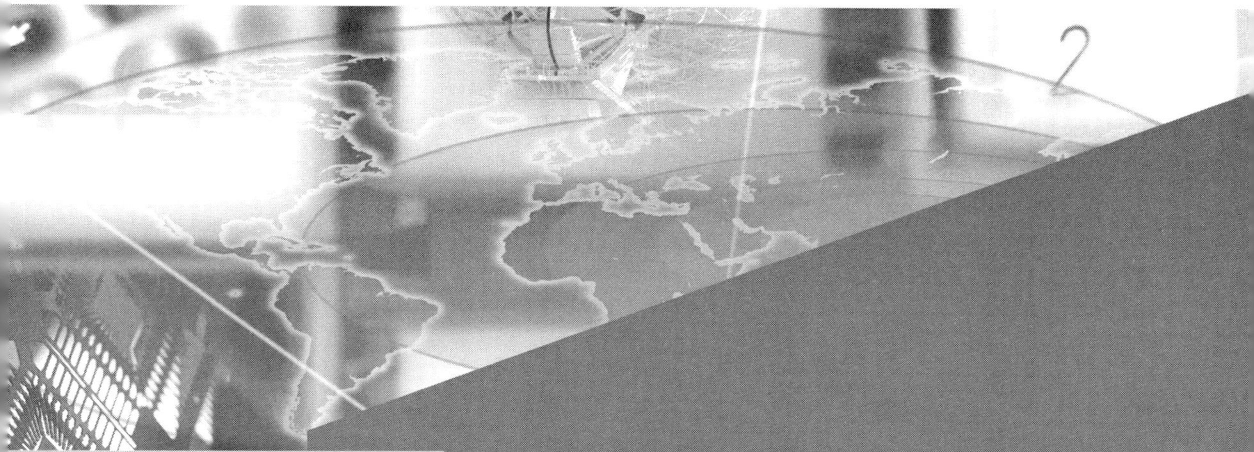

플라즈마 디스플레이 (Plasma Display)

Chapter 08 → 09

플라즈마의 정의

1.1 플라즈마의 기본 개념

기체 입자에 에너지가 가해지면(일반적으로 가속된 전자의 충돌에 의한 에너지 전달. 그 외에도 열적, micro-wave에 의해서도 가능) 최외각 전자가 궤도를 이탈하여 자유전자가 되고, 원자는 양전하를 띠게 된다. 이러한 양전하의 이온과 전자들이 다수가 모여 전체적으로 전기적인 중성을 갖으며 이렇게 구성된 입자들의 상호작용에 의해서 독특한 빛을 방출하며 높은 반응성을 갖게 되는데, 이러한 상태가 이온화한 기체 또는 플라즈마이다. 전자를 어떻게 가속시키느냐, 또는 플라즈마가 형성되는 상황의 전자 밀도나 온도에 의해서 다양한 플라즈마가 형성되는데, 그림 9.1은 전자 밀도와 온도에 따른 플라즈마 상태를 분류한 그림이다. 디스플레이 응용에서는 그림의 중앙부위에 위치한 글로우 방전 영역이 주로 활용된다.

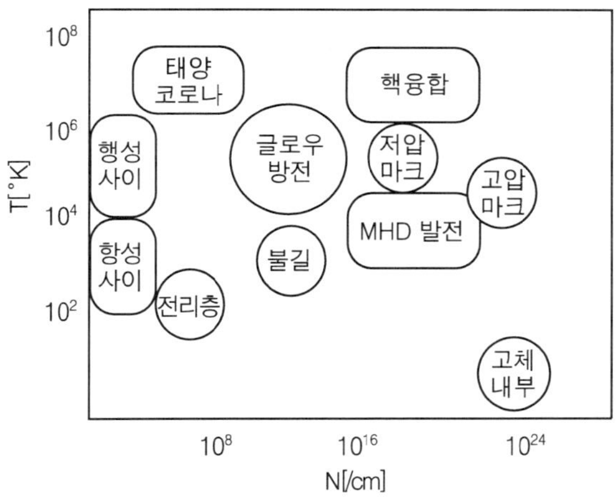

그림 9.1
전자 밀도와 온도에 따라 분류되는 플라즈마 상태

1.2 플라즈마의 생성과 구조

플라즈마가 형성되어 있는 상태를 그림 9.2와 같이 3가지 상태로 구분할 수 있다. 그림 9.2 (a)에서 전자는 약한 운동에너지를 갖고 있으며 이 에너지로는 원자 혹은 분자에 충돌해도 아무런 변화가 없게 된다(반발). 하지만 그림 9.2 (b)와 같이 가속된 자유전자는 원자와 충돌하여 최외각 전자를 튕겨 보냄으로써 이온을 만들고 또 하나의 자유전자를 만들게 된다(이온화). 생성된 전자와 원래 전자는 다시 가속되어 2차, 3차 등의 다중 충돌로 이온화를 급증시킨다. 한편 세 번째 그림과 같이 자유전자나 또는 이온이 다른 원자의 이온화에는 충분하지 않지만 충돌된 원자에 에너지를 공급하여 최외각 전자를 여기시키게 된다. 이 여기된 전자는 다시 안정한 궤도로 돌아오면서 고유의 에너지 간격에 해당하는 빛에너지를 발산하게 된다.

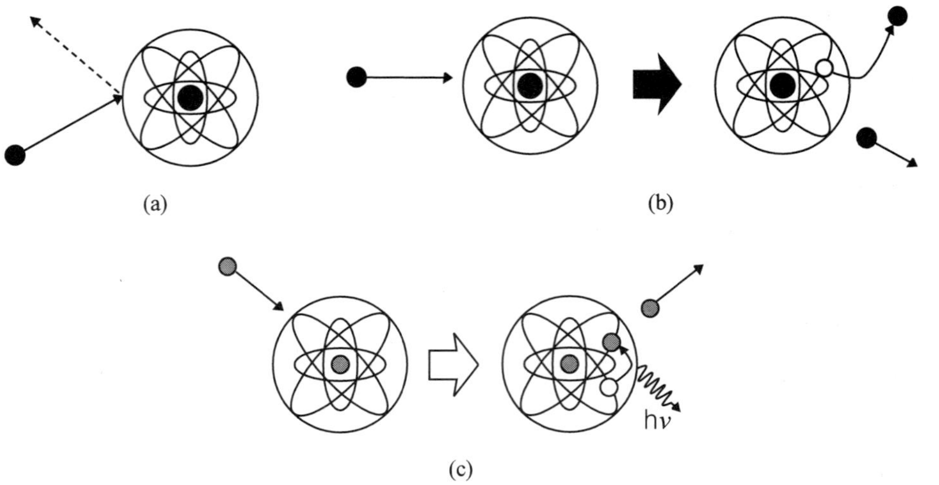

그림 9.2

플라즈마 생성 방식 (a) 반발, (b) 이온화, (c) 여기

또 하나 대표적인 플라즈마 발생 기구로는 Penning ionization과 Penning exicitation이 있는데 이것은 불활성 기체가 포함된 경우 안정 상태의 원자나 준안정 원자들과 충돌해 여기나 이온화가 일어나는 경우이다.

$$X^* + Y \rightarrow X + Y^+ + e \qquad \text{(이온화)}$$

$$X^* + Y \rightarrow X + Y^* \qquad \text{(여기)}$$

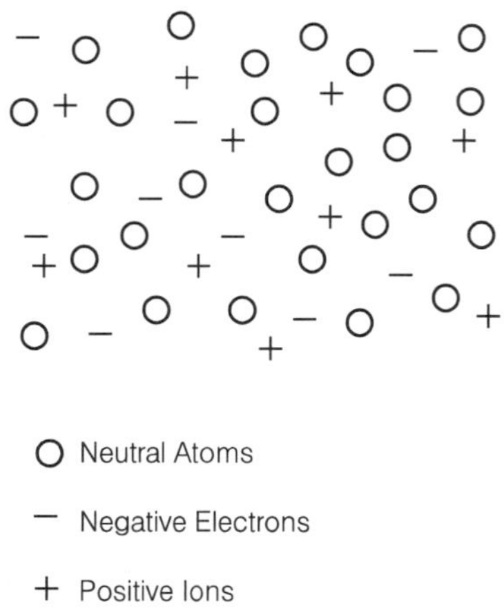

그림 9.3

플라즈마의 일반적인 형태

위의 여러 가지 현상을 보면 플라즈마가 생성되기 위해서 충돌하는 입자는 임계치 이상의 가속이 필요하며 또 실제로 플라즈마가 유지되기 위해서는 적당한 충돌 횟수가 보장되어야만 한다. 따라서 압력과 외부에서 인가하는 전압이 중요한 공정 변수가 된다. 하지만 너무 높은 압력은 충돌 사이의 거리를 짧게 하여 전자가 충분한 에너지를 가지도록 가속되지 못하므로 이온화를 방해하는 결과를 초래한다. 간단히 말해 플라즈마란 양이온과 음이온이 중성 원자의 바다에 존재하는 것이라 생각할 수 있다.(그림 9.3)

1.3 플라즈마의 밀도와 온도

플라즈마의 밀도는 단위 체적 당 입자의 개수(n=N/V)로 표현한다. 플라즈마 온도는 차원에 의존하는 상수를 피하기 위하여 [eV]라는 에너지 단위를 사용한다. 1 [eV]=1.6×10^{-19} [J]이며, 1 [eV]에 해당하는 온도는 11,600 [°K] 이다.

1.4 플라즈마의 특성

(1) 플라즈마는 전체적으로는 전기적 중성이지만 수많은 이온과 자유전자가 존재하므로 외부의 전계에 의해 전류를 흘릴 수 있는 특성을 갖는다.

(2) 플라즈마 내부에는 활발하게 운동하는 전자와 이온이 존재하기 때문에 다른 물질을 여기, 이온화시킬 수 있으므로 다른 물질의 화학반응을 잘 일어나도록 분위기를 조장해준다.

(3) 플라즈마 내부의 전자와 이온의 질량 차이가 아주 크다. 그런 이유로 각 입자의 운동 속도도 아주 큰 차이를 보이는데 이는 sheath[1], debye shielding[2] 같은 물리 현상을 초래한다.

(4) 플라즈마 내부의 전자와 이온은 자계를 걸어주면 자계 방향과 직각으로 원 운동하게 되며 이러한 방식으로 플라즈마를 한쪽에 가두어 놓거나, 플라즈마의 밀도를 원하는 곳에 집중시킬 수 있는 자기적 특성을 갖는다. 고밀도의 플라즈마는 전기저항이 낮아지게 된다.

1) 플라즈마는 탐침과 같은 도체면이나 혹은 플라즈마를 가두고 있는 진공용기의 벽면과 같은 도체 경계면이 있을 때 이온보다 전자의 운동 속도가 크기 때문에 전자가 먼저 도체 표면에 도착하게 된다. 도체면에 멀리 떨어진 지역은 상대적으로 이온이 많기 때문에 양의 전위를 갖게 된다. 이때 도체 주위에 전압 강하가 주로 생기는 영역을 sheath라고 하고, 도체면 멀리서 플라즈마 이온에 의해서 형성된 전위를 plasma potential이라고 한다.

2) 플라즈마 전체는 전기적으로 중성이지만 floating된 물체를 삽입하면 국부적인 중성이 깨지고 플라즈마 내부의 입자들이 스스로 재분포된다. 이러한 현상을 debye shielding 이라고 하고 이런 영향력이 미치는 범위를 debye length라고 한다.

* 2 플라즈마의 생성

D i s p l a y E n g i n e e r i n g

2.1 이온화에 필요한 에너지

기체 상태에서 플라즈마 상태로 만들려면, 다시 말하면 이온화를 일으키는 일이 필요하다.

원자핵에 속박되었던 전자를, 그 속박에서 이탈시키는 데 필요한 에너지, 간단한 수소를 모델로 하여 생각한다. 수소는 그림 9.4에서 보이는 것과 같이 1개의 양자에 의해서 이루어지는 원자핵과 그 주변을 주회하는 전자로 구성되어 있다. 이온화 에너지를 계산하려면 전자를 원자핵에서 무한원의 거리까지 이동시키는 데 필요한 에너지를 구하면 된다. 보어(N. Bohr, 1985-1962)의 양자 가설에 의하면,

(1) 원자 내에 속박된 전자는 고전역학 및 정전기학의 법칙에 따라서 어떤 정해진 궤도상을 정상적으로 운동한다.

(2) 전자의 운동 궤도는, 다음의 양자 조건을 만족시켜야 한다.

$$\int p\ dq = nh \qquad \text{(식 9-1)}$$

여기서 p는 운동량, q는 좌표이고, n은 자연수(n=1,2,3,....), 플랑크 정수라고 한다.

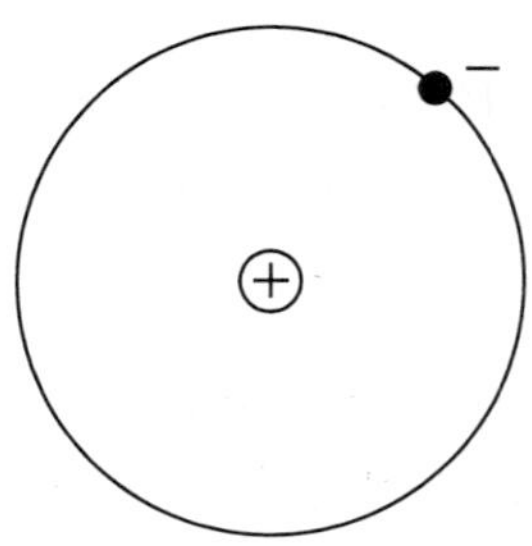

그림 9.4
수소의 원자 구조(+ : 양자, − : 전자)

이 가설에 따르면, 그림 9.5에 나타낸 것처럼 원자핵을 원점으로 한 좌표계에서 전자의 궤도 반경을 r, 각 주파수를 ω, 원자핵과 전자가 갖는 전하를 각각 e, −e라 하면,

$$r = \frac{n^2 h^2 \epsilon_0}{\pi m_e e^2} \qquad \text{(식 9-2)}$$

가 되고, n=1에서는 $r_1 = \frac{h^2 \epsilon_0}{\pi m_e e^2} = 0.53 \times 10^{-10} \equiv a_0$이 된다.

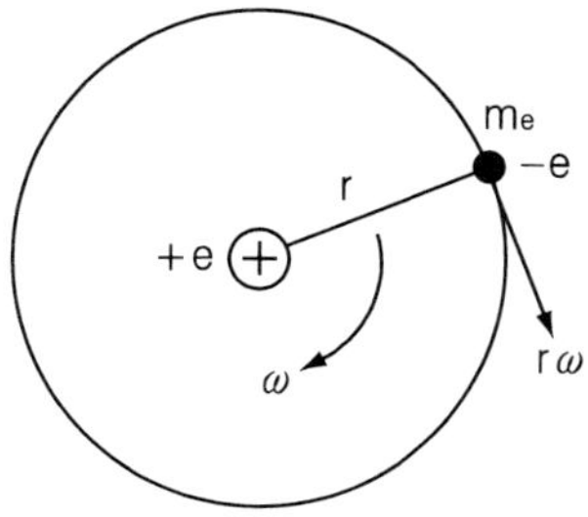

그림 9.5
궤도 전자 운동

(식 9-2)를 일반화하면 $r_n = n^2 a_0$이 된다. 이 a_0를 보어 반경(Bohr radius), $\pi a_0^2 = 0.88 \times 10^{-20} m^2$를 보어 단면적이라 부르며, 원자의 여러 단면적을 구할 때 기준이 된다. 여기서, $r \to \infty$일 때 전자의 포텐셜에너지를 0이라 하면, 전자의 전체 에너지(운동에너지 + 위치에너지)는

$$E = \frac{1}{2} m_e (r\omega)^2 - \frac{e^2}{4\pi\epsilon_0 r} \qquad \text{(식 9-3)}$$

이며, r_n에 대응하는 E의 값을 E_n이라 하면,

$$E_n = -\frac{m_e e^4}{8\epsilon_0^2 h^2} \frac{1}{n^2} \qquad \text{(식 9-4)}$$

가 되어, n=1에서는

$$E_1 = -\frac{m_e e^4}{8\epsilon_0^2 h^2} = -2.168 \times 10^{-18} J \qquad \text{(식 9-5)}$$

이 된다. 따라서 $E_n = \frac{E_1}{n^2}$가 된다.

각각의 전자 궤도에 대한 전체 에너지를 요약하면, 그림 9.6 (a)와 같이 된다.

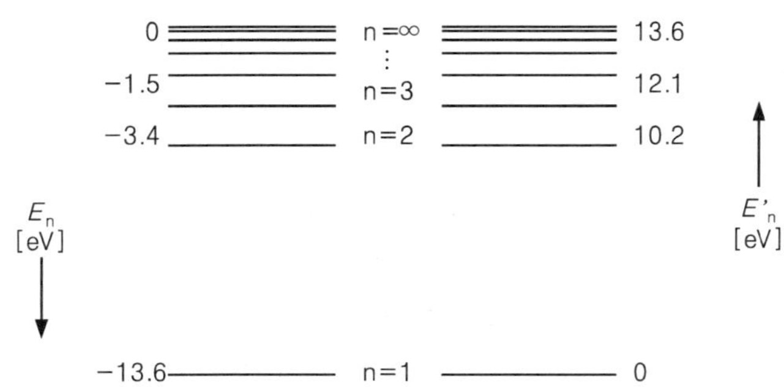

(a) 전자의 위치 에너지를 0으로 한 경우 (b) 기저 상태의 에너지를 0으로 한 경우

그림 9.6
수소의 에너지 레벨

위의 결과에 따르면 원자 내에 속박된 전자는, 임의 궤도 r 및 에너지 E를 가질 수 없으며, n=1, 2, 3,...등에서 결정되는 양자화된 값을 갖는다. 이들 n에 의해 결정되는 에너지 상태를 에너지 준위(energy level)라고 한다. 특히 n=1은 가장 낮은 기체 상태인 기저 상태(ground state)이며, 에너지 값 n=2 이상을 여기 준위 혹은 여기 상태(excited state)라고 한다. 그림 9.6 (a)는 $r=\infty$에서 전자의 위치 에너지를 0이라 했지만, n=1에 해당하는 외부에너지를 주면, 전자를 원자핵의 속박에서 해방시킬 수 있다는 것을 알 수 있다. 따라서 이 13.6 eV가 수소 원자의 이온화 에너지에 해당한다. ionization energy, 혹은 전자볼트에 상당한 전압의 단위로 표시하고 이온화 전압(ionization potential)이라고도 말한다. 수소 이외의 원자에 대해서도 같은 방법으로 이온화 에너지를 구할 수 있지만, 이온화 전압의 값의 예를 표 9.1에 표시하였다.

이들 표와 그림에서 이온화 전압이 주기율표의 배치와 잘 대응하고 있는 것을 알 수 있다. 비활성 원자(He, Ne, Ar, Kr, Xe 등)에서는 각 층의 최외각까지 전자가 가득 찬 상태이며, 그들 전자는 원자핵과의 결합이 강하므로, 큰 이온화 에너지가 필요한 데 반하여, 최외각에 1개의 전자밖에 없는 원자(수소, 알칼리 금속 등)에서는 최외각 전자가 비교적 쉽게 이온화될 수 있다. 또, 비활성 원자 중에서도 전자수가 적을수록 이온화 전압이 높은 것도 같은 형태로서 이해될 수 있다. 디스플레이 응용에는 He, Ne, Ar, Xe 가스 등이 주로 사용된다.

표 9.1 여러 원자의 이온화 전압

원자	H	He	Li	Be	B	C	N	O	F	Ne
이온화 전압 [eV]	13.60	24.59	5.39	9.32	8.30	11.27	14.53	13.62	17.42	21.57
원자	Na	Mg	Al	Si	P	S	Cl	Ar	K	Ca
이온화 전압 [eV]	5.14	7.64	5.99	8.15	10.49	10.36	12.97	15.76	4.34	6.11
원자	Sc	Ti	V	Cr	Mn	Fe	Co	Ni	Cu	Zn
이온화 전압 [eV]	6.54	6.82	6.74	6.77	7.43	7.87	7.86	7.64	7.73	9.39

지금까지 원자만을 생각해 왔지만, 상온·상압에서는 2원자 이상이 결합해서 분자를 구성한 것이 있다. 그것들을 이온화시키기 위해서는 한 번의 해리(dissociation)과정을 지나는 일이 많다. 해리하려면 원자의 이온화 경우와 같은 형태로, 분자에 에너지를 주고 분자 간 결합을 떼어 놓아야 한다. 이러한 해리 과정에 필요한 에너지를 해리 에너지(dissociation energy)라 하고, 대표적인 값을 표 9.2에 나타냈다.

표 9.2 해리 에너지

해리의 종류	해리 에너지[eV]
$H_2 \to H + H$	4.4
$H_2O \to OH + H$	4.7
$O_2 \to O + O$	5.1
$NO \to N + O$	6.1
$N_2 \to N + N$	9.1
$CO \to C + O$	10.0

2.2 입자의 충돌에 의한 이온화

이상에서 이온화에 필요한 에너지 값을 살펴보았다. 다음에는 이 에너지를 원자 내 전자에 주는 과정에 대해서 생각한다. 그 중 가장 단순하고 기본적인 경우는, 입자간의 충돌에 의한 것이다. 입자간의 충돌에는 원자 상호간의 충돌 이외에, 원자가 이미 이온화하여 발생한 하전 입자(전자 및 이온)와의 충돌을 생각해야 한다. 즉, 충돌의 종류로서 그림 9-7에 나타낸 6종류를 생각할 수 있다. 무게나 크기 반경이 비슷한 원자와 이온 사이 또는 끼리끼리의 충돌과 무게와 크기가 훨씬 작은 전자와의 사이에서 발생하는 충돌로 구분할 수 있다.

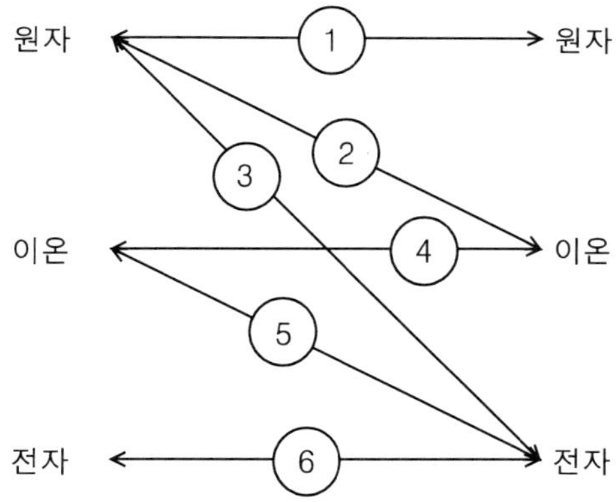

그림 9.7
입자 충돌의 종류

어떠한 충돌에 대해서도 충돌시 상대방의 운동에너지가 작을 때에는, 충돌 전후의 운동에너지는 보존된다. 말하자면 당구공끼리의 충돌과 같이 운동에너지를 교환한 만큼의 충돌밖에 일어나지 않는다. 이와 같은 충돌을 탄성충돌(elastic collision)이라 한다. 충돌 시 상대 운동에너지가 큰 경우에도, ⑥의 전자끼리의 충돌 및 ④의 이온끼리의 충돌 중 완전하게 이온화한 이온끼리의 충돌에서는 탄성 충돌만 일어난다. 그러나 ①, ②, ③, ⑤ 및 완전하게 이온화되지 않은 이온 사이의 ④의 과정에 있어서는, 운동에너지 전부 혹은 일부가 원자, 이온 간의 전자 포텐셜에너지로 흡수되는 것이 가능하다. 이와 같은 충돌에서는 입자의 충돌 전후의 운동에너지가 보존되지 않으므로, 비탄성 충돌(inelastic collision)이라고 부른다. 충돌 입자의 질량을 m_1, m_2 각각의 충돌 전후의 속도를 v_{11}, v_{12}, v_{21}, v_{22}라 하면, 비탄성 충돌이 일어나기 위한 필요조건은

$$\frac{1}{2}m_1v_{11}^2+\frac{1}{2}m_2v_{21}^2=\frac{1}{2}m_1v_{12}^2+\frac{1}{2}m_2v_{22}^2+\phi \qquad \text{(식 9-6)}$$

에서, ϕ가 전자의 기저준위에서 여기준위로 올라가는 데 필요한 에너지, 혹은 이온화를 일으키는 데 필요한 에너지보다 커야 한다. 전자의 여기가 일어나는 충돌을 여기충돌(exciting collision), 이온화가 일어나는 충돌을 이온화 충돌(ionizing collision)이라 한다. 여기준위로 천이한 전자는 수명시간(lifetime)만큼만 그 준위에 머물며, 보다 낮은 준위로 자발적으로(spontaneous)천이하여, 최종적으로 안정된 기저 상태로 천이한다. 일반적으로 수명시간은 10^{-8}~10^{-9}초 정도로 매우 짧지만, 그 중에는 10^{-4}초 이상, 경우에 따라서는 1초 이상의 수명을 가진 것도 있다. 이들의 준안정 상태(meta-stable state)는 긴 수명이기 때문에 이들 상태의 것에 다른 입자가 충돌할 가능성이 높다. 준안정 상태에 있는 원자는 충돌에 의해서 가지고 있는 여기 에너지를 상대방에게 주는 확률이 높고, 그 때 상대방 입자의 이온화 전압이 낮은 경우에는 그것을 이온화시킬 수 있다. 또한, 준안정 원자 자체의 이온화 에너지도 기저 상태에서 보다 작은 에너지밖에 필요하지 않기 때문에 이온화가 일어나기 쉬우므로, 이러한 준안정 상태의 입자들은 이온화 과정에 중요한 역할을 하게 된다.

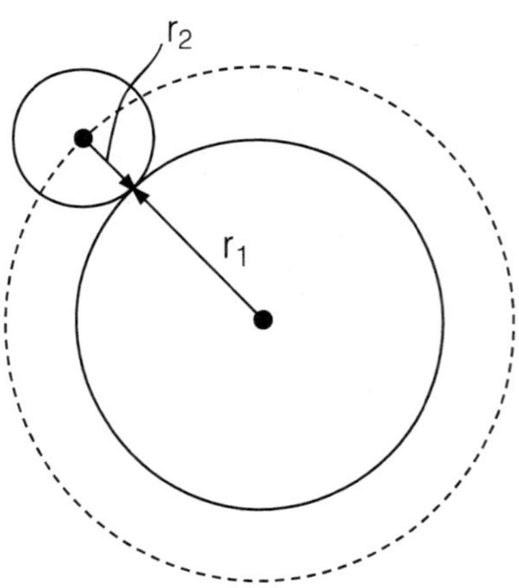

그림 9.8
충돌 단면적

입자간의 충돌을 생각할 때, 충돌 단면적(cross section of collision)의 값을 이용한다. 이것은 반경 r_1, r_2의 당구공의 충돌 단면적이 그림 9.8에서

$$\pi(r_1+r_2)^2 \qquad \text{(식 9-7)}$$

로 생각할 수 있는 것처럼, 원자 레벨의 충돌로 확장해서 생각하면 쉽게 이해된다. 먼저 탄성 충돌시, 입자치수의 실험값을 표 9.3에 나타냈다.

이 반경값을 이용하면 같은 종류 혹은 다른 원자간의 충돌 때에 충돌 단면적을 (식 9-7)에서 구할 수 있다. 전자와 원자의 충돌의 단면적은 전자의 속도가 충분히 커서, 전자를 파동으로 취급할 필요가 없는 경우에는, 전자 반경을 원자 반경에 비해서 작기 때문에 무시해서 표 9.3을 통하여 구할 수 있다.

표 9.3 원자 충돌의 반경

원자	반경 r[m]	$\pi r^2(\pi a_0^2)$
He	1.09×10^{-10}	4.3
Ne	1.30	6.1
Ar	1.82	11.9
Kr	2.08	15.5
Xe	2.42	21.0
H	0.53	1.0
Hg	1.08	4.2

전자의 속도가 낮고 전자의 de Broglie파의 파장$\left(\lambda=\frac{h}{m_e v_e}\right)$이 원자의 직경(수A) 정도로 작게 되면 전자는 파동으로 취급할 필요가 있다. 이 모습을 전자 충돌시의 에너지를 변수로 해서 나타내면 그림 9.9와 같이 된다.

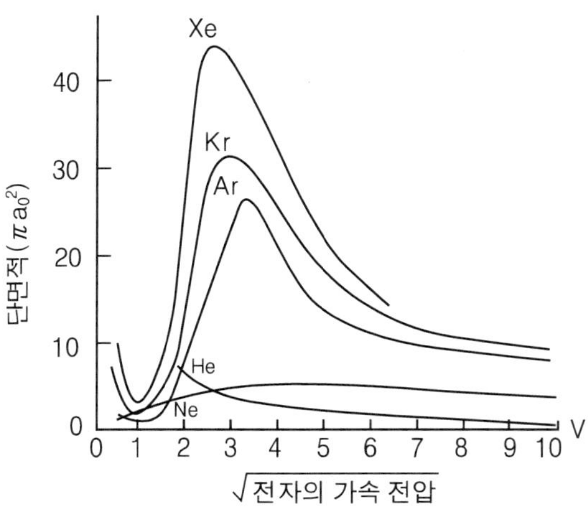

그림 9.9
전자 충돌에 대한 단면적

먼저, 각각의 분자가 1회의 충돌에서 다음의 충돌까지 움직이는 거리(자유행정, 단위 m) 및 단위 시간에 충돌하는 횟수(충돌빈도, 단위 s^{-1})에 대해 알아보자. 이들을 구하기 위해서 그림 9.10에 보이는 반경 r_1의 분자 빔 속도 I_0가 반경 r_2의 정지한 분자군의 타겟(입자수 밀도 n이라 한다)에 입사한 경우를 생각한다. 입사 빔은 타겟에 충돌하는 것에 의해 빔 속도가 감소하며, 그 비율은 그림 9.11를 참조하여 임의의 위치 x에서 x+dx까지 진행하는 사이에 dI만 변화한다고 하여 구하면,

$$dI = -\sigma n I dx \qquad \text{(식 9-8)}$$

이 된다.

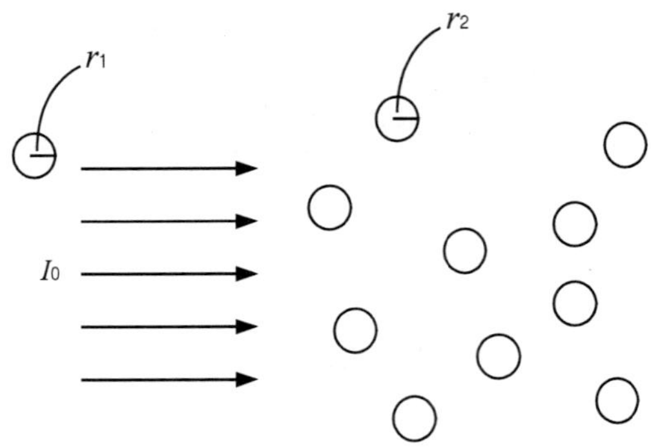

그림 9.10

정지 target(원자 반경 r_2)에 충돌하는 빔(원자 반경 r_1) 모형도

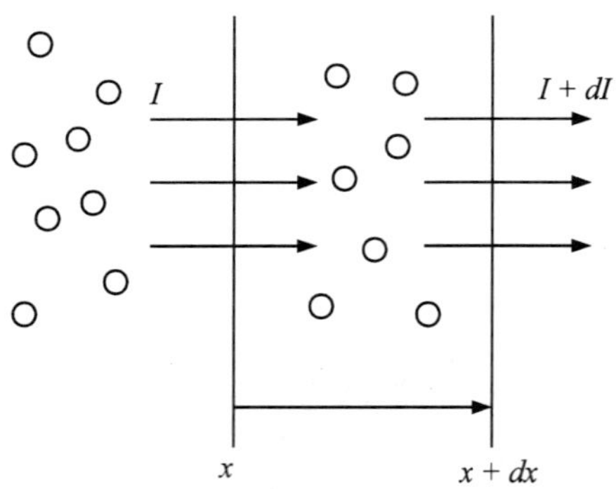

그림 9.11

입사 빔의 감쇠

여기서 σ는 양분자의 충돌 단면적으로서 그림 9.9와 (식 9-7)에서 $\pi(r_1+r_2)^2$이 된다. (식 9-8)을 적분하고, x=0에서의 빔 속을 I_0이라 하면

$$I = I_0 \exp(-\sigma n x) \qquad \text{(식 9-9)}$$

이 된다. $\frac{I}{I_0} = \frac{1}{e} = \frac{1}{2.718}$에서 빔은 대부분 1회 충돌을 하게 되므로, 그때의 x값을 평균 자유 행정(mean free path length)이라 부르고, λ로 나타낸다. 즉,

$$\lambda \cong \frac{1}{\sqrt{2}\, n\sigma} \quad \text{(식 9-10)}$$

으로 구해진다.

3 전자 방출

D i s p l a y E n g i n e e r i n g

3.1 고체에서의 전자 방출

지금까지는 원자·분자에서 전자를 이온화하거나, 혹은 전자가 부착되는 것에 의한 하전 입자의 발생을 논의했다. 플라즈마 유기를 위한 고체로부터의 전자 방출은 플라즈마 디스플레이, 전계 방출 디스플레이, 진공관 디스플레이 분야에 적용된다.

진공 내의 금속 중의 전자는 진공보다 일함수 ϕ_m만큼 에너지가 낮은 상태이다. 전자에 ϕ_m **이상의 에너지를 주는 방법으로는 전자에 의한 이차 전자 방출, 열 전자 방출, 광전자 방출 및 전계 방출 등이 있다.** 이러한 방법들에 대해 간단하게 서술한다.

3.2 전자에 의한 이차 전자 방출(secondary electron emission by electron impact)

전자에 의한 이차 전자 방출(secondary electron emission by electron impact)은 물질 표면에 ϕ_m보다 큰 에너지의 전자를 입사하는 방법으로 고체 표면의 전자를 방출할 수 있지만, 이 방출 과정의 자세한 내용은 아직 확실히 알 수 없다. 1개의 전자에 의해서 방출되는 2차 전자의 수를 이차 전자 방출 계수라 하고, δ로 표시한다.

3.3 열전자 방출 (thermionic emission)

열전자 방출(thermionic emission)은 물질의 온도를 올리면 전자의 에너지 분포의 높은 에너지 영역에서 전자 방출이 된다. 일함수 ϕ_m를 초월하는 전자들이 물질에서 방출된다. 물질의 단위 면적당에 해당하는 전류 밀도 j는 리챠드슨(Richardson)의 식으로 표현된다.

$$j = AT^2 \exp\left(\frac{\phi_m}{kT}\right) \quad \text{(식 9-11)}$$

여기서, A는 물질에 따른 방출 정수이며, kT는 온도(11600K=1eV로 해서 환산)이다. A가 크고 ϕ_m가 작은 물질은 j가 크기 때문에 음극 재료로 적당하며, 각종 진공관 및 방전관에 이용될 수 있다.

3.4 광전자 방출 (photo-emission)

광전자 방출(photo−emission)은 광자 에너지에 의해서 고체 중에서 전자를 방출시키는 것으로, 아인슈타인의 광전 효과 실험에 의해서 광자의 입자성이 밝혀지게 되었던 것으로 유명하다. 광전자 방출의 조건은 파장이 λ인 전자파 1개의 광자 에너지 hc/λ가 ϕ_m 보다 커야 한다. 전자파 파장$\left(\lambda \leq \dfrac{1239.8[nm]}{\phi_j[eV]}\right)$은 $\phi_j = \phi_m$ 조건에서 구할 수 있다. 1개의 광자가 입사할 때에 방출되는 전자의 수를 양자 효율(quantum efficiency)이라 하며, η_q로 표시한다. η_q값의 대표적인 예를 그림 9.12에 표시했다. 이 그림에서 알 수 있듯이 여러 화합물을 연구하여 현재에는 적외선에서도 광전자 방출이 가능하게 되고 있다. η_q가 큰 것은, 광전관 및 광자 증폭기의 음극면 물질로 이용되고 있다.

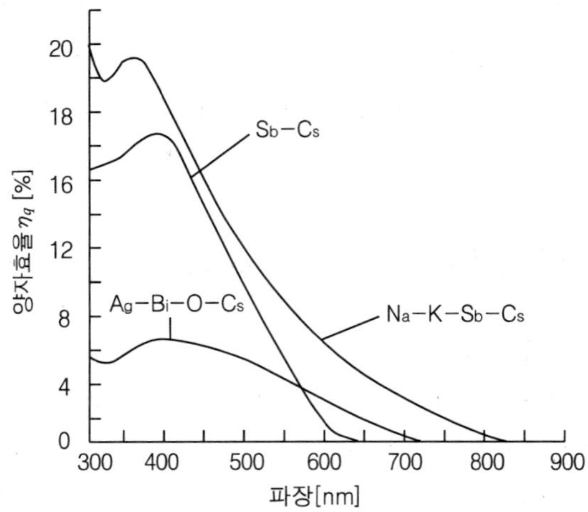

그림 9.12
광전자 증배관의 광전면의 양자 효율

4 기체의 절연 파괴

Display Engineering

기체 상태에 있는 분자군에 이온화 과정을 통하여 플라즈마를 생성하는 방법은 일반적으로 널리 이용하고 있는 에너지 주입법으로 전계에 의한 방법을 사용한다. 절연체인 기체가 플라즈마 상태가 되면 도체화하여 절연체의 역할이 끝나게 되므로, 이를 절연 파괴 혹은 간단하게 파괴(breakdown)라고 부른다.

절연 파괴 과정을 고찰하기 위해서 그림 9.13에 보이는 회로를 고려해 보자. 용기 내에 펌프를 사용해 진동을 만들어서 적당한 압력의 기체를 봉입하고, 그 중에 삽입된 대향 전극을 외부의 전기회로와 연결하여 전압 V를 인가한다. 이들 하전입자는 전계에 의해 가속되고 분자, 원자에 충돌하여 전자와 이온을 만든다. 그 때, C와 A 사이에 인가된 전계 E=V/d(d : C와 A간 거리)에 의해, 질량이 가벼운 전자가 이온보다 훨씬 빠르게 가속되기 때문에 전자에 의한 이온화 작용이 중요하다. 가속된 전자에 의한 분자, 원자의 이온화 작용이 되풀이 되어 전자 및 이온 짝이 차츰차츰 증식되면 이온화도(degree of ionization, 총 입자 밀도에 대한 하전입자 밀도의 비율)가 증가하고, 최종적으로는 절연 파괴 상태에 이른다.

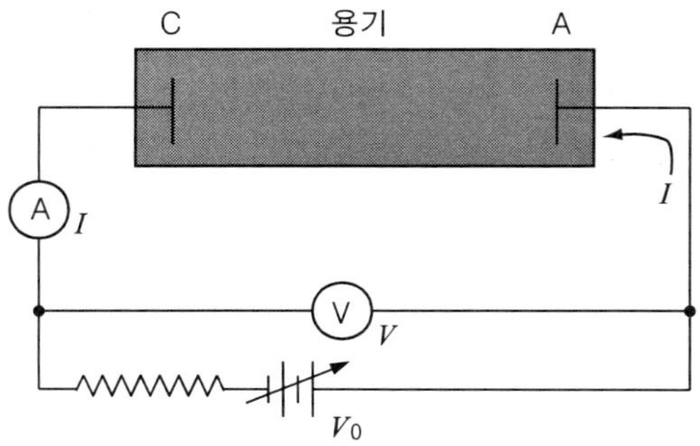

그림 9.13

기체 중의 방전

1개의 전자가 진행하면서 충돌 및 이온화를 일으키면서, 원래의 전자 이외에 이온과 전자의 짝이 발생하는 횟수를 알파(α)라 하고, 이것을 전자의 충돌 이온화계수(coefficient of ionization by collision)라고 부른다. 1개의 전자가 χ에서 χ+*d*χ까지 미소거리 *d*χ를 진행하는 동안에 전자의 수는 *a* *d*χ만큼 증가하므로, N개의 전자에 대한 증가수 dN은

$$dN = \alpha N dx \tag{식 9-12}$$

이다. 단위 시간당 음극면(χ=0)에서 방출되는 전자 수를 N_0(초기 전자라고 하자)라 하면, (식 9-12)에서

$$N = N_0 \exp(\alpha x) \tag{식 9-13}$$

를 얻을 수 있고, 전자는 $N_0\exp(\alpha d) - N_0 = N_0\{\exp(\alpha d) - 1\}$개로 증가하게 되어, 전극간의 공간에서는 이 수 만큼의 양 이온이 생성된다.

양 이온 1개에 해당하는 방출 전자수를 γ라 하면, $\gamma N_0\{\exp(\alpha d) - 1\}$개의 이차 전자가 방출된다. 양극으로 유입되는 전자에 의한 전류는

$$\begin{aligned} j &= e[N_0\exp(\alpha d) + \gamma N_0\{\exp(\alpha d) - 1\}\exp(\alpha d) + \gamma^2 N_0\{\exp(\alpha d) - 1\}^2\exp(\alpha d) + \cdots\cdots \\ &= eN_0 \frac{\exp(\alpha d)}{1 - \gamma\{\exp(\alpha d) - 1\}} \end{aligned} \tag{식 9-14}$$

로 됨을 알 수 있다.

초기 전자 N_0가 따라 공급되지 않아도, j 가 유지될 수 있는 조건은 (식 9-14)의 분모가 0일 때이므로,

$$\gamma\{\exp(\alpha d)-1\}=1 \qquad \text{(식 9-15)}$$

이다. (식 9-15)를 성립시키기 위해서 필요한 전압을 방전 개시 전압이라고 한다.

이 방전 개시 전압 V_s를 결정하는 파셴의 법칙은 (식 9-15)와 α를 전계 E와 p에 대해 표현한 식

$$\frac{\alpha}{p}=Aexp\left\{\frac{-B}{\left(\frac{E}{p}\right)}\right\} \qquad \text{(식 9-16)}$$

를 이용하여 다음과 같이 구할 수 있다.

$$V_s=\frac{Bpd}{\ln(Apd)-\ln\left\{\ln\left(1+\frac{1}{\gamma}\right)\right\}} \qquad \text{(식 9-17)}$$

이들 각종 단면적을 가진 기체에 의한 거시량 α 에의 영향을 상수 A, B에 포함시켜 근사식으로 표현한 것이 (식 9-16)이다. (식 9-17)는 전자가 평균 자유 행정 λ_e만큼 진행하는 동안의 이온화 횟수 $\alpha\lambda_e=\left(\frac{\alpha}{p}\right)\lambda_{el}$ (p의 단위는 Torr로, λ_{el}는 p=1 Torr일 때의 평균 자유 행정)은 λ_e만큼 진행하는 동안에 전계에서 얻은 에너지 $eE\lambda_e=e\lambda_{el}\left(\frac{E}{p}\right)$에 의해서 줄 수 있음을 나타내고 있다.

파셴의 법칙의 결과를 그림 9.14에 나타내고 있으며, 어떤 pd값에 대하여 최소의 V_s가 존재하는 것을 알 수 있다.

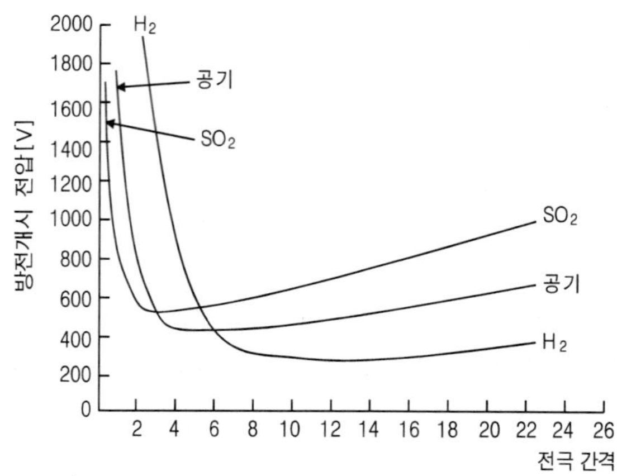

그림 9.14
평행 평판 전극간의 방전 개시 전압 곡선

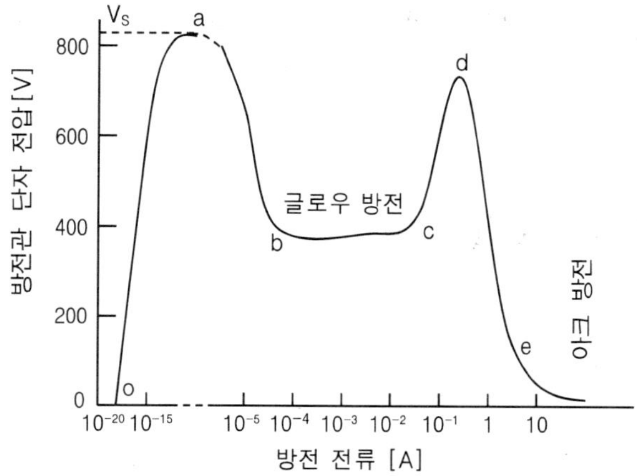

그림 9.15
기체 방전의 전압-전류 특성 [저기압(수 torr)에서 대표적인 특성 a : 절연파괴, b-c : 글로우 방전, e : 아크방전]

그림 9-13에 나타낸 실험에서, CA간의 단자 전압 V를 서서히 증가시킬 때 전압-전류 특성의 예를 그림 9-15에 나타냈다. 방전 조건(기체의 종류, 압력, 전극간 거리 등)을 변화시켜도 그림에 나타난 o-a-b-c-d-e 변화의 특징적인 모습은 변하지 않는다.

우선 o-a부분은 그림 9.13에 사용된 기체가 절연체로 작용하고 있는 부분으로 외부회로에서 인가한 전압은 그대로 단자 간 전압이 된다. 그러나 (식 9-17)에서 주어진 자가 방전(Self - sustained) 개시 전압 V_s 부근에서 전류를 증가시키기 위해서 전압을 상승시키면, 이온화에서 발생한 전자와 이온의 수가 점점 증가하고, 양극 쪽으로 차츰차츰 플라즈마 영역을 형성해 간다. 이 플라즈마 영역에서는 플라즈마의 도전성 때문에, 직류 전계가 거의 걸리지 않으므로, 마치 양극이 그곳까지 연장되어 가상적 양극과 음극간의 영역에서 자가 방전의 유지가 된 상태로 된다. 그러므로 Paschen 법칙에서 $(pd)>(pd)_{min}$의 영역에서는 그림 9.14에 표현한 것처럼 상기의 기구에서 d가 감소하고 (pd)가 작아지면, 자가 방전을 유지하는 데 필요한 전압은 낮아지므로, 일단 자가 방전이 개시되면 방전 전류가 급격하게 증가하여 절연 파괴에 이른다[그림 9.15 (a-b)]. $(pd)_{min}$ 부근에 도달하면 방전 영역이 음극 전체에 확대되기까지 거의 V_{smin}에 가까운 값을 유지한다[그림 9.15 (b-c)]. 그리고 더욱 전원 전압 V_0을 상승시키면 (pd)가 $(pd)_{min}$보다 작아지려고 하므로, 방전에 필요한 전압을 높게 하지 않으면 안 된다[그림 9.15 (c-d)]. 방전전류를 좀 더 상승시키면 이온에 의한 음극면에서의 이차전자 방출 이외의 다른 이차전자 방출기구(열전자 방출 등)가 중요하게 되며, 아크방전으로 접어들게 된다[그림 9.15 (d-e)].

이상, 플라즈마의 발생법으로는 가장 단순한 직류 전압에 의한 방법을 예로 들었다. 현실적으로 플라즈마 상태를 유지하는 데는 이온화 작용에 의한 하전입자군의 생성을 확산이나 재결합에 의한 손실과 균형을 맞추던가, 아니면 크게 해야 한다. 기체의 종류, 압력 등을 정한 후, 하전입자군의 생성량을 지배하는 것은 (식 9-16)와 같이 전계 E가 되지만, 기체가 플라즈마화한 후에는 공간 전하(Space charge)에 큰 변화가 있다. 그러므로 그림 9.15의 b보다 우측의 플라즈마가 CA 사이의 공간을 채우는 상태에서는, 하전 입자의 밀도 및 전계가 일정한 모양이 아니라는 것을 예상할 수 있다.

* 5 PDP의 개요 및 역사

Display Engineering

5.1 PDP의 역사

자연적으로 관측되는 플라즈마로부터의 발광은 수소 플라즈마 덩어리인 태양으로부터 나오는 빛이 대표적이다.

인공 플라즈마로부터의 발광 현상 관측은 18세기 초에 볼타(Volta)가 발명한 전지에 의해 인공적으로 가스 방전을 시킬 수 있게 되면서 시작이 되었으며, 19세기 중엽 여러 학자들에 의해 가스 방전 현상에 대한 광범위한 연구를 바탕으로 단색의 가스 방전 표시 장치가 1927년 벨연구소의 그레이(Gray) 등에 의해 개발되었는데 이것이 현재 PDP의 시초가 되는 세계 최초의 플라즈마 표시 장치이다. 이와 같은 시기에 니컬슨(Nicholson)은 최초로 행구동 방식을 이용한 가스 방전 TV 표시 장치를 개발하였다. 그러나 1930년대 초반 CRT의 급속한 발전과 더불어 가스 발광 표시 장치를 TV 표시 장치로 이용하는데 대한 관심은 멀어져 갔고 옥외 광고 표시기나 문자(alpha-numeric) 표시 장치로서의 이용에 한정되게 되었다.

1940년대의 가장 성공적인 가스 방전 표시 장치의 하나가 베이컨(Bacon)과 폴라드(Pollad)에 의해 개발된 데카트론 튜브(Dekatron Tube)이다.

이 장치는 공통 양극 주변에 다수의 음극을 환형으로 배치시킨 문자 표시 장치였다. 그 후, 가스 방전을 이용한 디스플레이로서 최초로 실용화된 것은 1950년대에 버로(Burroughs)사에서 개발된 Nixie 방전 표시 장치가 있다. 또한 이때 개발된 "수은 봉입 방법"은 현재의 DC형 플라즈마 디스플레이의 안정화와 장수명화를 위하여 이용되고 있는 중요한 기술이다.

1956년 후반부터는 음극 구동 터미널을 획기적으로 감소시킬 수 있는 매트릭스 구조를 갖는 가스 방전이 보고되기 시작했다. 이러한 새로운 구조의 개발에 의해 가스 방전 표시 장치가 고해상도의 대용량의 표시 장치로 이용이 될 수 있는 가능성을 보여줌으로써 전환기를 맞이하게 되었으나, 방전 현상의 특성상 한 개의 셀을 어드레스하여 방전을 발생시키면 동일한 라인의 전위가 저하해서 동일한 라인의 다른 셀을 점화시킬 수 없게 된다. 이 결점을 개선하는 당시 제조 기술로서는 불가능하였으며, 도트 매트릭스 방식의 플라즈마 디스플레이를 실용화하는 단계에는 이르지 못하였다.

이러한 결점은 1964년 일리노이 대학의 비처(Bitzer)와 슬로토우(Slottow)에 의한 AC형 구조의 이용에 의해 극복될 수 있었다.

이 구조에 의해 한 개의 셀이 방전하면 인접하는 다른 셀이 방전하지 않는 결점이 해결되었으며, 더욱이 메모리 기능이라는 극히 유용한 기능도 얻을 수가 있었다. 이러한 AC형 플라즈마 디스플레이의 발명은 1968년 일리노이의 오웬(Owen) 등에 의한 개발로 실용화되었으며 이에 자극되어 1970년 버로(Burrough)사의 홀쯔(Holz)와 오글(Ogle)은 Self-scan™형의 플라즈마 디스플레이를 발명하여 실용화하였다.

Self-scan™형 디스플레이는 하전 입자의 확산 작용을 이용한 Shift Addressing 기술을 이용하여 구동하는 기술로서, 구동 소자의 수를 대폭 줄일 수 있는 장점을 갖고 있었다.

한편, 일본에서는 1970년대 초반부터 NHK, 히타치(Hitachi)사 및 소니(Sony)사 등이 PDP의 대형화 및 고정세화 기술을 독자적으로 개발하였으며, 각각의 고유 전극 구조를 선정하여 워크스테이션 모니터(Work Station Monitor) 및 HDTV 구현을 목표로 꾸준한 기술 개발이 이루어졌다. 활발한 PDP연구를 통하여 얻어진 결과를 기반으로 CRT에 못지 않은 화질을 가지면서 40인치 이상의 크기를 갖는 초대형 완전 컬러 PDP의 실용화가 활발하게 이루어지고 있다. 그러나 소비자의 입장에서 보면 휘도, 효율, 소비 전력, 명암 대비율을 포함하는 성능과 가격면에서는 아직까지 개선이 필요한 상황이다.

* 6 PDP의 원리 및 종류

Display Engineering

6.1 PDP의 원리

PDP(Plasma Display Panel)는 전면유리와 배면유리 및 그 사이의 칸막이에 의해 밀폐된 유리 사이에 Ne+Ar, Ne+Xe 등의 가스를 넣어 양극과 음극의 전극에 의해 전압을 인가하여 네온광을 발광시켜 표시광으로 이용하는 전자표시 장치이다.

일반적으로 PDP는 일정한 전압을 갖는 연속적인 pulse에 의해 구동되며 기체 방전에는 보통 수백 볼트의 비교적 높은 전압이 필요하므로 영상 신호를 증폭하여 구동하게 된다.

PDP의 구동은 그림 9.16에서 보인 바와 같이 기체 방전에서 발생되는 자외선이 형광막을 여기하여 화상을 구현하는 능동 발광 방식이다.

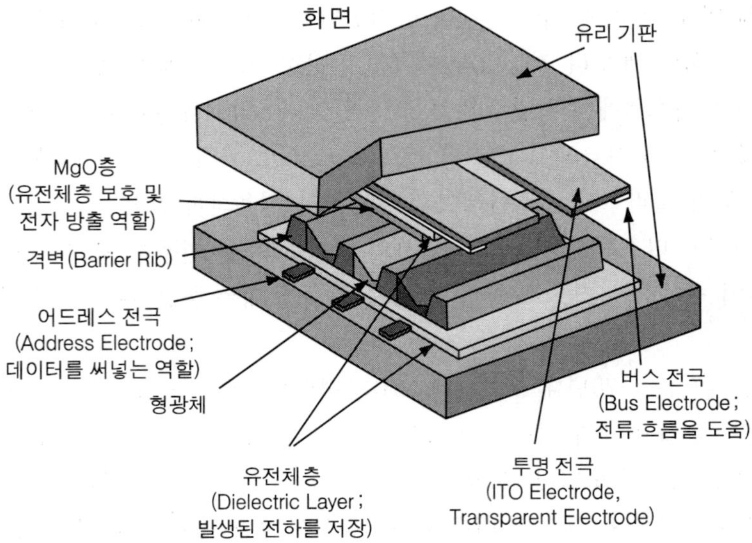

그림 9.16
PDP의 구조 및 원리

기본적으로 전면과 배면 유리 및 격벽에 의해 밀봉된 가스에다 음극/양극에 의해 전압을 가해 네온 발광을 일으켜 이 발광을 표시에 이용하는 것이다. 이때 2장의 유리 기판은 0.1mm의 작은 간격을 유지하고 있는데 그 사이에 네온과 크세논 등의 가스를 채워 수많은 격벽으로 구성된 방전 공간에 3원색(R, G, B)의 형광체를 도포하고, 유리 기판에 설치한 전극에 전압을 가하면 방전 현상이 일어나고 여기서 발생한 자외선이 형광체(반대측 유리 기판 및 격벽 측면)에 부딪히면서 빛이 일고 이를 조합해 화상을 구현한다.

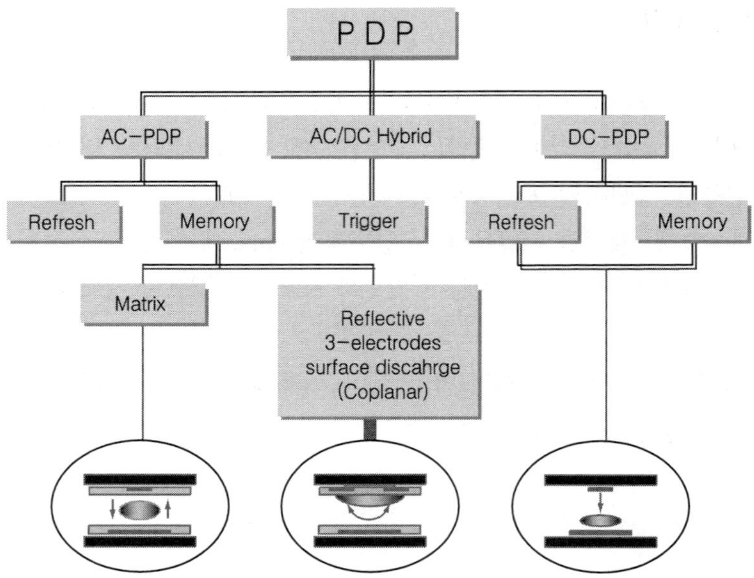

그림 9.17
PDP의 구동 방법에 따른 분류

PDP는 방전 구조에 따라 AC 구동형(간접 방전형)과 DC 구동형(직접 방전형)에 따라 크게 달라지며, 기억 기능을 이용하는 유무에 따라 Memory형과 Refresh형이 있다.

(1) DC 구동형(직접 방전형)

이 방식은 전극이 방전 공간에 노출되어 직류 전압으로 구동하는 방식이다. DC형은 refresh 방식에 의한 구동이기 때문에 구동회로는 간단하지만 방전을 막기 위해 셀 간에 분리하는 격벽을 설치하여 패널 구조가 약간 복잡하다. DC형 PDP의 구조는 각 셀이 격벽에 의해 독립되어 있고 전후면 패널에 양극과 음극이 형성되어 있다. 또한 DC의 경우 전류 제한용 저항이 있으며 이러한 셀들이 구성되어 있는 전면, 후면 패널을 sealing한 상태에서 방전 가스를 충전시키고 DC 전원을 인가한다.

전면 기판에는 음극과 수직방향, 즉 격벽과 평행하게 양극을 형성하며 양극에 격벽은 필요 없게 된다. 다음으로 전면 기판과 배면 기판을 붙여 그 가장자리를 진공 상태에서 붙이고 마지막으로 기체를 주입한다. 이때 양극과 음극 사이에 방전 보호저항을 넣고 DC 전압을 인가하면 그 교점에서 발광하게 된다.

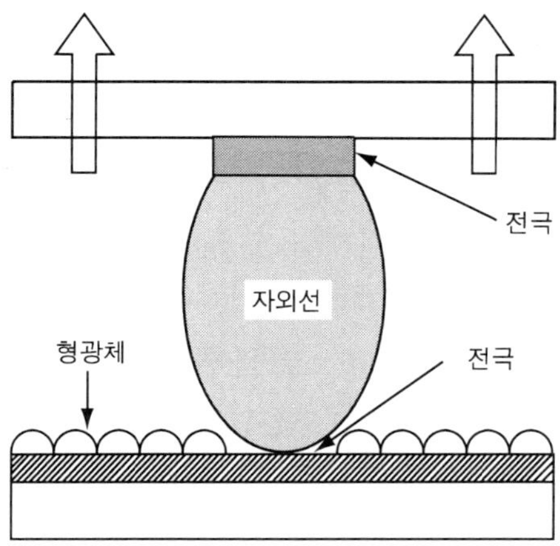

그림 9.18
DC형 PDP의 구조

AC형과 DC형의 구조적인 가장 큰 차이점은 DC형은 간단한 구조인 반면 전극이 방전 공간에 노출이 되어 전류 제한을 위한 외부 저항을 만들어야 하는 단점이 있는 반면,

AC형은 유전체로 전극을 덮어 자연적 전류제한을 할 수 있어 방전시
이온충격으로부터 전극이 보호되어 DC형에 비해 장수명이 가능하다는 점이다.

(2) AC 구동형(간접 방전형)

전극이 얇은 Glass 성분의 절연체로 피복되어 200kHz 내외의 펄스 전압으로 구동된다. AC형 구동 방식에는 일단 방전한 후에 낮은 방전 유지 전압을 가하면 방전이 지속되는 메모리 방식과 표시해야 할 전극 사이에 전압이 높은 펄스 전압을 인가하여 방전시키는 refresh 방식이 있다. AC PDP의 구조에서는 각 셀이 격벽에 의해 독립되고 전후면 패널에 전극이 형성되어 있는 것이 특징이고 각 전극에 정현파 교류 전압 또는 펄스 전압을 인가하여 방전을 일으켜 빛이 전면 유리 기판을 통해 영상을 볼 수 있다. 배면 기판 위에 수직 전극을 평행하게 설치하고 그 전극을 유전체로 절연하는데 이때 갓 방전을 이용하는 것에 관계없이 전극을 절연하는 것이 핵심이다. 유전체의 표면에는 방전 특성을 좋게 하기 위해서 MgO를 증착한다.

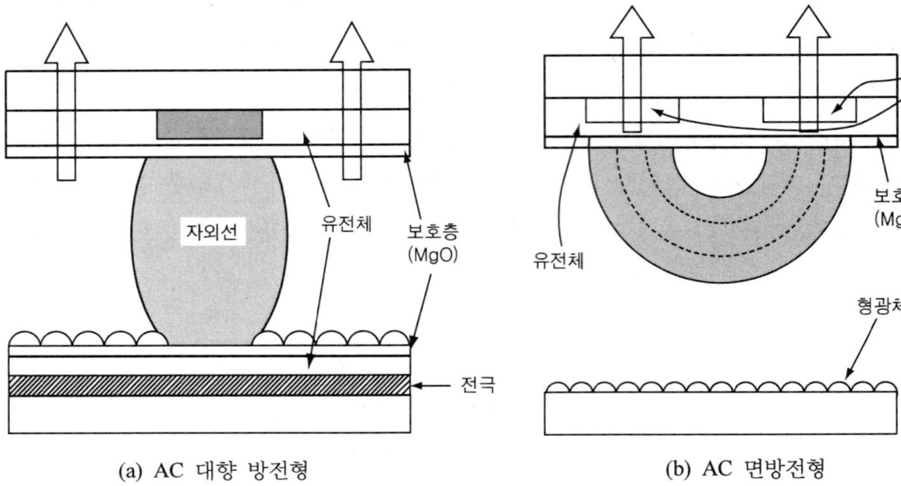

그림 9.19
AC형 PDP의 구조

AC형은 다시 대향 방전형과 면방전형으로 나누어지는데, 대향 방전형은 형광체가 이온충격에 의한 형광체 열화로 인해 수명이 단축되는 문제가 있는 반면, 면방전형은 방전을 형광체 반대편 면으로 모아 형광체 열화를 최소화함으로써 대향형 구조의 문제점을 극복하였고, 현재 대부분의 PDP 구조로 쓰여지고 있다.

6.2 PDP의 특징 및 장점

PDP는 현재 활발히 연구되고 있는 LCD(Liquid Crystal Display), FED(Field Emission Display), ELD(Electroluminescence Display)와 같은 여러 분야의 평판형 디스플레이 중에서도, 대형화에 적합한 많은 장점을 가지고 있다. PDP가 평판으로서 대형화가 가능한 이유는 구조의 두께가 각각 3mm 정도 되는 유리 기판을 2장 사용하여 각각의 기판 위에 적당한 전극과 형광체를 도포하고 약 0.1~0.2mm 정도의 간격을 유지하여 그 사이의 공간에 플라즈마를 형성하는 방법을 채택하기 때문이다.

(1) 매우 강한 비선형성

PDP는 전극 간에 전압이 인가되더라도 방전 개시 전압 이하의 인가 전압에 대해서는 방전이 일어나지 않는 강한 비선형성을 갖는다.

(2) 기억 기능

PDP는 이전 상태의 조건에 의해 다음 상태가 결정되는 기억 기능(Memory function)이 존재한다.

(3) 긴 수명

AC형 PDP의 경우는 유전막 위에 내스퍼터링 특성이 좋은 MgO와 같은 보호막을 이용하여 수명을 연장시키며, DC형의 경우는 전류 제어용 저항을 이용하고 소량의 수은을 봉입하거나 가스 압력을 높임으로써, 이온 충격에 의한 전극 물질의 스퍼터링 손상을 감소시킴으로써 수명이 길어지는 결과를 얻을 수 있다.

(4) 고휘도 및 고발광 효율

PDP는 가스 방전 현상의 이론상 500cd/m^2 이상의 고휘도와 4lm/W 이상의 고효율이 가능하다.

(5) 넓은 시야각

PDP는 자기 발광형 표시 소자(Self-emissive display)로서 시야각이 매우 넓다. AC형, DC형 공히 좌우상하 160° 이상의 넓은 시야각을 가지며, CRT와 거의 동일한 수준이다.

(6) 완전 컬러화의 용이성

PDP의 컬러 구현은 방전 셀로부터 생성된 자외선이 형광막을 자극하여 가시광을 발광시키는 광 발광(Photoluminescence) 메커니즘을 이용하며, CRT 수준의 색 재현이 가능하다.

(7) 낮은 제조 가격

PDP의 기판 유리로는 일반적으로 널리 이용되는 소다 석회(Soda-lime) 글래스를 사용하며, 전극, 유전막 및 격벽 등의 재료들도 보편적으로 저가로 제조할 수 있다.

(8) 내열·내한 특성

PDP는 각 픽셀에서 생성되는 플라즈마가 격벽이나 전극의 온도가 -100℃~100℃ 정도의 범위에서는 거의 영향을 받지 않는 특성을 갖고 있다.

(9) 경량

CRT를 40인치 크기로 만들 경우 TV 세트 무게가 100kg이 넘게 된다. 반면 PDP는 같은 크기의 세트가 불과 20kg 정도의 무게를 가지며, 이는 부품의 경량화를 통해 더욱 줄일 수 있으리라 기대된다.

(10) 내진 특성

PDP는 CRT나 VFD와는 달리 필라멘트를 사용하지 않기 때문에 내진 특성이 좋다.

(11) 고해상도

PDP는 궁극적으로 HDTV용으로 적합한 표시 장치이다. 그러나 고휘도를 유지하면서 고해상도를 갖는 PDP를 만들기 위해서는 더욱 효과적으로 고온, 고밀도 플라즈마를 만드는 기술이 필요하다.

*7 PDP 제조 기술

Display Engineering

7.1 PDP의 제조 공정

일반적인 PDP의 제조 공정은 다음 그림 9.20과 같다. 먼저 전면 기판에 ITO 또는 SnO_2를 코팅한 후 사진 식각법으로 투명 표시 전극을 패터닝하고, 전압 강하를 방지하기 위하여 상기 표시 전극 상에 더 가는 버스 전극(모전극)을 Cr/Cu/Cr 또는 Cr/Al/Cr 등으로 형성한다. 표시 전극 상에는 글라스 분말페이스트를 인쇄하여 투명한 글라스 유전체층을 형성하고, 다시 기판 주위에 약 5mm 폭의 저 융점 frit 글라스의 실링층을 형성하여 어닐링한다.

MgO의 보호층은 실링층의 안쪽 표시 영역에 진공증착하며, 배면 기판은 한 부분에 배기, 가스봉입용으로 약 1mm 직경의 구멍을 뚫고 어드레스 전극을 인쇄한다. 어드레스 전극은 유전체층으로 코팅하고 어드레스 전극 사이에 격벽을 저 융점 frit 유리 등으로 형성한다.

대형 화면의 양산화에는 Sand blasting법, 자외선 경화수지 등을 격벽 재료에 첨가하여 사진 식각하는 사진 식각법 등이 주로 사용되어 왔다.

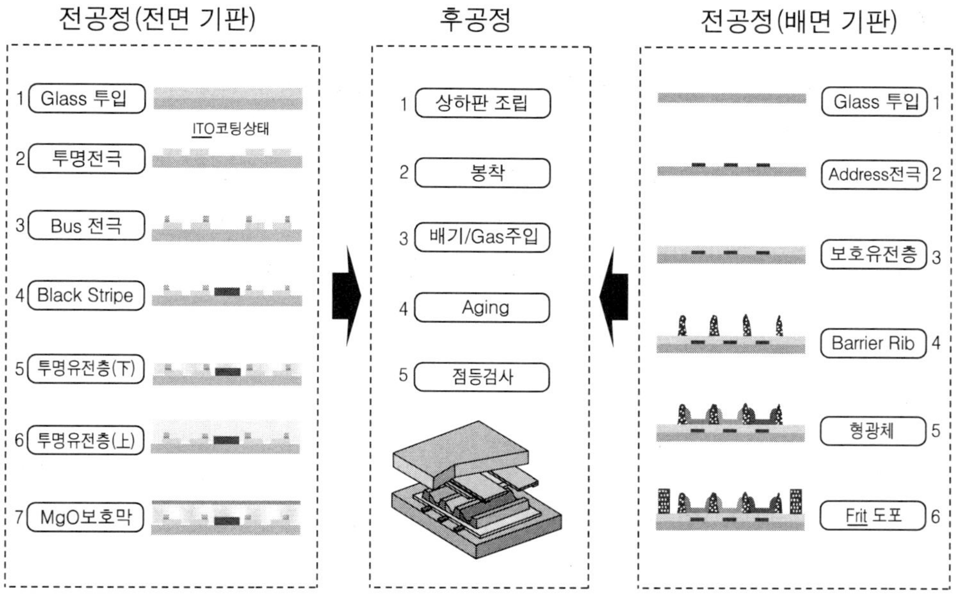

그림 9.20
PDP 제조 공정은 전면 기판과 배면 기판을 제작하는 전공정과 후공정으로 나눈다.

PDP의 컬러화는 형광램프와 마찬가지로 진공자외선에 의한 photo-luminescence 현상을 이용하며 CRT용 R, G, B 형광체를 사용한다. 형광체 자체의 수% 정도의 휘도향상이 전체 휘도의 20~30cd/m^2 정도의 개선으로 이어지므로, 컬러 PDP용 형광체를 개선하는 것이 중요하다.

형광체 층의 형성 방법으로는 감광성 페이스트법과 형광체를 함유하는 잉크젯법 등이 있다. 그 다음 완성된 글라스관을 배기구 위에 형성하고 2매의 전면, 배면 기판과 배기관이 융착된다. 상기 배기관을 진공 장치에 접속한 채로 PDP 전체를 전기로에 설치하고 400℃의 분위기에서 배기하여 MgO 표면과 형광체 표면의 불순물을 제거한다. 배기 후 Xe/Ne/He 등의 방전가스를 670hPa 정도의 압력으로 채워 넣고 외기압의 힘으로 기판은 격벽에 밀착된다. 가스봉이 완료되면 글라스관을 막고 자른다.

PDP의 외관이 완성되면 방전 개시 전압을 초과하는 전압을 가하며 장시간 Aging 시키고 특성 시험을 거치면 최종적인 PDP가 완성된다.

7.2 PDP의 재료

(1) Glass 기판

PDP 제조 공정에 있어서는 화소 형성 재료로 되는 frit이나 paste 재료가 550~600℃ 정도의 고온에서 소성·형성되어지기 때문에 기판 유리에 대해서도 온도 범위 내에서 반복 열처리가 행해진다. 따라서 PDP용 기판 유리에 대해서는 열처리에 따른 치수 안정성의 확보가 중요한 관건이다.

(2) 투명 유전체 재료

AC형 PDP에는 이 유전체는 방전할 때 콘덴서로 작용하며, 전류를 제한하는 역할과 메모리 기능을 주는 역할을 가지고 있어 재료로서는 glass paste가 사용되고 있다.

투명 유전체에 요구되는 특성으로는 소성 온도 530~580℃에서 광 투과율이 80% 이상일 것, 이 중 가시광의 투과율을 얼마나 높일 수 있는가가 가장 중요한 과제로 되고 있다. 또한 이물질이 하나만 있어도 불량이 되기 때문에 제조조건 등에는 엄격한 관리가 필요하다.

(3) 격벽 재료

격벽 형성 재료로서는 glass paste가 사용되고 있지만 격벽 형성은 선폭과 높이가 높고, 격벽 상면의 평활성의 요구가 높기 때문에 이러한 요구 사항을 만족시키기 위한 paste 재료의 개발이 진행되고 있다.

(4) 형광체

형광체는 Xe의 공명 방사광에 의해 여기되어 가시광을 발생시키는 물질이다. Full color화를 위해서는 빛의 3원색인 RGB의 광을 발생하는 세 종류의 형광체가 필요하며, 이들 세 종류의 형광체를 도포한 미소영역(셀)을 조합하여 하나의 화소가 된다.

(5) 보호막 재료

이 보호막이 없으면 전극 사이에서 발생하는 플라즈마 이온에 의해 유전체층 표면이 sputter 되어 방전 전압이 상승하거나 전극 수명의 저하를 가져온다.

보호층은 이에 더하여 방전시 음극으로서 작용하여 방전 상태를 유지하거나 방전 전류를 억제하는 기능도 갖는다. 보호막 재료에 요구되는 특성으로는 높은 투과성, 내 sputtering성, 낮은 방전 전압, 넓은 메모리 마진, 구동 전압 안정성 등이 있으며 요구 조건을 만족하는 재료로서 현재는 MgO가 이용되고 있다.

(6) PDP용 근적외선 및 전자파 차단 필터

PDP에 사용되는 봉입 가스에서 나오는 근적외선은 각종 가전기기의 리모콘의 적외선과의 간섭에 의해 기기의 오작동의 위험이 지적되고 있는데 따라서 PDP에서 방출되는 전자파 및 근적외선을 어떻게 흡수하는가 하는 것이 가정용 PDP에 있어서는 필요한 개발 과제로 되고 있다.

현재 PDP용 근적외선 및 전자파 차단 필터로서는 강화 유리에 투명 도전막을 형성한 것과 PMMA 수지에 흡수 색소를 도포한 제품이나 광학용 폴리에스테르 수지가 개발되어 있는데, 제작업체는 강화 유리 형태는 일본의 ASAHI GLASS와 미국의 VIRATEC 등이 있으며 수지 필름 형태에는 일본의 SUMITOMO, KURARY 등이 있다.

(7) 패널 봉착, Seal 재

PDP glass 패널 기판의 봉착에는 저융점 유리 분말(glass frit)이 사용된다. 봉착용 유리 분말에 대한 요구 특성으로는 타 재료와의 선팽창 계수 매칭, 유전 특성, 절연 특성, 강도, 기밀성, 화학 특성 등이 있는데 특히 기판 유리와 봉착 frit는 아주 밀접한 관계가 있으며,

현재 사용되고 봉착용 glass frit는 패널 제조상 요구되는 특성을 대부분 만족시키는 재료로 되어 있어 기존의 재료 성능으로 대응이 가능하다. 그러나 향후 패널 제조 공정의 단축이나 MgO 보호막의 crack 발생 억제를 위해서는 보다 저온에서 봉착할 수 있는 sealing 재료 개발이 필요하다.

(8) 봉입 Gas

현재 AC형 PDP에서는 Ne-Xe, DC형 PDP에서는 He-Xe 기체가 주로 사용되고 있다.

PDP용 봉입 기체에 요구되는 특성으로는 자외선 방사 강도가 높을 것, 기체의 가시 발광이 적을 것, 경시 변화가 적을 것, 방전의 안정성이 좋을 것, 방전 전압이 가능한 낮을 것 등을 들 수 있다.

일반적으로 저압 방전에 있어서는 형광등에 사용되고 있는 수은이 고효율의 자외선 발생 기체로 많이 사용되고 있다. AC형이나 DC형 모두 패널 수명을 길게 하기 위해서는 봉입 기체의 압력을 높일 필요가 있다.

패널의 화질에 관해서는 색 재현성이 있어 방전 기체의 발광의 영향이 중요하지만 방전 기체의 특성과 함께 형광체의 전광도 영향을 미친다.

Display Engineering

*8 PDP의 구동 원리

8.1 Gray scale의 구현

동화상을 어떤 디스플레이 소자의 화면 위에 구현하기 위해서는 1초당 60개 이상의 화상 frame을 연속적으로 표시해야 한다. 또한 24bit의 색상을 가지는 화상을 표시하기 위해서는 모든 셀을 256단계(8bit)의 gray scale로 빛의 양을 조절하여야 한다. 이러한 1초당 60개의 화상 frame과 256계조의 gray scale을 갖는 동화상을 PDP 상에서 나타낼 때, 각각의 frame은 시간적으로 완전히 분리되므로 한 개의 frame의 화상을 1/60초 동

안에 어떻게 나타내는지 알면 된다. 이 한 개의 frame은 시간을 기준으로 한 개의 time-field로 나타내어진다. 화면 전체의 표시 방법을 논하기에 앞서 한 개의 sub-pixel의 동작만을 살펴보자.

한 sub-pixel이 자신에 할당된 빛을 내기 위해서는 많은 수의 방전을 일으켜야 한다. 즉 (256단계 중에서 할당된 단계)×(1단계의 빛을 내는 데 필요한 방전의 횟수)가 한 sub-pixel이 한 field 안에 일으켜야 하는 방전의 횟수이다. 이를 그대로 256회로 구별하여 각각의 회수를 세어가며 방전을 일으키는 것보다는 time-field를 시간적으로 8개의 subfield로 나누어 각각의 subfield의 방전횟수의 비율을 1 : 2 : 4 : 8 : 16 : 32 : 64 : 128이 되도록 나눈 다음 8회만 데이터를 sub-pixel에 인가를 하고 방전을 일으키도록 하는 것이 가장 효율이 높다고 할 수 있다. 사람의 눈에 인식되는 빛의 양은 시간에 따라 평균 낸 양으로 중첩되면서 원하는 256계조를 얻을 수 있다.

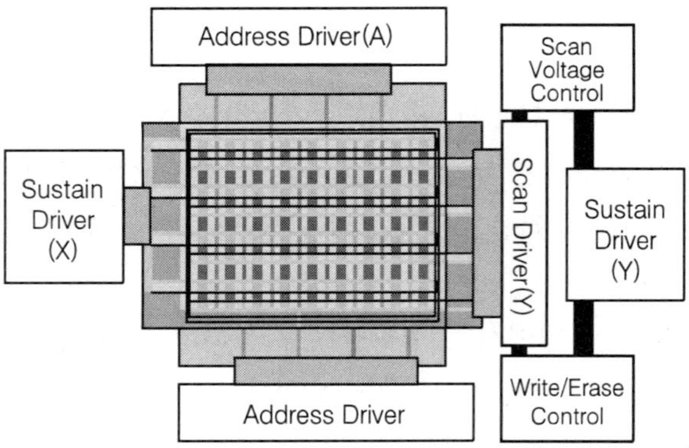

그림 9.21
PDP의 일반적인 전극 배치

현재의 PDP들은 모두 이러한 방식을 기본으로 gray scale을 구현하고 있다. 이는 PDP가 한 번의 방전으로 방출할 수 있는 가시광의 양이 적고 그 방전에 필요한 응답시간이 μs단위로 굉장히 빠르기 때문이다. 또, 1회의 방전을 가지고 여기서 방출되는 빛의 양을 몇 개의 단계로 조절하는 것은 매우 힘들며, 또 전 화면의 각 픽셀들에 그 단계들을 일정하게 조절하는 것은 거의 불가능하다. 따라서, PDP는 디지털로 처리된 화상 데이터를 가장 디지털화된 방식으로 화상을 표시하는 소자라고 할 수 있다.

다수의 셀을 구동하는 데는 시간적으로 좀 더 복잡한 모양을 가진다. Address 전극들은 한 개의 열을 선택할 수 있도록 해주며, scan 전극들은 한 개의 행을 선택할 수 있도록 한다. 첫 단계로, 좌우로 인접한(matrix에서 한 행 선택) 셀들의 구동을 고려해 보자. 한 행의 셀들은 한 개 내지는 2개의 공통 전극과 각각이 따로 가지는 전극을 가진다. 공통된 전극은 그 행을 선택하는 데 사용되며, 한 행의 셀들에 각각 연결된 전극은 열의 방향으로 가지게 된다. 이 행이 데이터 입력을 위해 선택된 순간에는 Address 전극들의 전압만 각각의 데이터에 따라 다를 뿐 나머지 파형은 모두 공유하게 된다. 즉, 한 행에 있는 셀들은 같이 행동하는 것처럼 생각해도 다른 점이 없다는 것이다.

여러 행의 구동을 고려하면 어느 시간 간격에서 어떤 행을 선택하고 데이터를 넣는 과정을 수행하며, 어느 시간 간격에서 그 데이터 비트에 따른 방전 유지를 할 것인가가 매우 중요한 요소이다. 이러한 것은 PDP의 구조 및 방전 특성과 유기적으로 결합되어 상호간에 지대한 영향을 미치어 구동 방식을 결정하게 된다.

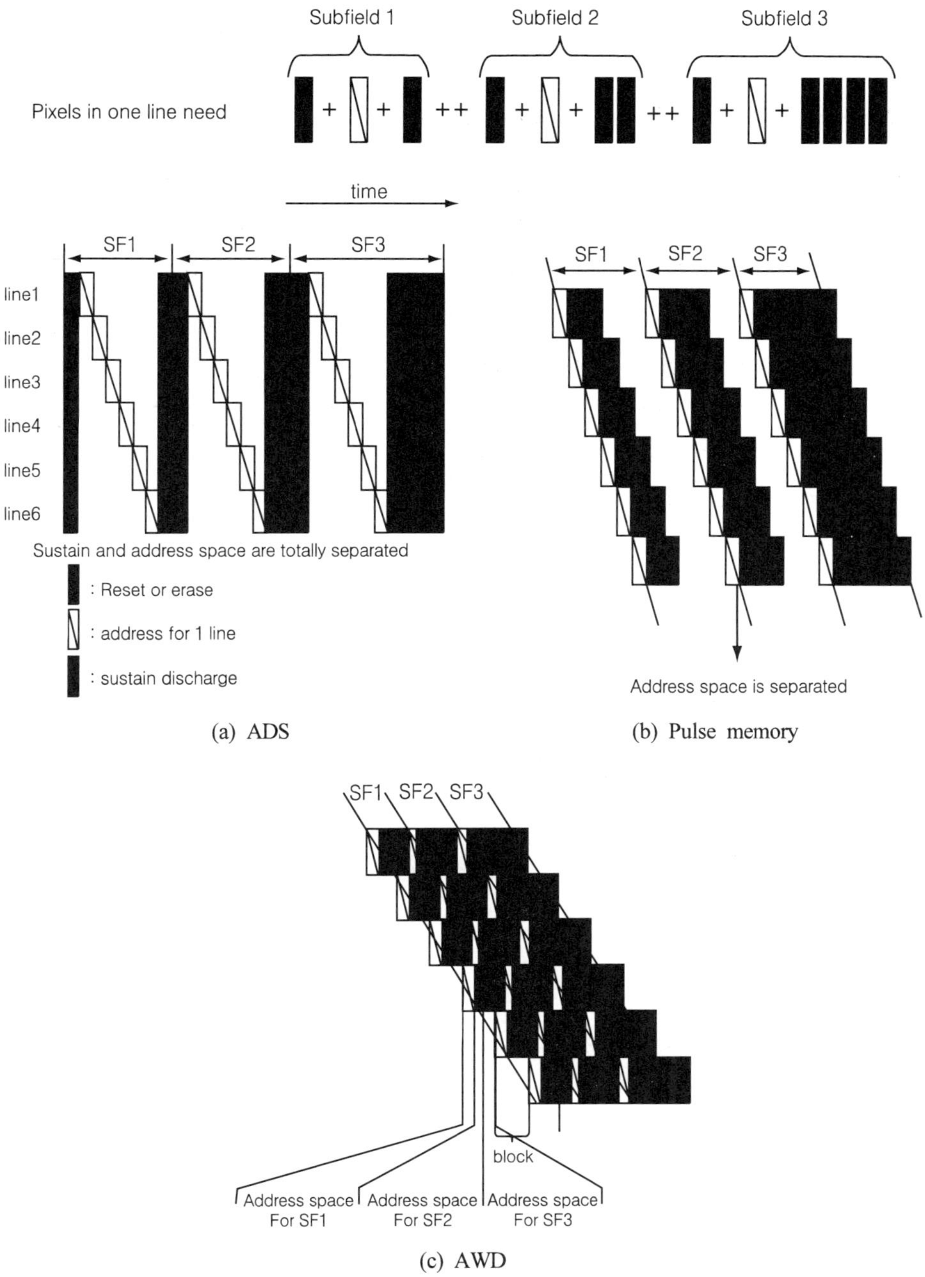

그림 9.22

타이밍 방법의 차이에 따른 구동 방식의 분류

한 라인의 화소들은 세 개의 subfield가 필요하다. 각각의 subfield reset 과정과 addressing 과정, sustain 과정으로 이루어진다. Reset 과정에서는 앞의 sub-field 의 데이터를 지우고 addressing 방전에 대비한다. Addressing 과정에서는 주로 특정 행이 선택되고 그때마다 거기에 필요한 addressing 방전이 형성된다. Sustain 과정은 앞에서 입력된 데이터의 weight에 따라 적당한 수의 방전 유지를 하는 과정이다. 이들을 배치하는 방법에 따라 현재 사용되고 있는 세 가지 방식으로 나누어진다.

각 구동 방식의 실제 형태 및 기능에 대하여 좀 더 자세히 살펴보자.

(1) ADS 방식(Address-Display Separation Method)

ADS 방식에서는 각 line을 순차적으로 scan 하는 동안 addressing이 이루어지고, 이것이 전 화면에 걸쳐 모두 일어나 1 또는 0의 데이터들이 기입되면, 그 데이터 bit의 중요도에 따른 빛의 양을 낼 수 있도록 하는 유지 방전 전압이 전 화면에 걸리고, 이때 1의 데이터들이 기입된 셀들만 계속해서 방전을 유지한다. 이때 데이터 저장의 역할을 하는 것이 벽전하 효과이다. 먼저 scan이 이루어진 행들과 나중에 scan이 이루어진 행들 간에 데이터 저장에 차이가 있지만 AC PDP의 벽전하 효과는 최소 수 ms 이상의 시간 동안은 유지하므로, 이렇게 오랜 시간 동안 한 번에 모든 라인의 scan을 수행하여도 문제 없이 데이터를 써 넣고, 그 데이터의 유지가 가능하다. 이 과정이 끝나면 다시 다음 bit의 데이터를 넣는 scan이 이루어진다. 벽 전하 효과를 이용해야 하므로 DC PDP 구동에는 사용할 수 없다.

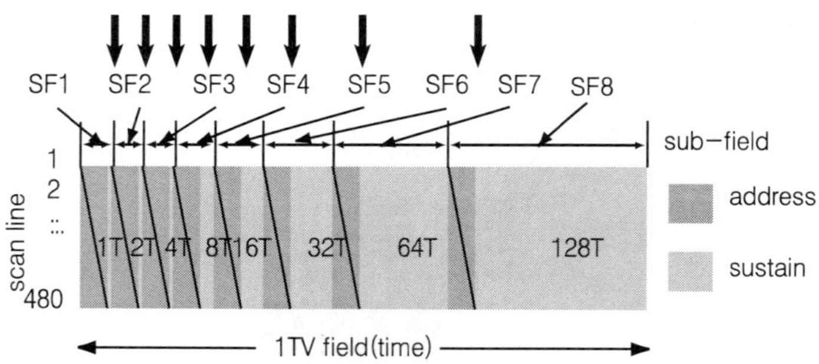

그림 9.23
ADS 방식의 시간에 따른 라인별 상태도

(2) Pulse Memory 구동 방식

한 라인에 addressing이 되는 순간 다른 라인에서는 sustain이 이루어지는 것처럼 보이지만 시간적으로 addressing은 sustain 방전이 일어나는 사이사이마다 이루어진다. sustain의 틈새를 addressing에 이용하는 것이다. 펄스 메모리 구동 방식은 DC PDP를 구동할 때만 사용되는 이유는 DC PDP가 다음과 같은 특성을 가지기 때문이다.

첫째, addressing 방전이 인가 펄스의 폭을 좁게 하여 빠르게 인가될 수 있고,

둘째, 전극간의 정전 용량이 낮아 펄스의 rise time이나 fall time이 짧고,

셋째, DC PDP의 메모리 효과는 하전 입자의 metastable(준안정) 종을 이용하므로 그 지속 시간이 짧아서 어드레싱 기간 동안 거의 대부분의 시간을 방전을 하지 않는 ADS 방식이 불가능하고 최대한 빨리 메모리 효과가 지속되도록 유지 방전을 일으켜야 한다.

(3) AWD 방식(Address while Display Method)

AWD 방식의 파형을 만들어내는 과정은 다음과 같다.

첫째, sustain 전극과 scan 전극에 인가되는 sustain 방전 펄스를 4쌍을 한 묶음으로 한다.

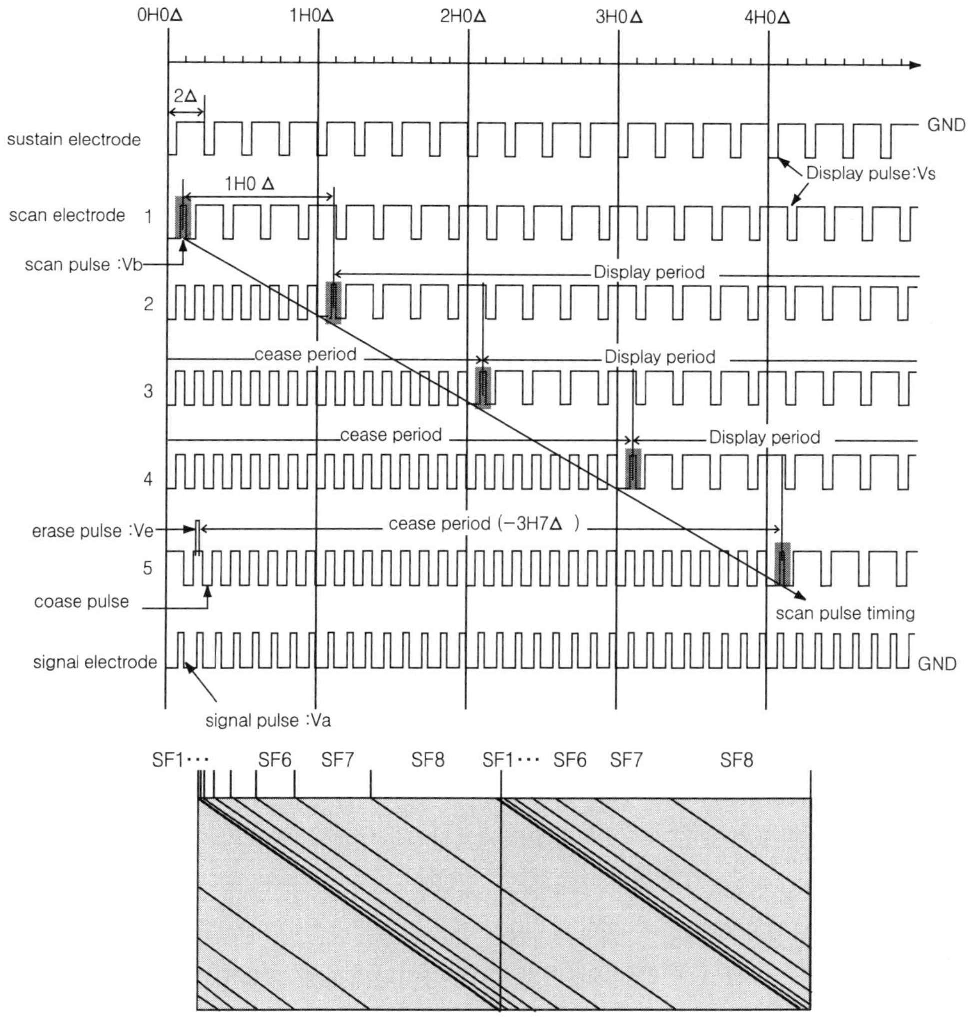

그림 9.24
AWD 구동 방식의 실제적 용례

둘째, 이 묶음 각각의 sustain 방전 펄스간에 sustain 전극과 scan 전극 사이의 전압이 같은 공간이 8개 생긴다. 이들 공간에서 첫 번째 공간은 subfield 1을 addressing 하는 데에만 쓰인다. 두 번째 공간도 역시 같은 방법으로 subfield 2를 addressing 하는 데에만 쓰인다.

셋째, 이러한 방법으로 scan이 이루어질 때 address 전극의 data는 Subfield마다 겹치지 않는다.

넷째, 한 라인이 한 Subfield의 Sustain 방전수를 채우면 그 다음은 2~4개의 Sustain 묶음 동안 Scan 전극에 cease 펄스를 가하여 앞의 데이터가 쓰인 벽전하의 erase를 하고 다음 addressing에 대한 대비를 한다. 이러한 내용들을 정리하면 그림 9.24와 같은 파형이 만들어진다.

*9 Display Engineering

PDP의 기술 개발 동향

9.1 고화질화 기술

PDP는 기존의 CRT나 LCD와는 달리 디지털 신호에 의해 밝기 조절 등이 가능한 디지털 디스플레이 디바이스로서 디지털 위성방송시대를 이끌어갈 선두두자로 주목받고 있으며, 현재에는 이를 현실시키기 위하여 PDP의 고화질, 고선명화에 목표를 둔 많은 연구들이 활발히 진행되고 있다.

특히 PDP가 디스플레이 소자로서 시장 경쟁력을 갖추기 위해서는 무엇보다도 표시성능이 다른 디바이스에 비해 뛰어나야 할 것이다. 디스플레이 디바이스의 표시성능으로서 제일 우선시 되는 것은 결국 아름다운 화상을 구현하는 것이다.

화질을 평가하는 기준으로는 휘도, 색온도, 콘트라스트 및 의사윤곽의 정도 등을 들 수 있다. 이에 대한 동향을 살펴보면 다음과 같다.

(1) 고 peak 휘도화 기술

PDP의 Peak 휘도가 CRT에 비해 떨어지는 원인은, 발광 효율의 차이가 큰 원인이지만 PDP의 gray level 표시법에도 기인하고 있다.

이상과 같은 문제를 해결하기 위해, 적응성 휘도 강화 기술이 개발되었다. 이 방법은 화상의 특성에 따라서 서브필드의 수와 펄스 수를 다이나믹하게 변화시키는 신호 처리 구동 기술이다. 이 방법의 개발에 의해 낮은 휘도 부분의 gray level을 해치지 않고 평균휘도를 내리고 peak 휘도를 올리므로 소비전력을 별도로 공급하지 않으면서 peak 휘도를 종래에 비해 40% 이상 향상시킬 수 있게 되었다. AI(adaptive intensifier) 방식에서는 전력을 증가시키지 않고 peak 휘도를 향상시킬 수 있다. 그 외 NEC에서는 다이나믹 PLE(Peak Luminance Enhancement) 기술을 개발하고 있다. 이 방법도 낮은 ASL(average signal level)에서는 평균 휘도를 올리고, 높은 ASL에서는 평균 휘도를 저하시켜 peak 소비 전력을 억제시키게 된다.

(2) 색온도 향상 기술

종래 PDP가 휘도와 색온도를 둘 다 향상시키기 어려웠던 것은 blue 형광체의 발광 효율이 낮은 것이 원인이었다. 휘도가 낮은 blue에 대해 white balance를 취할 필요가 있기 때문에 green 및 red의 신호 level을 감소시켜왔다.

그러나 비대칭 cell 구조에서는 RGB 각 cell의 발광 감도 balance를 취할 수 있게 되어 최대 pulse로서 구동할 때 백색의 색온도를 10000K 이상 높일 수 있게 되었다.

(3) 고 콘트라스트화 기술

선명한 화상을 구현하기 위해서는 대비를 나타내는 콘트라스트 비율을 향상시킬 필요가 있다. 이를 위해서는 패널의 배경광을 줄이거나 방전 셀의 발광을 증가시켜야 하며, 주변의 반사광 또한 감소시켜야만 한다. 구동 기술의 변화로 인해 현재 암실 기준 약 3000 : 1 정도의 높은 콘트라스트 비율을 달성할 수 있게 되었다.

ADS 구동 방식 중 리셋, 즉 초기화 기간에 램프 파형을 도입하여 약방전을 유도하여 초기화를 행함으로써 배경광을 줄일 수 있게 되었다. 특히 앞서 논한 바와 같이 색온도 향상을 위해 제시되었던 비대칭 cell 구조에서는 cell 형상 차이에 의해 방전 특성의 차이가 현저해 이것이 큰 문제로 제기되었다. 그러나 초기화에 ramp 전압 파형을 도입함으로써, 이 문제의 해결이 가능하게 되었다. ramp 전압 파형으로 초기화하면, 각 cell의 방전 개시 전압에 상응하는 벽전압을 형성할 수 있다.

따라서, cell 폭의 차이에 의한 방전 특성 차이에 관계없이 패널 내의 불균일성에 기인하는 방전 전압의 편차도 흡수할 수 있게 되어 색온도 향상과 콘트라스트 비율 향상의 두 가지 목표를 달성할 수 있게 되었다.

(4) 동화상 화질 개선 기술

PDP와 같이 서브필드 법으로서 256gray를 표현하는 구동 방식에서는 관측자의 시점이 이동하는 경우 표시 장치가 나타내고자 하는 화상이 왜곡되어 보이는 현상이 발생한다. 이는 발광되는 빛의 적분 방향과 사람이 실제 인식하는 빛의 적분 방향이 불일치하여 나타나는 것으로 알려져 있다. 따라서 고화질 화상을 구현하기 위하여 동화상의 의사윤곽을 최소화하기 위한 연구가 활발히 진행되어 왔으며, 현재에는 거의 해결단계에 있다고 할 수 있다.

여러 방법이 지금까지 제안되어 왔는데 그 중 가장 대표적인 의사윤곽 해결 방법으로는 서브필드 비트를 분할하여 서브필드 수를 증가시키는 방법이라 할 수 있다. 그러나 서브필드 수가 늘어날수록 adress 기간이 증가하고 상대적으로 sustain 구간이 줄어들어 휘도 저하를 초래하게 된다. 그러므로 서브필드 수를 최소화하여 적절히 배치하면서 의사 윤곽을 최소화하는 방법들이 모색되었다.

PDP의 화질은 초기 개발 단계에 비해 비약적인 성장을 거두어 현재 차세대 HDTV급 대화면 디스플레이 소자의 대표 주자로서 큰 가능성을 비치고 있다. 그러나 실제로 PDP가 대형 디스플레이 소자로서 CRT HDTV나 프로젝션 TV와의 경쟁에서 시장

경쟁력을 갖추기 위해서는 현재보다 한 단계 더 개선된 화질과 함께 고효율, 저가격화 등의 목표를 달성해야 한다.

그림 9.25는 HD급으로서 요구되는 PDP 화질 및 그 외 목표 사양을 나타내고 있다. 현재 국내외적으로 많은 투자와 함께 연구개발이 활발히 진행되고 있기 때문에 곧 목표치를 달성할 수 있을 것으로 기대된다.

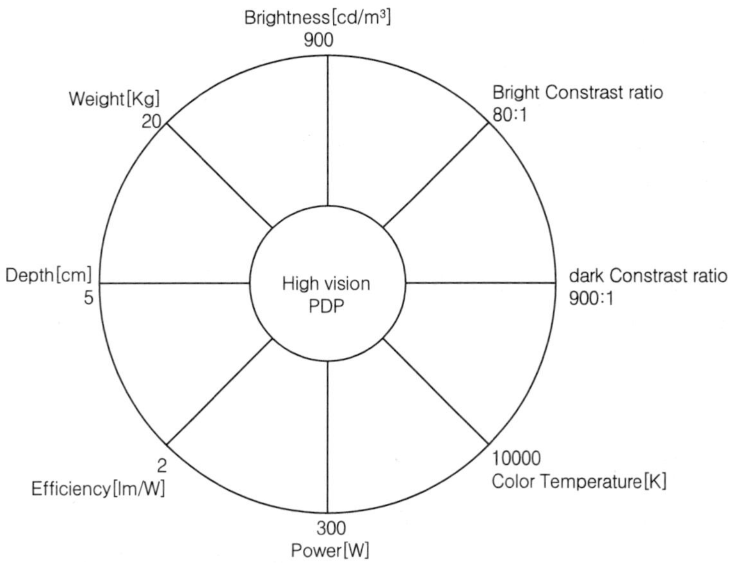

그림 9.25
HD급 PDP의 목표 사양

참고문헌

[1] 황기웅, 이석현, 태홍식, "플라즈마 공학의 기초",

[2] Brian Chapman, "Grow Discharge", John Wiley & Sons, 1980.

[3] Alfred Grill, "Cold Plasma in Materials Fabrication From Fundamentals to Applications", 1993.

[4] Alexander Roh, "Vacuum Technology", third, updated and enlarged edition, 1990.

[5] Giovanni Bruno, Pio Capezzuto, Arun Madan, "Plasma Deposition of Amorphous Silicon-Based Materials", ACADEMIC PRESS, 1995.

[6] Brian Chapman, "Glow Discharge Processes", SPUTTERING AND PLASMA ETCHING, 1980.

[7] 이창환 외 4명, 국가전략산업분석 PDP

[8] 이두희, 지식재산 21, 플라즈마 디스플레이 패널(PDP)의 기술 동향

[9] 주병권, 정보 디스플레이 산업의 최신 기술 분석

[10] 신성태, Display Device 기술 동향

[11] 장명수 외 1명, PDP 재료 기술의 동향

[12] 황기웅 외 1명, 고효율 PDP 기술 동향

[13] 권상직, 디스플레이 장비 및 진공 패키징 기술

[14] 서울대학교 영상 처리 연구실, AC Plasma Display Panel의 구동 원리

[15] 한국 디스플레이 연구 조합, Plasma Display Panel의 공정 기술

터치스크린 (touch screen panel)

Chapter 09 → 10

1 터치스크린 패널의 개요

2 터치스크린 대표 기술의 실제 구조 및 구동 원리

*1 Display Engineering

터치스크린 패널의 개요(Touch Screen Panel)

1.1 터치스크린 패널의 개념 및 구성요소

(1) 터치스크린 패널의 개념

터치 패널은 하나의 컴퓨팅 입력 장치이며, 디스플레이에 표시되어 있는 버튼을 접촉함으로써 대화적 및 직감적인 조작을 가능하게 하여 누구나 손쉽게 컴퓨터를 조작할 수 있도록 한다. 우리가 가장 많이 볼 수 있는 스마트폰 이외에도 은행의 현금인출기, 내비게이션, 노트북의 터치패드 등에 많이 사용되고 있다. 여기서 일반 사용자들이 용어의 혼돈을 일으킬 수 있는 소지가 있다. 일반적으로 터치 패널(touch panel)이 모니터 화면에 붙어 있으면 그 구조를 터치스크린이라고 부르며, 터치 패널이 마우스를 대신하여 커서를 이동시키는 것에 사용될 때의 구조를 터치 패드라고 한다. 즉, 가장 기본이 되는 구조가 터치 패널인 것이다.

(2) 구성요소

1) 터치 패널(touch panel)

터치 패널은 투명 전도막(Transparent Conductive Oxide, TCO, 대표적인 TCO로서 인듐주석산화막(ITO)이 있다)이 증착된 glass(하판)와 film(상판)으로 고정되어 있으며, 터치한 지점의 상·하판이 접촉되어 전기적인 아날로그 X, Y 신호가 컨트롤러(Controller)로 전송된다. 일반적인 유리와 필름은 전기가 흐르지 않지만, 터치 패널에 사용되는 유리판과 필름은 투명 전도막 코팅이 되어 있어 전도체 역할을 하는 것이다.

2) 컨트롤러(controller)

터치 패널의 입·출력 신호를 제어하는 장치로서, 터치 패널로부터 전송된 아날로그 신호를 A/D 컨버터에 의해 디지털 신호로 변환하고, 이를 디스플레이 상에 좌표로 출력하게 하는 기능을 가지고 있으며 PC 본체에 연결되어 데이터를 송·수신한다.

3) 드라이버(driver)

PC에서 터치스크린을 구동시키기 위한 장치 S/W 드라이버 및 제어 프로그램으로 마우스 드라이버와 호환성을 유지하므로, 마우스 기반으로 한 모든 종류의 응용프로그램을 곧바로 터치스크린이 적용 가능한 환경으로 설정할 수 있도록 지원되는 소프트웨어 드라이버이다. 운영체제 환경에 따라 다양한 형태가 있다. 드라이버는 터치 패널이 각 운영 시스템(DOS, windows 등)에 맞게 구현하도록 최적화된 소프트웨어이다.

1.2 터치스크린 패널의 분류 및 특징

터치 패널은 다양한 종류에 따라 특성이 각각 다르며 이에 따라 다양한 사용 환경에서 각각의 특성에 맞게 사용되고 있다.

(1) 저항막 방식

투명 전도막(ITO)이 코팅되어 있는 두 장의 기판을 dot spacer(절연봉)를 사이에 두고 투명 전도막이 서로 마주보도록 합착시키는 구조로 이루어져 있다. 특수 필름의 안쪽에 투명 전도막이 코팅되어 있기 때문에 손가락이나 펜에 의해 상부 기판을 접촉하였을 경우 위치 검출을 위한 신호가 인가되며, 하부 기판의 투명 전도막과 접촉되었을 때 전기적 신호를 검출하여 위치를 결정하게 되는 동작 원리를 가지고 있다.

(2) 정전용량 방식

터치 화면 센서를 구성하는 substrate의 양면에 특수 전도성 금속을 코팅하여 투명전극을 형성하며, 일정량의 전류를 glass 표면에 흐르게 한다. Parasitic capacitance를 통해 사용자가 터치를 함으로 인해서 사람의 몸에 있는 정전용량을 이용하여 전류의 양이 변경된 부분을 인식하고 크기를 계산하여 위치를 검출하는 원리를 가지고 있다.

(3) 초음파 반사 방식

표면파 발생의 변환기로서 압전소자가 사용되는데 이러한 압전소자는 외부에서 전압을 인가하면 형태가 신축되고 반대로 외부에서 변형을 가하면 전압이 발생하는 특징을 이용하여 glass 표면에 접촉하면 표면파의 일부는 반사해 압전소자군으로 되돌아오면서 전압이 발생하게 된다. 이 전압을 이용하여 표면파를 발생시키고 반사파가 되돌아오기까지의 시간을 압전소자로 계산이 가능하게 되는 것이다. 표면파를 X와 Y방향으로 교대로 발생시킴으로써 각각의 입력점까지의 거리를 파악하게 됨으로 인해서 위치를 결정하는 원리를 가지고 있다.

(4) 적외선 광 방식

적외선의 직진성을 이용하여 장애물에 부딪치면 차단되는 속성을 활용한 방식이다. 발광소자와 수광소자가 마주보도록 패널 주위에 광을 다수 배치해서 matrix를 만드는 구조로, 사용자에 의해서 광선을 차단하면 차단된 부분의 출력이 저하되고 그 부분의 X, Y 좌표를 얻어서 입력좌표를 판단하는 원리를 가지고 있다.

표 10.1 터치스크린 패널의 방식별 주요 특징

방식	저항막 (Resistive)	정전용량 (Capacitive)	SAW	IR
빛투과율	75~85%	90%	92% 이상	100%
내구성	Low	Excellent	Excellent	Excellent
해상도	Excellent	Good	Good	Not Good
멀티터치	가능 (어려움)	가능	불가능	가능 (어려움)
사이즈	1~20″	2~22″	3~8″, 10~40″	20~150″
입력방식	Anything	손가락·전용펜	손가락·전용펜	손가락·전용펜
장점	저비용 고해상도 다양 입력방식	멀티터치 터치감이 우수 고해상도 가능	고내구성 높은 빛투과율 고해상도	높은 빛투과율 고내구성 대화면 가능
단점	낮은 빛투과율 대형화 어려움 저내구성	입력방식 제한 가격이 비쌈 대형화 어려움	노이즈에 취약 습기에 취약 오염 작동불능	고비용 슬림화 어려움 저해상도
주요 적용제품	휴대폰, 게임기, 내비게이션 등	스마트폰, 태블릿 PC, 노트북 등	ATM, Kiosk, POS 등	ATM, Kiosk, POS 등

1.3 터치스크린 패널의 응용 분야

터치스크린 패널은 공공분야 기기(현금인출기, Kiosk 등)에서 개인정보기기(휴대폰, PDA, 게임기 등)로 활용분야를 넓혀가고 있다. 터치스크린 패널은 기존에 현금인출기, Kiosk 등 공공분야와 PDA, PMP, 내비게이션 등 일부 전자기기를 중심으로 시장이 형성되어 왔으나 최근에는 휴대폰, 게임기 등 시장규모가 큰 개인정보기기로 응용분야가 확대되면서 높은 성장이 기대된다. 특히, 애플사의 iPhone이 터치스크린 패널을 적용하여 크게 히트한 이후 주요 휴대폰 제조업체들도 터치스크린 패널을 적용한 스마트폰을 전략모델로 출시하고 있으며, 국내에서도 터치 패널을 적용한 다양한 형태의 휴대폰을 출시하고 있다.

*2 터치스크린 패널 대표 기술의 실제 구조 및 구동 원리

Display Engineering

터치스크린은 구현 원리와 동작 방법에 따라 다양한 방식(저항막/정전용량/초음파/압력 등)으로 구분된다. 여기서 우리가 흔히 접하는 스마트폰이나 태블릿 PC 등에 탑재

된 터치스크린은 주로 저항막 방식과 정전용량 방식이 적용되고 있다.

2.1 저항막 방식(아날로그)

(1) 저항막 방식의 원리와 장·단점

저항막 방식은 손가락 혹은 펜에 의해 기판이 터치되며, 상하부 기판의 투명전극이 서로 접촉하면서 전기적 신호가 발생하고 이를 파악해 위치를 감지하는 방식이다. 반응속도는 정전용량식에 비해 느리지만 세밀한 터치가 가능하고 제조원가가 저렴하다는 장점이 있다. 입력 내구성은 100만~2000만 회 정도로 감압기능 저하문제를 해결해야 하는 과제를 안고 있다.

(2) 저항막 방식의 구조

저항막 방식 터치스크린 패널은 기본적으로 ITO 필름(PET에 ITO층인 인쇄된 것) 2층으로 구성된다. ITO 필름은 서로 마주보는 면에 ITO 투명전극이 입혀져 있으며, ITO 필름 2층이 서로 닿지 않도록 DAT(양면점착테이프)로 간격을 띄워주며, 또한 Dot Spacer를 ITO 면에 일정간격으로 배치시켜 상·하의 ITO 필름이 닿는 것을 방지한다. ITO 필름의 양단에 일정한 전류를 흘려준 후 손 또는 스타일러스 펜 등으로 접촉하게 되면 상부 ITO 면이 하부 ITO 면에 접촉되어 터치된 위치의 X, Y 좌표를 감지하는 방식이다. 몇 개의 도선으로 신호를 검출하느냐에 따라 4, 5, 8-Wire 방식이 있다.

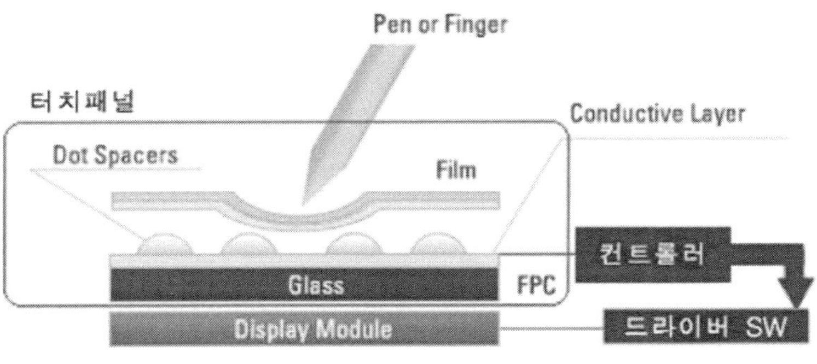

그림 10.1
일반적인 저항막 방식의 터치스크린 패널 센서의 구조도

(3) 4선 저항막 방식과 5선 저항막 방식의 차이점

1) 4선 저항막 방식

전류가 흐를 수 있는 전도성 물질(ITO)로 코팅된 필름과 glass의 이중층 구조로 되어 있다. 필름과 유리 모두에 은 패턴이 인쇄되어 있으며 손가락, 스타일러스 펜 등으로 눌러서 필름과 유리가 서로 맞닿게 되면 그 부분의 전위가 컨트롤러로 전달되고 컨트롤러가 다시 컴퓨터로 신호를 변환, 전달하여 PC가 그 위치를 인식하게 된다. 5선 저항막 방식에 비하여 내구성은 다소 떨어지나, 가격이 가장 저렴하고 더 작게 디자인할 수 있는 장점이 있다. 응용 범위가 넓어서, 휴대폰, PDA, 산업용 장비, POS, KIOSK, 터치 모니터 등 어디에나 적용될 수 있다.

2) 5선 저항막 방식

4선 저항막 방식 터치 패널과 마찬가지로 ITO로 코팅된 유리와 필름의 이중층 구조로 되어 있다. 다만, 은 패턴이 유리에만 인쇄되어 있고 상대적으로 내구성이 약한 필름에는 인쇄되어 있지 않다. 터치 동작이 이루어질 때, 필름은 단지 유리에서 전압을 읽어오는 역할만 할 뿐이다. 그로 인하여 4선 저항막 방식에 비하여 내구성이 더 좋다. 내구성이 좋은 반면 4선 저항막 방식에 비하여 가격이 약간 더 비싸며, 구조상 외곽 여유범위가 더 넓어야 하기 때문에 규격이 더 크다.

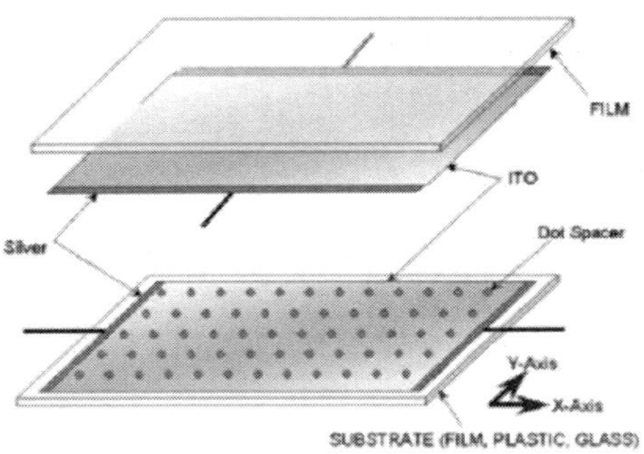

(4선 저항막 방식의 원리)

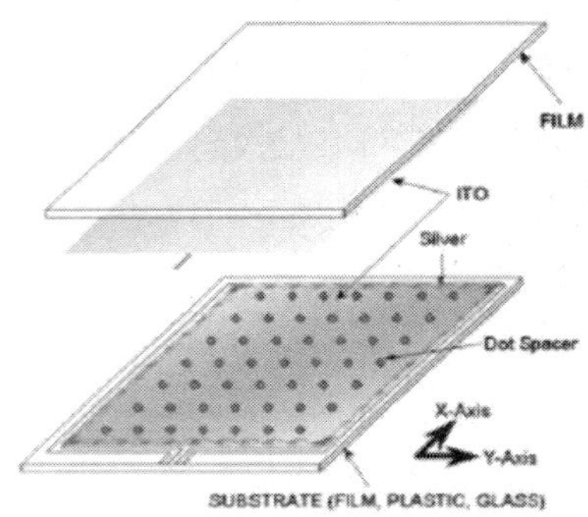

(5선 저항막 방식의 원리)

그림 10.2
4선 저항막 방식과 5선 저항막 방식의 원리

2.2 정진용량 방식(디지털)

(1) 정전용량 방식의 원리와 장·단점

정전용량 방식은 터치 패널을 구성하는 유리 양면에 투명한 전도성 금속물(ITO)을 코팅하는 방법으로 만들어지며, 사람의 몸에 있는 정전용량을 이용한다. 접촉식 정전용량 터치 패널은 저항막식 터치 패널에 비하여 상층부가 없는 한 장의 유리로 구성이 가능하여 광투과율이 높으며, 표면 내구성도 강한 장점이 있는 반면, 장갑을 낀 손이나, 비전도성물질 에는 반응하지 않는 입력 도구의 제한이 있다

(2) 정전용량 방식 터치스크린의 구조

일반적으로 X축 패턴 전극이 형성된 투명 전도성 필름(ITO 필름)과 Y축 패턴 전극이 형성된 투명 전도성 필름을 OCA 필름으로 합착하여 터치 패널을 제작하고, 강화유리 또는 PMMA 재질의 Window 형태로 만들어진 상판에 부착한 것이다. 터치센서의 패턴은 일반적으로 마름모 모양이나, 여러 가지 형상으로 제작이 가능하며 이와 같이 제작된 터치 패널에 Control IC를 부착하여 이용자의 손이 터치 패널과 접촉할 때 미세 전하량 변화를 감지해 동작하게 된다.

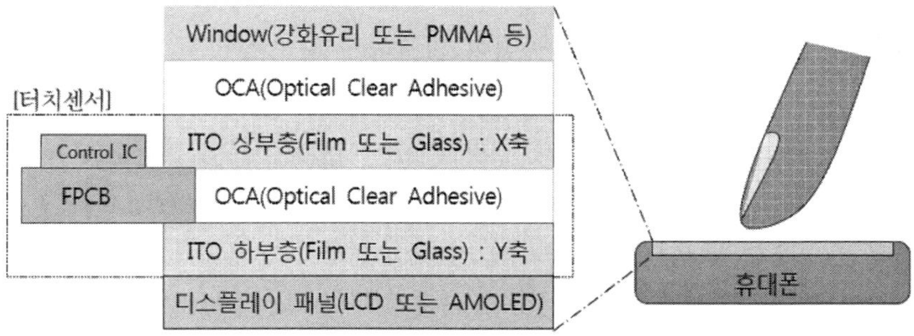

그림 10.3
일반적인 정전용량 방식의 터치스크린 패널 센서의 구조도

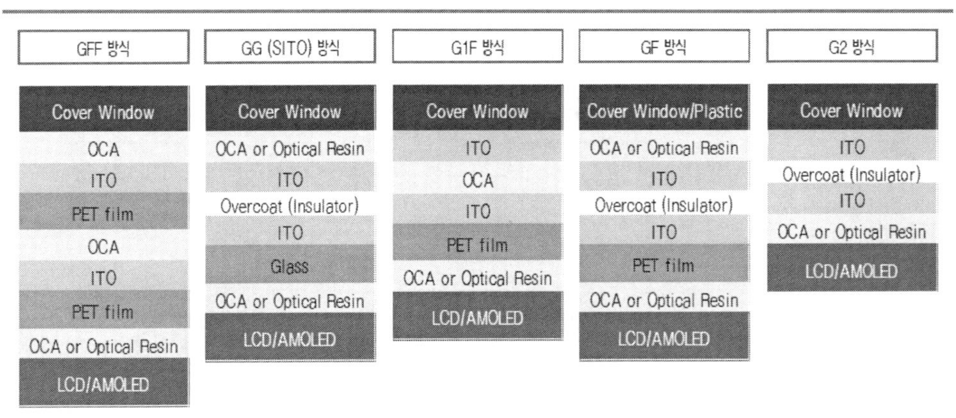

그림 10.4
정전용량 방식 터치 패널의 기술별 구조도

정전용량 방식의 TSP는 부착형(add-on type)·커버윈도우 일체형(touch integrated with cover window type)·디스플레이 일체형(touch integrated with display(LCD/OLED) type)의 3가지 카테고리로 구분이 가능하다. 먼저 부착형은 크게 필름 방식과 glass 방식으로 구분하며 필름 방식은 ITO 패터닝을 필름 상에 구현한 것으로 GFF 구조, GF2 구조가 있으며, glass 방식은 glass에 ITO를 패터닝한 것으로 GG 구조와 GG2 구조가 있다. 커버 윈

도우 일체형은 커버 윈도우에 증착한 투명전극(일반적으로 ITO)에 패터닝을 하여 센서를 만드는 방식으로 G1F, G2, G1 구조가 있다. 마지막으로 디스플레이 일체형은 디스플레이 위 또는 내부에 투명전극을 패터닝하여 센서를 만드는 방식으로 on-cell / in-cell이 있다.

(3) 정전식 센서의 원리

정전식 터치 센서의 기본적인 개념은 전극 간 정전용량의 변화를 감지하는 것에서 시작한다. 전용량의 변화는 전압의 안정화 시간이 지연되는 결과로 나타나기 때문에 엄밀히 말하자면 시간지연을 통해 터치를 인지한다고 볼 수 있다. 그림 10.5 (a)와 같이 전도체 A와 B 사이에 전압이 인가되면 A, B 전극 사이에는 C_a의 값을 가지는 전기장이 형성된다. 전도체에 손가락과 같은 도전 물질이 접근하게 되면 그림 10.5 (b)와 같이 전자가 물질로 이동하여 접지된다. 이로 인해 A와 B 사이의 전기장이 C_b로 감소하게 된다. 하지만 C_a와 C_b의 차이는 신호의 변화로서 감지되기 어렵다. 그림 10-5 (c), (d)는 (a),(b)의 한계를 보완하여 부도체를 추가한 실제적 모델이다. 부도체의 삽입으로 인해 윗부분에 C_a용량의 전기장이 발생되고 손가락이 접근하게 되어도 부도체와 전도체 사이의 정전용량 차이가 C_c와 C_b로 현저하게 차이가 나므로, 이는 터치의 유무를 확인할 수 있는 척도가 된다.

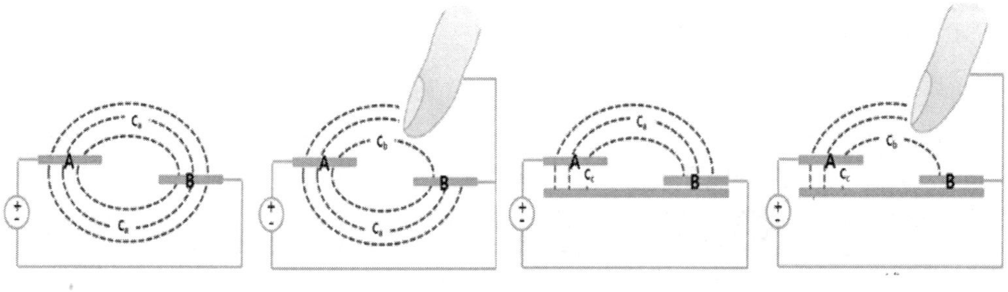

(a) (b) (c) (d)

그림 10.5
정전용량 방식 센서의 원리

위와 같은 방법으로 터치 신호가 감지되면 다음과 같은 프로세스로 신호가 처리된다.

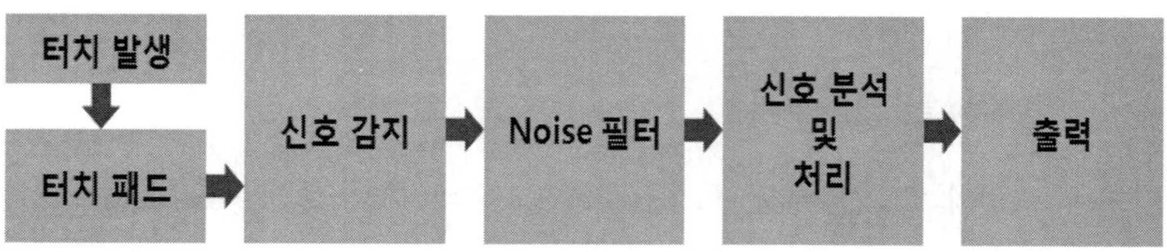

그림 10.6
터치 신호의 감지 방식

2.3 터치스크린 패널의 공정 프로세스

TSP 방식은 수많은 생산 기술 방식 중 정전용량 방식이 대세를 이루고 있고 향후에도 이러한 추세는 지속될 것으로 전망된다. 따라서 이번 절에서는 앞서 소개한 정전용량 방식(부착형 및 커버윈도우 일체형) 구조를 바탕으로 그 공정 프로세스를 알아보도록 한다.

(1) 부착형(add-on)

부착형(add-on type)은 터치 센서를 필름 및 glass에 패터닝한 후에 cover glass와 laminate해 TSP 모듈을 생산하고 TSP 모듈을 TFT-LCD에 다시 laminate하는 방식이다. 먼저 필름 방식으로서 GFF 구조는 일반적인 터치스크린 패널 구조로 glass 1장과 ITO 필름 2장을 사용하여 2장의 ITO 필름에 X/Y축 센서를 각각 패터닝한 후 glass를 붙여 제조하며, GF2 구조는 Glass 1장과 양면 ITO 필름 1장이 사용되며 필름의 양면에 X/Y축 센서를 각각 패터닝한 후 cover glass에 부착하여 제조한다. GFF 방식은 비교적 단순한 공정으로 윈도우에 다양한 데코레이션이 가능하고 안정된 품질 및 낮은 제조비용의 장점을 가져, 투명도 등 광학특성이 떨어짐에도 고가에서 중저가 제품까지 가장 광범위하게 사용되고 있으며, GF2의 경우 필름 한 장을 줄여 단가와 투명도를 개선하는 장점은 있으나, 양면 ITO 필름 조달에 제약이 있고 패턴 식각 프로세스가 어렵기 때문에 양산이 쉽지 않다.

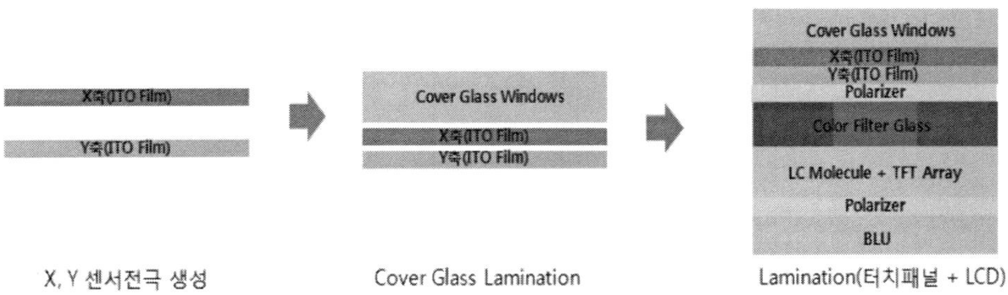

그림 10.7
GFF 터치 패널 디스플레이 모듈 공정

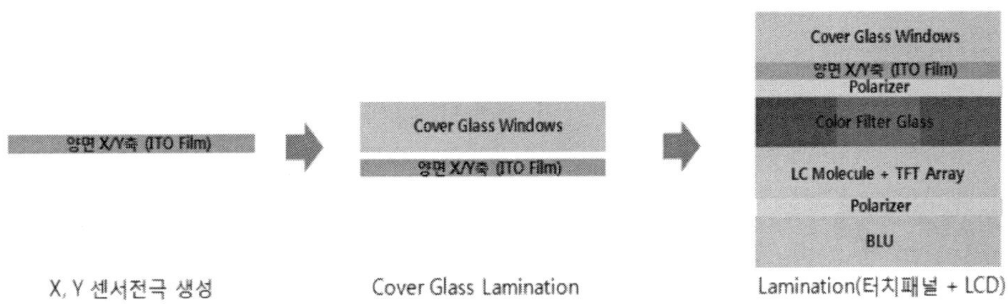

그림 10.8
GF2 터치 패널 디스플레이 모듈 공정

다음으로 glass 방식으로서 GG 구조는 glass 2장을 사용하며 센서 glass 위/아래 에 ITO를 증착하고 ITO에 X, Y축 센서를 각각 패터닝한 후 cover glass를 붙여 제조하며, GG2 구조는 glass 2장을 사용하며 센서 glass 한쪽 면에 ITO 2개 층을 증착하고 ITO에 X, Y축 센서를 각각 패터닝한 후 cover glass를 붙여 제조한다. 이러한 glass 방식은 높은 투명도와 사진식각 공정을 활용하여 미세회로 선폭을 구현할 수 있는 장점이 있으나 두껍고 무겁다는 단점이 있다.

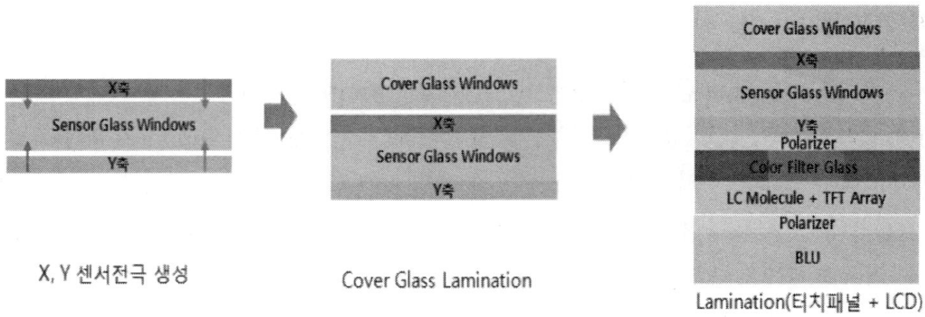

그림 10.9
GG 터치 패널 디스플레이 모듈 공정

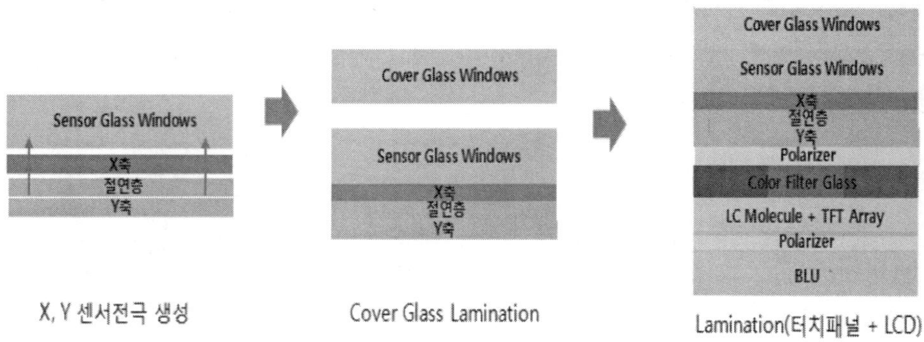

그림 10.10
GG2 터치 패널 디스플레이 모듈 공정

(2) 커버 윈도우 일체형

Glass 일체형은 ITO를 필름에 증착해 laminate하는 GFF 방식과는 달리 강화 glass에 ITO를 증착하는 방식이다. 먼저 G1F 방식은 glass 1장과 필름 1장이 사용되며, 커버 윈도우 뒷면에 ITO를 증착하고 ITO 필름을 사용하여 X축, Y축 센서를 커버 윈도우에 증착된 ITO와 ITO 필름에 각각 패터닝하여 제조하며, ITO 필름이 한 장만 사용되므로 GFF 방식에 비해 얇고 가벼우며 광학특성 면에서도 우수하지만 ITO 증착, 패터닝 공정 난이도로 수율 확보가 어려우며 설비투자비용이 높다는 단점이 있다.

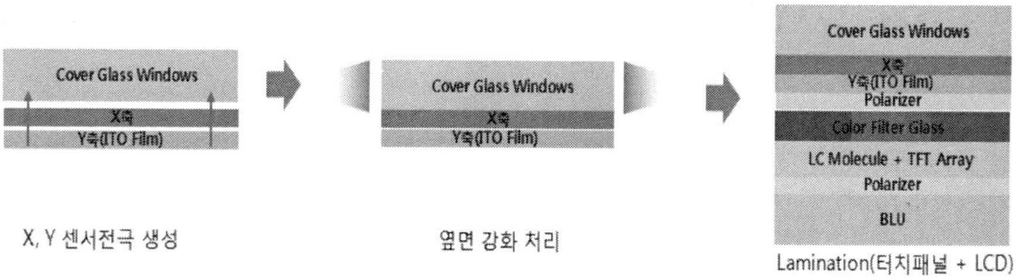

그림 10.11
G1F 터치 패널 디스플레이 모듈 공정

G2 방식은 커버 윈도우 뒷면에 2개 층의 ITO를 증착하는데 하나의 ITO를 증착하고 X축(또는 Y축)센서를 패터닝하고 그 위에 절연층을 증착한 후 절연층 위에 다시 ITO를 증착하여 Y축(또는 X축)센서를 패터닝하여 제조한다. 이 G2 방식의 생산공정은 크게 sheet 방식과 cell 방식으로 구분한다. Sheet 방식은 1차 강화처리를 한 glass 원판에 센서를 만든 후 절단과 측면 강화를 시행하는 방식이며, cell 방식에 비해 투자비가 낮고 다양한 형태 구현이 용이한 장점이 있으나, 기본적으로 강화 glass의 절단 공정이 매우 까다롭고, 절단 후 해당 부위의 강화가 풀어져 재작업을 해야 하는 경우가 발생하기 때문에 불량률이 높다는 단점이 있다. 반면, cell 방식은 glass 기판을 기기에 맞게 절단하고 강화한 후에 센서를 형성하는 방식으로 제품 강도는 GFF 등 기존 방식과 동일하나, cell 단위의 공정처리로 sheet 방식에 비해 생산성이 낮고 초기 투자비가 크다는 단점이 있다.

그림 10.12
G2 터치 패널 디스플레이 모듈 공정

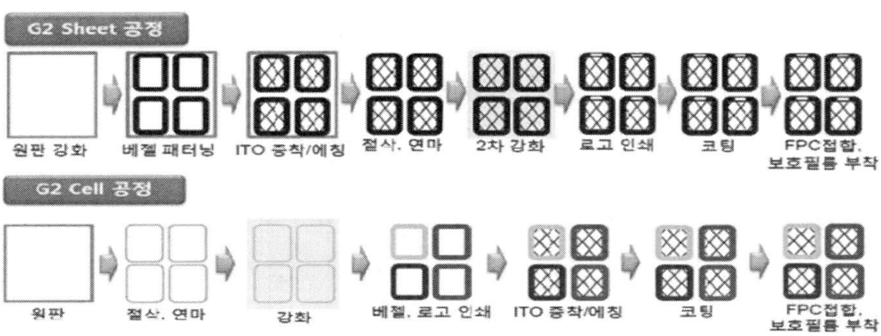

그림 10.13
G2 Sheet 및 Cell 방식 생산 공정 개략도

지금까지 살펴 본 내용을 바탕으로 터치스크린 패널의 생산 공정도를 보면 다음과 같다.

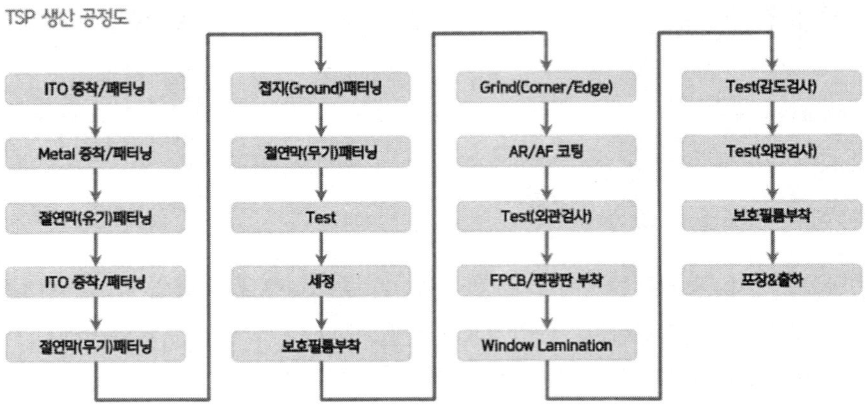

그림 10.14
터치스크린 패널 생산공정도

* 3 Display Engineering 터치스크린 패널의 기술 개발 동향

3.1 멀티 포인트 터치스크린 패널

(1) 터치스크린의 종류와 멀티 포인트 방식

사용자 인터페이스 (UI)는 기술의 개발과 함께 다양한 형태로 변화되어 왔다. 현재는 제스처, 음성 등으로 입력을 받는 NUI(Natural User Interface)의 시대라고 할 수 있지만 인간은 손을 이용한 입력방식을 포기할 수 없다. 앞으로 2D 액정을 넘어 3D, 홀로그램 디스플레이 등에서 PC에서 스마트폰, 스마트워치 등의 변화를 거치면서 우리는 손을 입력장치로서 사용할 것이고 자유로운 조작을 위해서는 '멀티터치' 기술이 필수적이다. 정전용량 방식, 저항막 방식, 초음파 방식, 적회선 방식 중 정전용량 방식의 터치스크린은 뛰어난 민감성, 높은 투과율, 높은 해상도, 우수한 내구성을 가지고 있어 멀티 터치 관련 분야에서 가장 주목받는 터치스크린 종류이다. 정전용량 방식 터치스크린은 surface capacitive type과 projected capacitive type의 두 가지 타입이 있다. Surface capacitive type은 표면(surface) 위의 cover-layer, 기판(board) 위의 ITO로 코팅된 layer와 네 개의 전극(electrodes)으로 구성되어 있다. Projected capacitive type과는 달리 electrode pattern이 필요하지 않아 간단하며, 낮은 비용으로 생산할 수 있으나, 2개 이상의 터치 지점을 인식하기에는 어려움이 있다. Projected capacitive type은 다시 self-capacitance touch screen과 mutual-capacitance touch screen으로 나뉜다. Self-capacitance touch screen은 그라운드에 대한 단일 electrode의 정전용량 측정을 기본으로 한다. 투명한 conductor가 단일 layer 또는 두 개의 layer 안에서 공간적으로 분리되어 있는 electrodes 사이에 패턴화되어 있다. Electrodes가 단일 layer에 있을 때는, 각각의 electrode는 서로 다른 터치좌표쌍을 나타내며, 컨트롤러에 개별적으로 연결되어 있다. 두 개의 layer는 보통 행의 layer와 열의 layer로 구성되어 있다. 각각의 행과 열의 교차점은 고유의 터치좌표쌍를 나타낸다. 하지만, self-capacitance touch-screen의 컨트롤러는 각각의 교차로를 측정할 수 없다. 그들은 각각의 행과 열(각각의 개별적인 electrode)만을 측정하기 때문에 이것은 하나의 손가락이 스크린을 터치할 때 잘 작동한다. 만약 그림에서처럼 두 개의 손가락이 X_2, Y_0와 X_1, Y_3를 터치한다면 네 개의 터치 포인트가 인식된다. 컨트롤러가 오직 두 개의 행과 열만을 인식할 수 있기 때문에 "ghost points"가 발생하며 정확한 터치 위치 측정을 방해하게 된다. 때문에 Self-capacitive에서는 멀티터치 인식이 어렵다. Mutual capacitance은 EMI(Electromagnetic interference)에 덜 민감하며, 센서 공간을 사용하는데 더 효율적이다. Mutual capacitance는 대부분의 conductive object들은 서로 아주 가까이 있을 때 전하를 붙잡고 있을 수 있다는 사실을 이용한다. Mutual-capacitance touch screen에서, 투명한 conductor들은 보통 행과 열을 구성하는 두 개의 layer에서 공간상 분리되어 있는 electrodes에 언제나 패턴화 되어있다. 이는 각각의 행과 열의 교차점이 고유한 터치좌표쌍을 형성하기 때문이며, mutual-capacitance touch screen은 각각의 교차점을 개별적으로 인식할 수 있게 함으로써 비로소 멀티터치 인식이 가능하게 된다. 스크린 위의 모든 electrode 교차점을 인식할 수 있는 능력이 mutual-capacitance touch screens의 주된 장점이라고 할 수 있다. Mutual projected capacitive touch screen에서, 터치 패널에 입력이 인가된 후 상호 정전용량 값에서의 변화가 발생한다. 터치 검출 회로는 mutual capacitance의 전하량 변화를 전기적 신호로 변환하고, Controller는 터치 검출 회로가 생성한 정보를 처리하여 위치를 좌표로 변환한 후 host processor로 전송한다. 이때, 패널에서의 좌표값을 디스플레이의 좌표로 바꾸는 과정이 필요하며 linear transform function이 그 기능을 한다. Host processor는 좌표 data를 받아 해석한 후 task를 명령한다.

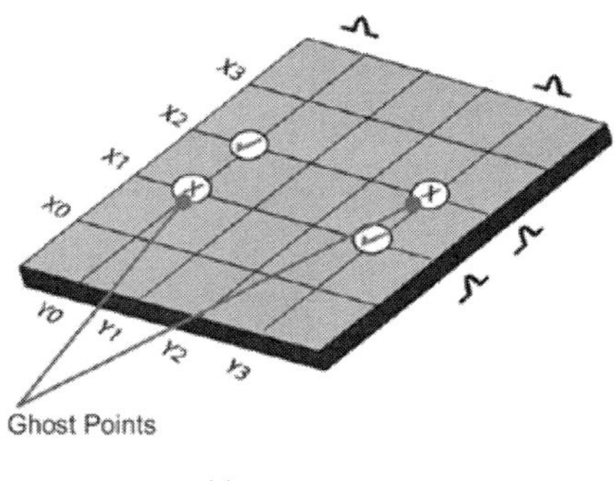

(a)

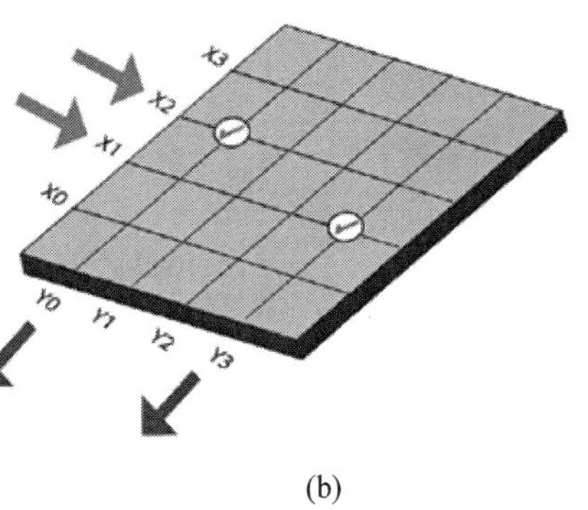

(b)

그림 10.15

멀티 터치 포인트의 인식 (a) self-capacitance, (b) mutual-capacitance

(2) 멀티 터치 포인트 원리

두 개의 layer에 패턴화 된 electrode가 어떻게 scanning되는지 원리를 살펴보자. 전형적인 projected capacitive touch screens은 유리 top layer와 X센서, insulting layer, 그리고 유리 기판 상의 Y센서의 배열로 이루어져있다. 패널에는 X와 Y센서를 위한 wire를 가지며 그로 인해 5X6 패널은 아래의 그림처럼 11개의 연결을 가진다.

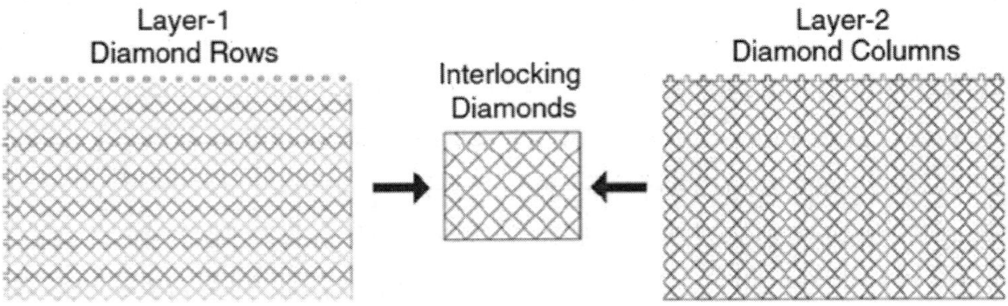

그림 10.16
정전 용량 방식 터치스크린 센서의 배열

하나의 layer는 행을 이루고 다른 layer는 열을 이루며 X센서와 Y센서를 구성한다. 각 layer가 붙어있는 유리 기판이 서로 연결되어 격자가 형성된다. 하나의 layer에서 top plate 위에는 sensing lines가 있고, bottom plate에는 driving line이 부착되어 있다. 각 line의 간격은 약 4~6 mm정도인데 이는 손가락으로 인식하는 간격이 4~6 mm 이기 때문이다.

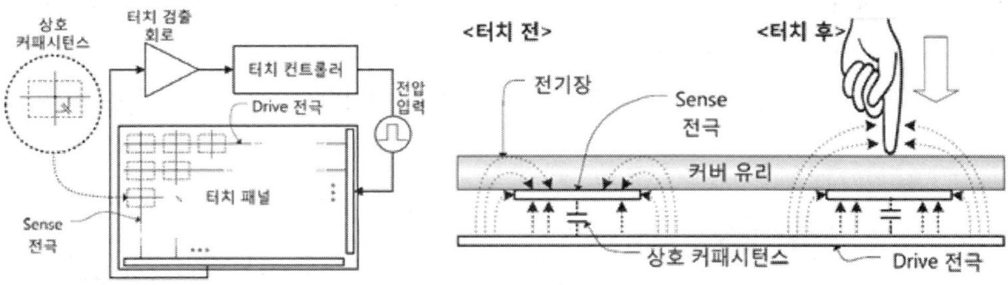

(a) (b)

그림 10.17
상호 커패시턴스 터치스크린의 (a) 배치, (b) 신호 처리

Mutual capacitive touch screen은 구동 전압을 인가하는 Drive line과, 출력을 내보내는 Sense line이 그림 10.17 (a)와 같이 서로 교차하여 배치되어 있다. 이 두 라인의 각각의 교차점에는 상호 커패시턴스가 형성되며, Drive line에 전압을 인가하면 Drive line과 Sense line 사이에 형성되는 전기장에 의해 상호 커패시턴스가 충전된다. 상호

커패시턴스에 충전된 전하는 sense line을 통해 터치 검출 회로로 전달된다. 그림 10.17 (b)는 터치에 의해 터치 패널의 상호 커패시턴스가 변화하는 것을 보여준다. 터치 패널에 손을 접촉시키면 인체의 커패시턴스가 drive line과 sense line 사이에 형성된 전기장의 일부를 흡수하며, 상호 커패시턴스에 충전되는 전하의 양이 감소하게 된다. 이러한 패턴이 컨트롤러에 전달되어 신호를 처리하게 된다.

3.2 내장형(on cell/in cell)

(1) 내장형 디스플레이의 구조와 장·단점

지금까지의 TSP는 add-on(out-cell) 방식, 즉 터치 패널을 LCD 패널 및 디스플레이 영역 상부에 장착하여 입력 장치로 쓰는 방식이 이용되었으나, 최근에는 LCD 패널 내부에 삽입되는 형태의 제품들이 연구되어 대량 생산되고 있다. 터치 패널 LCD를 외부 부착하는 기존 방식은 LCD와 터치 패널 사이의 물리적인 공간이 존재하기 때문에 액정패널의 상단과 터치 패널의 아래쪽에 외광이 반사되어 야외같이 밝은 환경에서의 시인성은 저하되었다. 반면, 내장형 터치스크린은 in-cell 기술과 on-cell기술로 구분 할 수 있으며, 내장형은 기존 방식에 비해 박형화, 경량화가 가능하면서 동시에 터치스크린 패널 표면의 광반사가 줄어 백 라이팅에 필요한 전력소모량 역시 감소하는 장점이 있다.

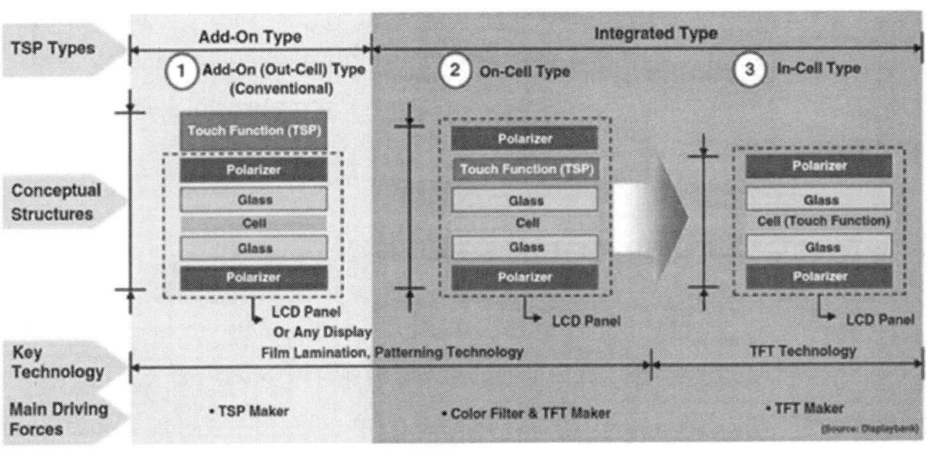

그림 10.18
터치스크린 형태에 따른 구조

또한 터치스크린 패널 모듈 공정이 사라지고 윈도우글라스, ITO 필름 전극 등의 주요 부품 생산과정이 없어지게 되므로 원가를 줄일 수 있어 기존 add-on 방식이 차지하고 있던 비율을 빠르게 감소시킬 수도 있다. In-cell 기술은 기존의 터치 방법이 칩이나 부품 형태로 외부에 부착되었던 것과는 다르게 디스플레이 자체에 터치 패널을 부착하여, 이를 통해 사용자는 더 얇고 가벼우며 밝은 기기를 사용할 수 있고, Window8 기반의 대형 고성능 터치스크린을 완벽하게 지원하는 기술로 여러 형태의 기기에 적용이 가능하다. In cell 기술의 연구는 오래전부터 있었지만 몇 가지 어려운 점이 있었다. 먼저, TFT array 기판상의 화소 내부에 터치 센서 기능을 통합하려고 함으로써 복잡한 반도체 제조 프로세스를 사용하게 되어, 제조 공정상의 어려움이 있었다. 화소 내에 터치 센서를 통합함으로써, 표시 유효 면적이 감소되어, 화질 열화의 요인이 되기도 하였다. 반면 비용구조와 제품화 측면에서는 on-cell 방식이 우위에 있는 것으로 알려져 있는데, on-cell 방식은 상부 편광 필름(Polarizer)과 상부 유리 기판(컬러필터 기판) 사이에 저항막식 터치 패널을 OCA(광학용 투명 접착제)로 밀착시키거나 패널의 유리기판 위에 정전식 터치 패널을 진공 증착시키는(direct patterned) 방식으로 in-cell 방식에 비해 비용이 낮고 높은 수율을 낼 수 있다는 장점이 있다. 또한, 화소 내의 유효표시 영역의 면적도 줄어들지 않기 때문에 화질 열화도 거의 없다. 이에 따라 on-cell과 기존 add-on 방식과의 절충적 내장형 기술로 주목을 받고 있다.

(2) 기술 개발 현황

내장형 기술 도입은 이미 2007년 12월 소니가 LTPS(저온 폴리 실리콘) TFT 기술을 기반으로 액정 셀 안에 광학식 센서와 감지회로를 내장한 디스플레이를 개발하면서 본격적으로 연구가 시작되었다. 국내업체로는 삼성 SDI가 on-cell방식, LG디스플레이가 in-cell방식의 제품을 개발 중에 있으며 LG디스플레이는 내장형 방식으로는 최초로 노트북형 터치스크린 패널로 MS의 'Window' 터치 로고 인증을 획득 및 제품 양산 중이다. 내장형 기술은 기존 add-on방식에 비하여 고투과율 및 고 명암비 구현 베젤 폭 및 제작 공정 감소 등의 장점으로 인하여 향후 중소 터치 패널 제조업체들의 강력한 경쟁기술이 될 것으로 예상되고 있다.

3.3 누르는 느낌이 나타나는 터치스크린 패널

터치스크린의 가장 큰 단점은 바로 감촉이 없다는 점이다. 물론 키보드나 마우스처럼 물리적인 힘을 가하지 않기 때문에 반작용 힘도 0인데서 기인하는 이유도 있지만 사용자에게 보다 현실감을 주기 위한 연구가 진행되고 있다. 터치스크린에 터치할 때 사람 손의 미세한 진동이 전해져 버튼을 누르는 느낌을 주는 원리인데, 이 제품은 실제 고무나 금속 등의 느낌도 구현할 수 있다고 한다. 미래의 소비자는 인터넷에서 물건을 구매하기 전에 그 물건을 직접 만져 본 후 구매할 수 있을 것이다.

(1) 관성형 엑추에이터

관성형 액추에이터는 크기가 작고, 전력 소모량이 비교적 작아서 휴대폰 등에 일반적으로 사용되는 진동모터방식으로, 편심모터와 선형공진 액추에이터를 말하며 질량을 가진 물체가 두 자석 사이에서 회전하면서 사용자에게 촉감을 제공한다. 편심모터는 모터 회전축에 비대칭적으로 질량을 가진 물체를 매달아 모터가 회전할 때 발생하는 편심력으로 진동효과를 낸다. 편심 모터의 응답시간은 50ms로 다른 액추에이터에 비해서는 다소 큰 편으로 터치 디바이스에서의 가상 키보드 키 클릭을 위한 촉감으로는 다소 적절하지 못하다. 반면 내구성이 우수하고 코인형 편심모터는 매우 얇은 형태이고 경제적이나 반응시간이 느리고 내구성이 떨어져서 최근에 많이 사용되지 않는 추세이다. 선형 공진 액추에이터는 기계적 마모가 적으며, 공진 주파수를 이용하여 진동의 세기를 최대화할 수 있다. 현재 대부분의 스마트폰에 선형 공진 액추에이터가 내장되어 있고 응답 속도는 30ms정도로 편심모터에 비해 빠르고 내구성도 강하다.

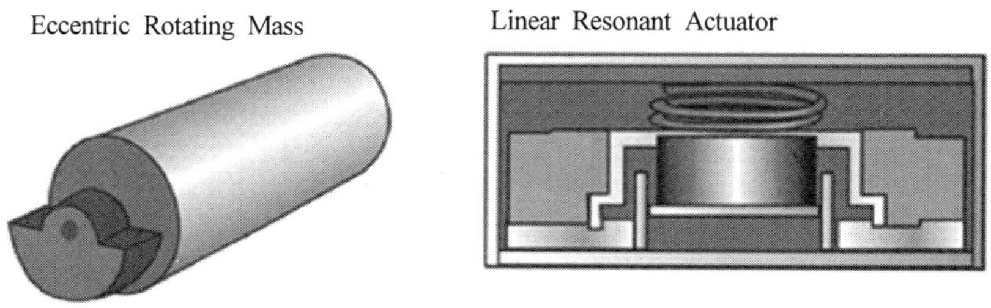

그림 10.19
(a) 편심 모터, (b) 선형공진 액추에이터

(2) 압전 엑추에이터

압전 엑추에이터는 자석이나 코일 없이 동작하는 새로운 타입의 액추에이터로서 전기장에 의해 순간적으로 크기나 모양이 변하는 특성이 있는 압전소자를 이용한다. 응답속도가 보통 5ms보다 작아서 키보드를 타이핑할 때와 같이 즉각적인 촉각표현이 가능하다. 동작 주파수 또한 150Hz~ 300Hz로 광범위하기 때문에 주파수 변화를 이용하여 다양한 촉각효과를 낼 수 있다. 또한 크기나 두께 등의 제약이 없어 특정 애플리케이션이나 패키징을 위해 주문 형태로 맞춤 제작이 가능하다. 관성형 액추에이터에 비해 정해진 모양이 없어 어느 부품에나 형태를 변형하여 제작할 수 있으며 응답 속도가 빠르며 정확한 진동 제어 및 다양한 구동 주파수를 이용할 수 있는 장점이 있으나 충분한 세기의 촉각효과를 위해서는 비교적 높은 소비전류가 필요한 특성이 있다. 형태는 주로 빔형이나 디스크 형태로 제작된다. 부서지기 쉬운 세라믹 소재를 사용하는 압전소자 특성에도 불구하고 내구성 있게 설계하려는 시도 끝에, 향후 다양한 휴대기기에 내장 가능성이 예상된다.

(3) 전기활성 폴리머 엑추에이터

전기활성 폴리머를 이용한 액추에이터는 비교적 최근 등장한 기술로 기존의 세라믹 물질을 대체할 수 있다. 전기활성 폴리머는 그림과 같이 전기장에 의해 폴리머 내부의 화학적 결합구조가 순간적으로 변하게 하고, EAP 필름 위에 질량체를 붙여 질량체의 움직임을 통해 진동효과를 만들어 낸다. 일반적으로는 별도의 질량체를 이용하지만 핸드폰 같은 경우는 내장된 배터리 자체를 이용하는 경우가 많다. 폴리머의 특성상 내구성이 좋으며, 형태를 자유롭게 설계할 수 있기 때문에 최첨단 기술이 필요한 태블릿이나 스마트폰에 사용하기 적합하다.

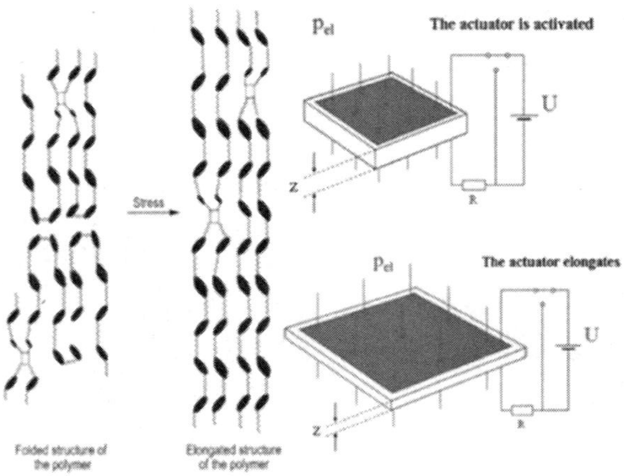

그림 10.20
전기활성 폴리머 액추에이터 동작 원리

응답 속도는 압전 액추에이터와 비슷하게 5ms 이내이다. 반응 속도가 빠르기 때문에 입력 전압을 조정하여 불규칙한 파형의 진동도 다양하게 구현 할 수 있다. 그러나 EAP 액추에이터는 구동을 하기 위해 매우 큰 전위차가 필요하기 때문에 고전압 앰프 설계에 대한 과제가 뒤따른다.

(4) 정전기력 엑추에이터

정전기력 액추에이터는 다른 액추에이터와 달리 터치하는 표면이 직접 진동하는 액추에이터이다. 순간적으로 서로 다른 전하로 대전시키거나 같은 전하로 대전시키는 방법을 통해 두 장의 유리면에서 척력과 인력이 발생하게 하여 진동을 발생시킨다. 두 유리면 사이에 완충 역할을 하는 스페이서를 제외하고는 기계적인 부품이 거의 들어가지 않는다. 하지만 필름 전체가 진동하는 구조라서 부분적인 촉감을 제공하기는 어렵지만 매우 사실적인 버튼 클릭 느낌을 제공한다.

3.4 휘어지는 터치스크린 패널

지금까지의 ITO 필름을 이용한 터치스크린은 심하게 휘어지거나 반복적인 휘어짐이 있을 경우 쉽게 파괴되는 특성으로 인해 휘어지는 터치스크린 소재로는 부적합했다. 이의 대체제로 CNT, 메탈메시, 그래핀, 메탈나노와이어가 있다. 그런데 CNT는 비저항이 너무 커서 전기전도도가 약하다는 단점이 있고, 그래핀은 2차원 평면 형태의 탄소 분자로 두께는 굉장히 얇으면서 구리보다 100배 이상 전기가 잘 통하고 반도체로 사용되는 단결정 실리콘과 비교해서도 100배 이상 전자를 빠르게 이동시킬 수 있지만 기술이 아직 너무 부족해 상용화에는 굉장히 많은 시간이 걸린다. 메탈나노와이어는 현재 많이 연구되고 있다. 이 소재는 저항값을 낮추기 위해 은나노와이어를 성장시킨다. 은나노와이어는 상대적으로 생산공정이 쉽고 가늘고 긴 형태를 가져 투명함과 휘어지는 성질이 우수하다. 하지만 은나노와이어를 대면적 디스플레이에 활용하기 위해서는 산화 및 물리적 스트레스로부터 견딜수 있게 코팅을 해야 하는데, 현 기술로 고분자 코팅 방식을 하면 물리적인 두께가 두꺼워져 투명도와 전기전도도가 떨어진다. 하지만 2013년 1월 한 대학교 연구팀이 산소작용기를 가진 산화 그래핀을 이용하여 투명전극의 안정성, 균일도 및 투과율을 향상시켰다. 산화 그래핀은 단일 층으로 이루어진 탄소 나노물질로서 높은 투과율과 함께 유기용매, 열, 빛, 가스(H_2S) 등에 내구성을 가져 보호층으로 사용하기에 적절할 뿐만 아니라 친수성으로 인해 물에 섞여 친환경적이다. 산화 그래핀은 은나노와이어만을 적층한 투명전극보다 2배 이상 저항이 작고 haze(뿌옇게되는 현상)와 투과율 또한 향상시켰다. 메탈메시에는 구리, 은 나노 잉크, 은나노와이어가 소재로서 주목 받고 있는데, 구리 메탈메시는 시인성 문제, 앞에서 기술한 은나노와이어는 와이어를 계속 성장시키는 과정에서 haze현상이 일어난다. 또한 dendrite현상(나뭇가지처럼 성장하는 것)으로 쇼트가 일어날 가능성도 있다는 것도 단점이다. 은 나노 잉크는 격자무늬(직교형식)로 배열해서 전극을 구성하는데, 하얗게 표시된 얇은 선(은 나노 잉크)으로 전기가 통하고, 그 이외 검은색 빈 공간에 빛이 통과하면서 시인성을 확보하는 구조이다. 그동안은 나노잉크의 선폭을 줄이지 못해 시인성이 저하되어 상용화에 어려움이 많았다. 해결해야 할 과제는 선폭을 최대한 미세화해서 빛이 통과할 수 있도록 하든가, 소재의 빛 투과성을 높여야 하는 것이었다. 선폭이 3㎛만 되어도 스마트폰 같은 기기에 사용자가 식별할 수 있다. 배열이 눈에 보이는 걸 모아레 현상이라고 하는데 햇빛 아래에서 스마트기기를 사용하게 되면 화면에 격자무늬가 눈으로 보이는 현상이다. 더 자세히는 흑화 개념까지 연결이 되지만 여기서는 생략하겠다. I사에서 개발한 은 나노 잉크는 흑화처리가 되서 햇빛이 반사되지 않기 때문에 모아레 현상이 일어나지 않는다.

3.5 투명전극 개발 동향

최근 스마트폰의 사용이 증가함에 따라, 스마트폰에 필수로 적용되는 TSP(touch screen panel)의 수요가 기하급수적으로 증가하는 추세이다. 현재 TSP에 적용된 투명전극 소재는 대부분 ITO를 채택하고 있으며, 기존의 ITO 투명전극은 기계적 유성이 떨어져서 flexible display 터치 패널에 적용이 불가능하다. 따라서 적용 가능한 새로운 투명 전극이 개발되어야 한다. 최근에는 ITO를 대체할 그래핀(Graphene), 탄소나노튜브(CNT), 은나노와이어(Ag nano wire)의 연구가 활발히 진행되고 있다. 2014년 2월 16일에는 성균관대 이효영 교수팀에서 은나노와이어를 이용해 '휘어지는' 단계를 넘는 '늘어나는' 투명전극을 개발했다.

(1) 그래핀

연필심에 사용되어 우리에게 친숙한 흑연은 탄소들이 벌집 모양의 육각형 그물처럼 배열된 평면들이 층으로 쌓여 있는 구조인데, 이 흑연의 한 층을 그래핀(Graphene)이라 부른다. 그래핀은 0.2nm의 두께로 물리적, 화학적 안정성이 매우 높다. 2004년 영국의 가임(Andre Geim)과 노보셀로프(Konstantin Novoselov) 연구팀이 상온에서 투명테이프를 이용하여 흑연에서 그래핀을 떼어 내는 데 성공하였고, 그 공로로 이들은 2010년 노벨 물리학상을 받았다. 그래핀은 구리보다 100배 이상 전기가 잘 통하고, 반도체로 주로 쓰이는 실리콘보다 100배 이상 전자의 이동성이 빠르다. 강도는 강철보다 200배 이상 강하며, 최고의 열전도성을 자랑하는 다이아몬드보다 2배 이상 열전도성이 높다. 또한, 빛을 대부분 통과시키기 때문에 투명하며 신축성도 매우 뛰어나다. 이런 특성으로 인해 그래핀은 차세대 신소재로 각광받는 탄소나노튜브를 뛰어넘는 소재로 평가받으며 '꿈의 나노물질'이라 불린다. 그래핀과 탄소나노튜브는 화학적 성질이 아주 비슷하고, 후공정을 통해 금속성과 반도체성을 분리할 수 있다. 하지만 탄소나노튜브보다 균일한 금속성을 갖고 있기 때문에 산업적으로 응용할 가능성이 더 크다. 이러한 그래핀의 활용 분야는 매우 다양하다. 높은 전기적 특성을 활용한 초고속 반도체, 투명전극을 활용한 휘는 디스플레이, 디스플레이만으로 작동하는 컴퓨터, 높은 전도도를 이용한 고효율 태양전지 등이 있는데, 특히 구부릴 수 있는 디스플레이, 손목에 차는 컴퓨터나 전자 종이를 만들 수 있어서 미래의 신소재로 주목받고 있다.

(2) 탄소나노튜브

1991년 일본전기회사(NEC) 부설 연구소의 이지마 스미오[飯島澄男] 박사가 전기방전법을 사용하여 흑연의 음극상에 형성시킨 탄소덩어리를 분석하는 과정에서 발견하였다. 형태는 탄소 6개로 이루어진 육각형 모양이 서로 연결되어 관 모양을 이루고 있다. 관의 지름이 수~수십 나노미터에 불과하여 탄소나노튜브라고 일컬어지게 되었다. 나노미터는 10억 분의 1m로 보통 머리카락의 10만 분의 1 굵기이다. 전기전도도가 구리와 비슷하고, 열전도율은 자연계에서 가장 뛰어난 다이아몬드와 같으며, 강도는 철강보다 100배나 뛰어나다. 탄소섬유는 1%만 변형시켜도 끊어지는 반면 탄소나노튜브는 15%가 변형되어도 견딜 수 있다. 이 물질이 발견된 이후 과학자들은 합성과 응용에 심혈을 기울여왔는데, 반도체와 평판 디스플레이, 배터리, 초강력 섬유, 생체 센서, 텔레비전 브라운관 등 탄소나노튜브를 이용한 장치가 수없이 개발되고 있으며, 나노 크기의 물질을 집어 옮길 수 있는 나노집게로도 활용되고 있다.

(3) 은나노와이어

단면의 지름이 20~40㎚ 정도의 극미세선으로 이것을 만드는 기술은 세계를 변화시킬 10대 신기술 가운데 하나로 꼽히며, 현재 나노테크놀러지 분야에서 가장 효율적인 분야 가운데 하나로 평가된다. 나노와이어는 레이저나 트랜지스터, 메모리, 화학감지용 센서(감지기) 등 다양한 분야에 쓰인다. 여기에 사용되는 소재는 반도체 실리콘이나 화학적으로 민감한 주석 산화물, 발광반도체인 갈륨질화물 등이다. 은을 이용한 나노와이어는 인듐의 대체물질로 상대적으로 생산공정이 쉬운데다 가늘고 긴 형태를 가져 투명함과 휘어지는 성질도 우수하다. 하지만 은 나노와이어를 대면적 디스플레이에 활용하기 위해서는 산화 및 물리적 스트레스로부터 견딜 수 있도록 코팅하는 과정이 필요한데, 이를 기존 방식처럼 고분자로 코팅하면 표면이 두꺼워져 투명도와 전기전도도가 떨어진다는 문제점이 있다.

(4) 유기물 투명전극

유기물인 전도성 폴리머는 spray하는 것과 같이 간단한 방법으로 대면적의 유연성 기판 위에 코팅할 수 있다. 파이 공명 고분자(π-conjugated polymer)인 전도성 고분자는 폴리아세틸렌(polyacetylene), 폴리피롤(polypyrrole), 폴리아닐린(polyaniline), 폴리페닐렌(polyphenylene sulfide,PSS), 폴리사이펜(polythiophene), 그리고 피닷계폴리머(PEDOT) 등의 고유 전도성 고분자(intrinsically conductive polymer; ICP) 소재가 있다. 그중 가공성이 우수하고 열안정성이 우수하고 전기전도도 특성이 높은 PEDOT:PSS은 가장 많이 쓰이는 전도성 폴리머로서 500~1,200S/cm의 전도성을 갖는다. PEDOT계 고분자의 경우 상압플라즈마방식으로 상온에서 300Ω/sq, T=80% 정도 필름이 제작가능하며, 단일벽 CNT(single wall CNT) 또는 Au 나노입자들과의 혼합을 통하여 면저항 100~150Ω/sq, T=80% 정도의 유연 투명전도막의 제작이 가능하다.

(5) ITO 잉크젯 프린팅

인듐산화주석(ITO)의 주재료인 인듐은 고가일 뿐만 아니라 자원 고갈로 인해 이를 대체할 물질이 필요하다. 이러한 관점에서 투명전극으로 전도성 고분자를 사용하는 기술에 관심이 모아지고 있다. 전도성 고분자는 연료전지, 디스플레이, 액추에이터, 정전기 차폐, 전자기차폐 전도성 코팅 등의 다양한 분야에서 그 응용 가능성 때문에 활발한 연구가 진행되어 왔다. 특히, 차세대 디스플레이 장치로 여겨지는 유연성을 가진 디스플레이를 구현하는데 있어서, 디스플레이 장치 내부의 박막 트랜지스터 혹은 배선 전극을 전도성 고분자로 형성하기 위한 전도성 고분자 패터닝 기술이 학술적으로나 산업적으로 많이 연구되고 있다. 이러한 전도성 고분자 패터닝 기술로 최근에 잉크젯 프린터를 이용하여 유연성 있는 지지체 위에 프린팅하는 용액공정이 개발되었다. 이러한 잉크젯 프린팅을 이용한 용액공정은 단시간에 원하는 패턴을 광마스크 없이 자유로이 형성할 수 있고, 공정 중에 발생하는 폐기물이 존재하지 않는다는 장점이 있다. 그러나, 이러한 종래 기술의 경우, 전도성 고분자 패턴이 형성되지 않은 영역과, 전도성 고분자 패턴이 형성된 영역의 광 투과율이 달라 패턴이 시각적으로 인지된다는 문제점이 있으며, 이 경우 디스플레이나 터치 센서의 시각적 품질을 저하하는 단점이 있다.

(6) ITO 나노분말 및 잉크

ITO 분말 입자는 시장이 급성장하는 TFT-LCD, PDP, 유기EL 등 정보 디스플레이를 구동하는 투명전극의 필수적인 소재이다. 나노 입자는 통상적인 입자의 경우에 비해 비표면적이 매우 크기 때문에 입자의 크기는 작아질수록 증착재료의 밀도가 증가하고, 이를 이용하여 전극을 증착하면 기존에 비해 특성이 향상된 전극을 제작할 수 있다. 그러나 ITO 입자를 제조하는 기존 공정 기술은 용해와 침전 반응을 이용하는 습식법이 핵심을 이룬다. 그러나 이들 원료 물질이 다량의 염소 및 질산 성분을 함유하고 있으므로 처리 공정이 매우 까다롭다. 즉, 입자 및 소자에 미치는 악영향을 제거하기 위해서 염소 및 질산 제거를 위한 폐수처리 및 이로 인한 물 자원의 엄청난 소모가 뒤따른다. 따라서 최근에는 환경 유해 및 고온 열처리 공정을 개선하고 열처리 온도를 감소시킬 수 있는 저온 합성법을 적용한다. 즉, 원료 물질에서 기존의 염소 및 질산을 배제하여 산화물 분말을 제조하는 연구가 활발히 진행되고 있다.

3.6 투명 OLED와의 연계

액정디스플레이(LCD)보다 더 가볍고, 더 얇고, 더 빠른 동화상을 생생하게 보여주기 위해 유기 전기발광 디스플레이(OLED)가 각광받고 있다. 더 나아가서 투명한 화소 및 구동소자로 구현함으로써 기존 디스플레이가 가지고 있는 시각적 제약을 확장하기 위한 노력이 경주되고 있다. 이 투명 OLED와 터치스크린이 연계가 된다면 자동차용 내비게이션 시스템, 투명 광고창, 투명 스크린 매트, 투명 디지털테이블, 그리고 고글 등 다양한 형태로의 응용이 가능하다.

(1) 투명 OLED와 터치스크린 연계 공정 방법

터치스크린을 투명 OLED 패널에 적용되는 경우 공정 방법은 다음과 같다.

① 디스플레이 장치의 제조 방법은 2개의 면을 가지는 투명한 기판을 마련하는 단계

② 기판의 한쪽 면 위에 평판 패널 유기 발광 다이오드 디스플레이(flat-panel organic light emitting diode display)를 형성하는 단계

③ 기판의 다른 쪽 면 위에 저온 기술을 이용하여 저항성 필름(resistive film)을 형성하

는 단계

④ 저항성 필름 위에 저항성 터치스크린(resistive touch screen)을 형성하는 단계를 포함한다.

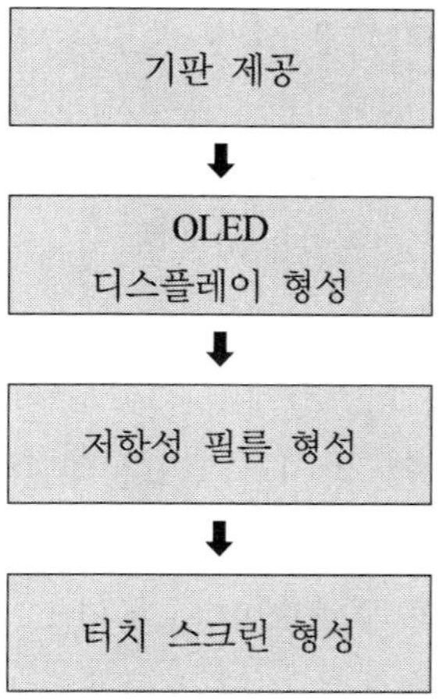

그림 10.21
투명 OLED와 터치스크린 연계 공정 방법

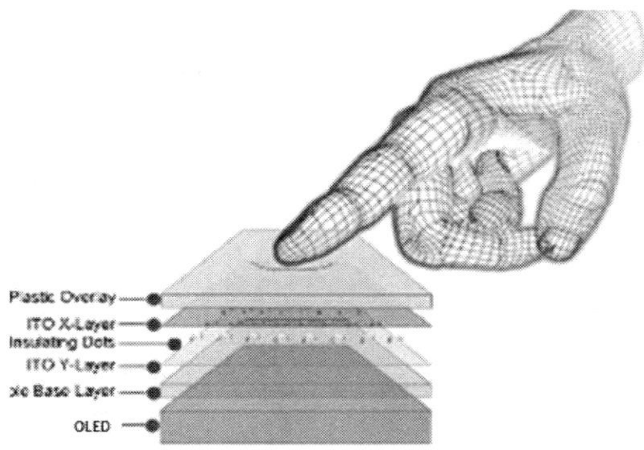

그림 10.22
투명 OLED와 터치스크린 모식도

모식도로 원리를 보게 되면, 패널을 누르게 되면 ITO X-layer와 ITO Y-layer가 접촉함으로써 전기적 신호가 컨트롤러로 이동하게 되고 드라이버에서 PC처럼 연산작용을 통해 OLED로 연산값을 전달하여 누른 부분 혹은 명령한 부분의 OLED가 작동하게 된다.

(2) 투명 OLED와 터치스크린 연계의 문제점 및 개발 동향

터치스크린이 플랫 패널 디스플레이에 사용되는 경우, 터치스크린은 플랫 패널 디스플레이 상에 간단히 배치되어 인클로저와 같은 기계적 장착 수단에 의해 결합된다. 터치스크린과 OLED 디스플레이를 결합시키는 이러한 종래기술의 배열은 여러 단점을 갖는다. 또 프레임의 사용은 디바이스의 부품 수, 중량 및 비용을 증가시킨다. 터치스크린과 디스플레이 사이의 거리는 두께를 증가시킨다. 디스플레이 및 터치스크린에서 발견되는 과잉 성분들은 더욱 집적된 해결 방안에 비해 비용을 증가시키고 성능을 감소시킨다. 또한, 터치스크린을 위한 별도의 케이블화의 필요성은 제조비를 증가시킨다. 따라서, 디바이스 중량이 경감되고, 과잉 재료들이 제거되고, 비용이 감소되고, 특수한 기계적 장착 설계가 필요치 않고 신뢰성이 증가되고, 화상 품질의 퇴화가 최소화되는 개선된 터치스크린 플랫 패널 디스플레이 시스템에 대한 요구가 존재된다.

투명 OLED의 가장 큰 사용처는 위에서 언급했던 것처럼 웨어러블 기기나 혹은 자동차 유리에 부착하는 등 플렉시블 디스플레이와의 연계가 필수적이다. 그러기 위해서 가장 큰 문제점은 바로 터치 패널의 유연성이다. 플렉시블한 투명 디스플레이 기판이 휘는 것도 중요하지만 터치 패널 역시 디스플레이 기판과 마찬가지로 동일한 유연성을 가지거나 그것과 비슷한 스펙이 필요할 것이나 그러한 패널이 아직은 걸음마 단계라는 점이 가장 큰 문제점이다.

두 번째 문제점은 터치 패널의 투과도이다. 투명 OLED가 불러일으킬 수 있는 가장 큰 혁명 중 하나는 바로 전자기기 혹은 어떠한 물체의 디자인을 마음껏 바꿀 수 있게끔 하는 디자인 혁명이다. 그러한 디자인 혁명을 더욱 더 살리기 위해서 OLED를 투명으로 하게끔 하는 노력들을 하는 것일 것이다. 하지만 그러한 디자인 혁명을 가속화하고 좀 더 상용화하기 위해선 플렉시블 터치 투명 OLED가 필요하고 터치 패널의 투과도가 가장 큰 문제로 대두할 것이다. 투명 OLED의 투과도가 90%이고 터치 패널의 투과도 역시 90%로 한다면 그 디스플레이의 투과도는 81%로 현저히 떨어질 것이다. 그러기 위해서 그래핀, 탄소나노튜브 등의 투명한 소재들을 이용하거나 물질들의 재배열을 통한 더욱 더 투명한 터치 패널이 개발되어야 할 것이다.

3.7 비접촉 비전 방식

비접촉 비전 방식이란 터치나 버튼을 제외한 다른 방법으로 입력을 전하는 것으로, 정전용량 방식으로 구현하기 어려운 전자안내판, TV 등 대형 디스플레이를 중심으로 적용이 시작되고 있는 시장 초기의 단계이다.

비접촉 비전 방식은 입력장치와의 직접적인 접촉이 아닌, 입력장치가 사용자의 동작을 해석하여 명령을 받아들이는 방식을 뜻한다. 입력장치는 사용자의 손동작, 홍채의 움직임 등을 해석하고 이를 통해 명령을 받아들인다. 입력장치를 사용하기 위해 별도의 학습을 할 필요가 없기 때문에 비전 방식의 입력장치는 사용자에게 보다 직관적인 인터페이스와 편의를 제공해 준다. 터치스크린 또한 직관적인 인터페이스를 제공하나 비전 방식의 직관성은 기기와의 최소한의 접촉은 필요로 하는 터치스크린의 그것을 넘어서고 있으며, 디스플레이의 크기가 커지면 커질수록 사용하기 힘들어지는 터치스크린의 단점과 달리 비전 방식의 경우 디스플레이의 크기에 구애받지 않는다. 또한 비전 방식은 명령을 내리는 것 자체가 사용자에게 일종의 즐거움을 제공하며, 이 때문에 비전 방식을 사용한 '키넥트'는 가장 빠르게 가장 많이 팔린 가전기기가 되었다. 최근 기기가 슬림화 해지고 한 화면에서 무선인터넷 활용, 동영상, 멀티터치 등 다양한 조작을 간편하게 할 필요성이 높아지면서 터치스크린이 사용자 편의성 차원에서 최적의 UI로 자리잡게 되었으며, 다양한 디바이스에서 새로운 용도를 확대해 나가고 있는데, 비접촉 비전 방식도 이러한 용도에서 확장된 개념으로 볼 수 있다. 비접촉 비전 방식은 다양한 방식을 포괄하는 의미를 담고 있는데, 음성에 의한 인식 방법, 카메라 이미지에 의한 인식 방법, 움직임의 변화에 의한 입력 방법과 근접센서를 이용한 입력 방법이 있다. 대개 카메라와 같은 영상입력장치를 이용, 사용자 - 피사체의 이미지나 영상을 저장하여 프로세서에서 그로부터 추론할 수 있는 사용자의 명령을 도출한다. 때문에 근본적으로 영상분석기술의 알고리즘, 프로세서의 발전에 크게 의존하며, 카메라가 필연적으로 동반되어야 한다.

최근 iphone의 Siri나, 갤럭시 시리즈의 Svoice 같은 것들이 바로 음성에 의한 인식 방법인데, 이러한 애플리케이션들은 지능형 시스템과 결합하여 새로운 서비스의 형태로 진화하고 있고, 카메라를 통한 사용자의 제스처 인식은 물체 인식이나 위치 인식 등 여러 분야에서 가장 활발하게 연구가 되고 있는데, 적용범위가 크고, 연구가 활발하게 이루어지는 단계이다. 이렇게 비접촉 비전 방식은 여러 가지의 방법을 이용하여 접근을 하는데, 비접촉 비전 방식을 적용하는 방법은 크게 세 가지로 나뉠 수 있다. 이 세 가지는 각각의 장점과 단점이 존재하지만 충분히 연구를 할 만한 메리트를 가지고 있다고 볼 수 있다.

(1) 초음파 방식

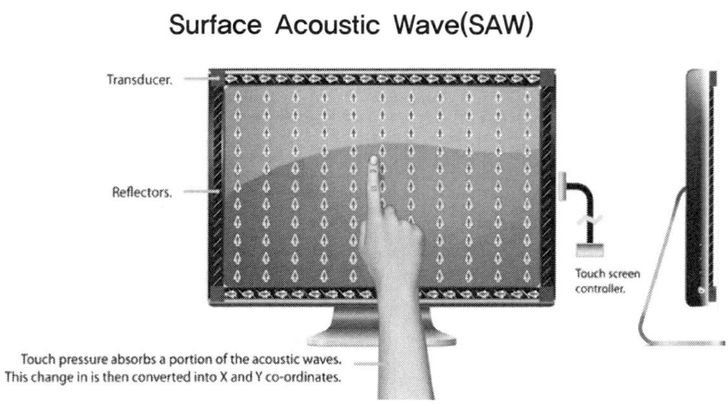

그림 10.23
초음파 방식의 터치스크린 패널

초음파 방식은 방출된 초음파가 장애물로 인해 파동의 크기가 줄어든 것을 감지하는 방식으로, 패널 테두리에 음파 반향기(sound wave reflector)로 배열된 glass 기판으로 구성된다. 패널 모퉁이에서 방출된 초음파는 음파 반사판에서 반사되어 패널 반대편으로 진행하며, 패널에 손가락이 닿게 되면 초음파 일부가 흡수되고 리시버에서 세기가 약해진 초음파를 검출함으로써 입력을 감지하게 된다. 이러한 초음파 방식은 대형 사이즈에 유리하고, 광 투과율이 92%나 되며 내구성이 높지만, 센서 오염 및 액체에 취약하고 진입장벽이 높고 제조비용이 매우 높으며 멀티터치가 안 된다는 기술적 한계를 가지고 있다. 초음파 방식은 10인치 이상의 모니터만 구현이 되었는데, 많은 장점을 가지고 있지만 개발이 미흡하다는 것은 현재 응용 분야에서 절실히 보여준다.

(2) 적외선 방식(IR:InfraRed)

적외선 방식은 적외선이 사람의 눈에 보이지 않으면서도 직진성의 특성을 활용한 방법으로, 장애물을 인식하고, 적절한 신호를 보냄으로써 작동을 한다. IR 방식은 전왜소자에서 나오는 bulk파가 변환된 표면 탄성파를 이용, 위치검출은 에너지의 수신시간차를 환산하여 수행한다고 볼 수 있다. 이러한 IR 방식은 광 투과율이 100%로 완벽한 투과율을 보이며, 내구성이 매우 뛰어나다는 장점이 있지만 제조비용이 높다는 것과, 낮은 해상도, 터치프레임의 위치가 화면 위에 있어서 손가락이나 펜이 실제로 표면을 터치하기 전에 초기 활성화에 영향을 받기 쉬운 단점을 가진다. 또한 IR광의 인식률이 낮아 사용자가 디스플레이에 floating한 상태에서 직접적으로 터치하는 경우와 달리 한 지점을 인식하게 하는 것이 불가능하고, 단순히 이동, 회전, 확대 등의 동작밖에 인식을 못하게 된다. 적외선 방식은 현재 15인치 이상의 TV와 10인치 이상의 모니터, ATM, KIOSK, 의료기기에 구현이 되고, 응용되고 있다. 또한 비접촉 터치 스위치의 오동작 방지장치를 개선하거나, 스크린과의 물리적 접촉들을 기록하여 포지셔닝 신뢰도를 높이는 등 여러 가지 개선방향을 통해 점점 발전해 나가고 있다.

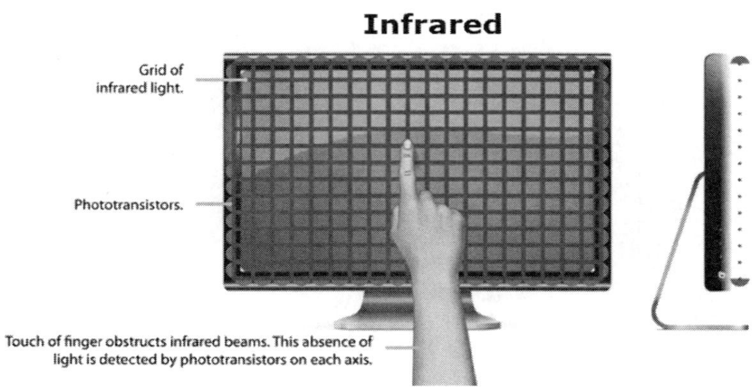

그림 10.24
적외선 방식 터치스크린 패널

(3) 광학 방식

비접촉 비전 방식은 대개 카메라와 같은 영상입력장치를 이용, 사용자 - 피사체의 이미지나 영상을 저장하여 프로세서에서 그로부터 추론할 수 있는 사용자의 명령을 도출한다. 때문에 근본적으로 영상분석기술의 알고리즘, 프로세서의 발전에 크게 의존하며, 카메라가 필연적으로 동반되어야 한다. 그 때문에 비접촉 비전 방식의 경우 어쩔 수 없이 수반되는 단점들이 존재한다. 우선 카메라를 한 대만 사용하는 경우, 동작인식만으로 그 영역을 좁힌다 하더라도 비접촉 비전 방식의 명령 인식률은 현저하게 저하된다. 이는 카메라 한 대로는 배경과 피사체, 즉 배경과 사용자의 동작을 색상 정보 이외의 것으로 구분하는 것이 불가능하기 때문이다. 카메라 한 대로써 받아들일 수 있는 정보는 오로지 RGB 정보뿐이다. 때문에 환경의 변화, 즉 사용자와 혼동하기 쉬운 색상의 환경 속에서 카메라 한 대에 기반한 비전 방식의 정확도는 극도로 떨어진다. 또한 깊이 정보가 부재하기 때문에 2차원적인 동작만 인식할 수 있으며 인식할 수 있는 동작에 한계가 뚜렷하다. 일례로 베가의 모션 인식 기능, 갤럭시 S4의 홍채 인식 기능은 그 정확도가 상당히 낮으며, 받아들일 수 있는 정보의 종류도 한계가 있다. 무엇보다, 카메라에 의지하는 비전 방식은 빛이 적은 상황에서는 무용지물이 되어 버린다.

이를 극복하기 위해 카메라 두 대를 사용한 비전 방식이 도입되었다. 카메라 두 대를 교차하여 설치, 각각의 카메라로 들어온 이미지를 프로세서를 이용하여 분석, 가상의 3D 공간을 만들어 내어 깊이 정보를 계산해 내는 것이다. 이를 이용하면 카메라 한 대로는 받아들을 수 있는 정보가 오로지 RGB 정보였던 문제점을 해결할 수 있다. 이제는 깊이 정보를 인식할 수 있는 것이다. 때문에 사용자의 색상값만을 읽는 것이 아니라 사용자와의 거리, 3차원적인 동작 등을 인식하는 것이 가능해졌다. 이로 인해 주변 색상값에 의해 사용자의 동작과 명령이 인식되지 않을 수 있던 문제, 인식할 수 있는 동작이 다양하지 않다는 문제, 동작 인식의 정확성이 높지 않다는 문제 등을 해결할 수 있다. 하지만 이 역시 그 거리값의 정확도에 한계가 있다는 것과 빛이 적은 상황에서는 무용지물이 된다는 단점을 해결하진 못했다. 이를 보여주는 것이 키넥트 1.0 이다. 키넥트 1.0은 카메라 2대를 이용하여 공간과 사용자의 깊이감을 측정하는 데에는 성공했지만 거리값의 정확도에 한계가 있다는 점, 그리고 빛이 적은 상황에서의 난점을 해결하지 못했다. 또한 이 방식이 자체적으로 초래한 단점은, 두 카메라가 겹치는 공간을 벗어나면 거리값을 측정하는 것이 다시 불가능해진다는 점이다. 때문에 이 방식으로 사용자의 거리값, 깊이를 측정하는 것은 정해진 공간에서만 가능하며 사용자에게 좁은 공간에서의 이용을 강요하는 단점이 존재한다. 이를 해결하기 위한 방안으로 RGB 값을 얻기 위한 카메라 한 대와 그를 보조하는 적외선 프로젝터를 사용하는 방안이 있다. 카메라 한 대로 RGB 색상 정보를 인식, 그 뒤 적외선 프로젝터로 다수의 적외선 빔을 방출하고 그 반사되는 값을 받아들이고 분석해 거리 값을 얻는 것이다. 그 뒤 이 정보를 합성하면, RGB 값과 거리 값을 정확하게 얻을 수 있다. 이 방법의 경우 거리값을 기존의 카메라 두 대를 사용하는 방법에 비해 정확하게 얻어낼 수 있으며, 빛이 적은 상황에서 RGB 값은 얻지 못하여도 거리값을 얻는 것은 가능하기 때문에 일부 불완전한 부분이 있어도 사용자의 명령을 인식하는 것이 가능하다는 장점이 있다. 또한 두 대의 카메라가 공통으로 인식하는 범위가 좁기 때문에 사용자의 이용 공간 역시 제한된다는 단점 역시 적외선 프로젝터와 RGB 인식 카메라의 공통 인식 범위는 매우 넓기 때문에 상대적으로 이용 공간을 대폭 넓혀 해결할 수 있게 되었다. 이를 이용한 제품이 키넥트 2.0 이다.

2014년 3월 시점에서 가장 발달한 비접촉 비전 방식의 방법론은 두 대의 카메라와 한 대의 적외선 프로젝터, 그리고 고도의 프로세서를 이용하여 실시간으로 피사체와 그 이외의 공간까지 한 대의 기기로 읽어 들여 가상의 3D 공간을 재구성하고 이를 현실과 연동해 증강현실까지 꾀하는 것이다. 이는 구글이 '프로젝트 탱고'라는 이름으로 진행하고 있으며, 아직까지는 프로토 타입 단계의 제품과 제한적인 이용만 이뤄지는 중이다.

(4) 비접촉 비전 방식 개발 동향

1) 재귀반사방식

재귀반사(적외선 이미지 센서, 카메라)방식은 적외선 투광기와 적외선 이미지 센서를 조합시킨 것을 2개 배치한 것인데, 이미지 센서에서 조사된 적외선은 터치 영역의 3변에 놓인 반사 틀에서 반사되어 이미지 센서로 돌아오게 된다. 자전거 등에 부착되어 있는 반사기와 같이 입사된 방향으로 빛이 되돌아오도록 되어 있고, 터치되면 적외선이 돌아오지 않으므로 이미지 센서 위에서는 그 부분이 그림자로 된다. 그림자 위치에서 터치 위치의 각도를 알 수 있다. 이것을 2개소에서 측정하면 삼각측량의 요령으로 터치된 장소를 산출할 수 있다. 기구적으로는 간소하여 고장이 잘 나지 않으며 경량화하기 쉽고 설치 대상물을 고르지 않는다. 대형화도 비교적 간단하며 면적 비율로는 얇게 만들 수 있다는 것도 장점이다. 알고리즘 순서에서는 복수 개소의 검출도 가능하다는 것, 광투과율이 90~100%와 외광반사/시인성이 매우 뛰어남과 환경내구성 또한 뛰어나다는 이점이 있다. 하지만 소형화가 어려우며 먼지나 벌레 등에 의해 영향을 받기 쉽고, 이미지 센서가 고가라는 단점을 가지고 있다. 이러한 단점들을 개선하기 위하여 대형 데이터 처리 가능한 칩을 개발하거나, 글라스의 저저항화 등을 연구하고 있다.

이러한 초음파, 적외선, 광학 방식은 신인성과 내구성, 정전용량 방식의 드래그 감, 저항막 방식과 같은 스타일러스 펜과 장갑 맨손입력 등 입력방법에 상관없이 사용이 가능한 터치 패널을 표방하고 있고, 또한 40~50인치 형으로 대화면의 사이즈를 확대해 나아간다. 2010년 CEATEC JAPAN에서 알프스 전기는 몸짓만으로 TV를 움직이는 시스템을 전시했는데, 이것은 TV 앞에 선 인간이 몸짓을 하면 기계가 그 신호에 반응하여 각종 명령에 따라서 채널 변경, 음량 조절 등의 기능을 수행 가능하도록 하였다. 최근 LG와 SAMSUNG에서 제작한 핸드폰은 사람의 모션을 인식하여 굳이 조작을 화면을 만지지 않는 비접촉 형식으로 처리하도록 하는 기술을 대입하기도 하였다. 또한 초음파에서의 단점과 적외선, 광학 방식의 단점들을 해결하기 위해 각 기업에서 연구 및 특허 출원을 하여 비접촉 비전 방식의 발전을 앞당기고 있다. 기술 개발에 있어서는, 전자부품의 고도화에 주력하는 과정에서 기계전자 기술을 심화시키면서 MEMS 기술을 강화하여 전자부품에 대한 고객 기업의 기술적 요구 수준 향상에 대응하고 있는데, 이러한 MEMS 가공기술을 각종 센서 등의 분야로 응용, 단순히 비접촉 비전 방식뿐만이 아닌, 자동차의 공기압 모니터링 시스템, 자동차 및 전자기기의 성능을 향상시키는 자기 센서 등에 응용을 가능하게 함으로써 새로운 고도 가공기술을 축적하였다.

2) Organic photodetector sensor(유기 광학 소자 센서)

유기 광학 소자는 새로운 유기화학 산업분야로부터 얻은 반도체 재료를 소재로 하고 있다. 프린트된 전자광학 소자는 유기재료를 플라스틱 기반 물질 위에 패턴을 새기며 축적하여 만들어진다. 대표적으로 광학 다이오드는 광자를 전자전류의 전자소재로 변환시키게 되는데 광학 소자의 가장 큰 장점은 넓은 영역을 센서로 탐지할 수 있다는 것이다. 또한 넓은 스펙트럼 영역 즉 가시광선의 범위부터 비가시광선 영역까지 탐지가 가능하며, 소모전력은 기존의 센서들보다 낮은 저전력이며 넓은 동적 스캔영역을 갖고 있다. 디스플레이에 설치 시 실제 화면에서 출력되는 영상에 잔상을 남기지 않으며 소음 또한 적다. 가격 또한 비결정형 실리콘과 CMOS 기술보다 경쟁력이 있다. 실제 산업에서도 비결정형 실리콘이 수행하는 영역을 포괄하며 더 나은 성능을 보여주고 있다. 예를 들면 유기 광학 소자는 카메라 렌즈를 사용하지 않게 되는데, 이 부분에서 카메라를 이용하게 될 때 발생하게 되는 추가적인 전류소모와 디바이스에서 차지하게 될 공간, 또한 전력이 들지 않는다. 또한 얇고 가벼우며 플렉시블하기 때문에 앞으로 개발될 차세대 플렉시블 액정 시장에서도 적용이 가능하다. 또한 CMOS에서 지적된 단점인 최초 인식 거리문제에서도 제약이 적다. 예를 들면 CMOS는 일정 거리 이상 떨어져야 사물을 인식하지만 유기 광학 소자는 그러한 불편함이 없다.

이와 같이 각 액정 모드는 각기 다른 화면 표시 특성을 가지고 있고, 그 특성에 따라 다른 종류의 전자기기에 적용된다. 가격이 싸고 생산성이 좋은 TN 모드는 시야각 특성이 크게 제약받지 않는 개인용 랩톱 컴퓨터나 모니터 제품에서 주로 적용된다. 광시야각 특성과 생산성이 좋은 VA와 IPS 모드는 대형 TV에서 많이 사용된다. 고해상도에서 높은 투과율 특성을 가진 FFS 모드는 넓은 시야각과 저소비 전력 특성이 요구되는 스마트폰과 태블릿 PC에 널리 사용되고, 일부 고급 모니터 제품에도 사용된다.

연습문제

1. 터치스크린 패널의 종류별 주요 특징을 도표로 작성하여 설명하시오.

2. 저항막 방식의 터치스크린 패널 센서의 구조도를 제시하고 동작 방법을 설명하시오.

3. 정전용량 방식의 터치스크린 패널 센서의 구조도를 제시하고 동작 방법을 설명하시오.

4. 정전용량 방식 터치 패널의 다양한 기술별 구조도를 제시하고 설명하시오.

5. 터치스크린 패널 생산공정도를 제시하고 각 공정을 설명하시오.

6. 내장형 터치스크린을 in-cell 기술과 on-cell 기술로 구분하여 설명하시오.

7. 비접촉 터치스크린 패널 구성과 동작 원리를 설명하시오.

9. LCD의 응답 속도를 향상시킬 수 있는 방법을 응답 속도 공식으로부터 유추하시오. 액정 재료 물성 관점과 액정 셀 변수 관점에서 설명하시오.

10. 차량용 LCD를 설계하려고 할 때 어떠한 점을 고려해야 할지 논의해 보시오.

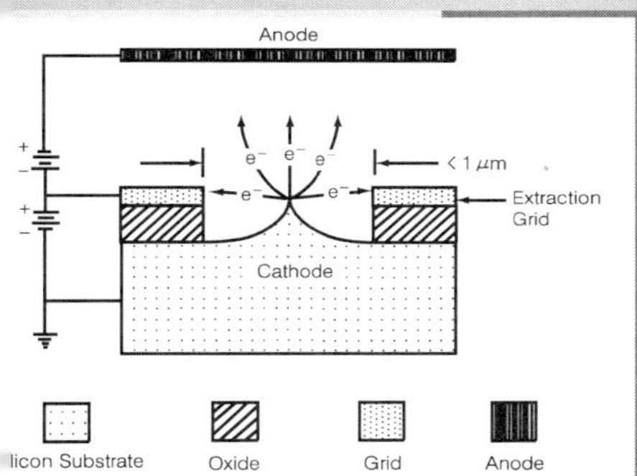

전자선 활용 디스플레이

Chapter 10 → 11

* 1 D i s p l a y E n g i n e e r i n g

전자선 활용 디스플레이의 소개 및 역사

1.1 전자선 활용 디스플레이

1897년에 발명되어 많은 사용자들로부터 꾸준히 이용된 CRT(Cathode Ray Tube)는 2014년 현재 LCD, LED와 같은 평판 디스플레이(Flat Panel Display)의 눈부신 발전으로 인해 시장에서 물러났지만 가장 오랫동안 사용되어진 디스플레이였음은 분명하다. 또한 FPD의 미비한 성능으로 CRT를 대체하지 못했던 과거에는 CRT의 우수한 성능에 길들여진 사람들은 CRT의 원리와 유사한 FED(Field Emission Display)에 집중하였다. FED는 1970년 경에 그 개념이 처음 나왔으나, 1985년 이래로 집중적인 연구로 발전을 거듭하여 왔다. FED는 냉음극 전자원(cold cathode electron source)인 전계 방출 에미터 어레이(FEA ; Field Emitter Array)를 행렬로 선택하여 CRT와 같은 전자선(electron beam)으로 형광체(phorsphor)에 부딪혀 음극발광(cathodoluminescent)을 내게 하는 원리를 이용하는 표시기이다. 이와 같이 CRT와 FED는 원리상 유사한데 이를 전자선 활용 디스플레이라 한다. 전자선 활용 디스플레이는 원리 상 높은 색 재현율과 높은 반응성과 넓은 시야각을 가진 디스플레이로서 현재는 사용되지 않지만 그 뛰어난 장점으로 과거 유래 없이 오랫동안 사용된 디스플레이임은 분명하다.

그림 11.1
다양한 형태의 CRT(브라운관)

1.2 FED의 역사

FED는 1970년경에 그 개념이 처음 나왔으나, 1991년 "Silicon Video Corporation1"에 의해 연구되어 발전을 거듭하여 왔다. FED 기술은 SRI의 Spindt 박사가 저전압에서 전자를 방출할 수 있는 냉음극 어레이를 만든 데에서 시작한다. 그 후 1979년에는 Spindt 전극의 발전으로 인해 수명이 25,000시간에 이르렀고, 1985년에는 Monochrome display가 만들어짐에 따라 본격적인 연구가 진행되었다. 그리하여 1986년에는 처음으로 microwave tube가 만들어졌고 이윽고 프랑스 LETI에서는 이러한 FEA를 단위 화소로 하여 행렬 구동하는 평판 디스플레이를 만들어 최초로 상품화에 성공함에 따라 새로운 변화를 맞게 되었다. 국내에서는 1996년 4'' color FED(Spindt-type)을 만드는 등 많은 개발을 하였으나 결국 대형화에 실패하여 사라지게 된다.

1.3 CRT의 역사

CRT의 역사를 거슬러 올라가면 1603년까지 올라간다. 이탈리아의 연금술사인 "Vincenzio Cascariolo" 에 의해 최초의 인공 형광체를 발견하였다. 이 후로 많은 과학자들의 노력으로 CRT는 꾸준히 발전되어왔다. 이렇게 발전되어진 CRT는 결국 1897년 초, “Karl Ferdinand Braun”(1850-1918)은 현재의 CRT의 기본적인 모든 기능 즉, 전자 발생원(electron source), focusing, 편향(deflection), 가속(acceleration), 형광체(screen), 모든 성분들의 공간을 제공하는 기계적 구조를 포함하는 기본적인 CRT 발명하였다. 같은 해, Braun은 전기적 파형들의 조사결과를 설명한 논문에서 음극선의 근원(음극), 집중화된 지점을 제공하는 한 기관(격막), 음극선의 빔을 가속하는 기관(양극), 빔이 스크린 위에 여러 지점을 지시하기 위한 편향계, 음극선 빔을 가시적으로 만드는 형광체 스크린 등 현대 CRT의 모든 다섯 가지의 성분을 포함하였다. 그리고 1921년 미국에서 “H. J. van der Bijl”과 “John B. Johnson”에 의해 CRT는 처음으로 상용화되었다. 1950년 CRT의 가장 중요한 기술인 섀도우 마스크 방식이 완성되었다. 이렇게 발전된 CRT는 50년 가량 디스플레이 시장을 선점하였다. 하지만 FPD의 꾸준한 발전으로 계속적으로 시장에서 사라져갔다.

그림 11.2
최초의 발명자 Karl Braun 박사와 Von Ardenne의 초기 정전 편향 CRT

* 2 전계 자계에서의 전자의 운동 및 전계방출 원리

D i s p l a y E n g i n e e r i n g

2.1 전기를 띠는 입자의 운동

전기를 띠는 입자(이하 대전 입자)는 전계(electric field)와 자계(magnetic field) 모

두의 힘을 받는다. 이 장에서는 이러한 외부 힘의 영향에서 대전 입자의 운동을 생각하기로 한다. 전하량 q를 가지는 입자에 대한 전계와 자계의 작용은 Lorentz[1)]의 힘으로 주어지며 아래의 (식 11-1)로 나타낸다.

$$F = q(E + v \times B) \quad \text{(식 11-1)}$$

여기서 v 는 전하의 속도이며, B는 전계이다. v ×B은 v 와 B의 cross product로써 아래 (식 11-2)로 표시된다.

$$(v \times B) = vBsin\theta \quad \text{(식 11-2)}$$

이것은 v 의 속도를 가지는 대전 입자의 방향과 B의 방향은 회전시 오른손 나사 운동의 방향을 갖는다. (식 11-1)은 이 chapter에서 설명되는 모든 입자의 운동을 결정한다. 자기장 B 속에 있는 도선에 전류가 흐르면 도선은 자기장으로부터 힘을 받는다. 이때 전류는 전하의 흐름이므로 자기장 속에서 운동하는 전하는 힘을 받는다고 말한다. 균일한 자기장 B 속에 놓여 있는 도선에 전류가 흐르면 이 도선은 F = BIl 의 전자기력을 받게 되고 그 방향은 B와 I의 방향에 대하여 수직인 방향이다. 이때 도선 내에서 전류의 이동 방향과 반대 방향으로 자유 전자가 이동하고 이 전자는 도선이 받는 힘 F의 방향 쪽으로 힘 f를 받는다. 자기장 B에 수직으로 놓인 길이 l 인 도선에 전류 I가 시간 t동안 흐르면 도선이 받는 힘 F는 F = BIl 이 된다. 도선을 흐르는 전류 I는 단위 시간에 도선의 단면을 지나는 전하량이므로 F=BeNl /t가 된다. 여기서 e는 자유 전자의 전하량이고 N은 도선의 단면적을 지나는 자유 자의 개수이므로 전자기력 F=BeNv 이며 v 는 도선 내를 지나는 자유 전자의 속력이다. 따라서 도선 내를 지나는 자유 전자 한 개가 받는 힘 f=F/N=ev B이 된다. 일반적으로 자기장 B에 수직인 방향으로 속도 v 로 운동하는 전하량 q인 대전 입자가 받는 힘 F=qv B(N)가 된다. 이 힘을 전자기력 또는 로렌츠 힘이라고 한다. 방향적 측면에서 (-)전하가 운동하면 운동 반대 방향으로 전류가 흐르는 것으로, (+)전하가 운동하면 운동 방향으로 전류가 흐르는 것으로 생각한다. 그러면 자기장에서 전류가 받는 힘, 즉 전자기력의 방향을 알 수 있다.

2.2 균일한 전계에서의 전하의 운동

질량 m과 전하 q = −e (-1.6×10^{-19}C)를 가진 전자가 x 방향의 자계가 없는 균일 전계 내에서 운동할 때 Newton의 방정식[2)]과 (식 11-1)의 관계는 (식 11-3)으로 표시된다.

1) 로렌츠 (Lorentz, Hendrik Antoon , 1853~1928) 네덜란드, 1875년 학위논문에서 맥스웰의 전자기장론에 의한 전자기현상 및 광학적 현상의 해명에 힘을 기울였다. 특히, 여러 물질 상수에 의해서 표시되는 물질의 전자기적 성질, 빛(전자기파)과의 상호 작용을 연구하였다.

2) 힘으로 물체를 밀면 움직인다. 더 큰 힘을 주면 더 빨리 움직이게 된다. 이러한 관계를 힘 F와 질량(보통은 무게라고 부른다) m, 그리고 가속도(속도의 변화) a를 나타낸 것이 뉴턴의 방정식 F=ma이다.

$$m\frac{dv_x}{dt} = -eE_x \quad \text{(식 11-3)}$$

전계 E는 x 성분이며 가속도 a는 속도에 대한 시간의 미분이며 속도는 시간에 대한 거리의 미분 값이므로 가속도는 시간에 대한 거리의 2계도 함수로 표시할 수 있다. 따라서 (식 11-3)은

$$\frac{dv_x}{dt} = \frac{d^2x}{dt^2} = -\frac{e}{m}E_x \quad \text{(식 11-4)}$$

가 된다. (식 11-4)는 입자 운동의 미분방정식이다. (식 11-4)를 한 번 적분하면 속도

$$\frac{dx}{dt} = v_x = v_0 - \frac{e}{m}E_x t \quad \text{(식 11-5)}$$

를 얻는다. (식 11-5)를 한 번 더 적분하면

$$x = x_0 + v_0 t - \frac{e}{2m}E_x t^2 \quad \text{(식 11-6)}$$

이 되며 x_0와 v_0는 t = 0에서의 초기 위치와 속도이다. 초기에 전자가 원점에서 정지해 있다면 $x_0 = v_0 = 0$이다. 그러면 위치는 단순히 시간의 2차 함수이며

$$x = -\frac{e}{2m}E_x t^2 \quad \text{(식 11-7)}$$

으로 주어진다.

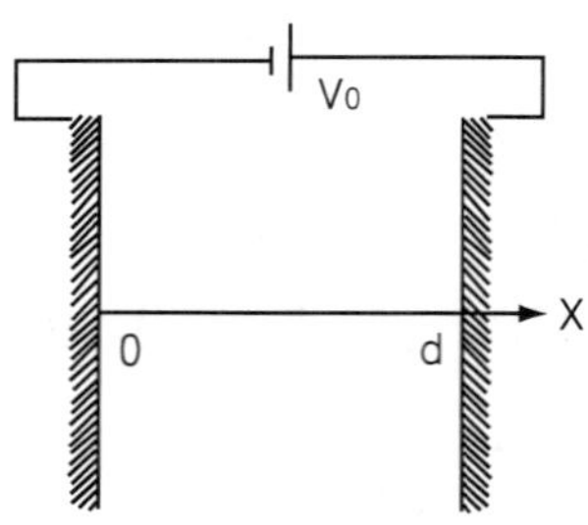

그림 11.3
두 평행판 사이의 전자

예제 11-1 An Example

그림 11.1과 같이 두 평행판 사이에서 전자의 가속을 생각하자. 전자는 초기에 속도가 0이고 x = 0 위치에 있다고 가정한다. 이제 x = 0, x = d에 놓인 두 평행판 사이에 전위를 인가한다. 이 전위는 V_0 volt이다. 평행판 사이에서 전계는 균일하며

$$E = -\frac{V_0}{d} \quad \text{(식 11-8)}$$

로 주어진다. (−) 부호는 전계의 방향에 의한 것이다. 전자가 x=d의 판에 도달하는 시간은 (식 11-7)로부터 x를 d로 바꾸고 E_x를 (식 11-8)을 이용하여 다시 쓰면

$$d = \frac{eV_0}{2md}t_d^2 \quad \text{(식 11-9)}$$

$$(x = -\frac{e}{2m}E_x t^2,\ E = -\frac{V_0}{d})$$

또는

$$t_d = \left(\frac{2m}{eV_0}\right)^{1/2} d \quad \text{(식 11-10)}$$

(식 11-10)을 (식 11-5)에 대입하고 x=d에서의 속도 v_d 는 (식 11-11)로 정의된다.

$$v_d = \frac{eV_0}{md}\left(\frac{2m}{eV_0}\right)^{1/2} d = \left(\frac{2eV_0}{m}\right)^{1/2} \quad \text{(식 11-11)}$$

가속 전위 V_0가 1kV라고 하면

$$v_d = \sqrt{\frac{2\times 1.6\times 10^{-19}\times 10^3}{9.1\times 10^{-31}}} = 1.87\times 10^7 m/s$$

$$v_x = v_0 - \frac{e}{m}E_x t,\ E_x = -\frac{V_0}{d},\ t = \left(\frac{2m}{eV_0}\right)^{\frac{1}{2}} d$$

이다. (식 11-11)은 에너지 관계로부터 정확히 예측할 수 있는데 전자의 에너지 $\varepsilon_d = eV_0$이고 $v_d = \left(\frac{2\varepsilon}{m}\right)^{1/2}$이기 때문이다. 따라서 가속 전위, V_0가 1 kV일 때 자유 전자에 대한 최종 속도가 1.87×10^7m/sec임을 쉽게 구할 수 있다.

전계를 사용하여 전자를 가속 또는 편향시키는 것은 비교적 간단하다. 이는 음극선관에 통상적으로 사용하며 가속과 편향에 전계를 이용한다. 그림 11-4와 같이 2차원 관을 생각하자. 전자는 전위 V_a에 의해 가속되며 전자총으로부터

$$v_0 = \left(\frac{2eV_a}{m}\right)^{1/2} \quad \text{(식 11-12)}$$

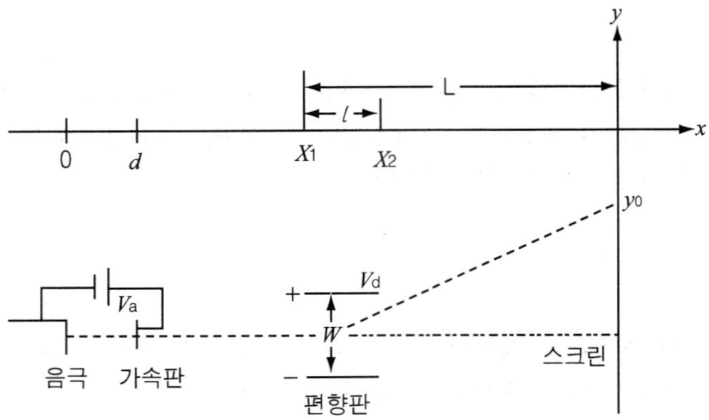

그림 11.4
정전 편향을 가지는 음극선관

의 속도를 가진 전자가 방출된다면 편향 전위와 전계는 y축으로만 작용하므로 전자가 x=d 지점을 지난 뒤에는 x 속도는 v_0로 일정하다. 이 편향 전계는 전자가 편향판 사이에 있는 시간 동안 전자에 작용한다. 이 시간은

$$t_d = \frac{x_2 - x_1}{v_0} = l\left(\frac{m}{2e\,V_a}\right)^{1/2} \quad (v_0 = (2e\,V_a t_d = \frac{x_2 - x_1}{v_0} = l\left(\frac{m}{2e\,V_a}\right)^{1/2}, \quad \left(v_0 = \left(\frac{2e\,V_a}{m}\right)^{1/2}\right) \tag{식 11-13}$$

으로 주어지며 여기에서 $l = x_2 - x_1$이다. 이때 전자의 운동을 결정하면 전자의 y 위치를 구할 수 있다. 전자가 편향판 사이에 있는 동안 y 방향의 운동은

$$\frac{dv_y}{dt} = -\frac{e}{m}\left(-\frac{V_d}{w}\right), \left(\frac{d\,V_y}{dt} = -\frac{e}{m}E_y, \quad E_y = -\frac{V_d}{w}\right) \tag{식 11-14}$$

로 표시되므로 y 속도는

$$v_y = \frac{e}{m}\left(\frac{V_d}{w}\right)t \tag{식 11-15}$$

가 된다. 여기에서 t = 0이면 수직 방향의 전자 속도는 y축에서 $v_{yo} = 0$이므로 이는 $x = x_1$ 위치에 있는 입자를 나타낸다. x_2에서 y 속도는 단순히

$$v_y = \frac{e}{m}\left(\frac{V_d}{w}\right)l\left(\frac{m}{2e\,V_a}\right)^{1/2} \tag{식 11-16}$$

$$\left(at \quad x = x_2, \; t_d = l\left(\frac{m}{2e\,V_a}\right)^{1/2}\right)$$

이다. 또한 x와 y 사이의 관계를 구할 수 있다. (식 11-15)의 속도를 적분하면 위치 y는

$$y = \frac{e}{2m}\left(\frac{V_d}{w}\right)t^2 \tag{식 11-17}$$

으로 구해진다. 입자의 x 방향 운동은

$$x - x_1 = v_0 t = \left(\frac{2e\,V_a}{m}\right)^{1/2} t \qquad \text{(식 11-18)}$$

$$\left(t_d = \frac{x_2 - x_1}{V_0},\ v_0 = \left(\frac{2e\,V_a}{m}\right)^{1/2}\right)$$

또는

$$t = \left(\frac{m}{2e\,V_a}\right)^{1/2}(x - x_1),\ \left(t = \frac{x - x_1}{v_0}\right) \qquad \text{(식 11-19)}$$

로 주어진다. (식 11-19)를 (식 11-17)에 대입하면

$$\begin{aligned} y &= \frac{e}{2m}\left(\frac{V_d}{w}\right)t^2,\ \left(t = \left(\frac{m}{2e\,V_a}\right)^{1/2}(x - x_1)\right) \\ &= \frac{e}{2m}\left(\frac{Vd}{w}\right)\left(\frac{m}{2e\,V_a}\right)(x - x_1)^2 \\ &= \frac{V_d}{4w\,V_a}(x - x_1)^2 \\ \therefore y &= \frac{V_d}{4w\,V_a}(x - x_1)^2 \qquad \text{(식 11-20)} \end{aligned}$$

을 얻으며 x_2에서

$$y_d = \frac{V_d}{4w\,V_a} l^2,\ (\ x_2 - x_1 = l) \qquad \text{(식 11-21)}$$

이다.

편향판 오른쪽에서는 전자에 가속전계가 더 이상 작용하지 않으며 속도는 일정하고 다음 값을 갖는다.

$$v_x = v_0 \qquad \text{(식 11-22)}$$

$$v_y = \frac{e}{m}\left(\frac{V_d}{w}\right)\frac{l}{v_0} \qquad \text{(식 11-23)}$$

$$\left(v_y = \frac{e}{m}\left(\frac{V_d}{w}\right)t\ ,\ t = \frac{l}{v_0}\right)$$

위치 x_2로부터 스크린에 도달하는 시간은

$$t_s = \frac{L - l}{v_0} \qquad \text{(식 11-24)}$$

로 구할 수 있으며 y 편향은 v_0에 (식 11-21)을 사용하면

$$y_p = v_y t_s + y_d = \frac{e}{m}\left(\frac{V_d}{w}\right)\frac{l(L-l)}{v_0^2} + \frac{V_d}{4w\mathrm{V_a}}l^2$$
$$= \frac{V_d}{2wV_a}\left(L - \frac{l}{2}\right)$$

$$v_0 = \left(\frac{2e\mathrm{V_a}}{m}\right)^{1/2},$$

$$\frac{e}{m}\left(\frac{\mathrm{V_d}}{w}\right)\frac{l(L-l)}{v_0^2} = \frac{e}{m}\left(\frac{\mathrm{V_d}}{w}\right)\left(\frac{l(L-l)}{\frac{2e\mathrm{V_a}}{m}}\right)$$

$$v_y t + y_d = \frac{\mathrm{V_d}l(L-l)}{2w\mathrm{V_a}} + \frac{v_d l^2}{4w\mathrm{V_a}} = \frac{v_d(2lL - 2l^2 + l^2)}{4w\mathrm{V_a}} \qquad \text{(식 11-25)}$$
$$= \frac{2V_d l}{4wV_a}\left(L - \frac{l}{2}\right)$$

이 된다. 편향은 가속 전위와 편향 전위 모두의 선형 함수이다. 스크린상의 편향이 편향 전위의 선형 함수이므로 시간에 따라 변화하는 전위를 편향판에 인가하면 형광 스크린 상에 "신호"를 볼 수 있다. 이 전위는 전자빔이 스크린에 도달하는 위치를 변화시킨다. 그러므로 스크린상의 위치는 인가된 편향 전위 진폭의 선형 함수이다. 이것이 음극선 오실로스코프의 원리이다.

예제 11-2 An Example

전형적인 관에서 L = 30 cm, l = 3 cm, w = 0.5 cm, Va = 1.5 kV 이며 V_d는 100 V까지 변할 경우 이 최대 편향을 구하시오.

풀이 (식 11-25)로부터 각 변수를 대입하면

$$y_p = \frac{v_d l}{2w\mathrm{V_a}}\left(L - \frac{l}{2}\right) = \frac{4\times100\times3(30-15)}{2\times0.5\times1.5\times10^3} = 5.7cm$$

관에서 최대편향 y_p는 5.7 cm이다.

2.3 균일한 자계하에서의 전자의 운동

그림 11.5는 균일자속밀도 B 내의 전자의 운동 방향에 따른 힘의 방향을 나타낸 지표이다. 만약 자계를 x 방향을 기준으로 택하면 (식 11-2)에서 힘은 자계와 속도 사이의 각도가 θ일 때 sinθ에 좌우되므로 B의 방향에 평행으로 이동하는 전자의 속도는 힘이 0임을 알 수 있다. 임의의 전자의 속도를 x, y, z 성분으로 분해하면 x 방향의 속도 v_x는 자기력에 영향을 받지 않는다. 즉, x축을 따른 어떤 운동도 자기력의 영향을 받지 않으므로 yz 평면 내의 운동만이 관심의 대상이 된다. 즉, I를 B쪽으로 돌릴 때 오른손 나사가 진행하는 방향이 힘의 방향이 되므로 y 방향 속도는 전자에 (+)z 방향의 힘을 전자에

작용하고 (즉, 전자의 이동 방향은 전류의 흐름에 반대(−e)방향이다.) z 방향 속도는 (−)y 방향의 힘을 발생한다.

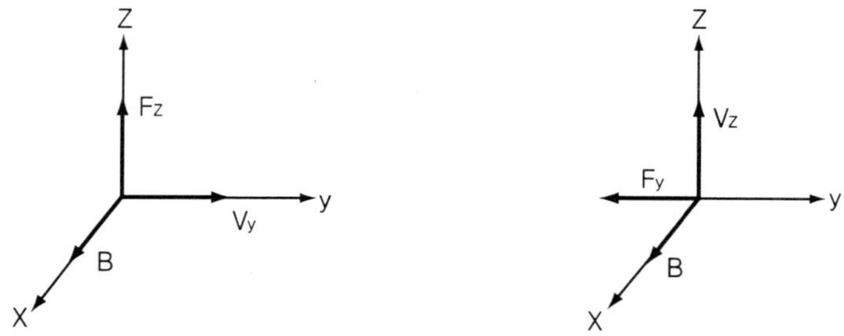

(a) (b)

그림 11.5

전자의 이동 방향에 따라 작용하는 자기력 (a) 전자가 +y 방향으로 진행하는 경우, (b) 전자가 +z

이는 힘에 대한 오른손 법칙과 (식 11−1)에서 전계 효과를 고려하지 않고 전하의 부호를 고려하면 두 방향의 운동에 대해 그림 11.5 (a)의 경우에서 (식 11−26)과 같이 (b)의 경우는 (식 11−27)과 같은 방정식을 세울 수 있다.

$$\frac{dv_y}{dt} = -\frac{e}{m}v_z B \qquad \text{(식 11−26)}$$

$$\frac{d}{dt}\left(\frac{dv_y}{dt}\right) = -\frac{e}{m}\frac{dv_z}{dt}B, \quad \frac{d^2v_y}{dt^2} = -\frac{e}{m}\cdot\frac{e}{m}v_y B^2 = -\left(\frac{eB}{m}\right)^2 v_y$$

$$\frac{dv_z}{dt} = \frac{e}{m}v_y B \qquad \text{(식 11−27)}$$

(식 11−27)을 (식 11−26)을 한 번 더 미분한 식에 대입하고 마찬가지로 (식 11−26)을 (식 11−27)을 한 번 더 미분한 식을 대입하면 아래와 같이 2개의 2계 미분 운동 방정식을 얻는다.

$$\frac{d^2v_y}{dt^2} = -\left(\frac{eB}{m}\right)^2 v_y \qquad \text{(식 11−28)}$$

$$v_y'' + w_c^2 v_y = 0$$

$$v_y = ce^{\pm iw_c t} = Acosw_c t + Bsinw_c t$$

$$\frac{d^2v_z}{dt^2} = -\left(\frac{eB}{m}\right)^2 v_z \qquad \text{(식 11−29)}$$

이들 조화 방정식의 해는

$$v_y = A_1\cos\omega_c t + A_2\sin\omega_c t \qquad \text{(식 11−30)}$$

$$v_z = A_3\cos\omega_c t + A_4\sin\omega_c t \qquad \text{(식 11−31)}$$

이며 여기에서 ω_c는

$$\omega_c = \frac{eB}{m} \qquad \text{(식 11-32)}$$

로 정의한다. (식 11−32)는 싸이클로트론(cyclotron) 주파수 또는 싱크로트론(synchrotron) 주파수로 부르는 주파수를 의미한다. 1000gauss(0.1 W/m^2) 자계 내의 전자는 ω_c가 1.76 × 10^{10} rad/sec이다.

$$\omega_c = \frac{1.6\times10^{-19}\times0.1}{9.1\times10^{-31}} = 1.758\times10^{10} rad/\sec$$

기준으로 $A_2 = 0$으로 택하고 $A_1 = v_0$라면

$$v_y = v_0 \cos\omega_c t \qquad \text{(식 11-33)}$$

이며 v_0는 상수이다. 마찬가지로 (식 11−32)를 사용하여 $A_3 = 0$, $A_4 = v_0$라면

$$\frac{dv_y}{dt} = -\frac{e}{m} v_z B$$

$$\frac{dv_y}{dt} = v_0\omega_c \sin\omega_c t = -\frac{e}{m} v_z B$$

$$v_z = v_0 \sin\omega_c t = A_3 \cos\omega_c t + A_4 \sin\omega_c t$$

$$\therefore A_4 = v_0,\ A_3 = 0$$

$$v_z = v_0 \sin\omega_c t \qquad \text{(식 11-34)}$$

가 된다. 균일 자계하에서 현상에 대한 이해를 위해 입자의 위치를 구하기로 한다. (식 11−33)과 (식 11−34)로부터

$$v_y = \frac{dy}{dt} = v_0 \cos\omega_c t \qquad \text{(식 11-35)}$$

$$v_z = \frac{dz}{dt} = v_0 \sin\omega_c t \qquad \text{(식 11-36)}$$

임을 알 수 있고 또한 이로부터 (식 11−35)와 (식 11−36)을 적분하면

$$\int v_y dt = y - y_0 = \frac{v_0}{\omega_c} \sin\omega_c t \qquad \text{(식 11-37)}$$

$$\int v_z dt = z - z_0 = -\frac{v_0}{\omega_c} \cos\omega_c t \qquad \text{(식 11-38)}$$

를 얻는다. 문제를 간단히 하기 위해 $y_0 = z_0 = 0$이 되도록 원점을 택한다. 속도는 시간에 대해 진동하며 yz 평면상의 위치 또한 시간에 대해 진동한다. 다음 변환을 하여

$$y = r\cos\phi \qquad \text{(식 11-39)}$$

$$z = r\sin\phi \qquad \text{(식 11-40)}$$

극좌표계로 전환하면 입자의 운동은 반경

$$r^2 = z^2 + y^2 = \left(\frac{v_0}{w_c}\right)^2 \qquad \text{(식 11-41)}$$

을 갖는 원이 됨을 알 수 있다. 또한

$$\phi = \tan^{-1}\frac{z}{y} = \tan^{-1}\left\{-\frac{\cos\omega t}{\sin\omega_c t}\right\} = \tan^{-1}(-\cot\omega_c t) \qquad \text{(식 11-42)}$$

$$\tan\phi = \frac{z}{y} = -\frac{\cos\omega t}{\sin\omega_c t} = -\cot\omega_c t = \tan\left(\omega_0 t - \frac{\pi}{2}\right)$$

$$\therefore \phi = \omega_c t - \frac{\pi}{2}$$

이므로

$$\phi = \omega_c t - \frac{\pi}{2}(-\pi < \phi < \pi) \qquad \text{(식 11-43)}$$

$$ref)\ \cot x = \tan\left(\frac{\pi}{2} - x\right) = -\tan\left(x - \frac{\pi}{2}\right)$$

를 얻는다. 입자는 반경 v_0/ω_c을 갖는 원으로 진행하며 각 주파수는 ω_c로 회전한다는 것을 알 수 있다. 그러므로 입자는 안정된 궤도를 갖고 자계선 내에서 회전한다. 이때의 각 운동량은 $\frac{mv_0^2}{\omega_c}$이고, 에너지는 $\frac{1}{2}mv_0^2$이다. 자계가 증가하면 ω_c도 증가한다.

일정한 에너지를 갖는 입자에 있어서 이는 반경 v_0/ω_c이 감소하고 각 운동량도 감소함을 의미한다.

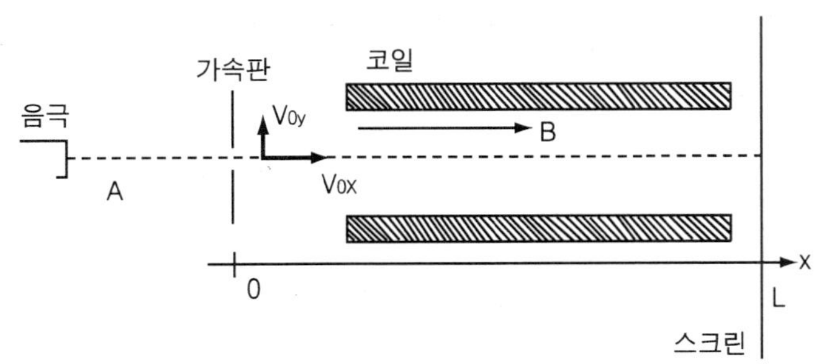

그림 11.6
자계에 의한 초점 효과

자계에 수직인 평면 내에서 입자는 회전하며 이는 자계의 초점 효과에 쉽게 이용할 수 있다. 이를 설명하기 위해 그림 11.4와 같이 음극선관 내에 자계를 인가한다. A 위치의 전자총과 방출 개구부는 유한한 크기를 가지므로 전자는 완전히 집속되지 않는다. 즉, 전자가 x = 0에서 전자총으로부터 방출될 때 이는 속도의 x 성분 v_{0x} 이외에도 적은 y와 z 성분을 갖는다. 간단하게 하기 위해 v_{0z} = 0으로 가정한다. t = 0에 전자가 총으로부터 방출되면 이는 속도 성분 v_0 = v_{0y}를 갖고 x = y = z = 0에서 자계에 진입한다. 입자의 운동 방정식은

$$y - y_0 = \frac{v_0}{\omega_c}\sin\omega_c t \qquad \text{(식 11-44)}$$

$$z - z_0 = -\frac{v_0}{\omega_c}\cos\omega_c t \qquad \text{(식 11-45)}$$

이며 t = 0에서 y = z = 0이므로 y_0와 z_0는

$$y - y_0 = 0, \qquad y_0 = 0 \qquad \text{(식 11-46)}$$

$$z - z_0 = -\frac{v_0}{\omega_c}, \qquad z_0 = +\frac{v_0}{\omega_c} \qquad \text{(식 11-47)}$$

의 값을 갖는다. 그러면 입자의 운동은 다음과 같이 표시한다.

$$y = \frac{v_0}{\omega_c}\sin\omega_c t \qquad \text{(식 11-48)}$$

$$z = \frac{v_0}{\omega_c}(1 - \cos\omega_c t) \qquad \text{(식 11-49)}$$

자계는 빔의 촛점을 맞추어 v_0의 y와 z 성분에 의해 빔이 분산되는 것을 막는 작용을 한다. 입자가 스크린에 도달하는 시간이 회전주기의 정수배가 되도록 하면 이 효과를 쉽게 얻을 수 있다. (식 11-10)으로부터 통과 시간은

$$t_t = \frac{L}{v_{0x}} = \left(\frac{m}{2eV_a}\right)^{1/2} L, \ where\left(v_{0x}^2 = \frac{2eV_a}{m}\right) \qquad \text{(식 11-50)}$$

이며 여기에서 (V_a = 가속 전위) 이 시간이 다음 조건

$$\omega_c t_t = 2n\pi \qquad \text{(식 11-51)}$$

$$\frac{eB}{m}t_t = 2n\pi \rightarrow B = \frac{2n\pi m}{e t_t}$$

를 만족해야 한다(n=정수). (식 11-51)이 만족되면 입자는 스크린에 도달할 때 y = z = 0위치로 복귀한다. 그러므로 빔의 촛점이 맞추어진다. 이것이 일어나는 자속 밀도의 값은, (식 11-51)에 (식 11-32)를 대입하여

$$B=\frac{2n\pi m}{et_t}=n\left(\frac{2\pi m}{e}\right)\left(\frac{2eV_a}{m}\right)^{1/2}\left(\frac{1}{L}\right) \quad \text{(식 11-52)}$$
$$=\frac{2n\pi}{L}\left(\frac{2mV_a}{e}\right)^{1/2}$$

을 얻는다. 초점 효과를 가질 수 있는 B의 가장 작은 (n = 1) 값은 2.74 × 10^{-3} W/m^2 또는 27.6Gauss[3]이다.

$$w_c=\frac{eB}{m}=\frac{2\times1\times3.14159}{0.3}\times\left(2\times9.1\times10^{-31}\times1.5\times\frac{10^3}{1.6}\times10^{-19}\right)^{1/2}$$
$$=2.74\times10^{-3}\,Wb/m^2 \quad \text{(식 11-53)}$$

2.4 전계, 자계에서의 전하의 운동

전계와 자계가 모두 존재하면 운동은 전계와 자계 각각에 의한 운동과 E와 B에 수직인 운동의 합이다. 이미 자계에 평행인 속도는 자기력을 발생하지 않는다는 것을 지적하였으므로 전계와 자계가 서로 평행이면 상호작용이 없으므로 두 성분을 별도로 취급한 뒤에 이들을 더함으로써 운동을 이해할 수 있다.

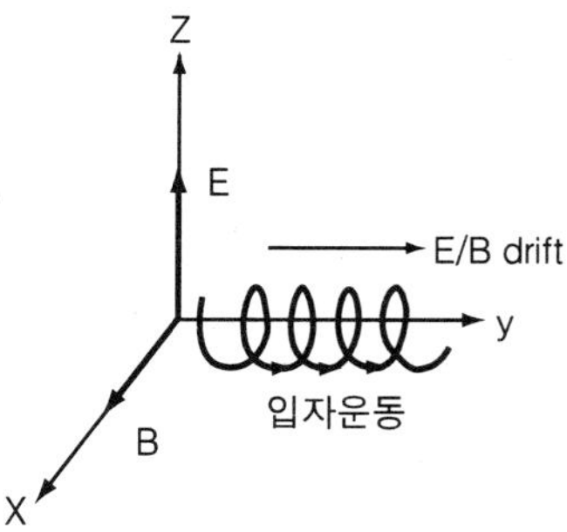

그림 11.7
상호 수직인 전자계 내에서 전자의 drift 운동

그러나 전계와 자계가 서로 수직이면 흥미있는 일이 일어난다. 이를 간단하게 하기 위해 자계는 x 방향, 전계는 z 방향으로 가정한다. 그림 11.7에 이를 도시하였다. 그러면 힘의 방정식은 (식 11-1)에 의하여

$$\frac{dv_y}{dt}=-\frac{e}{m}v_zB \quad \text{(식 11-54)}$$

$$\frac{dv_z}{dt}=-\frac{e}{m}E+\frac{e}{m}v_yB \quad \text{(식 11-55)}$$

3) 1 W/cm^2=10000 Gauss

$$\begin{aligned}\frac{d^2v_y}{dt^2} &= -\frac{e}{m}\frac{dv_z}{dz}B \\ &= \left(-\frac{eB}{m}\right)\left[\frac{-e}{m}E + \frac{e}{m}v_yB\right] \\ &= \left(\frac{e}{m}\right)^2 EB - \left(\frac{eB}{m}\right)^2 v_y\end{aligned}$$

이 된다. 3절에서 같이 각각의 식을 미분하고 서로 다른 식을 대입하면

$$\frac{d^2v_y}{dt^2} = -\left(\frac{eB}{m}\right)^2 v_y + \frac{e^2}{m^2}EB \qquad \text{(식 11-56)}$$

$$\frac{d^2v_z}{dt^2} = -\left(\frac{eB}{m}\right)^2 v_z \qquad \text{(식 11-57)}$$

을 얻는다. (식 11-55)의 두 번째 항을 제외하면 이는 3절에서 구한 방정식들과 같다. 전계와 자계는 모두 상수이므로 이 추가된 항도 상수이다. 다음 선형 변환

$$v_y = v'_y + \frac{E}{B} \qquad \text{(식 11-58)}$$

를 적용하면 (식 11-55)는

$$\frac{d^2v'_y}{dt^2} = -\left(\frac{eB}{m}\right)^2 v'_y \qquad \text{(식 11-59)}$$

$$\begin{aligned}\frac{d^2v'_y}{dt^2} &= -\left(\frac{eB}{m}\right)^2\left(v'_y + \frac{E}{B}\right) + \frac{e^2}{m^2}EB \\ &= -\left(\frac{eB}{m}\right)^2 v'_y - \left(-\frac{e}{m}\right)^2 EB + \left(\frac{e}{m}\right)^2 EB \\ &= -\left(\frac{eB}{m}\right)^2 v'_y\end{aligned}$$

가 된다. (식 11-56)과 (식 11-58)은 3절에서 보인 방정식과 일치하며 이들의 해는

$$v'_y = v_0\cos\omega_c t, \qquad v_z = v_0\sin\omega_c t \qquad \text{(식 11-60)}$$

가 된다. 그러면 (식 11-57)로부터

$$v_y = \frac{E}{B} + v_0\cos\omega_c t \quad \left(v_y = v'_y + \frac{E}{B},\ v'_y = v_o\cos\omega_c t\right) \qquad \text{(식 11-61)}$$

$$v_z = v_0\sin\omega_c t \qquad \text{(식 11-62)}$$

를 구할 수 있다. 추가된 속도 항은 전계와 자계의 조합된 효과에 의해 입자가 drift 함을 의미한다. 이의 방향은 오른손 나사를 E에서 B로 돌릴 때의 진행 방향이다. 벡터로 표시하면 이 drift 속도항은

$$v_{drift} = \frac{E \times B}{B^2} \quad \text{(식 11-63)}$$

로 표시할 수 있다.

전자의 운동 중심은 이 drift 속도인 E/B로 이동한다. 전자는 이 운동 중심에 대해 각속도 ω_c로 회전한다. 본 chapter의 2절에서 전계 내 입자 운동의 방향은 전하의 부호에 좌우된다는 것을 알았다. 3절에서 논의한 싸이클로트론 운동에서는 회전의 방향이 전하의 부호에 좌우되었다(ω_c의 식 참조). 그러나 수직 전자계 drift 속도 E/B는 전하에 무관하며 어떤 전하에 대하여도 같다. 이는 관련된 전자계의 크기에만 좌우된다.

drift 운동은 종종 중심 유도 운동이라고도 불린다. 이 운동은 3절에서 논의한 싸이클로트론 운동과 중첩된다. 수직 전자계의 경우, 전계가 적으면 전계는 수직 전자계 drift를 유기하는 역할만 하며 입자를 가속시키지 않는다. 자계에 평행인 전계는 11장 1절에서 논의한 바와 같이 전계를 따라 입자를 가속시켜 준다.

2.5 전계 방출 원리

전계 방출(field emission) 현상이란 [그림 11.8]에 보인 바와 같이 진공 내에 있는 금속 표면에 0.5V/Å 이상의 전계가 인가될 경우, 금속 표면의 전위 장벽이 얇아지면서 금속 내의 전자들이 양자역학적으로 터널링[4]하여 진공 내로 방출되는 현상을 말한다.

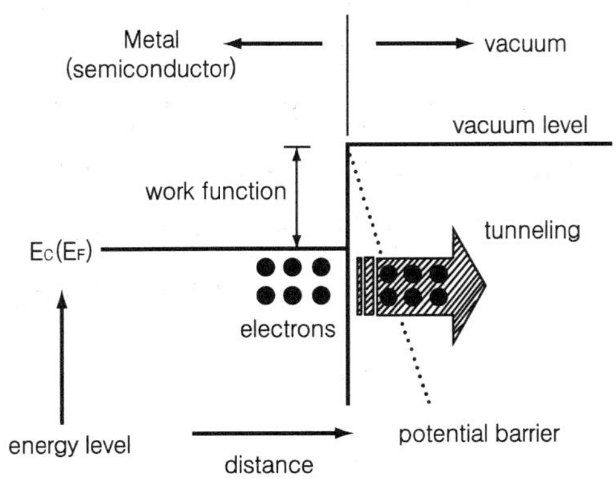

그림 11.8
전계 방출 현상

이때 전계 방출 전류는 (식 11-64)와 같은 Fowler-Nordheim(F-N) 식으로 표현된다. 여기서 J는 방출 전류 밀도 [A/cm^2], a와 b는 상수(실제로는 전계에 약간 의존함), E는 인가 전계[V/cm], 그리고 ϕ는 일함수 [eV]에 해당한다.

4) 양자역학적으로 낮은 에너지를 갖는 전자가 유한의 폭이 매우 좁은 potential barrier가 내부에 있을 경우, 외부에서 전자를 발견할 확률($|\Psi|^2$)은 0이 아님을 말한다. 즉 potential barrier를 넘어서 전자가 존재할 수 있다는 의미이다.

$$J = aE^2\phi^{-1}\exp(-b\phi^{3/2}/E) \quad \text{(식 11-64)}$$

이러한 F–N 식을 전류–전압 관계를 다시 표현하면 (식 11–64)와 (식 11–65)로 표현되는데, (식 11–65)에서 〈ln(I/V^2)〉과 (I/V) 간의 관계는 직선으로 표현할 수 있으며, 이를 통하여 전계 방출 전류임을 확인함과 동시에 유효 일함수나 방출 면적 등을 구할 수 있다.

$$I = MV^2\exp(-N/V)\text{(단, M과 N은 상수)} \quad \text{(식 11–65)}$$

$$\ln(I/V^2) = -N/V + \text{상수} \quad \text{(식 11–66)}$$

또한 (식 11–63)으로부터 작은 영향들을 무시한 상태에서 F–N 식을 수식화하면, (식 11–66)과 같으며, 이식에서 우세한 항은 지수항으로서 전계가 증가하고 (E=1.74×10^7~8×10^7V/cm) 일함수가 감소하면 (ϕ=0~5 eV) 전류 밀도(J)는 매우 급격히 증가한다는 것을 알 수 있다. 예를 들어, 방출부에 인가되는 전계가 25% 증가하면 방출 전류가 3.7×10^4이 증가하고, 방출부의 일함수가 25% 증가하면 방출 전류가 2×10^6이나 증가하게 된다.

$$J = 1.54 \times 10^{-6}E^2\phi^{-1}\exp(-6.83 \times 10^{-7}\phi^{3/2}/E) \quad \text{(식 11–67)}$$

따라서 전자 방출원을 설계할 때 팁에 인가되는 전계가 최대가 되고 방출원의 일함수가 최소가 되도록 설계하는 것이 작은 인가 전압에서 큰 방출 전류를 얻는 데 매우 중요하며, '전자'와 '후자'는 각각 전자 방출원의 '구조'와 '재료'적인 특성에 관계한다. 전계를 증가시키는 방법으로는 외부 인가 전압을 증가시키는 방법이 있으나 이는 주변 회로와의 매칭 및 절연 파괴 전압에 의해 제한되며, 방출부와 전극 간의 거리를 줄이는 방법은 리소그래피[5]의 한계에 제한을 받는다. 따라서, 방출부의 형상을 변화하는 방법이 가장 효과적인데, 이에 관계되는 것이 전계 증배 계수 β로, (식 11–67)과 같이 전극에 인가되는 전압(V)와 이로 인해 방출부에 인가되는 전계(E)의 비례상수이다.

$$E = \beta V \quad \text{(식 11–68)}$$

$$\beta = \text{kh/r} \quad \text{(식 11–69)}$$

이때 β는 (식 11–69)에 나타난 것과 같이 비례상수(k)에 의해 방출부의 높이 h에 비례하고, 반경 r에 반비례하며 50~500의 범위의 값을 갖는다. 즉 끝이 높고 뾰족한 팁일수록 β가 크고, 따라서 인가 전압(V)이 동일하더라도 방출부에는 큰 전계가 걸리게 된다. 한편, 일함수는 물질 자체가 갖는 고유의 값으로 재료의 개발을 통해 개선될 수 있다. 각각의 재료별로 일함수와 녹는점을 표 11.1에 나타내었다. 일함수가 낮을수록 방출

---

5) 사전적인 의미로 '사진제판'이라는 의미를 가지고 있다. 일반적으로 반도체에서는 감광 물질을 이용하여 원하는 부분을 제거하여 미세한 전기 배선을 하는 공정이라는 의미로 사용된다.

전류는 증가하지만, 전계 방출 재료로서 이용하기 위해서는 이외에도 열-화학-기계적 내구성, 재료의 온도 특성(온도 변화에 따른 일함수의 변화 추이), 그리고 팁 구조로서의 가공성들이 고려되어야 한다.

표 11.1 각각의 재료들에 대한 일함수 및 녹는점

재 료	일함수(eV)	녹는점(° C)	재 료	일함수(eV)	녹는점(° C)
Ag	4.7	961	Nd	3.3	
Al	3.0	660	Ni	5.0	1455
Au	4.8	1063	Pb	4.0	327
Ba	2.5	850	Pt	6.0	1774
Bi	4.1	271	Rb	1.8	39
C	4.7	>3500	Sr	2.1	800
Ca	3.2	810	Ta	4.1	2850
Cd	4.1	321	Ti	4.1	
Cs	1.8	29	Th	3.4	1845
Cu	4.1	1083	W	4.5	3370
Fe	4.7	1535	Zn	3.3	420
Hf	3.6		Zr	4.1	1900
Hg	4.5	−39			
Ir	5.4		LaB6	2.7	
K	1.8	62	NdB6	4.6	
La	3.3		TaB	2.9	
Li	2.2	186	TaC	3.1	
Mg	2.4	651	ThO2	2.6	
Mo	4.3	2620	TiC	3.4	
Na	1.9	98	ZrB	4.5	

* 3 전자선 활용 디스플레이의 발광 원리

Display Engineering

3.1 형광체 발광 원리

(1) 음극 발광

양 끝에 금속 전극을 둔 유리관에 기체를 넣고 압력을 낮춘 후에 전극 사이에 높은 전압을 걸어주면 유리관에서 빛이 난다는 것이 18세기 중엽에 발견되었다. 이는 음극에서 튀어 나온 전자(음극선)가 기체 분자와 충돌하여 기체 분자를 들뜨게 하고, 들뜬 분자가 바닥 상태로 내려가면서 나오는 빛으로, 기체 종류에 따라 나오는 빛의 파장이 다르다.

유리관에 수은 증기를 넣으면, 음극선에 의해 수은 원자가 들떠 자외선과 약한 푸른 빛을 내는 것이 1800년대 말에 발견되어 수은등으로 사용되었다. 유리관 벽에 형광체를 칠해두면 수은에서 나오는 자외선으로 이 물질이 들뜨게 되고, 여기서 빛이 나오는데, 이를 이용한 것이 형광등이다. 엄밀하게는, 형광등에 사용되는 형광제는 인광을 내는 인광체(phosphor)이고, 이에서 나오는 빛은 인광이다. 인광체로는 주로 전이금속 또는 희토류(Rare Earth) 금속 화합물이 사용된다. 형광등은 백열등에 비해 에너지 효율이 월등히 높고, 인광체의 종류에 따라 다양한 색을 낼 수 있으며, 또 수명이 길어 지금까지 많이 사용되어 왔다. 브라운관(또는 음극선관) TV는 음극에서 나오는 전자를 유리벽에 칠해진 인광체에 직접 충돌시켜 이를 들뜨게 하여 나오는 빛을 이용한 것이다.

(2) 전자선 여기용 형광체(CRT, FED)

CRT 형광체는 모체결정으로 황화물 또는 산황화물이 이용되고 있다. 청색형광체로 ZnS:Ag+, Al3+, 녹색형광체로 ZnS:Cu+, Al3+, 적색형광체로 Y2O2S:Eu3+ 등이 이용된다. 형광체에 전자 침입 깊이는 수 ㎛에 이르기 때문에 형광체 표면의 대전 및 열화를 억제하기 위해 금속막 피복을 한다.

FED는 수 kV 이하로 가속전압이 낮아 전자선은 형광체 내부까지 침입할 수 없다. FED에서 전류밀도는 CRT보다 높아 형광체의 열화가 CRT보다 많이 발생하고 있다. 최근 개발되어 주목을 받는 재료는 Al(N,O):Eu2+ 이다. 5kV의 가속전압에서 효율 높게 470㎚의 청색발광을 나타내며, 종래 산화물 형광체 보다 열화가 낮다(1/3이하). 또한 전자 방출원으로 탄소계 재료 특성이 많이 향상되고, 형광체 조합으로 FEL로 특수 조명분야로 전개가 시도되고 있다.

3.2 CRT 음극선 방출 (에디슨 효과)

에디슨 열전자 방출(thermoelectronic emission) 물질을 고열로 가열할 때 전자가 방출되는 현상이다. 1884년 에디슨이 진공 상태의 전구에 2개의 필라멘트를 넣고 가열하자, 접속되어 있지 않은 2개의 필라멘트 사이에 쉽게 전류가 흐르는 것을 알아내어 이 현상을 발견했으며, 금속을 예로 들면, 자유전자는 금속 안에서 자유롭게 움직일 수 있으나 금속 밖으로 나가는 데는 일종의 장벽이 있기 때문에 쉽게 나갈 수 없다. 그러나 높은 운동에너지를 지닌 전자는 그 벽을 넘어서 밖으로 나갈 수 있다. 이 벽의 높이를 그 금속의 일함수라 하고, 일함수보다 큰 운동에너지를 가진 전자는 금속 밖으로 나갈 수 있다. 열전자 방출에 필요한 열에너지는 볼츠만의 상수 $k = 1.38062 \times 10^{-23}$ [J/K]와 절대 온도 T[K]를 사용하여 W=kT[J]로 나타낸다. 이 열에너지가 일함수보다 클 때에는 열전자 방출이 일어난다. 금속의 온도가 높을수록, 또 일함수가 작을수록 방출되는 열전자의 수가 많아진다. 열전자 방출을 가장 직접적으로 응용하여 발달한 것이 진공관이다.

기체중의 방전에 의해서만 방출시킬 수 있었던 전자의 흐름을 진공중에서도 금속을 가열하면 쉽게 끌어낼 수 있다는 것을 발견하였고, 이러한 현상을 이용하여 전자의 흐름을 제3 전극으로 제어하는 장치가 진공관이다. 일함수가 작은 물질로는 세슘·바륨·스트론튬 등의 금속이나 그 산화물이 있는데, 이것들이 진공관에 사용되고 있다. 형광등의 아크 방전에서도 열전자 방출 현상을 볼 수 있으며 전극에는 산화바륨 등 일함수가 낮은 산화물이 도포되어 있다.

3.3 FED 발광 원리 {FEA(전계 방출 에미터 어레이)}

FED의 심장 부분이라 할 수 있는 FEA는 공간적으로 우수한 균일성을 보장하는 전자 방출원으로서의 역할을 하며, 낮은 전력 소모와 저가 구동회로, 저전압 행렬 구동이 가능하다.

하나의 FED는 수백 만 개 이상의 μm 크기의 전계 방출 소자들로 구성되며 화소당 에미터 수는 100~10,000개 정도이다. 현재 FEA 구성에서 기술 수준은 에미터 홀 지름 0.15μm, 에미터-에미터 간격 0.32μm, 팁 반경은 금속 팁 20~40μm이고, 실리콘 팁의 경우 1~10μm, 최대 전류 팁은 금속 팁의 경우 500μm, 실리콘 팁의 경우 5μm 정도가 될 것이며, 전류값은 다음 예에서 제시하는 FED의 성능 목표를 달성하는 데에 필요한 값보다 상당히 크기 때문에 만드는 데 있어서 어느 정도의 융통성을 생각해서 주사선은 1000 라인, 휘도 342cd/m^2(100fL), 형광체 스크린 전압 500V, 추진율(fill factor) 50%, 형광체 효율 5lumiens/watt, DC 평균 전류 밀도 84μA/cm^2, 전계 방출에 기여하는 팁의 비율 50% 정도로 나타나고 이 사양을 얻기 위하여는 팁과 팁 사이의 간격을 5μm, 팁당 피크 전류를 0.04μA, 팁당 평균 전류를 0.04nA로 가정하였다.

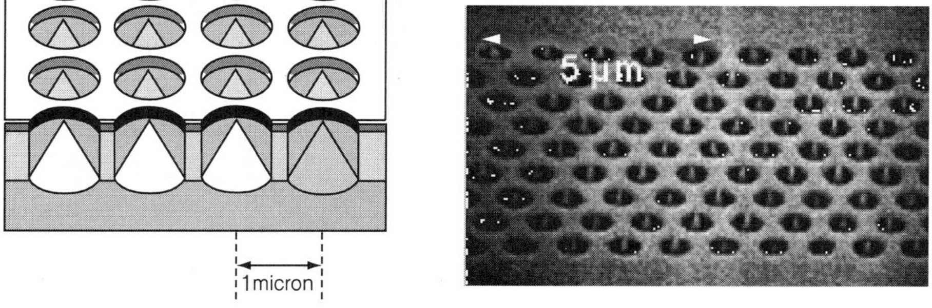

그림 11.9
전계 방출 에미터 어레이와 실제 사진

4.1 FED의 구동

(1) FED 기본 원리

스페이서(spacer)에 의하여 유지되는 작은 진공 갭을 가운데 두고 위쪽은 형광체로 도포된 아노드(anode) 판이며, 아래쪽은 캐소드(cathode)와 게이트로 구성되는 캐소드 판으로 구성된다. 캐소드 판에는 행전극(row electrode)과 열전극(column electrode)이 있으며 이들을 통하여 FEA들이 행렬 구동되어 게이트에 전압이 걸리는 시간 동안 전자가 방출되고 아노드 전압에 의하여 가속된다. 이것들이 진공 갭을 지나 아노드에 코팅된 형광체 화점(picture dot)을 부딪혀 발광하게 되는 것이다. 한 화소(pixel)에 R(red), G(green), B(blue) 형광체 화점을 사용함으로써 컬러 디스플레이도 가능하게 된다.

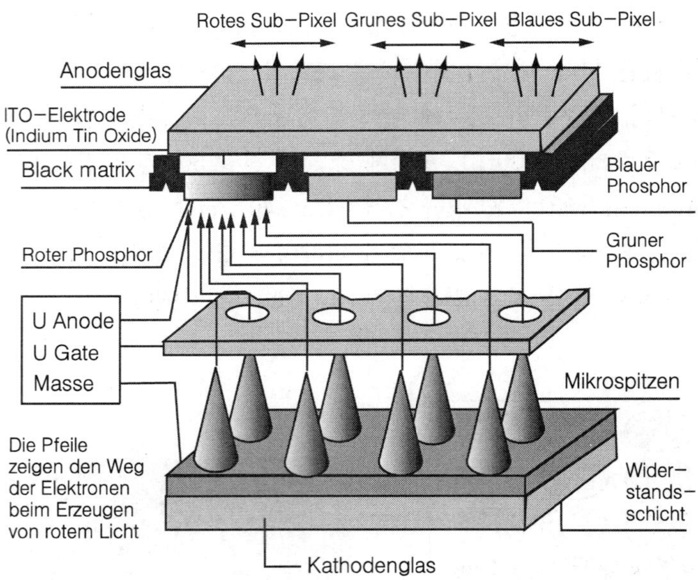

그림 11.10
FED의 단면 구조도(Siemens)

그림 11.10은 FED의 단면을 예시한 것인데 전계 방출 캐소드 제작은 박막 기술에 의하여 0.3~0.5μm 두께의 금속 박막과 1μm 두께의 절연체를 형성하는 데서 출발한다. 전계 방출 팁에서의 전장의 세기는 행전극이나 열전극의 전압을 조절함으로써 얻을 수 있으며 이것은 에미터의 표면을 터널링하여 방출되는 전자의 수를 조절하게 된다. 방출된 전자는 에너지 손실 없이 형광체에 부딪혀 밝은 빛을 내게 되는 것이다.

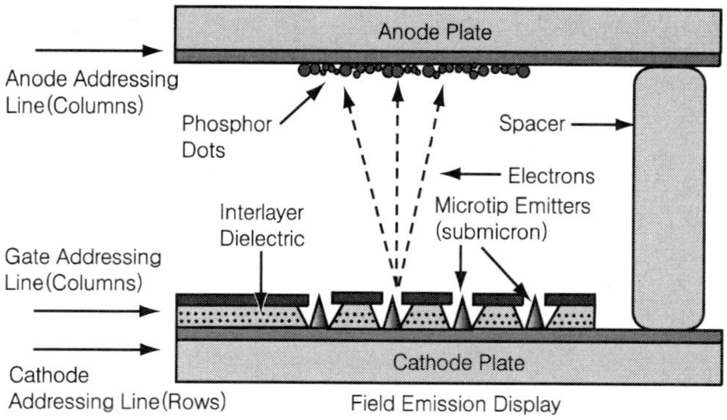

그림 11.11
FED 내부의 전자 방출 모식도

(2) FED 시스템의 구성

FED의 기본 구성요소로는 FEA 패널, 아노드 판(anode plate), 구동회로가 있다. 우선 FED 패널은 보통 복수개의 전계 방출 소자가 모여 하나의 표시 단위인 화소를 형성하고 다시 이 화소가 2차원적으로 배열한 형태로 구성된다. 두 번째 아노드 판은 FEA 패널에 대하여 수백 내지 수천 볼트의 직류 전압이 인가되어 방출된 전자를 가속시켜 끌어들이도록 되어 있고, 가속된 전자는 아노드 판의 FEA 패널쪽 표면에 도포된 형광막에서 가시광선으로 변환된다. 이를 위해 아노드 판은 유리 같은 투명한 판 위에 ITO(Indium Tin Oxide) 등의 투명 전극을 형성하고 그 위에 다시 형광막을 입히는 것으로 구성된다. 마지막으로 구동회로, 제어논리 회로 부분, 열구동회로, 행구동회로로 구성된다.

(3) FED 구동 방법

제어는 팁 주위에 일정 이상의 전계가 형성될 때에만 냉전자가 방출되는 전계 방출 소자의 성질을 이용한다. 가장 간단한 방법은 위에서 보는 것과 같이 게이트와 캐소드를 서로 교차하게 줄줄이 연결하고 발광시키고자 하는 화소에만 문턱 전압 이상의 전압을 인가하여 전자를 방출시키는 방법이다. 각 화소를 제어할 수 있도록 게이트 라인과 캐소드 라인을 직교하도록 배치하며, 고진공으로 밀봉 패키징된 외부에는 각 게이트 라인과 캐소드 라인의 끝단이 노출되어 있다. 화소의 각 라인에 적정한 신호를 인가함으로써 교차하는 위치에 있는 화소를 개별적으로 선택 제어할 수 있다. 상하좌우의 4면을 다 이용하여 한 줄씩 번갈아 가며 양쪽으로 전극을 형성하는 방법 또한 평판 표시소자에서 일반적으로 사용되는 방법이다. 이와 같이 양쪽으로 전극을 형성하고 각기 별도의 구동 집적회로를 접속시키면 구동 주파수가 반감되므로 쉽게 구동회로를 구성할 수 있다는 장점도 있다. 진공 패키징된 패널의 밖으로 가서 게이트 행과 캐소드 열의 끝단이 노출되고 이곳에 배선 접속 등의 수법으로 구동 신호를 인가하게 된다. 실제의 패널 구동에서는 영상 신호가 직렬로 인가되므로 PM-LCD와 마찬가지로 이를 쉬프트 레지스터 등을 이용하여 한 행의 복수 신호로 변환한 후 ,한 번에 수평 주사 시간 동안 하나의 행을 동시에 표시하는 방식을 사용하게 된다. 이러한 구동 방식에서는 전체 프레임 타임 중 최대로 한 번의 수평 주사 시간 동안까지 발광할 수 있으므로 펄스 계수는 수직 방향 화소 개수의 역수가 될 것이다.

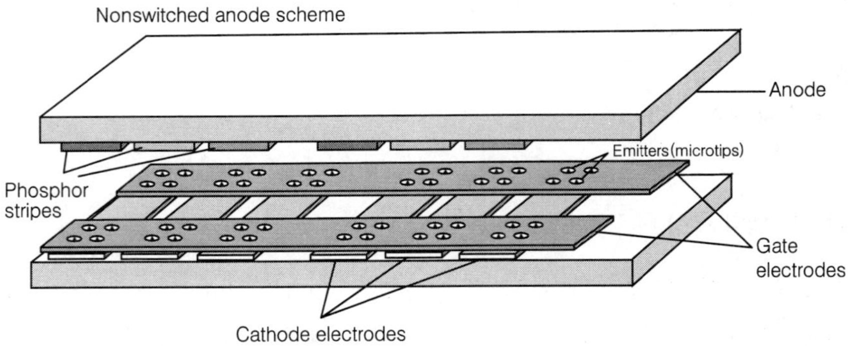

그림 11.12
FED 하부의 Cathode 전극, 게이트 전극과 상부의 Anode구조

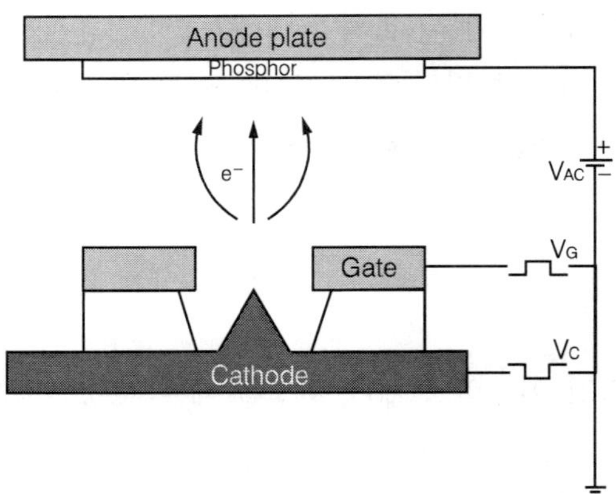

그림 11.13
FED 소자에 입력되는 신호 파형도

※ Gray Level의 구현

목표는 하나의 화소가 최소 발광 상태인 흑 상태로부터 최대로 발광시키는 백(white) 상태 사이에서 원하는 만큼의 밝기를 나타내도록 하는 것이다. FED에서의 PAM과 PWM에 대해 말하자면 우선 펄스 높이 변조 방식은 신호에 비례하는 빛이 방출되도록 구동하는 것으로 가장 이해하기 쉬운 휘도 단계 생성 방법이다. 그러나 전계 방출 소자의 방출 전류가 Fowler-Nordheim 식에서 보듯이 지극히 비선형성이므로 신호에 비

례하는 방출 전류를 제어하기가 어렵고, 화소마다 방출 특성이 균일하지 않으므로 FED에서는 아직 널리 쓰이지 않고 있다. 충분히 짧은 일정 시간 주기 안에서 일정하게 빛을 방출하는 시간의 비율을 조절함으로써 휘도 단계를 표현할 수 있는데, 이를 디스플레이 소자에서 펄수 너비 변조 방식이라고 부른다. 기준 클락 신호와 계수기의 조합만으로 디지털 신호에 의한 정밀한 아날로그 신호의 생성이 가능하며, 개별 화소의 방출 특성에 상관없이 정밀하게 선형적인 휘도 단계를 얻을 수 있으므로 FED에서 일반적으로 이용되고 있는 방법이다.

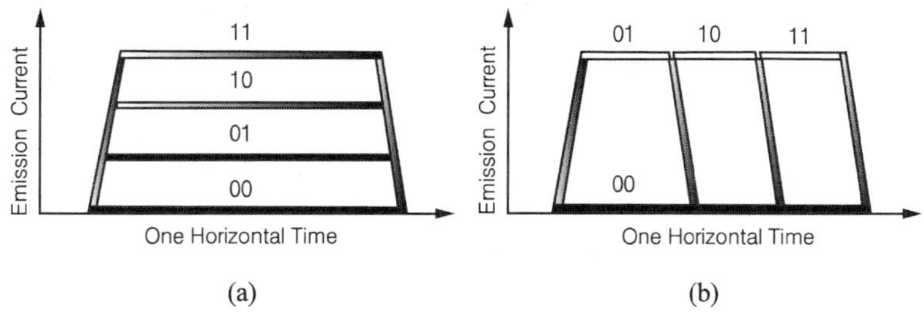

그림 11.14
펄스 높이 변조 방식(PAM)(a)와 펄스 너비 변조 방식(PWN)(b)

다음으로는 전압 구동 방식과 전류 구동 방식이다. 전압 구동 방식은 캐소드와 게이트 전극 사이에 일정 이상의 전압이 인가되게 하여 전계 효과에 의한 방출 전자를 이용하는 것이다. 장점은 구성이 간단하다는 것이며, 단점은 비선형적으로 증가하는 I-V 특성으로 인하여 미세한 입력 전압 변화에도 큰 전류의 차이가 발생함으로 화소간 불균일성이 나타나며 잡음 또한 증폭되어 나타난다. 전류 구동 방식은 캐소드에서 흘러나오는 전류가 거의 아노드 전류와 같으며 방출광은 아노드 전류에 비례한다는 전계 방출 소자의 고유한 특성을 이용한 것이다.

(4) 컬러 FED의 구현

1) Color FED의 구현 방법

컬러 FED를 구현하기 위해서는 세 가지 색 이상의 컬러 형광체가 필요하며 이를 신호에 따라 적절하게 구동할 수 있는 시스템이 필요하다. 구현 방법으로는 근접 집속 화소 정렬 방법, 양극 절환 방법, 화소와 형광막의 복합 절환 방법이 있다.

2) 근접 집속 화소 정렬 방법

컬러를 구현하는 가장 단순한 방법은 복수개의 화소를 기본 단위로 하여 각 화소마다 해당하는 색상의 형광체를 아노드에 위치시키는 것으로서 근접 집속 화소 정렬 방법이라고 부른다. 정방형의 단위 화소 4개를 기본 묶음으로 하여 정방형의 화소를 형성하였다. 이런 경우 휘도 신호에 가장 영향을 많이 주는 녹색을 적, 청색보다 많이 배치하여 휘도의 해상도를 높이는 이른바 4:2:2 화소 배치 방법이 일반적으로 사용된다. 이와 달리 하나의 정방형을 수직 혹은 수평으로 삼등분한 형태의 화소를 만들어 세 가지 색상을 대응시키는 방법은 각 화소마다 제한 없이 원색을 재현할 수 있다. 화소를 적·청·록으로 삼등분하는 경우 현재 사용되는 청색 형광체의 효율이 상대적으로 떨어지는 점을 고려하여 청색 영역을 더 넓게 배치하는 경우도 있다.

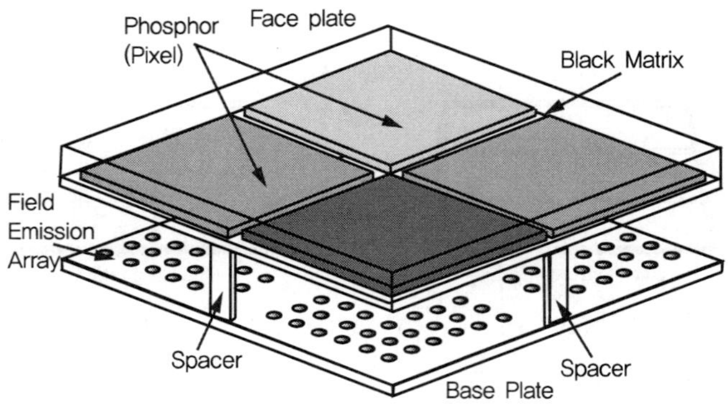

그림 11.15
화소 대 화소 방법에 의한 컬러 FED 구현 방법

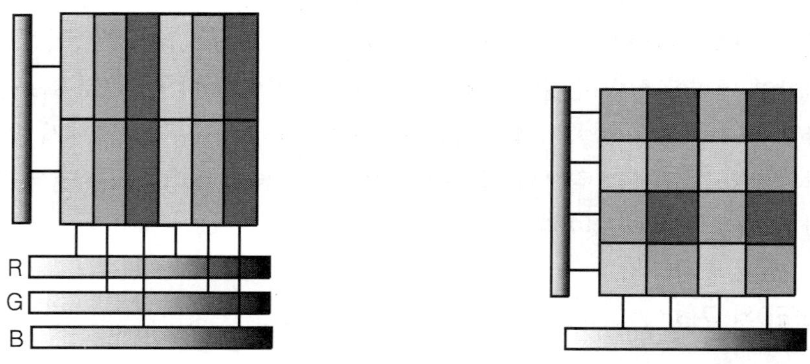

(a) 삼색을 기본 화소 단위로 사용한 경우 (b) 4:2:2형의 색상정보 체계에 따른 화소 배치 방법

그림 11.16
화소 대 화소 방법으로 컬러 FED를 구현하는 경우 화소 배치의 예

3) Anode Switching

양극 절환 방법을 사용하는 경우 프레임 주파수를 60Hz를 유지하면 하나의 완전한 화면을 위하여 세 프레임, 즉 1/20초마다 화면이 갱신되므로 화면이 깜박거리는 듯 한 플리커 잡음이 발생한다. 이를 방지하기 위하여 화면을 상하로 나누어 동시에 주사하는 이중 주사(double scanning) 방법을 사용하거나, 프레임 주파수를 증대시켜야 한다. 따

라서 프레임 주파수 60Hz의 입력 신호를 표시하는 경우 큰 용량의 프레임 메모리를 사용하여 주사 속도를 맞추어 주어야 한다.

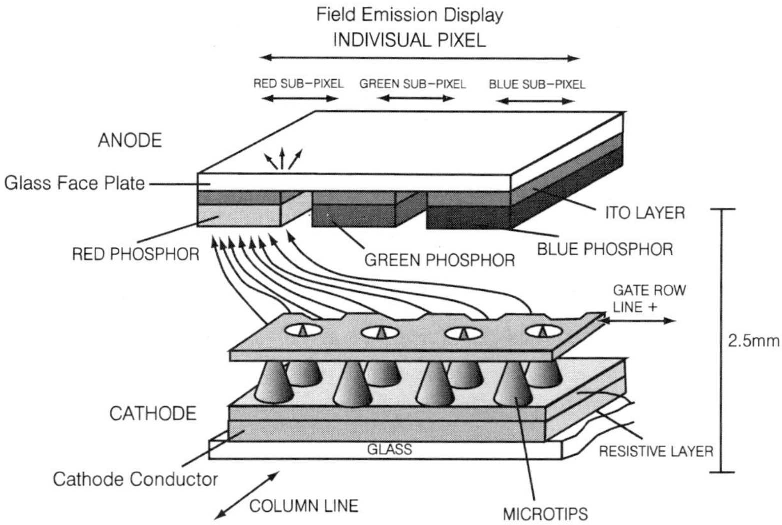

그림 11.17
아노드 스위칭 방법을 이용하여 구현된 FED의 구성도

이러한 방법은 비교적 간단한 방법으로 고효율의 컬러 FED를 구성할 수 있으며 아노드와 캐소드의 거리를 충분히 띄워 놓을 수 있기 때문에 고전압 형광체를 사용하는 경우 특히 유리하다.

4) Composite Switching

두 개의 프레임으로 나누어 형광막을 한 줄 건너씩 고전압을 인가하고 화소 또한 게이트를 하나 건너씩 활성화시켜 화소 영역과 형광막 영역에서 동시에 평판 초점 전극 효과를 얻어 전자 방출 궤적을 집중시키고 있다. 화소 영역에서 보면 별도의 전극을 사용하는 것이 아니고 비활성의 화소의 게이트에 저전압을 인가하여 초점 전극으로 사용하고 있으므로 면적 효율이 좋아지며, 형광막에 대하여는 3가지 형광막에 대한 전환 대신 2가지 형광막 전극만이 있으므로 펄스 계수에서 이익을 보고 있다.

4.2 FED 구성 요소

(1) 에미터

금속을 E-gun 증착을 통하여 얻을 수 있는 원추형 에미터(Cone Type Emitter)는 Spindt 캐소드라 부르며 가장 널리 이용되고 있다. 또한 실리콘을 식각하여 얻는 원추형 에미터도 많이 연구되었다.

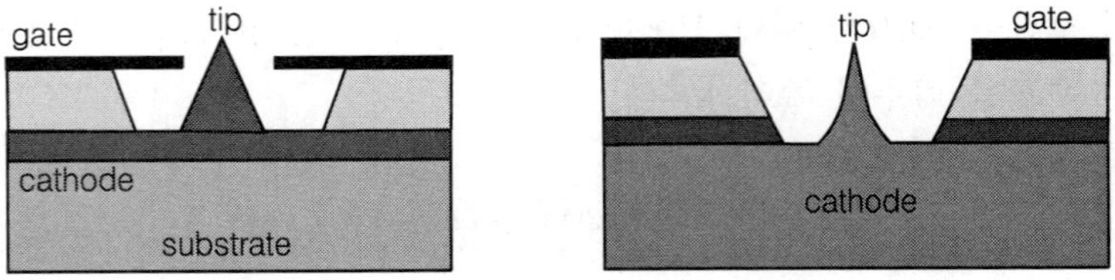

그림 11.18
원추형 에미터

수평형 에미터인 모서리 에미터(edge emitter)들도 평면 박막과 포토마스크 작업으로 간단히 만들 수 있기 때문에 연구되었다. 아래 그림은 얇은 도체판 위에 절연막을 얹고 그 위에 금속 모서리 에미터를 형성하고 다음 층에 금속 전극을 만들어 모서리 에미터가 있는 쪽이 캐소드, 없는 쪽이 게이트 전극으로 쓰이는 것을 보여준다.

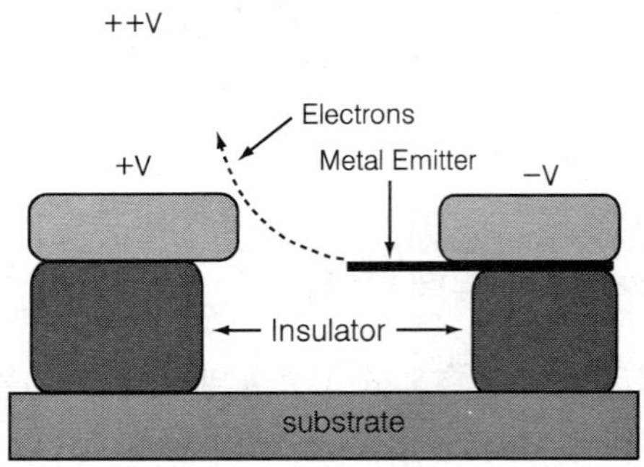

그림 11.19
모서리 에미터의 구조

그림 11.20에서는 방출 표면에서 전장의 세기를 크게 해주는 또 다른 모서리 에미터를 만드는 방법, 즉 식각을 하여 모서리를 만드는 것을 보여준다. 그러나 모서리 에미터는 전장의 세기를 크게 해주는 전계 향상 인자의 크기가 원뿔형 에미터에 비해 대단히 작아서 동일 전압에서 방출 전류의 크기는 훨씬 작다. 일단 에미터의 구조가 결정되면 공간적인 전자 분포의 균일성이 중요해지는데 이는 우리 눈이 지니는 높은 공간 주파수 패턴과 날카로운 경계선들에 대한 감도 때문이다. 이러한 균일성을 좋게 하기 위한 한 가지 방법은 팁과 팁 사이의 거리를 평균화하기 위하여 화소당 에미터의 수를 최대화하는 것이다. 게이트 홀을 1µm 정도로 가깝게 하고 하나의 화소에 105~106개 팁을 넣어 생산수율을 높이고 고전류를 얻도록 하는 것이다. 다른 방법으로 저항층을 에미터 팁과 금속 도체 사이에 형성하는 방법인데 이것은 부 궤환(negative feedback)에 의하여 전반적인 균일성을 높이는 것이다.

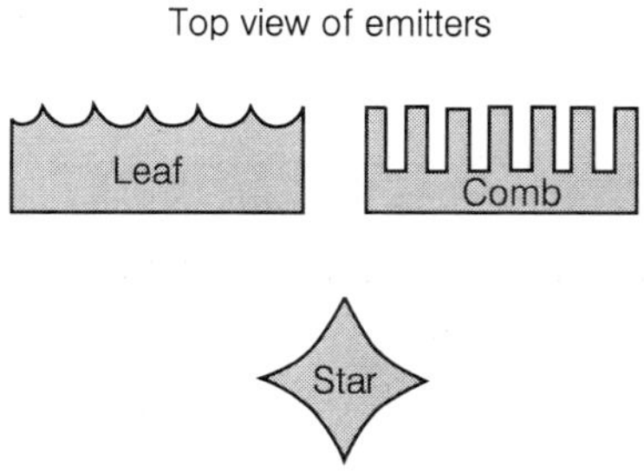

그림 11.20
방출 표면에서 전장의 세기를 증가시키기 위한 여러 가지 형태의 모서리 에미터들을 위에서 본 모양

전압으로 구동할 때는 에미터의 구조를 좋게 하여 전계 향상(enhancement) 인자값을 올리고 재료 선택과 공정을 개선하여 표면 일함수를 낮추는 것이 중요하다. 일함수를 낮추는 것이 에미터 구조를 개선하는 것보다 훨씬 영향력이 크기 때문에 재료 선택과 클리닝 공정은 저전압 동작에 가장 중요하다고 할 수 있다.

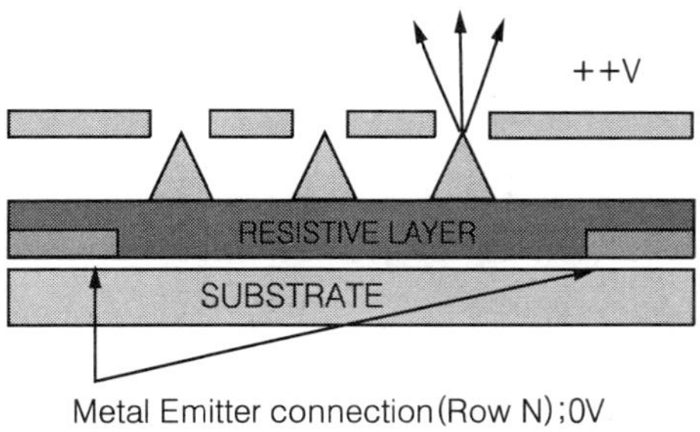

그림 11.21
전계 방출의 공간적 균일성을 개선하기 위한 저항층

(2) 스페이서(Spacer)

두 번째로 FED에서 없어서는 안 될 요소가 판의 앞면과 뒷면 사이에 일정한 간격을 유지시켜줄 스페이서이다. 스페이서는 외부 압력이 1기압이고 내부 압력이 10-6 Torr에서 얇고 가벼운 앞뒷면을 형성하는 판을 지지하여 깨지거나 휘지 않도록 일정 간격을 유지하도록 하는 역할을 하며 디스플레이 면적이 넓어지더라도 기판이 두께가 더 두꺼워지지 않도록 할 수 있어야 한다. FED의 해상도를 근접 접속(proximity focusing)을 유지하려면 스페이서의 높이는 화소 피치(pitch)와 비슷하게 하는데 이는 FEA에서 방출된 전자의 방출각이 크기 때문이다. 스페이서에 요구되는 사항들은 정리해 보면 기계적인 강도, 눈에 보이지 않는 작은 크기, 고진공에서 사용 가능한 절연 재료 등이다. 알려진 재료로는 IC 공정에서 절연 재료로 쓰이는 polyimide가 있으며 FEA 제작의 마지막 공정으로 FEA에 코팅되어 형상화된 것이 SRI에 의하여 보고되었다. 이 재료는 기계적인 강도를 보장하고 $50 \times 50 \times 100 \mu m^3$의 작은 크기로 만들어지며 아주 낮은 증기압을 가진다. LETI에서는 0.2mm 유리구를 스페이서로 사용하고 있으며 SI Diamond사에서는 절

연을 가능하게 한 Ni 스페이서를 전기도금으로 만들어 사용하기도 한다.

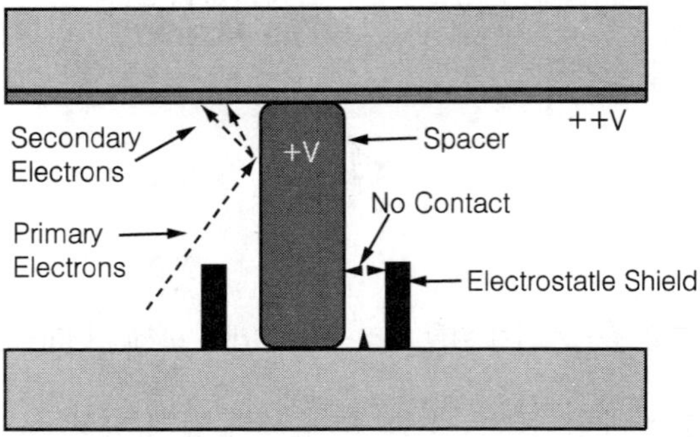

그림 11.22
고압 파괴와 전자의 충전 문제를 해결하기 위한 스페이서 구조

고압 디스플레이(4~6 kV)에서의 스페이서는 위의 3개 조건을 만족하는 동시에 고압에서 견딜 수 있는 것이어야 하기 때문에 더욱 어려운 과제가 된다.

※ FED의 진공도(Vacuum Level)

모든 전자 방출 소자에는 고진공을 요구하고 있다. 그 이유는 잔류 가스의 이온화로 생성된 양이온이 FED의 에미터 팁을 열화시키고, 에미터와 형광체 사이에서 아크 방전을 일으켜 열화되기 때문이다. 더구나 잔류 가스는 에미터에 모이고 이것이 일함수를 변화시킬 수 있는 것도 이미 설명한 바와 같다. SRI를 비롯한 여러 연구 결과에 의하면 1×10^{-7} Torr 정도면 적절하다고 판단된다. 그러나 소자가 수명이 다할 때까지 수동 진공 펌프, 즉 게터로써 바륨을 FED 내부에 증착하는 것은 부적합하며 이것을 FED 뒷면에 튜브형으로 장착하는 것이 바람직하다.

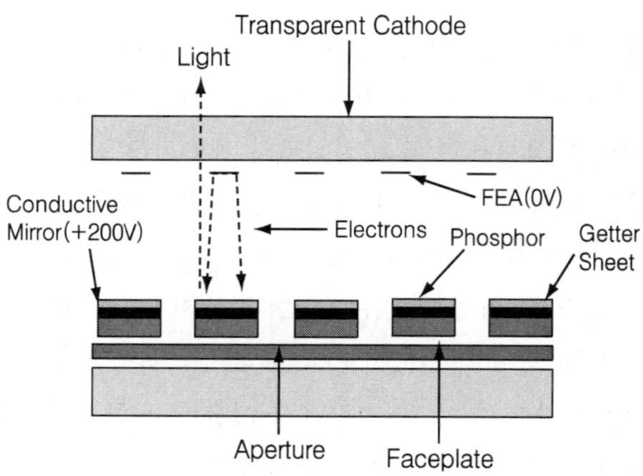

그림 11.23
진공도를 개선하기 위해서 넓은 면적의 게터를 가지면서 투명한 캐소드 전극을 가진 FED 구조

FED 내의 진공도를 개선하기 위하여 게터의 양을 증가시키는 시도로 그림 11.23과 같이 투명 캐소드의 개념을 진전시킴으로써 디스플레이 크기만큼 게터 면적을 크게 하였다. 뿐만 아니라 전면에 구멍을 뚫어 발생한 유해 물질이 되도록 게터에 의하여 잡히도록 설계되어 있다. 이 구멍의 크기가 50μm 이하이므로 우리 눈이 감지할 수 없어 우리가 보는 상에는 영향을 주지 않는다. 소자의 구조 때문에 내부 진공도의 측정이 어렵기 때문에 방출 전류에 의하여 진공도의 영향을 가늠할 수 있다. 게터를 사용하므로 최대 안정 전류는 100배 정도 증가하기 때문에 게터는 진공도를 크게 떨어뜨려주고 있다.

4.3 CRT의 구동 방식

(1) 주사 방식

촬상관의 타켓면에 만들어진 전기상은 대전량이 다른 무수한 점으로 만들어져 있는데, 이것을 화상의 전기 신호(영상 신호)로서 꺼내려면 그림 11.24와 같이 타켓면의 왼쪽 끝에서 오른쪽 끝으로, 상부에서 하부쪽으로 순서대로 분해한다. 수상기의 쪽에서는 브라운관 형광면 위에 보내져 온 영상 신호를 순서대로 조립하여 화상을 재현한다. 이와 같이 화상을 분해하기도 하고 조립하기도 하는 것을 주사(Scanning)라 한다. 이 주사는 매우 빠른 속도로 진행되므로 실제로는 가로선으로 분해 조립을 하고 있는 것처럼 보인다.

화면을 왼쪽 끝에서 오른쪽 끝으로 분해하는 것을 수평 주사라 하며, 수평 주사에 의해서 만들어지는 가로선을 주사선이라 한다. 또한, 주사선을 위쪽에서 아래쪽으로 늘어놓아 가는 주사를 수직 주사라 하며 이 주사선으로 구성되는 화면을 래스터(Raster)라 한다. 1개의 주사선에서 다음의 주사선으로 옮기는 사이를 귀선(Flyback line)이라 하며, 이 기간은 가능하면 짧아지도록 한다.

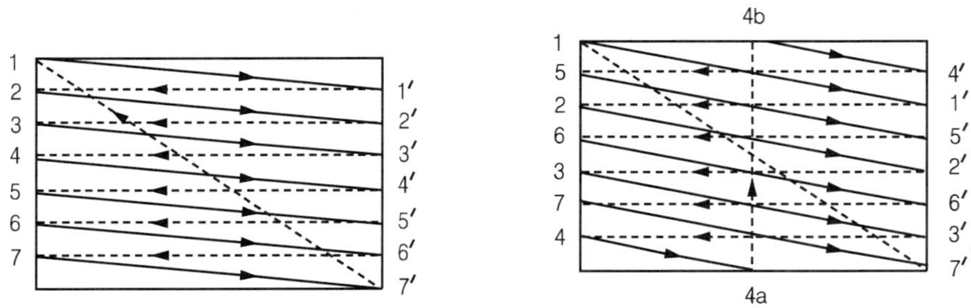

(a) 순차 주사 방식 (b) 인터레이스 주사 방식

그림 11.24
주사 방식, 여기서 실선이 주사선이며 점선이 귀선이다.

실제의 TV에서 이 주사선은 525개로 정해져 있어서 매우 빠른 속도로 주사가 이루어지며 화면을 주사하는 데 1/30초로 하고 있다. 즉 1초간 매 30장의 화상을 전송하고 있는데 브라운관의 형광면이나 인간의 눈은 잔상이 남으므로 연속한 화면같이 보인다. 그러나, 실제로 TV의 브라운관 형광면상 위쪽에서 화상을 조립하면서 아래쪽으로 조립하여 갈 때, 상부는 화상이 지워져 버리기 때문에 화면 전체에 다소의 깜박임이 생기게 된다. 이것을 방지하기 위해 그림과 같은 방법으로 1개 간격으로 수평 주사를 하고, 최초의 수직 주사에서 262.5개의 주사선으로 생긴 화면을 만들고, 2회째의 수직주사로 1회째의 주사선의 사이를 주사하여 1매의 화면을 완성하는 방법을 취하고 있다.

(2) 휘도 및 색

흑백의 경우는 휘도 제어뿐이지만, 컬러의 경우에는 색의 제어도 필요하며, 이는 전류량에 의해 제어된다. 전류 제어 방식에는 G1 구동 방식이 있지만, 음극 구동 방식이 다양하게 사용된다.

그림 11.25에 나타난 것과 같이 계조(gray scale)가 표시된 경우, 전자총 G1/K 사이에 백 레벨에서 흑 레벨에 이르는 단계상의 전압을 인가한다. 인가된 전압에 다른 전류가 음극에서 흐르지만, 전압-전류 특성은 직선적이지 않고, 전류는 전압의 약 2.52~3.02로 변화한다.

전류량은 차단 전압의 설정에도 의존하기 때문에 디스플레이 모니터 설계에는 차단도표와 차단 전압에 있어서 구동 특성을 이용한다. CDT의 경우 색 표시는 3전자빔의 각각의 전류 제어(전압 제어)에 의해 실행된다. 각 색의 신호 입력 계조수의 곱에 의해 표시색 수가 정해지고, 16계조의 경우에는 4,096(=163)색을 표시할 수 있다.

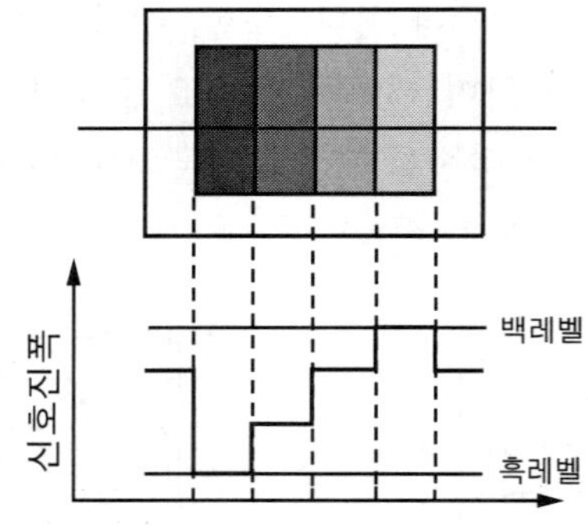

그림 11.25
화면의 밝기와 신호 진폭과의 관계

(3) CRT 디스 플레이 모니터의 회로구성

CRT 컬러 디스플레이 모니터의 회로 구성은 비디오회로, 편향회로, 고압회로, 전원회로 등의 기본회로와 옵션에 의한 동적 focus회로, 수평 편향주파수 변환회로 등으로 구성된다. CRT는 형광체의 발광 휘도를 충분히 취하기 때문에 양극 전압이 높고, 양극에는 전자빔의 형태로 전류가 흐르기 때문에 전류의 변화에 대해서도 안정적인 고압을 얻을 수 있도록 고려하는 것이 필요하다. 편향 회로는 최종적으로 편향 요크에 톱니형파 전류가 흐르는 회로이고, 다른 평판 디스플레이 모니터가 매트릭스 좌표에 순차적으로 일정전압을 인가하는 방식과는 근본적으로 다르다. 톱니형파 전류의 직선성이 중요하고, 파형에 왜곡이 있어도 화면의 직선성, 화상왜곡에 영향을 미친다. 최근의 고급모니터는 여러 가지 시스템에서 사용할 수 있도록, 수평 편향 주파수를 자동적으로 입력 신호에 맞추는 수평 편향 주파수 변환회로를 갖는 멀티모드 대응으로 되어 있다.

4.4 CRT의 구조

Braun관(CRT ; Cathode Ray Tube)은 전기 신호를 광신호 형태로 바꾸는 디스플레이 부품의 일종이다. 브라운관의 음극에 설치된 전자총의 역할 및 동작(열전자 발생 장치)에서 음극전자(열전자)가 방출되면 이 전자는 강한 플러스 전기에 이끌려서 튜브를 따라 주사되는데, 이때 편향 요크(Deflection York)는 전자를 상하좌우로 편향시켜 2차원 디스플레이를 가능하게 한다.

전자는 형광체(Phosphor)가 코팅되어 있는 스크린의 뒷면 즉 형광면을 부딪혀 형광체를 발광시키고 글자나 도형 등의 영상을 화면상에 디스플레이하게 된다. 히터로 발열시킨 캐소드로부터 전자가 방출되어 전계(電界) 렌즈에 집속되어 미세한 beam이 되어 고전압에 걸린 스크린을 향하여 진행한다. Beam의 일부는 섀도우 마스크(S/M)을 통과하여 형광체에 충돌하고 그것을 발광시킨다. 전자는 형광체를 발광시키고서 금속 후판(metal back), 마스크 스프링(mask spring), 판넬(panel pin) 순으로 이동하여 다시 전원부로 회수된다. 그림 11.26에서처럼 전자는 contact spring을 통과하여 내부 도전막으로 흘러 들어간다. 2차 전자도 내부 도전막에 의하여 anode에 모아진다. 전자는 anode로부터 외부회로로 다시 흘러 나간다. 전자는 cathode로 공급되어 다시 전자빔으로 발사되어 loop을 완성하게 된다.

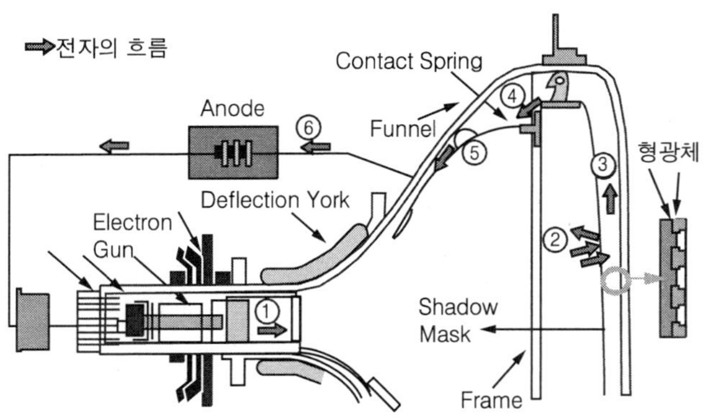

그림 11.26

CRT(브라운관)의 동작 원리

① 전자총, ② 형광판 충돌, ③ 금속 후판(metal back), ④ 마스크 스프링, ⑤ 판넬(funnel), ⑥ 양극

(1) 패널(Panel)

CRT의 전면 즉 화면에 해당되는 부분으로서 진공 용기의 일부를 구성함과 동시에 전기 신호로 전송, 수신된 영상 정보가 최종적인 시각 정보로 변환되는 곳이다. 패널의 안쪽에 형성된 형광면은 빛의 3원색인 R(Red), G(Green), B(Blue)의 각 색 성분으로 구성된 3원색 형광체 화소가 영상면의 구성요소로서 패널 내면에 도포되어 있다.

(2) 판넬(Funnel)

패널과 함께 진공용기의 일부를 구성한다. 판넬은 깔때기 모양의 콘(cone)부와 전자총이 삽입되는 네크(neck)부로 구성된다. 콘 부에는 양극 전압 공급 단자가 부착되어 있으며 내부에는 내부 도전막이 도포된다. 내부 도전막은 섀도우 마스크와 전자총의 최종 전극에 양극 전압을 공급하는 기능을 포함한다.

(a) (b)

그림 11.27

CRT의 판넬 외부(a), 판넬 내부 (b)

(3) 전자총(Electron Gun)

전자총은 영상 정보를 표시하는 전기 신호에 따라 전자빔을 발사하는 장치로서 판넬의 네크부에 삽입, 장착된다. 섀도우 마스크형 컬러 수상관은 3원색 형광체 화소를 독립적으로 자극할 필요가 있기 때문에 전자총은 3개의 소자로 구성된다.

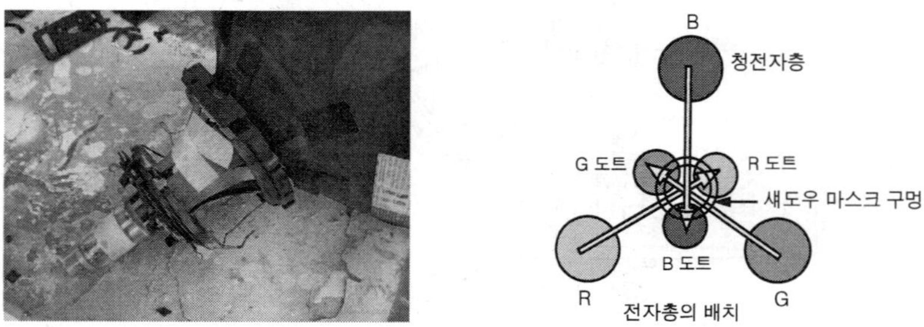

(a) (b)

그림 11.28

전자총의 옆면(a), 전자총의 단면도(b)

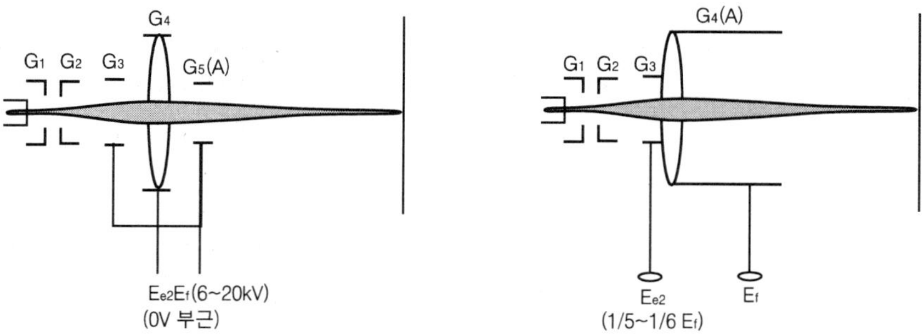

(a) 유니포텐셜형 (b) 바이포텐셜형

그림 11.29
그리드의 위치와 형태에 따른 전자총의 형태

1) R, G, B 3색의 형광점을 별도로 발광시키려면 3개의 전자빔이 필요하므로 전자총이 3개 필요하다.

2) 3개의 전자총은 그림 11.28과 같이 정삼각형의 각 정점에 위치하며, 위가 B, 오른쪽이 R, 왼쪽이 G인 전자총으로서, 각 전자총의 축의 연장선은 섀도우 마스크 면상에서 약 1도 정도 안쪽으로 경사져 있다.

3) 방사된 전자빔은 각각에 해당하는 형광점에 충돌하여 빛을 낸다.

4) 전자총 내에서의 전자의 흐름을 보면 히이터로 가열된 캐소드는 선단의 산화물에서 열전자를 방출한다.

5) 이 열전자는 제2그리드(G2)의 플러스 전압에 끌리므로 제1그리드(G1)의 작은 구멍을 통해 축 방향으로 가속된다.

6) 제1그리드(G1)에는 캐소드보다 마이너스 전압이 걸려있으므로 이 전압에 의해 전자의 흐름이 조절된다.

7) 화면의 밝기는 전류에 거의 비례한다.

8) 제2그리드(G2)를 통과한 전자류는 제3, 제4 그리드(G3, G4)로 더욱 가속되고 제4그리드(G4)를 통과한 후에는 일정한 속도로 형광면으로 돌진한다.

9) 이때 전자류는 제3그리드(G3)와 제4그리드(G4)로 구성되는 정전 렌즈의 작용에 의해 빔의 형태로 접속되어 형광면에 도달한다.

◎ **표 11.2** 그리드의 위치와 형태에 따른 전자총 비교

유니포텐셜형 전자총	바이포텐셜형 전자총
① 형광면에 초점을 맞추었을 때의 스포트가 비교적 큰 대신 초점 심도가 깊고, 형광면 전면에 전기적 또는 기계적으로 다소의 오차가 있어도 초점의 흐려짐이 적은 이점이 있다. 포커스 전압이 anode 전압의 수 % 이하의 낮은 전압으로 구동되고, 전압의 변동에 의한 포커스의 벗어남이 적다는 이점이 있다. ② 흑백 브라운관의 전자총에 사용된다.	① 앞서 설명한 바와 같이 포커스 전압으로서 아노드 전압의 16.8~20% 사이의 전압으로 집속하도록 설계되어 있으므로 포커스 전용의 고압이 필요하여 까다롭지만 렌즈 형성 전극에 좁혀진 부분이 없으므로 beam의 궤도 보정이 용이하고 또한 beam의 찌그러짐도 적다. ② 컬러 브라운관에 적용되는 방식이다.

(4) 편향 요크(Deflection Yoke)

CRT의 자기 장치 중 가장 중요한 요소인 편향 요크(DY)는 브라운관의 네크부에 서로가 직각으로 배치된 2개의 코일에 전류를 흘려 자계를 만들고 플레밍의 법칙을 이용, 전자 beam을 편향시키는 것이다. 즉, 시간 계열로 전송된 전기 신호가 CRT에서 영상으로서 재생되기 위해서는 전자총에서 발사된 전자빔을 영상면상에 2차원적으로 편향시켜 재생한다. 2개의 코일은 수평 편향 코일, 수직 편향 코일[그림 11.28]이라 부르며, 수평 편향 코일에는 15.75KHz의 톱니파 전류를 흘려 전자빔을 좌우로 편향시키고, 수직 편향 코일에는 60Hz의 톱니파[그림 11.29] 전류를 흘려 전자빔을 상하로 편향시킨다.

두 가지 코일을 조합하여 전자빔을 화면상에 좌상에서 우하까지 순차 주사한다. 그림에서 좌단위치인 경우는 브라운관면상에서 좌측 맨끝이 되고 중앙은 전자빔이 직진하는 화면 중앙을, 우단은 브라운관의 가장 우측을 전자빔이 쏘게 된다. 그리고 다시 좌단으로 급격히 편향된다.

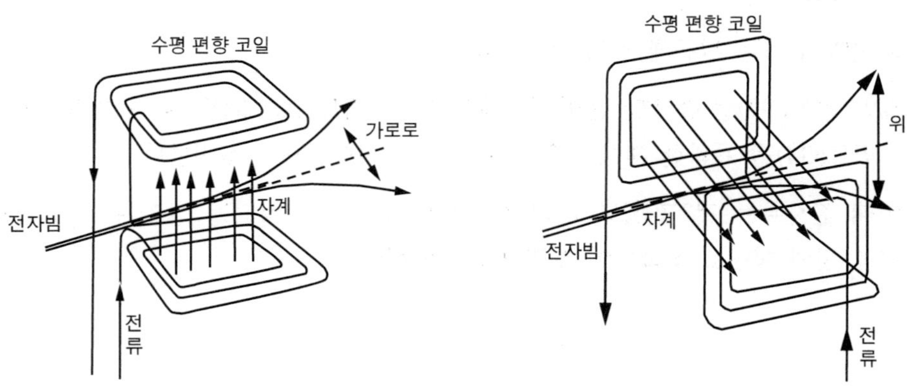

그림 11.30
편향 요크(DY)의 수평, 수직 편향 코일 형태

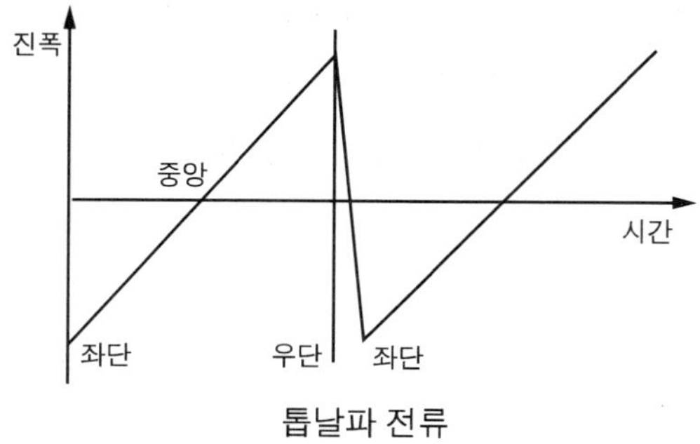

그림 11.31
전자빔을 편향시키기 위하여 입력되는 톱날파 전류 파형

(5) 섀도우 마스크(Shadow Mask)

3전자 빔을 각각 해당되는 형광점에만 닿게 하는데 가장 중요한 역할을 하는 것이 섀도우 마스크이다. 형광면에서 약 10mm 정도 떨어져서 형광면과 평행으로 장착되어 있다. 마스크는 두께 약 0.15mm의 금속판에 약 30만개(브라운관 크기나 종류에 따라)의 작은 구멍이 규칙적으로 뚫어져 있다. 화면의 해상도는 구멍수의 평방근에 비례하므로 해상도를 좋게 하려면 피치를 작게 할수록 좋지만 피치가 작으면 형광점의 직경도 작아지고, 빔이 자기의 형광점에서 벗어나서 혼색을 일으키기 쉽다. 구멍의 형태는 통과하는 전자빔이 구멍의 벽에 충돌하여 산란하지 않도록 형광면쪽으로 갈수록 넓어지는 원추형 구멍(테이퍼 홀)으로 되어 있다. 구멍의 직경은 중앙부가 약 0.25mm로서, 끝으로 갈수록 약간씩 작아지며 주변부는 약 0.22mm이고 관의 종류에 따라 0.2~0.3mm 정도까지 있다. 구멍의 직경이 클수록 전자빔의 투과율이 좋고, 화면이 밝아지지만 결점으로서는 피치가 작을 때와 마찬가지로 혼색을 일으키기 쉽다. 즉, 마스크 피치가 정해지면 형광점의 직경이 결정된다. 전자빔의 투과율은 화면 중앙부에서 15-18%로서, 투과된 전자빔만이 형광면을 발광시키는 데 작용하고 나머지 전자빔은 마스크에 충돌하여 열손실로 된다. 이 때문에 섀도우 마스크의 이면을 검게하여 열방출이 좋아지도록 하고 있다.

* 5 전자선 활용 디스플레이의 종류

Display Engineering

5.1 CRT

(1) 박형 CRT

흑백 디스플레이(MDT ; Monochrome Display Tube) 방식 박형 CRT

그림 11.32에 나타내듯이 선상의 음극을 이용하여 제1격자 전극의 에퍼처를 통하여 빔상에 분할한다. 전자빔은 수직 편향 전극수평 편향 전극에 의해 편향되지만, 스크린 상에서 빔이 접속하도록 전자빔이 수평, 수직으로 편향을 받는 영역에 대응해서 다수의 셀에 화면 분할되고 있다.

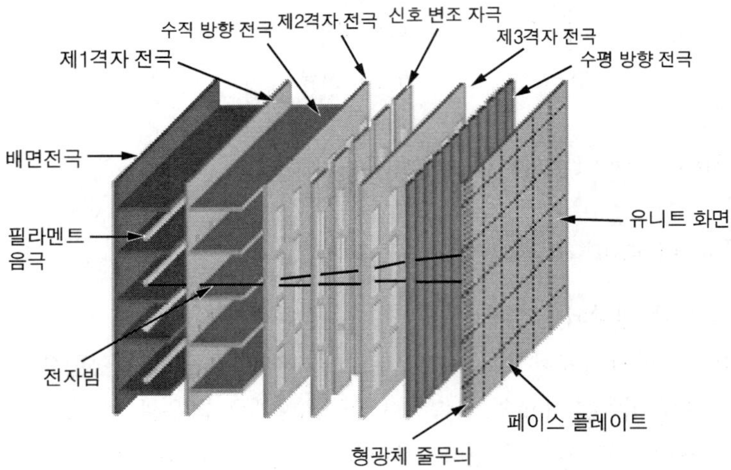

그림 11.32
MDT 방식 박형 CRT의 구조 개념도

(2) 냉음극형 CRT

1) Sprindt형 냉음극 CRT

Spindt형 냉음극을 이용한 패널형 디스플레이는 그림 11.33의 개념도를 보여주듯이, 전자방사 재료를 원추형으로 가공한 음극, 이 원추 음극을 두른 케이트 전극 및 양극으로 구성되고, 양극과 게이트 전극 사이에 전압을 가함으로써 원추음극 정점에서 전계 방출 전류를 추려내는 타입이다. 하나하나의 소자는 수 μm의 크기이고, 냉음극 소자군이 무결함일 필요는 없다.

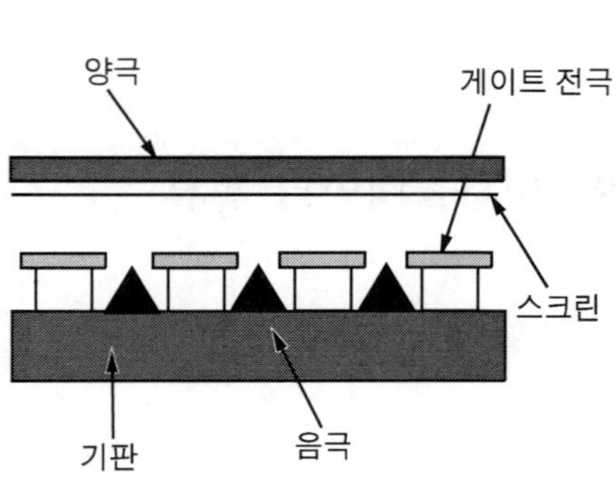

그림 11.33
Spindt형 냉음극

2) 쐐기형 냉음극 CRT

Sprindt형 냉음극 제법이 고도의 기술을 요하므로, 비교적 용이한 제법이 가능한 구조로서 쐐기형 냉음극이 제안되고 있다. 그림 11.34에 나타낸 것과 같이 베이스 기판상에 음극재와 이것에 대향 배치된 게이트 전극이 절연재 위에 형성되고, 평면적으로 음극과 게이트 전극의 미소간격을 구별해서 대항한 쐐기형으로 구성된 구조이다. 음극이 쐐기형 형상이기 때문에, 음극과 게이트 전극간에 전압이 가해지면, 쐐기형 음극의 선단부에 전계가 집중하고, 전자의 방출이 일어난다. 쐐기형 음극의 선단부에서의 전위 분포에 관한 3차원 시뮬레이션에 의하면, 음극-게이트 간격 1μm, 음극 상면-게이트전극 하면 거리 0.25μm, 음극선단부 각도 30도의 경우에 음극-게이트간에 전압 100V를 인가해서, 음극 표면으로부터 위로 5nm떨어진 곳에서 최대 전계 약 4.6×10-7V/cm를 얻을 수 있다.

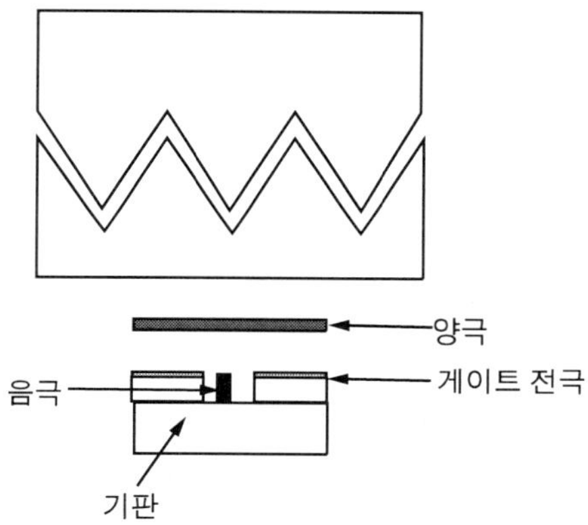

그림 11.34
쐐기형 냉음극

5.1.3 기타

(1) Flatron

플랫트론은 셰도우 마스크에 곡률을 주지 않고 편평한 철판에 장력을 주어 그대로 사용한 것이므로 휘도의 경우 기존 CRT에 비해 80% 콘트라스트의 경우 70% 향상되었으며 미세피치화가 가능하기 때문에 해상도를 높일 수 있다.

그림 11.35에서와 같은 구조는 유리로 둘러싸인 진공 용기 안에 색분리용 섀도우 마스크가 있고, 섀도우 마스크에 뚫린 구멍을 통하여 RGB의 3개의 전자총에서 빔이 스크린 위에 나누어 도포된 3색의 형광체를 각각 별도로 자극하여 3원색을 발광한다. 전자총으로부터의 전자빔 양에 비례하여 3원색 형광체의 발광의 강도가 다르며, 색의 가법의 원칙에 의하여 어떠한 색에서도 어떠한 gray-scale 표시라도 할 수 있다. 전자총은 스크린상의 RGB 형광체에 대응하여 각각 1개가 있으며 일반적으로 3개의 전자총은 좌우에 1열로 인라인 배열을 하고 있다. 이 전자총에는 휘도와 색으로 처리된 신호가 입력된다.

전자총의 포커스 전극에서 집속된 빔은 CRT의 목 부분의 외부에 달린 편향 요크의 편향 자계로 수평과 수직으로 편향된다.

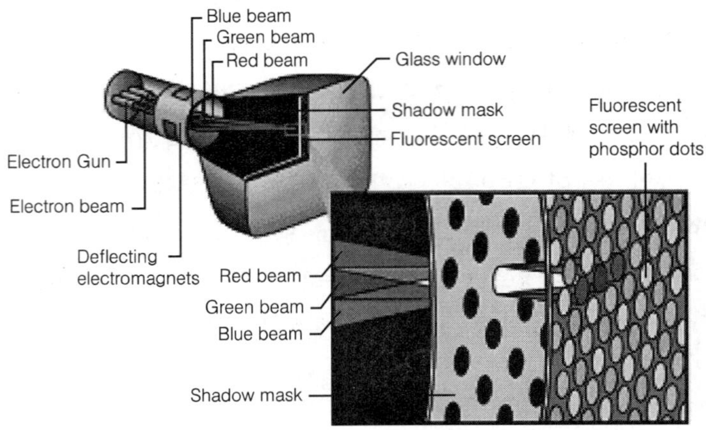

그림 11.35
Flatron에 쓰이는 Shadow Mask 형태

전자총으로부터의 전자빔이 편향된 형광면에 도달하기까지 CRT의 외부자계, 예를 들면, 지면자기 등에 영향을 받아서 빔이 소정의 궤도를 통과하지 못하고 색의 변화를 일으키는 일이 발생한다. 이러한 외부의 불필요한 자계를 차단하기 위해 CRT의 유리함의 안쪽벽에는 자기실드(shield)가 설치되어 있다. 형광면은 전자빔으로 자극된 형광체의 광을 효율이 좋게 앞방향으로 방출하기 위하여 형광체의 배면(전자총쪽)에 알루미늄으로 메탈백을 만들어 이것으로 배면으로의 광을 반사시켜 전면으로 방출하는 빛의 밝기를 증가시킨다. 이 메탈백응 0.4m 정도의 두께이므로 고전압으로 가속된 전자는 알루미늄막을 통과하여 형광체에 도달하여 형광체를 자극하지만 형광체로부터의 발광은 거울상태의 알루미늄막으로 후방에의 광을 반사하여 앞 방향으로 끌어내어 밝게 하는 역할을 한다. 이용이 끝난 전자는 최종적으로는 메탈백으로부터 고전압을 공급하고 있는 아노드 전극을 통과하여 어스된다.

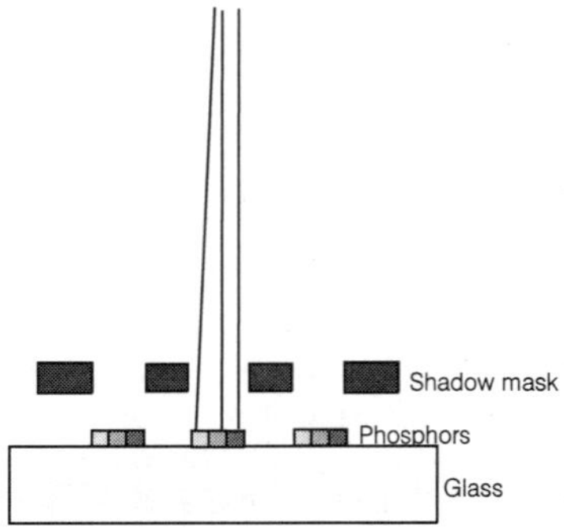

그림 11.36
Flatron에서 전자빔이 Phosphor에 도달하는 과정

(2) Projection CRTS

소형 고화질 CRT(브라운관)를 거울에 반사시켜 스크린에 영상이 맺히게 하는 방식으로서 가장 오래된 방식이며 계속된 기술 개발로 밝기와 포커스가 많이 개선되었다. CRT형은 CRT가 1개인 1관식과 3개인 3관식이 있다. 특히 3관식에 사용되는 CRT는 기존의 가정용 TV에 사용되는 CRT와는 달리 Red, Green, Blue로 분리된 3개의 고성능 CRT를 사용하게 된다.

특징이라 하면, 비교적 높은 해상도 및 뛰어난 색재현성을 구축하며, 미세조정이 가능하게 되었으며, 부드러운 동영상 연출도 구축할 수 있었다. 그러나 높은 해상도에 따른 고전압이 필요하여 CRT에서 열이 많이 발산되는데, 이를 Burn-in 현상이라 한다. 이 때문에 고전압에 따른 쉴드코팅이라든가 아니면 기존의 방식에서보다 낮은 전압의 사용이 요구되며, 영상의 광학적 효과에 따라 그 영상이 거울에 따라 비추기 때문에 시스템 설치가 까다로우며 유지하기가 힘들다.

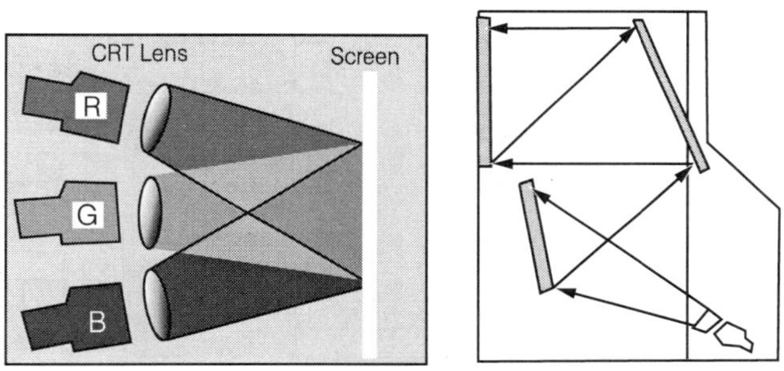

그림 11.37
Projection TV 구동 원리

5.2 FED

FED의 다른 종류로는 CNT FED(Carbon Nano Tube FED)가 있다. CNT FED는 에미터가 탄소 나노 튜브로 이루어져 있으며 한 때 모토롤라 사에서 집중 개발하여 2005년 5월에 프로토타입이 개발되었다. 한 때 CNT FED는 패널의 크기 제한이 없으며 고해상도가 가능하다는 점을 들어 LCD와 PDP를 뛰어넘을 기술로 기대 받았다. 이렇게 판단되는 요인은 그림 11.40 (a)에서 보는 바와 같은 CNT-FED의 구조적 특성이 이미 마이크로팁 FED(MT-FED)에 비해 매우 간단하며 이를 구현하기 위한 공정 측면에서 용이성도 그림 11.40 (b)에서와 같이 높을 것으로 기대했기 때문이다.

FED를 대표하는 에미터는 FED의 성능에 가장 중요한 요소이며, 에미터 물질이나 구조는 다양하게 개발되어 있다. 그중에서 Mo 물질에 기초한 마이크로팁 에미터는 20인치급 이하의 디스플레이 분야에서 화질 및 소비전력면에서 탁월한 성능을 보여주며 카본 나노 튜브(CNT ; Cabon Nano Tube)를 기초로 한 CNT-FED는 20인치 이상 40인치까지의 디스플레이 적용 가능한 화질과 양산성을 보여주었다.

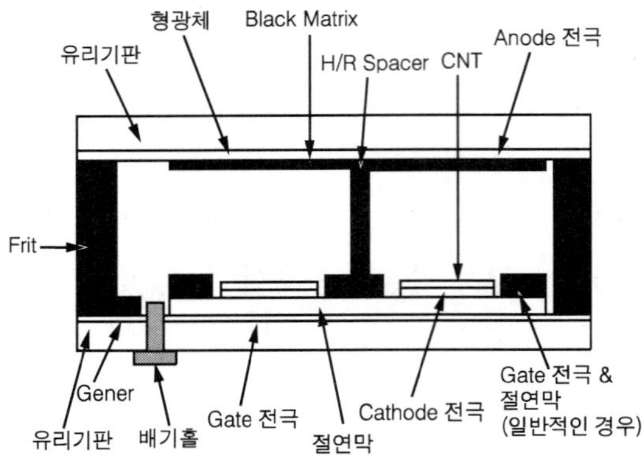

(a) CNT FED 패널구조

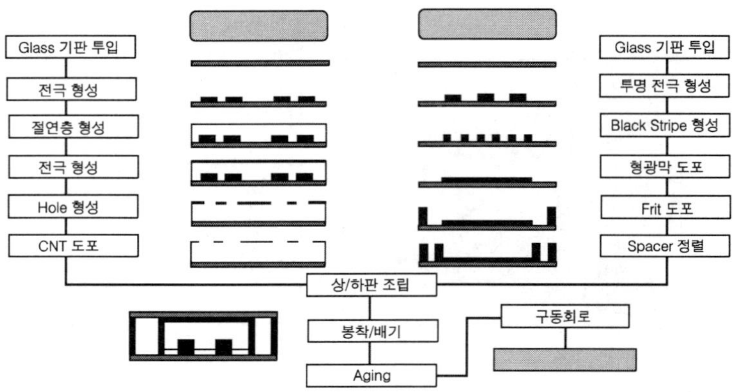

(b) 스크린 프린팅에 의한 제조 공정 순서

그림 11.38
카본 나노 튜브 FED 패널 구조와 제조 공정 순서

6 전자선 활용 디스플레이의 현황

Display Engineering

6.1 전자선 활용 디스플레이의 장 · 단점

전자선 활용 디스플레이는 전자선으로 직접 형광체를 발광시키는 원리를 가진다. 때문에 타 디스플레이보다 우위를 가지는 점이 많다. LCD는 검은색을 직접적으로 표현하지 못하는 반면에 CRT 및 FED 에서는 화소의 빛을 제거하면 검은색이 되는 전자선 활용 디스플레이는 LCD보다 명암비가 뛰어나다. 그리고 화소에서 직접 빛을 방출하는 형태이기 때문에 LCD와는 달리 보는 시야에 따라서 색상이 달라지는 색상왜곡이 없다. 그리고 LCD는 액정의 분자구조가 바뀌어야 빛이 방출되기 때문에 반응 속도가 느려 잔상이 생기는 단점이 있으나 전자선 활용 디스플레이는 전자가 부딪혀 발광하는 형태이기 때문에 반응속도가 아주 빨라 잔상이 생기지 않는다. 그리고 전자선 활용 디스플레이는 색 재현력이 아주 좋다. 하지만 단점도 많다. 전자선 활용 디스플레이는 전자총으로 형광체를 발광시키는데 화면을 오래 주사하다 보면, 즉 같은 화소를 계속 켜두다 보면 그 화소가 타버려서 색이 누렇게 변색되는 번 인(Burn in) 현상이 일어난다. 또한 CRT는 브라운관의 부피로 인해 대면적 디스플레이 제작 시 부피가 크고 무게는 무거워진다. 이를 해결하기 위해 FED가 만들어졌으나 FED는 형광체에 전자가 쌓이는 콜롬 열화(Coulomb aging) 현상 때문에 기대 수명이 2600 시간 밖에 안되며 이를 해결하기 위해선 반드시 고전압 디스플레이를 제작할 수 밖에 없고 이는 전력 소비량의 상승으로 이어지고 발열이 심한 단점으로도 이어지게 된다.

6.2 전자선 활용 디스플레이의 현황

1897년, CRT의 발명 이후 CRT는 100년가량 디스플레이 시장을 선점하여 왔다. CRT의 단점 또한 많았지만 이를 해결하기 위한 발전의 일환으로 FED 라는 CRT와는 다른 방식의 전자선 활용 디스플레이 또한 만들어졌다. 하지만 전자선 활용방식의 한계점과 더불어 LCD등의 단점이었던 색 재현율과 명암비, 시야각등의 문제를 해결한 꾸준한 발전으로 인해 전자선 활용 디스플레이는 점점 그 수요를 잃어갔고 현재 FED의 경우는 연구, 생산이 중단된 상태이다.

3차원 디스플레이 (3D Display)

Chapter 11 → 12

* 1 3차원 디스플레이란?

1.1 정보화 시대와 3D 기술

인류 문명의 시작과 더불어 발달된 각종 통신 수단은 인류 문화에 막대한 영향을 미쳐 왔으며, 21세기 정보사회의 산업구조는 인간의 창의력에 바탕을 둔 지식 집약적 산업구조로의 전환이 예상되어 정보통신 산업이 그 주류를 이룰 것으로 예상되고 있다. 지난 과거 라디오가 개발되면서 1차원 정보가 사람의 귀를 통해 우리 생활에 침투한 이후, 1938년 처음 개발되어 상용 방송되기 시작한 TV 문화는 그림 12.1과 같이 흑백, 컬러를 거쳐 HDTV(High Definition TV)로 발전하여 현재까지 우리에게 가장 많은 음성 및 영상 정보를 전달하는 수단이 되어왔다. 이러한 TV의 출현은 바로 시각을 통한 2차원 영상 정보 사회를 개막시킨 것이라 할 수 있다.

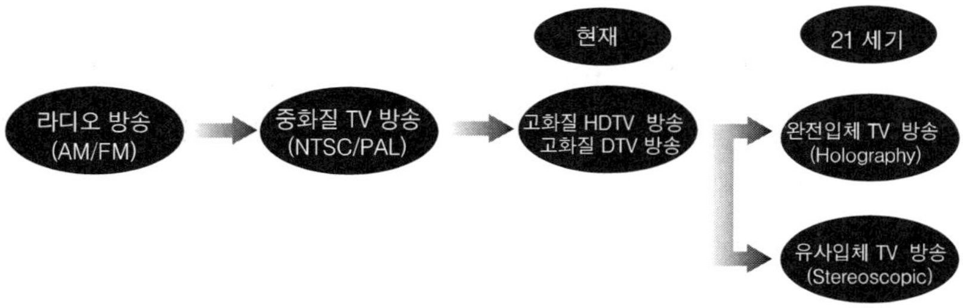

그림 12.1
방송 기술의 발전 방향

그러나, 우리가 실제 눈으로 얻은 정보는 3D 입체 영상이어서 우리가 일상적으로 보고 있는 자연계의 정경에 보다 가깝고 자연스러운 영상 시스템을 추구하는 것은 당연한 바램이었다. 따라서 계속적인 인간의 욕망은 보다 많은 정보 즉, 눈과 귀만의 정보가 아닌 입체감과 현실감이라는 느낌의 정보까지도 포함한 입체 영상 정보를 요구하게 됨에 따라 3D TV와 같은 차세대 방송 시스템의 연구개발이 전세계적으로 활발히 진행되고 있다.

한편, 우리나라를 위시하여 선진 각국에서 거론되고 있는 정보고속도로(Information Super Highway)는 정보통신의 고속화, 대용량화, 입체화, 지능화, 인간화를 통해 현실감과 자연감이 있는 차세대 멀티미디어 정보통신 서비스를 가능하게 하고 있다. 정보고속도로는 앞으로 건설될 광대역 종합 서비스 디지털 통신망(B-ISDN)을 근간으로 구축되며, 일본 NTT에서 주장하는 VIP(Visual Intelligent and Personal) 즉, 가시성, 지능성 및 개인성이 추가되어 사람에게 실재감과 친밀감을 주는 정보통신 서비스가 구현될 것으로 전망되고 있다. 또한, 이들 위에서 실현될 서비스들은 그림 12.2와 같이 현재의 디지털 단말을 중심으로 "보고 듣는" 멀티미디어형 서비스로부터 궁극적으로는 3차원(3D) 정보단말을 중심으로 "보다 자연스럽게 보고 즐길 수 있는" 실감형 3차원 입체 멀티미디어 서비스로 발전할 것으로 전망되고 있다.

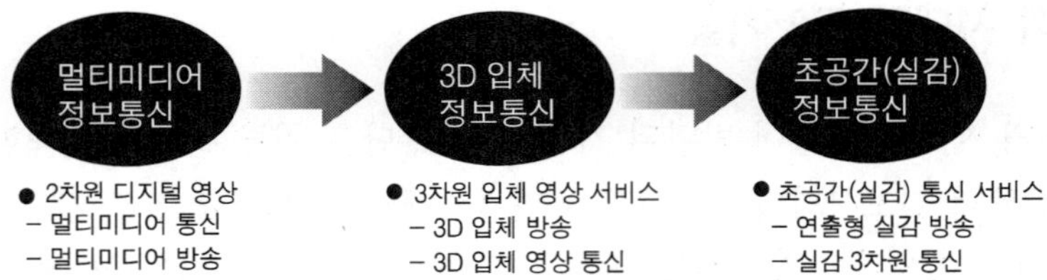

그림 12.2
정보 통신 서비스의 발전 방향

따라서, 3D 기술은 방송 및 멀티미디어 기술의 발전과 더불어 세계적으로 차세대 고부가가치의 영상 산업을 창출할 수 있는 첨단 기술로 인식되고 있으며 현재 일본, 미국, 유럽 등 선진 각국에서 그 실용화를 위한 연구를 활발히 진행하고 있는데, 그 배경에는 3D 디스플레이 기술의 괄목할 만한 발전이 있었기 때문이라고 할 수 있다. 특히, 최근의 마이크로 전자산업을 비롯한 하드웨어 기술의 획기적 발전, LCD, PDP 등 새로운 평판 디스플레이의 등장, 디지털 영상 처리 기술의 발전 및 영화 수준의 고화질 하이비전 기술의 개발 그리고, 인간 입체시에 관한 주목할 만한 연구 결과 등을 들 수 있다.

따라서, 이러한 3D 입체 영상 기술은 기존의 2D 영상과는 달리 사람이 보고 느끼는 실세계의 영상과 거의 흡사하여 시각정보의 질적 수준을 한 차원 높이는 새로운 개념의 영상 미디어로서 차세대 디지털 영상문화를 주도하게 될 것으로 전망되고 있다.

1.2 3D 디스플레이 정의 및 특징

(1) 3D 디스플레이의 정의

"3D 입체영상"이란 2차원 평면 정보와 달리 깊이 및 공간 형상 정보를 동시에 제공하는 보다 사실적인 영상을 말한다. 즉, 이미 학습한 경험이 있는 볼륨(volume)을 갖는 환경을 인간의 양안(좌, 우측 눈)이 인식하여 뇌에서 정리하는 과정에서 종합되는 공간인식 개념의 영상으로 이러한 3D 입체 영상은 현장에서 실물을 보는 듯한 입장감, 사실감 및 가상현실감 등을 제공하게 된다.

3D 디스플레이는 기존의 2차원 평면 디스플레이에서는 불가능했던 깊이감(depth)이 있는 3D 입체 영상을 표시함으로써 실물을 보는 것과 같은 입체감을 표현할 수 있는 입체 디스플레이 기술이다.

(2) 3D 디스플레이의 특징

3D 영상 기술은 이미 EXPO 전시관이나 IMAX 영화를 통해 잘 알려져 있는데 여기서

입체감은 두 눈에 투영되는 물체의 좌, 우측 영상의 차이로 인해 나타나며, 두뇌의 합성 과정을 통해 3차원 영상으로 인식하게 된다. 이는 두 눈이 약 65mm 간격으로 떨어져 위치하고 있어서 서로 약간 다른 두 방향의 영상을 보게 되고, 여기서 양안 시차(binocular disparity)가 발생하기 때문이다. 기존의 CRT나 평판 디스플레이(plat panel display)는 화면에 2차원 영상만을 표시하므로 물체의 전후 또는 측면의 영상정보를 보는 데 어려움이 있는 반면에 3D 디스플레이 기술은 여러 방향의 영상 정보를 동시에 표시함으로써 물체의 깊이 정보뿐만 아니라, 실제 현장에 있는 것과 같은 현실감을 표현하는 특징이 있다.

사람이 현실에서 느끼는 것과 같은 현실성과 자연성이 뛰어난 완벽한 3차원 영상 통신의 구현을 위해서는 임장감을 극대화할 수 있어야 하며, 임장감의 극대화는 결국 인간 생활 공간의 3차원화에 기인한 영상의 3차원적 입체 디스플레이를 의미한다. 또한, 대상체의 움직임도 생생하게 표현할 수 있는 입체 동화상의 실현을 요구하게 된다.

1.3 3D 디스플레이의 역사

(1) 3D 디스플레이의 역사

고대로부터 사람들은 일상에서 보이는 자연계의 정경과 언제나 변함없는 자연의 아름다움 그리고 실감나는 입체 영상을 표시하고자 노력했다. 이와 같이 입체감이 있는 사진, 영화 및 동영상을 보고 싶다는 소망은 3D 입체시의 원리 및 3D 디스플레이의 원리 등의 연구 개발을 가속시켜 왔으며 19세기 중엽 입체 사진을 비롯한 여러 가지 연구 결과를 토대로 유럽을 중심으로 널리 보급되기 시작하였다. 최근, 새로운 차세대 고부가가치의 영상 산업으로 부상하고 있는 3D 디스플레이 기술에 대한 연구 개발이 활발해지고 있는데 이에는 19세기 말에서 20세기 초에 이미 고안된 3D 입체시 원리를 보다 발전시키고 있는 것이 적지 않다. 따라서 3D 연구관련 역사를 살펴보는 것이 최신의 3D 연구 개발을 이해하는 데 크게 도움이 되리라 생각한다.

“입체감을 일으키게 하는 구조란 무엇인가?”라는 소박한 의문이 3D 연구에 대한 오랜 역사의 근원이다. 회화 기술의 대부분이 그리는 물체의 크기, 음영을 붙이는 방법, 투시도법의 채택 등에 의해 평면 캔버스에 입체감을 효과적으로 일으키기 위해 사용되어 왔다. 이와 같이, 간단히 얻을 수 있는 입체감에다 양안 시차(binocular disparity)의 효과를 부여하는 방법이 19세기 중엽의 입체 사진에 처음으로 시도되었다. 약 65mm 떨어진 좌우안에 비친 상은 약간 벗어나 있는데 이러한 양안에 의한 차이의 지각이 입체감을 크게 향상시켜 소위 “뛰어 나오는” 효과를 얻을 수 있게 한다. 1839년 Daruerre에 의해 은염 사진이 발명되자 양안식 입체 사진이 활발하게 만들어지게 되고, 두 장의 사진을 좌우의 두 눈으로 나누어 보기 위한 입체경(요지경)도 만들어지게 되었다. 이러한 입체경은 19세기 말에 많은 오락장에 설치되어 인기를 끌었다고 한다. 현재 20세기말의 전시

박람회, 테마파크에서 인기를 끌고 있는 편광안경식의 입체 영화나 입체 하이비전도 양안시차에 의한 입체 효과를 이용한다는 의미에서는 19세기말의 요지경과 같은 원리에 의한 것이다. 그리고, 입체감을 일으키는 요인에 대해서는 수정체의 핀트조절, 상의크기, 운동시차 등의 단안시 요인과 폭주, 양안 시차 등의 양안시 요인으로 크게 나누어 정리가 되며 그것들의 효과 및 구조에 대한 연구가 추진되고 있다. 더구나, 흥미있는 것은 최근 무안경 3D TV 방식의 원리로서 연구개발이 활발히 추진되고 있는 패럴랙스 배리어(parallax barrier)나 렌티큘러 시트(lenticular sheet)의 이용도 20세기 초엽의 입체 사진으로부터 유래한 것이라는 것이다.

(2) 패럴랙스 배리어의 원리 및 렌티큘러 시트의 원리

패럴랙스 배리어의 원리는 좌우 양안이 각기 보아야 할 화상을 교대로 세로무늬 모양으로 인쇄 또는 사진적으로 구어 내어 이것을 극히 가느다란 세로 격자열(배리어)로 보는 것이다(그림 12.3 참고). 이렇게 하면 좌안에 들어올 세로무늬 화상과 우안에 들어올 세로 무늬 화상이 배리어에 의해 배분되어 좌우안으로 조금 엇갈린 다른 화상을 볼 수 있게 된다. 렌티큘러 시트의 원리 역시 이 "좌우화상의 배분"을 생선묵형의 렌즈열에 의한 굴절 작용으로 실현된다. 이러한 3D 입체 디스플레이 방식의 착상들도 20세기 초엽의 재료 기술, 가공 기술로는 좀처럼 시제로 만들어 검증하기가 어려웠으나 최근의 마이크로전자 및 광학 기술의 진보와 더불어 실용화되었으며 1997년에는 3안식의 1회용 입체 카메라가 시판되기도 하였다.

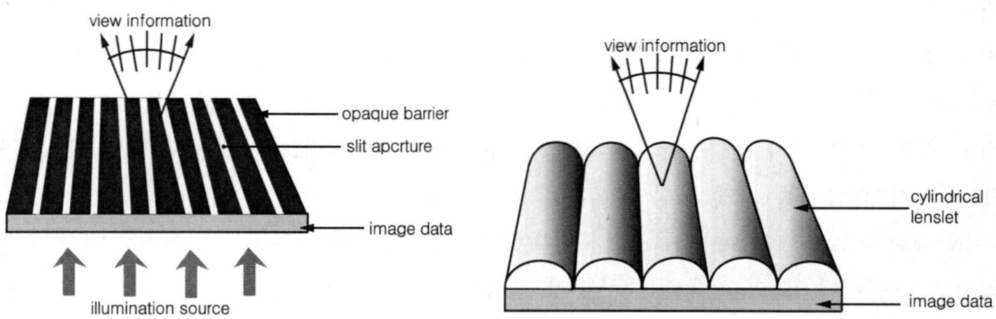

(a) 패럴랙스 배리어 (b) 렌티큘러 시트

그림 12.3
3차원 디스플레이 모식도[1]

1) Computer Graphics, ACM SIGGRAPH, 31(2), May 1997, pp. 58-62. (http://web.media.mit.edu/~halazar/autostereo/disptech97.pdf)

*2 3차원 디스플레이의 종류와 구동 원리

2.1 3차원 디스플레이의 구조 및 원리

3차원 디스플레이의 대부분은 양안 시차를 이용하여 입체 영상을 표시하고 있다. 그러나 양안 시차는 인간이 3차원 공간을 지각하는 요인의 한 가지 일 뿐이고 실제로는 인간에게는 더 많은 정보 즉, 폭주(눈의 회전각), 조절(눈의 초점 맞춤), 운동시차(관찰자와 물체의 상대적인 운동에 의한 변화) 및 심리적인 요인(원근법, 음영) 등을 기본으로 3차원 공간을 지각하고 있다.

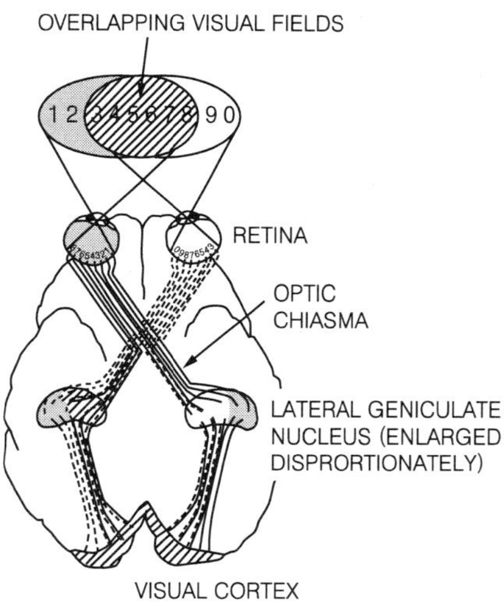

그림 12.4
인간 시각계의 모형

인간의 눈을 해부학적으로 보면 이러한 양안(Binocular) 형태를 지니고 태어나는데 사람의 눈이 시스템적으로 어떻게 작동되는지에 대하여 알아보면 다음과 같다. 한 쌍의 눈으로 구성된 사람의 시각 시스템은 좌, 우 눈 안에는 검은색의 동공이 있고, 이들은 통로를 통해 시각 피질에서 측면 골절체(lateral geniculate body)라 불리는 신체 부위까지 광 신경 섬유를 통해 연결되어 있다.

그림 12.4에서 볼 수 있는 것처럼 광 신경세포 섬유들이 광 시신경 교차점(optic chiasma)에서 분리되고 반대편으로 교차된다. 따라서 오른쪽 동공에서 온 섬유들은 뇌 밑에 있는 왼쪽 측면 골절체를 지나가고, 반대로 왼쪽 동공에서 온 섬유들은 뇌 밑의 오른쪽 측면 골절체를 지나간다. 여기서 어느 정도의 정보처리가 이루어진다. 2개의 각 측면 골절체에서 발생한 시각 정보는 시각 대뇌피질에 있는 시각 영역에 도달된다. 이 외피 처리에서 시각적으로 감지하기 위한 함수를 제공해 준다. 즉, 외부 물체에서 반사된

빛이 눈으로 들어가면, 각막과 동공 렌즈를 통해서 초점이 맺힌다. 빛의 반사량은 각막뿐만 아니라 눈의 근육으로 제어되는 렌즈의 두께에 의해서 좌우된다. 그리고 무의식 중에 눈이 움직여 망막에 상이 맺히도록 한다. 망막은 간상체(Rods)와 콘(Cones)이라 불리는 빛을 감지하는 수광 소자들로 구성되어 있고, 광신경을 통해 전기적인 펄스가 생성되어 이들 수광 소자들이 전기적인 반응을 시작함으로써 빛을 흡수한다. 이 방법에 의해 2개의 동공 감각에서 생성된 영상은 위쪽에 맺힌다. 따라서 시각 정보 시스템에서 중요한 정보처리는 동공 뒤쪽에서 발생한다. 종합적으로 최종 정보처리 결과는 1개의 정확한 영상을 감지하게 되는데, 좌측 눈 영상은 뇌의 오른쪽 절반에 의해서 처리되고, 오른쪽 눈 영상은 뇌의 좌측 절반에 의해서 처리된다. 현재의 3D 입체 디스플레이는 상기 정보 중에서 무시되고 있는 것이 있게 되고 그것이 기존 3D 시청의 불편함의 근본적인 요인이 되고 있다. 최근, 여러 노력에 의해 점차 해소되어가고 있으나 자연스러운 3D 디스플레이를 실현하기 위해서는 실제의 3차원 공간을 보고 있을 때와 똑같은 "자연스러운 입체시"의 구현이 가능해야 한다.

2.2 3차원 디스플레이의 분류

3차원 입체 영상 디스플레이는 표 12.1과 같이 입체 표시 방식, 시점(View Point), 안경착용 여부, 시스템의 구성, 관찰 조건에 따라 분류할 수 있다.

표 12.1 3차원 입체 디스플레이 방식

구 분	방 식	안경착용	Color	동화상	대면적	다수관람	시야각	시점이동
Stereoscopic Display	Box식	×	○	○	×	×	×	×
	Anaglaph식	○	×	○	○	○	○	×
	편광안경식	○	○	○	○	○	○	×
	시분할식	○	○	○	○	△-○	○	×
	2안 Lenticular식	×	○	○	○	×	×	×
Volumetric Display	다안 Lenticular식	×	○	○	○	×-△	△	△
	Integral Photography	×	○	○	○	×-△	○	○
	깊이표본화식	×	○	○	△	△	○	○
	Holography	×	×-○	×-○	△	○	○	○

(○ : 필요/가능 ; × : 불필요/불가능)

입체 영상의 인식은 주로 양안 시차에 기인하는데, 양쪽 눈에 서로 다른 각도에서 관찰된 영상이 입력되면 두뇌 작용으로 공간감을 인식하게 된다. 입체 영상 디스플레이는 영상 인식 정도에 따라 2종류로 분류되며, 2안 방식(Stereoscopic Display)과 3차원 방식(Volumetric Display)이 있다. 2안 방식은 그림 12.5에서 분류된 바와 같이 양안 시차를 이용한 것으로 관찰자가 별도의 안경착용 여부에 따라 안경식의 편광 방식과 시분할 방식과, 비안경식의 Parallax Barrier 방식과 Lenticular 방식 등이 있다. 전자는 기존 디스플레이를 활용하여 가능하지만 별도의 편광 또는 액정셔터 안경을 착용해야 하고, 3차원 방식은 기존 디스플레이에 각각 image splitter와 cylindrical lens array가 결합된 구조로 관찰 범위가 고정되어 소수 인원(1인 또는 수 명 정도)에 한정되지만 별도의 안경을 착용하지 않는 특징이 있어 2안 방식보다는 실용성이 있다.

비안경식은 입체 관찰 영역을 확대하는 방법으로 Lenticular 방식의 다안화와 관찰자 이동에 대응하는 시점 추종형과 백라이트 분할식의 입체 TV 방식도 계획되고 있다. 이와 같이 비안경식의 입체 TV 개발은 활발한 상태이지만 기술적으로는 아직 연구 단계에 있다. Volumetric 디스플레이 방식은 다안식, Holography, 깊이 표본화식으로 구분된다. 다안식은 Stereoscopic 방식과 유사한 구조로서 여러 각도의 다수의 화상을 표시함으로 두 개의 화상만을 표현하는 양안시보다 넓은 각도에서 관찰이 가능하다.

그림 12.5
양안식 입체 영상 디스플레이 분류

Holography는 optical holography와 electro-holography 방식이 있으며, 전자는 광감성 기판에 레이저나 백색광원을 사용하여 그림 12.6과 같이 물체의 상을 간섭패턴으로 광파의 진폭과 위상을 기록하고 재생하는 방식이고, 후자는 전자와 같이 물체의 입체 영상 정보를 간섭 패턴의 형태로써 전기적인 신호 처리를 함으로써 대량의 영상정보처리가 가능하도록 하여 3차원 입체 정보를 표현하는 방식이다.

그리고 깊이표본화식은 물체의 깊이 방향에 여러 화상을 중첩하여 입체 영상을 표시하는 방식으로 varifocal mirror 방식, 회전 원통식, 표시면 진동식 등이 있다. 이 방식은 정해진 범위에서 임의의 시점에서도 관찰이 가능하도록 깊이 감을 표현함으로써 관찰 위치의 제약이 없고 자연스런 화상 표현이 가능하지만 대량의 정보처리 기술의 개발이 관건이 되고 있다.

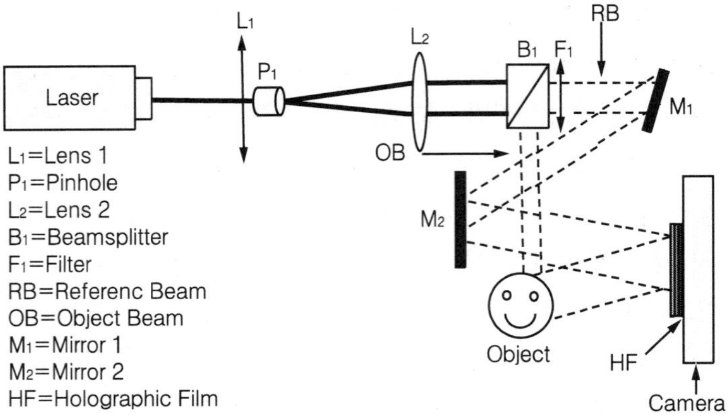

그림 12.6
광학적 홀로그래픽 3D 디스플레이 방식(Israel institute of technology)

2.3 3차원 디스플레이 종류에 따른 동작 개념

(1) 안경 방식

1) 편광 방식

1852년에 W.B.Herapath에 의해 편광판이 발명되고 1891년에는 미국의 Anderton이 편광 원리를 입체 투영에 사용하는 방법을 제안하였다. 그 후 1935년에 E.H.Land가 편광판을 사용한 입체 필름 방식을 발표하였다. 이것이 오늘날 널리 사용되고 있는 편광 필터에 의한 입체 표시 방식이다. 편광 필터 방식은 직교한 편광 소자의 조합에 의한 차광 효과를 이용해서 좌우안의 화상을 분리하는 것인데 그림 12.7은 편광 필터에 의한 투사형 입체 디스플레이의 구성을 나타낸 것이다. 이 그림에 나타낸 바와 같이 직교하는 편광 필터를 장착한 비디오 프로젝터에 의해 좌우 화상을 스크린에 투사하고 직교하는 편광 필터가 달린 안경으로 관찰한다.

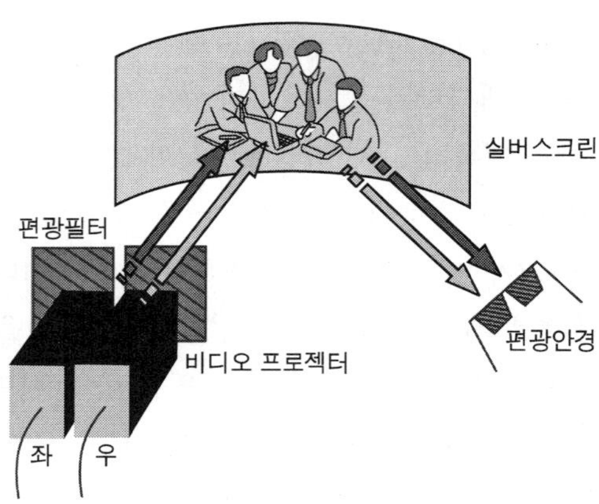

그림 12.7
편광 필터식 투사형 입체 디스플레이

대체로 편광 필터 방식에는 직선 편광 필터가 많이 사용되지만 원편광 필터를 사용하는 경우도 있다. 원편광 필터는 직선편광 필터와 1/4 파장판을 조합함으로써 우회전 또는 좌회전의 원편광으로 변환할 수 있다. 원편광 필름을 사용한 입체 표시는 직선 편광 필름을 사용한 경우에 비해 관찰자가 얼굴을 크게 좌우로 기울여도 입체시할 수 있는 이점이 있다. 반면 입체화상에 색의 크로스토크가 발생하기 쉽다는 문제가 있다.

편광 안경 방식의 장점에는 ① 색 재현성이 좋다. ② 해상도가 높다. ③ full 컬러의 동화상 표시가 가능하다. ④ 동시에 많은 관객에게 보일 수 있다. ⑤ 실제감이 좋다. ⑥ 실현이 수월하다는 점을 들 수 있다. 한편, 단점으로서는 ① 투과율이 낮은 편광 필터를 사용하기 때문에 어두운 영상이 된다. ② 관찰자는 안경을 쓸 필요가 있다. ③ 영상 합성용 하프 미러나 스크린에는 반사에 의한 편광 간섭이 없는 특수 스크린이 필요하다는 것 등이다.

편광 안경 방식은 옛날부터 입체 영화나 만국박람회 등의 이벤트로 널리 사용되고 있으며 그 대표적인 예로는 캐나다의 IMAX사가 EXPO'90(오사카)의 산토리 관에서 전시한 IMAX 3D가 있다. 또, 입체 TV 시스템에의 응용으로는 NHK가 개발한 입체 하이비전 시스템이 주목되고 있다. 이 시스템은 입체 하이비전이 갖는 뛰어난 입장감과 고화질의 장점이 있기 때문에 편집 처리 기술에서 설명한 바와 같이 여러 가지의 입체 하이비전 프로그램 소프트웨어가 제작되게 되어 각 방면에서 실용화가 진전되고 있다.

이제까지 도카이대학 해양과학 박물관이나 메이텍 고오베 테크노센터 등에 상설된 외과 의학 응용으로 뇌외과 수술·안과 수술에 사용된 실적이 있다.

2) 시분할 방식

시차가 있는 좌우 화상을 순차적으로 번갈아 절환하여 양안에 제시하고 이것과 동기시켜서 개폐하는 셔터 안경을 사용해서 입체시하는 방식을 시분할 입체 방식이라고 한다. 초기에는 기계식 셔터 안경이 사용되었으며, 투명 세라믹인 PLZT의 전기광학효과를 응용한 전자 셔터식 안경이 사용되었다. 그러나 PLZT는 빛의 투과율이 수%로 낮고 구동 전압이 높기 때문에 거의 사용되지 않는다. 최근에는 저전압·저전류 구동이 가능하여 소형·경량·값싼 액정 셔터 안경이 많이 사용되고 있다. 액정 셔터 방식 3D TV의 기본원리를 그림 12.8에 나타낸다.

시분할 입체 TV 방식은 TV의 필드주시 마다에 좌우화상을 번갈아 제시하고 이것과 동기시켜서 셔터 안경을 개폐하여 입체시하는 방식이다. 이로 인해 디스플레이의 화면이 밝으면 30Hz의 플리커[2] 방해가 생길 뿐만 아니라 수직 해상도가 1/2F로 낮아지는 등의 문제가 있었다.

2) flicker, 깜박임

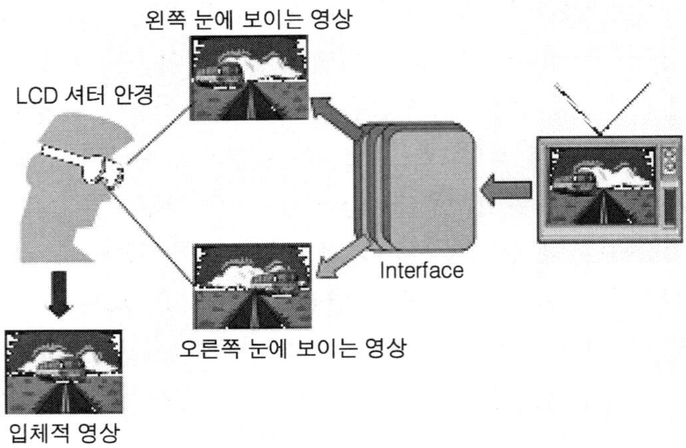

그림 12.8
액정 셔터 방식의 3D TV 시스템

그 후 이 문제점들을 해결하는 방법으로서 배속주사식의 시분할 입체 TV 방식이 고안되었다. 그 원리는 우선 좌우 화상을 통상의 60Hz, 2:1인터레이스 신호로 필드메모리에 써 넣고 이 신호들을 두 배 속도인 120Hz, 4:1인터레이스의 주사 방식으로 메모리에서 읽어낸다. 이 후 1/120sec마다 좌우 화상을 번갈아 절환하여 화면에 표시하고 액정 셔터를 이것과 동기 개폐하여 입체시하는 방법이다.

이 경우 현행 TV 방식의 배속도(수평 31.5kHz, 수직 120Hz)로 동작하는 수상기가 필요하게 되는데, 이것에 대응할 수 있는 멀티스캔형의 디스플레이도 상품화되어 있다. 또 액정 셔터 안경으로서는 120Hz의 속도로 동작하여 셔터 온/오프 때의 차광비(콘트라스트비)가 높을 필요가 있다. 이것에 관해서는 응답 속도나 차광비를 개선한 TN형 액정이나 강유전성 액정을 사용한 셔터 안경 등이 실현되어 있다.

한편, 시분할 입체 TV 방식의 다른 형태로서 화상을 표시하는 CRT의 앞면에 고속 액정 셔터 패널을 장착하여 관찰자 측에서 가벼운 원편광 안경을 쓰고 보는 시스템도 상품화되어 있다. 시분할 입체 TV 방식은 ① 1대의 디스플레이로 입체 화상이 표시된다. ② 고화질 완전 컬러 표시가 가능하다. ③ 현행 TV 방식과 양립성이 높다. ④ 저가격으로 쉽게 시스템을 실현할 수 있다. ⑤ 여러 사람이 동시에 관찰할 수 있다는 등의 특징이 있다.

이같이 시분할 입체 TV 방식은 실용성이 높은 입체 TV 방식이기 때문에 업무용도만이 아니고 가정에서 즐기는 게임기기 용도로 개발되어 있다. 예컨대 일본 빅터에서 1986년에 NTSC(National Television System Committee) 방식의 입체 화상을 기록한 VHD 입체 비디오 디스크를 개발하였다. 입체 재생시에는 1/60sec씩 교대로 좌우화상을 재생하여, 1/60sec에 개폐하는 액정 입체 스코프로 재생시 30Hz의 플리커가 발생하기 때문에 화면을 어둡게 해서 보지 않으면 안 된다. 한편 플리커 없는 형태의 입체 비디오 디스크가 1994년 소니로부터 발표되었다.

좌우 따로따로 하이비전 카메라로 촬영한 화상을 각각 세로 방향에 절반으로 압축하여 합성하고 하이비전 MUSE(multiple sub-Nyquist sampling encoding) 신호로 변환하여 레이저 디스크(LD)에 기록하는 것이다. MUSE 방식의 LD 플레이어로 재생한 영상은 두 배로 확대되어 1/120sec씩 교대로 하이비전 TV에 표시되고, 1/120sec로 개폐하는 액정 셔터 안경을 이용하여 입체화한다. 이 시스템은 주사선수가 1125개의 절반이 되지만 가정용 하이비전 TV와 MUSE용 LD 플레이어의 조합으로 플리커가 없는 고화질의 입체 화상을 즐길 수 있다.

이 밖에 박람회용의 규모가 큰 시스템으로서는 캐나다 IMAX사가 EXPO'90(후지쯔 파필리온)에서 공개한 우주형상의 컬러 3차원 입체 영상 투사 방식이 있다. 지름이 24m인 돔에 좌우 화상을 교대로 시분할 표시하고 90Hz로 개폐하는 와이어리스 액정 셔터 안경을 쓰고 보는 것인데, 관객의 시야전체를 덮을 만큼의 거대한 공간에 압도적인 박력과 임장감을 갖는 입체 CG(Computer Graphics)영상을 상영하였다.

3) 기타 방식

1853년에 Rollman에 의해 2색 입체 표시 방식의 원리가 제시된 후 1858년에 d'Almeida에 의해 애너글리프(Anaglyph) 방식이 발표되었다.

이 방식은 보색 관계에 있는 색(예컨대 적과 청)으로 그려진 스테레오 제어화상을 공통의 투과파장역이 없는 색 필터로 좌·우상을 선택·분리해서 입체화하는 것이다. 색 필터의 색차가 너무 크거나 높은 콘트라스트 조건에서는 도형의 윤곽부에서 양안 시야 투쟁(좌화상과 우화상이 교대하면서 우위로 보이는 현상)이 생겨 보기가 불안해질 뿐 아니라 밝은 화면을 장시간 관찰하면 색순응에 차이가 생겨 피로를 야기하는 원인이 된다.

농도 차 방식은 시각의 풀프리히 효과로 불리는 현상을 이용한 것인데, 좌우 안에 투과율이 다른 필터를 장착하여 움직임이 있는 평면 화상을 관찰하면 투과율의 차에 따른 지각 시간차에 대응한 오행감 있는 화상이 보인다. 이 방식은 수평 방향의 운동 성분에서 오행감을 얻고 있기 때문에 정지 화상에서는 효과가 없으며 또 움직임의 방향이나 속도에 따라 전후가 반전해 보이거나 오행감이 변화하는 등의 문제가 있다. 일반 화상에서는 효과가 적지만 CG 화상에서는 입체 효과를 내기 쉽다.

(2) 무안경 방식

1) 패럴랙스 배리어 방식

입체 화상을 보기 위해 특별한 안경을 쓴다는 것은 귀찮은 일이다. 1903년에 미국의 F. E. Ives가 패럴랙스 스테레오 그램으로 불리는 입체시법을 제안하였다. 이 방법은 그림 12.9의 원리에 나타내듯이 패럴랙스 배리어로 불리는 가느다란 슬릿상의 개구부 뒤쪽에 적당한 간격을 두고 좌·우 2안분의 화상을 교대로 배치하여 특정한 시점에서 이 개구부를 통해 보았을 때 정확하게 분리해서 볼 수 있는 것이다. 단, 좌우 2안분의 화상밖에 표시하고 있지 않기 때문에 시점을 이동해서 자유롭게 볼 수는 없다.

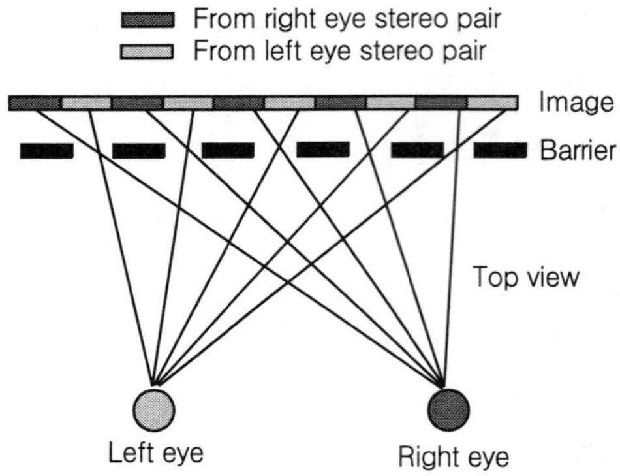

그림 12.9
패럴랙스 배리어 방식

그 후 1918년에 미국의 C. W. Kanolt는 시점을 바꾸어도 연속적으로 3차원 화상을 볼 수 있는 패럴랙스 파노라마그램을 제안하였다. 이 방법은 패럴랙스 배리어의 슬릿 간격을 바꾸어 개구비를 낮추고 그 대신 화상 표시면에 다방향에서 촬영한 다안상을 배치하는 것이다. 최초의 패럴랙스 파노라마그램의 실험은 1928년에 H. E. Ives에 의해 실시되었다. 그러나 패럴랙스 배리어 방식은 배리어가 눈에 거슬리거나 입체 화상의 밝기가 손상되는 등의 이유로 거의 보급되지 않았다.

그런데 최근에 이르러 패럴랙스 배리어 방식이 다시 인정되게 되었다. 미국 일리노이 대학의 그룹은 CG 화상으로 다안상(13시점)을 만들어 스캐너로 컬러 슬라이드 필름에 써 넣은 다음, 이것은 백라이트로 조명한 밝은 3차원 화상(정지면)을 발표하였다.

또, 미국 DIT사로부터는 패럴랙스 배리어 방식의 퍼스널 컴퓨터용 입체 컬러 액정 디스플레이가 시판되고 있다. 이 입체 화상 디스플레이는 좌우 화상을 표시하는 액정패널 뒤쪽에 가느다란 줄무늬 모양의 슬릿광원을 갖는 특수한 구조를 하고 있으며 밝고 콘트라스트와 높은 입체 컬러 화상을 표시할 수 있다. 또 이 원리를 개량한 입체 액정 컬러 TV가 1994년에 산요 전기에서 발표되었다. 액정 디스플레이의 백라이트에 밝은 광원을 사용함으로써 기존에는 패럴랙스 배리어의 위치나 형상을 바꿀 수 없는 고정식이다. 이것에 대해 배리어의 형상이나 위치를 다이나믹하게 바꿀 수 있는 액정 패럴랙스 배리어 방식이 1992년에 NHK에서 발표되었다. 이 방식은, 두 장의 액정 패널을 적층하는 것인데 한쪽의 액정 패널에 슬릿 배리어를 표시한다. 이 슬릿 배리어를 통해 다시점의 입체 화상을 안경없이 볼 수 있다. 이 방식은 액정 패널에서 표시하는 슬릿 배리어의 형상이나 개구비, 위치 등을 3차원 화상의 시점수에 대응해서 자유롭게 바꿀 수 있다. 이로 인해, 2안식에서 다안식까지 임의의 3차원 화상 표시에 대응할 수가 있다. 또, 슬릿 배리어의 표시를 하지 않으면 2차원 화상을 해상도의 저하 없이 표시할 수 있기 때문에 현행의 TV 방식과 양립성이 있는「벽걸이식」무안경 3차원 TV 장치로서도 사용된다. 이밖에 2차원 화상과 3차원 화상을 같은 화면 속에 혼재 표시할 수 있는 특징도 있으며 멀티미디어 대응의 컴퓨터용 3차원 화상 디스플레이로 사용된다. 또 이 방식을 더욱 발전시키면 액정 패널에 세로무늬의 1차원 슬릿 배리어 만이 아니고 2차원 격자 형상의 슬릿 배리어를 표시할 수 있다.

이 2차원 격자 형상의 슬릿 배리어(핀홀) 배후에 수평 방향 및 수직 방향에 시차를 갖는 다시점 화상을 표시하면 관찰자의 좌우, 상하 방향의 시점 이동에 대응한 입체 화상을 볼 수가 있다.

2) 렌티큘러 방식

입체 사진의 그림엽서를 이미 본 사람도 많을 것이다. 실은 이 입체사진의 그림엽서에 렌티큘러 방식이 사용되고 있다. 렌티큘러 방식의 역사는 오래되어 이미 1932년에 H. E. Ives가 렌티큘러 스테레오의 특허를 취득해 오고 있다. 그러나 가공 기술이나 재료 기술이 미숙하여 오랫동안 제구실을 못했었다. 그 후 1960년대에 접어들어 정밀가공기술이나 플라스틱 공업, 사진·인쇄 기술 등의 기술이 진보됨에 따라 렌티큘러 화상 기술 전반이 현저하게 진보하였다. 최근에는 렌티큘러 입체 사진을 촬영할 수 있는 3안 렌즈가 달린 값싼 3D 카메라도 시판되고 있어 손쉽게 즐길 수 있는 입체 사진으로 다가오고 있다. 또, 렌티큘러 방식은 완전 컬러의 3차원 동화상을 안경 없이 즐길 수 있는 그리 많지 않은 3차원 화상 표시 방식으로서도 주목되고 있으며, 업무용도의 입체 TV 시스템이나 인공 현실감, 입장감 통신 등의 연구에도 사용되고 있다. 1994년 가을부터는 업무용 비디오게임의 분야에서 실용화가 시작되어 있다.

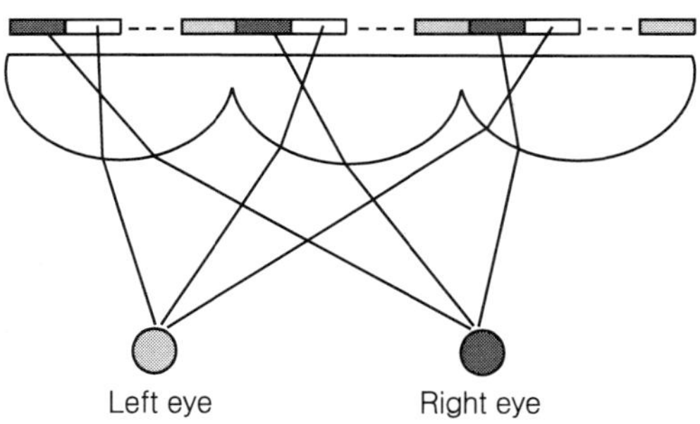

그림 12.10
렌티큘러 방식 디스플레이 원리

렌티큘러 방식의 원리는 그림 12.10에 나타낸 바와 같이 반원통형의 형상을 한 렌티큘러 스크린으로 불리는 렌즈의 초점면에 좌·우 화상을 스트라이프 상태로 배치하고 이 렌즈판을 통해서 관찰하면 렌즈판의 지향성에 따라 좌·우 화상이 분리되어 안경 없이 입체화되는 것이다. 렌티큘러 방식에는 2안식 외에 다방향에서 피사체를 보아도 입체화되는 다안식도 생각되고 있다. 다안식의 예로서 8안식 렌티큘러 방식이 있는데, 렌티큘러 스크린의 렌즈작용에 따라 각 방향의 스트라이프상이 분리되어 눈에 들어와 관찰자가 시점을 가로 방향(수평 방향)으로 이동하면 그것에 대응해서 다른 방향에서 입체 화상을 볼 수 있다. 렌티큘러식 입체 디스플레이에서는 렌즈판과 표시화소 사이에서 무아레(직물 표면에 불규칙적인 나뭇결 무늬를 만드는 것)가 생기지 않게 렌즈 판의 피치·두께·곡률 등의 광학 파라미터를 최적화하는 외에 렌즈판과 표시상을 정확히 위치를 맞추어야 할 필요가 있다.

2.4 Volumetric Display 3차원 디스플레이 종류에 따른 동작 개념

(1) 완전 3차원 방식

완전 3차원 방식은 IP, volumetric, 홀로그래피 기술을 포함하는 디스플레이 기술을 말한다.

1) 인테그럴 포토그래피(IP)

IP는 1908년 프랑스의 M. G. Lippmann에 의해 제안된 방법이지만 고도의 정밀 공작 기술과 고분해능 사진 기술을 필요로 하기 때문에 제안된 후 60년 동안이나 거의 잊혀져 왔다.

그 원리를 그림 12.11에 나타낸다. 그림에 나타내듯이, 사진 건판 앞에 곤충의 복안 모양의 렌즈(fly's eye lens ; 파리의 눈 렌즈)를 놓는다. 건판의 유제면을 렌즈의 초점면에 일치하게 하면, 거기에 무수한 작은 상들이 맺힌다. 이 영상들은 동일 물체를 다른 방향에서 바라본 뒤집어진 상이 된다.

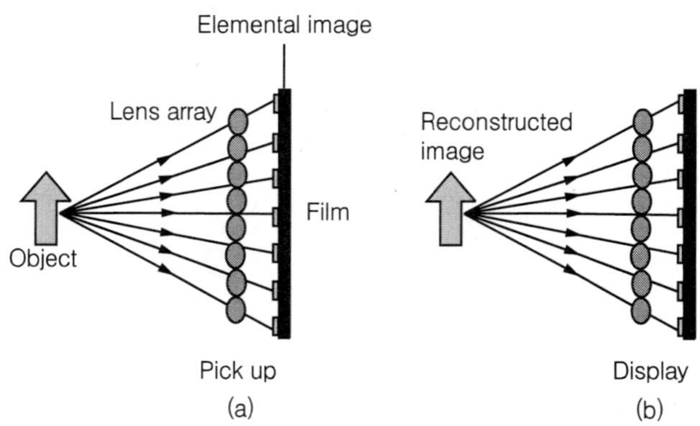

그림 12.11
(a) IP의 촬영, (b) IP의 재생

다음으로, 건판을 노광하고 현상한 후, 정확히 같은 거리에 양화 건판을 반전 복사하여 작성한다. 그것을 정확히 원래의 위치에 놓고, 배면에서 백색 확산광으로 조명하면 그림 (b)에서와 같이 빛이 촬영시와 완전히 같은 경로를 역으로 재생하기 때문에 원래의 물체의 위치에 3차원의 실상이 생긴다.

이 3차원 실상을 왼쪽 방향에서 보면, 마치 원래의 물체가 그 위치에 있는 것처럼 보일 것이다. 그러나 여기서 실은 하나의 문제가 생긴다. 본래 촬영된 것은 피사체의 오른쪽 방향에서 본 상은, 오목한 뒤집힌 상이 되어버린다. 예를 들면, 피사체가 사람의 얼굴인 경우, 재생되는 상은 가면의 안쪽에 채색한 듯한 기분 나쁜 모습이 되어버린다. 이러한 뒤집은 상은, 광학에서 가짜 상(pseudoscopic image)이라고 부르고 있다. 이것은 3차원 화상 기술에 관련해서 대단히 자주 만나는 문제이다.

재미있게도 IP를 발명한 Lippmann 자신은 이 문제를 간과해 버렸다. 잠깐 생각해 보면 이 문제에는 무엇인가 기발하고 간단한 해결책이 있을 것 같이 보인다. 그러나 실제는 그리 간단하지 않다. 그 이유는 문제가 IP가 주는 상이 실상인 것에 의한 본질적인 문제이기 때문이다. 해결법은 1931년이 되어서 앞에서 기록한 H. E. Ives가 생각해 내었다. 그것은 그림 12.11 (b)에 나타내듯이 IP에서 얻은 뒤집힌 실상을 다시 한 번 IP에 받아 최종적으로는 그것을 바라보는 방법이다.

이것은 물론 간단한 해결이라고는 할 수 없다. 오히려 이중의 수고로 보일지도 모르지만, 실은 그 정도도 아니다. 왜냐하면 이 과정에서 어두운 상에서 밝은 상으로의 반전까지도 동시에 할 수 있기 때문이다. 원리적인 IP의 설명에서는 편의상 양화 건판을 반전 복사하여 작성하고, 그것을 정확히 원래의 위치에 놓는다고 했지만 그렇게 하는 데에는 상당한 어려움이 따를 것이라는 점은 쉽게 알 수 있을 것이다. 그 점에서 만약 Ives의 2단계 IP법을 사용하면, 처음부터 초점면과 배면이 일치할 수 있는 두께의 파리 눈 렌즈를 사용하고, 그 배면에 감광유제를 발라서(또는 감광 필름을 첨부해서) 렌즈와 건판을 일체화할 수 있고, 배치 정도의 어려움은 단번에 해결되어 버린다는 뜻이다.

(2) 체적형 디스플레이

오행 표본화 방식의 원리는, 그림 12.12에 나타낸 바와 같이, 물체의 각 위치에 대한 2차원 절단면의 화상(1, 2, 3, ..., 10의 단층상)을 결상계에 이동하여 동기시킨 다음 고속으로 절환하여 표시하고, 눈의 잔상현상을 이용해서 공간에 상을 재생하는 것이다.

이 방법은 오행 정보를 갖는 완전한 3차원 화상이 공간에 재현되므로, 눈을 상하 좌우로 이동하면 그 위치에서 본 입체 화상을 볼 수가 있다.

이 표시 방식은 CT스캔으로 얻어진 여러 장의 단층상에서 입체 화상을 합성 표시하거나, CG에 의한 3차원 화상 표시 등에 적합하다. 이 밖의 오행 표본화 방식에는 높은 속도로 표시면을 진동 또는 회전시키는 방법이나 표시 면적 층식 등이 제안되어 있다.

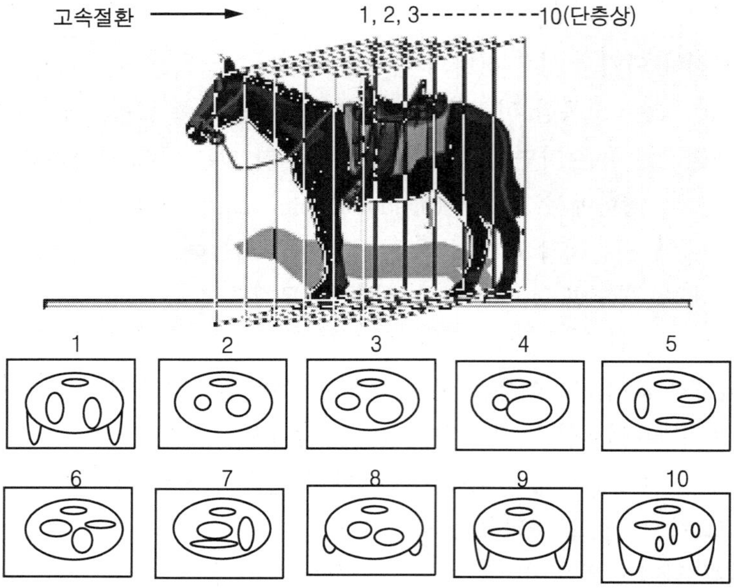

그림 12.12
오행 표본화 방식의 원리

(3) 표시면의 진동, 이동 및 회전 스크린 방식

표시면 진동 방식의 대표적인 예로는, 그림 12.13에 나타낸 바와 같이 진동하는 mirror에 영상을 반사시켜서 입체 화상을 보여주는 가변 초점 미러 방식이 있다.

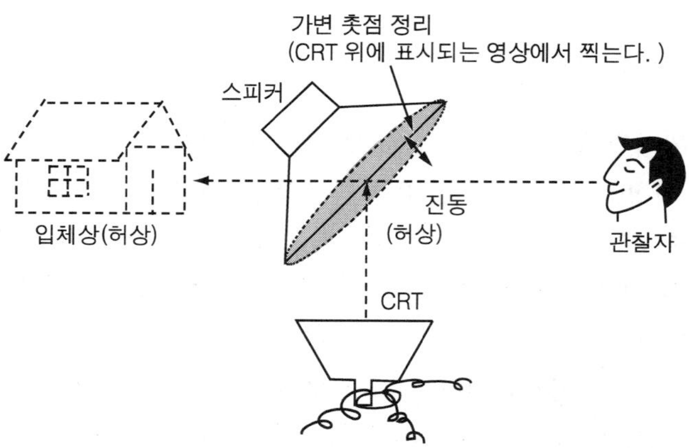

그림 12.13
가변 초점 미러 방식의 원리

이 시스템에서는 반사 mirror를 전기 신호로 진동시키고, 그것에 동기한 화상을 CRT 화면에 디스플레이시킴으로써, mirror에서 반사한 상을 입체상으로 관찰할 수가 있다. mirror에는 유연성이 있는 폴리에스테르 필름 등이 사용되며, 바깥쪽의 면에는 알루미늄 등의 금속도금이 되어 있다.

미러의 진동은 눈의 잔상 특성을 이용하는 관계상 약 30～60Hz가 이용되고 있다. 가변 초점 미러 방식에 따른 3차원 화상은 미러의 진동 진폭의 100배 이상의 오행감이 얻어지지만, 가동 미러의 곡면 변화에 의해 상의 변형이나 배율이 변화하는 등의 문제가 있다.

1981년에 제니스코사가 이런 문제점을 해결하여, CG용의 [스페이스 그래프 시스템]을 발표하였다. 이밖에, 그림 12.14에 나타내는 이동 스크린식으로 불리는 방법도 있다. 이 방법은 레이저광을 스캔하여 이동하고 있는 스크린에 표시하고 싶은 물체의 절단면 상을 차례로 투사하는 것인데, 투사된 상은 스크린의 각 위치에 각각 대응하고 있다. 만약, 스크린의 속도가 충분히 빠르고 게다가 동기하고 있으면, 눈의 잔상에 의해 [스크린의 면적 × 운동의 스트로크]로 구성되는 공간에 3차원 화상이 인식된다.

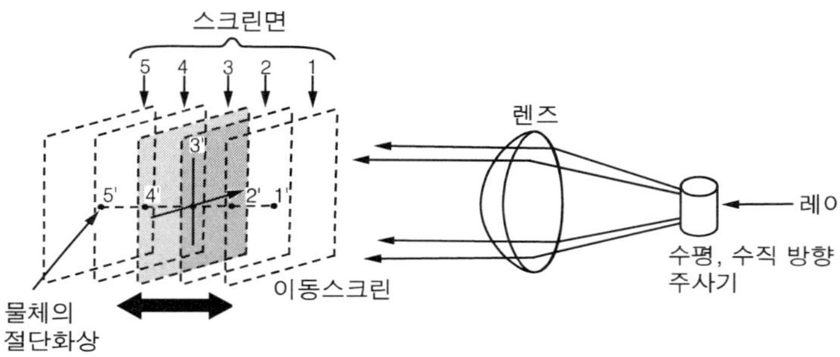

그림 12.14
이동 스크린 방식의 원리

시바우라 공업대학의 그룹은, 이 원리를 이용해서 회전 이동 스크린에 의한 3차원 디스플레이를 발표하고 있으며, 컬러의 3차원 CG 화상 표시를 하였다. 최근의 예로는 발광 다이오드(LED)를 96×96mm 배열한 표시면을 20Hz의 속도로 상하 방향으로 이동시키고, 이것과 동기시켜서 1mm간격으로 100장의 CG 화상을 표시함으로써, 95×95 ×100mm 사이즈의 3차원상을 360°방향에서 볼 수 있는 시스템이 도시바에서 발표되었다. 한편, 회전 스크린 방식의 예로는, 표시하는 비디오 신호로 휘도변조된 레이저광을 상부로부터 조사하고, 회전하는 나선계의 스크린에 동기시켜서 스캔시키는 회전원통식 3차원 디스플레이 방식이 제안되었다.

미국의 TI사는 1990년에 회전 스크린식의 변형 타입인 Multiplanar 3차원 디스플레이를 발표하였다. 기본 원리는 모터의 회전축에 스크린이 되는 반투명의 날개를 경사시켜 장착하고, 이것을 고속도로 회전(600rpm)시킨다.

모터의 회전에 동기해서 진폭 변조한 레이저광을 조사하면, 그림 12.15에 나타낸 바와 같이 날개가 움직이는, 지름이 36인치인 원통형의 공간 내에 3차원 동화상을 표시할 수 있다.

실험에서는, 지름이 20인치, 높이가 4인치인 원통형의 안쪽에 1변이 4인치인 입방체의 범위 내를 레이저광으로 주사하여 해상도가 750×750×750인 화소의 표시를 실현하였다. 이 방식은 주위 360° 어디에서도 입체의 동화상을 볼 수 있다. 컬러상을 표시할 경우에는 적, 청, 녹의 3원색 레이저광의 강도를 조정하면서 조사하면 된다.

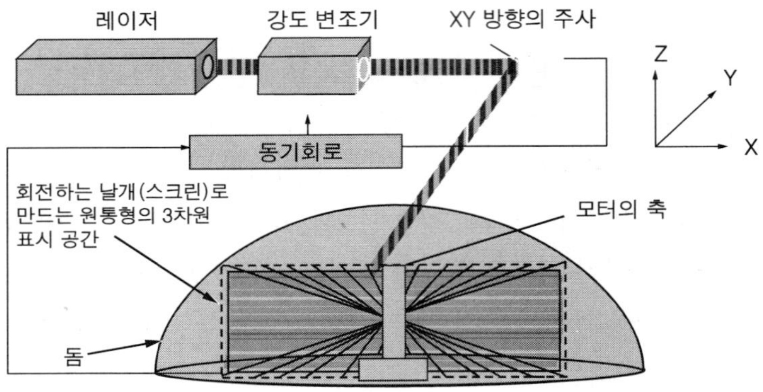

그림 12.15
회전 스크린식 3차원 동화상 디스플레이

(4) 표시면 적층 방식

표시면을 적층한 3차원 화상 표시 방식의 예로는 T. S. Bugak가 제안한 방식이 있다. 이 방법은 그림 12.16에 나타낸 바와 같이, π셀과 카이럴형 액정 셀을 조합해서 구성하는 것인데, 액정 패널을 여러 장 포개서 배치하고, CRT 위에 표시된 화상을 하프 mirror로 반사시켜서 액정 패널에 투영한 다음, 각 절단면의 화상에 대응한 액정 셀 앞에 있는 셀을 제어해서 화상을 본래의 방향에 반사시키는 방법이다.

이 방식은 기계적인 가동부는 없지만, 화상의 밝기가 셀의 통과 장수에 비례해서 어두워지는 결점이 있다.

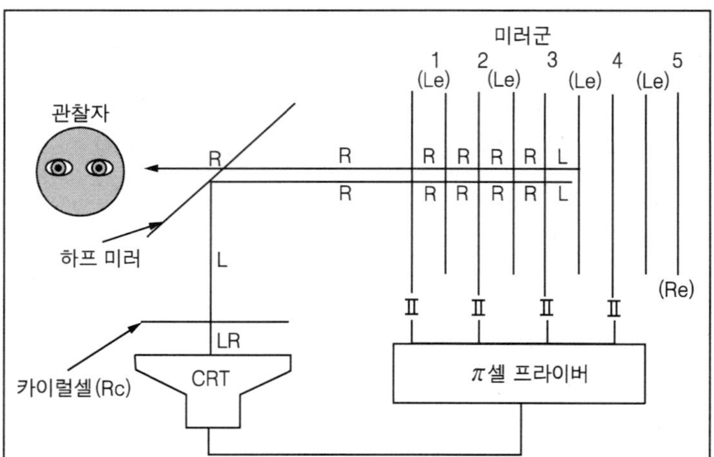

그림 12.16
표시면 적층식 3차원 디스플레이

이제까지 설명한 오행 표본화식으로 재생되는 3차원 공간상에서는, 모든 절단화상의 표시를 눈의 잔상 시간 내에 완료하지 않으면 플리커가 감지될 뿐 아니라, 앞쪽의 재생상에 숨겨져 있을 뒤쪽 또는 내부의 상이 비쳐서 보이게 된다. 소위 팬텀 이미지(Phantom image)가 생긴다. 이 때문에, 팬텀 이미지가 허용되는 용도, 즉 CT화상, 항공관제, 컴퓨터처리 화상 등의 3차원 표시에 적합하다.

(5) 홀로그래피

홀로그래피를 사용하는 입체상 디스플레이인 홀로그래픽 디스플레이(Holographic Display)에 대한 것이다. 홀로그래피는 광파의 간섭과 회절 현상을 교묘하게 이용한 파면의 기록 기술이며, 1948년에 영국의 D. Gabor에 의해 발명되었다. 당시의 기술로는 실용에 이르지 못했으나, 1962년에 미국의 E. Leith와 J. Upatnieks에 의해 레이저를 광원으로 한 실용적인 홀로그래피가 제안된 이래, 오늘에 이르기까지 홀로그래피를 3차원 화상 디스플레이에 응용하려는 노력은 계속되어 왔다. 그 동안에는 레이저를 사용하지 않고 3차원 화상을 재생할 수 있는 기술이 잇달아 개발되었을 뿐 아니라, 보통의 사진에서도 홀로그램을 합성할 수 있게 되었다. 그리고 최근에는 실시간에 전자극으로 홀로그램을 고쳐 그릴 수 있는 전자동화상 홀로그래피 기술이 등장하여 홀로그래피 TV로 향한 연구개발이 활발해지고 있다.

홀로그래피에 의한 가장 간단한 물체의 기록과 재생의 원리를 그림 12.17에서 제시하고 있다.

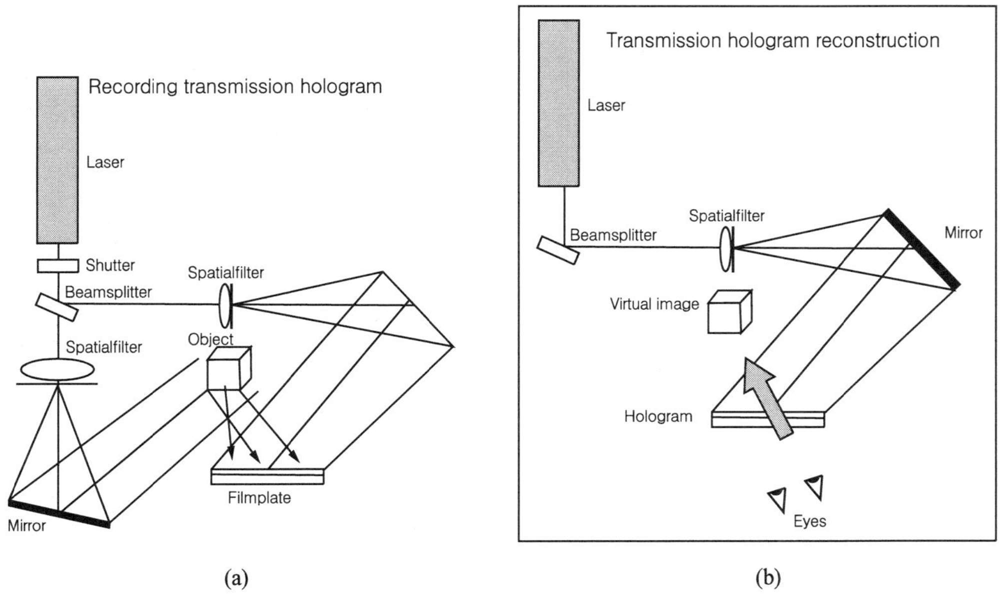

그림 12.17
홀로그래피에 의한 물체의 기록(a)과 재생(b)

레이저에서 나온 가느다란 빔을 렌즈로 펴서 구면파로 하고, 이 구면파가 피사체에 부딪혀서 반사한 산란광(물체광이라고도 한다)과 거울로 반사시킨 흩어짐이 없는 평행광(참조광이라고도 한다)을 사진필름에 닿게 하여 중첩시킨다. 이때 두 개의 빛이 겹쳐진 부분에서는, 두 개의 광파가 이루는 각도에 대응한 간섭무늬가 생긴다. 이 간섭무늬를 사진필름에 노광한 다음 기록하여 현상 처리한 것을 홀로그램이라고 한다.

이때 홀로그램에 기록된 간섭무늬는 흩어진 줄무늬가 되는데, 그 무늬 간격의 평균값 δ는 다음의 식으로 제시된다.

$$\delta = \lambda/\sin\theta$$

여기서, λ는 광파의 파장, θ는 물체광과 참조광이 진행 방향에 대하여 이루는 각도이다.

또, 간섭무늬의 공간 주파수는 1/δ이다. 이제 He-Ne 레이저의 적색광(파장λ=0.63μm)을 광원으로 하고, 각도 θ를 30°로 하면 δ는 1.3μm가 된다. 이것은 공간 주파수가 1260개/mm인 간섭무늬에 해당한다. 따라서 이 간섭무늬를 기록하기 위해서는 매우 높은 해상도를 갖는 감광재료(사진 필름 또는 건판)가 필요하게 된다. 다음으로, 이 홀로그램을 작성할 때, 참조광으로 사용한 것과 같은 평행 레이저광을 같은 방향에서 입사시켜서 홀로그램을 조명하면, 본래 피사체가 있었던 것과 같은 위치에 마치 피사체가 거기에 있는 것처럼 상이 재현된다. 이와 같은 홀로그래피는, 물체의 3차원적 구조나 위치를 그대로 기록, 표시할 수 있는 특징이 있으며, 이 점이 보통의 사진과 크게 다른 점이다.

(6) 인터랙티브 기술

1993년에 액정 표시 디스플레이에 백라이트의 지향성을 지니게 하여 좌우 화상을 선별하는 백라이트 분할 방식으로 불리는 안경 없는 입체 화상 표시 방식이 발표되었다. 이 방식은 그림 12.18의 원리에서 나타나 있듯이 먼저 관찰자의 얼굴을 양쪽에서 파장이 다른 2종류의 근적외 발광 다이오드를 사용해서 조사한다.

각각의 파장에 대응한 필터를 장착한 단색 CCD 카메라 2대로 관찰자의 좌우 얼굴의 반면상을 따로따로 촬영하여 그 화상을 컬러 액정 패널의 백라이트용 광원이 되는 CRT 위에 표시한다. 이 CRT의 발광 화상을 프레넬 렌즈로 확대하여 지향성을 갖는 액정 패널용의 조명광원을 구성하고 있다. 단색 CRT 위의 얼굴 화상의 크기와 위치를 조정함으로써 관찰자의 우안은 우안 반면의 꽃 화분상을 또 좌안은 좌안 반면의 꽃 화분 상을 관찰할 수 있다. 이 방식은 광원이 관찰자 자신의 촬영상이기 때문에 관찰자가 좌우로 이동해도 그 이동거리에 대응해서 광원도 이동하는 것이 되어 셀프 트래킹 기능을 갖는 입체화상 디스플레이를 실현할 수 있는 특징이 있다.

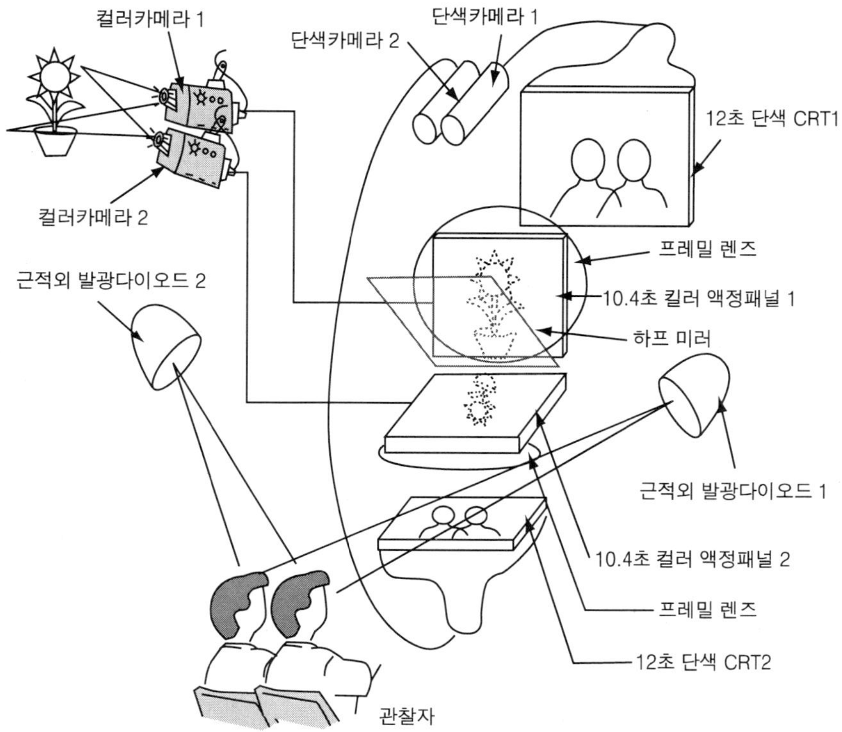

그림 12.18
백라이트 분할식 3D 디스플레이 구성

(7) 시스템 기술

헤드마운트 디스플레이(HMD ; Head-Mount Display)란 고글형의 영상 표시 장치인데 헬멧에 좌우 양안용의 CRT 또는 액정 디스플레이를 장착하여 관찰자에게 입체 화상을 제공하는 것이다. HMD에 관한 최초의 특허는 Albert B. Pratt에 의해 1916년에 출원되어 있다.

HMD는 양안의 눈앞에 배치한 디스플레이 화면이 광학계에 의해 앞쪽에 큰 스크린이 있는 것과 같은 시각 효과를 얻을 수 있게 설계되어 있다. 헬멧의 머리부분에는 공간위치 검출용 센서가 장착되어 있는데 이 센서로부터의 위치 정보에 따라 표시 내용을 머리부분의 움직임에 대응해서 다이나믹하게 변화시킬 수 있다. 즉 관찰자가 머리를 왼쪽으로 향하면 왼쪽의 영상이 오른쪽으로 향하면 오른쪽의 영상이 표시된다. 이것에 의해 등가적으로 전주위의 영상을 볼 수 있으므로 컴퓨터가 만든 가상 공간 속으로 들어가 마치 자신이 그 공간에 있는 것과 같은 의사체험을 할 수 있다.

이 같은 새로운 대화적인 영상체험 기술은 가상 현실감 또는 버츄얼 리얼리티로 불리고 있다. 가상 현실감을 컴퓨터와 인간의 인터페이스에 응용하려고 하는 선구적인 연구는 1980년대부터 NASA의 에임즈 연구소가 중심이 되어 추진되어 왔다. HMD는 가상 공간을 표시하는 장치로서 가상 현실감의 연구에 사용될 뿐만 아니라, 오락시설에서의 게임기나 산업 분야를 비롯하여 가정에서 TV나 VTR과 조합해서 대화면의 영상을 즐기는 등 이용 분야가 급속히 확대되고 있다. HMD를 구성하는 경우 제1의 우선과제는 소형경량화와 해상도의 향상이다.

중량에 대해서는 소형 액정 디스플레이(LCD ; Liquid Crystal Display)를 채택하여 중량 150g으로 경량화한 HMD가 발표된 상태이다. 한편 해상도에 관해서는, 현재 10만~31만 화소인 소형컬러 LCD가 주류이기 때문에 화질적으로는 충분하다고 할 수 없다. 하지만 하이비전용의 소형 LCD를 사용한 HMD가 등장하면 화질이 크게 향상될 것이다.

HMD에 요구되는 시야각의 넓이와 해상도(시각 1분당의 화소수)의 관계는 시야각이 35°인 화상을 충분한 화질로 보기 위해서는 하이비전의 2배 이상인 400만 화소(시각 1분당 2000×2000화소)정도의 해상도가 필요하다.

고해상도 타입의 HMD로서는 1인치형의 초소형 컬러 CRT를 사용한 1280×960 화소의 HMD이 n-Vision사에서 발표되었다. 고해상도의 컬러 화상 표시를 실현하기 위해 섀도우 마스크형의 CRT를 사용하지 않고 단색 CRT 관면에 전자적으로 RGB색의 표현이 가능한 액정 셔터를 장착하고 있다. CRT의 스캔 속도를 통상의 3배인 180Hz로 하고, RGB색의 표현이 가능한 액정 셔터를 장착하고 있다. CRT의 스캔 속도를 통상의 3배인 180Hz로 하고, RGB의 액정 셔터도 이것에 동기시켜서 절환함으로써 시분할적으로 제시된 영상이 눈의 잔상 현상에 의해 완전 컬러로 보이는 것이다.

HMD를 구성하는 데 있어서의 제2순위 과제는 경량이고 화각이 넓은 접안렌즈의 개발이다. 관찰자가 영상 공간 속에 몰입한 것과 같은 착각과 충분한 임장감을 얻기 위해서는 적어도 90°가까운 시야각이 필요하다고 한다. 광시야형 HMD로서는 미국의 LEEP System사가 LCD 표시부를 접안렌즈와 비슷한 특수한 광학계로 확대해서 시야각 90° 이상을 실현하고 있다. 그러나 함부로 시야각을 넓히려고 하면 렌즈수차의 보정이나 복잡한 광학계가 필요하게 되어 표시디바이스를 소형 경량화해도 전체로서는 중량이 많아진다.

이밖에 하드웨어 설계상의 유의점으로는 HMD를 사용하면서도 사용자가 외부 상황을 확인할 수 있는 소위 "시스루 기능(See Through)"을 첨가한다거나 시력 교정 기구를 만든다든가 사용자 자신이 HMD의 렌즈간 거리를 양안 폭으로 조절할 수 있는 기구를 붙여서 눈의 피로에 대한 영향 등을 고려하는 것이 좋다.

2.5 3차원 디스플레이의 용도와 기능

현재 3D 디스플레이의 응용 분야로는 특수 분야인 의료용, 게임기, CAD용 등으로 제한되어 있으나, 일반 TV 영상으로 입체 영상을 표현하는 기술도 개발되고 있어 2000년대 초반에는 방송 분야에도 적용될 것으로 예상된다. 표 12.2는 3차원 입체 디스플레이의 용도와 기능을 나타낸 것이다.

표 12.2 3차원 입체 디스플레이의 용도와 기능

용도 \ 기능		표시 기능								가상 현실성
		대화면	평면/소형	다수 시청	비안경	고정세	돌출 화상	부유 화상	동화	Interactive
입체표시	TV	△	◎	○	○	○			◎	
	CAD		○			○				◎
	교재			○	○	○	○	◎	○	
	장식	△		○	○	◎	○	◎	○	
	계측장비		◎		◎			△		
	감시		◎						○	△
	예술		○		○	○		○		
	서적	△			○	○	○			
	극장	◎		◎	○	○	○		◎	
	게임		○		△	△	○		◎	◎
	가상현실	○			△	○	○	◎	◎	◎

비고 (◎ : 우수, ○ : 양호, △ : 보통)

현재 국내 3차원 정보단말기 시장은 거의 전무한 상태로 극히 일부 기업체, 연구소, 대학 정도에서 실험용으로 사용하고 있는 실정이다. 그러나 점차적으로 3차원 단말 기술에 인식이 확대되면서 이에 대한 관련 산업체들의 욕구도 점점 증가함에 따라 최근에는 3차원 게임을 비롯한 소프트웨어 시장을 중심으로 의료, 보안, 광고, 방송 등에 대한 기업체의 참여와 더불어 수요시장이 형성되고 있는 추세이다.

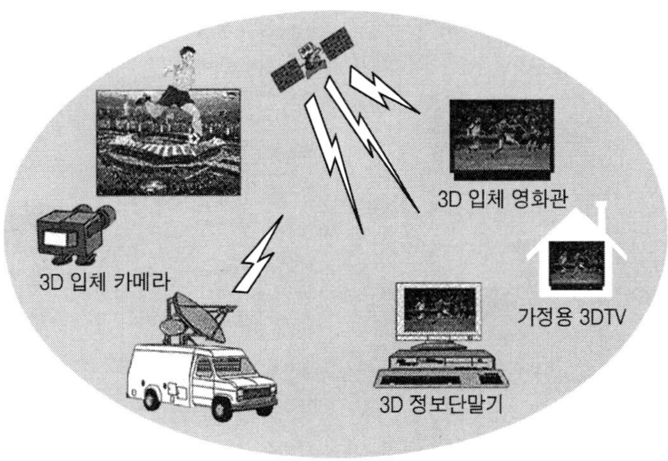

그림 12.19
3D 입체 중계방송 개념도

3차원 디스플레이의 기술 개발 동향

3.1 3D 기술의 응용 분야 및 시장 전망

(1) 3D 기술의 응용 분야

입체 영상 기술은 개발 초기에는 편광 안경식 입체 영화에 응용이 있었으며, 1990년대 후반부터는 개인 단말기, 게임기, 산업용 계측기, 가상현실의 보급 확대 등에 따라 이 분야에의 응용 연구가 활발히 진행되고 있다. 특히, 정보통신 산업의 급속한 확대와 연계되어 가정용, 오락용, 통신용, 문화 분야 및 기타 특수 산업 분야에서의 응용이 기대된다.

주요 응용 분야로는, 3차원 계측, 3차원 게임, 3차원 광고, 3차원 디스플레이 등이 있다. 계측 분야는 실시간 3차원 계측과 구조물 가공 및 의상 디자인 등이 있고 게임 분야는 기존의 2차원 디스플레이에 3차원 그래픽을 적용하거나 아케이드에 3차원 게임기, 테마파크 등의 엔터테인먼트 분야에 새로운 시장을 창출하고 있다. 광고 분야는 이미 전시관, 영화관, 이벤트 행사 등에서 대형 3차원 프로젝션 기술을 적용하고 있고, 3차원 디스플레이 분야는 산업 분야에서 3차원 구조설계용 CAD나 건축 설계, 내시경을 이용한 3차원 영상 수술 및 항공기 시뮬레이터 등에 적용하기 위한 기술 개발 등이 활발하며 개인 정보단말기로서 3차원 게임 및 인터넷 쇼핑, 3차원 영상 자료 등에 활용이 기대된다. 그리고 인간이 직접 접근하기 어려운 심해 원격탐사, 로보트 비젼, 그리고 미래에는 가상현실, VR glove 등에 이르기까지 광범위한 활용 분야가 있다. 따라서 3D 디스플레이는 과거 흑백 TV에서 컬러 TV 방송으로 바뀌었을 때 이상의 산업적 파급 효과가 기대되며 향후 10년 이내에 HDTV 이후의 차세대 디스플레이로서 3D TV 개발도 예상된다. 3D 기술의 시장 규모는 소프트웨어를 제외한 디스플레이 분야에서 2010년경에 약 100억 달러 정도로 성장할 것으로 예측된다.

향후 3차원 정보단말 기술 수요 분야는 그림 12.20과 같이 각각의 표시 방식이나 표시 능력에 따라 전 산업 분야에 응용이 시도되고 있는데, 향후 2010년경에는 시장 잠재력도 일반 디스플레이의 20% 이상의 시장 규모가 예상되고 있다.

(2) 3D 기술의 시장 전망

3D 디스플레이는 '80년대 초반부터 편광 안경식 입체 영화 등 전시홍보 분야에 적용이 되기 시작되었고, '90년대 중반에는 일본의 Sanyo와 Toppan, 미국의 VRex 등에서 셔터글라스, 렌티큘러 및 편광 방식을 상품화하였으며 2000년에는 LCD 기술의 발전에 따라 15인치에서 18인치 급의 개인용 3D 모니터의 개발이 활발한데, 일본의 Sanyo, 미

국의 DTI, 독일의 Dresden 등에서 상품화를 시도하고 있다. 향후 입체 영상분야는 개인 정보단말기, 게임기, 의료용, 산업용, 가상현실 등 특수 분야에서의 수요 증대로 2000년대 중반부터는 시장 수요가 급증할 것으로 예상된다. 시장 규모를 살펴보면 2005년 10억불에서 2010년 100억불 정도로 급신장할 것이 예상된다. 표 12.3은 3D 입체 영상 디스플레이의 시장 전망을 나타낸 것이다.

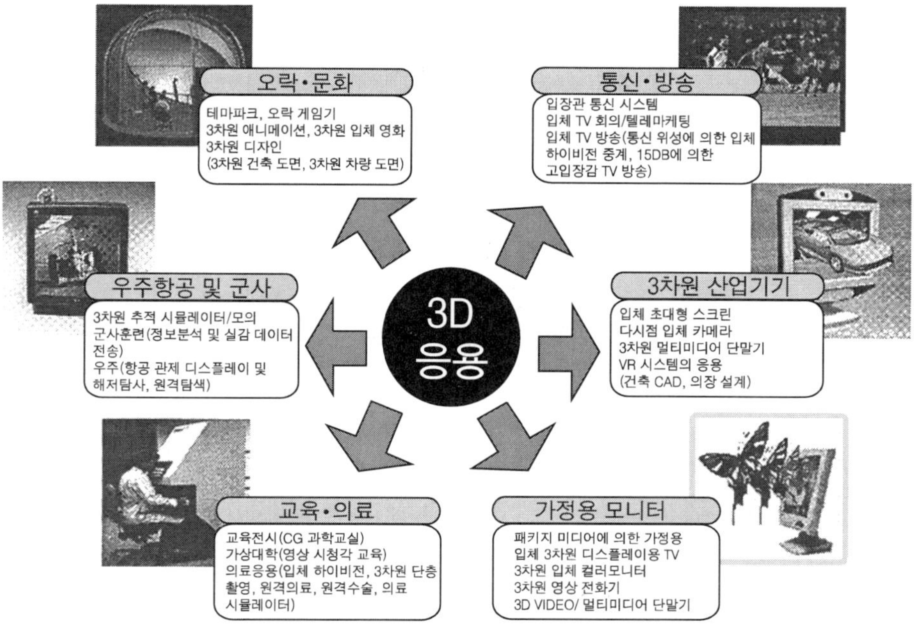

그림 12.20
3D 기술의 응용 분야

표 12.3 입체 영상 디스플레이 시장 전망

구분	태 동 기	시장 형성기		시장 성장기	
	'90년 이전	'90~'95	'95~2000	2000~2005	2006~2010
내용	• 입체 영상 기술 태동 • 편광 안경식 입체 영화 • NHK 연구 착수	• Sanyo 3D LCD 모니터 개발 • HDTV 이후의 차세대 3D 연구 • 연구 증가 추세(일본, 미국, 유럽 등)	• Sanyo 2D/3D 영상 변환 기술 개발 • 3D Monitor 개발 • VR 기술 개발	• 3D Monitor 상품화(Sanyo, DTI) • 다안식, 3차원 방식 개발	• 개인용, 산업용 상품화 • 3D TV 개발

3.2 국내외 3D 기술 개발 동향

차세대 영상매체, 방송, 통신, 게임, 의료 등 광범위한 응용 분야를 가진 3차원 디스플레이에 관한 기술 및 디바이스 개발은 최근 기술 선진국에서 국책 기술 개발로 많은 투자와 연구를 수행하고 있으며 현재 3차원 디스플레이와 관련된 핵심 기술 연구는 표 12.4와 같이 미국, 일본, 유럽을 중심으로 기술선점을 위해 각각 독립적인 형태로 활발히 진행되고 있다.

표 12.4 3차원 디스플레이 관련 국외 연구 개발 동향

특 징		연구 개발 기관	기술 개발 개요	3차원 디스플레이 주요 연구개발 동향
북미	종합적인 형태가 아닌 3차원 디스플레이와 관련된 핵심기술별로 다른 기술 개발과 연계하여 활발히 진행	CMU(대)	• 3차원 카메라, 초다시점 영상 합성	• HMD • 홀로비디오 시스템 • DMD (Volumetric) • 초다시점 영상 합성 • 3D CG 응용 • 3차원 디스플레이를 위한 관련 기반 연구 배경 환경 우수
		MIT Media Lab.	• 홀로그래픽 비디오/다자시청용 다시점 시스템	
		York대(캐나다)	• 3차원 영상 인식 과정 컴퓨터 모델링	
		Smith-Kettlewell 연구소	• 입체시 메커니즘의 생리적인 해명	
		DTI 사	• 데스크탑 렌티큘라 단말기(17인치)	
		DMA 사	• 광고용 단말기(실물 확대 및 공간 표시)	
		Stanford대, UAH, NASA	• 레이저 스캐닝 3D, HOE 이용 3D 시스템	
		TI 사	• DMD 개발	
		HIT Lab	• 망막 이용 디스플레이 기술 개발	
일본	TAO 프로젝트	NHK 연구소	• Human factor/3D HDTV 기술 개발	• 40″ 렌티큘러 시제품 개발 • LCD/PDP 기술 • 시점변환 기술 • 촉각센서 및 음향 • 시청자의 물리적, 심리적 편안함을 추구하는 방향으로 연구 진행
		ART 연구소	• Human Visual Perception 메커니즘	
		TAO	• 3D TV/FLA, Anamorphic 방법, 공간 공유	
		Sony	• HMD, 3차원 영상 압축, 교육용 입체 TV	
		Sanyo	• 렌티큘러 TV, 시차장벽 TV	
		동경대	• 홀로그래픽 3D TV, HDTV	
		Toppan Printing	• 3차원 영상 합성, 렌티큘러판 제작	

표 12.4 3차원 디스플레이 관련 국외 연구 개발 동향 (계속)

특 징		연구 개발 기관	기술 개발 개요	3차원 디스플레이 주요 연구개발 동향
유럽	유럽	PANORAMA 프로젝트	HHI(독일)	• 헤드트렉킹 무안경 입체 디스플레이 • 3안 카메라에서의 입체상 재구성
		SIMENS(독일)	• 2안 입체화상의 압축/촬영 제어계의 디지털화	
		IRT(독일)	• 편광 안경식 이안 입체 TV	
		Phillips (네덜란드)	• 렌티큘러판 제작	
		Cambridge(영국)	• FLCD이용 초다시점 투사 3차원 시스템	
		Hannover대 외 (그리스)	• 입체 영상 단말기, 코덱	
		CNET(프랑스)	• 입체 영상 코딩	

미국에서는 이미 ARPA의 AVDS(Advanced Visual Display System) 연구 과제의 하나인「3D 입체 영상 및 그래픽 디스플레이 기술 개발」을 비롯하여 NASA, AT&T, MIT 대학 등을 중심으로 항공 우주, 방송통신, 국방, 의료 등의 응용을 목적으로「실감 3차원 다중매체」 개발을 추진하고 있으며, 일본에서는 TAO(Telecommunication Advanced Organization)의 「고도 입체동화상 통신」이란 국책 과제를 중심으로 NHK, NTT, ATR 등에서 차세대 3차원 입체 TV에 관한 연구그룹을 형성하여 3D TV의 프로토타입을 개발 완료하고 이것의 실용화 연구를 진행하고 있다.

유럽에서는 ATM망을 이용한 화상회의용 3D 입체 영상 전송 및 디스플레이 시스템 개발을 위해 DISITIMA(Digital STereoscopic IMaging & Application) 프로젝트에 이어 PANORAMA(PAckage for New OpeRational Autostereoscopic Multiview system and Applications) 프로젝트를 집중 추진하고 있으며 이와 별도로 영국의 Cambridge 대학의 Rainbow 그룹에서는 그림 12.21과 같이 시분할 방식의 15안식 50인치 3차원 입체 디스플레이 시스템을 개발하고 있다.

그림 12.21
Cambridge 대학의 15안식 50인치 3D 디스플레이 시스템

한편, 국내의 3차원 디스플레이 기술은 선진 각국에 비해 극히 초보적인 기초연구 단계에 머무르고 있으나 최근 차세대 첨단 기술로 떠오른 3차원 영상 디스플레이 기술에 대한 관심 증대로 인하여 표 12.5와 같이 일부 기업체, 연구소, 대학 등을 중심으로 활발한 연구 개발을 진행하고 있다.

표 12.5 3차원 디스플레이 관련 국내 연구 개발 동향

특 징	연구 개발 기관		기술 개발 개요	3차원 디스플레이 주요 연구개발 동향
일부대학, 연구소, 기업을 중심으로 독립적으로 3차원 기반 기술 연구 진행	연구소	한국게임 지원 센타	• 3D Animation/3D Game/3D VR S/W	• 10인치급 안경식 입체 모니터 시스템 개발 연구 • 15인치급 양안식 입체 모니터 개발 연구 • 고선명 홀로그래픽 스크린 기술 개발 • 다시점 3차원 디스플레이 기술 개발 필요
		한국표준 과학 연구소	• 감성 공학(3D 시청 환경)	
		KIST	• 홀로그래픽 컬러 스크린 다시점 시스템	
		KAERI	• 편광 방식 입체 영상 모니터/입체 카메라	
		ETRI	• 안경식 3D TV 시범 서비스 방송 사업 진행(2002년 월드컵 중계)대학	
	대학	광운대	• 초다시점 3D 디스플레이 시스템 • 홀로그래픽 3D 동화상 비디오	
		서울대	• Integral Photograph를 이용한 3차원 디스플레이	
		연세대	• 다시점 스테레오 영상 처리	
		강원대	• 2D/3D 변환 기술, 스테레오 영상 압축 및 복원	
		한남대	• 중간시점 영상 합성 기술	

표 12.5 3차원 디스플레이 관련 국내 연구 개발 동향 (계속)

특 징	연구 개발 기관		기술 개발 개요	3차원 디스플레이 주요 연구개발 동향
	기업	삼성종합기술원	• HOE를 이용한 LCD 3D모니터 시연	
		삼성전자	• 15″급 안경식 입체 영상 모니터 개발	
		현대전자	• 3D 평판 디스플레이 모니터	
		AIS(주)	• 3D 입체 촬영 기술 개발, 3D 컨텐트 제작	
		3D 코리아	• HMD 개발, 3D 컨텐트 개발	
		(주)포비스	• 렌티큘러 사진	
		렌텍크월드(주)	• 렌티큘러 사진	
		아솔(주)	• 캠코더용 3D 아답터	
		우보전자(주)	• 가상 현실용 H/W S/W	
		인포텍	• 무안경 3D 영상 재생 디스플레이 장치	
		송산(주)	• 홀로그램 제작(광고, 예술)	
		HUHU(주)	• 편광 방식 입체 모니터 및 입체 카메라	

즉, 삼성종합기술원에서는 LCD와 HOE를 이용한 무안경식 입체디 스플레이 시스템을 개발하였으며, 한국원자력 연구소에서는 입체 카메라 및 자동 입체 TV 등을 개발하고, KIST에서는 홀로스크린을 이용한 무안경식의 입체 영상 투사기 그리고 렌티큘러 방식의 스테레오 디스플레이 기술 연구를 수행하고 있다. 그리고 광운대, 서울대, 충북대, 연세대, 강원대 등 대학에서는 스테레오 카메라를 이용한 3차원 영상의 합성 및 전송을 위한 3차원 영상 기반 기술과 차세대 홀로그래픽 3차원 입체 디스플레이 기술 등을 연구하고 있다.

3.3 3차원 디스플레이의 향후 전망

(1) 3D 입체 영상 기술의 연구 개발 방향

3D 입체 영상 디스플레이 기술은 지금까지 수십 종류 이상의 방식이 개발되고 있는데, 이는 용도와 이용되는 디스플레이 종류에 따라 표시 방식이 달라지기 때문이다. 향후 3D 입체 영상 기술의 연구개발 방향은 스테레오 방식에서 다시점 방식으로 고해상도

기술로 진행되고 있다. 크기면에서는 15인치와 30인치를 경계로 게임, 정보단말기 및 3D TV 등의 응용 분야로 구분해 볼 수 있다.

2000년 이전에는 홍보 전시용으로 CRT나 LCD 프로젝트를 이용한 100인치 이상의 대형 프로젝션 방식이 주로 개발되었으며, 최근에는 LCD의 대형화에 따라 15인치 이상의 개인용 정보 단말기나 게임기, 상업용으로는 CAD나 의료용 모니터가 개발되고 있다.

입체 영상 기술에서는 여러 방향의 영상을 표시할 수 있는데, 좌우안 두 개 영상을 이용한 경우를 스테레오 방식이라 하고 다수인 경우를 다시점 방식이라 한다. 그러나, 표시 방향이 증가할수록 디스플레이의 해상도가 커져야 하기 때문에 현재는 스테레오 방식이 대부분이며 완전한 3차원을 표시하는 3D(Full parallax 3D) 기술과 구별하기 위하여 2.5D라고도 한다. 완전한 3차원 기술로는, 공상영화에서 볼 수 있는 공중에 떠 있는 실물같은 영상이라든지, 홀로그램 기술을 이용하여 모든 방향에서 영상을 볼 수 있는 방식 등이 있다. 향후에는 대화면, 고해상도의 디스플레이 개발과 함께 보다 많은 영상 정보를 표시할 수 있게 되면서 자연스러운 영상 표시와 다수인이 시청 가능한 3D TV 개발도 예상된다.

그리고 3D 디스플레이의 주요 과제로는 현재 비안경식에서 관찰자의 위치를 자동으로 추적하여 3차원 영상을 표시하는 오토스테레오스코픽(autostereoscopic) 디스플레이 방식이 개발되고 있으며 여기에는 머리 추적, 눈동자 추적, 그리고 얼굴 추적과 같은 화상 인식 기술이 적용되고 있다. 그리고, 3차원 영상에 의한 생체 효과로서 어지러움, 두통, 눈의 피로감 등이 발생하는데 보다 자연감 표시가 가능하도록 인간의 심리 영향에 대한 연구로서 휴먼 팩터(human factor) 기술이 필요하다.

(2) 차세대 디스플레이의 기술 개발 동향

미래사회는 정보통신의 시대라고 한다. 정보기기의 소형화와 더불어 손이나 몸에 지닐 수 있는 hand-held나 wearable device가 개발되고 있으며 안경 방식의 초소형 디스플레이와 컴퓨터나 영상기기를 착용하고 정보의 송수신이나 영화를 감상하는 미래의 인간생활을 상상해 볼 수 있다.

3D 입체 영상 기술에서도 인간의 오감 전부를 자극할 수 있는, 보고 듣고 만지며 냄새까지 맡을 수 있는 3차원 시뮬레이터 기술이 개발되고 있고 가상공간에서 실제 상황을 재현하거나 경험할 수 있는 가상현실 기술도 미래에 기대되는 분야이다.

그러나, 실제 영상을 보고 느낄 수 있는 디스플레이 기술의 발전 없이는 미래의 정보화 시대가 불가능하다. 이미, 차세대 디스플레이는 CRT에서 LCD, PDP, EL 등의 평면 디스플레이로의 기술 발전과 더불어 크게 3가지의 기술 개발 동향이 있다. 이러한 기술 추세는 서로 연관되어 최종적으로는 3D 입체 영상 디스플레이의 기술과 연관되어 있다.

첫 번째는 콤팩트한 소형화 기술이다. 정보기기의 휴대화와 더불어 palm-top용 또는 1인치 이하의 초소형 마이크로 디스플레이를 적용한 안경 방식이 개발되고 있다. 이는 hand-held 또는 wearable 디스플레이로서 정보통신기기, 개인용 게임기 및 입체 안경에 응용이 가능하다.

두 번째는 대화면 기술이다. PDP 및 프로젝션 디스플레이가 개발되면서 벽걸이 TV 시대가 가능하게 되었고, Home theater 시장도 급속히 확대되고 있는 추세이다. 향후에는 입체 영화만을 상영하는 소형 입체 영화관이나 건축이나 연예 분야의 이벤트를 위한 3차원 영상 전시가 가능할 것으로 예상된다.

세 번째는 입체화이다. 여기에는 초소형 디스플레이를 이용한 HMD 방식과 LCD와 같은 평면 디스플레이를 이용한 3차원 정보단말기가 있다. 3차원 디스플레이에 적합한 디스플레이로서 LCD가 주로 이용되는데, 이미 개인용 모니터 및 산업 분야에서 각종 계측기용 표시소자로서 이용이 증가하고 있다. 따라서, 기존의 2차원 디스플레이에 2D/3D 호환이 가능한 기술을 접목하게 되면 3D 디스플레이의 응용 분야도 급속히 증가할 것으로 예상된다. 즉, LCD 등의 평판 디스플레이 이후의 차세대 디스플레이로서 3D 디스플레이가 유망할 것으로 전망되고 있다.

연습문제

1. 특정의 넓이(X), 높이(Y), 그리고 깊이(Z)를 갖는 하나의 대상이 관찰자로부터 가까이 있던 멀리 있던, 관찰자는 영속적이고도 안정적으로 이 대상의 넓이, 높이, 깊이를 지각한다. 이와 같이 대상의 모양과 깊이를 안정적이고도 영속적으로 지각하는 것을 3차원 모양 및 깊이 항상성이라고 한다. 이와 같은 지각적 안정성이 누구에게서나 발견되고 또 아주 짧은 시간에 쉽게 우리의 시각 시스템에 의해 성취되기 때문에 일반적으로 이러한 지각적 안정의 중요성을 간과하게 된다. 그러면 현재의 3차원 영상 디스플레이 기술이 3차원 모양 및 깊이 항상성을 구현하고 있는지 고찰해 보자.

2. 대상에 대한 광학적 3차원 정보가 영상 장비인 카메라에 의해 수집되어 관찰자에게 전달될 수 있는 반면, 대상까지의 거리정보를 담고 있는 생리적 3차원 정보는 현재 기술 수준에서 관찰자에게 전달되지 못한다고 한다. 그러면 생리적 3차원 정보를 관찰자에게 전달하지 못하는 이유는 무엇이며, 그것을 해결하기 위한 현실적인 방안을 생각해 보자(여기서 광학적 3차원 정보는 말 그대로 빛의 속성을 가지고 있고, 따라서 3차원 영상 디스플레이 시스템에서 카메라를 이용해 쉽게 획득해 낼 수 있는 정보를 말한다. 또한 생리적 3차원 정보는 관찰자의 눈 구조에 의해 수집되는 3차원 정보이다.).

3. Johnston(1991)은 실제 정신물리학적 실험을 통하여 인간의 시각정보 처리 시스템은 망막에 형성된 양안 시차 정보를 관찰대상까지의 거리로 scaling 함으로써 주어진 대상의 깊이를 지각한다는 것을 경험적으로 보여 주었다. 그러면 3차원 모양 및 깊이 항상성이 어떻게 인간정보 처리 시스템에서 구현되는지 그리고 어떻게 구현할 것인지에 대해 고찰해 보자.

4. 3차원 디스플레이 기술로는 다양한 방식들이 꾸준히 연구 개발되고 있으며 세계적으로 아직 그 표준이 정해지지 않은 실정이다. 3차원 디스플레이 기술의 주된 평가 요소 중 하나는 특수한 보조 안경을 착용하지 않고도 3차원 영상의 관찰이 가능한가(autostereoscopy) 하는 점인데, integral photography(IP) 기술은 최근 주목 받고 있는 autostereoscopy 디스플레이 기술 중 하나이다. 특히 이 기술은 촬상 소자 및 디스플레이 소자의 발달과 함께 실시간 IP인 집적 영상(integral imaging : II) 기술로 발전하였다. 그러면 이 기술의 장점에 대해 논의해 보자.

5. 2D와 3D 영상 디스플레이를 비교하고 논의하시오.

6. 패럴랙스 배리어의 원리와 렌티큘러 시트의 원리를 설명하시오.

7. 양안 시차와 임장감에 대해 용어를 설명하시오.

8. 현재 3D 디스플레이가 갖는 문제점 및 향후 개선 방향에 대해 논의하시오.

참고문헌

[1] 김은수, 이승현, 3차원 영상의 기초, 기다리, 1998. 3

[2] 한국디스플레이연구조합, 최첨단 정보디스플레이 기술 기획보고서, 산업자원부, 1999. 6

[3] 김은수, 해외 3DTV 방송 기술의 현황 및 국내 적응 방안 연구, KORA 연구보고서 99-24, 한국무선국관리사업단, 2000. 8

[4] 김은수, 이승현, "3차원 디스플레이 현황과 전망", 제3회 3D 워크샵 및 전시회 논문집, PP. 126, 1999. 11

[5] 김은수, "차세대 3D 디스플레이 기술 개발 동향", 2000년도 3차원방송영상학회 학술발표 논문집, PP. 106134, 1999. 6

[6] 21세기 정보지식의 창, 한국디스플레이 연구조합, 2002

[7] 차세대 평판 디스플레이 기술 개발 동향 분석, KISTEP, 2002

[8] A. Travis, "The Display of Three Dimensional Video Images", Proc. IEEE, vol.85, no.11, PP. 18171832, 1997.

[9] N. Dodgson et. al., "A 50" Time-multiplexed Autostereoscopic Display.", Proc. SPIE, vol. 3957, 2000. 1

[10] Y. Kajiki, "Autostereoscopic 3D Video Display using Multiple Light Beams with Scanning.", IEEE Trans. on Circuits & Systems for Video Technology, vol.10, no.2, PP. 254260, 2000. 3

[11] R Buschmann, "Stereoscopic & 3D Visual Communication for the Future", Proc. SPIE, vol. 3639, PP. 232239, 1999. 1

[12] 고임장감 디스플레이 특집, 월간디스플레이(일본), vol.6, no.1, PP 4882, 2000. 1

[13] 한국디스플레이연구조합(http://www.edirak.or.kr/), 3D 디스플레이의 정의 및 특징

[14] 김경태, 손정영 공역 "3차원화상 용어사전", 기다리, PP. 177178, 2002. 4

[15] 원저 : 야마다 카즈히코, 번역 : 김경태, 손정영 "렌티큘러판 삼차원 화상 표시 기술", 기다리, 2003. 6

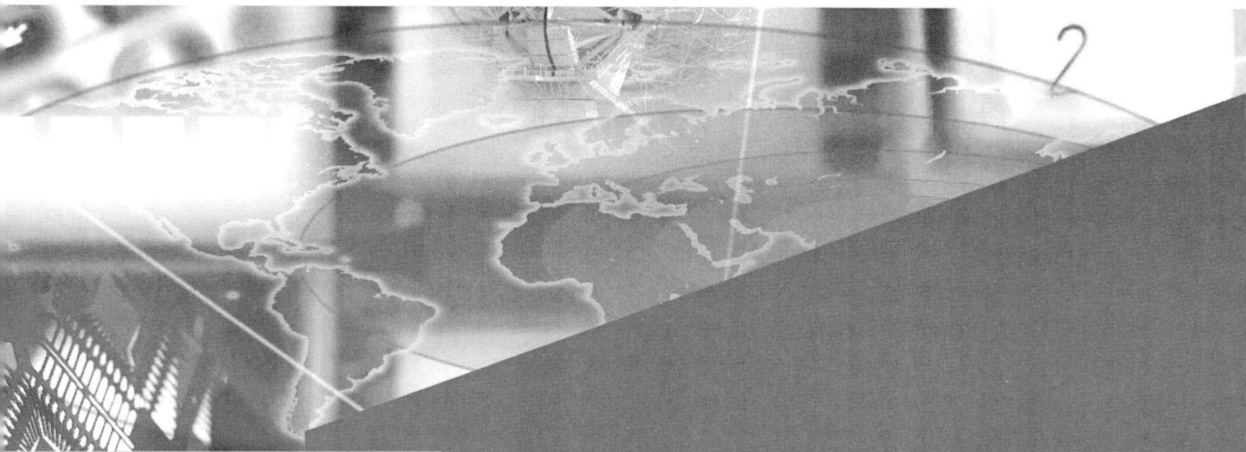

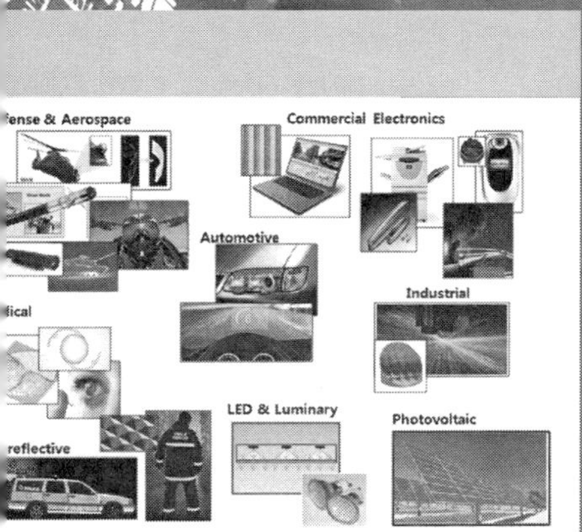

디스플레이 응용 시스템

Chapter 12 → 13

* 1 Display Engineering

디스플레이 응용 시스템이란?

1.1 디스플레이 응용 시스템

디스플레이는 화면에 문자나 도형의 형식으로 데이터를 시각적으로 표시하는 장치라고 정의할 수 있고, 현대적 의미로는 정보를 전달함으로써 인간과 기계를 연결시켜주는 장치로 정의할 수 있다. 또한 기능적인 측면으로도 정의할 수 있는데, 전기적인 정보신호를 빛 정보신호로 변환하여 인간의 시각이 인지할 수 있도록 패턴화된 정보를 전달하는 일련의 출력변환 장치를 디스플레이라고 말한다.

디스플레이는 크게 발광형과 비발광형으로 구분되고, 대표적인 발광형 디스플레이로는 CRT, ELD, FED, PDP, VFD 및 LED 등이 있으며, 비발광형 디스플레이로는 LCD, ECD, EPID, TBD, 및 SPD 등이 있다. 가정이나 사무실에서 쉽게 볼 수 있는 대표적인 디스플레이로는 CRT, LCD, PDP, 및 OLED (유기EL) 등이 있다. CRT는 Cathode Ray Tube(음극선관)의 약어로 일명 브라운관으로 불리며, 가장 널리 사용되고 있는 표시장치로 전기신호를 전자빔으로 형광면에 쏘아 화면을 보여주는 장치이다. LCD는 액정 디스플레이(Liquid Crystal Display)의 약어로 2장의 얇은 유리판 사이에 고체와 액체의 중간물질인 액정을 주입하여 상하 유리판 위에 형성된 전극에 가해지는 전압에 의해 액정의 분자 배열을 변화시켜 빛을 통과시키거나 차단하는 기능에 컬러필터와 백라이트를 결합하여 화상을 표시하며, 구동 방식에 따라서 주사전극과 신호전극을 XY형태로 배치하고 그 교차 부분을 표시 화소로 이용하는 수동 매트릭스 방식(TN&STN)과 각 표시화소마다 박막 트랜지스터(TFT)를 배치하여 각각의 화소를 직접 구동하는 능동 매트릭스 방식(TFT)으로 나뉜다. LED는 발광 다이오드(Light Emitting Diode)의 약어로 빛을 발하는 반도체 소자이며, 모놀리식과 하이브리드형으로 분류된다. 반도체라는 특성으로 인해 처리속도, 전력소모, 수명 등에서 다른 디스플레이보다 훨씬 좋은 특성을 보이는 큰 장점을 가지고 있다. PDP는 플라즈마 디스플레이 패널(Plasma Display Panel)의 약어로 전극이 형성된 상판과 하판의 유리 사이에 Xe/Ne 혹은 Xe/Ne/He의 혼합가스을 넣고 전기방전을 일으키면 플라즈마가 만들어지고, Xe 가스에서 만들어지는 자외선(147nm)이 하판의 형광체를 자극하여 빛을 내는 자발광 디스플레이이다. 발생된 빛은 상판 유리를 통하여 발산되므로 반사형 형광체를 사용한다. PDP는 발광형으로 선명한 표시가 가능하며 대형 TV 패널로 표시품위가 높을 뿐 아니라 응답 속도가 빠르면서 신뢰성이 높고 수명이 길기 때문에 수요가 급증할 것으로 예상되었으나, 경쟁 제품인 LCD 대비 가격 경쟁력 약화와 소비전력이 높다는 이유 등으로 시장에서 제품 경쟁력을 잃어 거의 사라지고 있다. OLED는 유기 발광 다이오드(Organic Light Emitting Diode)의 약자로 특정한 반도체 물질에서 전기적 충격으로 분리된 전자와 정공이 재결합하면서 발광하는 현상을 이용해서 색상을 표시한다. OLED는 직접 빛을 내기 때문에 백라이트가 필요 없으며, 빛의 표현 범위가 LCD보다 더 넓고 CR이 뛰어나다. 고휘도, 저전력, 장수명화가 실현되고 있어 OLED는 LCD를 대신하는 차세대 평판 디스플레이로 크게 관심을 받고 있는 기술 중의 하나이다.

이처럼 급속한 기술 개발로 TV, 카메라, 자동항법장치 혹은 게임기기에 이르기까지 각종 전자기기가 생활 전반에 퍼지면서 사람과 전자기기의 정보 전달 방법이 중요해지고 있다. 이러한 급속한 기술 개발에 의한 환경 변화에 따라서 전자기기와 사람 사이의 정보 전달에 있어서 가장 보편화된 방법이라 할 수 있는 디스플레이 기술 또한 지속적으로 발전해가고 있으며, 이렇게 특정 분야, 또는 제품에 맞춰서 디스플레이를 응용하는 것을 디스플레이 응용 시스템이라고 한다.

D i s p l a y E n g i n e e r i n g

* 2 기존 디스플레이 응용 시스템

2.1 CRT(Cathode-ray Tube)

CRT는 전자빔의 작용에 의해 전기신호를 영상이나 도형, 문자 등으로 변환하여 표시하는 특수진공관으로 1897년 독일의 물리학자인 Karl Ferdinand Braun에 의해 발명되었다. CRT는 100여 년 동안 인류의 디스플레이로서 연구개발을 거쳤기 때문에 휘도, 시야각, 콘트라스트 등 전반적인 화질특성이 우수하고, 가격이 저렴하다. 그러나 차세대 평판 디스플레이와 비교하여 두께와 무게, 부피 특성에 있어서는 단점을 지닌다. 구현하는 색상에 따라 단색 CRT와 컬러 CRT로 구분되고 용도에 따라 TV용으로 사용되는 CPT(Color Picture Tube), 컴퓨터 모니터용으로 사용되는 CDT(Color Display Tube)로 구분되며, 사용방식에 따라 직사형과 투사형으로 분류된다.

2.2 CRT의 응용

(1) TV용 CPT

일반적으로 가정용 TV의 브라운관을 지칭하며 19세기에 활발하게 연구된 음극선관 중 톰슨(Joseph John Thomson, 1856~1940)이 사용한 것을 응용하여 개발하였다. 두 전극 사이에 전류가 흐를 때 전위가 낮은 쪽의 극을 음극이라고 부르며, 이 음극에서 방출된 전자들의 흐름을 연구하기 위해 고진공 전자 유리관으로 이루어진 실험 장치를 음극선 관이라 부른다. 원형의 구조를 탈피할 수 없고 음극선을 발생시키는 전자총 때문에 TV 브라운관은 앞뒤로 길이가 길고 4군데의 모서리가 원형이다. LCD와 같이 최근에 개발된 평면 디스플레이 기술은 음극선 관을 사용하지 않으므로 얇은 두께와 완전한 사각형의 화면을 구성한다.

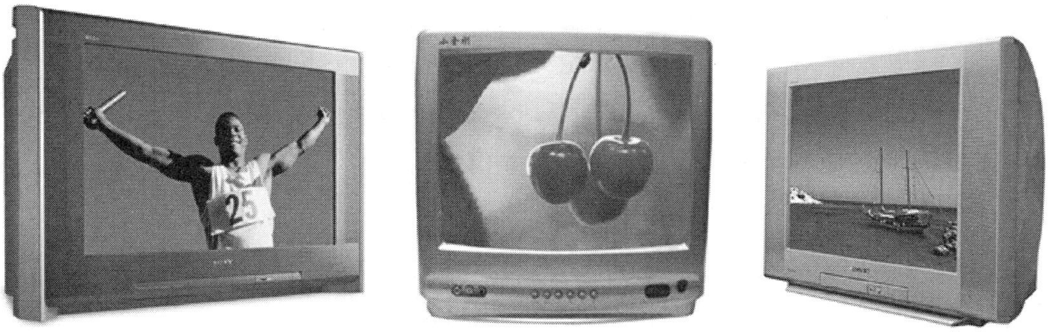

그림 13.1

TV용 CPT

(2) 모니터용 CDT

모니터용 CDT는 컴퓨터의 기호나 또는 컴퓨터에 입력된 것들을 화면 상에 표현하는 장치이다. 우리나라 같은 경우 컴퓨터가 대중화됨에 따라 컴퓨터의 필수품인 모니터 또한 대중화되었다. 초창기 컴퓨터 모니터는 위와 같은 CRT의 원리로 만들어졌으며, 그에 따라 그 크기 또한 컸다. 하지만 LCD 모니터의 등장으로 CRT 컴퓨터 모니터의 수요가 급격히 줄고 있다.

그림 13.2

컴퓨터용 CDT

하지만 TV용 CPT와는 다르게 아직 컴퓨터 게임 매니아 층이나 컴퓨터 게임을 주 목적으로 컴퓨터를 사용하는 사람들은 컴퓨터용 CDT를 많이 이용하고 있다. 예를 들어 게임을 플레이 할 때 CRT 모니터를 쓰는 이유는 LCD 모니터 같은 경우에는 CRT 모니터에 비해 다른 면에선 월등히 더 좋은 모습을 갖추긴 했어도 간혹 4:3 비율을 풀 스크린으로 하는 목적 그리고 가장 중요한 부분인 약간의 잔상처리가 아예 없다는 점 때문에 CRT 모니터가 더 유리하다. 잔상 효과 때문에 화면넘김 처리가 부드러워 눈의 피로가 덜 하다. 이러한 점이 컴퓨터 게임 유저들이 CDT기반의 CRT 모니터를 사용하는 핵심적인 이유이다.

2.3 VFD(Vacuum Fluorescent Display)

VFD는 양극(anode), 음극(cathode)과 그리드(grid)로 구성되는 3극 진공관을 응용한 표시 소자이며, 진공관과 동일한 원리를 이용하여 진공 용기 내의 음극에서 발생한 전자를 양극 위에 형성된 형광 표시에 조사하여 발광되는 자발광 소자이다. 기본적인 원리는 음극에서 방출된 열전자가 음극과 양극 사이에 위치한 그리드 전압으로 제어 및 가속되어 양극에 있는 형광체(표시소자)에 충돌하여 발광을 하게 되는 것이다. VFD는 저속 전자선 여기 발광 특성을 갖는 형광체에 열전자를 조사해 문자, 기호, 도형 등의 표시 기능을 갖게 한 직열형 3극 진공관으로 표시패턴의 임의성, 시각적 인식성이 높으며 동작 전압이 낮기 때문에 MOS IC에 의한 직접구동이 가능하다. VFD는 액정에 비해 자발광이기 때문에 보기가 쉽고 선명한 색상 표시가 가능하며, 동작 온도가 −40 ~ 85°C로 넓고 수명측면에서도 1만 시간 이상의 고 신뢰성의 특성을 가지고 있다

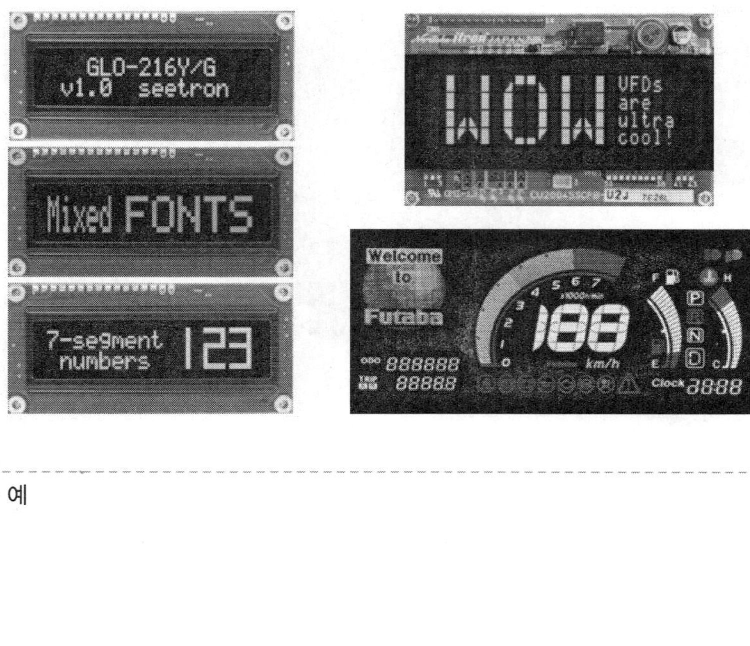

그림 13.3
VFD의 응용 예

2.4 VFD의 응용

형광표시관은 시인성이 우수하고, 광범위한 녹색 발광 파장 특성을 가지기 때문에 오디오, DVD 및 Video player의 표시 소자, 차재용의 시계, 계측기, 카 오디오 등에 광범위하게 사용되고 있다.

2.5 PDP(Plasma Display Panel)

PDP는 Plasma Display Panel의 약자로 전면유리와 배면유리 및 그 사이의 칸막이에 의해 밀폐된 유리 사이에 Ne+Xe 또는 Ne+Xe+He 등의 가스를 넣어 양극과 음극의 전극에 의해 전압을 인가하여 발광된 네온광을 표시광으로 이용하는 전자표시장치를 일컬으며 기체 방전 현상을 이용한 표시소자이므로 기체 방전 표시(gas discharge display) 소자라고도 부른다. 양극과 음극에 강한 전압을 걸면 그 안에 있는 가스가 활성화되었다가 시간의 경과에 따라 다시 본래의 안정된 상태로 돌아가면서 마치 오로라 같은 강하고 아름다운 빛을 발하게 되는데, 이 플라즈마 현상을 이용한 것이 플라즈마 디스플레이인 것이다.

두 장의 유리 기판은 0.1mm의 작은 간격을 유지하고 있는데 그 사이에 네온과 크세논 등의 가스를 채우고 수많은 격벽으로 구성된 방전공간에 R, G, 및 B의 3가지 형광체를 코팅, 유리 기판에 형성된 전극에 전압을 가하면 방전현상이 일어나게 된다. 여기서 발생한 자외선이 형광체에 부딪히면서 빛이 발생하며 이를 조합해 화상을 구현하는 것이 PDP의 기본원리이다.

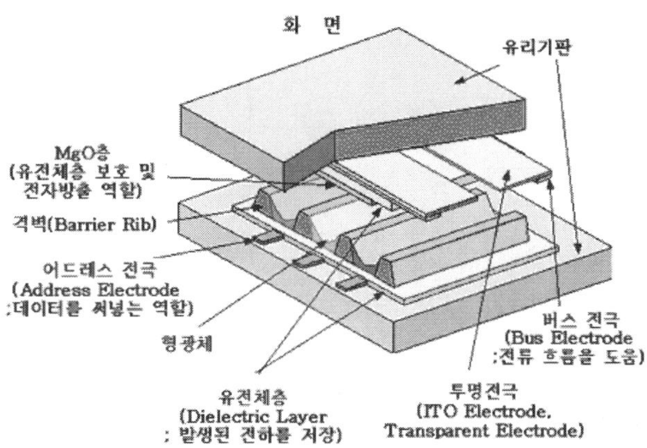

그림 13.4
PDP의 구조

이때 DC형 PDP의 경우는 전극이 방전가스에 직접 노출되어 있으므로 방전을 되풀이하면 할수록 전극 자체가 스퍼터링을 일으키고 금속이 증발해버리는 커다란 약점을 가지고 있었다. 이러한 결점을 보완하기 위해 전극을 유전체막으로 코팅하고 전극의 금속이 증발하는 것을 방지한 것이 AC형 PDP 이다. 하지만 이 AC형 PDP에도 해결해야할 문제점은 있다. 방전은 이온과 전자의 움직임이기 때문에 방전이 일어나면 이온이 형광체에 닿아 형광체가 부서져버리는 문제점이 그것이다. 형광체는 이온에 매우 약한 소재로 AC형과 DC형 모두 제품 수명을 줄이는 중대한 단점이다. 또한 화면의 밝기, 계조 등을 표현하는 부분에서도 초기에 많은 문제점이 있었다. PDP TV는 LCD에 비하여 색상 표현능력이 우수하고 LCD의 액정이 백라이트의 빛에 의존하는데 반해 PDP는 가스튜브가 자체적으로 빛을 낸다. 또 LCD의 경우에는 분자의 재배열 속도를 뛰어넘을 정도로 빠르게 움직이는 화면을 제대로 표현하지 못해 잔상이 생겼지만, PDP는 가스튜브를 이용해 빛을 내므로 오히려 화면 응답 속도가 빠르고 잔상도 적다. 따라서 화면의 시야각 역시 PDP가 우세하다.

2.6 PDP의 응용

PDP가 사용된 디스플레이 제품으로는 PDP TV가 있다. PDP는 1964년에 PLATO computer system이란 회사를 위해서 일리노이 주립대학 Urbarna-Champaign의 Donald L. Bitzer와 H. Gene Slottow가 발명하였다. 초기 단색 PDP(주로 오렌지나 녹색)는 영상을 갱신하기 위해 메모리나 전기 회로가 필요하지 않았기 때문에 큰 인기를 얻었다. 하지만 1970년대 후반부터 CRT TV에 쓰이던 반도체 메모리를 플라즈마보다 싼 값에 생산할 수 있게 되자 판매가 감소하기 시작했다. 그 뒤, 1997년에 일본 파이오니어 주식회사가 상업용 플라즈마 텔레비전을 최초로 시판하였다. 화면 크기는 1992년 21인치에서 시작하여 2006년 미국 라스베가스에서 열린 consumer electronic show(CES)에서는 파나소닉의 103인치 대형 PDP TV가 발표되었다. PDP는 CRT와 같이 자발광 디스플레이이면서 두께도 얇은 장점으로 CRT TV를 대체하는 대형 디스플레이 TV로 상용화 되었다.

그림 13.5
Panasonic사의 103인치 PDP TV

이 밖에도 PDP가 사용된 디스플레이는 상업적, 공적 게시판에 사용되고 오락실에서 사용되는 게임기기의 디스플레이로 많이 사용되었다. 이 제품들에 사용된 PDP 기술들은 PDP TV에 적용된 것과 같다.

그림 13.6
PDP 응용 제품

2.7 LCD

LCD는 수백만 개의 작은 셀들이 매트릭스 형태의 구조로 이루어진 박막 표시장치다. 액정 셀은 끝이 봉해진 2장의 유리판 사이에 액정이 들어 있는 구조로 유리판 내면에는 각각 나타내고자 하는 상을 표시하기 위한 전극이 형성돼 있다. 이들 전극들은 외부 단자에 전기적으로 접속되어 있다. 액정은 언뜻 보기에는 액체이지만 광학적으로는 결정체와 같은 이방성을 나타내는 특이 상태의 것으로 일정 온도 범위에서 액정이 되는 'thermotropic liquid crystal'이라 불리는 유기화합물이다. LCD에는 반사형과 투과형이 있는데 반사형은 LCD 패널의 전면으로부터 입사시킨 빛을 패널 뒷면에 부착돼 있는 반사판에 반사시켜 표시하는 형이며 투과형은 배면으로부터 주위광 또는 형광을 입사시켜 상을 나타내는 형이다.

2.8 LCD의 응용

(1) 수동형(Passive-matrix) LCD

수동형 LCD는 전자계산기나 시계에 주로 쓰인다. 액정이 배열된 패널의 가로축과 세로축에 전압을 가해 그 교차점에 있는 액정을 구동시키는 방법으로 화면을 구성한다. 수동형 LCD에는 각 소자별로 270도까지 선회가 가능한 STN(super twisted nematic) 방식의 액정을 사용하는 경우가 일반적이다. 구조가 단순해서 생산성이 높고 생산 단가도 싼 것이 장점이지만 화질이 낮고, 응답속도도 느려서 빠르게 움직이는 영상을 표시할 때 잔상이 심하게 발생하는 것이 단점이다. 전자계산기나 시계와 같은 소형 제품에 주로 쓰인다.

그림 13.7
수동형 LCD 디스플레이

(2) 능동형(Active-matrix) LCD

독립적으로 제어가 가능한 액정을 배열하는 방식으로 화면을 구성한다. 대표적인 능동형 LCD는 각 화소를 박막 트랜지스터로 제어하는 TFT(Thin Film Transistor) 방식이다. 수동형 LCD에 비해 한층 높은 화질을 구현할 수 있으며 응답 속도가 빨라서 움직이는 화면을 표시할 때의 잔상도 적다. 다만, 구조가 복잡한 편이라 생산단가가 높은 편이다. 시중에 쓰이는 절대 다수의 LCD TV나 모니터가 바로 능동형, 그 중에서도 TFT 방식이다. TFT LCD는 패널의 액정 배열 방식에 따라 다시 몇 가지로 구분이 된다. IPS나 VA 패널은 TN 패널과 달리, 측면에서 봐도 화면의 왜곡이 적다.

1) TN(Twisted Nematic) 방식 TFT-LCD 패널

그림 13.8
TN 방식 TFT-LCD 패널

평소에 수평 방향을 향하고 있는 액정 입자가 전압이 들어오면 수직으로 방향이 전환되며 화면을 표시한다. 가장 오래되었고 또 많이 쓰이는 TFT-LCD 방식이다. 반응 속도가 빨라서 잔상이 적다. 상대적으로 생산 단가도 낮고 전력 소비도 적다. 다만, 색상 표현 능력이 떨어지는 편이고 시야각이 좁아서 좌우나 상하 방향에서 보면 화면이 왜곡된다. 보급형 TV나 모니터에 주로 쓰인다.

2) IPS(In Plane Switching) 방식 TFT-LCD 패널

수평 방향의 액정 입자를 옆으로 회전시키며 화면을 표시한다. TN 방식의 단점을 개량한 것으로 색상 표현력이 높고 다양한 각도에서 보더라도 화면 왜곡이 적은 것이 최대의 장점이다. 시야각이 넓다고 하여 광시야각 패널로 불린다. 다만, TN 방식에 비해 화면 응답속도가 늦은 편이며 전력 소비가 많고 생산 단가도 높은 것이 단점이다. 주로 디자이너와 같은 전문가용 디스플레이 기기에 많이 쓰인다.

그림 13.9
IPS 방식 TFT-LCD 패널

3) VA(Vertical Alignment) 방식 TFT-LCD 패널

그림 13.10
VA 방식 TFT-LCD 패널

평소에 수직을 향하고 있는 액정 입자가 수평으로 방향이 전환되며 화면을 표시한다. IPS와 함께 광시야각 LCD 패널 시장을 양분하고 있는 방식이다. 색상 표현 능력은 TN과 IPS의 중간 정도 수준이며, 응답속도는 느린 편이지만 화면의 밝은 부분과 어두운 부분을 구분하는 명암비가 우수해 사진 감상에 유리하다. 가격도 TN과 IPS의 중간 정도다.

2.9 LED(Light Emitting Diode)

LED는 GaAs 등의 화합물에 전류를 흘려 빛을 발산하는 반도체 소자로, 반도체의 p-n 접합구조를 이용하여 소수캐리어(전자 또는 정공)를 주입하고 이들의 재결합에 의하여 발광시킨다. LED는 전기 에너지를 빛에너지로 전환하는 효율이 높기 때문에 최고 90%까지 에너지를 절감할 수 있어, 에너지 효율이 5% 정도밖에 되지 않는 백열등·형광등을 대체할 수 있는 차세대 광원으로 주목되고 있다. LED는 아래 위에 전극을 붙인 전도물질에 전류가 통과하면 전자와 정공이라고 불리는 플러스 전하입자가 이 전극 중앙에서 결합해 빛의 광자를 발산하는 구조로 이루어져 있는데, 이 전도물질의 특성에 따라 빛의 색깔이 달라진다.

2.10 LED의 응용

(1) 조명

가시광선 범위의 LED를 응용한 제품들로는 먼저 LED를 이용해 만든 조명 제품들이 있다. LED는 전기 에너지의 약 98%를 빛으로 발산하기 때문에 다른 조명들에 비해 효율이 높다. 또한 백열 전구와 같이 필라멘트를 이용하여 빛을 내는 것이 아니기 때문에 열과 낮은 온도, 충격 등에 강하다. 또한 수명이 길고 소비전력에 비하여 더 선명하고 밝은 빛을 볼 수 있기 때문에 많은 조명 제품들이 LED 조명으로 빠르게 교체되고 있다.

(2) LCD 디스플레이용 Backlight

가시광선 LED를 이용한 다른 제품으로는 LED TV가 있다. 엄밀히 말하자면 지금 시중에 나오고 있는 LED TV는 진보된 형태의 LCD TV로 일반적인 LCD TV의 백라이트(backlight)인 CCFL(cold cathode fluorescent lamp)을 LED BLU로 바꾼 것이다. LED TV의 장점은 기존의 LCD TV의 두께보다 더 얇게 만들 수 있다는 점이고, 수은이나 납을 이용하여 빛을 내는 것이 아니라 LED 자체적으로 빛을 내기 때문에 수명이 2배 가량 늘어났으며, 화면 분할 구동이 가능해 기존의 LCD TV 전력의 50%~60% 가량을 줄일 수 있다는 것이다. 단점은 LED 특성 상 열에너지가 많기 때문에 발열 공간을 따로 만들어 주어야 하며, 또한 LED의 수명과 온도에 따라 투과 되는 빛이 변할 수 있다. 그리고 CCFL의 광효율이 50~60lm/W인데 비해 LED의 광효율은 20~30lm/W인 점도 한계이다.

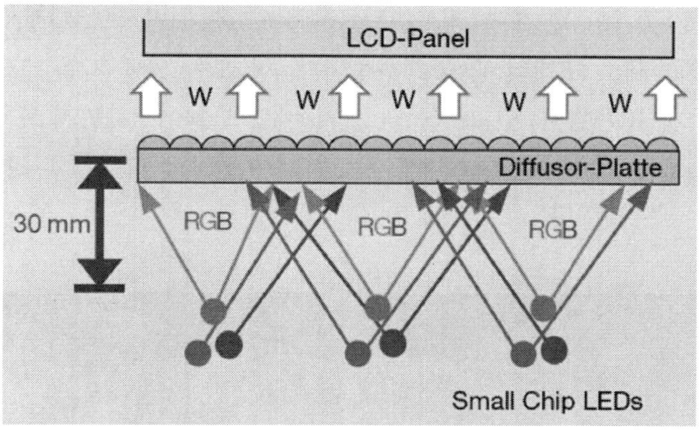

그림 13.11
LCD용 LED Backlight 설명도

(3) 대형 디스플레이

야외 대형 광고 및 스포츠 경기장에 설치되어 있는 디스플레이는 LED 디스플레이로 기존의 평판 디스플레이와 같은 화소 배열을 가져서 영상을 표현한다. 발광 다이오드를 화소에 장착한 모듈을 크기와 해상도에 맞게 장착하여 대형의 디스플레이를 구성한다. LED 디스프레이의 최소 구성요소는 LED이다. LED는 흔히 생활 속에서 볼수 있는 일반 전구와는 전혀 다른 원리로 발광하며 그렇기 때문에 밝은 낮에도 선명하게 빛을 낼 수 있다. LED가 발광하는 원리는 전구의 필라멘트에 열을 발생시켜 빛을 내게 하는 것과는 전혀 다른 것으로 전류가 흐르면 전자가 일정한 파장으로 튀어 나오는 현상이라 할 수 있다. 다시 말하면 LED는 전기 신호를 빛의 신호로 변환하는 표시 소자이다.

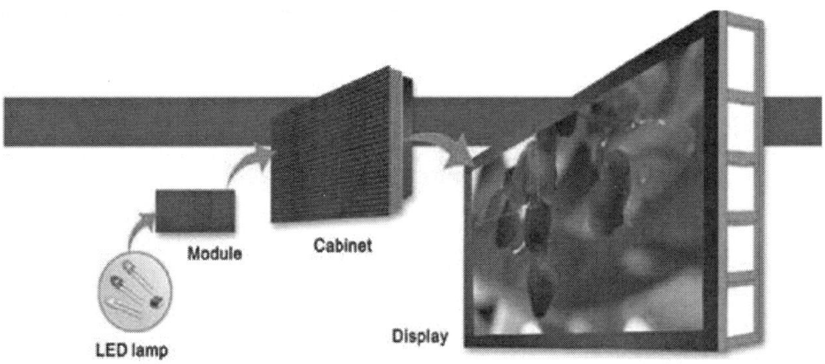

그림 13.12
LED Display 구조

LED 디스플레이는 많은 수의 화소로 이루어진 여러 개의 모듈로 구성된다. 화소는 2~5개의 LED로 이루어지며, 대형 모듈에서는 9개 이상의 다이오드로 구성되기도 한다. 보통의 모듈은 가로 16개, 세로 16개의 픽셀 구조를 갖으며, 특수한 경우 가로 32개, 세로32개의 구조를 갖기도 한다. 그리고 모듈(module)은 일반적으로 정사각형을 이루고 있으며 가로 16개, 세로 16개의 픽셀로 구성된다. 한 모듈 안에 자음, 모음이 결합된 한글 1자를 완벽하게 표현할 수 있고 영문과 숫자는 한 모듈에 2자까지 표시 가능하다. 그리고 여러 개의 모듈로 구성된 디스플레이는 원하는 신호에 따라서 다양한 영상과 문자 등을 표시하게 되는 것이다.

그림 13.13
초대형 LED 디스플레이

세계에서 가장 큰 LED 디스플레이는 중국의 Suzhou에 위치한 길이가 500m인 디스플레이이며, 가장 큰 LED TV는 미국 Cowboys Stadium에 설치된 가로49m, 세로 22m의 크기를 가진 Center Hung Video Display이다. 대형 광고 및 entertainment 관련 LED 디스플레이 시장은 향후 10~20%의 성장을 보일 것으로 예상되지만, 최근 가격 경쟁이 치열해 지면서 매년 20~30%가격 하락이 되고 있는 실정이다. 그럼에도 불구하고, LED 디스플레이는 네온사인, 고화질, 3D, 스마트화 등 다기능 첨단 LED 전자 디스플레이 시장에서 성장을 이뤄낼 것으로 예상된다.

Display Engineering

* 3 미래 디스플레이 응용 시스템

3.1 투명 디스플레이

투명 디스플레이는 화면이 투과도를 가지고 있어서 화면 뒷면이 보인다는 특징을 공유하고 있으며, 구현하는 기술 또한 매우 다양하다. 투명 디스플레이는 크게 HUD, HMD와 같은 투시형 디스플레이와 투명 LCD, 투명 OLED와 같은 직시형의 디스플레이로 나뉜다. 각각의 디스플레이는 고유의 특성 때문에 투명 디스플레이로 활용될 경우 각기 장단점을 지니게 된다.

3.2 투명 디스플레이의 응용

(1) 수송수단용 제품

수송수단용 제품으로는 주로 HUD(Head-Up Display)가 사용된다. HUD는 항공기의 조종사에게 시야의 확보를 해주면서 동시에 정보를 전달해야 할 필요에 의하여 개발된 디스플레이 형태이다. HUD의 원리는 광학엔진에 의하여 만들어진 영상을 투명한 스크린에 투영하여 사용자가 투영된 영상을 보게 하는 방식으로 작동하게 된다. 투명 스크린은 투명한 반사필터나 반사유리판을 사용하게 된다. 초기에는 주로 항공기에 사용되었던 기술이지만, 최근 외국 유명 자동차 업체 BMW부터 국내 KIA에 이르기까지 HUD를 내비게이션 및 정보표시용으로 사용하는 추세이다. HUD를 사용하게 되면 운전자가 전후좌우로 시선을 변경하지 않고 외부 사물과 차량의 운전 정보를 동시에 얻을 수 있다. 현재는 내비게이션이나 계기판 정보를 전달하는 정도의 역할을 하고 있다. 하지만 차량의 전후좌우에 카메라를 설치하여 그 영상을 HUD로 확인할 수 있다면, 앞 유리창에 설치된 HUD를 통해 전후좌우를 모두 확인하는 것이 가능하기 때문에 미래의 차량에서는 룸미러나 사이드 미러를 찾아볼 수 없게 될 것으로 기대된다.

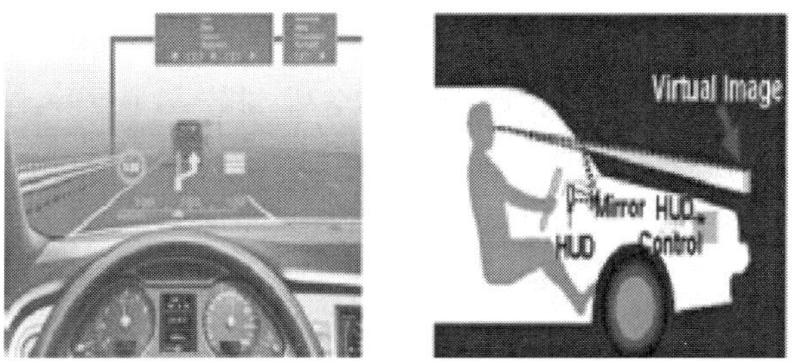

그림 13.14
자동차용 HUD 원리

그림 13.15
항공기용 HUD

(2) HMD(Head-Mount Display)

HMD는 주로 액세서리 형태로 모바일 기기에 사용될 수 있다. HUD와 마찬가지로 투사형 디스플레이이지만 투명한 스크린에 투사하는 형태가 아니라 사용자의 눈동자 내부로 직접 투사하는 방식의 디스플레이이다. 잘 알려진 제품으로는 구글에서 개발한 구글 글래스, 팔머 럭키에서 개발한 오큘러스 리프트 등이 있다. 통상의 HMD의 경우에는 사용자의 눈동자 앞에 직접 광학 엔진을 설치하게 되는데, 투명 디스플레이 형태로 사용되기 위해서는 광학 엔진은 별도의 장소에 설치하고 광학 엔진에서 제공되는 빛이 투명한 형태의 반사판을 통하여 눈동자 내부에 투사되도록 하는 형태를 취하고 있다. 하지만 아직 크고, 무거워서 착용했을 경우에 이물감과 불편함을 호소하는 경우가 많다. 또한 현재 구글 글래스의 경우 가격이 1,500달러 정도로 책정되어있는데 이렇듯 성능이나 그 용도에 비해 너무 비싸다는 단점 때문에 많은 사람들이 이용하지 못하고 있는 것이 현실이다. 이러한 단점을 해결하기 위한 방법으로는, 자체 발광 가능한 소형화 투명 디스플레이를 사용하는 방식이 있다. 이 방식을 사용하게 되면 별도의 광학 엔진이나 반사판 없이 훨씬 가볍고 편안한 착용감을 얻을 수 있기 때문에 HMD 제품의 가장 마지막 단계는 후자의 방식을 택할 것으로 보인다.

(3) 스마트 윈도우형 제품

스마트 윈도우 기반 제품은 유리창처럼 사용하지만 빛을 투과 또는 차단하는 기능도 가지고 있으며, 정보를 제공하는 디스플레이의 기능도 가진다. 전압을 가해주면 빛의 투과성을 바꾸는 제품부터, 디스플레이 형태로 사용되어서 날씨, 일정 등의 정보를 확인할 수 있는 애플리케이션을 사용하는 제품까지 굉장히 넓은 범위를 포괄하는 개념이다. 스마트 윈도우형 디스플레이는 크게 LCD를 이용하는 방식과 OLED를 이용하는 방식으로 나누어 볼 수 있다. LCD 방식은 충분한 밝기를 얻기 위해서는 매우 밝은 광원이 필요한데, 광원의 설치장소 및 밝기 조절에 필요한 전력 문제를 해결하지 못하고 있다. 하지만 LCD는 현재 가장 많이 생산되고 있는 디스플레이이며, LCD 방식의 스마트 윈도우를 생산할 경우 현재의 공정을 이용할 수 있기 때문에 설비구축비용이 적게 든다는 장점이 있다. OLED 방식은 편광판과 컬러필터를 사용하지 않을 수 있기 때문에 10~20%에 불과한 LCD 방식의 투과율보다 훨씬 높은 60% 이상의 투과율을 가진다. 이는 훨씬 얇고, 가볍고, 소비 전력도 적게 드는 투명 디스플레이를 만들 수 있다는 것을 의미하며, 향후의 투명 디스플레이는 OLED 방식이 주도하게 될 것으로 예상할 수 있다.

스마트 윈도우형 디스플레이는 사용자의 주 관심이 어디에 있는지에 따라 4가지 종류로 나눌 수 있다. 첫 번째로, 스크린 너머의 사물에 관심이 있는 경우는 백화점의 쇼윈도나 사무실의 벽, 가정에서 사용하는 냉장고, 전자레인지 등의 가전제품에 사용될 수 있다. 이는 스크린에 정보를 표시하는 기능보다는 투명하다는 특성 자체를 이용하는 경우이며, 전류의 on/off를 통해서 투명, 불투명을 조절하거나 간단한 단편적 정보를 전달하는 기능을 수행한다. 두 번째로, 스크린 정보와 스크린 뒤의 사물을 함께 확인하는 경우는 버스 정류장, 지하철 플랫폼처럼 정보를 확인하다가 스크린 뒤에 무엇이 있는지 확인해야 하는 상황에 사용될 수 있다. 이 같은 상황에서 사용되는 디스플레이는 오랜 시간 고정적인 장소에서 사용되기 때문에 제품의 안정성이 매우 중요하므로 공정상에서 제품의 안정성을 주로 생각해서 만들게 될 것이며 혹시나 외부 환경에 의해 손상이 생겼을 때 수리 및 보수가 가능한 구조를 만드는 것이 핵심이다. 세 번째로, 스크린의 객체가 현실에 존재하는 것처럼 사용하는 경우는 3D 작업을 필요로 하는 사람들에게 유용할 수 있다. 현재 개발된 것으로는 3D Desktop 기술이 있는데, 손이 움직이는 모습을 컴퓨터가 인식하고 그에 맞춰서 스크린에 객체를 디스플레이에 비춰주어 마치 실제 현실에 있는 물건을 손으로 조작하는 듯이 작업할 수 있는 환경을 만들어 준다. 현재까지의 Desktop을 이용한 작업은 3차원적인 작업임에도 2차원적인 형태를 가질 수밖에 없었지만, 이러한 형태의 디스플레이를 사용할 경우는 훨씬 더 직관적이고 정확한 작업을 할 수 있을 것이다. 의료용, 디자인용, 설계용으로 사용하게 될 것으로 보이며, 해상도 문제와 반응속도 문제를 해결하게 되면 어떤 것보다 부가가치가 큰 시장을 만들어 낼 것이다.

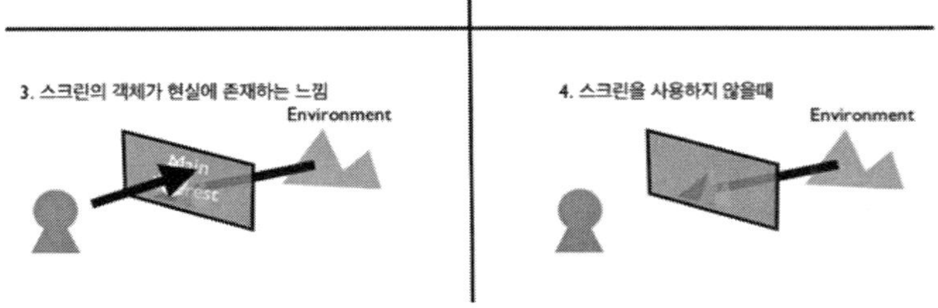

그림 13.16
스마트 윈도우의 4가지 분류

3.3 플렉시블 디스플레이

플렉시블 디스플레이는 평판 디스플레이를 넘어서 종이처럼 얇고 유연한 기판을 사용하여 손상 없이 휘거나, 구부리거나, 말 수 있는 디스플레이를 지칭하는데 가볍고, 얇고, 깨지지 않는 외관특성(Form Factor)뿐만 아니라 디스플레이로서 화질특성은 현재의 LCD나 OLED와 비교하여 최소한 동등한 정도를 전제로 한다. 플렉시블 디스플레이는 접거나 구부릴 수 있는 정도에 따라서 Thin & Light, Bendable, Rollable, Foldable 등의 단계로 구분하기도 한다. 그리고 최근에는 플렉시블 디스플레이의 발전 단계에 Stretchable 디스플레이를 포함하는 경향이 있다.

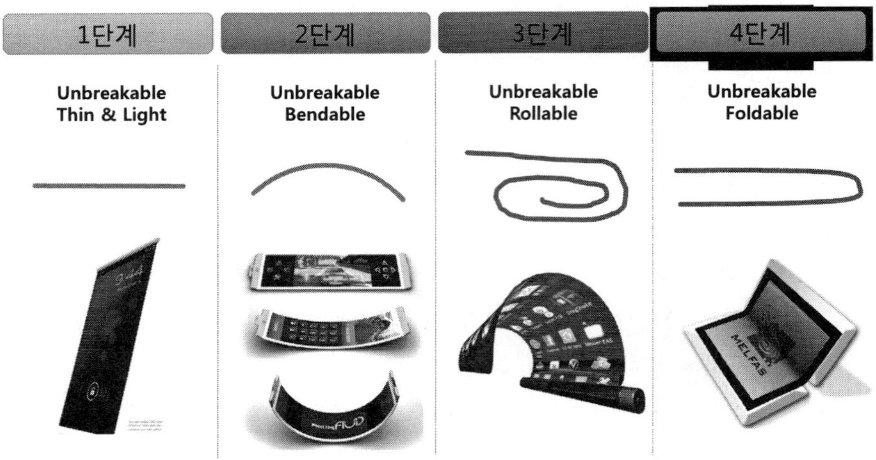

그림 13.17
플렉시블 디스플레이 발전 단계

3.4 플렉시블 디스플레이 응용

(1) Mobile Display

현재 상용화되어 있는 제품으로는 플렉시블 OLED를 사용한 모바일기기가 있다. 플렉시블 LCD에 대한 연구 개발은 상당기간 수행되었으나, Backlight를 사용하는 LCD 기반 플렉시블 디스플레이의 완벽한 구현은 아직까지 어려운 점이 많다. 따라서 LCD보다는 OLED가 완벽한 플렉시블 디스플레이를 구현하는데 유리한 이유로 먼저 시장에 출시되었다. 대표적인 제품으로는 상하로 휘는 곡률 반경이 700mm인 LG 전자의 G 플렉스와 400mm의 고정 곡률반경을 가지는 삼성전자의 갤럭시 라운드가 있다. 하지만 이는 아주 초보적인 단계의 플렉시블 디스플레이 제품으로 곡률반경이 커서 기존 평판 디스플레이와 큰 차이가 없는 형태로 기존 형태에서 약간 휘어진 곡선 형태의 디스플레이이다. 즉 자유롭게 구부림이 가능한 수준의 이상적인 플렉시블 디스플레이 모습은 아니다. 현재는 유연한 모듈, 윈도우, 기판 및 구동 소자들로 구성되어진 디스플레이 제품이 신뢰성 및 수명이 보장된 수준으로 구현되지 못하기 때문에 진정한 플렉시블 디스플레이를 시장에서 보는 것은 아직 어렵다. 최근 여러 기업 및 학교를 포함한 연구 기관에서 유연한 배터리, 유연 재료 및 소자 개발 등이 활발하게 연구 개발되고 있기 때문에 좀 더 다양한 디자인의 플렉시블 디스플레이 제품을 시장에서 볼 수 있을 것으로 기대하고 있다.

(2) e-paper Display

TV, Tablet 및 휴대폰 등의 주요 디스플레이 제품에서 휘도, 응답성, 및 색 재현성 등의 특성개선을 주요 개발 방향으로 삼는 것과 대조적으로, 1분에 1회, 또는 하루에 한 번의 빈도로 표시된 내용을 바꾸는 것을 특징으로 하는 메모리가 가능한 정지 화상 디스플레이에 대한 연구도 많은 관심을 받고 있다. 특히 최근 관련 기술 세미나나 학회에서는 전자종이의 기술적인 과제와 신규 응용 시장 분야에 대한 예측이 활발하게 이루어지고 있는 상황이다.

정보 단말기의 역할 이외에도 전자종이의 특징을 살린 새로운 시장이 등장할 가능성이 높다. IC 카드는 지금까지 포인트의 표시나 잔고 표시의 기능 대신에 원타임 패스워드의 표시를 위한 디스플레이가 장착될 가능성이 높다. 따라서 기존의 편리성과 함께 보안성을 중시한 수요가 증가할 전망이다. 이러한 IC 카드 분야는 ISO의 구부림 기준을 만족하기 위한 기계적 유연성, 지갑에서 꺼내고 넣는 사용 빈도를 고려한 내환경성, 현재의 20% 정도로의 저비용화가 요구되기 때문에, 양산화를 통한 비용 절감이 가능한 전자종이를 채용하게 될 가능성이 매우 높다. 상용화 측면에서 가장 먼저 관심을 끈 응용 분야는 학생들의 무거운 책가방을 해소하고자 하는 전자북이다. 이는 책가방 없는 학교를 구현하자는 취지에서 중국 등에서 추진되고 있으며 여러 나라로 확대되어지고 있다. 또한 대형 서점에서 시작된 5~10인치의 전자북 출시도 많은 독서 애호가들의 관심을 받고 있다. 특히 미국의 아마존에서 출시한 전자북 리더인 "Kindle"과 반스앤노블에서 출시한 "Nook"이 그 예이다.

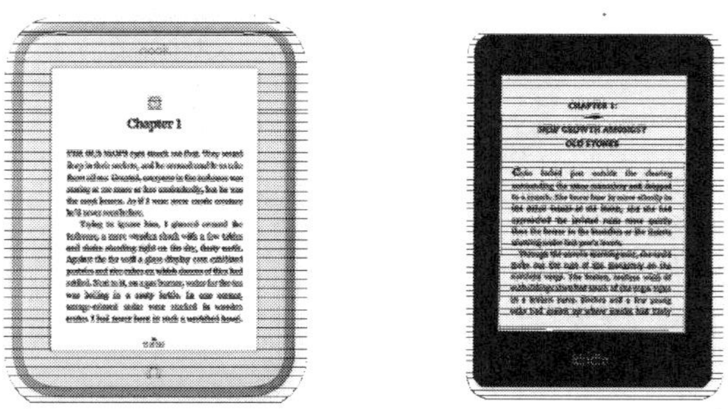

(a) (b)

그림 13.18

e-book reader (a) Kindle (b) Nook

휴대전화의 경우 전자종이의 컬러화에 따라 신규 디바이스로 발전할 가능성이 있다. 특히 메인 디스플레이나 보조 디스플레이뿐만 아니라, 키패드에 전자종이를 채용하고자 하는 움직임도 나타나고 있다. 이밖에도 USB 메모리 등의 잔량 표시 디바이스나 디지털 포토 필름, 시계 등의 시장도 전자종이가 진출 가능한 응용 시장으로 주목을 끌고 있다. 최근 미국 롱비치에서 개최된 국제 정보 디스플레이 학회에서는 전자종이 개발에 참여하고 있는 각 회사의 시제품이 일제히 전시되었다. 한국의 LG display와 삼성전자는 미국 E Ink사의 기술을 기반으로 한 시제품을 전시했다.

LG display는 14.1인치형 VGA급 전자종이와 6인치형 800x600화소의 흑백 전자종이가 선보였다. 삼성전자는 칼라 전자종이의 제조를 위해 LCD 패널용 제조 라인의 전용을 상정한 제조 기술을 개발하고, 이 기술로 제작한 시제품을 전시했다. 보통의 LCD 제조 라인은 전자종이의 지지 기판으로 사용되는 플라스틱을 취급하도록 만들어져 있지는 않다. 삼성은 LCD 패널용 제조 설비를 전자종이 제조에 사용할 수 있도록 플라스틱 기판을 지지 기판에 부착하여 TFT와 칼라필터를 형성하는 공정을 새로 개발했다. 삼성이 전시한 전자종이는 14.3인치형 칼라 전자종이와 8.1인치형 칼라 전자종이이다. 또한 일본의 브리지스톤도 종래에 비해 밝기를 두 배로 향상시킨 A4 사이즈의 전자종이를 개발하여 전시했다. 브리지스톤의 기존 전자종이 개발품은 LCD용 칼라 필터를 사용해 왔으나, 전자종이 전용 칼라 필터를 채용함으로써 색순도를 확보하고 밝기를 크게 향상시킨 개발품을 선보였다. 위에서 언급한 전자종이 제품은 여러 회사의 노력에도 불구하고 시장 창출 및 확대가 아주 느리게 진행되고 있는 상황이지만 향후 다양한 신규 시장이 형성될 것으로 기대된다.

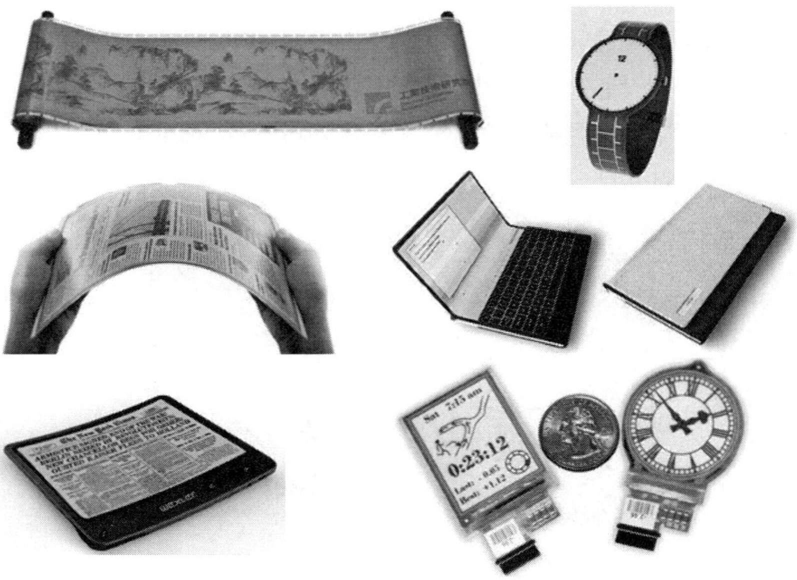

그림 13.19
e-paper 기반 미래 응용 제품 예

(3) Wearable Display

웨어러블 디스플레이란 단어 그대로 '착용하는 디스플레이'를 뜻한다. 하지만 단순히 액세서리처럼 디스플레이를 몸에 착용하는 것이 아니라, 사용자 신체의 가장 가까운 위치에서 사용자와 상호 소통할 수 있는 전자기기의 일종이라고 할 수 있다. 웨어러블 디스플레이 기반 전자기기의 장점은 주변 환경에 대한 상세 정보나 체온이나 심장박동 등과 같은 개인의 생체 신호 변화를 지속적으로 모니터링하여 디스플레이에 표시해 주는 기능을 하여 주변 환경 변화 및 건강 상태에 대한 정보를 수집하여 각종 관련 사고를 미연에 방지할 수 있다는 것이다. 웨어러블 디바이스에 대한 연구는 오래전부터 진행되어 왔다. 미국에서는 이미 40여년전 최초의 웨어러블 컴퓨팅과 관련된 연구가 시작되었으며, 국내에서도 2000년대 중반 이후부터 웨어러블 디바이스에 대한 연구가 활발하게 진행되어 오고 있다. 특히 디스플레이 기반의 웨어러블 전자기기는 스마트 안경과 더불어 시계형 웨어러블 전자기기가 향후 주요한 신규 전자기기로 각광을 받을 것으로 기대되고 있다. 삼성전자에서 출시한 갤럭시 기어, 애플의 아이워치 등을 필두로 세계 각국의 다양한 전자 회사에서 셀 수 없을 정도로 다양한 디자인의 시계형 또는 밴드형 웨어러블 디스플레이를 출시하고 있다. 이러한 웨어러블 디스플레이는 사용자의 움직임을 모니터링하기 위한 센서류(가속도, 광센서, 터치센서 등)를 내장하고 있으며 문자 메시지, 이메일 확인, 및 통화 등의 기능도 탑재하고 있다. 향후 개인의 건강 모니터링 등 다양한 헬스케어 관련한 응용 분야가 웨어러블 디스플레이와 접목되어 인류에 유익한 전자기기로 발전할 것으로 보인다.

그림 13.20
시계형 웨어러블 디스플레이

3.5 UHD(Ultra High Definition) Display

UHD Display는 HD급 대비 4배에서 16배 해상도의 비디오와 10채널 이상의 다채널 오디오로 극사실적인(highly realistic) 초고품질 AV 방송 서비스를 통하여 소비자의 품질 욕구를 만족시키는 것을 목표로 하고 있다. 해가 갈수록 디스플레이 크기는 점점 커지는 추세이다. 인간의 시각 분해능 특성은 디스플레이 크기에 비례하므로, 기존의 HD

해상도로는 60인치 이상의 대형 디스플레이에서 화질이 떨어지는 문제가 발생하게 되고, HD 해상도보다 고해상도의 UHD 서비스가 필요로 하게 된다. TV 주변 환경의 변화는 고품질에서 입체감과 대화면, 그리고 오감과 공간감을 만족시키는 현장감과 몰입감 중심으로 흐르고 있다. 또한, 제한된 공간에서 누리는 실재적이고도 입체적인 경험을 제공하는 실감 미디어는 향후 교육 및 엔터테인먼트, 그리고 의료, 스포츠, 쇼핑 등 다양한 산업으로 확대될 것으로 전망된다. 디스플레이 분야의 UHD TV의 동향과 관련하여 UHD Display는 TV의 대형화에 발맞춘 고해상도의 생생한 현장감을 제공해 줄 수 있는 디스플레이다. 앞으로 UHD와 디스플레이의 미래에 대해 실감(Reality)과 편리함(Convenience), 그리고 감성화(Emotion)를 중심으로 개발하면서, 이를 위한 필수 조건으로 완벽한 블랙영상(OLED), 선명한 광시야각(IPS), 눈이 편한 사실감(3D), 보는 아름다움(Big Screen), 듣는 즐거움(Immersive Sound), 인테리어(e-Gallery), 사용 편리성(web OS) 등이 추가로 개발되고 있다.

3.6 UHD Display의 적용

(1) TV

UHD TV는 차세대 방송 규격으로 기존의 HD TV보다 높은 화질로 섬세하고 자연스러운 영상 표현이 가능하다. 보통 TV화질을 표현할 때 4K, 8K라고 표현을 하는데 UHD TV는 HD TV대비 4K는 4배, 8K는 16배 더 선명한 영상 표현을 할 수 있다. 훨씬 더 사물을 현실에 가깝게 보여주고 생동감도 있다는 평가를 받고 있다. 패널의 개선과 함께 화면의 주사율이 부각이 많이 되는데, UHD 디스플레이 패널에서 얼마만큼 화면을 빨리 넘겨주는지를 화면 주사율이라고 한다. 현재 국내업체는 화면주사율 기능이 뛰어나지만 현재 중국 위주의 UHD 시장이 형성되어있어 전체 점유율은 높지 않다. 스마트 TV와 비교해 봤을 때, 스마트 TV는 디바이스와 UI의 결합이라고 본다면 UHD TV는 방송기술과 디바이스의 결합이라고 볼 수 있다. 앞으로 UHD 시대로 넘어가면서 질적으로 성장할 것으로 예측하고 있다. 또한 화소가 많아져서 아주 정밀한 화면 표현이 가능하다. 정밀한 화면뿐 아니라 대형화면으로 시청했을 시 3D 효과를 볼 수 있다. 그리고 기존 TV의 사각지대를 극복할 수 있다. 또한 높은 화소수로 UHD TV는 기존의 TV와 달리 가까운 거리에서 시청이 가능하다.

그림 13.21
UHD TV 해상도

최근 한국의 삼성전자를 필두로 새로운 개념의 TV 제품을 선보이고 있는데, 그 중에 대표적인 것이 Curved UHD TV 제품 출시라고 할 수 있다. Curved 화면을 적용했을 때의 가장 큰 장점은 몰입도이다. 물론 화면이 너무 작으면 몰입도보다 화면 왜곡이 눈에 거슬릴 수 있다. 물론 화면이 큰 경우에도 마찬가지이다. 이런 이유로 제조사들은 무작정 더 휘어지게 디스플레이를 만들지 않는다. 휘어진 각도, 즉 곡률은 화면 왜곡이 거의 없는 상태를 가정해 만들게 된다. 예를 들어 집안에서 평균 TV 시청 거리를 3.5~4m로 가정했을 때 4200R의 곡률을 택하면 몰입도는 높이면서 화질 왜곡이나 디테일 손실을 줄일 수 있다. 이런 과정을 거쳐 만들어진 화면은 일명 파노라마 효과를 준다. 화면의 사이즈에 따라서 곡률을 자유자재로 조절할 수 있는 UHD TV 제품도 시장에서 볼 수 있을 것이다.

(a) (b)

그림 13.22
Curved UHD TV (a)삼성전자 105인치 LCD TV (b)LG전자 55인치 OLED TV

(2) 모니터

UHD 모니터는 UHD TV의 틈새시장을 공략해 나온 제품이지만 점차 다양한 사이즈의 모니터 제품으로 확대될 것으로 보인다. UHD TV 가격의 신속한 하락으로 저가격의 고해상도 모니터의 등장도 1년내에 시장에서 볼 수 있을 것으로 전망된다. 프리미엄의 고품질을 가지는 전문가용 모니터 등 특화된 시장 확대를 기대하고 있다.

그림 13.23
Curved UHD 모니터

3.7 OLED(Organic Light Emitting Diode)

전류가 흐르면 빛을 내는 '전계발광현상'을 이용해 스스로 빛을 내는 '자체발광형 유기물질'을 의미한다. LCD에 비해서 낮은 전압에서도 빛을 낼 수 있으며, 얇은 박막으로 만들기 쉽다는 것이 큰 장점이다. 넓은 시야각과 빠른 응답 속도를 가지고 있어서 각도에 따른 화질 변화가 적다. 현재 주로 휴대폰과 태블릿에 적용되어 판매가 되고 있으며, TV용으로도 개발이 되고 있다. 차세대 평판 디스플레이로 기대를 받고 있으며, 가격 절감을 향한 소재 및 공정 개발을 통하여 점차 여러 회사에서 OLED 상품화에 참여하려는 움직임이 있어서 향후 다양한 OLED 디스플레이 제품은 시장에서 볼 수 있을 것으로 기대된다.

3.8 OLED의 적용

(1) 조명

현재까지 사용된 OLED가 구현할 수 있는 광효율은 조명용 광원으로 사용하기에는 아직 미흡한 수준이다. 사회적으로 주목받고 있는 LED 제품들의 광효율이 최소 50m/W 이상이라는 점을 감안하면, OLED 조명의 상용화 가능성은 아직 초기 단계로 볼 수 있다. 그럼에도 불구하고, 산업계는 OLED가 가지고 있는 여러 가지 장점으로 인해 조명용 광원으로서의 기능성에 계속해서 주목하고 있다. OLED로는 면적이 넓은 패널조명을 만들 수 있으며, 두께가 2~3mm에 불과한 초슬림 제품도 제작할 수 있다. 또 눈부심이 거의 없어 은은한 빛을 필요로 하는 실내조명으로 적합하다는 것이 전문가들의 견해이다. 특히 구부릴 수 있는 플렉시블 특성으로 인해 다양한 디자인을 구현할 수 있으며, 에너지 절감효과도 뛰어나 LED와 함께 차세대 조명으로 각광받고 있다.

그림 13.24
OLED 조명의 분류

OLED 조명은 주조명, 보조조명, 디스플레이 BLU 및 각종 전자제품 표시등 등의 다양한 분야에 응용 가능하다. 옥내·외 주조명은 차세대 주요 조명으로 선광원인 형광등, 점광원인 LED를 이용하여 면조명 제품 개발이 활발히 진행 중이며, OLED는 자체가 면광원 형태이므로 도광판과 같은 보조 기구가 필요 없으며 대면적화가 가능하기 때문에 단위 면적당 휘도를 조정하면 눈부심이 적어서 인간 친화적인 조명이 가능하다. 보조 조명은 면광원의 형태의 OLED 스탠드, 유도등 등 다양한 보조 조명으로 응용 가능하다. 디스플레이 BLU(backlight unit)는 OLED 면광원 응용분야 중 시장성이 높은 분야 중 하나가 디스플레이 BLU 분야이며, OLED 면광원을 이용하면 초슬림의 디스플레이 구현이 가능하다. 각종 전자제품 표시등은 각종 전자제품에 들어가는 표시등으로 OLED 면광원으로 대체 가능하다. 마지막으로 차세대 응용분야로서 가까운 미래에 실현 가능한 OLED 면광원은 유연 기판을 이용한 면조명, 대면적 투명(또는 반투명) 기판을 이용한 다기능성 윈도우 등이 있다.

OLED 조명분야에서는 LG화학, 네오뷰코오롱, 주성엔지니어링 등이 사업을 준비하고 있었으나 최근에는 LG화학만이 구체적인 로드맵을 가지고 적극적으로 사업을 추진하고 있다. CANVIS는 발광 효율이 45lm/W이고 크기가 99×99mm의 패널을 처음 시제품으로 출시하였다. 1890년에 세운 Hakunetu社가 1989년에 Toshiba Lighting사로 사명을 변경하고 본격적으로 차세대 조명 사업에 뛰어들었다. OLED와 LED를 같은 공간에서 LED의 광직진성과 OLED의 그림자가 없는 부드러운 연출을 다양하게 사용하는 것을 보여주는 것으로 크게 호평 받고 있다. 파나소닉사는 실험실 레벨에서 고굴절률 hemisphere 렌즈를 사용하여 142lm/W를 달성했다. 동경 Jiyu-ga oka 역사에 OLED 패널을 사용한 조명 기구를 설치하여 전시하고 있다. PIOL사는 Idemitsu kosan과 OLED 조명 패널을 판매하기 위한 회사로 설립하였는데 2012년부터 연구개발과 판매까지 담당하고 있다. 브랜드명 'Eleaf'로 97×97mm 크기의 광효율 30lm/W, 휘도 3,000cd/m^{2}의 패널을 판매하고 있다. Lighting Japan 2013에 150×50mm, 200×50mm의 크기의 패널을 새롭게 선보였다. Osram은 OLED 조명 패널과 모듈을 함께 생산하는 업체로써 2009년 말에 'ORBEOS'라는 이름으로 OLED 시제품을 내놓고 해마다 계속해서 새로운 형태의 제품을 선보이고 있다. 2013년 4월에 LED와 OLED기술을 이용하여 FC 바이에른 박물관(FC Bayern Erlebniswelt)을 새롭게 꾸몄다. 2014년에 투명 OLED 조명 생산을 목표로 해오고 있는데 패널크기 180×65mm, 광효율 20lm/W, 투명도가 57%인 제품을 선보였다.

OLED조명시장은 LED의 걸음마 수준에 불과하다. 국내에는 디스플레이에 편중 되어 있지만 최근 정부와 기업들의 활발한 움직임을 보여주고 있다. 과거에 OLED 조명은 LED에 비해 4-5년 뒤져있었지만 곧 상호경쟁할 수 있는 수준에 도달할 수 있을 것이라 보고 있다. 현재로서는 상대적으로 낮은 조명 기술력과 높은 가격으로 상업화에 많은 시간 소요되며, 면광원으로 균일한 빛을 넓은 면적에서 구현하기 위해 적용된다. 다양한 디자인 구현과 LED에 비해 취약한 수명 등 보완할 기술개발, 가격인하, 표준화가 관건이라 볼 수 있다. 그 응용 분야는 기본 실내등뿐만이 아니다. 거리의 벽이 조명이 되고, 자동차, 농업분야, 의류 분야, 의료 분야까지도 접목을 하고 있다.

그림 13.25

OLED 조명 적용 분야

(2) 표시등

미래의 일반 교통 신호등 기능은 실시간으로 업데이트 가능한 트래픽 및 차선 정보를 제공하는 OLED 화면을 사용한다. 이 OLED 신호등은 빨강, 노랑, 녹색의 색상에 의존하지 않고 각 신호에 대해 고유한 기호를 사용한다. 여기에 적용하는 있는 신호 자체는 OLED 패널을 사용하여 표시하고, 반사 테두리는 폴리카보네이트 프레임으로 구성되어 있다. 기존 신호등 체제와 다르게 혁신적인 서스펜션 시스템은 설치가 간단하고 OLED 조명의 효율이 기존 시스템보다 높기 때문에 전기를 절약 할 수 있다.

OLED를 사용한 자동차 후면 표시등은 차량의 움직임에 즉각적으로 반응한다. 예를 들어 바퀴가 좌회전하는 경우 빛 또한 왼쪽으로 흐르게 된다. 뒤에서 보는 운전자는 빛의 흐름을 보고 앞 운전자의 움직임을 예측할 수 있게 된다. 하지만 빛에 의해 생성된 집단 흐름 효과는 산만하고 드라이버가 인식하기 혼란스럽다는 점이 논란의 여지가 있다. 그래서 다른 식의 OLED 표시방법을 개발하거나 기존의 방식을 따르는 것이 오히려 나을 수 있다. OLED는 매우 얇고 경량이어서 적용할 수 있는 분야와 공간이 무궁무진하지만 조명기술로는 아직 견고하지 않다. 이런 부분을 보완한다면 앞으로의 전기자동차의 사용에서 필요한 최소 전력을 줄이고 보다 선명한 표시등으로 운전자의 안전을 지킬 수 있을 것이라 본다.

그림 13.26
자동차 후면 표시등

(3) 디스플레이

OLED 디스플레이는 현재 가장 많이 사용되고 있는 LCD 디스플레이보다 경량박형화, 저소비전력화, 우수한 색순도 등의 측면에서 장점을 가지고 있어서 향후 기대가 많이 된다. 또한 OLED 디스플레이는 LCD와 다르게 백라이트가 필요하지 않고, 투명하거나, 유연한 Flexible Display의 표시 소자로 가장 많은 장점을 가지고 있다.

상용화된 최초의 Active Matrix OLED (AMOLED) 디스플레이는 2002년 일본의 SK 디스플레이社가 휴대전화 평가용으로 300대의 OLED 디스플레이를 출하하였고, 2003년에는 Kodak의 디지털 카메라에 탑재된 풀 컬러 2.16인치 AMOLED 디스플레이 “ALE251”를 상용출하를 개시하였다. 그러나 본격적인 양산은 2003년부터 26만 화소 AMOLED 디스플레이를 세계 최초로 개발한 삼성SDI에 의해, 2007년부터 세계 최초로 시작되었다.

그림 13.27
본격적인 AMOLED 제품 시대를 연 아이리버사의 클릭스(Clix)

그리고 2010년 이후 AMOLED 디스플레이는 각종 휴대 전자기기, tablet, 고해상도 모니터, TV, wearable 디스플레이 등의 표시 소자로 널리 적용되고 있다.

그림 13.28
AMOLED 상용화 디스플레이 제품의 예

그림 13.29
AMOLED 디스플레이 적용한 미래 전자 기기 제품의 예

또한 AMOLED는 가볍고 얇고 유연하며 깨지지 않는 특성의 디바이스로 가능성이 무한하여 미래의 다양한 모양의 표시 소자를 구현할 수 있는 디스플레이이다.

4 요약

Display Engineering

우리는 기존의 디스플레이 응용 시스템인 CRT, PDP, LCD, LED와 미래에 응용될 시스템인 OLED, 투명 디스플레이, 플렉시블 디스플레이, UHD에 대해 알아보았다. 먼저 CRT는 안정적인 화면 출력을 위해 뒤쪽이 길게 튀어나와 있고, 처음에는 둥근 화면으로 나오다가 기술이 개발이 되면서 완전한 평면으로 나오게 되었다. CRT는 제조공정과 구동방식이 간단하고, 시야각이 넓고 색각이 풍부하다는 장점을 갖고 있지만, 전자빔 편향으로 인한 화상왜곡 방지와 초점 향상을 위해서는 두께가 두꺼워야 되고, 이를 위해서는 화면 뒤쪽이 튀어나와야 되기 때문에 무거워지고 대형화가 되기 어렵다는 단점을 갖고 있다. 최근에는 이러한 단점들이 크게 작용하여 지금은 거의 쓰이지 않는 기술이 되었다.

PDP는 플라즈마(기체 방전) 현상을 이용한 디스플레이로 CRT와는 달리 두께가 많이 줄게 되었고, 그렇기 때문에 대형화가 쉽게 되었다. PDP의 장점은 앞서 말했듯이 대형화가 쉽고, 자기 발광형 표시 소자를 이용하여 좌우 어디서나 색상이 변하지 않고, 화상의 밝기나 선명도가 동일하다. 하지만 플라즈마 방전으로 인해 전력 소비량과 열이 많이 발생하는 단점이 있고, LCD와 LED의 발전으로 이들에 비해 상대적으로 해상도가 낮아 LCD와 LED를 이용한 평판 디스플레이에 밀려 시장에서 사라지고 있다.

LCD는 디스플레이의 소형화, 즉 30인치 이상으로 늘려도 두께를 10cm 미만으로 줄일 수 있었다. LCD는 백라이트 유닛에 따라 많은 종류로 갈리게 되는데, 먼저 수동형 LCD와 능동형 LCD로 나눌 수 있다. 수동형의 경우는 구조가 단순해서 생산성이 높고 생산 단가도 저렴한 것이 장점이지만 화질이 낮고, 응답속도도 느려서 빠르게 움직이는 영상을 표시할 때 잔상이 심하게 발생하는 것이 단점이다. 능동형 LCD는 패널의 액정 배열 방식에 따라 TN(Twisted Nematic) 방식 TFT 패널, IPS(In Plane Switching) 방식 TFT 패널, VA(Vertical Alignment) 방식 TFT 패널로 구분할 수 있는데, IPS나 VA 패널은 TN 패널과 달리, 측면에서 봐도 화면의 왜곡이 적다. LCD의 장점은 발광소자를 이용한 것이 아니라 뒤에서 따로 빛을 비춰주므로 화면이 아주 밝고 선명도가 좋다.

LED는 전기 에너지를 빛에너지로 전환하는 효율이 높기 때문에 최고 90%까지 에너지를 절감할 수 있어, 에너지 효율이 5% 정도밖에 되지 않는 백열등·형광등을 대체할 수 있는 차세대 광원으로 주목되고 있고, 빛의 파장에 따라 가시광선, 적외선, 자외선에 따라서 사용할 수 있는 기술들이 다양하다. 가시광선 LED의 경우에는 LED TV와 같은 디스플레이 기기에 사용할 수 있는데, 이는 LCD의 백라이트를 CCFL이 아닌 LED BLU를 사용한 기기이다. 장점은 LCD에 비해 화질이 좋고 전력소모가 적다는 것이고, 단점은 발열이 많이 되기 때문에 냉각장치를 따로 만들거나, 열이 빠져나갈 수 있게 따로 만들어 줘야 한다는 것이다.

OLED는 유기발광 다이오드로서 화질의 반응 속도가 LCD에 비해 1000배 이상 빠른 평판 디스플레이로 LCD와는 달리 백라이트 유닛을 사용하는 것이 아닌 발광소자를 사용한다. OLED의 종류는 AMOLED, PMOLED로 나뉘게 된다. OLED는 스스로 빛을 내는 소자를 사용하기 때문에 그자체로 디스플레이가 가능하므로 매우 얇게 만들 수 있고, 압도적인 응답 속도로 잔상을 없애고 높은 화질로 가장 깨끗한 영상을 전달할 수 있다.

투명 디스플레이는 화면이 투과도를 가지고 있어서 화면 뒷면이 보인다는 특징이 있으며, 구현하는 기술 또한 매우 다양하다. 크게 HUD, HMD와 같은 투시형 디스플레이와 투명 LCD, 투명 OLED와 같은 직시형의 디스플레이로 나뉜다. HUD는 광학엔진에 의하여 만들어진 영상을 투명한 스크린에 투영하여 사용자가 투영된 영상을 보게 하는 방식으로 작동하게 되는 것이고, HMD는 투명한 스크린에 투사하는 형태가 아니라 사용자의 눈동자 내부로 직접 투사하는 방식의 디스플레이이다. 투명 LCD와 투명 OLED는 스마트 윈도우와 같은 디스플레이 기기에 사용될 기술로 광원이 OLED인 경우가 좋기 때문에 투명 LCD보다 투명 OLED로 사용될 가능성이 더 높다.

플렉시블 디스플레이는 평판 디스플레이를 넘어서 종이처럼 얇고 유연한 기판을 사용하여 손상 없이 휘거나, 구부리거나, 말 수 있는 디스플레이를 지칭하는데 가볍고, 얇고, 깨지지 않는 외관특성(Form Factor)뿐만 아니라 디스플레이로서 화질특성은 현재의 LCD나 OLED와 비교하여 최소한 동등한 정도를 전제로 한다. 이를 응용한 제품들로는 플렉서블 OLED 스마트폰, E-Paper, 웨어러블 기기 등이 있다.

UHD 디스플레이는 HD급 대비 4배에서 16배 해상도의 비디오와 10채널 이상의 다채널 오디오로 극사실적인(highly realistic) 초고품질 AV 방송 서비스를 통하여 소비자의 품질 욕구를 만족시키는 것을 목표로 하고 있다. TV와 모니터에 적용가능한데, UHD TV는 화소가 많아져서 아주 정밀한 화면 표현이 가능하다. 정밀한 화면뿐 아니라 대형 화면으로 시청할 경우 3D효과를 볼 수 있다. 그리고 기존 TV의 사각지대를 극복할 수 있다. 또한 높은 화소수 때문에 UHD TV는 기존의 TV와 달리 가까운 거리에서 시청이 가능하다. 그리고 UHD 모니터는 프리미엄의 고품질을 가지는 전문가용 모니터 등 특화된 디스플레이 시장를 창출할 것으로 기대된다.

연습문제

1. CRT(Cathode-ray Tube)의 장점과 단점에 대하여 설명하시오.

2. 자발광 디스플레이의 예를 들고 비발광 디스플레이에 대비하여 우수한 표시 특성은 무엇인지 설명하시오.

3. LCD 제품에 적용되고 있는 VA와 IPS 액정 모드의 차이점에 대하여 설명하시오.

4. Flexible Display의 응용 분야에 대하여 알아보시오.

5. LCD와 OLED의 특징 및 장점을 비교하여 설명하시오.

6. 미래 공상 과학 영화나 서적에서 자주 언급되는 투명 디스플레이의 응용 가능 분야에 대하여 알아보시오.

7. 미래에 가능할 것으로 생각되는 다양한 디스플레이를 통하여 우리의 실생활에서 바뀌게 될 모습에 대하여 예를 들어 설명하시오.

참고문헌

[1] 광학세계 147 22-27 / 한국광학기기협회(2013)

[2] 광학세계 147 28-39 / 한국광학기기협회(2013)

[3] 전자통신동향분석 제 23권 제 5호 통권 113호 (2008.03) pp.153-163 / 한국전자통신연구원

[4] http://nge.itfind.or.kr

[5] http://www.ebn.co.kr

[6] 이형철, "3D 휴멍펙터 연구 방법론 : 3D 시각 피로를 중심으로"

[7] 이승현, "3D 영상의 이해" 진샘미디어 (2010.2)

[8] "3D display Technology and Market Forecast Report"

[9] "Autostereoscopic 3D Display in Signage and Prefessional Application" Insight Media(2009)

[10] "휴먼-디바이스 인터액션 기술", <CT인사이트>, 통권27호, 한국콘텐츠진흥원(2012)

[11] 最新 ディスプレイ 技術イイの 基本と仕組み, 秀和システム(2003)

[12] KIDS Display School 디스플레이 개론, 한국정보디스플레이학회(2014)

찾아보기

| ㄴ |

| ㄷ |

| ㄹ |

| ㅁ |

| ㅂ |

| ㅈ |

| ㅊ |

| ㅋ |

| ㅌ |

저자약력

이준신 박 사 뉴욕주립대학교 1991 ~ 1994 ECE
현 재 성균관대학교 정보통신공학부 교수

김도영 박 사 성균관대학교 1999 ~ 2004 전기전자컴퓨터공학부
현 재 울산과학대학교 전기전자공학부 교수

모연곤 박 사 University of Nebtaska-Lincoln 1996 ~ 1999 전자공학
현 재 삼성 SDI 중앙연구소 디스플레이랩 책임연구원

배병성 박 사 KAIST 1986~1991 물리
현 재 호서대학교 디스플레이공학과 교수

송장근 박 사 Trinity College University of Dublin 2004~2008 전자전기공학
현 재 성균관대학교 정보통신공학부 교수

이성은 박 사 부산대학교 1995~1999 유기전자재료
현 재 LG전자기술원 책임연구원

최병덕 박 사 Arizona State University 1998~2001 전자공학 전공
현 재 성균관대학교 정보통신공학부 교수

홍성제 박 사 Tohoku University 2005~2006 지능디바이스재료학
현 재 전자부품연구원 디스플레이부품소재연구센터 수석연구원

정가 32,000원

디스플레이 공학 개론

2016년 2월 20일 초판 인쇄
2016년 2월 27일 초판 발행
저 자 : 이준신 · 김도영 · 모연곤 · 배병성 · 송장근
이성은 · 최병덕 · 홍성제
발행자 : 우명찬 · 송 준
발행처 : 홍릉과학출판사
주 소 : 서울시 강북구 인수봉로 50길 10
01093
등 록 : 1976년 10월 21일 제5-66호
전 화 : (02) 999-2274, 996-8341, 903-7037
팩 스 : (02) 905-6729
ISBN : 979-11-5600-427-1
e-mail: hongpub@hongpub.co.kr
http://www.hongpub.co.kr

저자와의
협의하에
인지생략